高职高专“十三五”规划教材

# 机床夹具设计与实践

阎青松　莫秉华　胡立光　主编

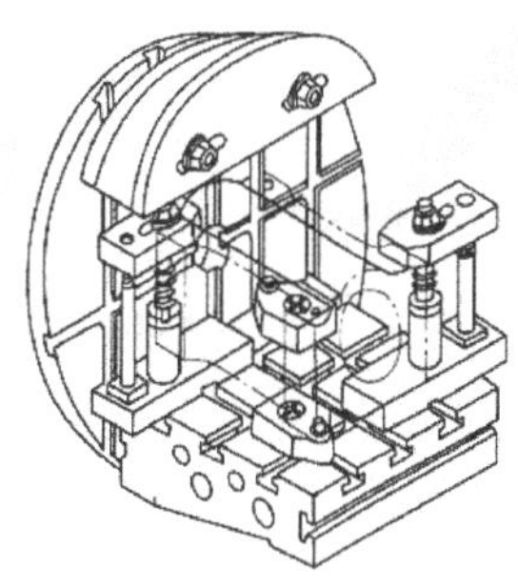

化学工业出版社

·北京·

本书共分10个项目，主要内容包括：机床夹具认知；通用夹具选用与设计；工件定位、夹紧设计分度装置和夹具体设计；钻、铣、车、镗床夹具设计；其他现代机床夹具。全书以企业中的实际工作任务为教材的案例和载体，实现教、学、做一体化，内容层次分明、实例丰富，并且项目附有紧扣各章节内容的多个训练实践任务，供教学参考和使用。为方便教学，本书配套了电子课件。

本书可作为高等院校机械类及近机类专业的课程教材，也可作为职业技术院校、成人高校等相关专业的教材或参考书，还可供机械制造工程技术人员和企业管理人员参考实用。

**图书在版编目（CIP）数据**

机床夹具设计与实践/阎青松，莫秉华，胡立光主编．—北京：化学工业出版社，2020.1（2024.6重印）
ISBN 978-7-122-35770-0

Ⅰ．①机… Ⅱ．①阎… ②莫… ③胡… Ⅲ．①机床夹具-设计-高等职业教育-教材 Ⅳ．①TG750.2

中国版本图书馆CIP数据核字（2019）第258318号

责任编辑：韩庆利　　装帧设计：张　辉
责任校对：王鹏飞

出版发行：化学工业出版社（北京市东城区青年湖南街13号　邮政编码100011）
印　　装：北京科印技术咨询服务有限公司数码印刷分部
787mm×1092mm　1/16　印张20　字数520千字　2024年6月北京第1版第3次印刷

购书咨询：010-64518888　　售后服务：010-64518899
网　　址：http://www.cip.com.cn
凡购买本书，如有缺损质量问题，本社销售中心负责调换。

定　　价：49.00元

# 《机床夹具设计与实践》编写人员


主　编　阎青松　莫秉华　胡立光

参　编　欧阳雪俊　付晓岚　王艺娟

主　审　漆　军　胡晓岳　戴护民

# 前言

FOREWORD

制造业是立国之本、兴国之器、强国之基。为建设制造强国，必须大力提高制造技术，而机械制造业技术改造和技术更新的核心内容是机床夹具。机床夹具直接影响着产品的加工质量、加工精度、劳动生产率和加工成本，它的选择和设计是制定工艺规程里必不可少的重要环节，是保证产品加工质量、提高劳动生产率、改善劳动条件的关键技术工作。因此加速培养掌握机床夹具设计的应用型人才已成为当务之急。本书根据高等职业教育培养高技能型、应用型人才的要求和最新的教学标准提出的大纲要求而编写，是广东省示范校重点建设专业教材。

本书围绕机床夹具设计能力的培养，力求叙述上层次分明，尽可能全面地介绍机床夹具设计的各方面内容，重点突出钻、铣、车、镗床等机床夹具设计。侧重知识的应用与实践，不仅以实际工作任务为教材的案例和载体，实现教、学、做一条龙，而且有多个可让学生实际训练的实践任务，实践任务紧扣各章节内容，训练目的明确，适应职业教育。附录内容有助于设计查阅和参考。

全书共分10个项目，内容包括：机床夹具认知；通用夹具选用与设计；工件定位、夹紧设计；分度装置和夹具体设计；钻、铣、车、镗床夹具设计；其他现代机床夹具。

本书由阎青松、莫秉华和胡立光担任主编，欧阳雪俊、付晓岚、王艺娟参加了编写，其中项目3由莫秉华编写，项目4由胡立光编写，项目1、2、5～10由阎青松带领欧阳雪俊、付晓岚和王艺娟编写。全书由漆军、胡晓岳、戴护民主审。

本书配套电子课件，可赠送给用书院校和老师，如果需要可登录化学工业出版社教学资源网 www.cipedu.com.cn 下载或发邮件到 857702606@qq.com 索取。

由于编者的水平所限，书中难免有欠妥之处，恳请广大读者批评指正。

编　者

# 目录

CONTENTS

## 项目 3　工件定位设计 / 46



## 项目 4　工件夹紧设计 / 107



## 项目 5　分度装置和夹具体设计 / 155

## 项目 9 镗床夹具设计 / 254



## 项目 10 其他现代机床夹具 / 271



## 附表 / 297

# 项目1 机床夹具认知

## 知识目标

1. 理解机床夹具功能和作用。
2. 掌握机床夹具分类和组成。
3. 把握机床夹具现状和发展方向。

## 能力目标

1. 能根据机床夹具外形或作用，初步识别车、铣、钻等机床夹具。
2. 根据零件工序加工要求，确定采用何类机床夹具。
3. 根据零件工序加工要求，能正确选用其中一种机床夹具。

## 1.1 工作任务

### 1.1.1 任务描述

① 如果加工数量少且精度要求不高，如何加工如图 1-1 所示的偏心轴类工件?

② 如果加工数量少但精度要求高，如何加工如图 1-1 所示的偏心轴类工件?

③ 如果加工批量较大且精度要求较高，如何加工如图 1-1 所示的偏心轴类工件?

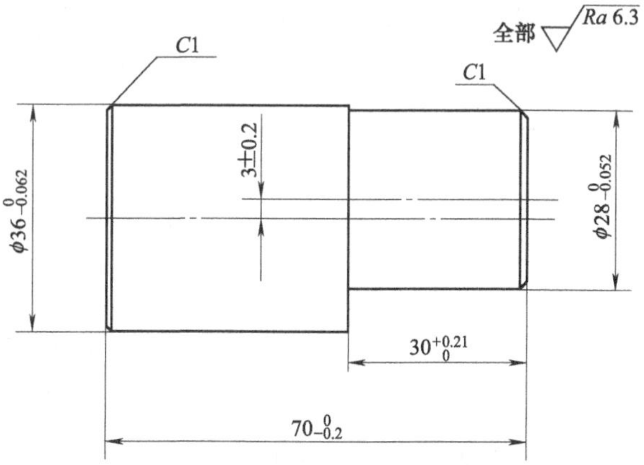

图 1-1　偏心轴类工件

### 1.1.2 任务分析

① 生产纲领：数量少或批量较大。

② 毛坯：材料为 45 钢，尺寸为 $\phi$40mm×73mm。

③ 结构分析：两段不同心的圆柱组成，各圆柱段有倒角，长度较短、偏心距较小。

④ 精度分析：只有外圆尺寸精度要求较高，无形位公差要求，表面粗糙度都要求不高，都为 $Ra$6.3mm。尺寸精度要求如下：偏心距（3 ± 0.2）mm，长度为 $70_{-0.2}^{\ 0}$mm、

$30^{+0.21}_{0}$ mm，外圆 $\phi 36_{-0.062}^{0}$ mm、$\phi 28_{-0.052}^{0}$ mm。

# 1.2 知识准备

## 1.2.1 机床夹具简介

在机械制造过程中，从广义上说，在工艺过程中的任何工序，用来迅速、方便、安全地安装工件的装置，都可称为夹具。在金属切削机床上使用的夹具统称为机床夹具。

夹具可以达到保证产品质量、改善劳动条件、提高劳动生产率及降低成本的目的，是一种保证产品质量、加速工艺过程的工艺装备。在不同的工艺过程中所使用的夹具也不同，夹具分为机械加工中用的机床夹具，焊接过程中用于拼焊的焊接夹具，装配过程中用的装配夹具以及检验过程中用的检验夹具等。不同的夹具，其结构形式、作用情况、设计原则都不相同，但就其数量和在生产中所占的地位来说，应以机床夹具为首。

机床夹具可准确、迅速地确定工件与机床、刀具间的相对位置，即将工件定位及夹紧，以完成加工所需要的相对运动。所以，机床夹具就好比机床的双手，是用来固定加工对象，使之占有正确加工位置的工艺装备，以后简称为夹具。

如图 1-2 所示为机床夹具的实物：图 1-2（a）是三爪卡盘，图 1-2（b）是平口钳，图 1-2（c）是壳体零件加工机床专用夹具。

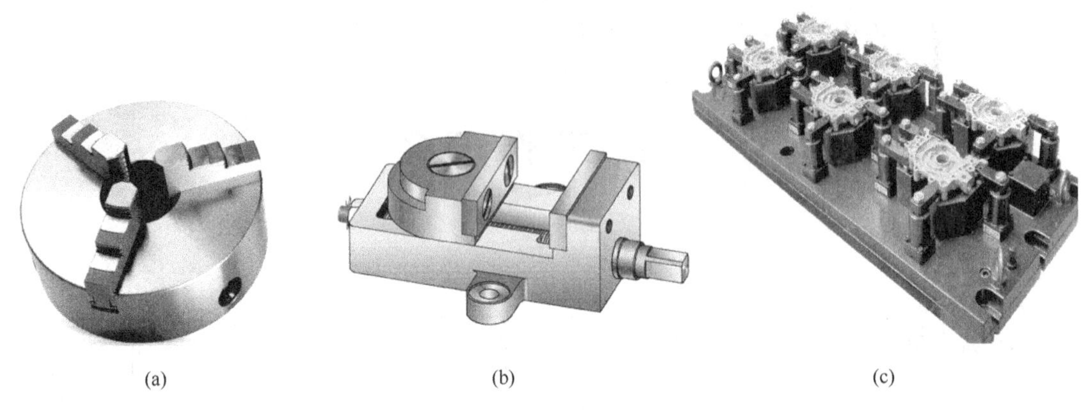

(a)　(b)　(c)

图 1-2　机床夹具实物

在现代生产中，机床夹具是一种不可缺少的工艺装备，它直接影响加工的精度、劳动生产率和产品的制造成本等，故机床夹具设计在企业的产品设计和制造以及生产技术准备中占有极其重要的地位，因而机床夹具设计是一项重要的技术工作。

## 1.2.2 机床夹具作用与功能

图 1-3 为钻床夹具，用以钻工件［图 1-3（a）］上的小孔 $\phi$10.7。夹具结构如图 1-3（b）所示，以定位法兰 3 和定位键 4 为工件提供定位基准依据，保证了钻套 5 的轴线相对于心轴的对称度、垂直度，从而保证被加工孔相对工件内孔的位置精度；夹具保证钻套轴线相对定位法兰端面定位的距离，从而保证被加工小孔在工件上的轴向尺寸要求。手柄与钩形垫圈 1 和螺杆 2 及压紧螺母 9 一起组成夹紧机构，可以快速地对工件进行装卸。由于是单孔加工，且孔径较小，钻孔可以在小型台钻上进行。

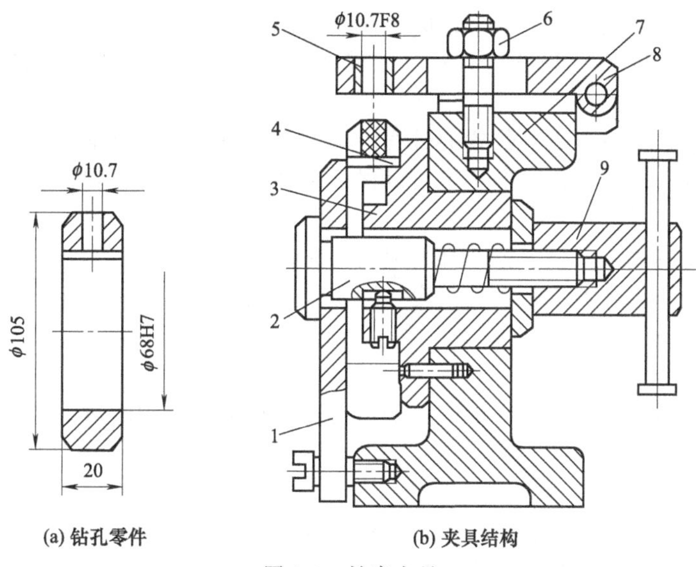


(a) 钻孔零件　　(b) 夹具结构

图 1-3　钻床夹具

1—钩形垫圈；2—螺杆；3—定位法兰；4—定位键；5—钻套；6—螺母；7—夹具体；8—钻模板；9—压紧螺母

### 1.2.2.1　作用

通过图 1-3 所示的为专供加工轴套零件上 $\phi$10.7 径向孔的钻床夹具，可知机床夹具有以下几个作用：

(1) 保证加工精度

工件在夹具中的正确定位，是通过工件上的定位基准面与夹具上的定位元件相接触而实现的，不再需要校正便可将工件定位。用机床夹具装夹工件时，能稳定地保证加工精度，并减少对其他生产条件的依赖性，故在精密加工中广泛地使用夹具，并且它还是全面质量管理的一个重要环节。

(2) 提高劳动生产率

使用机床夹具后，能使工件迅速地定位和夹紧，并能够显著地缩短辅助时间和基本时间，提高劳动生产率。

(3) 改善工人的劳动条件

用机床夹具装夹工件方便、省力、安全。当采用气压、液压等夹紧装置时，可减轻工人的劳动强度，保证安全生产。

(4) 降低生产成本

在批量生产中使用机床夹具，由于劳动生产率的提高和允许使用技术等级较低的工人操作（装夹基本上不受工人技术水平的影响），可明显地降低生产成本。

(5) 保证工艺纪律

在生产过程中使用机床夹具，可确保生产周期、生产调度等工艺秩序。例如，机床夹具设计往往也是工程技术人员解决高难度零件加工的主要工艺手段之一。

(6) 扩大机床工艺范围

这是在生产条件有限的企业中常用的一种技术改造措施。如在车床上拉削、深孔加工等，也可用机床夹具装夹以加工较复杂的成形面。

### 1.2.2.2　功能

在机床上加工工件时，必须用夹具装好夹牢工件。将工件装好，就是在机床上确定工件相对于刀具的正确位置，这一过程称为定位。将工件夹牢，就是对工件施加作用力，使之在已经定好的位置上将工件可靠地夹紧，这一过程称为夹紧。从定位到夹紧的全过程，称为装夹。机床夹具的主要功能就是完成工件的装夹。工件装夹的情况好坏，将直接影响工件的加工精度。通过图 1-3 钻床夹具这个实例，可知机床夹具装夹有以下几个功能：

（1）定位

确定工件在夹具中占有正确位置的过程。定位是通过工件定位基准面与夹具定位元件的定位面接触或配合实现的。正确的定位可以保证工件加工面的尺寸和位置精度要求。

（2）夹紧

工件定位后将其固定，使其在加工过程中保持定位位置不变的操作。由于工件在加工时，受到各种力的作用，若不将工件固定，则工件会松动、脱落。因此，夹紧为工件提供了安全、可靠的加工条件。

（3）对刀

调整刀具切削刃相对工件或夹具的正确位置。如铣床夹具中的对刀块，它能迅速地确定铣刀相对于夹具的正确位置。

（4）导向

如钻床夹具中的钻模板和钻套，能迅速地确定钻头的位置，并引导其进行钻削。导向元件制成模板形式，故钻床夹具常称为钻模。镗床夹具（镗模）也具有导向功能。

（5）其他功能

根据加工需要，如加工有一定角度要求的孔系、槽或多面体等，需要分度功能；有些夹具还会采用辅助零件和辅助装置，如传动装置提供动力传动功能等。

## 1.2.3　机床夹具组成

### 1.2.3.1　基本组成部分

（1）定位元件

定位元件的作用是使工件在夹具中占据正确的位置，是夹具的主要功能元件之一。通常，当工件定位基准面的形状确定后，定位元件的结构也就基本确定了。如图 1-3 夹具上定位法兰 3 端面及定位键 4 都是定位元件，通过它们使工件在夹具中占据正确的位置。定位元件的定位精度直接影响工件加工的精度。

（2）夹紧装置

夹紧装置的作用是将工件压紧夹牢，保证工件在加工过程中受到外力（切削力等）作用时不离开已经占据的正确位置。也是夹具的主要功能元件之一。图 1-3 中的钩形垫圈 1、螺杆 2、压紧螺母 9 就组成了夹紧装置。通常，夹紧装置的结构会影响夹具的复杂程度和性能。它的结构类型很多，设计时应注意选择。

（3）夹具体

夹具体是机床夹具的基础件，是夹具的基体骨架，通过它将夹具的各种装置和元件连接成一个整体，如图 1-3 中的零件 7 是夹具体。常用的夹具体为铸件结构、锻造结构、焊接结构，形状有回转体形和底座形等多种。定位元件、夹紧装置等分别分布在夹具体的不同位置。

### 1.2.3.2　其他组成部分

为满足夹具的其他功能要求，还要为夹具设计其他的元件或装置。

（1）连接元件

连接元件是确定夹具在机床上正确位置的元件。根据机床的工作特点，夹具在机床上的安装连接常有两种形式：一种是安装在机床工作台上，另一种是安装在机床主轴上。如图 1-3 中夹具体 7 的底面为安装基面，保证了钻套 5 的轴线垂直于钻床工作台以及定位法兰 3 的轴线平行于钻床工作台。因此，夹具体可兼作连接元件。车床夹具所使用的过渡盘、铣床夹具所使用的定位键都是连接元件。

（2）对刀与导向装置

对刀与导向装置的功能是确定刀具的位置。

对刀装置常见于铣床夹具中，用对刀块可调整铣刀加工前的位置。对刀时，铣刀不能与对刀块直接接触，以免碰伤铣刀的切削刃和对刀块的工作表面。通常，在铣刀和对刀块对刀表面间留有空隙，并且用塞尺进行检查，以调整刀具，使其保持正确的位置。

导向装置主要是指钻模的钻模板、钻套，镗模的镗模支架、镗套。它们能确定刀具的位置，并引导刀具进行切削。如图1-3中钻套5和钻模板8组成导向装置，确定了钻头轴线相对于定位元件的正确位置。

（3）其他元件或装置

根据加工需要，有些夹具还会采用辅助零件和辅助装置，如传动装置，为夹具机动夹紧时提供动力的装置，常用的有气压传动、液压传动、电机传动和电磁传动等；分度装置，使工件在一次安装中能完成数个工位的加工，有回转分度装置和直线移动分度装置两类。前者主要用于加工有一定角度要求的孔系、槽或多面体等；后者主要用于加工有一定距离要求的孔系和槽等。

还有靠模装置、上下料装置、工业机器人、顶出器和平衡块等，这些元件或装置也需要专门设计。图1-4表示了工件与夹具各组成部分及工件通过夹具组成部分与机床、刀具间相互关系。

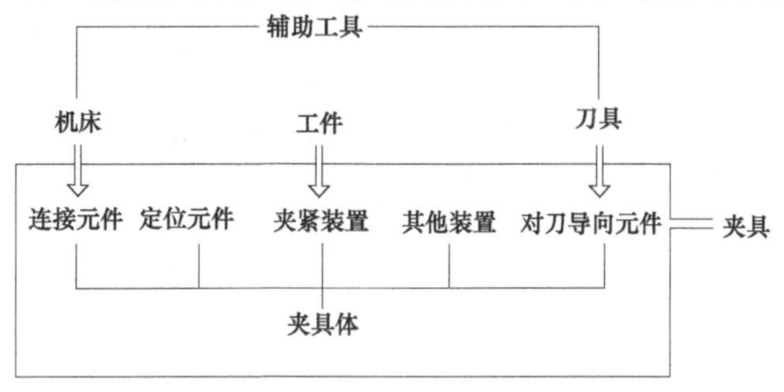


图1-4　工件与夹具各组成部分及工件通过夹具、组成部分与机床、刀具间的相互关系

## 1.2.4　机床夹具分类

随着机械制造业的发展，机床夹具的种类日趋繁多。机床夹具一般可按应用范围、夹具动力源、使用机床来分类，如图1-5所示。

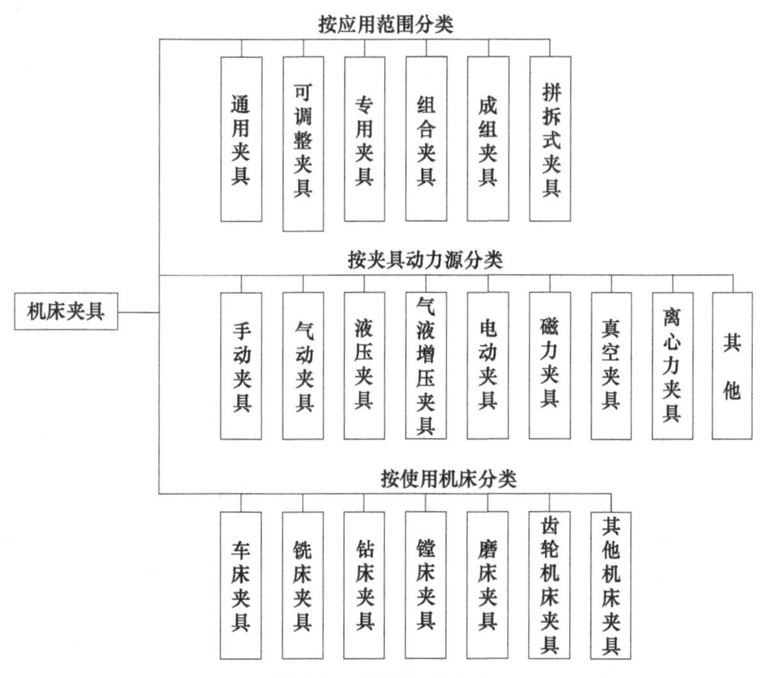


图1-5　机床夹具分类

### 1.2.4.1 按应用范围分类

（1）通用夹具

图 1-6 通用夹具中的万能分度头

通用夹具是指已经标准化的，在一定范围内可用于加工不同工件的夹具。例如，图 1-2（a）所示的三爪卡盘，图 1-6 所示的万能分度头等。这些夹具已作为机床附件由专门工厂制造供应，只需选购即可，有较广的适用性。

采用这类夹具可以缩短生产准备周期，减少夹具品种，从而降低生产成本。其缺点是夹具的加工精度不高，生产率也较低，且较难装夹形状复杂的工件，故适用于单件小批量生产。

（2）专用夹具

专用夹具是针对某一工件某一工序的加工要求而专门设计和制造的夹具，如图 1-7 所示。其特点是针对性极强，没有通用性。在产品相对稳定、批量较大的生产中，常用各种专用夹具，可获得较高的生产率和加工精度。当工件形状特殊，难于直接在机床上安装，或加工要求高于机床精度时，即使单件生产也需要采用专用夹具。专用夹具的设计制造周期较长，随着现代多品种，中、小批生产的发展，专用夹具在适应性和经济性等方面已产生许多问题。比如，专用夹具无法满足产品柔性化生产需要，在多品种生产的企业中，大概每隔 4 年就要更新 80％左右的专用夹具，而夹具的实际磨损量仅为 15％左右。

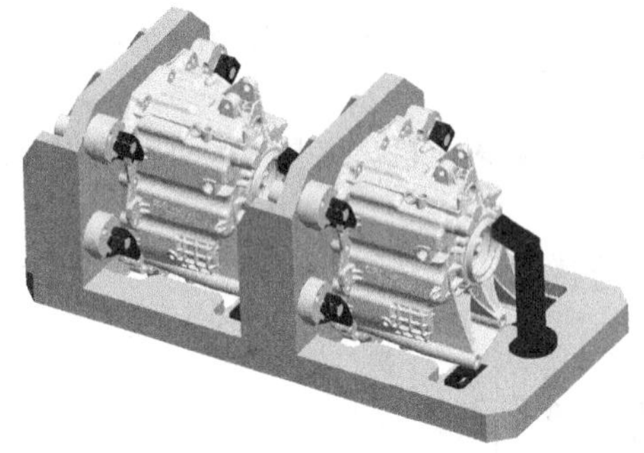

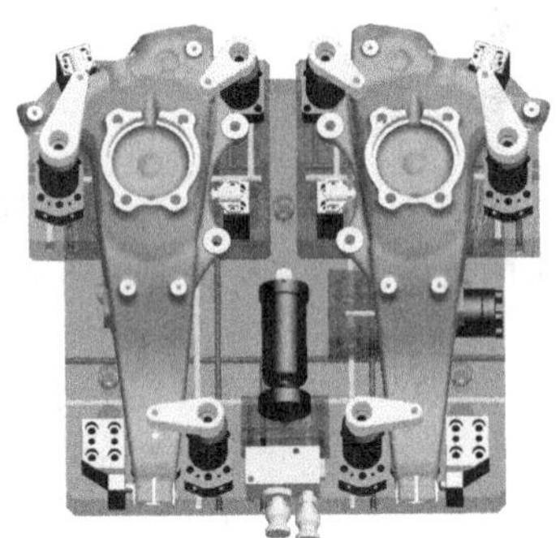

图 1-7 一些零件加工专用夹具

（3）可调夹具

可调夹具是针对通用夹具和专用夹具的缺陷而发展起来的一类新型夹具，如图 1-8 所示。具有可以更换或调整元件的专用夹具加工完一种工件后，经过调整或更换个别元件即可用于加工另外一种工件，常用于多品种、小批量生产中加工形状相似、尺寸相近和定位基准相似的一组工件。它一般又分为通用可调夹具和成组夹具两种。前者加工对象不很明确，通用范围比通用夹具更大更广；后者则是一种专用可调夹具，是在成组加工技术基础上发展起来的一类夹具，它根据成组加工工艺的原则，针对一组形状相近的零件专门设计的，也是具有通用基础

图 1-8 数控通用可调夹具

件和可更换调整元件组成的夹具。其特点是夹具的部分元件可以更换，部分装置可以调整，以适应不同零件的加工。这类夹具从外形上看，它和可调夹具不易区别。但它与可调夹具相比，具有使用对象明确、设计科学合理、结构紧凑、调整方便等优点，在多品种，中、小批生产中使用有较好的经济效果。

（4）组合夹具

组合夹具是一种模块化的夹具，标准的模块元件有较高的精度和耐磨性，可组装成各种夹具，夹具用毕即可拆卸，留待组装新的夹具，如图1-9所示。由于使用组合夹具可缩短生产准备周期，元件能重复多次使用，并具有可减少专用夹具数量等优点，因此组合夹具在单件，中、小批多品种生产和数控加工中是一种较经济的夹具。常用于新产品试制和产品经常更换的单件小批生产，以及临时性任务，组合夹具也已商品化。

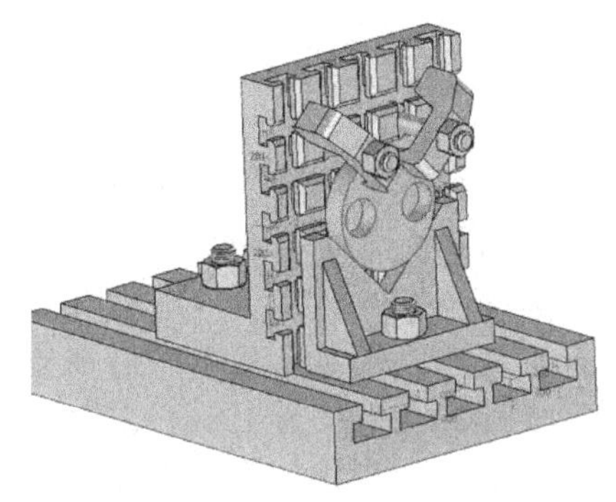
(a) 槽系组合夹具

(b) 孔系组合夹具

图1-9 组合夹具

除以上分类外，还有自动化生产用夹具。自动化生产用夹具主要分自动线夹具和数控机床用夹具两大类。自动线夹具一般分为两种：一种为固定式夹具，它与专用夹具相似；另一种为随行夹具，使用中夹具随着工件一起运动，并将工件沿着自动线从一个工位移至下一个工位进行加工。加工中心用夹具和柔性制造系统用夹具属数控机床夹具范畴。随着制造的现代化，在企业中数控机床夹具的比例正在增加，以满足数控机床的加工要求。数控机床夹具的典型结构是拼装夹具，它是利用标准模块组装成的夹具。

#### 1.2.4.2 按夹具动力源分类

根据驱动夹具夹紧的动力源不同，可将夹具分为手动夹具和机动夹具两大类。为减轻劳动强度和确保安全生产，手动夹具应有扩力机构与自锁性能。常用的机动夹具有气动夹具、液压夹具、气液增压夹具、电动夹具、磁力夹具、真空夹具和离心力夹具等。

机动夹具是用液压、气动元件代替机械零件实现对被加工工件的定位、支撑与夹紧的专用夹具。主要适用于高效率、大批量、高精度的生产加工。如图1-10所示。

#### 1.2.4.3 按使用机床分类

由于使用夹具的各类机床，其工作特点和结构形式不同，对夹具的结构相应地提出不同要求。因此可按所适用的机床把夹具分为车床夹具、铣床夹具、钻床夹具、镗床夹具、磨床夹具、齿轮机床夹具和其他机床夹具等类型（详见项目6～10）。

### 1.2.5 机床夹具现状及发展方向

#### 1.2.5.1 现状

夹具最早出现在18世纪后期。随着科学技术的不断进步，夹具已从一种辅助工具发展

(a) 液压夹具应用实例

(b) 气动夹具应用实例

图 1-10 机动夹具

成为门类齐全的工艺装备。

国际生产研究协会的统计表明，目前中、小批多品种生产的工件品种已占工件种类总数的 85%左右。现代生产要求企业所制造的产品品种经常更新换代，以适应市场的需求与竞争。然而，一般企业都仍习惯于大量采用传统的专用夹具，一般在具有中等生产能力的工厂里，约拥有数千甚至近万套专用夹具；另外，在多品种生产的企业中，每隔 3～4 年就要更新 50%～80%专用夹具，而夹具的实际磨损量仅为 10%～20%。特别是近年来，数控机床、加工中心、成组技术、柔性制造系统（FMS）等加工技术的应用，对夹具提出了如下要求：

① 能迅速而方便地装备新产品的投产，以缩短生产准备周期，降低生产成本；

② 能装夹一组具有相似性特征的工件；

③ 能适用于精密加工的高精度机床夹具；

④ 能适用于各种现代化制造技术的新型机床夹具；

⑤ 采用以液压站等为动力源的高效夹紧装置，以进一步减轻劳动强度和提高劳动生产率；

⑥ 提高夹具的标准化程度。

#### 1.2.5.2 发展方向

现代机床夹具的发展方向主要表现为标准化、精密化、高效化和柔性化四个方面。

（1）标准化

夹具的标准化与通用化是相互联系的两个方面。先进行夹具元件和部件的通用化，建立类型尺寸系列或变型，以减少功能用途相近的夹具元件和部件的型式，去除一些功能低劣的结构。夹具的标准化是通用化的深入。目前我国已有夹具零件及部件的国家标准：GB/T 2148～GB/T 2259 以及各类通用夹具、组合夹具标准等。机床夹具的标准化，有利于夹具的商品化生产，有利于缩短生产准备周期，降低生产总成本。

（2）精密化

随着机械产品精度的日益提高，势必相应提高了对夹具的精度要求。精密化夹具的结构类型很多，例如用于精密分度的多齿盘，其分度精度可达±0.1″；用于精密车削的高精度三爪自定心卡盘，其定心精度为 5μm。

（3）高效化

高效化夹具主要用来减少工件加工的基本时间和辅助时间，以提高劳动生产率，减轻工人的劳动强度。常见的高效化夹具有自动化夹具、高速化夹具和具有夹紧力装置的夹具等。

例如，在铣床上使用电动虎钳装夹工件，效率可提高5倍左右；在车床上使用高速三爪自定心卡盘，可保证卡爪在试验转速为9000r/min的条件下仍能牢固地夹紧工件，从而使切削速度大幅度提高。目前，除了在生产流水线、自动线配置相应的高效、自动化夹具外，在数控机床上，尤其在加工中心上出现了各种自动装夹工件的夹具以及自动更换夹具的装置，充分发挥了数控机床的效率。

(4) 柔性化

夹具的柔性化与机床的柔性化相似，它是指夹具通过调整、组合等方式，以适应工艺可变因素的能力。工艺的可变因素主要有：工序特征、生产批量、工件的形状和尺寸等。具有柔性化特征的新型夹具种类主要有：组合夹具、通用可调夹具、成组夹具、模块化夹具、数控夹具等。为适应现代机械工业多品种、中小批量生产的需要，扩大夹具的柔性化程度，改变专用夹具的不可拆结构为可拆结构，发展可调夹具结构，将是当前机床夹具发展的主要方向。

## 1.2.6 机床夹具设计特点和内容

### 1.2.6.1 机床夹具设计特点

机床夹具设计与其他装备设计有较大的差别，主要表现在以下五个方面：

① 设计夹具的精度必须比工件的加工精度高2～3个等级。使用夹具最根本的目的就是保证工件的加工精度，只有精度保证了，才有夹具设计的可能。

② 夹具设计一般一次成功。因为一般情况下，夹具都是单件设计和制造，没有条件和机会重复进行，所以设计时一定要谨慎，熟悉夹具结构及制造方法，保证夹具设计一次成功。

③ 较短的设计和制造周期。产品的品种多而且更新换代很快，只有缩短制造周期，企业才能在竞争的市场中胜出。因此，夹具设计必须设法缩短生产准备周期。

④ 低成本设计。夹具必须低成本设计，以降低生产成本。设计夹具不仅是一个技术问题，还是一个经济问题，每当设计夹具时，一般都要进行必要的技术经济分析，使所设计的夹具获得最佳的经济效益。

⑤ 夹具与操作者的关系特别密切，设计前一定参考具体的生产条件和操作习惯。

### 1.2.6.2 机床夹具设计的考虑

机床夹具设计主要考虑以下八大问题：

① 工件定位的稳定性和可靠性。

② 足够的承载或夹持力度以保证工件在夹具上进行的加工过程。

③ 装夹过程中的简单与快速操作，注意夹具整体的敞开性。

④ 易损零件可以快速更换（特别是定位元件，磨损严重），条件充分时最好不需要使用其他工具进行。

⑤ 夹具在调整或更换过程中重复定位的可靠性。每套夹具都要经历无数次的定位、夹紧、松开的动作，好的设计应该经得起时间的锤炼，保持精度及可靠性。

⑥ 尽可能避免结构复杂、成本昂贵，最好不要设计较大零件。

⑦ 尽可能选用标准件作为组成零件。

⑧ 形成企业内部产品的系列化和标准化。

比起设计机床，机床夹具设计就让人感觉简单多了，结构单一，尤其现在液压夹紧装置的使用，使其原有的机械结构大大简化，但是如果设计过程中不加以详细考虑，必然会出现不必要的麻烦。如：机床的加工空间的有限性，夹具空间往往被设计得比较紧凑，就会忽略在加工过程产生的铁屑会在夹具死角处存积。如果夹具排屑不畅通，给以后加工会带来很多麻烦。所以在设计之初就应考虑加工过程中出现的问题，毕竟夹具是以提高效率、方便操作为本的。

#### 1.2.6.3 机床夹具设计内容

① 工件的定位设计。包括选定定位基准和定位方式，定位元件选择与设计，定位误差分析和计算，看能否满足工件的加工精度要求。

② 工件的夹紧设计。夹紧力三要素的确定，选用或设计各种基本夹紧机构、联动夹紧机构、定心夹紧机构等，选用或设计夹具动力装置。

③ 夹具体设计。主要设计其类型和结构。

④ 其他组成部分设计。如：连接元件、分度装置、对刀或导向装置设计。

上述前两个内容是教学的重点内容。通过学习通用夹具选用与设计以及具体各机床夹具实践设计，分别掌握钻、铣、车、镗床夹具设计。

#### 1.2.6.4 课程培养的能力

学习了机床夹具设计这门课程，应有以下能力：

① 掌握机床夹具的基础理论知识以及设计计算方法，能对机床夹具进行结构和精度分析。

② 会查阅有关机床夹具设计的标准、手册、图册等资料。

③ 掌握机床夹具设计的方法，具有设计一定复杂程度夹具的能力。

# 1.3 任务实施

## 1.3.1 工作任务实施

我们现在再回头看图 1-1 所示偏心轴工件。

(1) 零件分析

前面已对图 1-1 所示的偏心轴工件进行了结构分析和精度分析。偏心轴类工件一般由几段不同心的圆柱组成，各圆柱段包括倒角及倒圆。一般偏心轴类工件的主要技术要求如下：外圆的尺寸精度、表面粗糙度和圆度要求；偏心圆之间的偏心距要求；轴线与端面的垂直度要求。

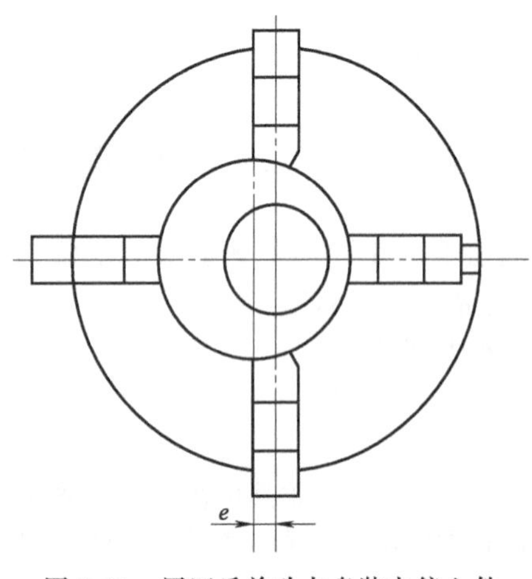


图 1-11 用四爪单动卡盘装夹偏心件

(2) 任务描述问题①的实施

当加工数量少而精度要求不是很高的偏心工件，选用四爪单动卡盘安装，用划线的方法找出偏心轴（孔）轴线，然后按划线找正加工，如图 1-11 所示。

划线时，可先将划线表面涂有显示剂的工件安放在 V 形铁中，然后用游标高度尺找出中心，记录尺寸。再把游标高度尺移动一个偏心距离，并在工件四周和两端面上划出偏心线，如图 1-12 所示，图中的 $Oa$ 即是偏心距。最后，在偏心线四周及点 $a$ 打上样冲眼，以防线条擦掉而失去依据。偏心中心孔一般在钻床上加工，偏心距要求较高的中心孔可在坐标镗床上加工。

(3) 任务描述问题②的实施

当加工精度要求较高的偏心工件，如按划线找正加工，显然是达不到精度要求的，此时须用百分表找正，可使偏心距误差控制在 0.02mm 以内，由于受百分表测量范围的限制，所以它只能适于偏心距为 5mm 以下的工件找正。

① 预调卡盘爪，使其中两爪呈对称布置，另两爪呈不对称布置，其偏离主轴中心的距离大致等于工件的偏心距 $e$，如图 1-11 所示。

② 装夹工件时，先用划线初步找正工件。

③ 用百分表找正，使偏心轴线与车床主轴轴线重合。如图 1-13 所示，找正点 $a$ 用卡爪调整，找正点 $b$ 用木槌或铜棒轻击。

④ 校正偏心距，将百分表杆触头垂直接触工件外圆上，并使百分表压缩量为 0.5～1mm，用手缓慢转动卡盘使工件转一周，百分表指示处读数的最大值和最小值之差的一半即为偏心距。按此方法校正使 $a$、$b$ 两点的偏心距基本一致，并在图样规定的公差范围（±0.2mm）内。

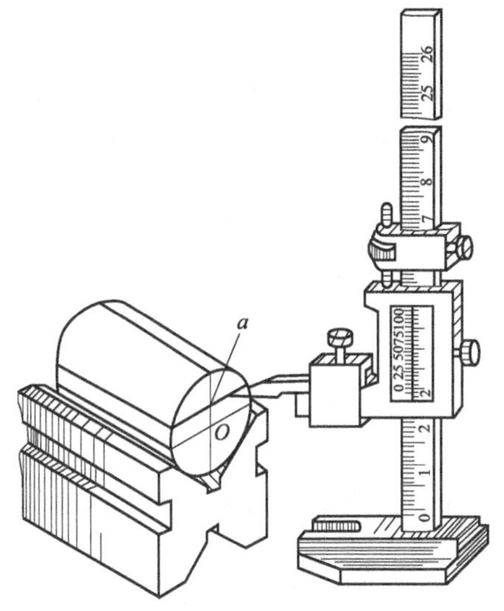

图 1-12 在 V 形铁上划偏心线的方法

⑤ 将四爪均匀地夹紧一边，检查确认偏心圆线和侧素线在夹紧时没有位移。

⑥ 复查偏心距，当还剩 0.5mm 左右精车余量时，可按图 1-14 所示的方法复查偏心距。将百分表杆触头垂直接触工件外圆上，用手缓慢转动卡盘使工件转一周，检查百分表指示处读数的最大值和最小值之差的一半是否在±0.2mm 范围内。若偏心距超差，则略微夹紧相应卡盘即可。

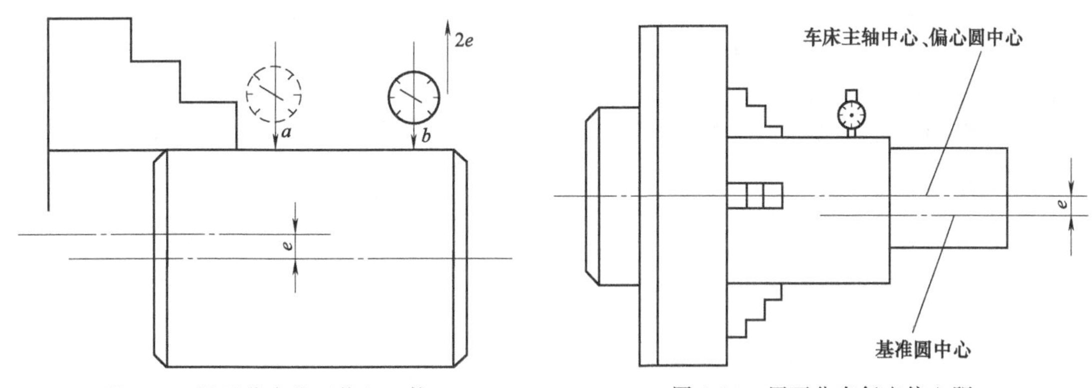


图 1-13 用百分表找正偏心工件　　图 1-14 用百分表复查偏心距

四爪校正的注意事项：

① 注意杠杆百分表的换向位置和用表安全。在测量过程中，一般量程应取中间值，并应防止测量值变动。

② 在单独校正垂直度和对称度后，应综合复查，以防相互干扰，影响精度。

③ 在校正时，应注意基面统一，否则会产生积累误差而影响精度。

④ 用四爪装夹时需垫铜片，校正时以铜棒轻敲，敲击校正不了时，可通过稍微移动铜片轴向位置，通过改变受力点的方法校正。

⑤ 校正工件时，主轴应放在空挡位置。工件校正后，四爪的夹紧力要基本一致。调整时不能同时松开两只卡爪，以防工件掉下。

(4) 任务描述问题③的实施

当加工偏心轴的批量较大，而且精度要求较高，就需要夹具设计了。这里介绍简单的夹具设计。

① 夹具设计 1：垫片　设计一块垫片，用三爪自定心卡盘安装、车削偏心工件。在三爪的任意一个爪与工件接触面之间，垫上设计好的一定厚度的垫片，使工件轴线相对于车床主轴轴线产生的位移等于工件的偏心距，如图 1-15 所示。

垫片厚度计算。垫片厚度可按下式计算：

$$x=1.5e\pm1.5\Delta e$$

式中　$x$——垫片厚度，mm；

$e$——要求的偏心距，mm；

$\Delta e$——试切后，实测偏心距误差，mm。实测结果比要求的大就取负号，反之就取正号。

注意事项如下：

a. 应选用硬度较高的材料做垫块，以防止在装夹时发生挤压变形。垫块与卡爪接触的一面应做成与卡爪圆弧相同的圆弧面，否则接触面会产生间隙，造成偏心距误差。

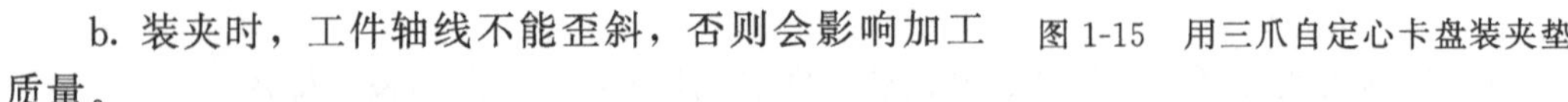

b. 装夹时，工件轴线不能歪斜，否则会影响加工质量。

图 1-15　用三爪自定心卡盘装夹垫片

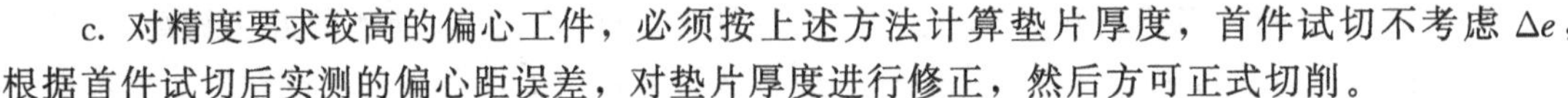

c. 对精度要求较高的偏心工件，必须按上述方法计算垫片厚度，首件试切不考虑 $\Delta e$，根据首件试切后实测的偏心距误差，对垫片厚度进行修正，然后方可正式切削。

② 夹具设计 2：套　当加工偏心轴的批量较大，而且精度要求较高，设计一夹具套，再用三爪自定心卡盘安装此套来车削偏心工件，如图 1-16 所示。这种套用来装夹工件车偏心，其装夹效率比用四爪卡盘高 6～8 倍。

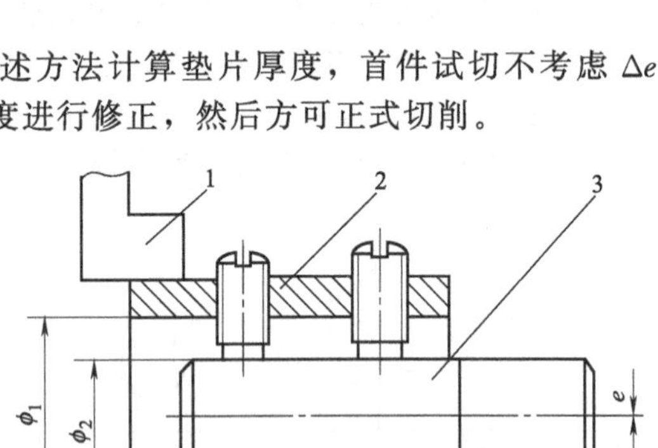


图 1-16　车削偏心工件示意图

1—三爪卡盘；2—夹具套；3—工件

夹具套的内径计算。夹具套的内径可按下式计算：

$$\phi_1=2e+\phi_2$$

式中　$\phi_1$——夹具套的内径，mm；

$e$——要求的偏心距，mm；

$\phi_2$——工件外圆直径，mm。

加工夹具套内径 $\phi_1$ 时，一定要注意内孔精度，以免影响工件的偏心距尺寸精度。

## 1.3.2　拓展实践

（1）零件分析

偏心轴零件图样如图 1-17 所示。$B$、$C$ 两处的外圆有同一方向的偏心，但偏心量不等，分别为 $p_1$ 和 $p_2$。

（2）夹具设计

专用夹具安装、车削偏心工件——用可调偏心卡头车偏心轴。

首先车好 $B$、$C$ 全部偏心外圆，并在轴的两头留 $\phi$50mm、长为 25mm 的工艺夹头，保证夹头中心线与 $A$ 基准同轴，且夹头的台阶面与 $A$ 基准垂直。把留在轴两端的工艺夹头 $\phi$50mm 铣出扁，扁厚为 42h6，每一个扁的两面平行且与 $A$ 基准中心对称，两头的扁平面也要平行，即扁的方向一致，这可用一次铣出两头扁的方法保证。然后按轴两端扁的尺寸做如图 1-18 所示的两个工艺卡头，在工艺卡头上铣出与轴两端扁尺寸相配的扁槽，槽宽为42H7，槽的两面与中心孔 $B5$ 的中心线对称，卡头的安装端面与中心孔的中心线垂直。在槽的对称两圆弧面上钻孔攻螺纹并拧两螺钉，保证扁槽的 $p_3$ 尺寸一定要大于轴的偏心距。

车偏心轴 $B$、$C$ 时，把两工艺卡头套在轴的两端扁上，调节工艺卡头上的螺钉就可以调节偏心量。为保证工艺卡头的中心线与偏心轴中心线平行，工艺卡头的端面必须贴紧在偏心轴的台阶面上。然后，双顶尖顶紧，卡盘夹持工件，用表测量偏心量的大小，不准确就调节螺钉，调整好一个偏心量后车一个偏心圆，然后再调出另一偏心量，车另一个偏心圆，直至车完所有不同偏心量的偏心圆。最后把铣扁的工艺卡头去掉。

对于方向相同的多个偏心圆的车削，使用工艺卡头简单、方便，偏心距精度高。

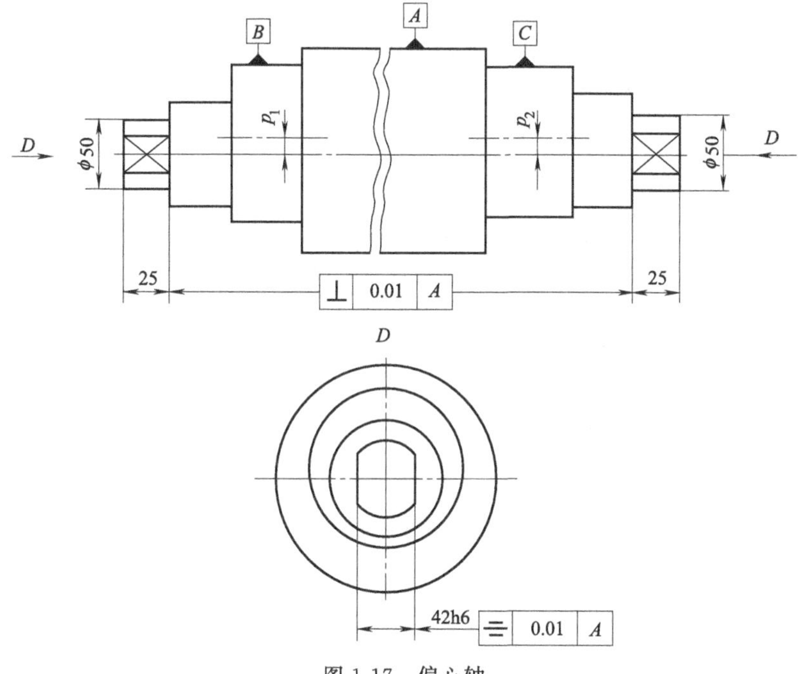


图 1-17　偏心轴

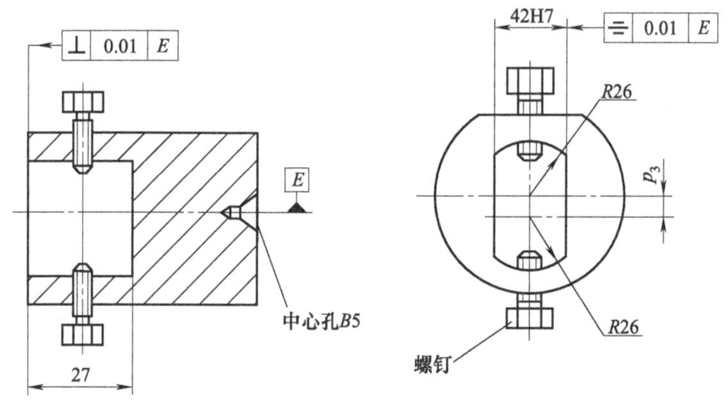


图 1-18　工艺卡头

## 项目小结

本项目介绍了机床夹具的功能、作用、组成、结构、分类、现状和发展方向。学生通过学习和完成工作任务，掌握上面介绍的各种机床夹具的特点，应能根据工件的形状、加工方式或生产纲领，正确选择机床夹具的目的。

## 实践任务

### 实践任务 1-1

| 专业 | | 班级 | | 姓名 | | 学号 | |
|---|---|---|---|---|---|---|---|
| 实践任务 | 复习本项目内容 | | | 评分 | | | |
| 实践要求 | | | | | | | |

**一、填空题**

1. 机床夹具对工件进行装夹包含两层含义，一是________、二是________。
2. 按某一种工件的某道工序的加工要求，由一套预先制造好的标准元件拼装成的“专用夹具”称为________夹具。
3. 机床夹具的基本组成部分有________、________和________。
4. 机床夹具按应用范围可分为________、________、________、________和自动化生产用夹具。
5. 机床夹具的作用有：保证加工精度、________、________、________和扩大机床工艺范围。

**二、选择题**

1. 铣床上用的分度头和各种虎钳是(　　)夹具。

A. 专用　　B. 组合　　C. 通用　　D. 随身

2. 机床夹具按(　　)分类，可分为液压夹具、气压夹具、手动夹具等。

A. 使用机床类型　B. 驱动夹具工作的动力源　C. 夹紧方式　D. 专门化程度

**三、判断题**(正确的打√，错误的打×)

1.(　　)装夹是指定位与夹紧的全过程。

2.(　　)组合夹具的特点决定了它不适用于产品经常变换的生产。

3.(　　)使用机床夹具不可改变或扩大原机床的功能。

4.(　　)专用夹具是针对某一工件某一工序的加工要求而专门设计和制造的夹具，其特点是针对性极强，还有通用性。

5.(　　)现代机床夹具的发展方向主要表现为标准化和精密化。

### 实践任务 1-2

| 专业 | | 班级 | | 姓名 | | 学号 | |
|---|---|---|---|---|---|---|---|
| 实践任务 | 认识机床夹具 | | | 评分 | | | |
| 实践要求 | 从下面图中任选一个夹具，谈谈机床装夹工件的优点、组成部分或元件，以及这些部分或元件起的作用。 | | | | | | |

项目 6　实践任务　图 6-7～图 6-16

项目 7　实践任务　图 7-3～图 7-12

项目 8　实践任务　图 8-2～图 8-12

项目 9　实践任务　图 9-2～图 9-5

## 实践任务 1-3

| 专业 | | 班级 | | 姓名 | | 学号 | |
|---|---|---|---|---|---|---|---|
| 实践任务 | 了解和展望机床夹具 | | | 评分 | | | |
| 实践要求 | 1. 根据本项目内容或上网查询,分组制作 PPT,介绍和演示各类机床夹具。<br>2. 谈谈所介绍的机床夹具在机械加工中有的功能和作用。<br>3. 谈谈所介绍的机床夹具装夹工件的优势。<br>4. 谈谈现代制造业对机床夹具的要求。<br>5. 谈谈机床夹具的发展方向。 | | | | | | |

各类机床夹具介绍题目(分组)

1. 车床夹具
2. 铣床夹具
3. 钻床夹具
4. 镗床夹具
5. 磨床夹具
6. 齿轮机床夹具
7. 线切割机床夹具
8. 组合夹具
9. 随行夹具
10. 数控机床夹具

# 项目2

# 通用夹具选用与设计

## 知识目标

1. 掌握平口钳结构和使用注意事项。
2. 掌握三爪卡盘结构和使用方法。
3. 掌握分度头工作原理和使用方法。
4. 了解其他通用夹具的使用方法。

## 能力目标

1. 根据零件工序加工要求，能正确选用其中一种通用夹具。
2. 根据简单盘套类零件工序加工要求，能设计简单心轴类通用夹具。

## 2.1 工作任务

### 2.1.1 任务描述

分析图 2-1 所示的燕尾导轨工件，对其燕尾进行加工，制作 5 件。请选择合适的机床夹具对工件进行装夹。如果制作多件，如 500 件，又该选用什么机床夹具了？

### 2.1.2 任务分析

对图 2-1 所示的燕尾导轨工件进行分析。

① 生产纲领：5 件，查附表 2，为单件生产。

② 毛坯：材料为 45 钢，尺寸为 80mm×50mm×30mm。

③ 结构分析：燕尾导轨是机床上的一种导轨（丝杠可带动工作台在导轨上滑动），这种导轨是燕尾形的，即像等腰梯形的形状，有角度，一般为 55°或 60°。

④ 精度分析：因燕尾导轨是作为导向零件用的，不但尺寸精度要求高，而且形位公差也要求高。各要求如下：尺寸精度（10±0.03)mm（2 处），(30±0.03)mm（1 处）；角度 60°±4′（2 处）；垂直度 0.04mm（2 处）；平面度 0.04mm（4 处）；平行度 0.04mm（2 处）；对称度 0.05（1 处）；表面粗糙度 $Ra$1.6mm（4 处）。

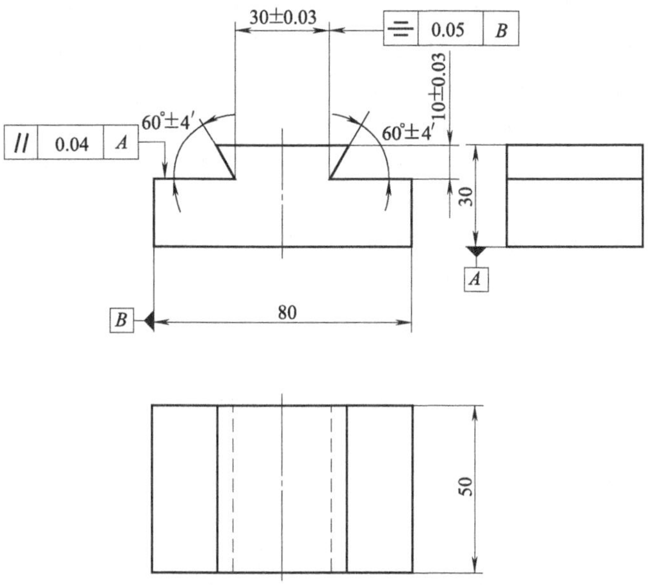

技术要求

1.各棱边允许倒钝 0.5mm;

2.各铣削平面的平面度 0.04mm;

3.工件材料:45钢;

4.工件数量:5。

图 2-1　燕尾导轨工件

# 2.2 知识准备

通用夹具是指结构、尺寸已标准化、规格化，在一定范围内可用于加工不同工件的夹具。这类夹具其结构已定型，尺寸、规格已系列化，其中大多数已成为机床的一种标准附件，包括如三爪卡盘、四爪卡盘、机用虎钳、分度头、回转工作台等。通用夹具能较好地适应加工工序和加工对象的变换，无须调整或稍作调整就可以用来装夹一定形状和尺寸范围的工件，有很大的通用性。

## 2.2.1 常用的通用夹具

### 2.2.1.1 平口钳

(1) 特点

平口钳又名机用虎钳，常用于安装小型工件，是利用螺杆或其他机构使两钳口作相对移动而夹持工件的通用夹具。

平口钳组成简练，结构紧凑，它是铣床、钻床的随机附件。平口钳的底座可以通过 T 型螺栓与机床工作台稳固连接，钳口可夹持体积较小、形状较规则的工件，进行切削加工。平口钳夹紧力度强，易于操作使用。内螺母一般采用较强的金属材料，使夹持力保持更大，一般都会带有底盘，底盘带有 180°刻度线可以 360°平面旋转。

(2) 结构和工作原理

平口钳由底座 1、钳身 2 和 5、钳口 3 和 4，以及使活动钳口移动的传动机构组成。如图 2-2 所示。

用扳手转动丝杠 9，通过螺母 7 带动活动钳身 5 移动，相对于固定钳身 2 前进或后退，形成对工件的夹紧与松开。活动钳身的直线运动是由螺旋运动转变的；工作表面是螺旋副、导轨副及间隙配合的轴和孔的摩擦面；活动钳身通过导轨与固定钳身的导轨孔作滑动配合；丝杠可以旋转，但不能轴向移动，并与螺母配合。

在固定钳身和活动钳身上，各装有钢质钳口，并用螺钉固定，钳口的工作面上制有交叉的网纹，使工件夹紧后不易产生滑动，且钳口经过热处理淬硬，具有较好的耐磨性。固定钳身装在回转底盘 12 上，并能绕回转底盘轴心线转动，当转到要求的方向时，扳动夹紧手柄 13，便可在夹紧盘的作用下把固定钳身 2 固紧。

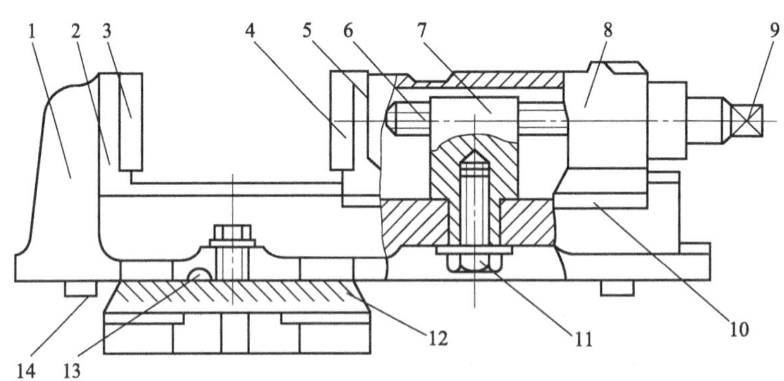


图 2-2 平口钳的结构图

1—底座；2—固定钳身；3—固定钳口；4—活动钳口；5—活动钳身；6—丝杠；7—螺母；8—活动座；9—丝杠；10—压板；11—紧固螺钉；12—回转底盘；13—夹紧手柄；14—定位键

(3) 分类

按使用的场合不同，有钳工虎钳和机用虎钳等类型。

钳工虎钳安装在钳工工作台上，供钳工夹持工件以便进行锯、锉等加工。钳工虎钳一般钳口较高，呈拱形，钳身可在底座上任意转动并紧固。

机用虎钳是一种机床附件，钳口宽而低，夹紧力大，精度要求高，一般安装在铣床、钻床、牛头刨床和平面磨床等机床的工作台上使用。平口钳的底座可以通过 T 形螺栓与铣床工作台稳固连接，钳口可夹持体积较小、形状较规则的工件。平口钳的规格一般以钳口的宽度来表示，常用的有 100mm、125mm、150mm 三种。

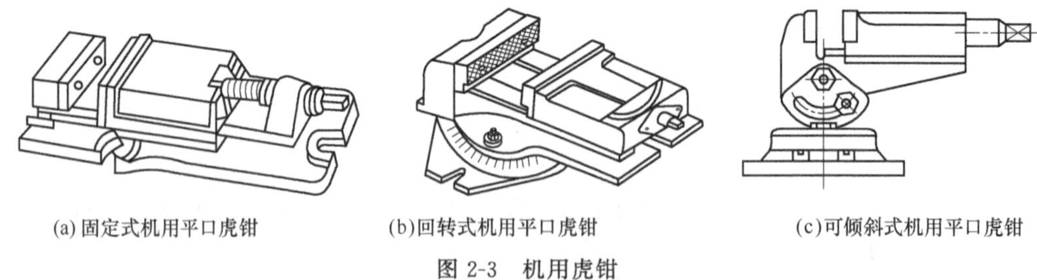

(a) 固定式机用平口虎钳　(b) 回转式机用平口虎钳　(c) 可倾斜式机用平口虎钳

图 2-3 机用虎钳

机用虎钳有多种类型，按精度可分为普通型和精密型；按结构还可分为带底座的回转式、不带底座的固定式和可倾斜式，如图 2-3 所示；按动力源可分为手动、气动、液压或偏心凸轮驱动式等，其中手动固定式和回转式应用最为广泛，适于装夹形状规则的小型工件。

机用虎钳的钳口可以制成多种形式，更换不同形式的钳口可扩大机用虎钳的使用范围，如图 2-4 所示。

(4) 装夹工件

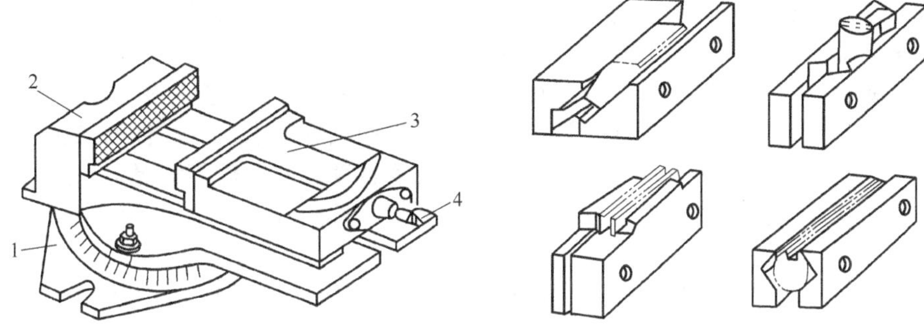


图 2-4 机用虎钳使用的不同形式的钳口

1—底座；2—固定钳身；3—活动钳身；4—回转盘

安装平口钳时，应用百分表校正固定钳口与工作台面的垂直度、平行度。

① 工件的被加工面必须高出钳口，否则就要用平行垫铁垫高工件。如图 2-5（a）所示圆柱形工件表面高出钳口。

② 为了能装夹得牢固，防止工件松动，必须把比较干整的平面贴紧在垫铁和钳口上。要使工件贴紧在垫铁上，应该一面夹紧，一面用手锤轻击工件的平面，光洁的平面要用铜棒进行敲击以防止敲伤光洁表面。强力作业时，应尽量使力朝向固定钳身。

③ 为了不使钳口损坏和保持已加工表面，夹紧工件时在钳口处垫上铜片。

④ 用手挪动垫铁以检查夹紧程度，如有松动，说明工件与垫铁之间贴合不好，应该松开平口钳重新夹紧。

⑤ 薄壁工件装夹时，工件需要支实，提高工件刚度。如图 2-5（b）所示装夹槽钢式薄壁工件，应用螺杆撑顶工件内腔，以免夹紧力使工件变形。

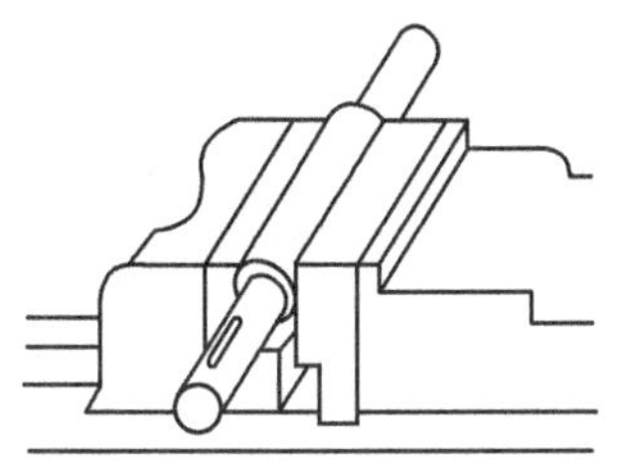

(a) 装夹圆柱形工件

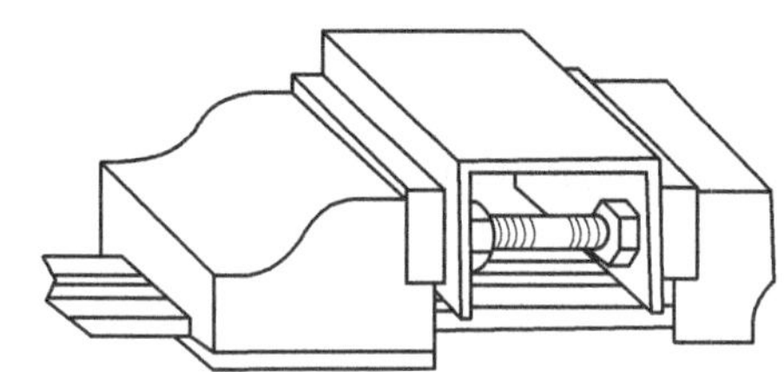

(b) 装夹槽钢式薄壁工件

图 2-5 平口钳装夹工件

对于较小的工件，常用平口钳装夹，对于较薄的工件，还常采用撑板压紧，如图 2-6 所示。其优点是便于进刀和出刀，可避免工件变形，夹紧可靠。

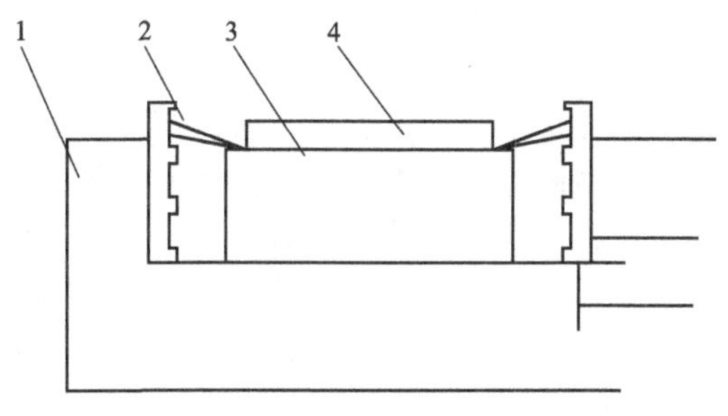


图 2-6 用撑板压紧

1—虎钳；2—撑板；3—垫板；4—工件

⑥ 对丝杠、螺母等活动表面应经常清洗、润滑，以防生锈。

### 2.2.1.2 三爪卡盘

（1）特点

三爪卡盘又称三爪自定心卡盘，其发明应用给机械零件制造的装夹带来前所未有的便捷和高效，因此在生产过程中得到广泛使用，是最常用的通用夹具。三爪卡盘最大的特点就是可以自动定心。它利用均布在卡盘体上的三个活动卡爪的同时径向移动，可以达到自动定心兼夹紧的目的，根据工件装夹部分确定工件的回转中心，把工件定位和夹紧。

三爪卡盘的自行对中精度一般为0.05～0.15mm。由于受到卡盘制造精度和使用后磨损情况的影响，三爪卡盘的定心精度不是很高，不适于同轴度要求高的工件的二次装夹。一般根据使用场合，在精车、磨削及使用万能分度头铣削精度较高零件等情况下，选用装夹精度较高的三爪卡盘，而在粗车和无形位精度要求的磨削、铣削等加工中，使用装夹精度较低的三爪卡盘。

三爪卡盘夹持范围大，装夹速度快，装夹方便，但它夹紧力较小，且不便于夹持外形不规则的工件。适宜于夹持圆形、正三角形或正六边形等回转类工件，亦可借助于筒夹夹持平面立体形状。在装夹较长的工件时，远离卡盘的一端中心可能和车床轴心不重合，需要用划线盘来校正工件的位置。

(2) 结构和工作原理

三爪卡盘由卡盘体1、三个活动卡爪4、三个小锥齿轮2和带有平面螺纹的大锥齿轮3啮合组成，如图2-7所示。大锥齿轮的背面有平面螺纹结构，三个卡爪等分安装在平面螺纹上。当用扳手通过四方孔转动圆周上的三个中的任一个小锥齿轮时，带动平面螺纹转动，从而带动三个卡爪一齐并同时向中心靠近或退出移动，由于三爪是同时动作的，可以达到自动定心兼夹紧的目的，起到自定心装夹工件作用。

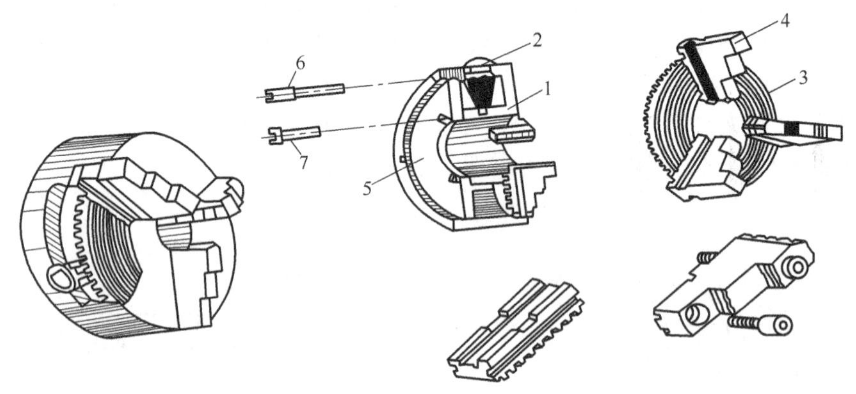


图2-7 三爪卡盘结构

1—卡盘体；2—小锥齿轮；3—大锥齿轮；4—卡爪；5—防尘盖板；6—定位螺钉；7—紧固螺钉

(3) 分类

三爪卡盘常见的有手动式和动力式。手动式就是前面所介绍的三爪卡盘。动力式卡盘又分为液压式和气压式。

动力式卡盘以气压或液压为动力，并利用气压或液压推动夹爪，由夹头本体止逆系统保持其夹持力，夹紧力的大小可通过调整系统的气压或液压进行控制，以适应棒料、盘类零件和薄壁套筒零件的装夹。动力卡盘动作灵敏、装夹迅速、方便，能实现较大压紧力，能提高生产率和减轻劳动强度。但夹持范围变化小，尺寸变化大时需重新调整卡爪位置。自动化程度高的数控车床经常使用动力卡盘，尤其适用于批量加工。

为了提高机床的生产效率，在机床主轴旋转时装卸工件。图2-8所示为一种不停车卡盘，要夹紧工件，可用扳手转动转轴12，通过其齿轮齿条11传动使导柱9轴向移动，经拨叉10、滑块8带动外滑套3作轴向移动，外滑套3上的内锥孔在移动中挤压钢球4，并通过内锥套5、挤压弹簧卡头7来夹紧工件。内锥套及调整环6可根据棒料毛坯的外径尺寸预调弹簧卡头的张口尺寸。为保证夹紧后外滑套的自锁，其内锥孔的斜角 $\alpha_1$ 应小于钢球与内锥

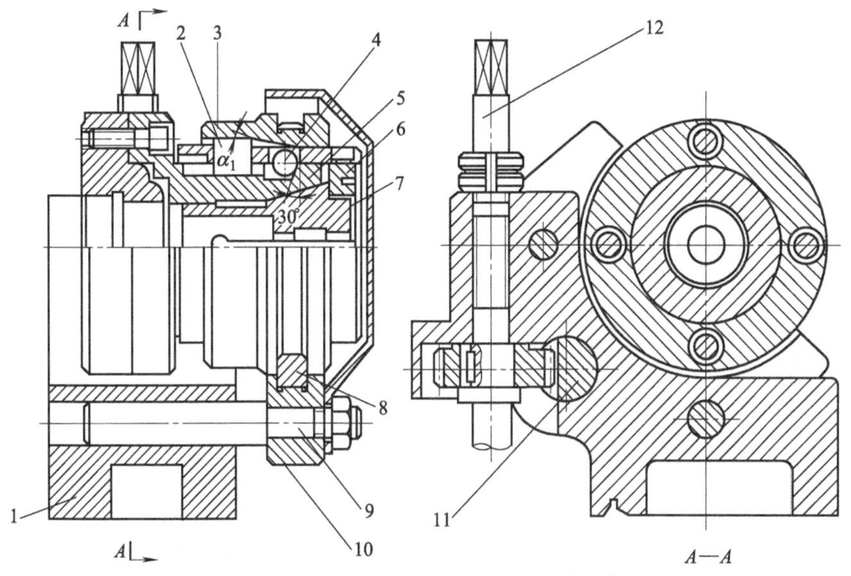


图 2-8 不停车卡盘

1—支座；2—键；3—外滑套；4—钢球；5—内锥套；6—调整环；7—弹簧卡头；8—滑块；9—导柱；10—拨叉；11—齿条；12—转轴

间的摩擦角。

这种结构通过拨叉、滑块的左右移动，实现了在主轴不停转的情况下，使弹簧卡头产生张口、缩口，实现松开、夹紧动作，大大提高装夹工作效率。如果在主轴后端装上棒料自动送料机构和凸轮自动松夹装置，就可以不停车地自动上料和夹紧。这种不停车卡盘在自动生产线上得到了广泛的应用。

（4）装夹工件

三爪卡盘安装在车床主轴或铣床回转工作台上，因经常装夹工件，卡爪遭受磨损，定心精度不高，工件上同轴度要求较高的表面，应尽可能在一次装夹中车出。用已加工过的表面做装夹面时，应包一层铜皮，以免损伤已加工表面。

为防止车削时因工件变形和振动而影响加工质量，工件在三爪自定心卡盘中装夹时，其悬伸长度不宜过长。如：工件直径≤30mm，其悬伸长度不应大于直径的3倍；若工件直径＞30mm，其悬伸长度不应大于直径的4倍。同时也可避免工件被车刀顶弯、顶落而造成打刀事故。

三个卡爪有正爪和反爪之分，当反装即成反爪，反爪可以安装较大直径的工件。装夹工件如图2-9所示。当直径较小时，工件置于三个长爪之间装夹，如图2-9（a）所示，可将三个卡爪伸入工件内孔中利用长爪的径向张力装夹盘、套、环状零件，如图2-9（b）所示。

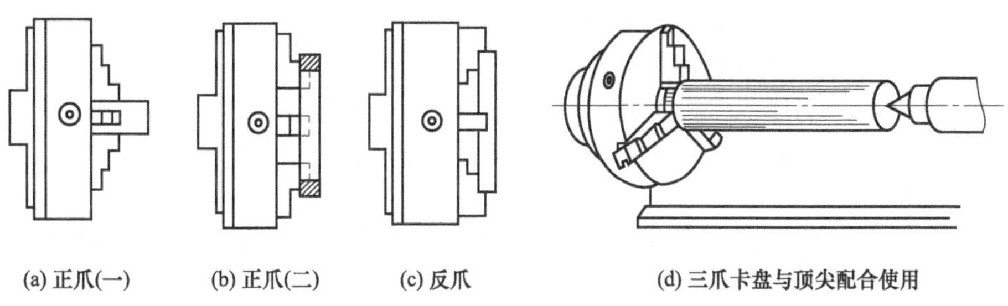

(a) 正爪(一)　(b) 正爪(二)　(c) 反爪　(d) 三爪卡盘与顶尖配合使用

图 2-9 用三爪卡盘装夹工件的方法

当工件直径较大，用正爪不便装夹时，可将三个正爪换成反爪进行装夹，如图 2-9（c）所示。当工件长度大于 4 倍直径时，应在工件右端用尾架顶尖支撑，如图 2-9（d）所示。用三爪卡盘安装工件，可按下列步骤进行：

① 工件在卡爪间放正，轻轻夹紧。

② 放下安全罩，开动机床，使主轴低速旋转，检查工件有无偏摆，若有偏摆应停车，用小锤轻敲校正，然后紧固工件。紧固后，必须取下扳手，并放下安全罩。

③ 移动车刀至车削行程的左端。用手旋转卡盘，检查刀架是否与卡盘或工件碰撞。

#### 2.2.1.3　分度头

（1）特点

分度头是用于将工件分成任意角度或等分的通用夹具，是各类铣床是不可缺少的工具和主要附件。分度头精度高，具有高回转精度主轴系统；体积小，结构紧凑；可立卧两用；可进行直接、间接和差动分度。被加工工件支承在分度头主轴顶尖与尾座顶尖之间或夹持在卡盘上，可以完成下列工作：

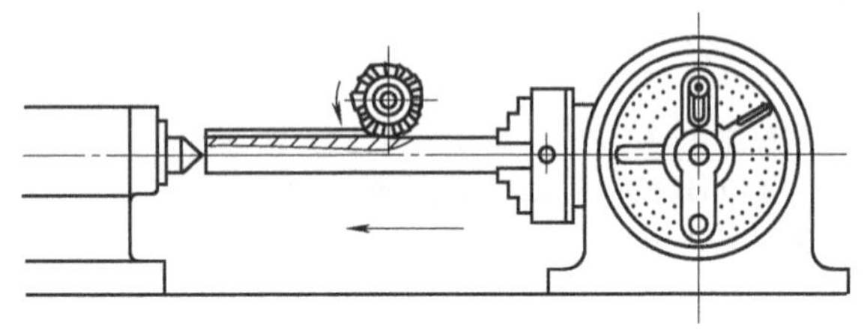

图 2-10　分度头和顶尖装夹工件加工花键

① 使工件周期地绕自身轴线回转一定角度，完成等分或不等分的圆周分度工作，如加工方头、六角头、齿轮、花键等，图 2-10 所示为加工花键。

② 使工件的轴线相对铣床工作台台面扳成所需要的角度（水平、垂直或倾斜）。用卡盘夹持工件，加工与工件轴线相交成一定角度的平面、沟槽等。

③ 能配合工作台的纵向进给运动使工件连续旋转。通过配换挂轮，由分度头带动工件连续转动，以加工螺旋齿轮、螺旋槽、阿基米德螺旋线凸轮等。

（2）结构和工作原理

分度头主要结构如图 2-11 所示。分度头自带有挂轮架、交换齿轮、尾架、顶尖、拨叉、千斤顶、分度盘、三爪卡盘、法兰盘等附件。

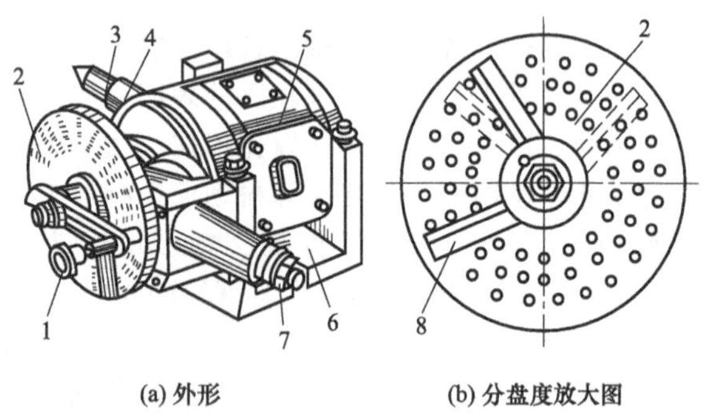


图 2-11　分度头的结构

1—分度手柄；2—分度盘；3—顶尖；4—主轴；5—回转体；6—底座；7—侧轴；8—分度叉

分度头主要由分度定位部分和传动部分组成。分度定位部分包括分度手柄 1、分度盘 2 和分度叉 8，分度盘上有多圈不同等分的定位孔；传动部分由传动比为 1∶40 的蜗杆-蜗轮副和传动比为 1∶1 齿轮副组成；转动与蜗杆相连的分度手柄 1，将定位销插入选定的定位孔内，即可实现分度。当分度盘上的等分孔数不能满足分度要求时，可通过蜗轮与主轴之间的交换齿轮改变传动比，扩大分度范围。分度头的底座 6 内装有回转体 5，主轴 4 可在水平和垂直方向间倾斜任意角度，满足多种工作的需要；主轴前端常装有三爪卡盘或顶尖 3。

（3）分度方法

根据图 2-12 所示的分度头传动示意图可知，传动路线是：手柄→齿轮副（传动比为 1∶1）→蜗杆与蜗轮（传动比为 1∶40）→主轴。

分度头的手柄通过齿轮副与单头蜗杆相连，主轴与 40 齿的蜗轮连接，蜗杆与蜗轮传动

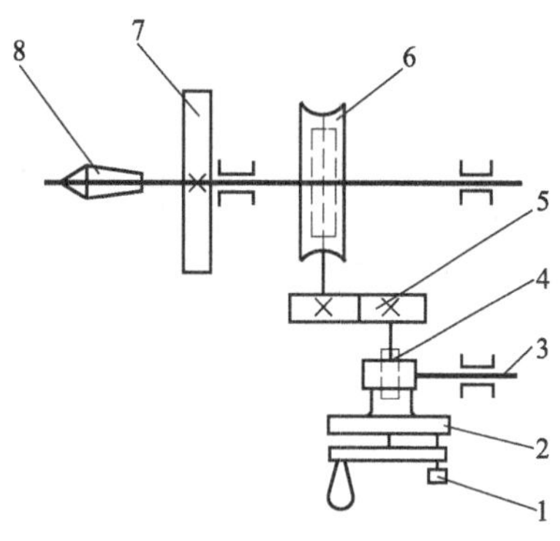

图 2-12　万能分度头的传动示意图
1—定位销；2—分度盘；3—挂轮轴；4—1∶1 螺旋齿轮传动；5—1∶1 齿轮传动；6—1∶40 蜗轮传动；7—刻度盘；8—主轴

比为 1∶40，即手柄转动一圈，主轴转动 1/40 圈。如要将工件在圆周上分 $z$ 等分，则工件上每一等分为 $1/z$ 圈，设主轴转动 $1/z$ 圈时，手柄应转动 $n$ 圈：

$$1:1/40=n:1/z$$

则：$n=40/z$

例如，分度 $z=35$。每一次分度时手柄转过的转数为：$n=40/z=40/35$，即每分度一次，手柄需要转过 $1\frac{1}{7}$转。这 1/7 转是通过分度盘来控制的，一般分度头备有两块分度盘。分度盘两面都有许多圈孔，各圈孔数均不等，但同一孔圈上孔距是相等的。

一般第一块分度盘的正面各圈孔数分别为 24、25、28、30、34、37；反面为 38、39、41、42、43，第二块分度盘正面各圈孔数分别为 46、47、49、51、53、54；反面分别为 57、58、59、62、66。

简单分度时，分度盘固定不动。此时将分度盘上的定位销拔出，调整孔数为 7 的倍数的孔圈上，即 28、42、49 均可。若选用 42 孔数，即 1/7＝6/42。所以，分度时，手柄转过一圈后，再沿孔数为 42 的孔圈上转过 6 个孔间距。

为了避免每次数孔的烦琐及确保手柄转过的孔数可靠，可调整分度盘上的两块分形夹 1、2 之间的夹角，使之等于欲分的孔间距数，这样依次进行分度时就可以准确无误，做到快又准。

(4) 分类

分度头主要有通用分度头和光学分度头两类。光学分度头主轴上装有精密的玻璃刻度盘或圆光栅，通过光学或光电系统进行细分、放大，再显示装置读出角度值。光学分度头用于精密加工和角度计量。通用分度头按分度方法和功能可分为以下 3 种：

① 万能分度头：用途最为广泛。主轴可在水平和垂直方向间倾斜任意角度。分度机构由分度盘和传动比为 1∶40 的蜗杆-蜗轮副（见蜗杆传动）组成，分度盘上有多圈不同等分的定位孔。转动与蜗杆相连的手柄将定位销插入选定的定位孔内，即可实现分度。当分度盘上的等分孔数不能满足分度要求时，可通过蜗轮与主轴之间的交换齿轮改变传动比，扩大分度范围。在铣床上可将万能分度头的交换齿轮与铣床工作台的进给丝杠相连接，使工件的轴向进给与回转运动相组合，按一定导程铣削出螺旋沟槽。

② 半万能分度头：结构与万能分度头基本相同，但不带交换齿轮机构，只能用分度盘直接分度，不能与铣床工作台联动。

③ 等分分度头：一般采用具有 24 个槽或孔的等分盘，直接实现 2、3、4、6、8、12、24 等分的分度，有卧式、立式和立卧式 3 种。立、卧式的底座带有两个互相垂直的安装面，主轴可以处于水平或垂直位置。通用分度头的分度精度一般为±60″。

#### 2.2.1.4　心轴

(1) 作用

当工件内、外圆表面间的位置精度要求较高，且不能在同一次装夹中加工时，常采取先精加工内孔，再以内孔为定位基准，用心轴装夹后精加工外圆的工艺方法，能保证外圆轴线和内孔轴线的同轴度要求。

心轴定位圆柱表面具有很高的尺寸精度，两端加工有中心孔，定位圆柱表面对两中心孔的公共轴线有很高的位置精度（同轴度或圆跳动），工件内孔精加工的尺寸精度愈高，则加工后外圆与内孔间的位置精度愈高。

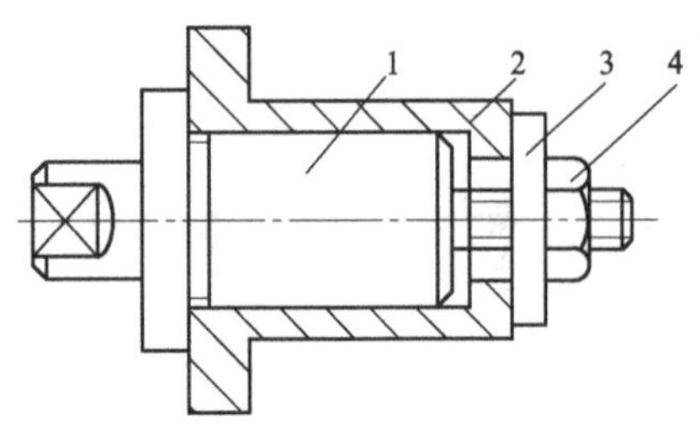

图 2-13 工件用心轴装夹
1—心轴；2—工件；3—开口垫圈；4—压紧螺母

(2) 装夹

① 工件用心轴装夹 工件在圆柱心轴上的定位装夹如图 2-13 所示。圆柱心轴是以外圆柱面定心、端面压紧来装夹工件的，心轴与工件孔一般用 H7/h6、H7/g6 的间隙配合，所以工件能很方便地套在心轴上，但由于配合间隙较大，一般只能保证同轴度 0.02mm 左右。

② 心轴安装在机床上 心轴在机床上的常用安装方式如图 2-14 所示。

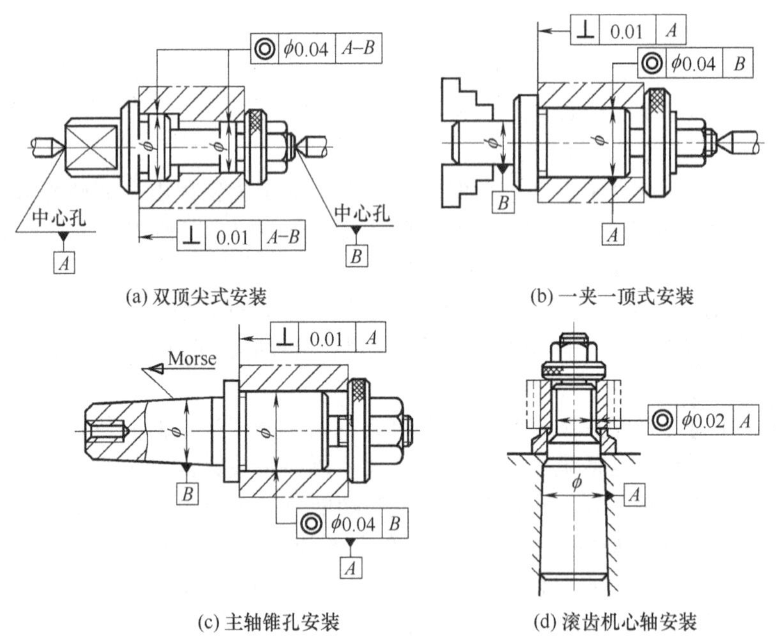

图 2-14 心轴在机床上的常用安装方式
注：Morse 表示莫氏级度。

(3) 分类

心轴的种类很多，常见的心轴有圆柱心轴、弹簧心轴、顶尖式心轴、锥柄式心轴等。

① 圆柱心轴 圆柱心轴装夹多件工件如图 2-15 所示。

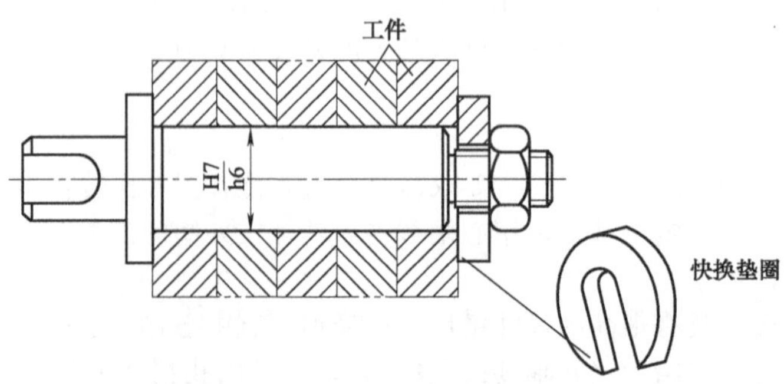

图 2-15 圆柱心轴装夹多件工件

圆柱心轴又分为以下几种。

a. 间隙配合心轴。如图 2-16 所示，其定位精度不高，但装卸工件较方便；圆柱配合面一般按 h6、g6 或 f7 制造。为了减少因配合间隙而造成的工件倾斜，工件常用孔和端面联合定位，因而要求工件定位孔与定位端面之间、心轴限位圆柱面与限位端面之间都有较高的垂直度，最好能在一次装夹中加工出来。

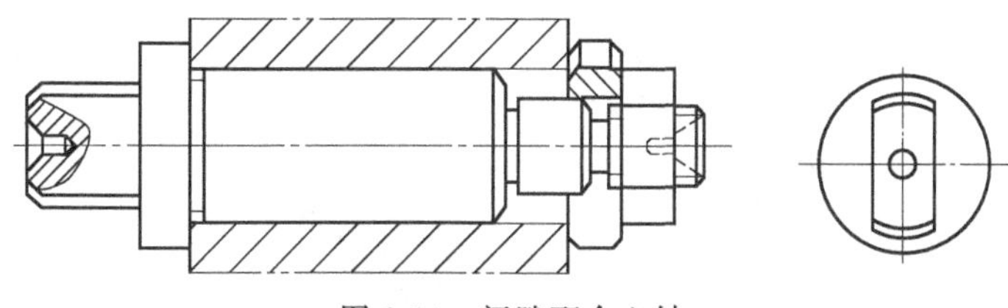

图 2-16　间隙配合心轴

b. 过盈配合心轴。过盈配合心轴常用于对定心精度要求高的场合。如图 2-17 所示，由引导部分 1、工作部分 2、传动部分 3 组成。引导部分的作用是使工件迅速而准确地套入心轴，其直径 $d_3$ 按 e8 制造，$d_3$ 的基本尺寸等于工件孔的最小极限尺寸，其长度约为工件定位孔长度的 1/2。工作部分的直径按 r6 制造，其基本尺寸等于孔的最大极限尺寸。当工件定位孔的长度与直径之比 $L/d>1$ 时，心轴的工作部分应稍带锥度，这时，直径 $d_1$ 按 r6 制造，其基本尺寸等于孔的最大极限尺寸；直径 $d_2$ 按 h6 制造，其基本尺寸等于孔的最小极限尺寸。这种心轴制造简单，定心准确，不用另设夹紧装置，但装卸工件不便，易损伤工件定位孔，因此，多用于定心精度要求高的精加工。

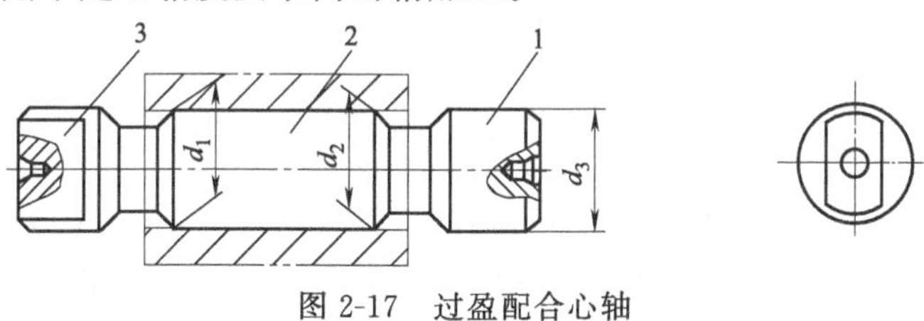


图 2-17　过盈配合心轴

1—引导部分；2—工作部分；3—传动部分

c. 花键心轴。花键心轴如图 2-18 所示，用于加工以花键孔定位的工件。当工件定位孔的长径比 $L/d>1$ 时，工作部分可稍带锥度。设计花键心轴时，应根据工件的不同定心方式来确定定位心轴的结构，其配合可参考上述两种心轴。

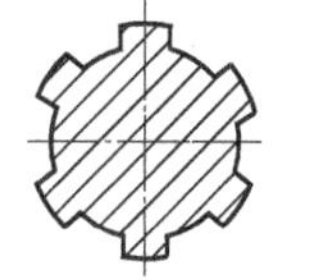
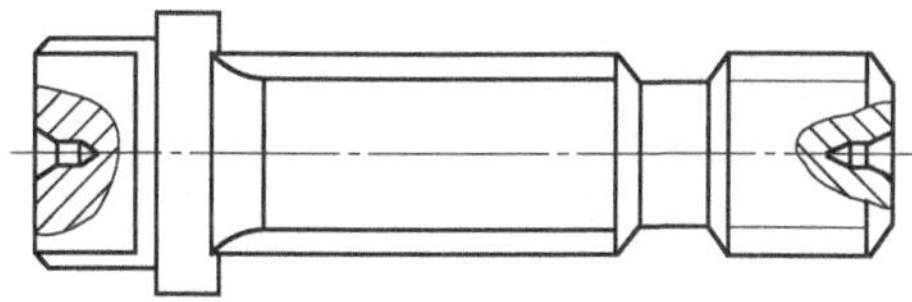
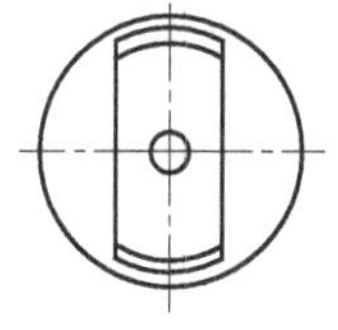

图 2-18　花键心轴

d. 小锥度心轴（参看 2.2.3.1）。

② 弹簧心轴　弹簧心轴（又称胀心心轴）既能定心，又能夹紧，是一种定心夹紧装置。

如图 2-19 所示，弹簧筒夹 2 的两端各有簧瓣。旋转螺母 4 时，锥套 3 的外锥面向心轴 5 的外锥面靠拢，迫使弹簧筒夹 2 的两端簧瓣向外

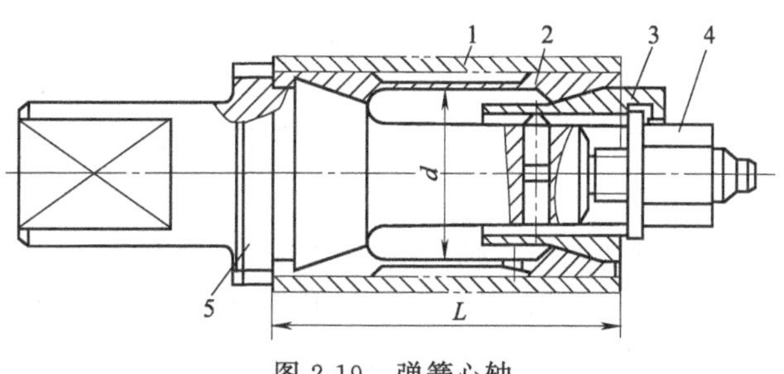


图 2-19　弹簧心轴

1—工件；2—弹簧筒夹；3—锥套；4—螺母；5—心轴

均匀胀开，从而将工件定心夹紧。反向转动螺母，带退锥套，便可卸下工件。

弹簧心轴上的关键元件是弹性筒夹，弹性筒夹的结构参数及材料、热处理等，均可从“夹具手册”中查到。

a. 直式弹簧心轴。直式弹簧心轴如图 2-20 所示，它的最大特点是直径方向上膨胀较大，可达 1.5～5mm。

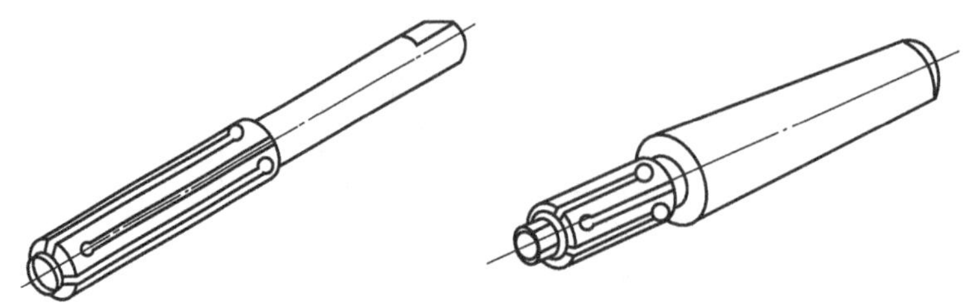

图 2-20　直式弹簧心轴

b. 台阶式弹簧心轴。如图 2-21 所示是台阶式弹簧心轴，它的膨胀量较小，一般为 1.0～2.0mm。

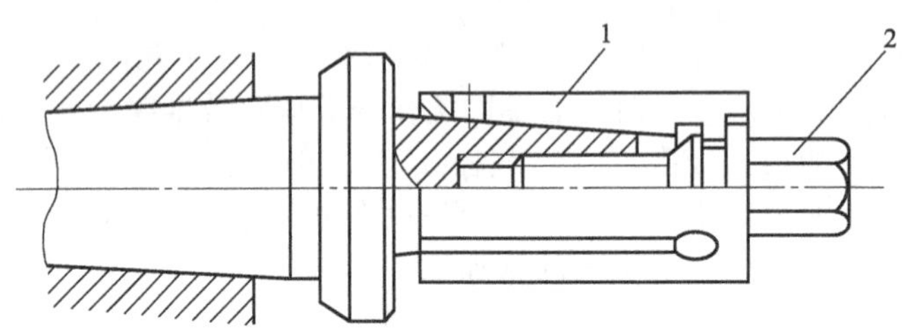


图 2-21　台阶式弹簧心轴

1—工件；2—螺母

c. 液性介质弹性心轴。如图 2-22 所示为液性塑料弹性心轴，旋转螺钉使滑柱 1 移动而在液性塑料 3 内产生压力，迫使簿壁套筒 4 弹性变形而定心夹紧工件，反之松开工件。

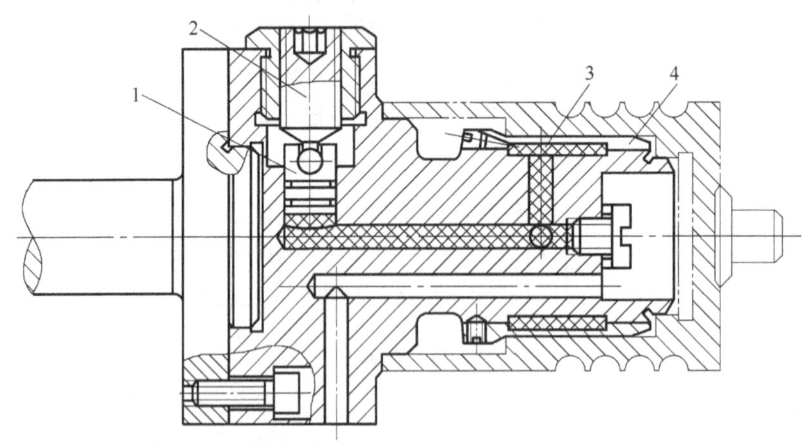


图 2-22　液性塑料弹性心轴

1—滑柱；2—限位螺钉；3—液性塑料；4—薄壁套筒

d. 波纹套弹性心轴。图 2-23 所示为用于加工工件外圆及右端面的波纹套（又称蛇腹套）弹性心轴。旋转螺母 1 带动垫圈 3 左右移动压紧波纹套 2，波纹套在受到轴向压缩后会均匀地径向扩张，将工件定心并夹紧。松开波纹套 2，从而松开工件。

波纹套弹性心轴，它的特点是定心精度高，可稳定在 $\phi0.005$～$\phi0.01$mm 之间，适用于定位孔直径大于 20mm、公差等级不低于 IT8 的工件，如齿轮的精加工及检验工序等。缺点是变形量小，适用范围受到限制，制造也较困难。

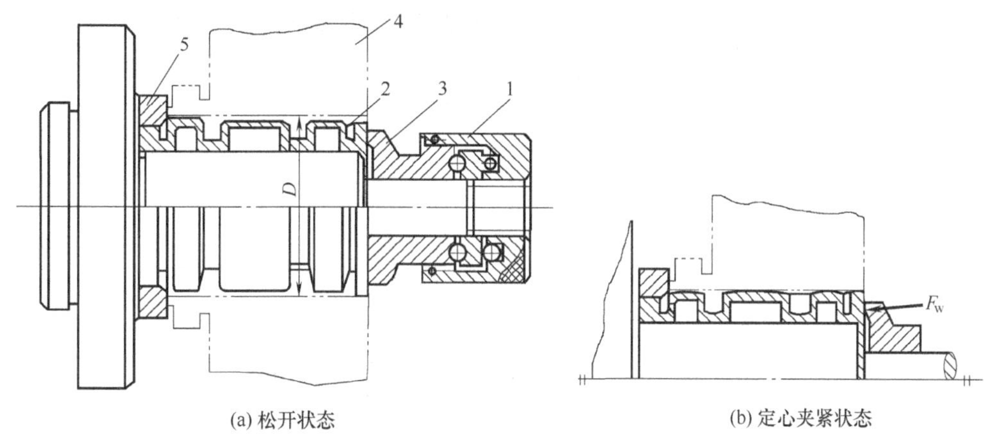


(a) 松开状态　　(b) 定心夹紧状态

图 2-23　波纹套弹性心轴

1—螺母；2—波纹套；3—垫圈；4—工件；5—支承圈

e. 其他形式弹簧心轴。其他形式弹簧心轴如图 2-24 所示。

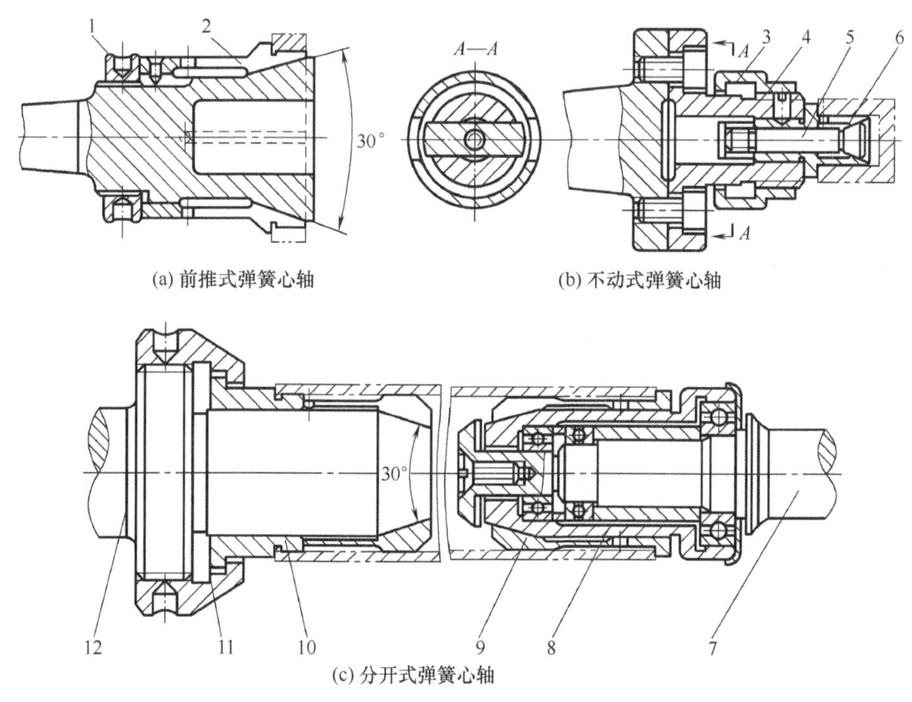


(a) 前推式弹簧心轴　　(b) 不动式弹簧心轴

(c) 分开式弹簧心轴

图 2-24　其他形式弹簧心轴

1,3,11—螺母；2,6,9,10—筒夹；4—滑条；5—拉杆；7,12—心轴体；8—锥套

③ 顶尖式心轴　图 2-25 为顶尖式心轴，工件以孔口 60°角定位车削外圆表面。当旋转螺母 6，活动顶尖套 4 左移，从而使工件定心夹紧。顶尖式心轴结构简单、夹紧可靠、操作方便，适用于加工内、外圆无同轴度要求，或只需加工外圆的套筒类零件。被加工工件的内径 $d_s$ 一般在 32～100mm 范围内，长度 $L_s$ 在 120～780mm 范围内。

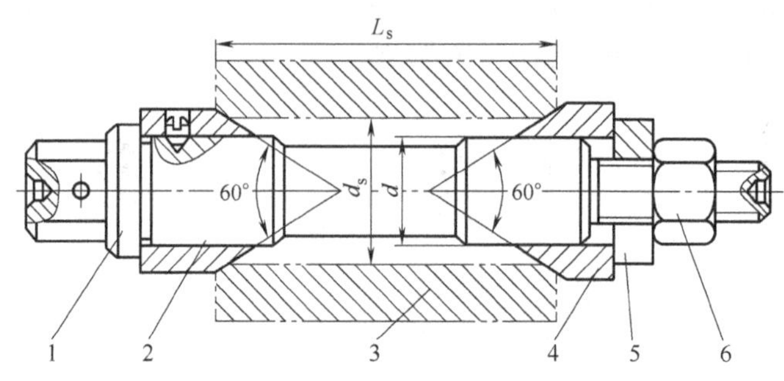


图 2-25　顶尖式心轴

1—心轴；2—固定顶尖套；3—工件；4—活动顶尖套；5—快换垫圈；6—螺母

④ 锥柄式心轴　图 2-26 为锥柄式心轴，仅能加工短的套筒或盘状工件。锥柄式心轴应和机床主轴锥孔的锥度相一致。锥柄尾部的螺纹孔是当承受力较大时用拉杆拉紧心轴用的。

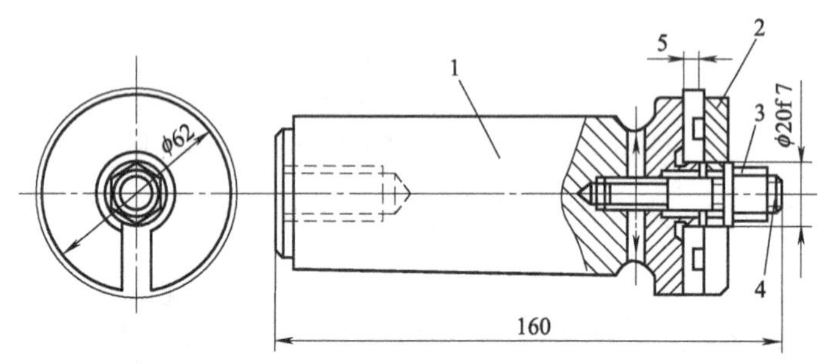


图 2-26　锥柄式心轴

1—心轴；2—开口垫片；3—螺母；4—螺栓

### 2.2.1.5　顶尖

(1) 作用

顶尖是车床加工中必不可少的夹具附件，是为了支撑工件并使工件的轴心线与机床中心线一致，用于精确重复定位或有同轴度公差要求的工件车削。尤其适用于装夹较长的工件或必须经过多次装夹才能加工好的工件（如细长轴、长丝杠等），以及工序较多，在车削后还要铣削或磨削的工件。

顶尖作为定位基准，定心正确可靠，安装方便，可提高装夹刚度，减少在加工过程中的震动。顶尖的大小，随机床规格的增大而增大，大型车床的顶尖重达几百千克。

(2) 分类

顶尖主要有两种：普通顶尖和拨动顶尖。

① 普通顶尖　普通顶尖有回转式顶尖（活顶尖）和固定式顶尖（死顶尖）两种。回转式顶尖装有轴承，定位精度略差，但旋转时不容易发热。活顶尖将顶尖与工件中心孔之间的滑动摩擦改成顶尖内部轴承的滚动摩擦，能在很高的转速下正常地工作；但活顶尖存在一定的装配积累误差，以及当滚动轴承磨损后，会使顶尖产生径向摆动，从而降低了加工精度，故一般用于轴的粗车或半精车。固定式顶尖是一个整体，定位精度高，但顶尖部分由于旋转摩擦生热，容易将中心孔或顶尖“烧坏”。因此，尾架上如果是死顶尖，则工件的右端中心孔应涂上黄油，以减小摩擦。死顶尖适用于低速加工、精度要求较高的工件。

② 拨动顶尖　车削加工中常用的拨动顶尖有内、外拨动顶尖和端面拨动顶尖两种。内、外拨动顶尖的锥面带齿，能嵌入工件，拨动工件旋转，如图 2-27 所示。

端面拨动顶尖端面拨爪带动工件旋转，适合装夹的工件直径在 $\phi$50～150mm 之间，如

图 2-28 所示。

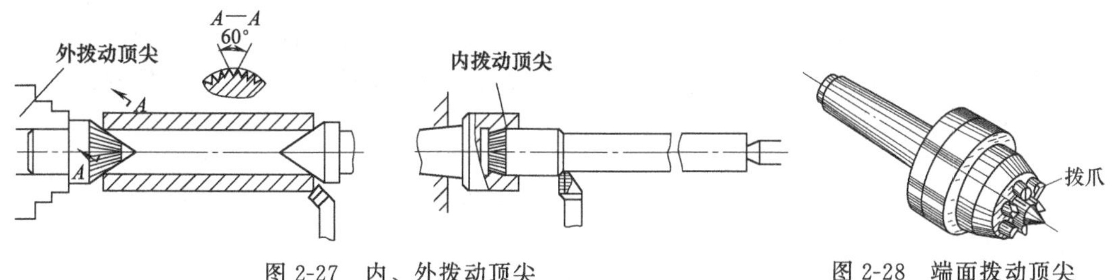


图 2-27　内、外拨动顶尖　　　图 2-28　端面拨动顶尖

顶尖按支撑重量又可分轻型、中型、重型回转顶尖；按形状又分伞形、梅花、法兰式顶尖等；按其他又分高速回转顶尖、轧辊磨床专用回转顶尖、高精度重型回转顶尖、攻螺纹夹头、固定合金顶尖、研磨顶尖等等。常见的顶尖如图 2-29 所示。

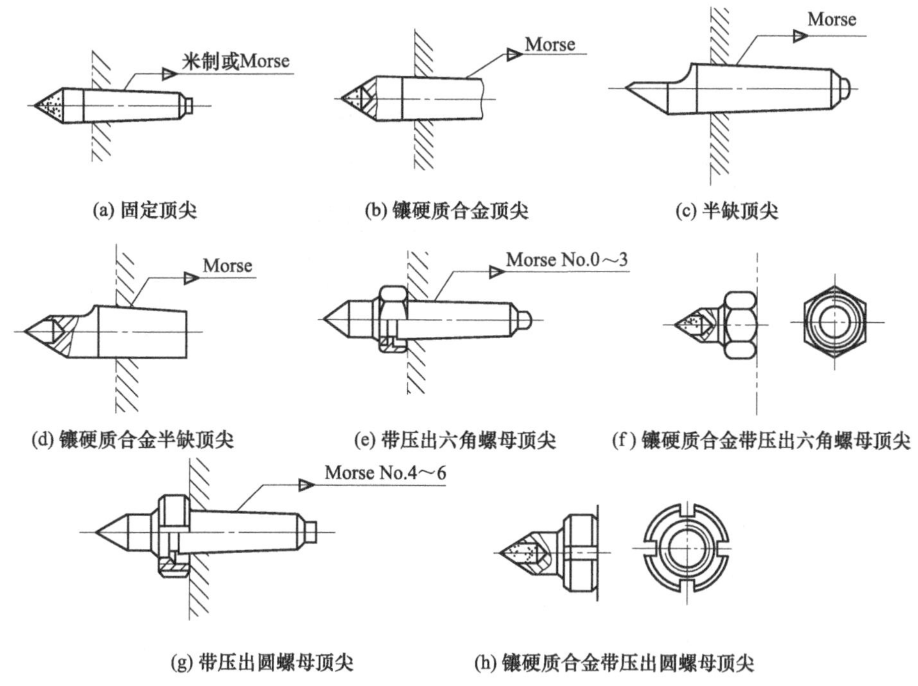


图 2-29　常见的顶尖

顶尖的大小一般按莫氏（Morse）锥孔的大小来分，如表 2-1 所示。号数大则顶尖小。

**表 2-1　莫氏锥度**

| 号数 | 锥度 | 圆锥角度 | 号数 | 锥度 | 圆锥角度 |
|---|---|---|---|---|---|
| 0 | 1∶19.212＝0.05205 | 2°58′54″ | 4 | 1∶19.254＝0.051938 | 2°58′31″ |
| 1 | 1∶20.047＝0.04988 | 2°51′26″ | 5 | 1∶19.002＝0.0526265 | 3°0′53″ |
| 2 | 1∶20.020＝0.04995 | 2°51′41″ | 6 | 1∶19.180＝0.052138 | 2°59′12″ |
| 3 | 1∶19.922＝0.050196 | 2°52′32″ | | | |

（3）装夹

顶尖安装在机床上则分别叫前顶尖和尾（或后）顶尖。安装顶尖前，必须把顶尖锥柄和锥孔擦拭干净。前顶尖插入主轴锥孔内随主轴一起旋转，与中心孔无相对运动，不发生摩擦。尾（或后）顶尖插入尾座套筒锥孔，后顶尖插在车床尾座套筒内使用。

对于质量较大、加工余量也较大的工件，一般采取工件前端用三爪自动定心卡盘夹紧，工件后端用尾座端顶尖顶紧的“一夹一顶”装夹方法［图 2-30（a)］。对于加工精度要求较高的工件装夹，一般也采取一夹一顶的方式装夹工件。为了防止工件由于切削力的作用而产生的轴向位移，工件应该进行轴向定位，在卡盘内装一限位支撑，或者利用工件的台阶面进行限位。这种装夹方法安全可靠，能够承受较大的轴向切削力，安装刚性好，轴向定位准确。

较长的（长径比 $L/D=4\sim10$）、加工工序较多的轴类工件、精度要求较高的工件，为保证工件同轴度要求，常采用两顶尖＋拨盘安装，如图 2-30（b）所示。这种方法定心正确可靠，安装方便。工件装夹在前、后顶尖之间，由卡箍（又称鸡心夹头）夹紧工件一端的圆周，再将拨杆旋入拨盘，带动工件旋转。有时亦可用三爪卡盘代替拨盘，此时前顶尖用一段钢棒车成，夹在三爪卡盘上，卡盘的卡爪通过鸡心夹头带动工件旋转。顶尖定心并承受工件的重量和切削力，但由于顶尖工作部位细小，支承面较小，装夹不够牢靠，不宜采用大的切削用量加工。

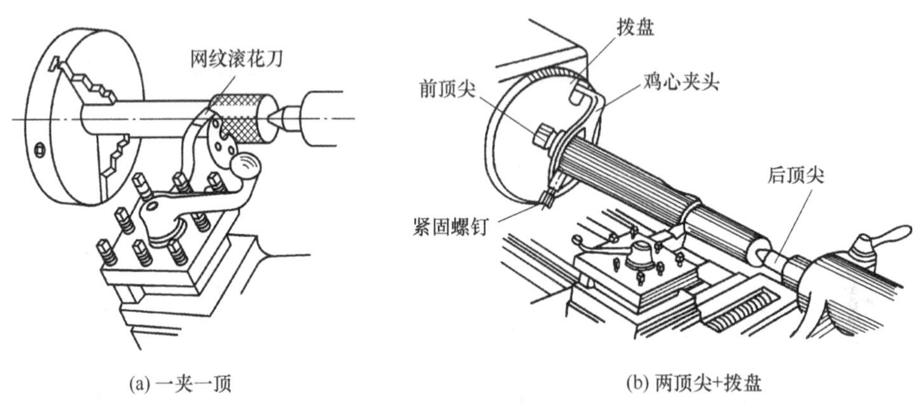


(a) 一夹一顶　　(b) 两顶尖+拨盘

图 2-30　顶尖装夹工件

两顶尖装夹应注意：

① 前后顶尖的连线应该与车床主轴中心线同轴，否则会产生不应有的锥度误差。

② 尾座套筒在不与车刀干涉的前提下，应尽量伸出短些，以增加刚性和减小振动。

③ 中心孔的形状应正确，表面粗糙度应较好。

④ 两顶尖中心孔的配合应该松紧适当。

#### 2.2.1.6　四爪卡盘

（1）作用

四爪卡盘利用四爪夹持工件。常用于普通车床、数控车床、磨床、铣床、钻床及其附件分度头回转工作台等。加工精度要求不高，适宜安装偏心工件，截面形状为方形的、长方形、椭圆形工件及不规则的工件，或工件长度较短的工件。

四爪卡盘一般由卡盘体、调整螺杆、四个卡爪组成。

（2）分类

四爪卡盘一般有两种：一种是四爪单动卡盘，一种是四爪自定心卡盘。

常见的是四爪单动卡盘，如图 2-31 所示。它的四只卡爪沿圆周方向均匀分布，每个卡爪背面的半周内螺纹与调整螺杆相啮合，调整螺杆端部有一方孔，当四爪扳手插入扳孔，用手转动螺杆时，该螺杆带动与之相啮合的卡爪单独移动，由于四爪卡盘的四个卡爪是单独移动的，所以四爪卡盘没有自动定心的作用。四爪不能联动，需要扳动，故不能用来加持单边的、不对中心的工件。

四爪自定心卡盘全称是机床用手动四爪自定心卡盘，是由一个盘体，四个小伞齿，一副卡爪组成。四个小伞齿和盘丝啮合，盘丝的背面有平面螺纹结构，卡爪等分安装在平面螺纹上。当用扳手扳动小伞齿时，盘丝便转动，它背面的平面螺纹就使卡爪同时向中心靠近或退出。因为盘丝上的平面矩形螺纹的螺距相等，所以四爪运动距离相等，有自动定心的作用。适用于夹持四方、四方形零件，也适用于轴类，盘类零件。

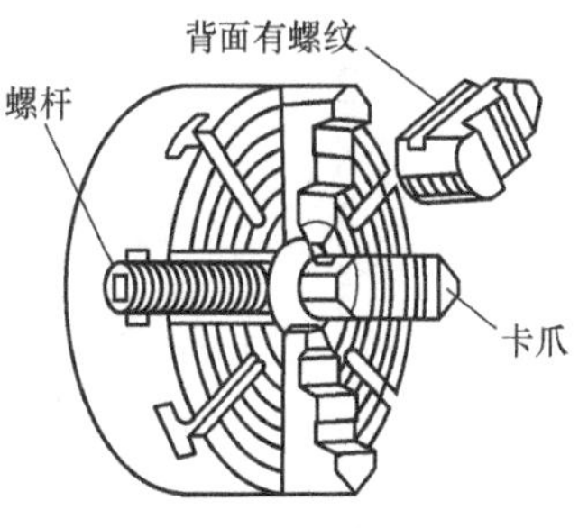

图 2-31　四爪单动卡盘

（3）装夹

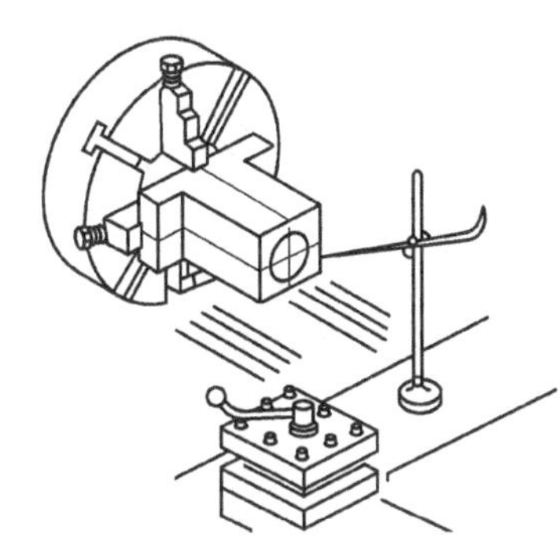
图 2-32　用划针盘找正

四爪单动卡盘装夹工件时，为使加工工件的轴线与车床主轴轴线一致，必须进行找正。可通过调节卡爪的位置对工件位置进行校正，需利用划针盘或百分表找正。划针盘用于毛坯面的找正，或按以划好的加工面进行找正，该找正精度较低，如图 2-32 所示。之后在进行加工，可用于钻孔、镗孔、车端面；若工件是已加工面，用百分表进行找正，找正精度较高。适宜安装偏心工件，截面为方形的、长方形工件、椭圆形工件及形状不规则的工件。

四爪单动卡盘安装精度比三爪卡盘高，但校正工件位置麻烦、费时，适宜于单件、小批量生产中装夹非圆形工件；它夹紧力大，还适用于装夹毛坯及截面形状不规则和不对称（偏心）的较重、较大的工件。四爪卡盘的卡爪既可为正爪也可为反爪，反爪用来装夹尺寸较大的工件。

自动定心四爪卡盘，四爪既可自动定心，也可单独调整中心，复合功能精度高。适用于各种异形、偏心零件的加工。四爪自定心卡盘的卡爪有两种，有整体爪与分离爪。整体爪是基爪和顶爪为一体的卡爪，一副整体爪分为四个正爪，四个反爪。而一副分离爪只有四个卡爪，每个卡爪都是由基爪与顶爪构成的，通过顶爪的变换，达到正爪和反爪的功用。此外还有软卡爪，经随机配车（磨）后可获得较高定心精度，满足夹持要求。

四爪卡盘与主轴的连接方式与三爪卡盘的相同，也是用锥面定位、键传递扭矩、螺母锁紧的。

### 2.2.1.7　花盘

（1）作用

在车削形状不规则或大而薄的工件时，三爪、四爪卡盘或顶尖都无法装夹，可以用花盘进行装夹。通常这类工件都有一个较大的平面（可用作在花盘上确定位置的基准面），且在本加工工序中被加工表面（外圆或孔）的轴线对该平面有较严格的垂直度（或平行度，此时应使用弯板）位置要求。此外，一些径向刚性较差，不能承受较大夹紧力的工件，也可使用花盘装夹。

（2）结构

花盘结 构如图 2-33 所示。花盘连接于主轴，其右端为一垂直于主轴轴线的大平面，平面上有若干条径向 T 形直槽，使用时配以角铁、压块、螺栓、螺母、垫块、平衡铁等，将工件压紧在这个大平面上。

（3）使用

当零件加工的平面相对于安装平面有平行度要求或加工的孔和外圆的轴线相对于安装平面有垂直度要求时，则可以把工件用压板、螺栓直接安装在花盘上再进行加工，如图 2-34（a）

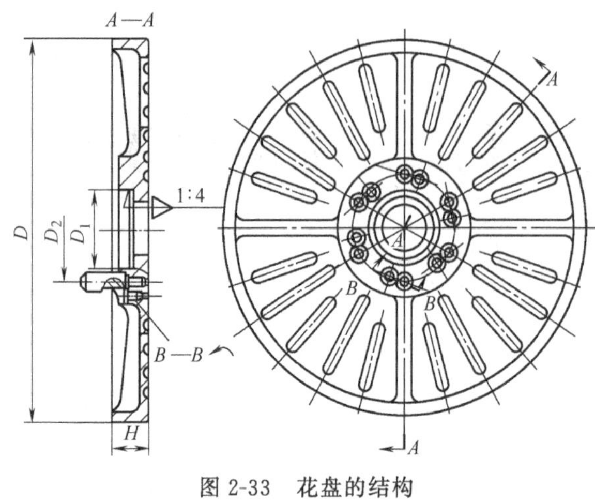

图 2-33 花盘的结构

所示。

当零件上需加工的平面相对于安装平面有垂直度要求，或需加工的孔和外圆的轴线相对于安装平面有平行度要求时，则可以用花盘、弯板（有两个互相垂直平面的角铁）安装工件。弯板要有一定的刚度，用于贴靠花盘及安放工件的两个平面，应有较高的垂直度，如图2-34（b）所示，工件装夹在弯板上，弯板固定在花盘上。

用花盘装夹工件比较麻烦，需要找正和平衡。工件在花盘上最后压紧前，应根据工件上预先划好的基准线进行位置的校正。由于工件不规则，以及螺栓、压板和弯板等夹紧装置的使用，工件装夹后常会出现重心偏离中心的现象，这时必须在花盘相应位置加装平衡块，并仔细予以平衡，以保证安全生产和防止切削加工时产生振动。

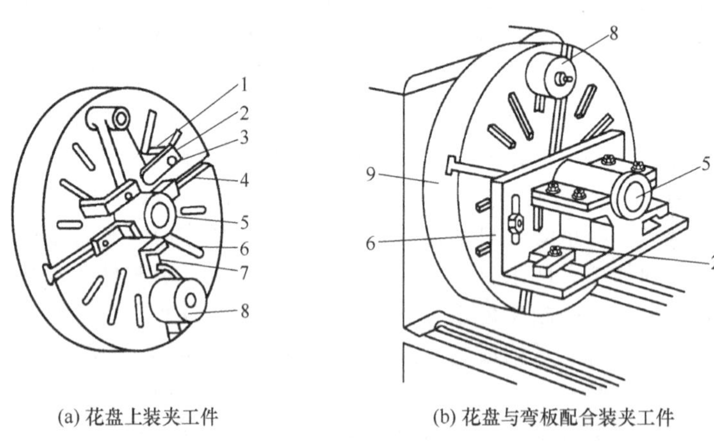

(a) 花盘上装夹工件　　(b) 花盘与弯板配合装夹工件

图 2-34 花盘的使用

1,9—花盘；2—压板；3—螺栓；4,6—T形直槽；5—工件；7—弯板；8—平衡块

在花盘上校正平衡时，可以调整平衡块的质量和位置。平衡块装好后，把主轴箱手柄放在空挡位置，用手转动花盘，观察花盘能否在任意位置上停下来。如果能在任意位置上停下来，就表明花盘上的工件已平衡好，否则需重新调整平衡块的位置或平衡块的质量。

使用花盘注意事项：

① 初次使用花盘加工，车床主轴转速不宜过高，否则，车床易产生抖动，影响车孔精度。另外，转速过高，工件产生离心力大，容易发生危险。

② 在车削前，除重新严格检查所有压板、螺钉的紧固情况外，应把滑板移动到工件的最终位置，用手小心转动花盘1～2圈，观察是否有碰撞现象。

③ 压板螺钉应靠近工件，垫块的高低应和工件厚度一致。

④ 试车、找正两孔中心距的方法，一般在两孔中插入塞规，用千分尺测量。对两孔距要求精度不高的工件，可以用游标卡尺直接进行测量。

⑤ 花盘装在主轴上时，要先检查定位轴颈、端面和连接部分有无脏物及毛刺，待擦干净、去毛刺、加油后再装在主轴上。

(4) 精度检查

检查花盘精度。用百分表检查花盘端面的平面度和车床主轴的垂直度。转动花盘，百分表在花盘边缘跳动量要求为 0.02mm。

检查平面度是将百分表装在刀架上，移动中溜板，观察花盘表面凸凹情况，在半径全长上允差为 0.02mm，但只允许盘面中间凹。如果达不到要求，先把花盘卸下，清除主轴与花盘装配接触面上的脏物和毛刺，再装上检查。若仍不符合要求，可把盘面精车一刀。精车时注意把床鞍紧固螺钉锁紧，同时最好采用低转速、大进给、宽修光刃的车刀进行加工。盘面车削后平面度要求平，应避免盘面出现大的凹凸不平，表面粗糙度应达到 $Ra \leqslant 3.2\mu m$。

#### 2.2.1.8　中心架和跟刀架

加工特别细长的轴类零件（如光杠、丝杠及其他有阶台的长轴等），长径比 $L/D>25$，由于工件的刚性减弱，切削力使工件变形加大，在加工过程中，容易发生震动、加工出现较大的误差，甚至造成工件掉落的恶性事故。为了防止工件受径向切削力的作用而产生弯曲变形，常用中心架或跟刀架作为辅助支承，以增加工件刚性和切削的稳定性，防止工件在加工中弯曲变形。

(1) 中心架

中心架是在加工中径向支承旋转工件的辅助装置。加工时，与工件无相对轴向移动。

中心架多用于带阶台的细长轴外圆加工，还可用于较长轴的端部加工，如车端平面、钻孔或车孔。中心架底座通过压板和螺母固定在床身导轨适当位置上，调节 3 个独立移动的支承爪，支承在工件的中部阶台处，并可用紧固螺钉予以固定。

使用时，将工件安装在前、后顶尖上，先在工件支承部位精车一段光滑表面，再将中心架紧固于导轨的适当位置，最后调整 3 个支承爪，使之与工件支承面接触，松紧适宜。为了便于装卸工件，上盖可以打开或扣合。

中心架的应用有如下两种情况：

① 加工细长阶梯轴的各外圆。一般将中心架支承在轴的中间部位，先车右端各外圆，调头后再车另一端的外圆。图 2-35 所示为中心架装夹工件车外圆。

② 加工长轴或长筒的端面以及端部的孔和螺纹。可用卡盘夹持工件左端，用中心架支承右端。图 2-36 所示为中心架装夹工件车端面。

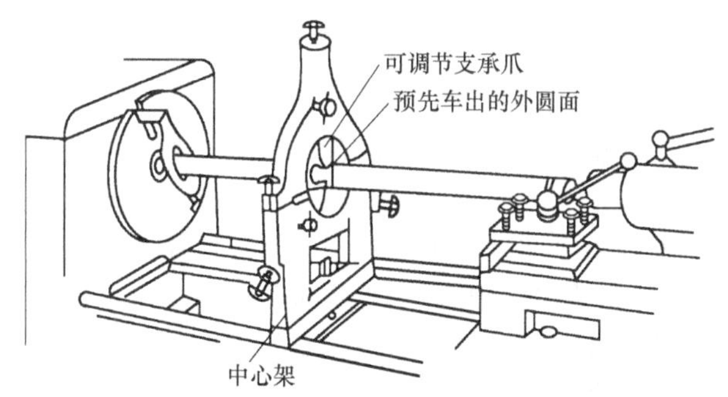


图 2-35　中心架装夹工件车外圆

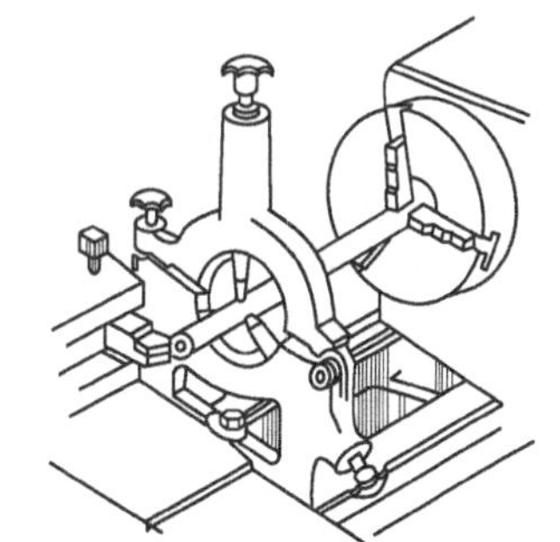

图 2-36　中心架装夹工件车端面

对于质量较大、加工余量也较大的工件，一般采取工件前端用三爪自动定心卡盘夹紧，工件后端用尾座端顶尖顶紧的一夹一顶装夹方法［图 2-30 (a)］。对于加工精度要求较高的工件装夹，一般也采取一夹一顶的方式装夹工件。为了防止工件由于切削力的作用而产生的轴向位移，工件应该进行轴向定位，在卡盘内装一限位支承，或者利用工件的台阶面进行限位。

这种装夹方法安全可靠，能够承受较大的轴向切削力，安装刚性好，轴向定位准确。

中心架按照不同的应用要求安装后，能够用于外径转向、内径转向、切面、钻孔、磨削、感应淬火等加工。

(2) 跟刀架

跟刀架是径向支承旋转工件的辅助装置。主要用于不允许接刀的细长轴的加工，如丝杠、光杠等无阶台的细长光轴。加工时，与刀具一起沿工件轴向移动，以增加车削刚性，防止振动。

跟刀架由T形支架、内套、外套、调节螺钉、基块组成，其特征是T形支架下端焊有基块、上端两边焊有外套，外套内圆装有内套，外套壁有螺孔与调节螺钉啮合。常用的跟刀架有两爪跟刀架和三爪跟刀架。

跟刀架固定在大拖板侧面上，跟随刀架纵向运动。跟刀架支承爪紧跟在车刀后面起辅助支承作用。因此，图2-37所示为跟刀架支承工件车削外圆，图2-38所示为跟刀架支承工件车削细长轴示意图。使用跟刀架需先在工件右端车削一段外圆，根据外圆调整支承爪的位置和松紧，压力要适当，否则会产生震动或车削成竹节形或螺旋形。

采用两爪跟刀架时，车刀给工件的切削抗力使工件紧贴在跟刀架的两个支承上。但工件本身有一个向下的重力，会使工件自然弯曲，因此，车削时工件往往因离心力瞬时离开支承爪，接触支承爪而产生振动。所以一般使用三个爪互成90°角的跟刀架，卡爪的刚性比两爪的好。卡爪一般使用铸铁材料；卡爪与工件的接触面粗糙度要低一些，以0.4μm为宜。工件支承的部分应该是较光滑的或者是加工过的表面，一般加机油润滑。

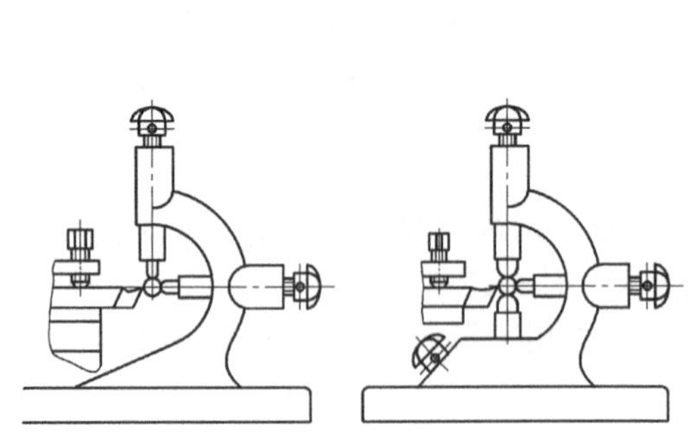

图2-37 跟刀架支承工件车削外圆

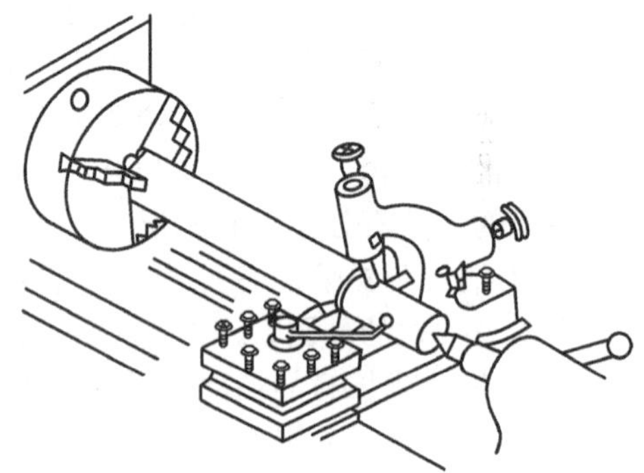

图2-38 跟刀架支承工件车削细长轴

### 2.2.1.9 回转工作台

回转工作台是铣床上的主要装夹具之一，立铣加工中的常用附件，可进行分度钻孔或铣削、圆周切削、镗孔、锪平面等工作。

工作台有360°刻线，并有刻度值为1′的刻度环和最小分辨值为10″的游标环。可对较复杂的工件进行圆周分度钻削和铣削。它可以辅助铣床完成各种曲面零件，如各种齿轮的曲线、零件上的圆弧等，以及需要分度零件，如齿轮、多边形等的铣削和分度刻线等零件，又应用于插床和刨床以及其他机床。圆形工作台结构组成如图2-39所示。

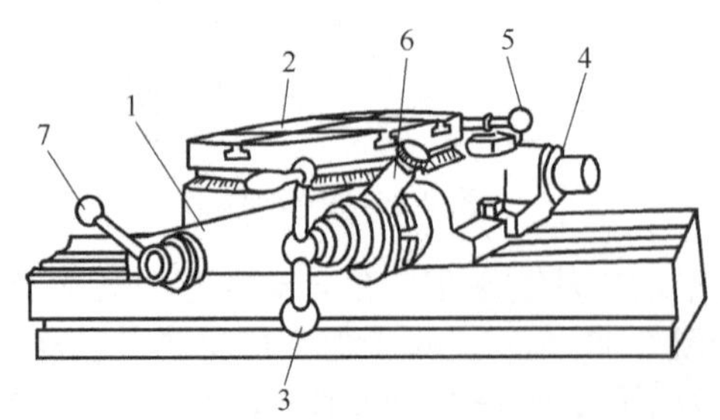


图2-39 圆形工作台

1—底座；2—圆台；3,5,7—手柄；4—接头；6—扳动杆

进行各种圆弧面的加工时，先将圆形工作台安装在立式铣床工作台上，再将工件安装在圆形工作台上。安装工件时应注意使被加工圆弧的中心与圆形工作台的回转中心重合，并根据工件形

状来确定铣床主轴中心是否需要与圆形工作台中心重合。

数控回转工作台以水平方式安装于铣床或加工中心工作台面上，工作时利用主机的控制系统或专门配套的控制系统，完成与主机相协调的各种加工的分度回转运动。将其安装在机床工作台上配置第四轴伺服电机，通过与 $X$、$Y$、$Z$ 三轴的联动来完成被加工零件上的孔、槽及特殊曲线的加工。

超精密分度回转盘，分割精度达到正负几秒。工作原理如图 2-40 所示，采用二片式齿式离合盘，假设 B 下盘齿数为 120，假设 B 上盘齿数为 121，A 与 B 及 B 与 C 分别啮合。先 A 和 B 一起相对 C 顺时针转动一个齿，转过了 360°/120；再 A 相对 B 逆时针转过一个齿，转动了 360°/121。结果 A 相对 C 逆时针转动了 360°/120－360°/121＝1′30″，实现了细分。适用于镗床、铣床、钻床、刨床等机床。

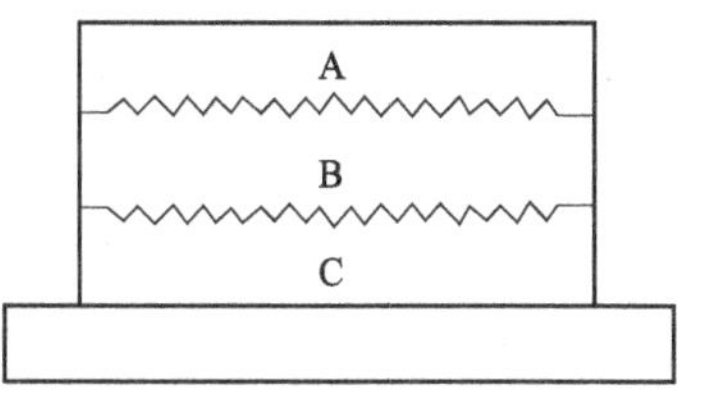

图 2-40　超精密分度回转盘工作原理

#### 2.2.1.10　吸盘

吸盘主要适用于磨床、车床、钳工划线等吸持工件加工。常用的永磁吸盘和电磁吸盘分别如图 2-41 所示。

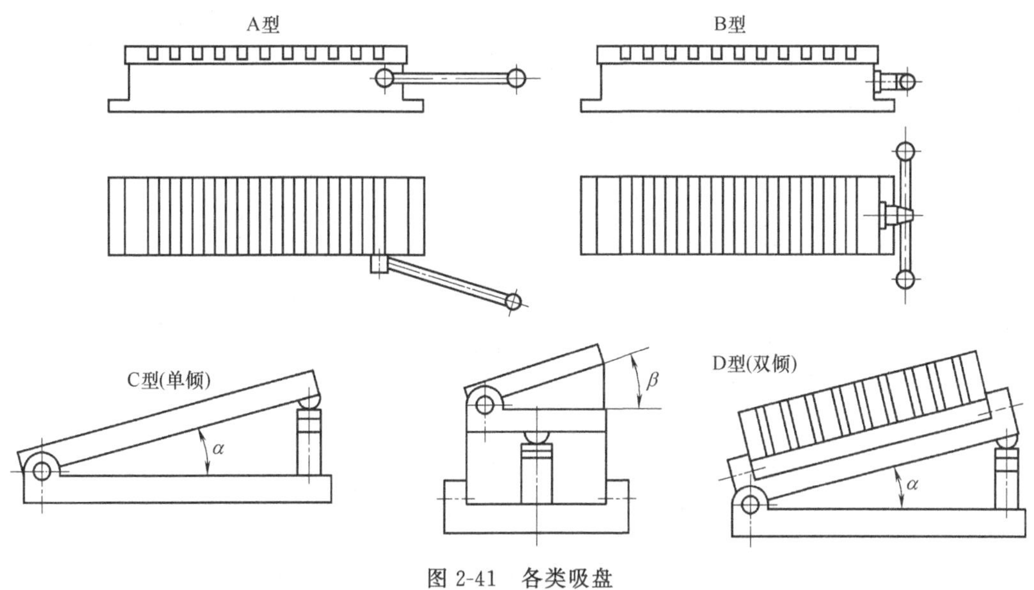

图 2-41　各类吸盘

各类吸盘的共同特点是磁盘在结构上有收集磁盘空间和机床床身弥散磁力线的功能，从而使磁盘的侧面、端面、顶面都有吸持工件的能力，利用导磁元件实现异形工件定位。

吸盘在通电状态下可产生强劲吸附力，安全可靠，并可进行远程操作。但使用时必须注意：工件表面应尽可能平整；吸盘不得严重磕碰，以免破坏精度，在闲置时，应擦净，涂防锈油；吸盘外壳应接地，以免漏电伤人。

## 2.2.2　通用夹具选用

#### 2.2.2.1　选用的基本要求

(1) 保证零件的加工精度

夹具应确保能满足零件加工技术要求中所规定的尺寸精度、表面粗糙度以及各表面间的相对位置精度。特别对于精加工工序，应适当选用精度较高的夹具，以保证零件的加工精度要求。

如为保证零件加工表面与基准面的同轴度要求，有多种自动定心夹具可以选用：对同轴度要求较低时可用三爪卡盘、四爪卡盘，对同轴度要求高时可用软爪、锥体心棒、卡簧和液性塑料夹具等。

（2）提高生产效率

应根据零件生产批量的大小选用不同的夹具，以缩短辅助时间，提高生产效率。特别对于大批量生产中使用的夹具，应设法缩短加工的基本时间和辅助时间。如单件生产使用平口钳装夹零件，批量生产使用抱钳装夹零件。

（3）减轻工人的劳动强度

尽量采用高效化、动力化夹具，以提高劳动生产率，减轻工人的劳动强度。例如，在铣床上使用电动虎钳装夹零件，效率可提高 5 倍左右，而工人的劳动强度大大降低，保证安全生产。

#### 2.2.2.2 通用夹具选用

一些通用夹具装夹特点和适用范围如表 2-2 所示，可根据工件的形状、尺寸及加工要求选择通用夹具。

表 2-2 一些通用夹具装夹特点和适用范围

| 序号 | 通用夹具 | 特点 | 适用范围 |
|---|---|---|---|
| 1 | 三爪卡盘 | 夹紧力较小，夹持工件时一般不需要找正，装夹速度较快 | 适合于装夹中小型圆柱形、正三边形或正六边形零件 |
| 2 | 四爪卡盘 | 夹紧力较大，装夹精度较高，不受长爪磨损的影响，但夹持工件时需要找正 | 适合于装夹形状不规则或大型的零件 |
| 3 | 两顶尖及鸡心夹头 | 用两端中心孔定位，容易保证定位精度，但由于顶尖细小装夹不够牢靠，不宜用大的切削用量进行加工 | 适合于装夹轴类零件 |
| 4 | 一夹一顶 | 定位精度较高，装夹牢靠 | 适合于装夹轴类零件 |
| 5 | 中心架 | 配合三爪卡盘或四爪卡盘来装夹工件，可以防止弯曲变形 | 适合于装夹细长的轴类零件 |
| 6 | 心轴与弹簧卡头 | 以孔为定位基准，用心轴装夹来加工外表面；也可以外圆为定位基准，采用弹簧卡头装夹来加工内表面，零件的位置精度较高 | 适合于装夹内外表面的位置精度要求较高的套类零件 |
| 7 | 平口钳 | 夹紧力较大，需要找正平口钳在机床中的正确位置 | 适合于装夹形状简单的中、小型零件 |
| 8 | 分度头 | 夹紧力较小，夹持工件时一般不需要找正，装夹速度较快，容易保证定位精度 | 适合于装夹需要分度的零件或一些轴、盘、套类零件 |
| 9 | V 形架 | 定位精度较高，有较好的对中性，装夹牢靠，可承受较大的切削力 | 适合于装夹轴类零件 |

### 2.2.3 简单通用夹具设计

由于小锥度心轴定位精度较高，也不需设计夹紧等其他零件，故设计此简单通用夹具。

当工件内、外圆表面间的位置精度要求较高，且不能在同一次装夹中加工时，常采取先精加工内孔，再以内孔为定位基准，用心轴装夹后精加工工件外圆。利用心轴与工件接触的圆柱表面的很高尺寸精度以及它对两中心孔（心轴两端加工有中心孔）的公共轴线有很高的位置精度（同轴度或圆跳动），从而保证工件外圆与内孔间的各种精度要求。

#### 2.2.3.1 小锥度心轴

当工件直径不太大时，可采用小锥度心轴定位。小锥度的心轴能楔在工件基准孔中。由于基准孔的微小弹性变形而形成一段接触长度 $l_k$，如图 2-42 所示。由此产生的摩擦力足以抵抗切削力而保持其位置不变，所以用小锥度定位时工件可以不再夹紧。由于锥度小，所以工件基准孔的精度应较高，一般为 IT6～IT7 级精度，否则其轴向位移太大。当工件外廓尺寸很长或定位基准与心轴的接触长度 $l_k$ 较短时（见图 2-43），则不宜用小锥度定位，因加工时的切削力容易使工件发生倾斜。

小锥度心轴不仅可以用来解决车床上工件同轴度问题，还可以保证镗床上零件的同轴度。

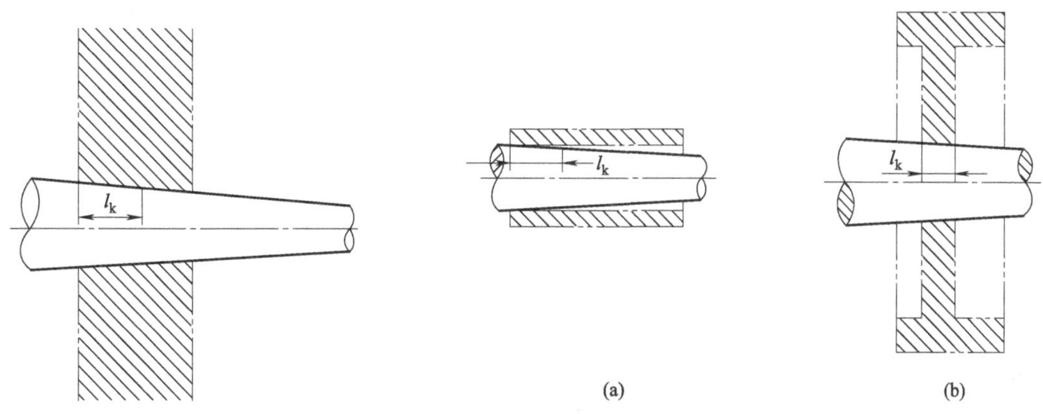


图 2-42　小锥度心轴定位　　图 2-43　不宜用小锥度定位的情况

### 2.2.3.2　查表设计小锥度心轴

小锥度心轴就是以工件上的圆柱孔在锥度很小的圆锥体上定位，基准孔（定位孔）与定位圆锥体能紧密接触，使其径向间隙等于零；工件沿轴向位置变化大，特别是工件定位孔公差大和定位圆锥度小时（见图 2-42）。由于圆锥度的存在，工件要产生一定的歪斜，当锥度越大时，歪斜越大，同轴度要求不能保证；如果采用了较小的圆锥度，由于弹性变形的关系，增加了基准孔与心轴的实际接触长度，工件就不容易歪斜，而且增加了摩擦力，能直接带动工件。

锥度心轴实际上是一个外圆锥，外圆锥设计必须确定的基本参数：锥度、圆锥长度及圆锥直径。

圆锥角是在与圆锥平行并通过轴线的截面内，两条素线之间的夹角，如图 2-44 中 $2\alpha$ 为圆锥角；圆锥直径是圆锥上垂直于轴线截面的直径，常用的圆锥直径有：最大圆锥直径 $D$、最小圆锥直径 $d$ 和给定截面圆锥直径 $d_s$。圆锥长度 $L$ 是最大圆锥直径与最小圆锥直径之间的轴向距离。锥度 $K$ 是两个垂直圆锥轴线截面的圆锥直径差与该两截面间的轴向距离之比。

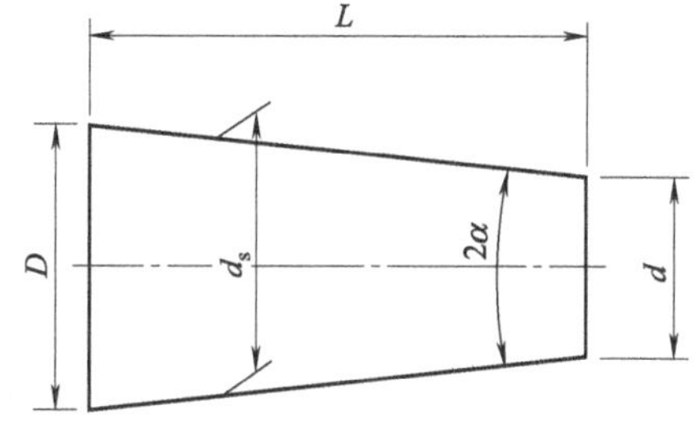


图 2-44　外圆锥

所以小锥度心轴的基本设计尺寸是锥度 $K$ 或圆锥角。锥度 $K$ 和圆锥角可以互换使用，可以选择其中任意一个为基本设计参数，通常选择锥度 $K$ 为基本设计参数。

一般加工精度等级越高，锥度 $K$ 越小。如要求保证 IT5～IT7 级精度，分别选用锥度 $K=1:8000$、$K=1:5000$、$K=1:3000$。

小锥度心轴的锥度心轴的大、小端尺寸，查表（附表 10）选择，要求大端尺寸大于加工孔的最大尺寸，小端尺寸小于加工孔的最小尺寸。

### 2.2.3.3　计算设计小锥度心轴

高精度心轴锥度 $K$ 如表 2-3 所示。

表 2-3 **高精度心轴锥度 K 推荐值**

| 工件定位孔直径 D/mm | 8～25 | 25～50 | 50～70 | 70～80 | 80～100 | >100 |
|---|---|---|---|---|---|---|
| 锥度 K | $\frac{0.01mm}{2.5D}$ | $\frac{0.01mm}{2D}$ | $\frac{0.01mm}{1.5D}$ | $\frac{0.01mm}{1.25D}$ | $\frac{0.01mm}{D}$ | $\frac{0.01}{100}$ |

锥度心轴的结构尺寸如图 2-45 和表 2-4（参考“夹具标准”或“夹具手册”）所示。为保证心轴有足够的刚度，心轴的长径比 $L/d>8$ 时，应将工件定位孔的公差范围分成 2～3 组，每组设计一根心轴。

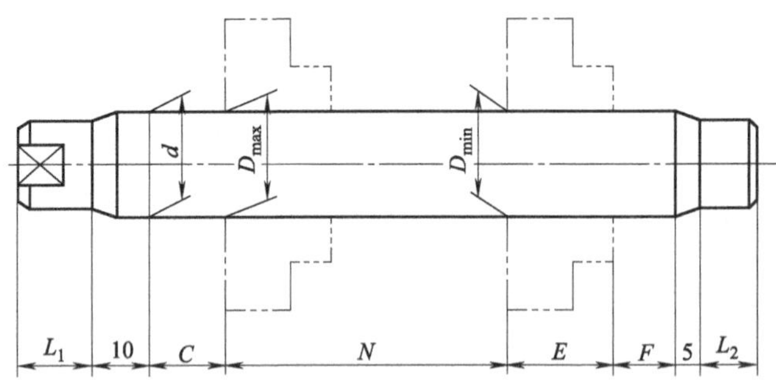


图 2-45 锥度心轴

表 2-4 **锥度心轴尺寸**

| 计算项目 | 计算公式及数据 | 说明 |
|---|---|---|
| 心轴大端直径 | $d_{max}=D_{max}+0.25\delta_D$<br>或 $d_{max}\approx D_{max}+(0.01\sim0.02)$ | D：工件孔的基本尺寸；<br>$D_{max}$：工件孔的最大极限尺寸；<br>$D_{min}$：工件孔的最小极限尺寸；<br>$\delta_D$：工件孔的公差；<br>E：工件孔的厚度。<br>当 $L/d>8$ 时，应分组设计心轴。<br>表中结构尺寸均见图 2-45 |
| 心轴大小端公差 | $\delta_D=0.005\sim0.01$ | |
| 保险锥面长度 | $C=\frac{d-D_{max}}{K}$ | |
| 导向锥面长度 | $F=(0.3\sim0.5)D$ | |
| 左端圆柱长度 | $L_1=20\sim40$ | |
| 右端圆柱长度 | $L_2=10\sim15$ | |
| 工件轴向位置的变动范围 | $N=\frac{D_{max}-D_{min}}{K}$ | |
| 心轴小端直径 | $d_{min}=d_{max}-2K(C+N+E)$ | |
| 心轴总长度 | $L=C+F+L_1+L_2+N+E+15$ | |

# 2.3 任务实施

## 2.3.1 工作任务实施

我们现在再回头看图 2-1 所示燕尾导轨的要求，实施对其燕尾进行加工。

（1）零件分析

前面已对图 2-1 所示的燕尾导轨进行了零件的结构分析和精度分析。

（2）加工方法

加工方法用铣削。铣削的工艺特点：

① 铣削在金属切削加工中应用是仅次于车削的切削加工方法，主运动是铣刀的回转运动，切削速度较高，除加工狭长平面外，其生产效率均高于刨削。

② 铣刀种类多，铣床功能强，因此铣削的适应性好，能完成多种表面的加工。

③ 铣刀为多刃刀具，铣削时，各刀齿轮流承担切削，冷却条件好，刀具寿命长。

④ 铣削时，各铣刀刀齿的切削是断续的，铣削过程中同时参与切削的刀齿数是变化的，切屑厚度也是变化的，因此切削力是变化的，存在冲击。

⑤ 铣削的经济加工精度为 IT9～IT7，表面粗糙度 *Ra* 值为 12.5～1.6μm。

(3) 加工步骤及刀具

燕尾槽铣刀如图 2-46 所示。

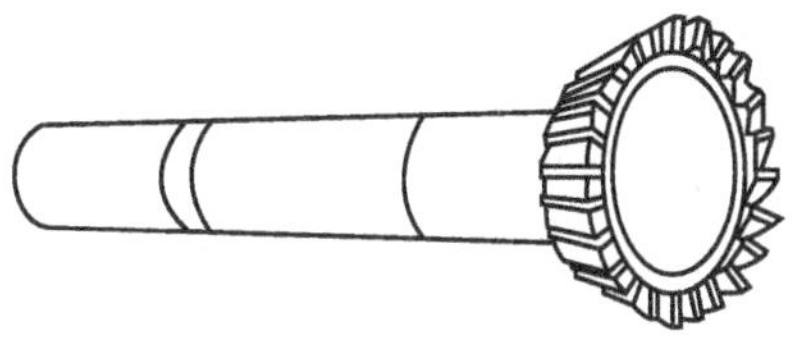

图 2-46　燕尾槽铣刀

燕尾导轨铣削加工所需要的加工步骤及刀具如表 2-5 所示。

表 2-5　燕尾导轨铣削加工工具卡

| 产品名称 | | | 零件名称 | 燕尾导轨 | 零件图号 | A4 | 备注 |
|---|---|---|---|---|---|---|---|
| 工步 | 工步内容 | | 加工面 | 刀具类型 | 刀具名称 | | |
| 1 | 下料 80mm×50mm×30mm | | 平面 | 铣刀 | 端铣刀 | | |
| 2 | 铣削(10±0.03)mm | | 平面 | 铣刀 | 端铣刀 | | |
| 3 | 铣削(30±0.03)mm | | 平面 | 铣刀 | 端铣刀 | | |
| 4 | 铣削 60°±4′ | | 燕尾 | 铣刀 | 60°燕尾铣刀 | | |
| 5 | 去毛刺 | | | 钳工刀 | 150mm 锉刀 | | |
| 编制 | | 审核 | | 批准 | | 共　页 | 第　页 |

(4) 选用的通用夹具

由于燕尾导轨零件形状简单且只生产 5 件，查附表 2，属单件生产，尽量选用机床附件。

铣床常用的夹具及特点、适用范围如表 2-6 所示。

表 2-6　铣床常用的夹具

| 序号 | 夹具 | 特点 | 适用范围 |
|---|---|---|---|
| 1 | 直接装夹 | 夹持工件时需要找正，需用百分表、划针等工具找正加工面和铣刀的相对位置 | 适合于装夹大型零件 |
| 2 | 平口钳 | 夹紧力较大，需要找正平口钳在机床中的正确位置 | 适合于装夹形状简单的中、小型零件 |
| 3 | 分度头 | 夹紧力较小，夹持工件时一般不需要找正，装夹速度较快，容易保证定位精度 | 适合于装夹需要分度的零件或一些轴、盘、套类零件 |
| 4 | V 形架 | 定位精度较高，有较好的对中性，装夹牢靠，可承受较大的切削力 | 适合于装夹轴类零件 |
| 5 | 专用夹具 | 定位准确、夹紧方便，效率高 | 适合于装夹成批、大量生产中 |

(5) 设计的铣床夹具

如果制作多件，如 500 件，就该设计铣床夹具了，即我们学完书上内容项目 7 后，会针对燕尾导轨零件专门设计专用的铣床夹具。

## 2.3.2　拓展实践

**【例 1】** 分析图 2-47 所示的阶梯轴零件，进行加工阶梯轴，加工过程中需要什么通用夹具对工件进行装夹？

(1) 零件分析

现在对图 2-47 所示阶梯轴的图纸进行分析。

① 结构分析。阶梯轴是旋转零件，其长度大于直径，由各段尺寸的外圆柱面组成。阶

梯轴从左端到右端逐渐变小，不仅便于轴上零件的定位、固定和装拆，还能满足不同轴段的不同配合特性、精度和表面粗糙度的要求。

② 精度分析。阶梯轴的径向尺寸基准是轴线，阶梯轴的右端面是轴的长度方向尺寸基准。各要求如下：尺寸精度 $\phi38^{+0.025}_{0}$mm（1 处），$\phi(30\pm0.02)$mm（1 处），$\phi(24\pm0.02)$mm（1 处），$\phi(20\pm0.02)$mm（1 处），$\phi(14\pm0.02)$mm（1 处）；表面粗糙度 $Ra1.6$（1 处），$Ra3.2$（4 处）。

（2）加工方法

加工方法用车削。车削的工艺特点：

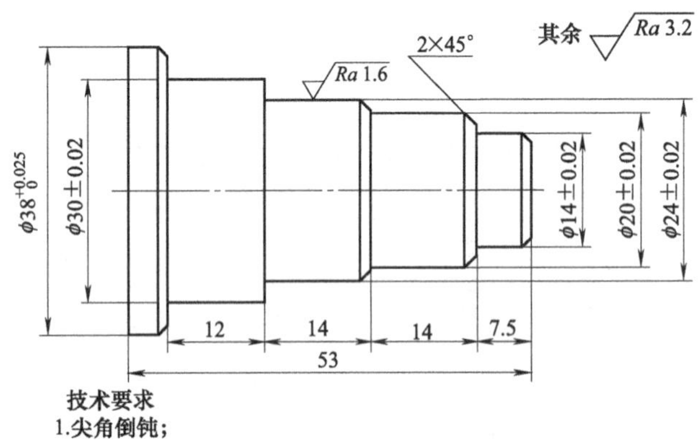


图 2-47 阶梯轴零件图

① 易于保证工件各加工面的位置精度。如易于保证同轴度要求，易于保证端面与工件回转轴线的垂直度等。

② 切削过程较平稳避免了惯性力与冲击力，允许采用较大的切削用量，高速切削，利于生产率提高。

③ 适于有色金属零件的精加工。有色金属零件表面粗糙度 $Ra$ 值要求较小时，不宜采用磨削加工，需要用车削或铣削等。用金刚石车刀进行精细车时，可达较高质量。

④ 刀具简单。车刀制造、刃磨和安装均较方便。

（3）加工步骤及刀具

阶梯轴车削加工所需要的加工步骤及刀具如表 2-7 所示。

表 2-7 阶梯轴车削加工工具卡

| 产品名称 | | 零件名称 | 燕尾导轨 | 零件图号 | A4 | 备注 |
|---|---|---|---|---|---|---|
| 工步 | 工步内容 | 加工面 | 刀具类型 | 刀具名称 | | |
| 1 | 车削右端面 | 端面 | 车刀 | 45°偏刀 | | |
| 2 | 粗车 $\phi38^{+0.025}_{0}\times53$mm | 外圆 | 车刀 | 93°外圆粗车刀 | | |
| | 精车 $\phi38^{+0.025}_{0}\times53$mm | 外圆 | 车刀 | 93°外圆精车刀 | | |
| 3 | 粗车 $\phi(30\pm0.02)$mm×47.5mm | 外圆 | 车刀 | 93°外圆粗车刀 | | |
| | 精车 $\phi(30\pm0.02)$mm×47.5mm | 外圆 | 车刀 | 93°外圆精车刀 | | |
| 4 | 粗车 $\phi(24\pm0.02)$mm×35.5mm | 外圆 | 车刀 | 93°外圆粗车刀 | | |
| | 精车 $\phi(24\pm0.02)$mm×35.5mm | 外圆 | 车刀 | 93°外圆精车刀 | | |
| 5 | 粗车 $\phi(20\pm0.02)$mm×21.5mm | 外圆 | 车刀 | 93°外圆粗车刀 | | |
| | 精车 $\phi(20\pm0.02)$mm×21.5mm | 外圆 | 车刀 | 93°外圆精车刀 | | |
| 6 | 粗车 $\phi(14\pm0.02)$mm×7.5mm | 外圆 | 车刀 | 93°外圆粗车刀 | | |
| | 精车 $\phi(14\pm0.02)$mm×7.5mm | 外圆 | 车刀 | 93°外圆精车刀 | | |
| 7 | 倒角 | 倒角面 | 车刀 | 90°偏刀 | | |
| 8 | 车断 | 端面 | 车刀 | 4mm 切断刀 | | |
| 编制 | 审核 | | 批准 | 共 页 | | 第 页 |

（4）选用的通用夹具

因阶梯轴零件为圆柱形，且直径和长度较小，无同轴度要求，故选用机床通用夹具三爪卡盘。三爪卡盘夹持工件时不需要找正，装夹速度较快。

**【例 2】** 简易盘零件图如图 2-48 所示。材料为 45 钢，尺寸为 $\phi110$mm×36mm；简易盘内孔已用钻床钻孔至 $\phi33$mm。试确定装夹方案。

(1) 零件分析

该案例零件由端面、外圆和内孔等组成，零件直径尺寸比轴向长度大很多，两端面对内孔以及外圆对内孔都有径向圆跳动要求，是典型的盘类零件。

一般盘类零件的主要技术要求如下。

① 除尺寸精度、表面粗糙度有要求外，还有外圆对孔有径向圆跳动的要求，端面对孔有端面圆跳动和垂直度的要求。

② 外圆与内孔间有同轴度要求及两端面之间的平行度要求。

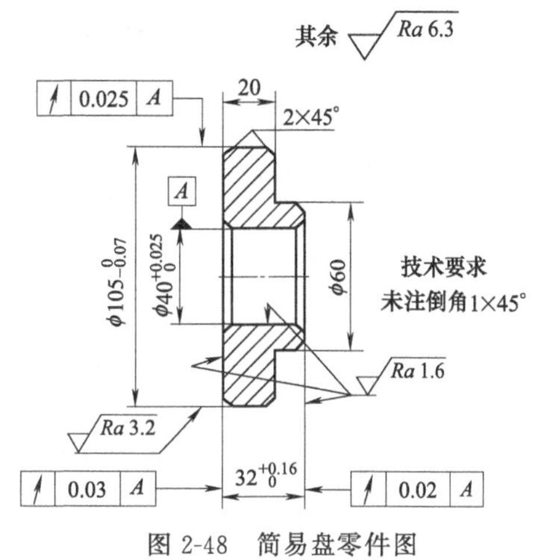


图 2-48　简易盘零件图

(2) 选用的通用夹具

加工小型盘类零件常采用三爪卡盘装夹工件，若有形位精度要求的表面不可能在三爪卡盘安装中加工完成时，通常在内孔精加工完成后，然后以孔定位上心轴或弹簧心轴加工外圆或端面，以保证形位精度要求。加工大型盘类零件时，因三爪卡盘规格没那么大，所以常采用四爪卡盘或花盘装夹工件。

盘类零件常用的通用夹具如表 2-8 所示。

**表 2-8　盘类零件常用的通用夹具**

| 序号 | 通用夹具 | 适用范围 |
|---|---|---|
| 1 | 三爪卡盘 | 小型盘类零件 |
| 2 | 四爪卡盘 | 方形的、长方形、大型或偏心盘类零件 |
| 3 | 花盘 | 形状不规则或大而薄的盘类零件 |
| 4 | 心轴 | 表面有形位精度要求而内孔较小的盘类零件 |
| 5 | 弹簧心轴 | 表面有形位精度要求而内孔较大的盘类零件 |

(3) 通用夹具装夹方案

因零件试制生产 5 件，为保证零件加工的形位精度要求，该零件装夹加工时，首先用三爪卡盘夹紧工件左端，粗车右端面和 $\phi$60mm 外径，掉头装夹 $\phi$60mm 外径，以已车台肩端面轴向定位，粗、精车端面、内孔、外圆和倒角。其次，掉头装夹已精车 $\phi$105mm 外径。但为防止已精车 $\phi$105mm 外径夹伤，可考虑在工件 $\phi$105mm 已精车表面夹持位包一层铜皮，同时能保证工件夹正，以免夹歪。最后，用锥度心轴和顶针装夹工件，用卡箍带动工件旋转，精车右端面，保证长度尺寸，如图 2-51 所示。

① 第一次装夹：三爪卡盘夹紧工件左端，粗车右端面和 $\phi$60mm 外径。

② 第二次装夹：掉头装夹 $\phi$60mm 外径，以已车台肩端面轴向定位，粗、精车端面、内孔、外圆和倒角。

③ 第三次装夹：再掉头装夹已精车 $\phi$105mm 外径，但为防止已精车 $\phi$105mm 外径夹伤，可考虑在工件 $\phi$105mm 已精车表面夹持位包一层铜皮。用百分表找正工件后，精车 $\phi$60mm 外径和台肩面 20mm 长度至尺寸，然后半精车右端面和内孔孔口及大外角倒角。

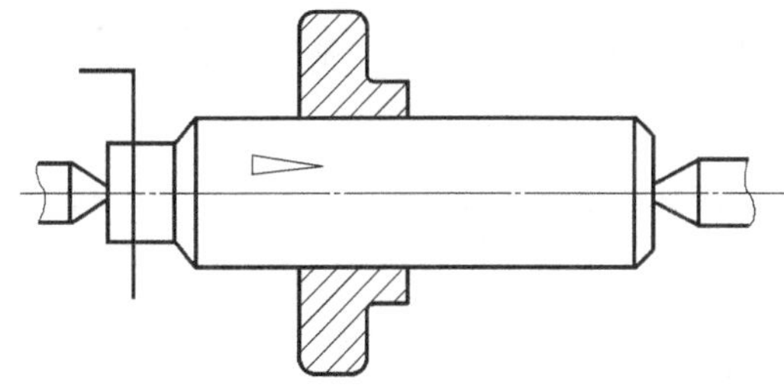

图 2-49　锥度心轴和顶针装夹工件示意图

④ 第四次装夹：用锥度心轴和顶针装夹工件，用卡箍带动工件旋转，精车右端面，保证长度尺寸。具体用锥度心轴和顶针装夹工件如图 2-49 所示。

### 2.3.3 工作实践中常见问题解析

切削加工中通用夹具装夹工艺规则如表 2-9 所示。

表 2-9 切削加工中通用夹具装夹工艺规则

| 项目 | 主要规则 |
| --- | --- |
| 加工前 | (1) 在机床工作台上安装夹具时，首先要擦净其定位基面，并要找正其刀具的相对位置。<br>(2) 工件装夹前应将其定位面、夹紧面、垫铁和夹具的定位、夹紧面擦拭干净，并不得有毛刺。<br>(3) 按工艺规程中规定的定位基准装夹。若工艺规程中未规定装夹方式，操作者可自行选择定位基准和装夹方法。选择定位基准应按以下原则进行。<br>① 尽可能使定位基准与设计基准重合。<br>② 尽可能使各加工面采用同一定位基准。<br>③ 粗加工定位基准应尽量选择不加工或加工余量比较小的平整表面，而且只能使用一次。<br>④ 精加工工序定位基准应是已加工表面。<br>⑤ 选择的定位基准必须使工件定位夹紧方便，加工时稳定可靠。 |
| | (4) 对无专用夹具的工件，装夹时应按以下原则进行找正。<br>① 对划线工件应按划线进行找正。<br>② 对不划线工件，在本工序后尚需继续加工的表面，在找正精度时，应保证下道工序有足够的加工余量。<br>③ 对在本工序加工到成品尺寸的表面，其找正精度应小于尺寸公差和位置公差的 1/3。<br>(5) 装夹组合件时，应注意检查结合面的定位情况。<br>(6) 夹紧工件时，夹紧力的作用点应通过支承点或支承面。对刚性较差的(或加工时有悬空部分的)工件，应在适当的位置增加辅助支承，以增强其刚性。<br>(7) 夹持精加工面和软材质工件时应垫以软垫，如紫铜皮等。<br>(8) 用压板压紧工件时，压板支承点应略高于被压工件表面，并且压紧螺栓应尽量靠近工件，以保证压紧力 |
| 加工中 | (1) 用三爪卡盘装夹工件进行粗车或精车时，若工件直径小于或等于 30mm，其悬伸长度应不大于直径的 5 倍；若工件直径大于 30mm，其悬伸长度应不大于直径的 3 倍。<br>(2) 用四爪卡盘、花盘、角铁(弯板)等装夹不规则偏重工件时，必须加配重。<br>(3) 在顶尖间加工轴类工件时，车削前要调整尾座顶尖轴线与车床主轴轴线重合。<br>(4) 在两顶尖间加工细长轴时，应使用跟刀架或中心架。在加工过程中要注意调整顶尖的顶紧力，固定顶尖和中心架应注意润滑。<br>(5) 使用尾座时，套筒应尽量伸出短些，以减小振动。<br>(6) 在立车上装夹支承面小、高度高的工件时，应使用加高的卡爪，并在适当的部位加拉杆或压板压紧工件。<br>(7) 车削轮类、套类铸锻件时，应按不加工的表面找正，以保证加工后工件壁厚均匀 |

## 项目小结

本项目介绍了通用夹具的组成、结构、使用注意事项和选用。学生通过学习和完成工作任务，掌握上面介绍各种通用夹具的使用，应能根据零件工序的加工要求，正确选用其中一种通用夹具装夹工件的目的。

## 实践任务

### 实践任务 2-1

| 专业 | | 班级 | | 姓名 | | 学号 | |
| --- | --- | --- | --- | --- | --- | --- | --- |
| 实践任务 | 复习本项目内容 | | | 评分 | | | |

**一、填空题**

1. 通用夹具是指结构、尺寸已经________化、________化，在一定范围内可用于加工________工件的夹具。

2. 平口钳是利用螺杆或其他机构使两钳口作________而夹持工件的。一般由________、________、________和________，以及使活动钳口移动的传动机构组成。

3. 分度头可将工件分成任意________或________，可铣削________工件、花键、齿轮等，还可与工作台联动铣削螺旋槽等。分度头主要由夹持部分、________部分、传动部分组成。

续表

| 专业 | | 班级 | | 姓名 | | 学号 | |
|---|---|---|---|---|---|---|---|
| 实践任务 | 复习本项目内容 | | | 评分 | | | |

4. 各种夹头相当于三爪或四爪卡盘，把工件________和________。可分为__________、__________、__________和________。

5. 当工件内、外圆表面间的位置精度要求较高，且不能在同一次装夹中加工时，常采取先精加工内孔，再以内孔为定位基准，用________装夹后精加工外圆的工艺方法，能保证外圆轴线和内孔轴线的同轴度要求。

**二、选择题**

1. 三个卡爪有正爪和反爪之分，当换上(　　)即可安装较大直径的工件。

A. 正爪　　B. 顺爪　　C. 反爪　　D. 逆爪

2. 超精密分度回转盘，分割精度达到正负几(　　)。

A. 圈　　B. 度　　C. 分　　D. 秒

3. 分度头的传动路线是：手柄→齿轮副(传动比为 1∶1)→蜗杆与蜗轮(传动比为 1∶40)→主轴。即手柄转动一圈，主轴转动 1/40 圈。如要将工件在圆周上分 $z$ 等分，则，手柄应转动 $n$ 圈，$n$ 为(　　)。

A. $z/40$　　B. $40/z$　　C. $40z$　　D. $40-z$

4. 工件以圆柱孔定位常用(　　)；当工件直径不太大时，可采用(　　)；带有螺纹孔的工件定位，用相应的(　　)；带有花键孔的工件定位，用相应的(　　)。

A. 圆柱心轴　　B. 锥度心轴　　C. 螺纹心轴　　D. 花键心轴

5. 四爪单动卡盘安装精度比三爪卡盘(　　)，校正工件位置(　　)。

A. 低　　B. 一样　　C. 高　　D. 麻烦、费时　　E. 省事

6. 在车床上，当零件加工的平面相对于安装平面有平行度要求或加工的孔和外圆的轴线相对于安装平面有垂直度要求时，则可以把工件用压板、螺栓直接安装在(　　)上进行加工；当零件上需加工的平面相对于安装平面有垂直度要求，或需加工的孔和外圆的轴线相对于安装平面有平行度要求时，则可以用(　　)安装工件。

A. 花盘　　B. 弯板　　C. 花盘＋弯板

**三、判断题**(正确的打√，错误的打×)

1.(　　)三爪卡盘定心精度高，工件上同轴度要求较高的表面，可在多次装夹中车出。

2.(　　)吸盘主要适用于磨床、车床、钳工划线等吸持工件加工。

3.(　　)顶尖适用于精确重复定位或有同轴度公差要求的工件车削。

4.(　　)使用花盘装夹工件时，只需要找正。

## 实践任务 2-2

| 专业 | | 班级 | | 姓名 | | 学号 | |
|---|---|---|---|---|---|---|---|
| 实践任务 | 通用夹具介绍 | | | 评分 | | | |
| 实践要求 | 根据本项目内容或上网查询，分组制作 PPT，介绍和演示各种通用夹具的工作原理、作用、种类、结构、使用特点和方法、适用范围、装夹工件注意事项等。 | | | | | | |

通用夹具介绍题目(分组)

1. 三爪卡盘
2. 平口钳
3. 分度头
4. 工作台
5. 四爪卡盘
6. 中心架和跟刀架
7. 花盘，弯板
8. 顶尖及鸡心夹头
9. 吸盘
10. 线切割专用的通用夹具

## 实践任务 2-3

| 专业 | | 班级 | | 姓名 | | 学号 | |
|---|---|---|---|---|---|---|---|
| 实践任务 | 小锥度心轴查表设计 | | | 评分 | | | |
| 实践要求 | 套筒需要磨削外圆，按加工要求，查附表 10，选择小锥度心轴的锥度及大小端尺寸。 | | | | | | |

锥度芯轴查表设计题目(分组)

1. 工件孔 $D=\phi 34N6$，保证工件外圆同轴度公差等级 7 级
2. 工件孔 $D=\phi 40F8$，保证工件外圆同轴度公差等级 7 级
3. 工件孔 $D=\phi 35M6$，保证工件外圆同轴度公差等级 6 级
4. 工件孔 $D=\phi 35M7$，保证工件外圆同轴度公差等级 6 级
5. 工件孔 $D=\phi 37K7$，保证工件外圆同轴度公差等级 7 级
6. 工件孔 $D=\phi 37J6$，保证工件外圆同轴度公差等级 5 级
7. 工件孔 $D=\phi 38H6$，保证工件外圆同轴度公差等级 7 级
8. 工件孔 $D=\phi 40G7$，保证工件外圆同轴度公差等级 6 级
9. 工件孔 $D=\phi 42H6$，保证工件外圆同轴度公差等级 5 级
10. 工件孔 $D=\phi 40G6$，保证工件外圆同轴度公差等级 6 级

图 2-50 套筒工件示意图

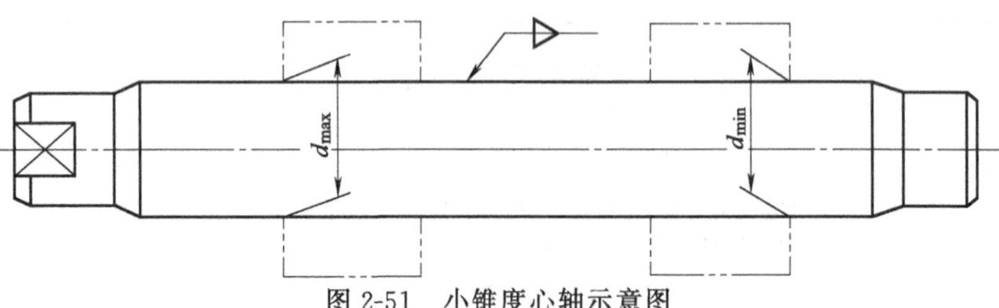


图 2-51 小锥度心轴示意图

## 实践任务 2-4

| 专业 | | 班级 | | 姓名 | | 学号 | |
|---|---|---|---|---|---|---|---|
| 实践任务 | 小锥度心轴计算设计 | | | 评分 | | | |
| 实践要求 | 套筒需要磨削外圆，按加工要求及本项目里的计算公式（如表 2-4）等，试设计计算小锥度心轴的各个尺寸。 | | | | | | |

小锥度芯轴计算设计题目（分组）

1. 工件厚度 20mm，孔 $D=\phi15H6$，保证工件内外圆同轴度
2. 工件厚度 20mm，孔 $D=\phi18H7$，保证工件内外圆同轴度
3. 工件厚度 20mm，孔 $D=\phi20H8$，保证工件内外圆同轴度
4. 工件厚度 20mm，孔 $D=\phi25H6$，保证工件内外圆同轴度
5. 工件厚度 20mm，孔 $D=\phi28H7$，保证工件内外圆同轴度
6. 工件厚度 20mm，孔 $D=\phi30H8$，保证工件内外圆同轴度
7. 工件厚度 20mm，孔 $D=\phi50H6$，保证工件内外圆同轴度
8. 工件厚度 20mm，孔 $D=\phi55H7$，保证工件内外圆同轴度
9. 工件厚度 20mm，孔 $D=\phi75H7$，保证工件内外圆同轴度
10. 工件厚度 20mm，孔 $D=\phi85H7$，保证工件内外圆同轴度

## 实践任务 2-5

| 专业 | | 班级 | | 姓名 | | 学号 | |
|---|---|---|---|---|---|---|---|
| 实践任务 | 小锥度心轴画图设计 | | | 评分 | | | |
| 实践要求 | 套筒需要磨削外圆，按加工要求及实践任务 2-4 的计算，画出小锥度心轴。 | | | | | | |

# 项目3

# 工件定位设计

## 知识目标

1. 掌握工件定位基本原理。
2. 熟练掌握如何确定工件的定位基准。
3. 熟练掌握如何确定工件的定位方案。
4. 掌握常用定位元件的选择和设计。
5. 掌握定位误差的分析和计算。

## 能力目标

1. 能根据零件工序加工要求，确定定位基准、定位方式和定位方案。
2. 能根据零件的定位方案，设计或选择其定位元件，分析和计算其定位误差。

## 3.1 工作任务

### 3.1.1 任务描述

如图 3-1 所示，拨叉工件需钻 M10mm 螺纹的底孔 $\phi8.4$mm，其他孔 $\phi15.8$F8、槽 $14.2^{+0.1}_{0}$mm 和拨叉槽口 $51^{+0.1}_{0}$mm 在前面工序已完成。工件材料为 45 钢，毛坯为锻件。生产批量为成批生产，所用设备为 Z525 立钻。试设计拨叉工件钻 $\phi8.4$mm 孔的定位方案。

### 3.1.2 任务分析

对图 3-1 所示的拨叉工件进行分析。

① 生产纲领：成批生产。

② 毛坯：材料为 45 钢，除 M10 螺纹底孔 $\phi8.4$mm 未加工，其余已加工至尺寸。

③ 结构分析：形状复杂。

④ 精度分析：$\phi8.4$mm 孔中心到槽 $14.2^{+0.1}_{0}$mm 的对称中心线的距离要求为（3.1±0.1）mm；$\phi8.4$mm 孔中心对 $\phi15.8$F8 孔的中心保证径向对称度要求为 0.2mm；孔 $\phi8.4$mm 为自由尺寸。

孔 $\phi8.4$mm 为自由尺寸，可用麻花钻一次钻削保证。该孔在轴线方向的工序基准是槽 $14.2^{+0.1}_{0}$mm 的对称中心线，要求 8.4mm 孔轴线与槽 $14.2^{+0.1}_{0}$mm 的对称中心线的距离为（3.1±0.1）mm，该尺寸精度通过钻模是完全可以保证的；在径向方向的工序基准是

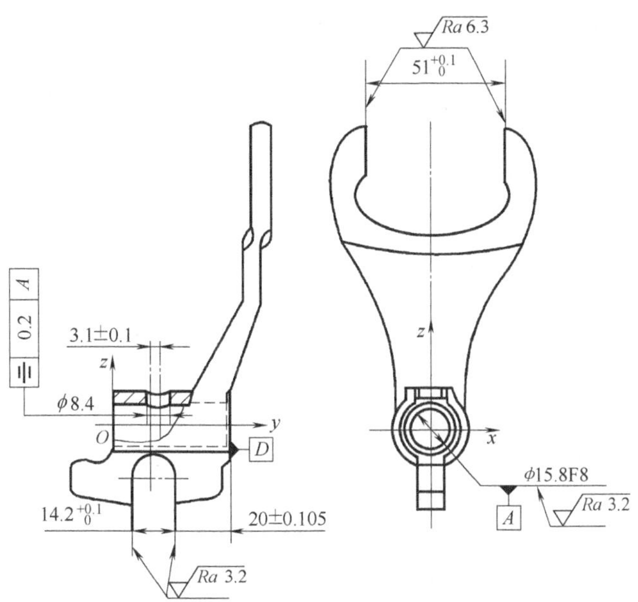


图 3-1 拨叉工件

$\phi$15.8F8 孔的中心线，其对称度要求是 0.2mm。

查阅立式钻床 Z525 的技术参数。立钻 Z525 的最大钻孔直径为 $\phi$25mm，主轴端面到工作台面的最大距离 $H$=700mm；工作台面尺寸为 375mm×500mm，其空间尺寸完全能够满足夹具的布置和加工范围的要求。

# 3.2 知识准备

## 3.2.1 工件定位概论

夹具保证工件被加工表面的技术要求，就是加工时满足 3 个条件：首先是一批工件在夹具中占有正确的位置；其次是夹具在机床上的正确位置；最后是刀具相对夹具的正确位置。所以，工件定位就是使同一批工件在加工过程中占据正确的加工位置。显然，定位不合理，工件的加工精度就无法保证。工件定位是夹具设计中首先要解决的问题。

### 3.2.1.1 工件装夹的实质

定位和夹紧的过程称为装夹。工件装夹目的是使工件获得正确的加工位置并加以固定。

使同一批工件在加工过程中占据正确的加工位置称为定位。工件在夹具中定位的任务是：使同一工序中的所有工件都能在夹具中占据正确的加工位置。一批工件在夹具上定位时，各个工件在夹具中占据的加工位置不可能完全一致，但各个工件的加工位置变动量必须控制在加工要求所允许的范围内。

使工件在加工过程中保持所占据的确定加工位置不变的过程称为夹紧。工件夹紧的任务是：使工件在切削力、离心力、惯性力和重力的作用下不离开已经占据的正确加工位置，以保证机械加工的正常进行。

### 3.2.1.2 定位与夹紧的关系

定位是确定工件的正确加工位置，并不考虑受力后的运动因素；而保证定位可靠不受力影响的过程是夹紧。定位与夹紧是装夹工件的两个有联系的过程。在工件定位以后，为了使工件在切削力等作用下能保持既定的位置不变，通常还需再夹紧工件，将工件紧固，因此它们之间是不相同的。

工件一般都是先定位、后夹紧，特殊情况下，工件的定位和夹紧会同时实现，如三爪自动卡盘装夹工件。

如果认为先夹紧工件，从而以为工件被夹紧后的位置不能动就是定位，这是非常错误的。

#### 3.2.1.3　工件的定位方法

工件的定位方法有以下两种。

(1) 找正定位法

找正定位法又分为直接找正和划线找正两种定位方法，找正过程为：预夹紧→找正、敲击→完全夹紧。

① 直接找正定位法。在机床上利用划针或百分表等测量工具（仪器）直接找正工件位置的方法。该方法生产率低，精度主要取决于工人的操作技术水平和测量工具的精度，一般用于单件小批生产。如在四爪卡盘上用划针找正装夹工件。

② 划线找正定位法。先根据工序简图在工件上划出中心线、对称线和加工表面的加工位置线等，然后再在机床上按划好的线找正工件位置。该方法生产率低、精度低，一般用于批量不大的工件。当所选用的毛坯为形状较复杂、尺寸偏差较大的铸件或锻件时，在加工阶段的初期，为了合理分配加工余量，经常采用划线找正定位法。

可见找正法装夹工件，工件正确位置的获得是通过找正达到的，夹具只起到夹紧工件的作用。方便、简单，但生产率低、劳动强度大，适用于单件、小批生产。

(2) 夹具定位法

中批量以上生产中广泛采用专用夹具定位。专用夹具装夹工件可使工件在夹具中定位迅速；工件通过预先在机床上调整好位置的夹具，相对机床占有正确位置；工件通过对刀、导引装置，相对刀具占有正确位置。

成批生产中，加工图 3-2 所示零件，钻后盖上的 $\phi$10mm 孔，保证距后端面距离为 (18±0.1) mm，$\phi$10 孔轴心线与 $\phi$30 孔中心线垂直，$\phi$10 孔轴线与下面的 $\phi$5.8 孔轴线在同一平面上。其钻床夹具如图 3-3 所示。$\phi$10 孔径尺寸由钻头和钻套 1 保证，距后端面距离 (18±0.1) mm 由支承板 4 保证，$\phi$10 孔轴线与 $\phi$30 孔轴线垂直由钻套 1 和圆柱销 5 共同

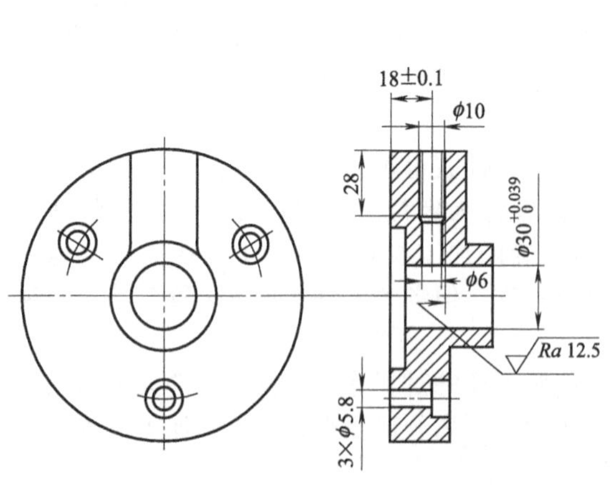


图 3-2　后盖零件钻径向孔的工序图

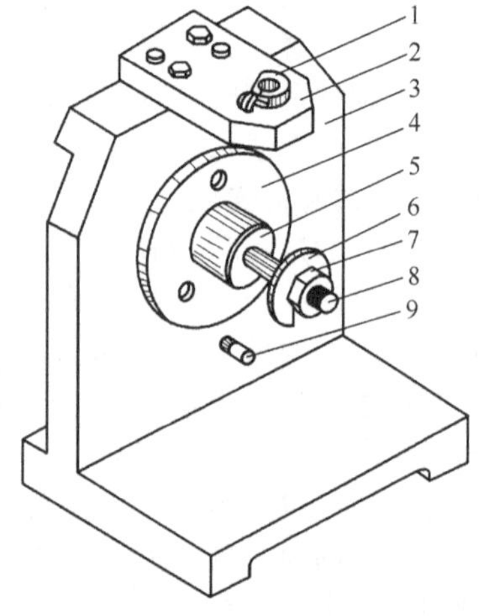


图 3-3　后盖钻床夹具

1—钻套；2—钻模板；3—夹具体；4—支承板；5—圆柱销；6—开口垫圈；7—螺母；8—螺杆；9—菱形销

保证。$\phi$10 孔轴线与下面的 $\phi$5.8 孔轴线在同一平面上由菱形销 9 保证。加工时拧紧螺母 7，实现定位，松开螺母 7，拿开开口垫圈 6，实现快速更换工件。

通过专用夹具对工件的定位，可以使同一批工件都能在夹具中占据一致的位置，以保证工件相对于刀具和机床的正确加工位置。工件在夹具上的定位，是由工件的定位基准（面）与夹具上的定位元件的定位表面相接触或相平衡实现的。这种定位法对加工成批工件效率尤为显著。

## 3.2.2 确定工件的定位基准

工件的定位基准就是在加工中用作定位的基准。定位基准的选择是定位设计的一个关键问题。一般说来，工件的定位基准一旦被确定，则其定位方案也基本上被确定，定位方案是否合理，直接关系到工件的加工精度能否保证。通常定位基准是在制订工艺规程时选定的。定位方案的分析与确定，必须按照工件的加工要求合理选择工件的定位基准。

### 3.2.2.1 基准的概念

基准，就是用来确定生产对象上几何要素间的几何关系所依据的点、线、面。可分为设计基准和工艺基准。

(1) 设计基准

设计基础是在零件图上，确定点、线、面位置的基准。它是标注设计尺寸的起点。如图 3-4（a）所示的零件，平面 2、3 的设计基准是平面 1，平面 5、6 的设计基准均是平面 4，孔 7 的设计基准是平面 1 和平面 4；如图 3-4（b）所示的齿轮、齿顶圆、分度圆和内孔直径的设计基准均是孔的轴线。

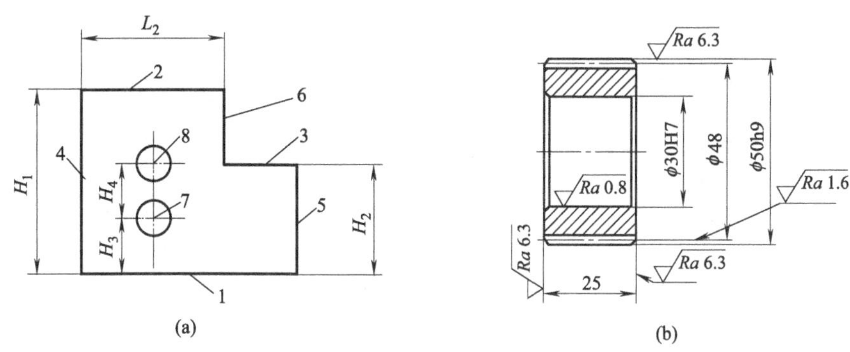


图 3-4 设计基准

1～6—平面；7,8—孔

(2) 工艺基准

工艺基础是在零件加工、测量和装配过程中所使用的基准。按用途不同又可分定位基准、工序基准、测量基准和装配基准。

① 定位基准：加工时用以确定零件在机床夹具中的正确位置所采用的基准。它是工件上与夹具定位元件直接接触的点、线或面。如图 3-4（a）所示的零件，加工平面 3 和 6 时是通过平面 1 和 4 在夹具上定位的，因此，平面 1 和 4 是加工平面 3 和 6 的定位基准。又如图 3-4（b）所示的齿轮，加工齿形时是以内孔和一个端面作为定位基准的。

② 工序基准：在工序图上用以标定被加工表面位置的基准。应尽量使该表面的工序基准与设计基准重合。如图 3-4（a）所示零件，加工平面 3 时按尺寸 $H_2$ 进行加工，则平面 1 即为工序基准，加工尺寸 $H_2$ 叫做工序尺寸。

查找工件工序基准的方法：首先找到工件的加工面，要加工的尺寸就是工序尺寸，工序尺寸的一端指向加工面，另一端就指向工件的工序基准。如图 3-5 所示。

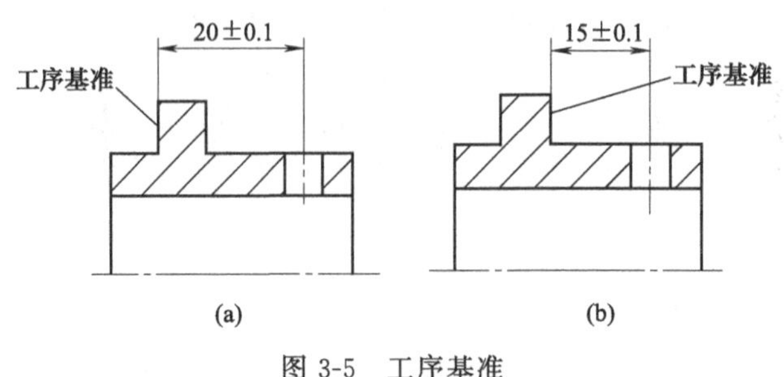


图 3-5　工序基准

③ 测量基准：用以测量已加工表面尺寸和位置的基准。图 3-6 中的 $A$ 面就是测量孔深时的测量基准。

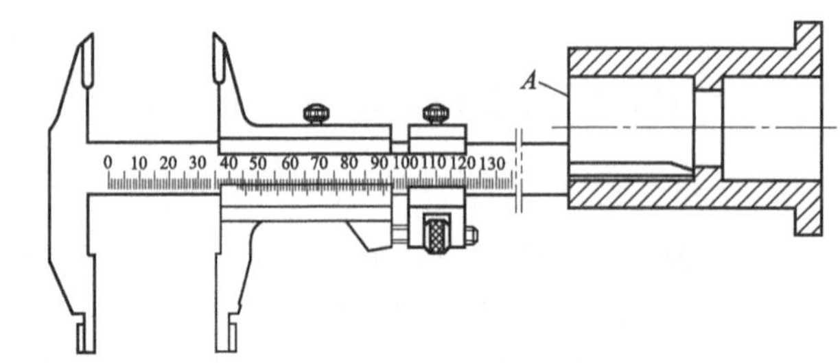


图 3-6　测量基准

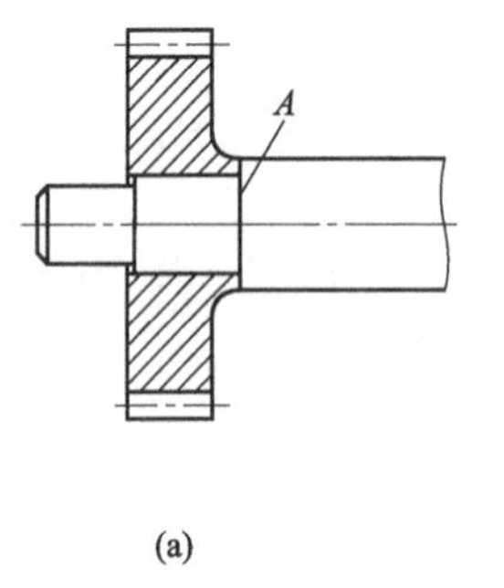


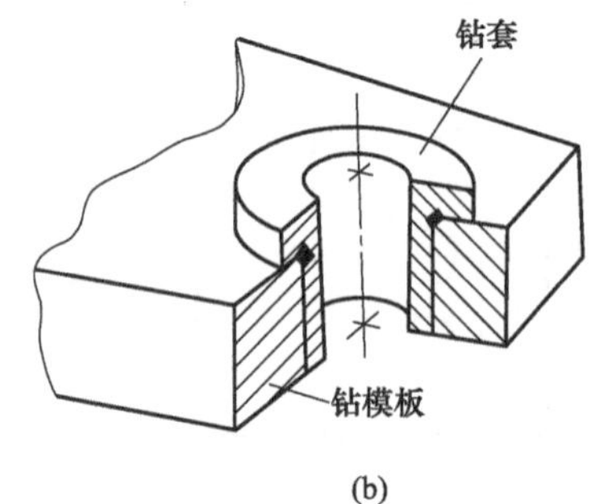


图 3-7　装配基准

④ 装配基准：装配时用来确定零件或部件在机器中位置所采用的基准。图 3-7（a）所示的齿轮的内孔及端面 $A$ 就是它的装配基准。图 3-7（b）所示的钻套，显然，钻套上的外圆柱面及台阶面确定了钻套在产品中的位置，即外圆柱面及台阶面是钻套的装配基准。

作为基准的点、线、面在工件上并不一定具体存在。例如轴线、对称平面等，它们是由某些具体存在的表面来体现的，用以体现基准的表面称为基面。例如图 3-4（b）中齿轮的轴线是通过内孔表面来体现的，内孔表面就是基面。

#### 3.2.2.2　确定定位基准的原则

各工序定位基准的选择，从减小加工误差考虑，应遵循基准重合原则。基准重合原则就是尽可能选择设计基准和工序基准作为定位基准，这样可避免基准不重合而产生的基准不重合误差。当用多个表面定位时，应选择其中一个较大的表面为主要定位基准。

如图 3-8（a）所示，平面 $A$ 和平面 $B$ 靠在支承元件上得到定位，以保证工序尺寸 $H$ 和 $h$。图 3-8（b）所示为工件以素线 $C$、$F$ 为定位基准。定位基准除了可以是工件上的实际表面（轮廓要素面、点或线）外，也可以是中心要素，如几何中心、对称中心线或对称中心平面。如图 3-8（c）所示，定位基准是两个与 V 形块接触的点 $D$、$E$ 的几何中心 $O$。这种定位称为中心定位。

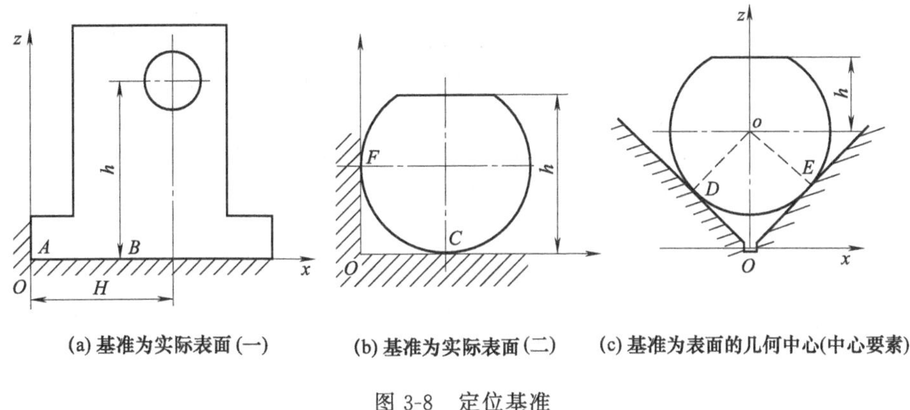


图 3-8　定位基准

### 3.2.2.3　定位基准的选择

选择定位基准时，一般是先看用哪些表面为基准能最好地把各个表面都加工出来，然后再考虑选择哪个表面为粗基准来加工被选为精基准的表面。通常先选择精基准，后选择粗基准。选用已加工过的工件表面作为定位基准，该基准称为精基准；选用未经加工过的毛坯表面作为定位基准，该基准称为粗基准。

定位基准的选择合理与否，不仅影响加工表面的位置精度，而且影响各表面的加工顺序。选择定位基准是从保证工件加工精度要求出发的，因此，应先选择精基准，再据此选择粗基准。

（1）精基准的选择原则

选择精基准时，主要应考虑保证加工精度和安装方便可靠，具体原则如下。

① 基准重合原则。应尽量选用设计基准或工序基准作为定位基准，这就是基准重合原则。如果加工工序是最终工序，所选择的定位基准应与设计基准重合；若是中间工序，则应尽可能采用工序基准作为定位基准。图 3-9 所示的键槽加工，如以中心孔定位，并按尺寸 $L$ 调整铣刀位置，工序尺寸为 $t=R+L$，由于定位基准和工序基准不重合，因此 $R$ 与 $L$ 两尺寸的误差都会影响键槽尺寸精度。如果采用图 3-10 所示的定位方式，工件以外圆下母线 $B$ 作为定位基准，则定位基准与工序基准重合，容易保证键槽尺寸 $t$ 的加工精度。

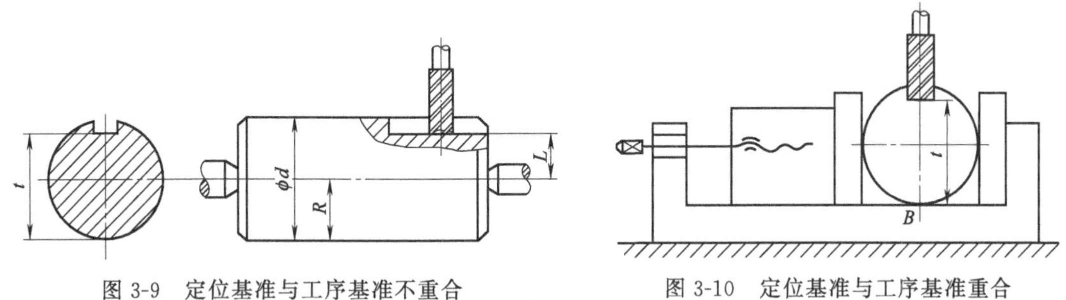


图 3-9　定位基准与工序基准不重合　　图 3-10　定位基准与工序基准重合

这里还需指出：设计基准与定位基准不重合时，误差只发生在用调整法获得加工尺寸的情况下，这时刀具是相对于定位面来对刀的。当设计基准与定位基准不重合时，就会产生基准不重合误差，对于图 3-9 所示情况来说，其值为设计基准与定位基准之间尺寸的变化量，即尺寸 $R$ 的公差。基准不重合一般发生在下列情况：用设计基准定位不可能或不方便；在选择精基准时，由于优先考虑了基准统一原则而不得不放弃基准重合要求。

② 基准统一原则。应尽可能选择加工工件多个表面时都能使用的定位基准作为精基准，即遵循基准统一的原则，这样便于保证各加工面间的相互位置精度，避免基准变换所产生的误差，并简化夹具的设计和制造。

例如：轴类零件，采用顶尖孔作为统一基准加工各个外圆表面及轴肩端面，这样可以保证各个外圆表面之间的同轴度以及各轴肩端面与轴心线的垂直度；机床主轴箱箱体多采用底面和导向面作为统一基准加工各轴孔、前端面和侧面；一般箱体类零件常采用一大平面和两个距离较远的孔（一面两孔）作为精基准；圆盘和齿轮零件常用一端面和短孔作为精基准；活塞常用止口作为精基准。

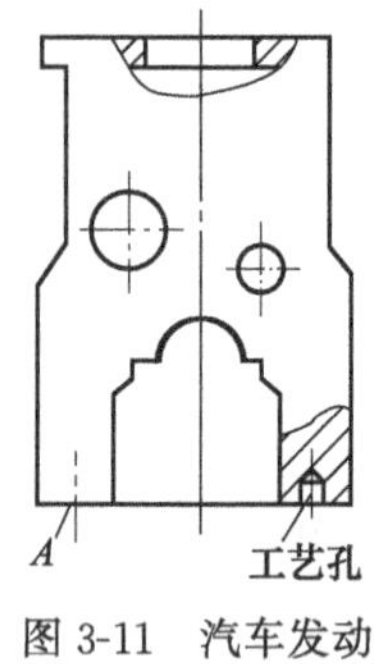

图 3-11　汽车发动机机体的精基准

图 3-11 所示为汽车发动机的机体，在加工机体上的主轴承座孔、凸轮轴座孔、汽缸孔及主轴承座孔端面时，就是采用统一的基准——底面 $A$ 及底面 $A$ 上相距较远的两个工艺孔作为精基准的，这样就能较好地保证这些加工表面的相互位置关系。

③ 自为基准原则。对于工件上的重要表面的精加工，必须选加工表面本身作为精基准，即遵循自为基准的原则。而该表面与其他表面之间的位置精度则由先行的工序保证。

例如磨削车床导轨面时，为使加工余量小而均匀，以提高导轨面的加工精度和生产率，常在磨头上安装百分表，在床身下安装可调支承，以导轨面本身为精基准来调整找正，如图 3-12 所示。此外，用浮动铰刀铰孔、用拉刀拉孔、用无心磨床磨外圆、珩磨内孔等均为自为基准的实例。

又如，在磨削叶片泵定子外圆表面时，由于定子内腔是特形曲面，不适于作定位基面，因此在磨削叶片泵定子外圆表面时（见图 3-13），采用外圆面定位，即属于自为基准。工件装夹时，先将工件 4 套在心轴 1 上，用加工的外圆面作为定位基准，用夹具上的定位套 2 定心，用定位销 3 作周向定位，然后用开口压板 5 和螺母 6 将工件夹紧，再取下定位套，工件即可连同心轴一起装在磨床上进行外圆磨削加工。

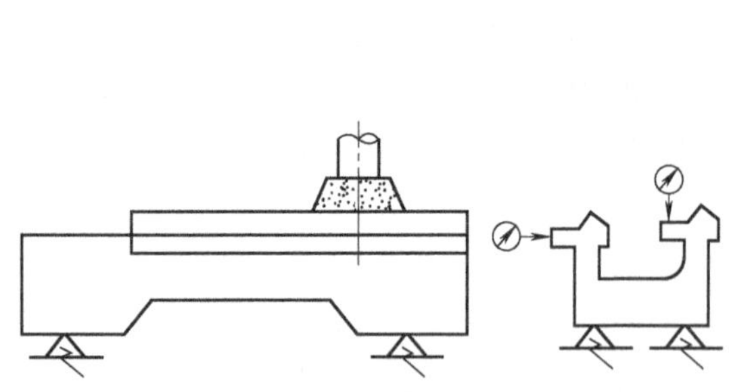
图 3-12　床身导轨面自为基准

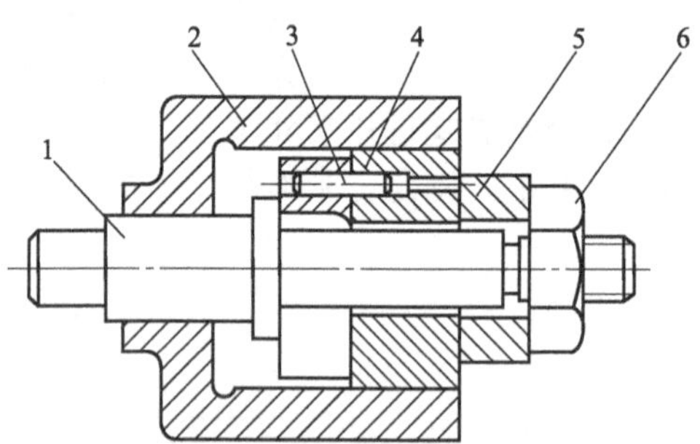

图 3-13　自为基准磨削叶片泵定子外圆表面
1—心轴；2—定位套；3—定位销；4—工件（定子）；5—开口压板；6—螺母

④ 互为基准原则。当两个表面的相互位置精度以及它们自身的尺寸与形状精度都要求很高时，可以采取互为精基准的原则，反复多次进行精加工。

例如要保证精密齿轮的圆跳动精度，在齿面淬硬后，因齿面淬硬层较薄，因此磨削余量应力求小而均匀，需先以齿面为基准磨内孔（见图 3-14），再以内孔定位磨齿面，就是互为基准加工。这样加工，不但可以做到磨齿余量小而均匀，而且还能保证轮齿基圆对内孔有较高的同轴度。又如，车床主轴的主轴颈和前端锥孔的同轴度要求很高，因此，也常采用互为基准反复加工的方法。

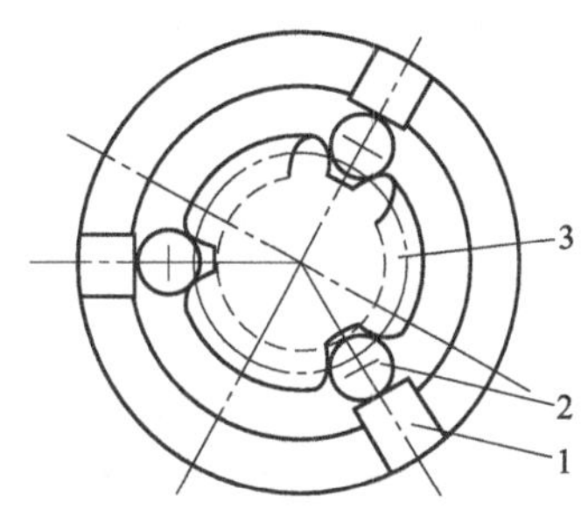

图 3-14 以齿面定位加工
1—卡盘；2—滚柱；3—齿轮

选择精基准时，一定要保证工件定位准确，夹紧可靠，夹具结构简单，工件装夹方便。因此，零件上用作定位的表面既应该具有较高的尺寸、形状精度及较小的表面粗糙度值，以保证定位准确，同时还应具有较大的面积并应尽量靠近加工表面，以保证在切削力和夹紧力作用下不至于引起零件位置偏移或产生太大变形。由于零件的装配基准往往面积较大，而且精度较高，因此，用零件的装配基准作为精基准，对于提高定位精度，减小受力变形，都是十分有利的。

精基准的选择要完全符合上述各原则，往往是不可能的。必须根据具体情况进行具体分析，才能最后确定合适的定位方案。例如，保证了基准的统一，就不一定符合基准重合的原则，因此，在使用这些原则时，必须结合具体情况，综合考虑，灵活掌握。

(2) 粗基准的选择原则

选择粗基准的出发点是：保证工件各加工表面有足够的加工余量，使加工面与不加工面间的相互位置精度符合图样要求，并特别注意要尽快获得精基准面。一般选有技术要求、加工余量小的重要非加工表面作为粗基准。

零件毛坯在铸造时内孔与外圆之间难免会有偏心，因此在加工时，如果用不需加工的外圆 1 作为粗基准（用三爪卡盘夹持外圆）加工内孔 2，由于此时外圆 1 的中心线和机床主轴回转中心线重合，所以加工后内孔 2 与外圆 1 是同轴的，即加工后孔的壁厚是均匀的，但是内孔的加工余量却是不均匀的，如图 3-14 所示。相反，如果选择内孔 2 作为粗基准（用四爪卡盘夹持外圆 1，然后按内孔 2 找正），由于此时内孔 2 的中心线和机床主轴回转中心线重合，所以内孔 2 的加工余量是均匀的，但加工后的内孔 2 与外圆 1 不同轴，即加工后的壁厚是不均匀的，如图 3-16 所示。

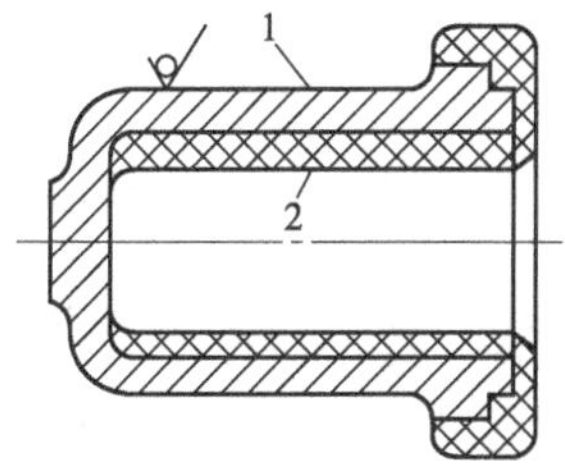

图 3-15 用不需加工的外圆面作粗基准
1—外圆；2—内孔

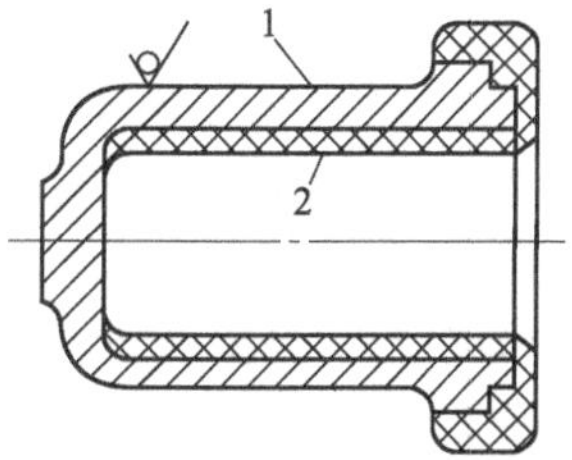

图 3-16 用需要加工的内孔作粗基准
1—外圆；2—内孔

由此可见，粗基准的选择主要影响不加工表面与加工表面间的相互位置精度（如上例加工后的壁厚均匀性），以及影响加工表面的余量分配。因此，选择粗基准的基本原则如下。

① 若工件必须首先保证某重要表面的加工余量均匀，则应选择该表面为粗基准。例如图 3-17，床身导轨面的加工，导轨面是床身的主要表面，精度要求高，并且要求耐磨。床身粗加工时，为保证导轨面有均匀的金相组织和较高的耐磨性，应使其加工余量适当而且均匀，因此，应选择导轨面作为粗基准先加工床脚面，再以床脚面为精基准加工导轨面，可保证导轨面的加工余量比较均匀。此时床脚平面上的加工余量可能不均匀，但它不影响床身的加工质量；反之，则会造成导轨面加工余量不均匀。

② 若零件上有某个表面不需要加工，则应选择这个不需加工的表面作为粗基准。这样能

保证加工面与不加工面间的相互位置精度。如图 3-18 所示，选 $A$ 面作粗基准加工内孔 $B$ 面。

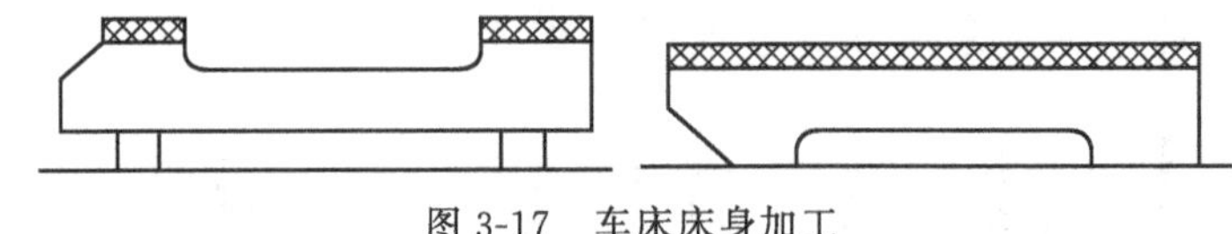

图 3-17 车床床身加工

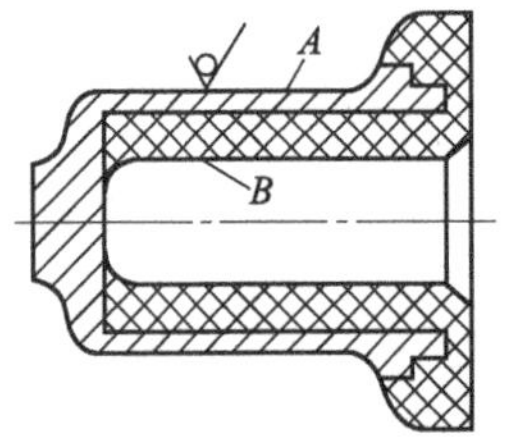


图 3-18 以不加工面为粗基准

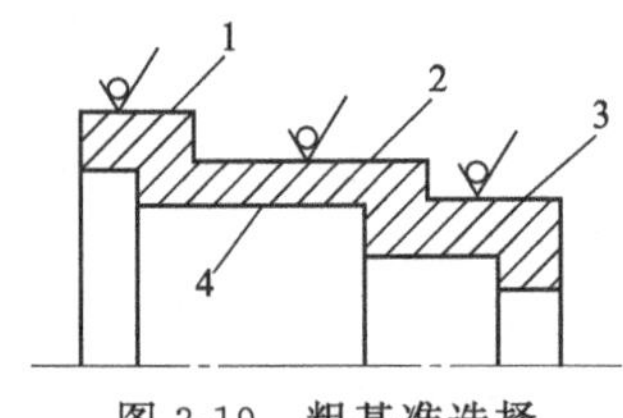


图 3-19 粗基准选择

1～3—不加工表面；4—加工表面

③ 如果工件上有几个不加工面，则应选择与加工面位置要求较高的不加工面为粗基准。以达到壁厚均匀、外形对称等要求。例如，图 3-19 所示的零件，有 3 个不加工表面，若表面 4 和表面 2 壁厚均匀度要求较高，在加工表面 4 时，应选表面 2 作为粗基准。

若工件上既需保证某重要表面加工余量均匀，又要求保证不加工表面与加工表面的位置精度，则仍应按本项处理。此时重要表面的加工余量可能会不均匀，它对保证表面加工精度所带来的不利影响则可通过采取其他一些工艺措施（如减小背吃刀量、增加走刀次数）予以减小。

④ 如果零件上每个表面都要加工时，则应选加工余量和位置公差最小的表面作为粗基准。这样可使该表面在以后的加工中不致因余量太小以及留下没有经过加工的毛坯表面而造成废品。

如图 3-20 所示的零件，毛坯为自由锻造的锻件，各表面都需要加工，小端的加工余量（5mm）比大端（8mm）小，大小两端存在着轴线偏心距 $e=3$mm。若以小端外圆表面为粗基准，因为偏心量 $e$ 小于大端的单边加工余量 4mm，所以大端的加工余量足够；若以大端外圆为粗基准时，偏心量 $e$ 大于小端的单边加工余量 2.5mm，小端外圆将有部分侧面无法加工，造成废品。因此，选小端外圆作为粗基准。

⑤ 作为粗基准的表面，应尽量平整光洁，不应有飞边、浇口、冒口及其他缺陷，这样可减小定位误差，使工件定位、夹紧可靠。

⑥ 粗基准在同一自由度方向只能使用一次。一般只在第一道工序中使用，以后不应重复使用，以免由于精度及表面粗糙度很差的毛面多次定位而引起较大的定位误差。如图 3-21 所示的小轴加工，如重复使用面 2 去加工面 1 和面 3，则必然会使面 1 与面 3 的轴线产生较大的同轴度误差。

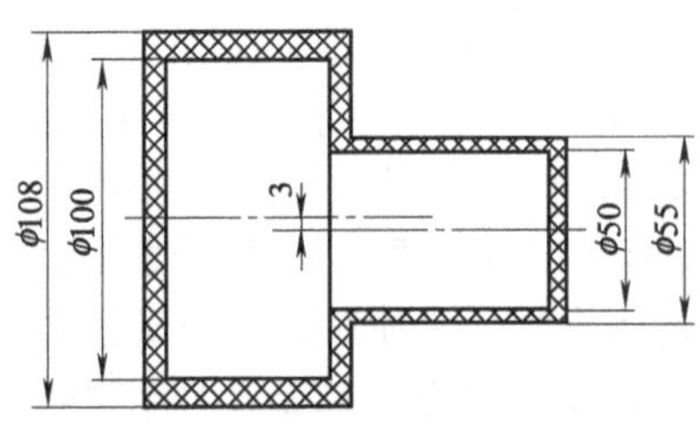


图 3-20 以余量小的表面为粗基准

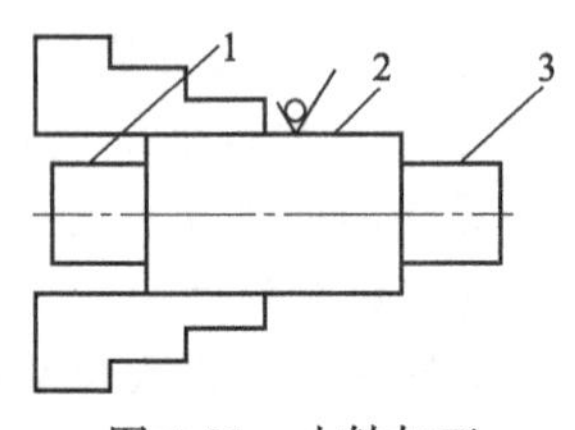


图 3-21 小轴加工

1，3—加工面；2—毛坯面

但是，当毛坯是精密铸件或精密锻件时，毛坯的质量很高，如果工件的精度要求不高，这时可以重复使用某一粗基准。

以上选择原则是从生产实践中总结归纳出来的，是长期加工工艺经验的积累。在实际加工中，无论是选择精基准还是粗基准，上述原则都不可能同时满足，有时互相还会发生矛盾。因此，在选择时应根据具体情况进行分析，权衡利弊，保证其主要要求。为满足夹具设计的要求，定位基准选择时应遵循以下三项原则：

a. 遵循基准重合原则，使定位基准与工序基准重合。在多工序加工时还应遵循基准统一原则。

b. 合理选择主要定位基准。主要定位基准应有较大的支承面以及较高的精度。

c. 便于工件的装夹和加工，并使夹具的结构简单。

（3）辅助基准的应用

工件定位时，为了保证加工表面的位置精度，多数情况下优先选择设计基准或装配基准为主要定位基准，这些基准一般为零件上的重要工作表面。但有些零件的加工，为装夹方便或易于实现基准统一，人为地制造一种定位基准，如零件上的工艺凸台和轴类零件加工时的中心孔。这些表面不是零件上的工作表面，只是由于工艺需要而作出的，这种基准称为辅助基准或工艺基准。

此外，某些零件上的次要表面（非配合表面），因工艺上宜作为定位基准而提高其加工精度和表面质量，这种表面也称为辅助基准。例如，丝杠的外圆表面，从螺纹副的传动来看，它是非配合的次要表面，但在丝杠螺纹的加工中，外圆表面往往作为定位基准，它的圆度和圆柱度直接影响到螺纹的加工精度，所以加工时要提高外圆的加工精度，并降低其表面粗糙度值。

有时工件上没有能作为定位基准用的恰当表面，这时就必须在工件上专门设置或加工出定位基准，这种基准称为辅助基准。

工件上往往有多个表面需要加工，会有多个设计基准。为了减少夹具种类，简化夹具结构，可设法在工件上找到一组基准，或者在工件上专门设计一组辅助定位基面。如图 3-22 所示活塞加工作用的辅助基准中心孔和止口。

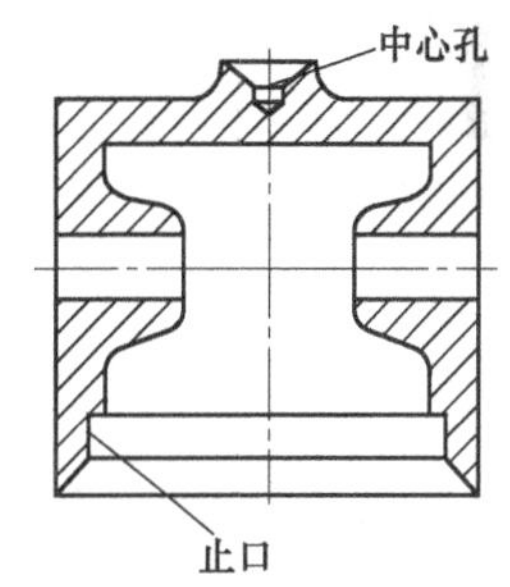


图 3-22　活塞加工作用的辅助基准中心孔和止口

### 3.2.2.4　定位基准与限位基准

当工件以回转面（圆柱面、圆锥面、球面等）与定位元件接触（或配合）时，工件上的回转面称为定位基面，其轴线称为定位基准。如图 3-23（a）所示，工件以圆孔在心轴上定位，工件的内孔表面称为定位基面，它的轴线称为定位基准。与此对应，心轴的圆柱面称为限位基面，心轴的轴线称为限位基准。

工件以平面与定位元件接触时，如图 3-23（b）所示，工件上实际存在的面是定位基面，它的理想状态（平面度误差为零）是定位基准。如果工件上的这个平面是精加工过的，形状误差很小，则可认为定位基面就是定位基准。同样，定位元件以平面限位时，如果这个面的形状误差很小，也可认为限位基面就是限位基准。

工件在夹具上定位时，理论上，定位基准与限位基准应该重合，定位基面与限位基面应该接触。

当工件有几个定位基面时，限制自由度最多的定位基面称为主要定位面，相应的限位基面称为主要限位面。为了简便，将工件上的定位基面和与之相接触（或配合）的定位元件的限位基面合称为定位副。在图 3-23（a）中，工件的内孔表面与定位元件心轴的圆柱表面就合称为一对定位副。

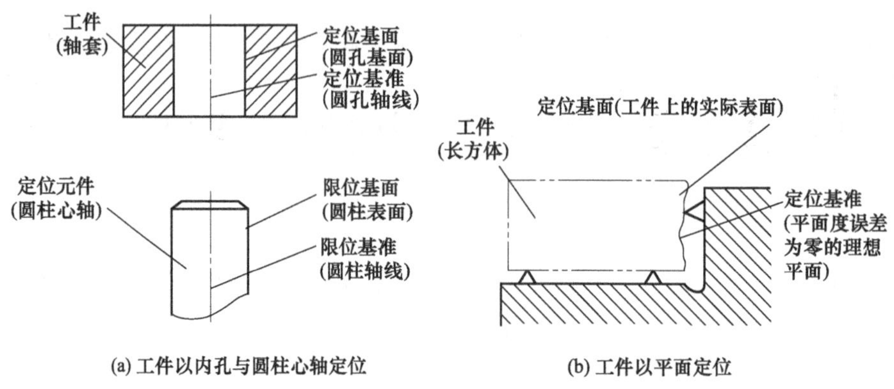


图 3-23 定位基准与限位基准

### 3.2.2.5 定位基准的表示

在选定定位基准后，应在工序图上标注定位符号“—∨—”。定位符号已有中华人民共和国机械行业标准（JB/T 5061—2006），可参看附表 1。

## 3.2.3 确定工件的定位方案

### 3.2.3.1 工件定位的基本原理

（1）工件的自由度

一个尚未定位的工件，其空间位置是不确定的。如图 3-24 所示，一个未定位的自由物体，如图 3-24（a）所示，它在空间的位置是任意的，在空间直角坐标系中，即能沿 $x$、$y$、$z$ 三个坐标轴移动，如图 3-24（b）所示，称为移动自由度，分别表示为 $\vec{x}$、$\vec{y}$、$\vec{z}$；它还能绕着三个坐标轴转动，如图 3-24（c）所示，称为转动自由度，分别表示为 $\widehat{x}$、$\widehat{y}$、$\widehat{z}$。因此，空间任一自由物体共有六个自由度。

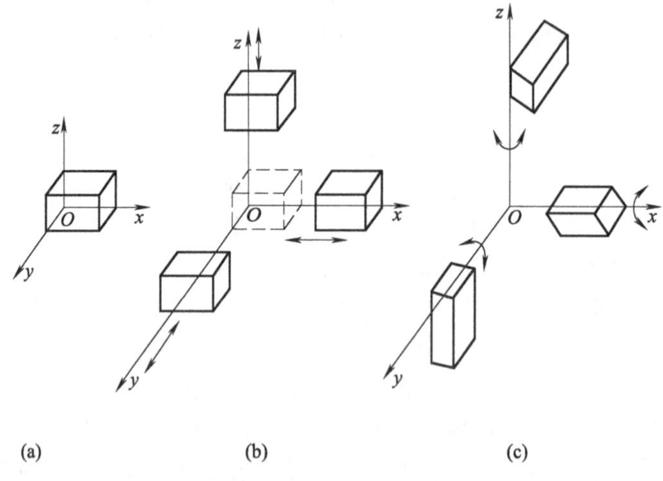


图 3-24 未定位工件的六个自由度

（2）六点定位原则

定位就是限制自由度。工件的六个自由度如果都加以限制，工件在空间的位置就完全确定下来了。

分析工件定位时，通常是用一个支承点限制工件的一个自由度；用合理设置的六个支承点，限制工件的六个自由度，使工件在夹具中的位置完全确定，这就是所说的“六点定位原则”，简称“六点定则”。

**【例 3-1】** 如图 3-25（a）所示长方体工件，在工件底面上布置的三个支承点 1、2、3（不能在一直线上），限制了工件的$\widehat{x}$、$\widehat{y}$、$\overline{z}$ 三个自由度，则底面为工件的主要定位基准。三个支承点连接起来所形成的三角形越大，工件就放得越稳。因此，往往选择工件上最大的定位基准面作为主要定位基准面。

在工件侧面上布置的两个支承点 4、5（此两点的连线不能与底面垂直）限制了工件的$\overline{y}$、$\widehat{z}$ 两个自由度，该侧面为工件的导向定位基准。应尽量选择工件上的窄长表面作为导向定位基准面。

在工件端面上的一个支承点 6 限制了工件的$\overline{x}$ 自由度。此端面为止推定位基准。

上述六个支承点限制了工件的六个自由度，实现了完全定位。在具体的夹具中，支承点是由定位元件来体现的。如图 3-25（b）所示，设置了六个支承钉。每个支承钉与工件的接触面很小，可视为支承点。

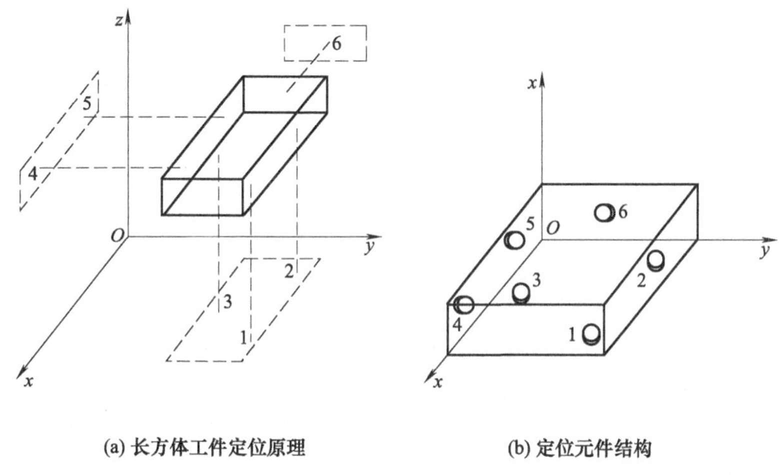


(a) 长方体工件定位原理　　(b) 定位元件结构

图 3-25　长方体工件定位时支承点的分布示例

**【例 3-2】** 如图 3-26（a）所示圆盘类工件，在环形工件上钻孔。

图 3-26（b）所示为设置六个支承点，工件端面紧贴在支承点 1、2、3 上，限制 $\overline{y}$、$\widehat{x}$、$\widehat{z}$ 三个自由度；工件内孔紧靠支承点 4、5，限制 $\overline{x}$、$\overline{z}$ 两个自由度；键槽侧面靠在支承点

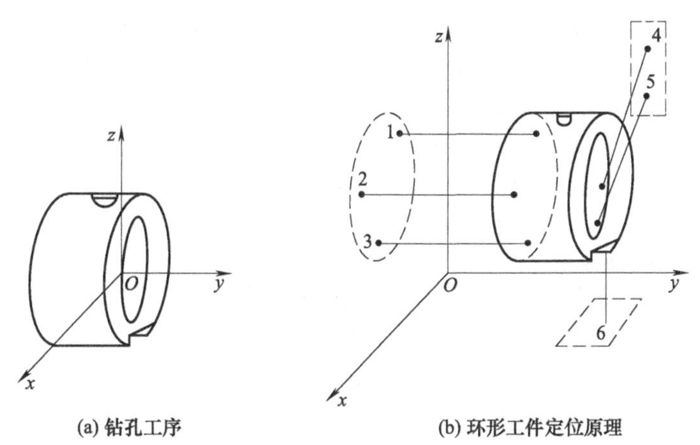


(a) 钻孔工序　　(b) 环形工件定位原理

图 3-26　圆盘类工件定位时支承点的分布示例

6 上，限制$\overset{\frown}{y}$自由度。

**【例 3-3】** 如图 3-27（a）所示轴类工件，在外圆柱表面上设置四个支承点 1、3、4、5，限制$\vec{y}$、$\vec{z}$、$\overset{\frown}{y}$、$\overset{\frown}{z}$四个自由度。槽侧设置一个支承点 2，限制$\overset{\frown}{x}$自由度；端面设置一个支承点 6，限制$\vec{x}$自由度，工件实现完全定位。为了在外圆柱面上设置四个支承点，一般采用 V 形块，如图 3-27（b）所示。

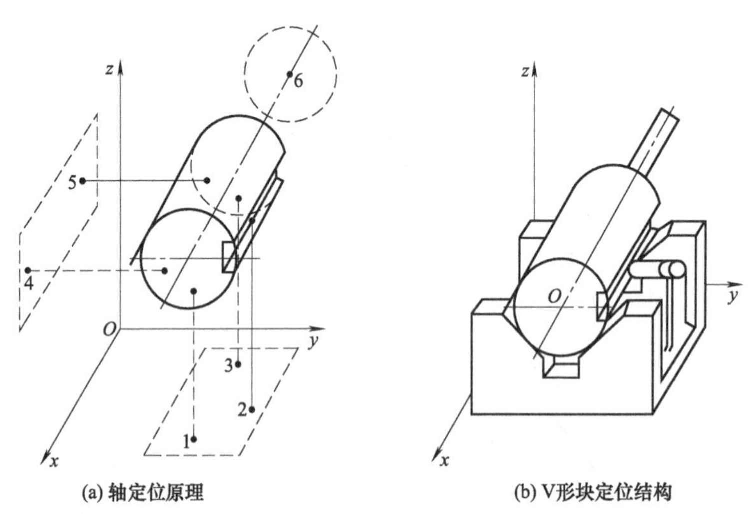


(a) 轴定位原理　　(b) V形块定位结构

图 3-27　轴类工件定位时支承点的分布示例

“六点定位原则”是工件定位的基本法则，可应用于任何形状、任何类型的工件，具有普遍意义。在实际定位中，定位支承点并不一定就是一个真正直观的点，因为从几何学的观点分析，成三角形的三个点为一个平面的接触；同样成线接触的定位，则可认为是两点定位。进而也可说明在这种情况下，“三点定位”或“两点定位”仅是指某种定位中数个定位支承点的综合结果，而非某一定位支承点限制了某一自由度。因此，在实际生产时起支承作用的是有一定形状的几何体，这些用于限制工件自由度的几何体即为定位元件。

应用六点定位原则时的 5 个主要问题如下。

① 支承点分布必须适当，否则六个支承点限制不了工件的六个自由度。比如，底面上布置的三个支承点不能在一条直线上，且三个支承点所形成的三角形的面积越大越好。侧面上两支承点所形成的连线不能垂直于三点所形成的平面且两点的连线越长越好。

② 工件的定位，是工件以定位面与夹具的定位元件的工作面保持接触或配合实现的。一旦工件定位面与定位元件工作面脱离接触或配合，就丧失了定位作用。

③ 工件定位以后，还要用夹紧装置将工件紧固，因此要区分定位与夹紧的不同概念。

④ 定位支承点所限制的自由度名称，通常可按定位接触处的形态确定，其特点如表 3-1 所示。注意：定位点分布应该符合几何学的观点。

**表 3-1　典型单一定位基准的定位特点**

| 定位接触形态 | 限制自由度数 | 自由度类别 | 特　点 |
| --- | --- | --- | --- |
| 长圆锥面接触 | 5 | 三个沿坐标轴方向的自由度；<br>二个绕坐标轴方向的自由度 | 可作主要定位基准 |
| 长圆柱面接触 | 4 | 二个沿坐标轴方向的自由度；<br>二个绕坐标轴方向的自由度 | |
| 大平面接触 | 3 | 一个沿坐标轴方向的自由度；<br>二个绕坐标轴方向的自由度 | |

续表

| 定位接触形态 | 限制自由度数 | 自由度类别 | 特　点 |
|---|---|---|---|
| 短圆柱面接触 | 2 | 二个沿坐标轴方向的自由度 | 不可作主要定位基准，只能与主要基准组合定位 |
| 线接触 | 2 | 一个沿坐标轴方向的自由度；<br>一个绕坐标轴方向的自由度 | |
| 点接触 | 1 | 一个沿坐标轴方向的自由度<br>或绕坐标轴方向的自由度 | |

注：长、短确定，$L/d\leqslant 0.5$ 视为短；$L/d\geqslant 1.2$ 视为长；但 $L_{工}\gg L_{元}$ 时，仍视为短。

⑤ 有时定位点的数量及其布置不一定如表 3-1 所述那样明显直观，如自动定心定位就是这样。

图 3-28 所示是一个内孔为定位面的自动定心定位原理图。工件的定位基准为中心要素圆的中心轴线。从一个截面上看［见图 3-28（b）］，夹具有三个点与工件接触，似为三点定位，但实际上，这种定位只消除 $\vec{x}$ 和 $\vec{z}$ 两个自由度，是两点定位。该夹具采用六个接触点［见图 3-28（a）］，只限制了工件长圆柱面的 $\vec{x}$、$\vec{z}$、$\widehat{x}$、$\widehat{z}$ 四个自由度，因此在自动定心定位中应注意这个问题。

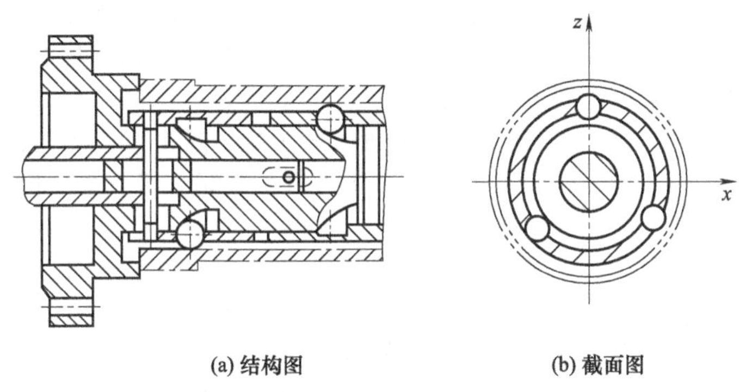

(a) 结构图　　(b) 截面图

图 3-28　内孔为定位面的自动定心定位原理图

### 3.2.3.2　工件定位方式的类型

（1）完全定位

如图 3-29 所示为工件上铣键槽，如图 3-29（a）所示为了保证加工尺寸 $Z$，需要限制 $\vec{z}$、$\widehat{x}$、$\widehat{y}$；为了保证加工尺寸 $Y$，还需限制 $\vec{y}$、$\widehat{z}$；为了保证加工尺寸 $X$，最后还需限制自由度 $\vec{x}$。工件在夹具体上的六个自由度完全限制，称为完全定位。当工件在 $x$、$y$、$z$ 三个坐标方向上均有尺寸要求或位置精度要求时，一般采用这种定位方式。

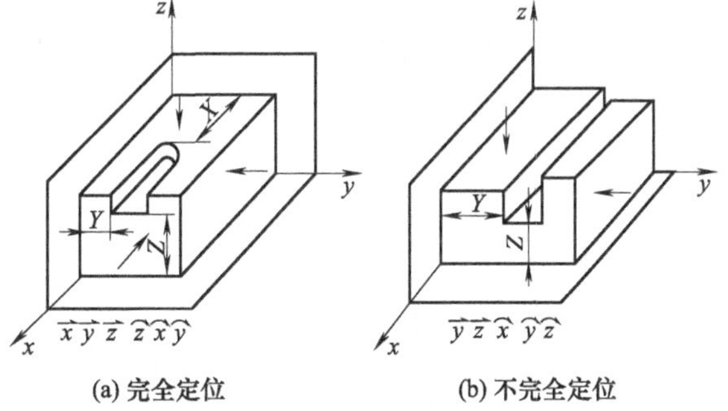

(a) 完全定位　　(b) 不完全定位

图 3-29　工件应限制自由度的确定

（2）不完全定位

如图 3-29（b）所示工件上的铣通槽，为了保证加工尺寸 $Z$，需限制 $\vec{z}$、$\widehat{x}$、$\widehat{y}$ 自由度；为了保证加工尺寸 $Y$，还需限制 $\vec{y}$、$\widehat{z}$ 自由度；由于 $x$ 轴向没有尺寸要求，因此 $\vec{x}$ 自由度不必限制。这种工件没有完全限制六个自由度，但仍然能保证工件加工要求的定位，称为不完全定位。

不完全定位主要有两种情况：

① 工件本身相对于某个点、线是完全对称的，则工件绕此点、线旋转的自由度无法被限制（即使被限制也无意义）。例如球体绕过球心轴线的转动，圆柱体绕自身轴线的转动等［图 3-30（a）］。

② 工件加工要求不需要限制某一个或某几个自由度。如加工平板上表面［见图 3-30（b）］，要求保证平板厚度及与下平面的平行度，则只需限制 3 个自由度就够了。

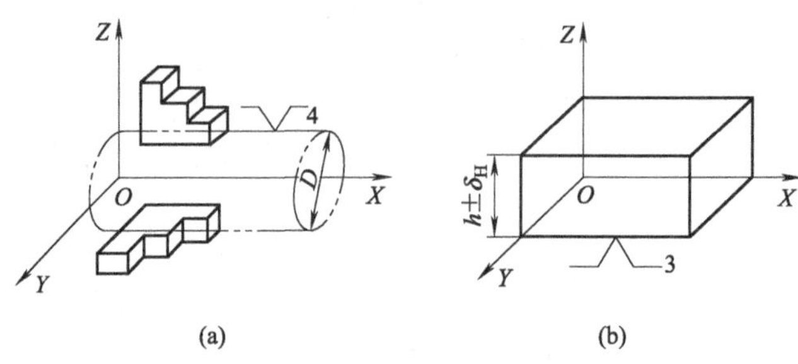


图 3-30　不完全定位示例

在工件定位时，以下几种情况一般允许不完全定位。

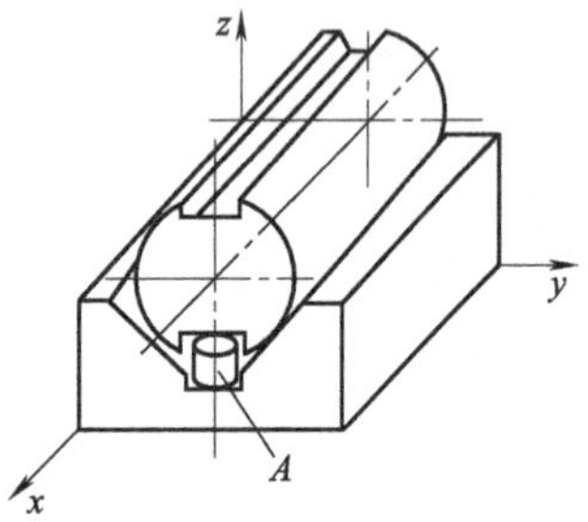

① 加工通孔或通槽时，沿贯通轴的位置自由度可不限制。

② 毛坯（本工序加工前）是轴对称时，绕对称轴的角度自由度可不限制。

③ 加工贯通的平面时，除了可以不限制沿两个贯通轴的位置自由度外，还可以不限制绕垂直加工面轴的角度自由度。

图 3-31　用防转销消除欠定位

（3）欠定位

在满足加工要求的前提下，采用不完全定位是允许的。但是，应该限制的自由度而没有布置适当的支承点加以限制，这种定位称为欠定位。欠定位在实际生产中是不允许的。如图 3-31 所示，若不设防转定位销 $A$，则工件 $\widehat{x}$ 自由度不能得到限制，工件绕 $x$ 轴回转方向的位置是不确定的，铣出的上方键槽无法保证与下方键槽的位置要求。

（4）过定位（重复定位）

夹具上的定位元件重复限制工件的同一个或几个自由度，这种重复限制工件自由度的定位称为过定位。图 3-32 所示为两种过定位的例子。

图 3-32（a）所示为长销与大端面联合定位的情况，由于大端面限制 $\vec{y}$、$\widehat{x}$、$\widehat{z}$ 三个自

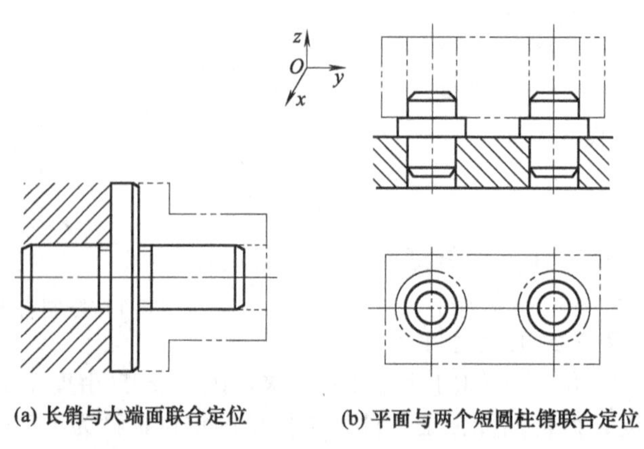


(a) 长销与大端面联合定位　(b) 平面与两个短圆柱销联合定位

图 3-32　过定位的示例

由度，长销限制 $\vec{z}$、$\widehat{z}$、$\vec{x}$、$\widehat{x}$ 四个自由度，可见$\widehat{x}$、$\widehat{z}$ 被两个定位元重复限制，出现过定位。图 3-32（b）所示为平面与两个短圆柱销联合定位的情况，平面限制$\widehat{x}$、$\widehat{y}$、$\vec{z}$ 三个自由度，两个短圆柱销分别限制 $\vec{x}$、$\vec{y}$ 和 $\vec{y}$、$\widehat{z}$，则 $\vec{y}$ 自由度被重复限制，出现过定位。

过定位可能导致下列后果。

① 工件无法安装。如图 3-33 所示，工件以 $P$、$M$ 两面及孔 $O$ 为定位基面，在支承板 2（两块）和定位销 1 上定位。支承板 2（两块）与工件底面 $P$ 接触，限制工件的$\widehat{x}$、$\widehat{y}$、$\vec{z}$ 三个自由度，则 $\vec{z}$ 自由度被重复限制；当工件的尺寸 $H$ 和夹具上定位元件之间的尺寸 $H_1$ 有误差时，如 $H>H_1$ 时，若保证工件孔 $O$ 与定位销 1 良好配合，则将使工件底面 $P$ 与支承板 2 不能全面贴合；若使工件底面 $P$ 与支承板 2 全面贴合，则将使 $O$ 与定位销 1 配合时发生干涉而无法装入工件。如 $H<H_1$ 时，情况亦然。

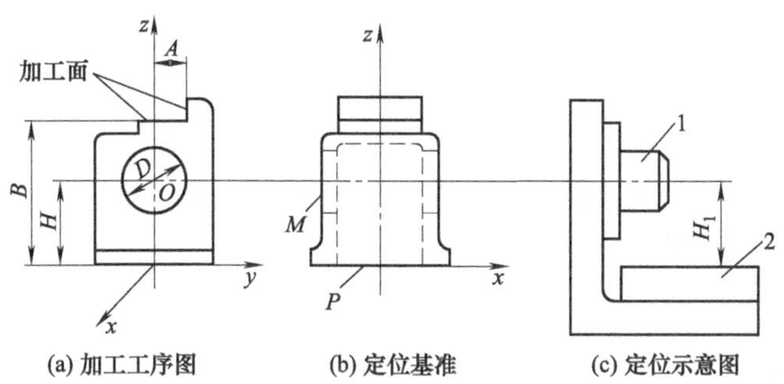


(a) 加工工序图　(b) 定位基准　(c) 定位示意图

图 3-33　变速箱壳体定位方案

1—定位销；2—支承板

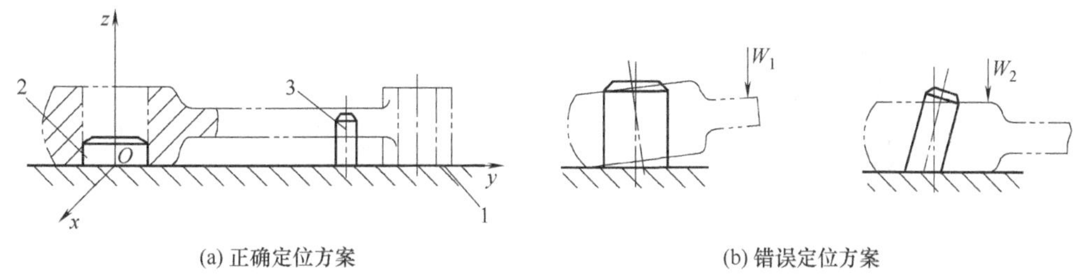


(a) 正确定位方案　(b) 错误定位方案

图 3-34　连杆定位简图

1—平面；2—短圆柱销；3—防转销

② 造成工件或定位元件变形。图 3-34（a）所示为加工连杆孔的正确定位方案。平面 1 限制$\widehat{x}$、$\widehat{y}$、$\vec{z}$ 三个自由度；短圆柱销 2 限制 $\vec{x}$、$\vec{y}$ 两个自由度：防转销 3 限制$\widehat{z}$ 自由度；该方案属完全定位。如果用长销代替短圆柱销 2，如图 3-34（b）所示，长销限制 $\vec{x}$、$\vec{y}$ 和$\widehat{x}$、$\widehat{y}$ 四个自由度，其中限制的$\widehat{x}$、$\widehat{y}$ 与平面 1 限制的自由度重复，因此会出现干涉现象。由于工件孔与端面、长销外圆与凸台面均有垂直度误差，若长销刚性很好，将造成工件与平面 1 为点接触，致使定位不稳定或在夹紧力作用下使工件变形；若长销刚性不足，则将弯曲而不能保证定位精度甚至损坏夹具。这两种情况都是不允许的。

由于过定位往往会带来不良后果，所以应尽量避免。消除或减小过定位所引起的干涉，一般有两种方法：一种方法是改变定位元件的结构，使定位元件重复限制自由度的部分不起定位作用，如削边销的采用；另一种方法是提高工件定位基准之间以及定位元件工作表面之间的位置精度。这样也可消除因过定位而引起的不良后果，仍能保证工件的加工精度，而且有时还可以使夹具制造简单，使工件定位稳定，刚性增强。

（5）根据加工要求分析工件应该限制的自由度

工件定位时，其自由度可分为以下两种：一种是影响加工要求的自由度，称为第一种自由度；另一种是不影响加工要求的自由度，称为第二种自由度。为了保证加工要求，所有第一种自由度都必须严格限制，而某一个第二种自由度是否需要限制，要由具体的加工情况（如承受切削力与夹紧力及控制切削行程的需要等）决定。

在夹具设计中，应特别注意限制与工件加工技术要求有关的第一种自由度。分析这类自由度的意义有三点：说明工件被限制的自由度是与其加工尺寸或位置公差要求相对应的，这些被限制的自由度是必不可少的，可防止发生欠定位；这是分析加工精度的方法之一；分析这类自由度是定位方案设计的重要依据。

分析自由度的方法如下：

① 通过分析，找出该工序所有的第一种自由度。

a. 根据工序图，明确该工序的加工要求（包括工序尺寸和位置精度）与相应的工序基准。

b. 建立空间直角坐标系。当工序基准为球心时，则取该球心为坐标原点，如图 3-35（a）所示；当工序基准为线（或轴线）时，则以该直线为坐标轴，如图 3-35（b）所示；当工序基准为一平面时，则以该平面为坐标面，如图 3-35（c）所示。这样就确定了工序基准及整个工件在该空间直角坐标系中的理想位置。

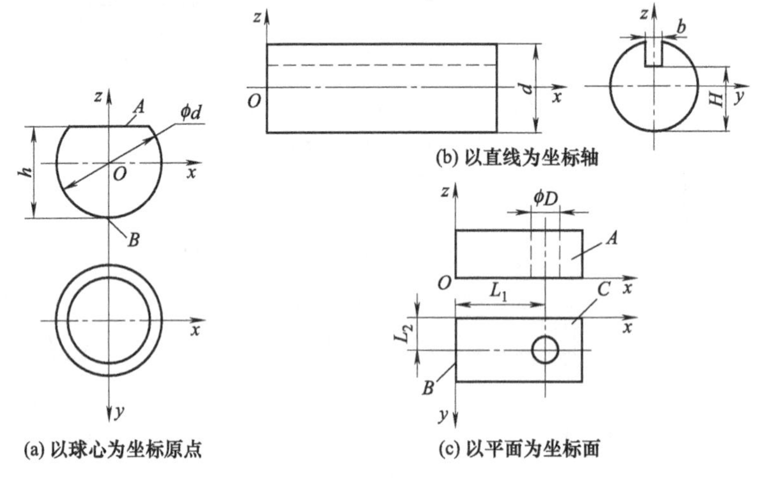


图 3-35　不同类型零件空间直角坐标系的建立

c. 依次找出影响各项加工要求的自由度。这时要明确一个前提，即在已建立的坐标系中，加工表面的位置是一定的，若工件某项加工要求的工序基准在某一方向上偏离理想位置时，该项加工要求的数值发生变化，则该方向的自由度便影响该项加工要求，否则便不影响。一般情况下，要对六个自由度逐个进行判断。

d. 把影响所有加工要求的自由度累计起来便得到该工序的全部第一种自由度。

② 找第二种自由度。从六个自由度中去掉第一种自由度，剩下都是第二种自由度。

③ 根据具体的加工情况，判断哪些第二种自由度需要限制。

④ 把所有的第一种自由度与需要限制的第二种自由度结合起来，便是该工序需要限制的全部自由度。

**【例 3-4】** 图 3-36（a）所示为在长方体工件上铣键槽的工序图。槽宽 $W$ 由刀的宽度保证。需要限制几个自由度？

**解：**

① 找出第一种自由度。

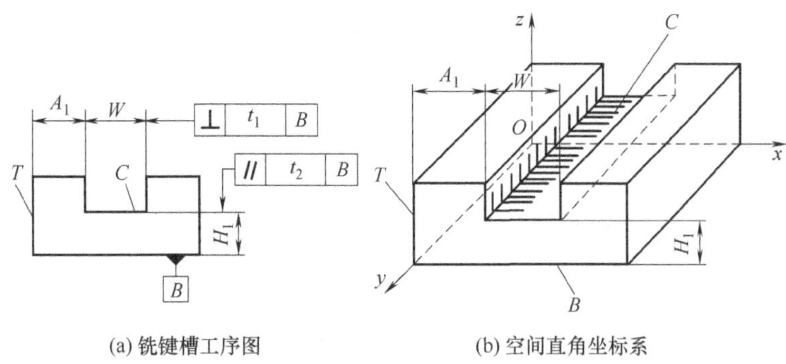


(a) 铣键槽工序图　　(b) 空间直角坐标系

图 3-36　在长方体工件上铣键槽

a. 明确加工要求与相应的工序基准：工序尺寸 $A_1$ 的工序基准为 $T$ 面；工序尺寸 $H_1$ 的工序基准为 $B$ 面。槽两侧面的垂直度、槽底面的平行度的工序基准也为 $B$ 面。

b. 建立空间直角坐标系：以 $B$ 面为 $xOy$ 平面，$T$ 面为 $yOz$ 平面，如图 3-36（b）所示。

c. 分析第一种自由度：影响工序尺寸 $A_1$ 的自由度为 $\vec{x}$、$\overset{\frown}{y}$、$\overset{\frown}{z}$；影响工序尺寸 $H_1$ 的自由度为 $\vec{z}$、$\overset{\frown}{x}$、$\overset{\frown}{y}$；影响垂直度的自由度为$\overset{\frown}{y}$；影响平行度的自由度为$\overset{\frown}{x}$、$\overset{\frown}{y}$。

d. 综合起来应该限制的第一种自由度应为：$\vec{x}$、$\vec{z}$、$\overset{\frown}{x}$、$\overset{\frown}{y}$、$\overset{\frown}{z}$。

② 找出第二种自由度：$\vec{y}$。

③ 判断第二种自由度 $\vec{y}$ 是否需要限制：如果为便于控制切削行程，应使一批工件沿 $y$ 轴方向的位置一致，故 $\vec{y}$ 需限制。同时，当工件的一个端面靠在夹具的支承元件上以后，有利于承受 $y$ 轴方向的铣削分力，并有利于减少加紧力。特别需要指出的是，如果不考虑控制切削行程和承受切削力，单从影响加工精度方面考虑，$\vec{y}$ 自由度可以不限制。

④ 第一种自由度与需要限制的第二种自由度合起来：本工序六个自由度都要限制。

（6） 定位方式的确定

表 3-2 所示为满足加工精度要求所必须限制的自由度和定位方式。

**表 3-2　满足加工精度要求必须限制的自由度和定位方式**

| 工序简图 | 加工要求 | 必须限制的自由度 | 定位方式 |
|---|---|---|---|
| 加工面（平面） | (1)尺寸 $A$；<br>(2)加工面与底面的平行度 | $\vec{z}$<br>$\overset{\frown}{x}$、$\overset{\frown}{y}$ | 不完全定位 |
| 加工面（平面） | (1)尺寸 $A$；<br>(2)加工面与下母线的平行度 | $\vec{z}$<br>$\overset{\frown}{x}$ | 不完全定位 |
| 加工面（槽面） | (1)尺寸 $A$；<br>(2)尺寸 $B$；<br>(3)尺寸 $L$；<br>(4)槽侧面与 $N$ 面的平行度；<br>(5)槽底面与 $M$ 面的平行度 | $\vec{x}$、$\vec{y}$、$\vec{z}$<br>$\overset{\frown}{x}$、$\overset{\frown}{y}$、$\overset{\frown}{z}$ | 完全定位 |

续表

| 工序简图 | 加工要求 | | 必须限制的自由度 | 定位方式 |
|---|---|---|---|---|
| 加工面（键槽） | (1)尺寸 $A$；<br>(2)尺寸 $L$；<br>(3)槽与圆柱轴线平行并对称 | | $\vec{x}$、$\vec{y}$、$\vec{z}$<br>$\overset{\frown}{x}$、$\overset{\frown}{z}$ | 不完全定位 |
| 加工面（圆孔） | (1)尺寸 $B$；<br>(2)尺寸 $L$；<br>(3)孔轴线与底面的垂直度 | 通孔 | $\vec{x}$、$\vec{y}$<br>$\overset{\frown}{x}$、$\overset{\frown}{y}$、$\overset{\frown}{z}$ | 不完全定位 |
| | | 不通孔 | $\vec{x}$、$\vec{y}$、$\vec{z}$<br>$\overset{\frown}{x}$、$\overset{\frown}{y}$、$\overset{\frown}{z}$ | 完全定位 |
| 加工面（圆孔） | (1)孔与外圆柱面的同轴度；<br>(2)孔轴线与底面的垂直度 | 通孔 | $\vec{x}$、$\vec{y}$<br>$\overset{\frown}{x}$、$\overset{\frown}{y}$ | 不完全定位 |
| | | 不通孔 | $\vec{x}$、$\vec{y}$、$\vec{z}$<br>$\overset{\frown}{x}$、$\overset{\frown}{y}$ | 不完全定位 |
| 加工面（两圆孔） | (1)尺寸 $R$；<br>(2)以圆柱轴线为对称轴、两孔对称；<br>(3)两孔轴线垂直于底面 | 通孔 | $\vec{x}$、$\vec{y}$<br>$\overset{\frown}{x}$、$\overset{\frown}{y}$ | 不完全定位 |
| | | 不通孔 | $\vec{x}$、$\vec{y}$、$\vec{z}$<br>$\overset{\frown}{x}$、$\overset{\frown}{y}$ | 不完全定位 |

#### 3.2.3.3 常用的定位方案

在实际生产中，理论上的定位支承点是用具体的定位元件或找正的方法来实现的。如图 3-37 所示，实现环形工件的六点定位的方法为：以台阶面 $A$ 代替 1、2、3 三个支承点；短

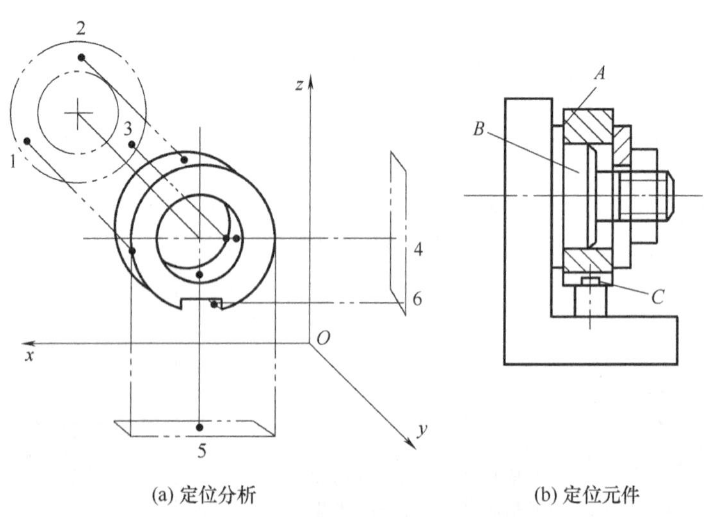


(a) 定位分析　　(b) 定位元件

图 3-37　环形工件的定位分析

销 $B$ 代替 4、5 两个支承点；键槽中的防转销 $C$ 代替支承点 6。分析后可以得出：一个较大的平面可以限制三个自由度，一个狭长的平面可以限制两个自由度，而一个很小的平面只能限制一个自由度。同理可知，短圆柱表面可以起两点定位作用，而长的圆柱表面能起四点定位作用。

常用定位方案及所能限制的工件自由度如表 3-3 所示。

**表 3-3　常用的定位方案**

| 定位基准 | 定位简图 | 限制的自由度 | 定位方案 |
|---|---|---|---|
| 平面 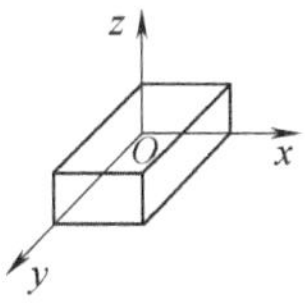 | 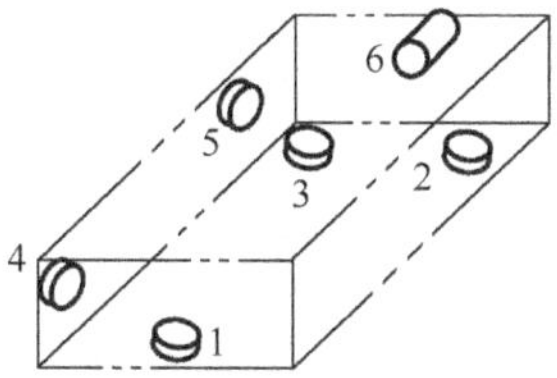  | 1、2、3—$\overrightarrow{z}$、$\overset{\frown}{x}$、$\overset{\frown}{z}$；<br>4、5—$\overset{\frown}{x}$、$\overset{\frown}{z}$；<br>6—$\overrightarrow{y}$ | 3 个支承钉定位一个面，用于定位面较粗糙的场合 |
|  | 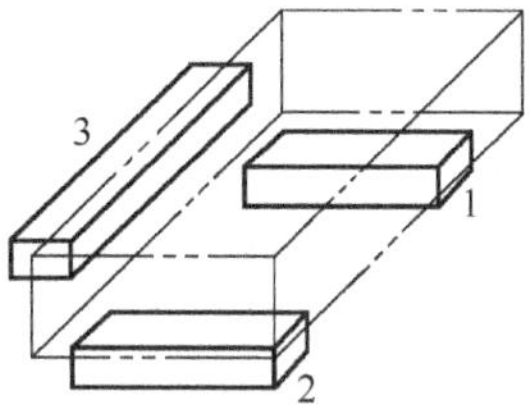  | 1、2—$\overrightarrow{z}$、$\overset{\frown}{x}$、$\overset{\frown}{y}$；<br>3—$\overset{\frown}{x}$、$\overset{\frown}{z}$ | 2 块支承板定位一个面，用于定位面较光滑的场合 |
| 外圆柱面 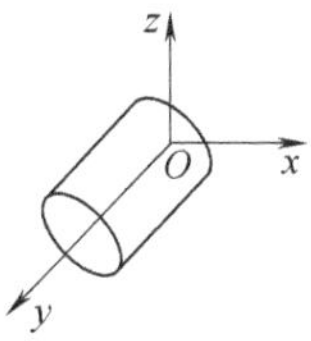 | 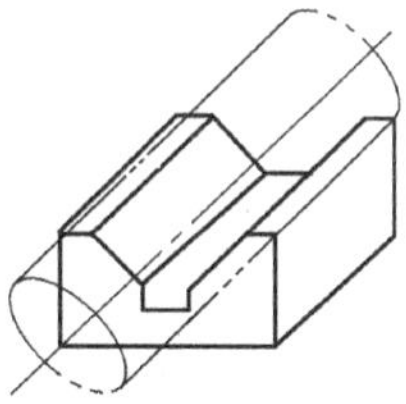  | $\overrightarrow{x}$、$\overrightarrow{z}$、$\overset{\frown}{x}$、$\overset{\frown}{z}$ | 宽 V 形块或两个窄 V 形块 |
|  | 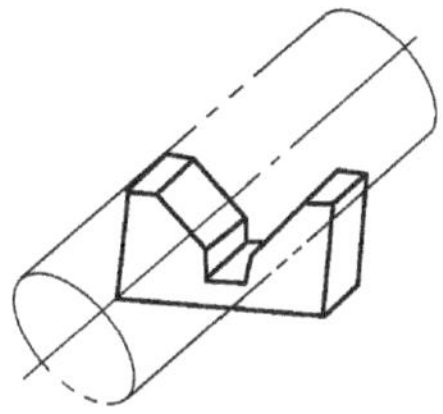  | $\overrightarrow{x}$、$\overrightarrow{z}$ | 窄 V 形块 |
|  | 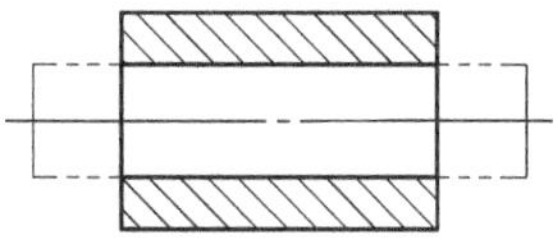  | $\overrightarrow{x}$、$\overrightarrow{z}$<br>$\overset{\frown}{x}$、$\overset{\frown}{z}$ | 长套 |
|  | 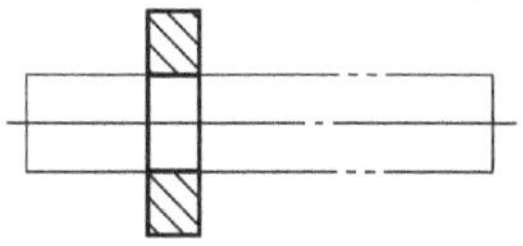  | $\overrightarrow{x}$、$\overrightarrow{z}$ | 短套 |
|  | 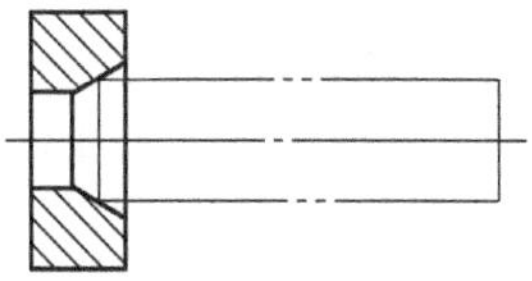  | $\overrightarrow{x}$、$\overrightarrow{y}$、$\overrightarrow{z}$ | 单锥套 |

续表

| 定位基准 | 定位简图 | 限制的自由度 | 定位方案 |
|---|---|---|---|
| 外圆柱面 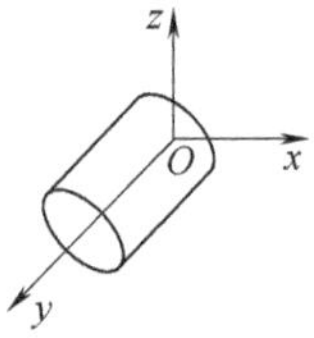 | 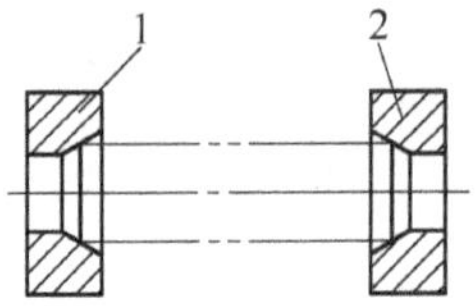 | $\overrightarrow{x}$、$\overrightarrow{y}$、$\overrightarrow{z}$<br>$\overset{\frown}{x}$、$\overset{\frown}{z}$ | 1—固定锥套<br>2—活动锥套 |
| | 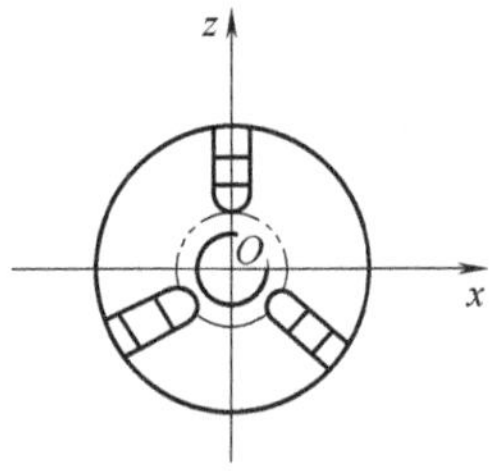 | 夹持工件较长<br>(夹持长度≥0.21mm)<br>$\overrightarrow{x}$、$\overrightarrow{z}$、$\overset{\frown}{x}$、$\overset{\frown}{z}$<br>夹持工件较短<br>(夹持长度<0.21)<br>$\overrightarrow{x}$、$\overrightarrow{z}$ | 三爪自定心卡盘夹持工件 |
| 圆孔 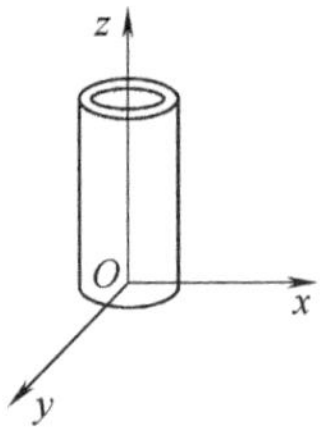 | 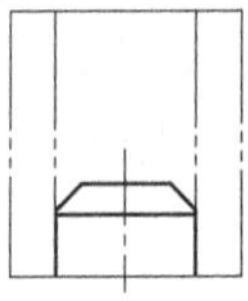 | $\overrightarrow{x}$、$\overrightarrow{y}$ | 短销(短心轴) |
| | 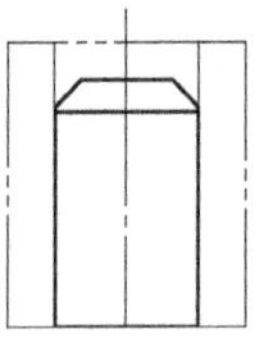 | $\overrightarrow{x}$、$\overrightarrow{y}$<br>$\overset{\frown}{x}$、$\overset{\frown}{y}$ | 长销(长心轴) |
| | 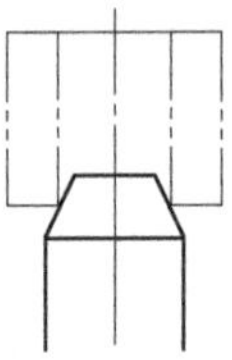 | $\overrightarrow{x}$、$\overrightarrow{y}$、$\overrightarrow{z}$ | 单锥销 |
| | 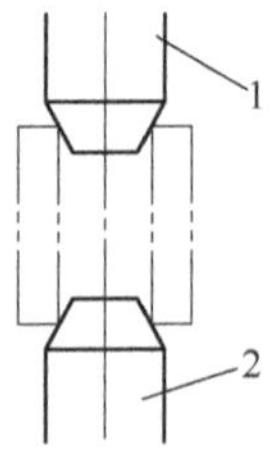 | $\overrightarrow{x}$、$\overrightarrow{y}$、$\overrightarrow{z}$<br>$\overset{\frown}{x}$、$\overset{\frown}{y}$ | 1—固定销<br>2—活动销 |
| 圆锥面 | 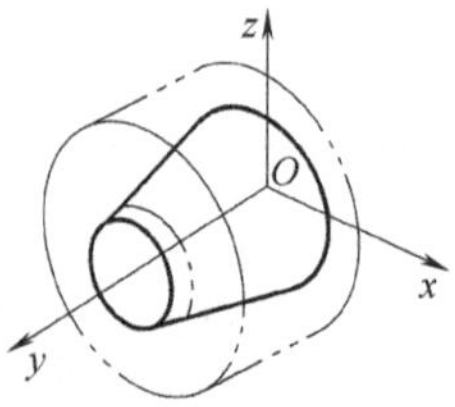 | $\overrightarrow{x}$、$\overrightarrow{y}$、$\overrightarrow{z}$<br>$\overset{\frown}{x}$、$\overset{\frown}{z}$(短圆锥面,<br>限制的自由度为<br>$\overrightarrow{x}$、$\overrightarrow{y}$、$\overrightarrow{z}$) | 圆锥心轴 |

续表

| 定位基准 | 定位简图 | 限制的自由度 | 定位方案 | |
|---|---|---|---|---|
| 两中心孔 | 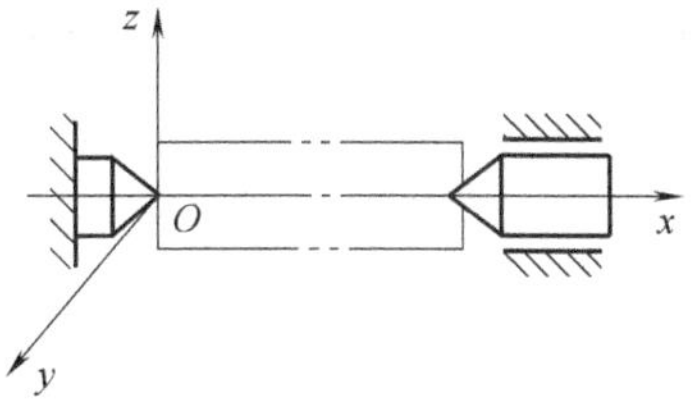 | $\vec{x}$、$\vec{y}$、$\vec{z}$ | 组合定位 | 固定顶尖 |
| | | $\overset{\curvearrowright}{y}$、$\overset{\curvearrowright}{z}$ | | 活动顶尖 |
| 短外圆与中心孔 | 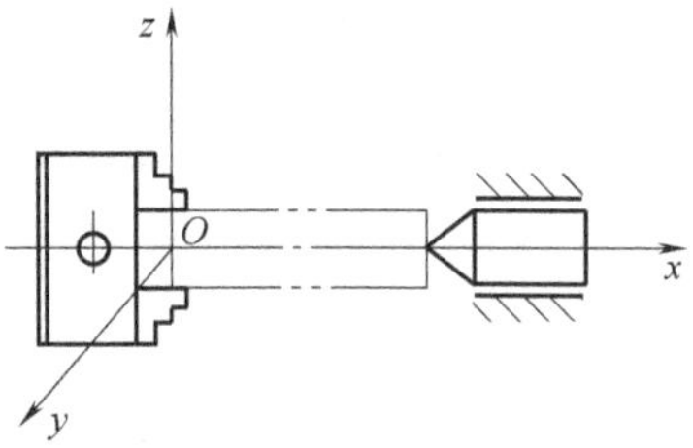 | $\vec{y}$、$\vec{z}$ | 组合定位 | 三爪自定心卡盘 |
| | | $\overset{\curvearrowright}{y}$、$\overset{\curvearrowright}{z}$ | | 活动顶尖 |
| 大平面与两外圆弧面 | 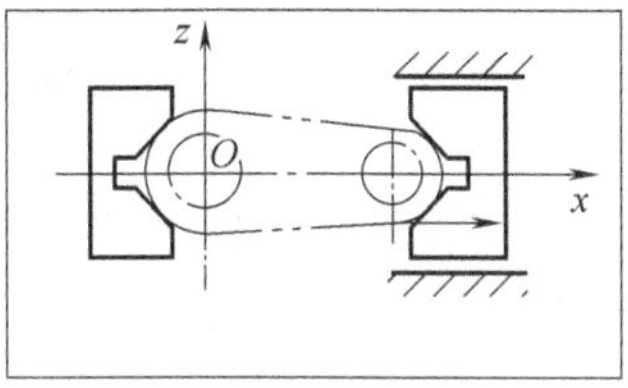 | $\vec{y}$、$\overset{\curvearrowright}{x}$、$\overset{\curvearrowright}{z}$ | 组合定位 | 支承板 |
| | | $\vec{x}$、$\vec{z}$ | | 短固定式 V 形块 |
| | | $\overset{\curvearrowright}{y}$ | | 短活动式 V 形块（防转） |
| 大平面与两圆柱孔（一面二孔） | 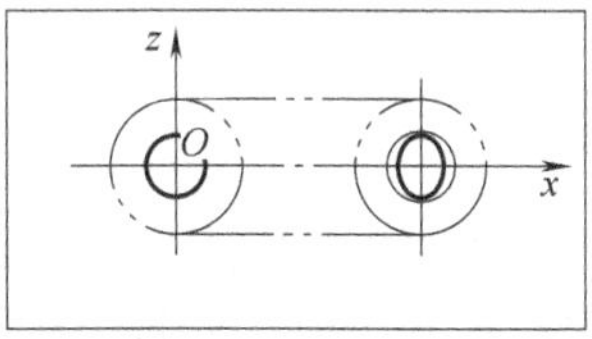 | $\vec{y}$、$\overset{\curvearrowright}{x}$、$\overset{\curvearrowright}{z}$ | 组合定位 | 支承板 |
| | | $\vec{x}$、$\vec{z}$ | | 短圆柱定位销 |
| | | $\overset{\curvearrowright}{y}$ | | 短菱形销(防转) |
| 长圆柱孔与其他 | 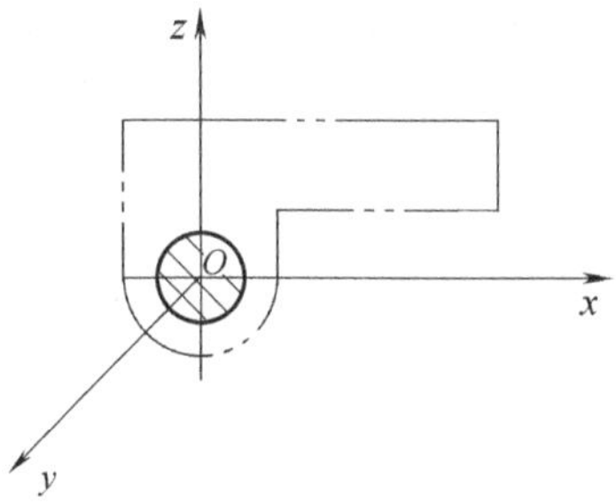 | $\vec{x}$、$\vec{z}$、$\overset{\curvearrowright}{x}$、$\overset{\curvearrowright}{z}$ | 组合定位 | 固定式心轴 |
| | | $\overset{\curvearrowright}{y}$ | | 挡销(防转) |
| 大平面与短锥孔 | 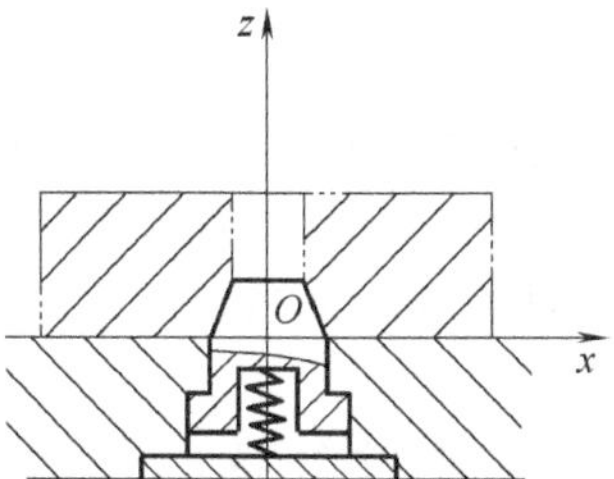 | $\vec{z}$、$\overset{\curvearrowright}{x}$、$\overset{\curvearrowright}{y}$ | 组合定位 | 支承板 |
| | | $\vec{x}$、$\vec{y}$ | | 活动锥销 |

## 3.2.4 选择及设计定位元件

定位元件设计包括定位元件的结构、形状、尺寸及布置形式等。工件的定位设计主要取决于工件的加工要求和工件定位基准的形状、尺寸、精度等因素，故在定位设计时要注意分析定位基准的形态。

### 3.2.4.1 对定位元件的基本要求

(1) 足够的精度

由于定位误差的基准位移误差直接与定位元件的定位表面有关，因此，定位元件的定位表面应有足够的精度，以保证工件的加工精度。例如V形块的半角公差、V形块的理论圆中心高度、圆柱心轴定位圆柱面的圆度、支承板的平面度公差等，都应有足够的制造精度。通常，定位元件的定位表面还应有较小的表面粗糙度值，如 $Ra0.4\mu m$、$Ra0.2\mu m$、$Ra0.1\mu m$ 等。

(2) 足够的强度和刚度

通常对定位元件的强度和刚度是不进行校核的，但是在设计时仍应注意定位元件危险断面的强度，以免在使用中损坏。另外，定位元件的刚度也是影响加工精度的因素之一。因此，可用类比法来保证定位元件的强度和刚度，以缩短夹具设计的周期。

(3) 耐磨性好

工件的装卸会磨损定位元件的限位基面，导致定位精度下降。定位精度下降到一定程度时，定位元件必须更换，否则，夹具不能继续使用。为了延长定位元件的更换周期，提高夹具的使用寿命，定位元件应有较好的耐磨性。

(4) 应协调好与有关元件的关系

在定位设计时，还应处理、协调好与夹具体、夹紧装置、对刀导向元件的关系，有时定位元件还需留出排屑空间等，以便刀具进行切削加工。

(5) 良好的结构工艺性

定位元件的结构应符合一般标准化要求，并应满足便于加工、装配、维修等工艺性要求。通常标准化的定位元件有良好的工艺性，因此设计时应优先选用标准定位元件。

### 3.2.4.2 工件以平面定位

工件以平面作为定位基准时，所用定位元件一般可分为基本支承和辅助支承两类。基本支承用来限制工件的自由度，具有独立定位的作用。辅助支承用来加强工件的支承刚性，没有限制工件自由度的作用。

(1) 基本支承

基本支承有固定、调节和自位三种形式，它们的尺寸结构已系列化、标准化，可在夹具设计手册中查找选用。这里主要介绍它们的结构特点及使用场合。

① 固定支承。定位元件装在夹具上后，一般不再拆卸或调节，有支承钉（JB/T 8029.2—1999）与支承板（JB/T 8029.1—1999）两种形式。

a. 支承钉。支承钉一般用于工件的三点支承或侧面支承，其结构有A型（平头）、B型（球头）和C型（齿纹）三种，如图3-38所示。

实际使用如图3-39所示。A型支承钉与工件接触面大，常用于定位平面较光滑的工件，即适用于精基准。B型、C型支承钉与工件接触面小，适用于粗基准平面定位。C型齿纹支承钉的突出优点是定位面间摩擦力大，可阻碍工件移动，加强定位稳定性；缺点是齿纹槽中易积屑，一般常用于粗糙表面的侧面定位。

A、B、C三种类型固定支承钉一般用碳素工具钢T8经热处理至55～60HRC。与夹具体采用H7/r6过盈配合，当支承钉磨损后，较难更换。

(a) A型　(b) B型　(c) C型

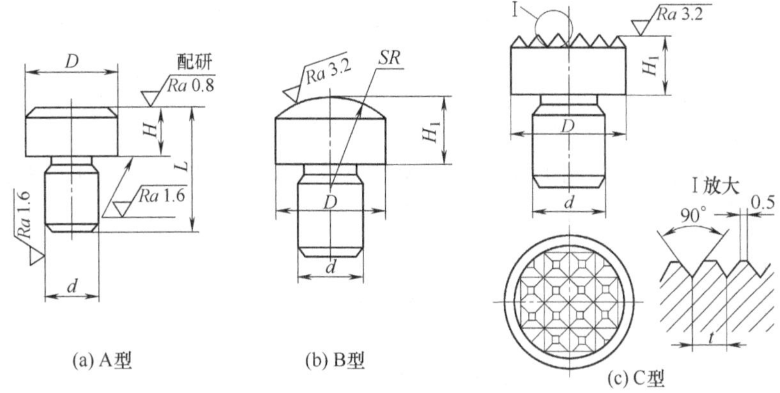

图 3-38　支承钉

支承钉磨损后，如需要更换则应在夹具体与支承钉之间加衬套，如图 3-40 所示。衬套内孔与支承钉采用 H7/js6 过渡配合。

(a) A型　(b) B型　(c) C型

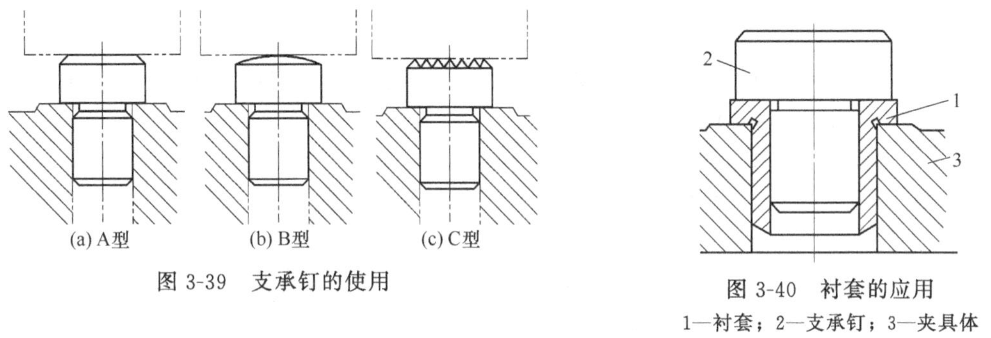

图 3-39　支承钉的使用

图 3-40　衬套的应用

1—衬套；2—支承钉；3—夹具体

b. 支承板。当支承平面较大且是精基准平面时，往往采用支承板定位，以增加工件刚性及稳定性。图 3-41 所示为支承板的类型，分 A 型（光面）和 B 型（凹槽）两种。A 型结构简单，但沉头螺钉清理切屑较困难，一般用于侧面支承。B 型支承板开了斜凹槽，排屑容易，可防止切屑留在定位面上，一般用作水平面支承，利用螺钉与夹具体固定。

(a) A型　(b) B型

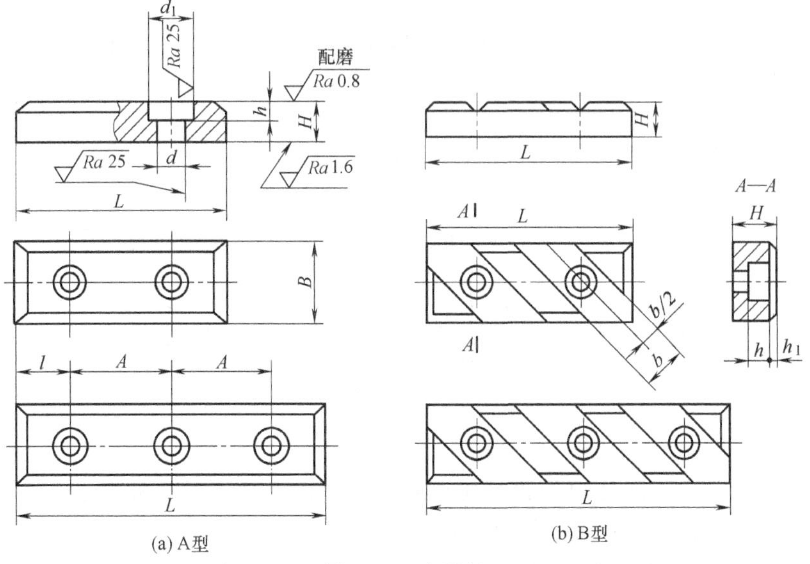

图 3-41　支承板

支承板一般用 20 钢渗碳淬硬至 55～60HRC，渗碳深度为 0.8～1.2mm。当支承板尺寸较小时，也可用碳素工具钢。

当要求几个支承钉或支承板在装配后等高时，可采用装配后一次磨削法，以保证它们的限位基面在同一平面内。

工件以平面定位时，除采用上面介绍的标准支承钉和支承板之外，还可根据工件定位平面的不同形状设计相应的非标准支承板，如图 3-42 所示。

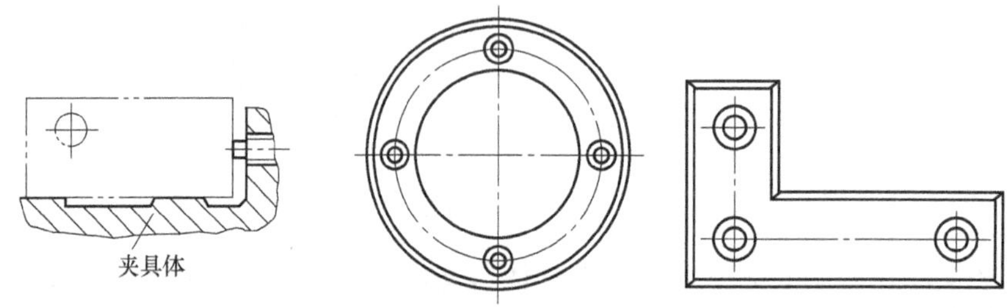


(a) 利用夹具体的一个平面定位　(b) 非标准支承板示例 (一)　(c) 非标准支承板示例 (二)

图 3-42　其他定位方法和元件

② 调节支承。在工件定位过程中，若支承钉的高度需要调整，则可采用图 3-43 所示的调节支承（JB/T 8026.4—1999)。

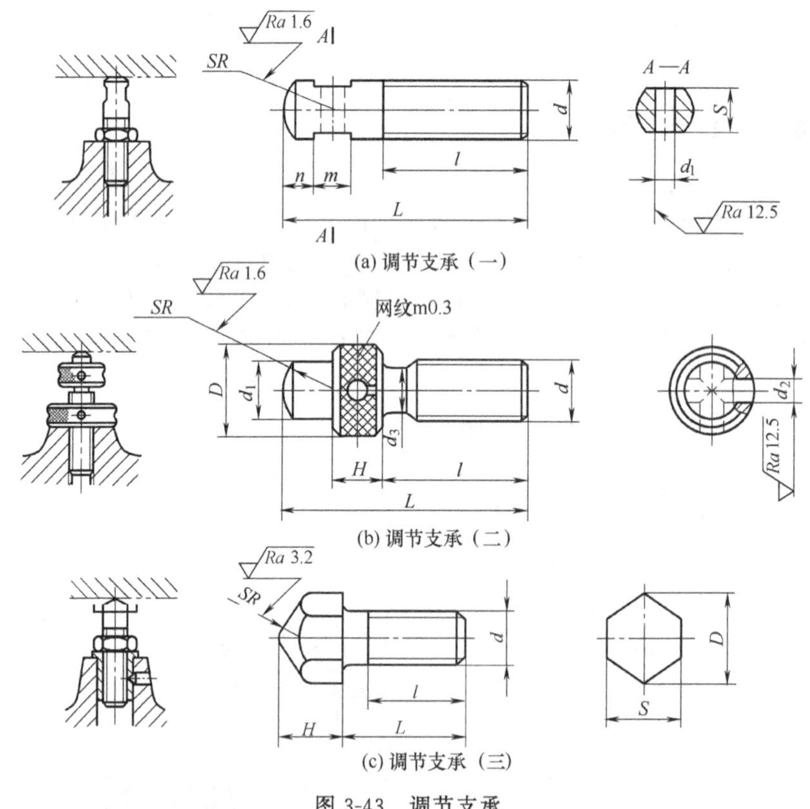


(a) 调节支承 (一)

(b) 调节支承 (二)

(c) 调节支承 (三)

图 3-43　调节支承

如图 3-44 所示，支承的伸出位置可做调整，以适应各批工件毛坯基准面上余量的差异，或用于形状相同而尺寸有差别的工件的定位。

图 3-45 (a) 中的工件为砂型铸件，加工过程中，一般先铣 $B$ 面，再以 $B$ 面定位镗双孔。

为了保证镗孔工序有足够和均匀的余量，最好先以毛坯孔为粗基准定位，但装夹不太方便。此时，可将 $A$ 面置于调节支承上，通过调整调节支承的高度来保证 $B$ 面与两毛坯孔中心的距离尺寸 $H_1$、$H_2$，以避免镗孔时余量不均匀，甚至余量不够的情况。对于毛坯比较准确的小型工件，有时每批仅调整一次，这样对于一批工件来说，调节支承即相当于固定支承。

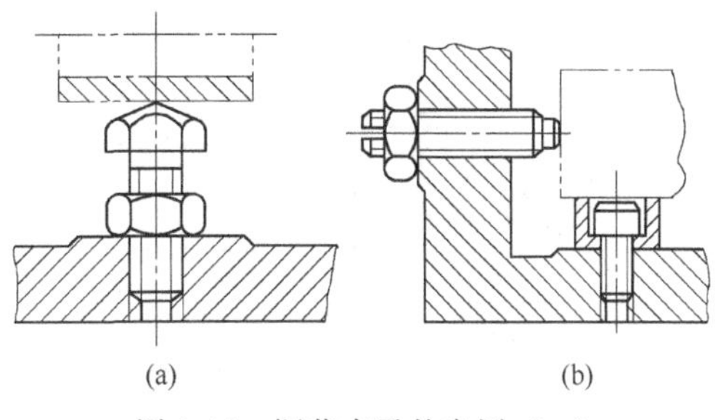

图 3-44　调节支承的应用（一）

在同一夹具上加工形状相似而尺寸不等的工件时，也常采用调节支承。如图 3-45（b）所示，在轴上钻径向孔，对于孔至端面距离不等的几种工件，只要调整支承钉的伸出长度，该夹具便都可适用。

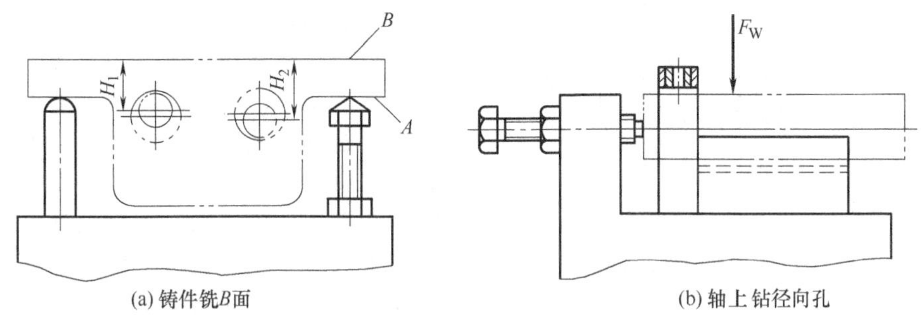

图 3-45　调节支承的应用（二）

③ 自位支承（浮动支承）。对于尺寸大而刚性差的工件，若采用三点支承，其单位压力很大，工件的变形严重。如果再增加支承点，势必会造成有害的过定位，因此，要采用自位支承。在工件定位过程中，能自动调整位置的支承称为自位支承，或称浮动支承。

如图 3-46 所示，图（a）和图（b）为两点式自位支承；图（c）为三点式的自位支承。

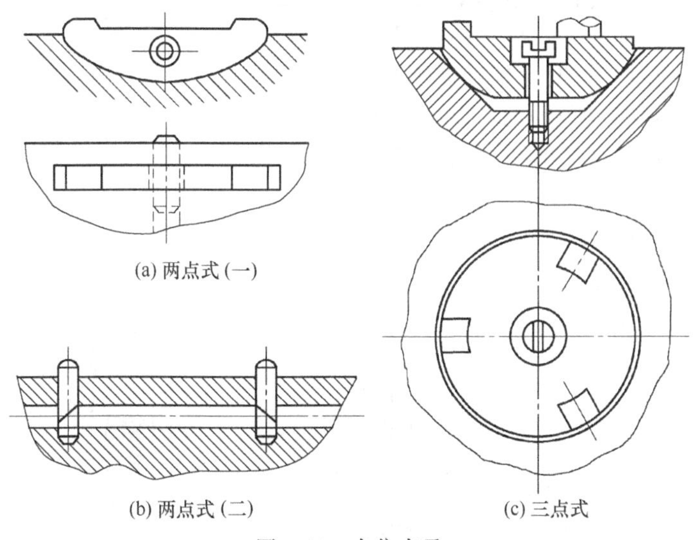

图 3-46　自位支承

自位支承的工作特点是：支承点的位置能随着工件定位基面的不同而自动调节，压下定位基面中的一点，其余点便上升，直至各点都与工件接触。接触点数的增加，提高了工件的

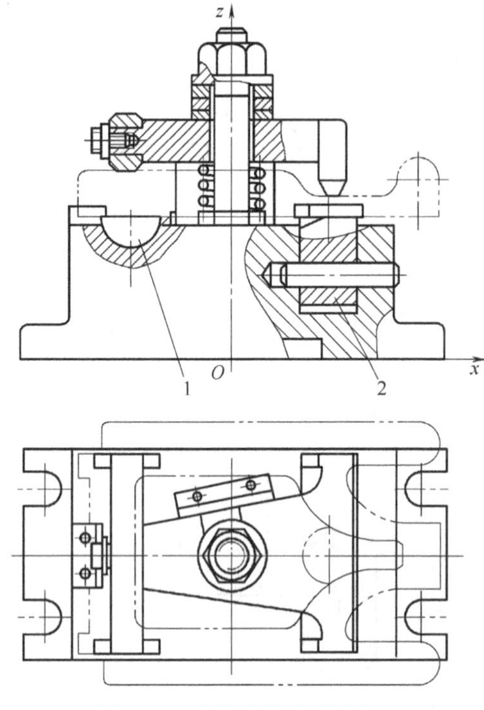


图 3-47　自位支承的灵活应用
1,2—自位支承

装夹刚度和稳定性，但其作用仍相当于一个固定支承，只限制工件的一个自由度。使用自位支承可提高工件的刚度，它适用于工件以毛坯面定位或刚性不足的场合。自位支承也可以和固定支承等组合起来使用。

图 3-47 所示为自位支承的灵活应用，其中，自位支承 1 在 $\widehat{y}$ 方向上浮动，自位支承 2 则在 $\widehat{x}$ 方向上浮动，故实际限制工件的自由度为 $\vec{z}$、$\widehat{x}$、$\widehat{y}$。

(2) 辅助支承

当工件两台阶基准面之间距离误差较大时，即使把定位装置上相应两个台阶平面的距离做得再准确，其定位误差仍将较大。若仅使用一个平面作基准来定位，工件将不够稳定，受力后也易变形。对此可以采用辅助支承，即改用较大的某个基准平面或靠近加工处的那个平面作定位基准，放置在夹具平面定位装置上先定位，再用一种活动的支承元件——辅助支承件在工件另一平面处将工件支承住。这样可以提高工件的支承刚度，以利于定位的稳定。但该辅助支承件并不起定位作用，它的作用只是增加工件的稳定性，防止工件在切削力的作用下发生变形或振动。

辅助支承用来提高工件的装夹刚度和稳定性，没有定位作用。如图 3-48 所示，工件以内孔及端面定位，钻左端小孔。若左端不设支承，工件装夹后，左边为一悬臂，故刚性差。若在 A 处设置固定支承，则属不可用重复定位，有可能破坏右端的定位。在这种情况下宜在左端 A 处设置辅助支承。工件定位时，辅助支承是浮动的（或可调的），待工件夹紧后再进行固定，以承受切削力。

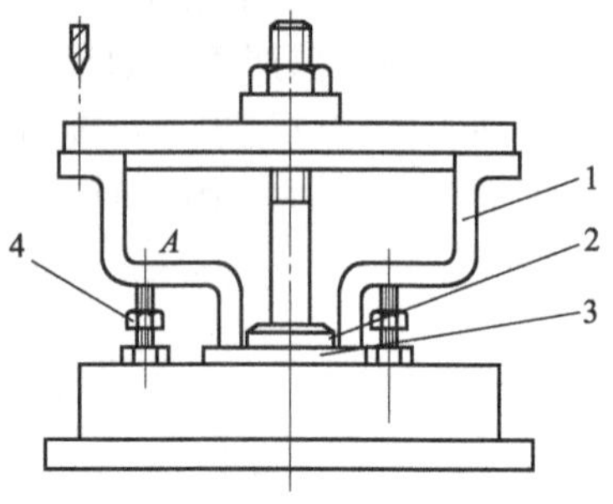


图 3-48　辅助支承的应用
1—工件；2—短定位销；3—支承块；4—辅助支承

图 3-49 所示为几种常见的辅助支承件，都已标准化，设计夹具时可按标准选用。

还有如图 3-50 的辅助支承。

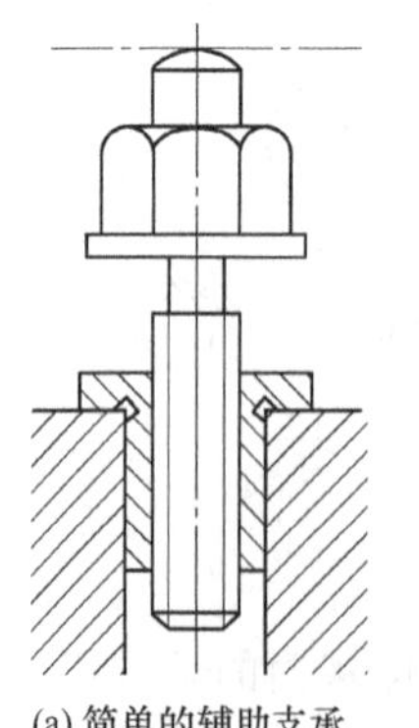

(a) 简单的辅助支承

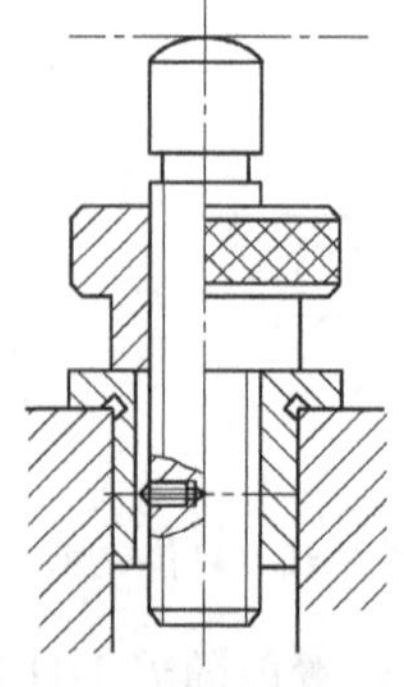

(b) 带自锁的辅助支承

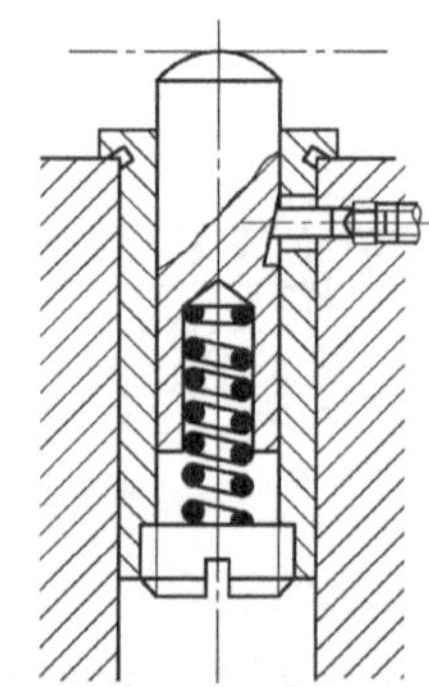

(c) 自动调位的辅助支承

图 3-49　常见的辅助支承件

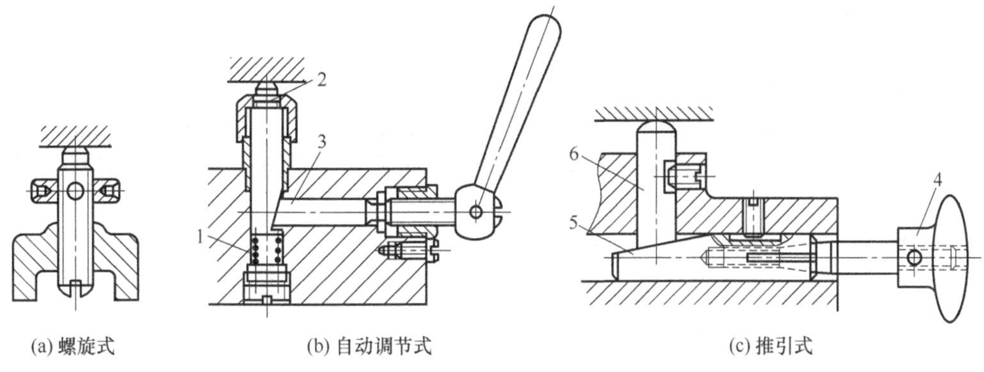

(a) 螺旋式　(b) 自动调节式　(c) 推引式

图 3-50 辅助支承

1—弹簧；2—滑柱；3—顶柱；4—手轮；5—斜楔；6—滑销

① 螺旋式辅助支承。如图 3-50（a）所示，螺旋式辅助支承的结构与调节支承相近，但操作过程不同，前者没有定位作用，后者有定位作用，并且在结构上螺旋式辅助支承不用螺母锁紧。

② 自动调节式辅助支承（GB/T 2238）。如图 3-50（b）所示，弹簧 1 推动滑柱 2 与工件接触，转动手柄通过顶柱 3 锁紧滑柱 2，使其承受切削力等外力。此结构的弹簧力应能推动滑柱，但不能顶起上件，不会破坏工件的定位。

③ 推引式辅助支承。如图 3-50（c）所示，工件定位后，推动手轮 4 使滑销 6 与工件接触，然后转动手轮使斜楔 5 开槽部分胀开而锁紧。

图 3-51 所示为推引式辅助支承，用于铣床夹具中。3 个支承钉 2 在工件周边定位后，即

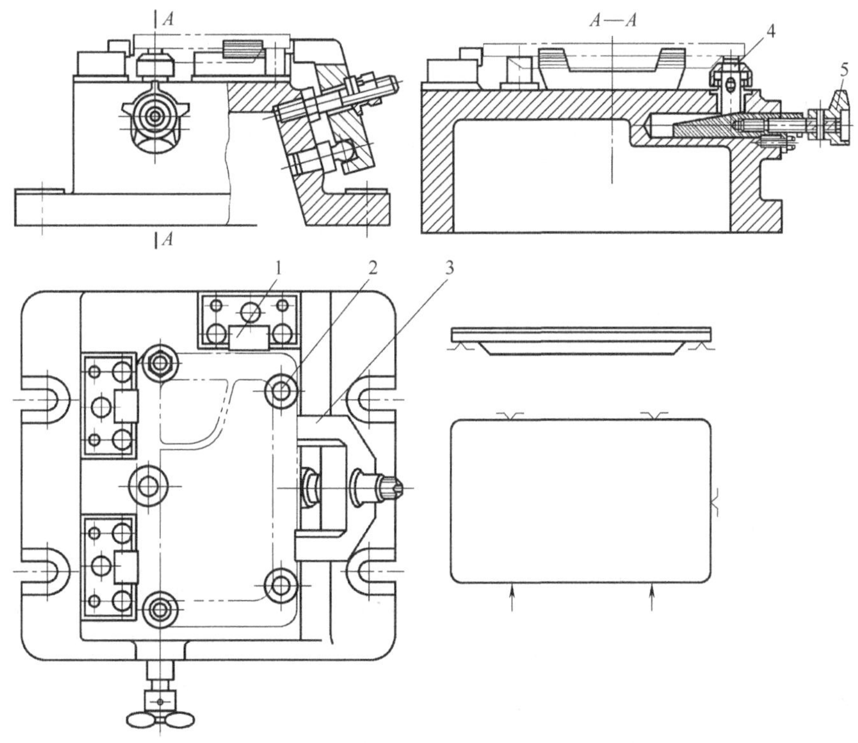

图 3-51 推引式辅助支承在铣床夹具中的应用

1—支承；2—支承钉；3—压板；4—辅助支承；5—手柄

可推动手柄 5 使辅助支承 4 上升与工件接触，旋转手柄经钢球锁紧楔块即可使辅助支承 4 支承工件。操作时以手的感觉控制支承的状态。

#### 3.2.4.3 工件以圆柱孔定位

工件以圆柱孔作为定位基面时常用定位销、心轴、定位套。工件以圆孔为基准套入定位元件后即实现了定位。其定位面也有长短之分，长者可限制四个自由度，而短者只限制两个径向移动的自由度。

(1) 定位销

图 3-52 所示为定位销的结构。图 3-52 (a) 所示为固定式定位销 (JB/T 8014.2—1999)，图 3-52 (b) 所示为可换式定位销 (JB/T 8014.3—1999)。A 型称为圆柱销，B 型称为菱形销。其中，菱形销的尺寸如表 3-4 所示。定位销直径 $D$ 为 3～10mm 时，为避免在使用中折断，或热处理时淬裂，通常把根部倒成圆角 $R$，并且夹具体上应有沉孔，使定位销的圆角部分沉入孔内而不影响定位。大批量生产时，为了便于定位销的更换，可采用可换式定位销。为便于工件装入，定位销的头部有 15°倒角。定位销的有关参数可查阅“夹具标准”或“夹具手册”。

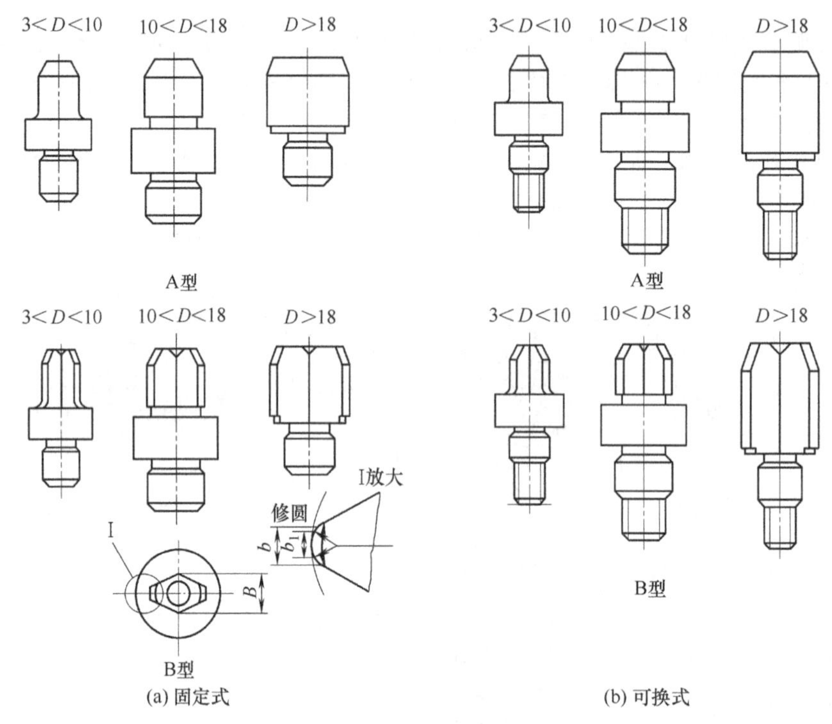


图 3-52 定位销

**表 3-4 菱形销的尺寸** mm

| $D$ | >3～6 | >6～8 | >8～20 | >20～24 | >24～30 | >30～40 | >40～50 |
|---|---|---|---|---|---|---|---|
| $B$ | $D-0.5$ | $D-1$ | $D-2$ | $D-3$ | $D-4$ | $D-5$ | |
| $b_1$ | 1 | 2 | 3 | | | 4 | 5 |
| $b$ | 2 | 3 | 4 | 5 | | 6 | 8 |

注：$D$ 为菱形销限位基面直径，其余尺寸如图 3-52 (a) 所示。

定位销的使用如图 3-53 所示。不更换的定位销如图 3-53 (a)、(c) 所示，可按过盈配合 H7/r6，直接压入夹具体。要更换的定位销应按 H7/js6 或 H7/h6 装入衬套中，再用螺母或螺钉紧固在夹具体上。定位销材料常用 20 钢，经渗碳淬火后达到 55～60HRC，以提高其

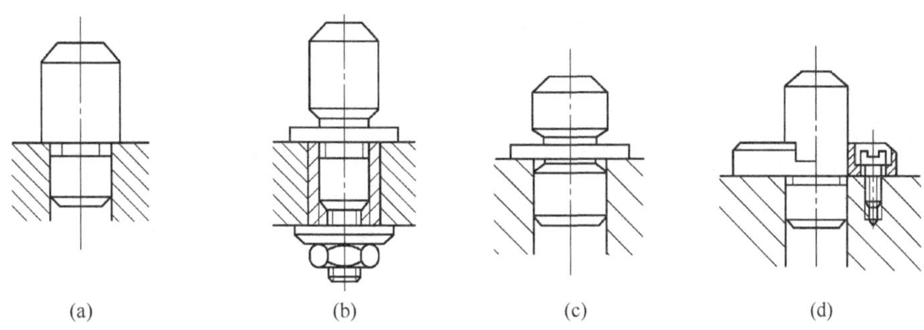


图 3-53　定位销的使用

耐磨性。

对于不便于装卸的部位和工件，在以被加工孔为定位基准（自位基准）的定位中通常采用定位插销，如图 3-54 所示。A 型定位插销可限制工件的两个自由度，B 型（菱形）定位插销可限制工件的一个自由度。定位插销的主要规格 $d$ 为 3mm、4mm、…、78mm。

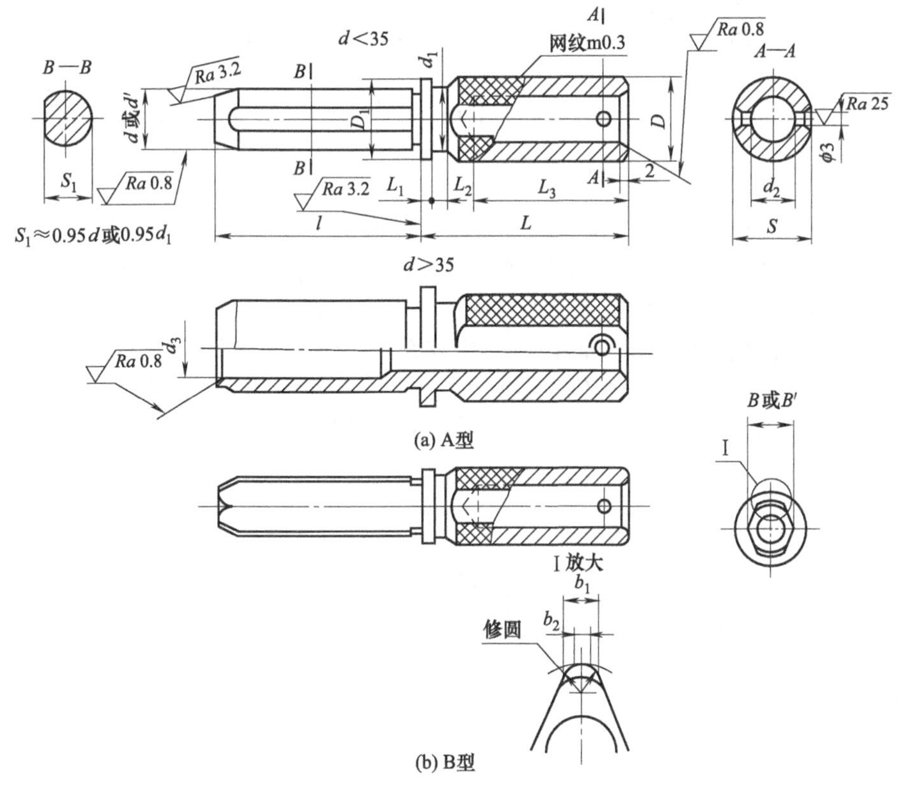


图 3-54　定位插销

（2）定位轴

通常定位轴为专用结构，其主要定位面可限制工件的 4 个自由度，若再设置防转支承等，即可实现完全定位。图 3-55 所示为钻模所用的定位轴。图 3-55 中，定心部分 2 通常需最小间隙为 0.005mm，引导部分 3 的倒角为 15°，与夹具体连接部分 1 有多种结构。图 3-56（a）所示为采用骑缝螺钉紧固连接；图 3-56（b）所示为用六角螺钉紧固连接的结构，其具

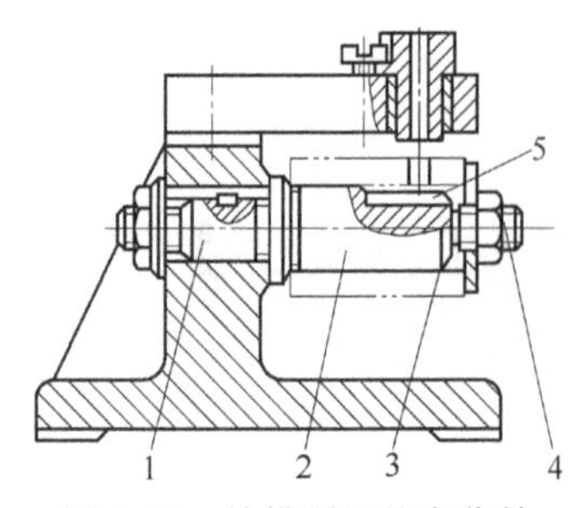

图 3-55 钻模所用的定位轴

1—与夹具体连接部分；2—定心部分；3—引导部分；4—夹紧部分；5—排屑槽

有较高的强度；图 4-56（c）所示的定位轴由圆柱销承受扭矩，并且便于维修。

定位轴用碳素工具钢 T8A 经热处理至 55～60HRC，也可用优质碳素结构钢 20 经渗碳淬硬至 55～60HRC。

（3）圆柱心轴（参看：项目 2 通用夹具的 2.2.1.4 心轴）

（4）锥度心轴（参看：项目 2 通用夹具的 2.2.1.4 心轴）

（5）圆锥销

图 3-57 所示为工件以圆孔在圆锥销上定位的示意图，它限制了工件的 $\vec{x}$、$\vec{y}$、$\vec{z}$ 三个自由度。图 3-57（a）所示用于粗定位基面，图 3-57（b）所示用于精定位基面。

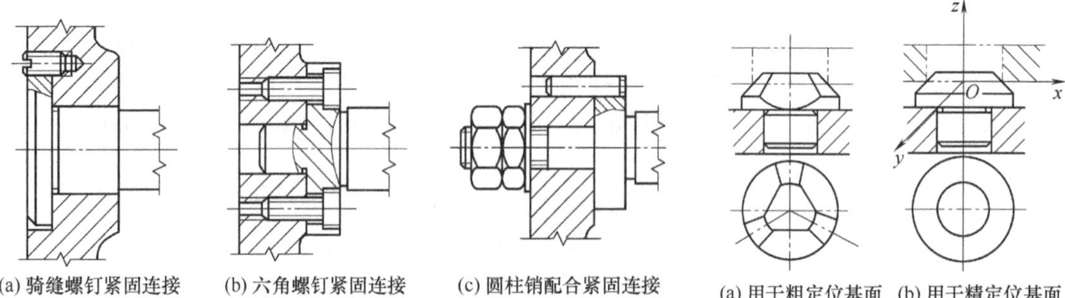

(a) 骑缝螺钉紧固连接　(b) 六角螺钉紧固连接　(c) 圆柱销配合紧固连接

图 3-56 定位轴连接部分的设计

(a) 用于粗定位基面　(b) 用于精定位基面

图 3-57 圆锥销定位

工件在单个圆锥销上定位容易倾斜，为此，圆锥销一般与其他定位元件组合定位，如图 3-58 所示。图 3-58（a）所示为圆锥-圆柱组合心轴，锥度部分使工件准确定心，圆柱部分可减少工件倾斜。图 3-58（b）所示以工件底面作为主要定位基面，采用活动圆锥销，只限制 $\vec{x}$、$\vec{y}$ 两个自由度，即使工件的孔径变化较大，也能准确定位。图 3-58（c）所示为工件在双圆锥销上定位，左端固定圆锥销限制 $\vec{x}$、$\vec{y}$、$\vec{z}$ 三个自由度，右端为活动圆锥销，限制 $\vec{y}$、$\vec{z}$ 两个自由度。以上三种定位方式均限制工件的五个自由度。

(a) 圆锥 - 圆柱组合心轴　(b) 活动圆锥销　(c) 双圆锥销

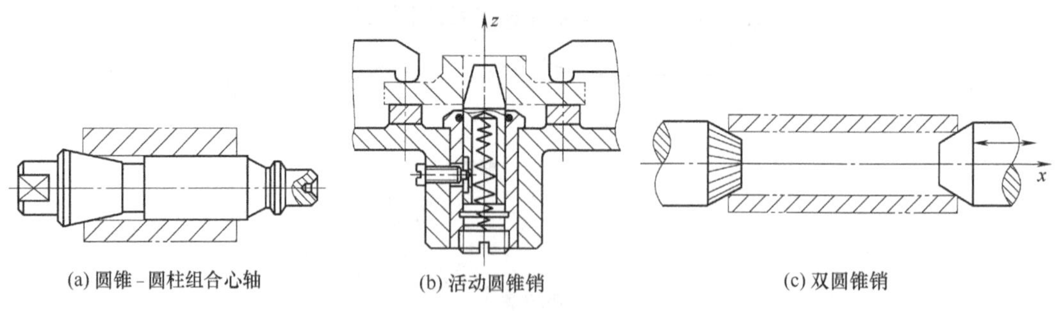

图 3-58 圆锥销组合定位

（6）定位套

定位套经热处理后硬度高、耐磨性好，可以保证精度的稳定性。定位套结构简单、容易制造，但定心精度不高，故只适用于精定位基面。

图 3-59 所示为常用的几种过渡配合的定位套，材料常用 20 钢，经渗碳淬火，其硬度达到 55～60HRC。定位套的内孔轴线是限位基准，内孔面是限位基面。为了限制工件沿轴向的自由度，常与端面联合定位。若将端面作为主要限位面时，应控制套的长度，以免夹紧时

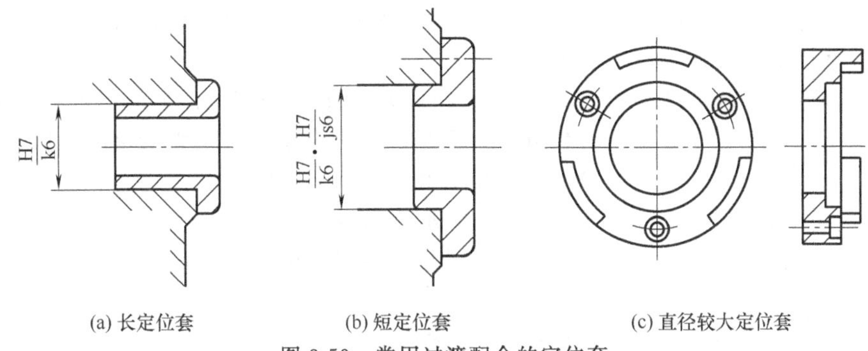


(a) 长定位套　(b) 短定位套　(c) 直径较大定位套

图 3-59 常用过渡配合的定位套

工件产生不允许的变形。

图 3-60 所示为定位套的应用，过盈配合的定位套可用 H7/r6 或 H7/n6 配合压入夹具体，一般用于尺寸较小的定位套；过渡配合的定位套则宜按 H7/k6 或 H7/js6，装入夹具体后再用螺钉固定，一般用于尺寸较大的定位套。

#### 3.2.4.4 工件以外圆柱面定位

工件以外圆柱面作为定位基面时，工件的定位基准为中心要素，最常用的定位元件有 V 形块、半圆套、圆锥套等。

（1）V 形块　不论定位基面是否经过加工，不论是完整的圆柱面还是局部圆弧面，都可以采用 V 形块定位。其优点是装卸工件方便，并且对中性好，即能使工件的定位基准轴线对中在 V 形块两斜面的对称平面上，而不受定位基面直径误差的影响。因此，当工件以外圆柱面定位时，V 形块是用得最多的定位元件。如图 3-61 所示。

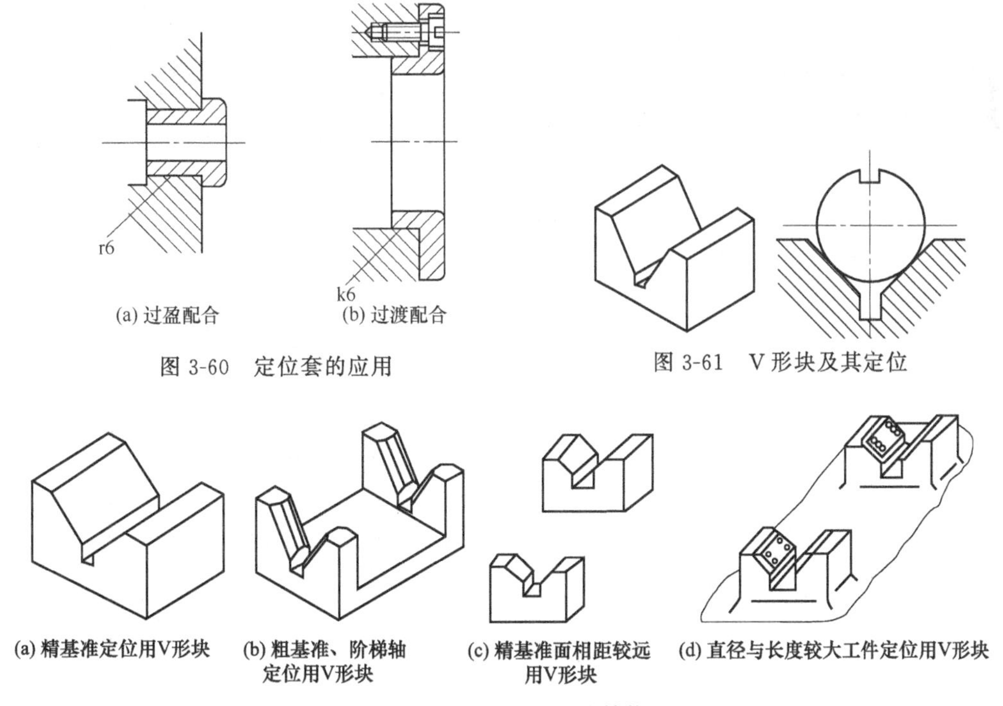


(a) 过盈配合　(b) 过渡配合

图 3-60 定位套的应用

图 3-61 V 形块及其定位

(a) 精基准定位用V形块　(b) 粗基准、阶梯轴定位用V形块　(c) 精基准面相距较远用V形块　(d) 直径与长度较大工件定位用V形块

图 3-62 常用的 V 形块结构

图 3-62 所示为常用的 V 形块结构。图 3-62（a）所示用于较短的精基准定位；图 3-62（b）所示用于较长的粗基准（或阶梯轴）定位；图 3-62（c）所示用于两段精基准面相距较

远的场合。如果定位元件直径与长度较大，则 V 形块不必做成整体钢件，可采用铸铁底座镶淬火钢垫的方式，如图 3-62（d）所示。

V 形块的尺寸关系如图 3-63 所示，尺寸 $C$ 和 $h$ 是加工 V 形块时所必需的。检验和调整其位置时，则是利用一个基本直径为 $D$ 的量规，放在 V 形块上，测量其高度 $H$。

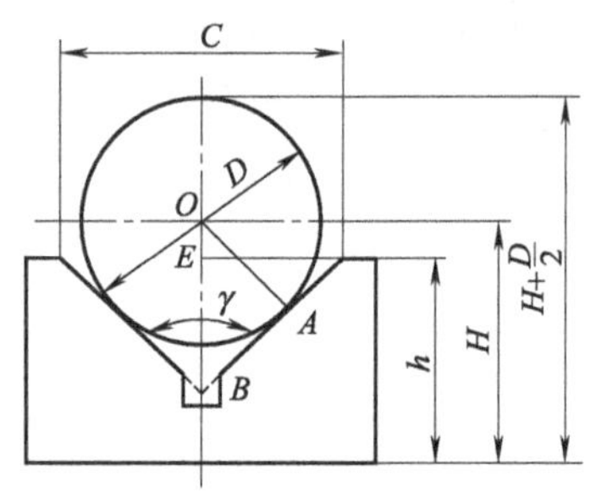

图 3-63　V 形块的尺寸关系

$D$——V 形块的设计心轴直径，为工件定位基面的平均尺寸，其轴线是 V 形块的限位基准；

$\gamma$——V 形块两限位基面间的夹角，有 60°、90°和 120°三种，以 90°应用最广；

$h$——V 形块的高度；

$H$——V 形块的定位高度，即 V 形块的限位基准至 V 形块底面的距离；

$C$——V 形块的开口尺寸。

V 形块有固定式与活动式两种。应用如图 3-64 所示，活动 V 形块限制工件的 $\vec{z}$ 自由度，其沿 V 形块对称面方向的移动可以补偿工件因毛坯尺寸变化而对定位的影响，同时兼有夹紧的作用。固定 V 形块限制工件的 $\vec{x}$、$\vec{y}$ 自由度。

活动 V 形块（JB/T 8018.4—1999）尺寸如图 3-65（a）所示，活动 V 形块的主要规格 $N$ 为 9mm，14mm，…，70mm，与其相配的导板也已标准化（JB/T 8019—1999）。固定 V 形块（JB/T 8018.2—1999）的结构如图 3-65（b）所示。固定式 V 形块在夹具体上的装配一般采用 2～4 个螺钉和两个定位销连接，定位销孔在装配调整后钻铰，然后打入定位销。

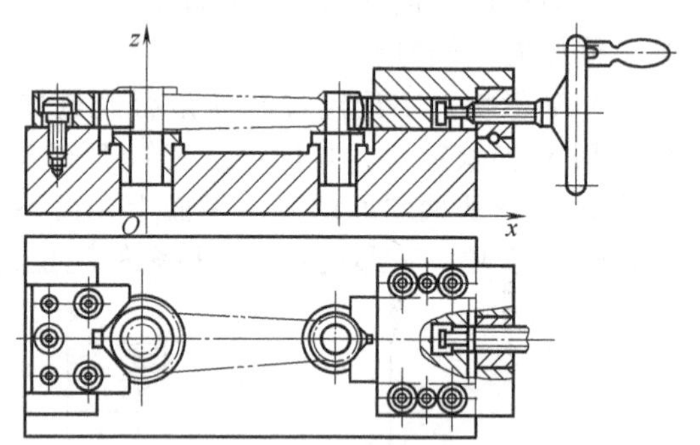

图 3-64　活动 V 形块与固定 V 形块应用

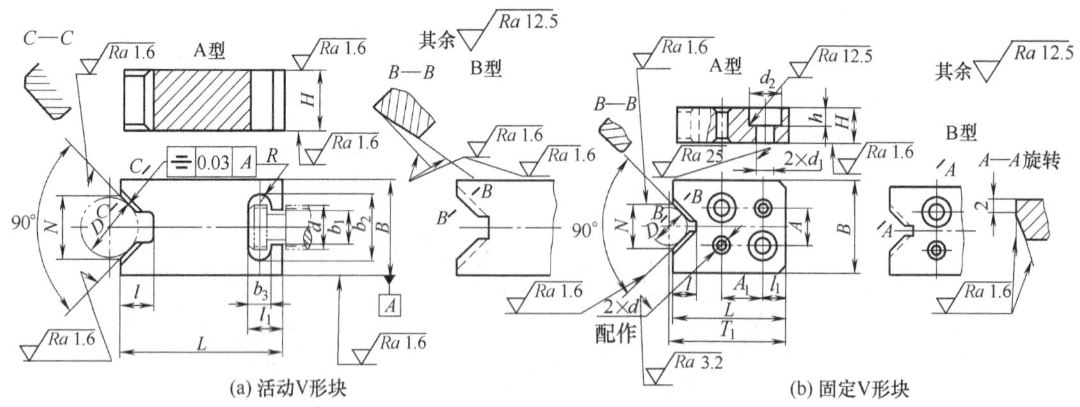

图 3-65　活动 V 形块与固定 V 形块

（2）半圆套

如图 3-66 所示，将定位衬套沿轴线分成两片，下半片固定在夹具体上作为定位元件，上半片安装在可卸式或铰链式的盖上作为夹紧元件，这种定位方法称为半孔定位。

这种定位方式主要用于不适宜以孔定位的大型轴类工件及不便于轴向装夹的零件，如曲轴、涡轮轴、压气机轴等。其优点是定位方便，夹紧力均匀。半圆套在装配后，还可在所使用的机床上最后加工定位表面，以提高定位孔与机床主轴的同轴度。

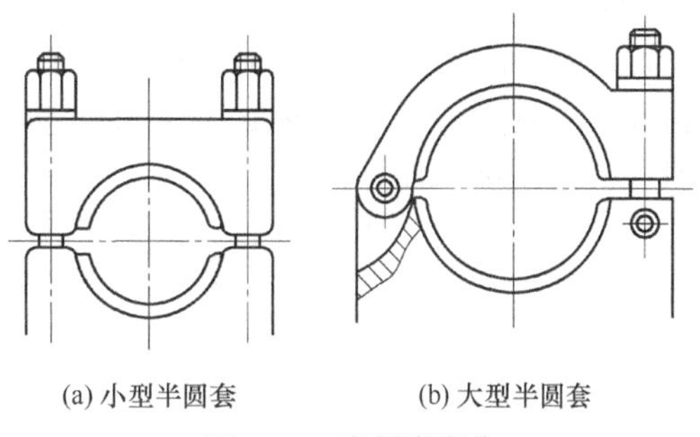

(a) 小型半圆套　(b) 大型半圆套

图 3-66　半圆套定位

半圆套的最小内径应取工件定位基面的最大直径，定位基面的精度不低于 IT8～IT9。半圆套宜用耐磨性较好的材料（如铜或中碳钢经调质处理达 35HRC 左右），做成衬套而镶在夹具体上。衬套和夹具体及盖的配合宜采用 H7/js6 或 H7/h6，并用螺钉固定，以防止松动或脱落。

(3) 圆锥套

图 3-67 所示为通用的外拨顶尖（GB/T 12880）。工件以圆柱面的端部在外拨顶尖的锥孔中定位，锥孔中有齿纹，以便带动工件旋转。顶尖体的锥柄部分插入机床主轴孔中。

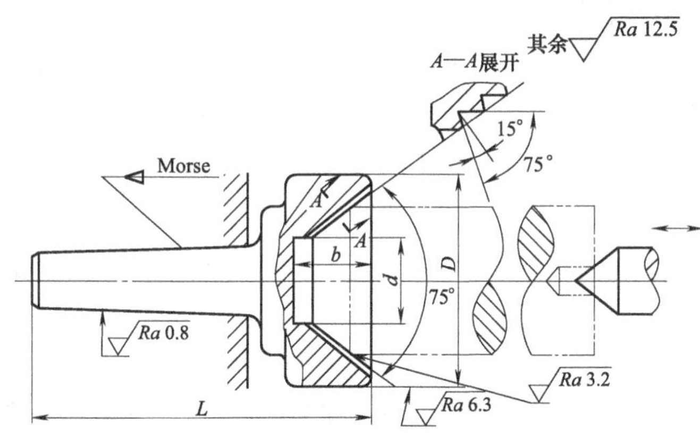


图 3-67　工件在外拨顶尖锥孔中的定位

### 3.2.4.5　工件以特殊表面定位

除了上述以平面和内、外圆柱表面定位外，还经常遇到特殊表面的定位。下面将介绍几种典型的特殊定位方法。

(1) 工件以导轨面定位

图 3-68 所示是 3 种燕尾形导轨定位的形式。图 3-68 (a) 所示为镶有圆柱定位块的结构，图 3-68 (b) 所示的圆柱定位块位置可以通过修配 $A$、$B$ 平面达到较高的精度，图 3-68 (c) 所示采用小斜面定位块，其结构简单。为了减少过定位的影响，工件的定位基面需经配制（或配磨）。

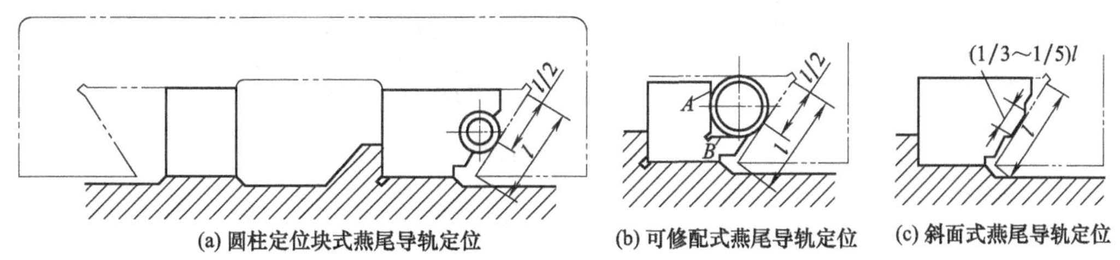


(a) 圆柱定位块式燕尾导轨定位　(b) 可修配式燕尾导轨定位　(c) 斜面式燕尾导轨定位

图 3-68　燕尾形导轨定位的形式

（2）工件以齿形表面定位

图 3-69 所示为用齿形表面定位的例子。定位元件是三个滚柱。自动定心盘 1 通过滚柱 3 对齿轮 4 进行中心定位。齿面与滚柱的最佳接触点 $A$、$B$…均应处在分度圆上。为此，滚柱的直径需经精确的计算。

图 3-70 所示为计算滚柱直径 $d$ 及外公切圆直径 $D$ 的简图。通常接触点位置离分度圆的距离为（0.5～0.7)$h$。当已知齿数 $z$，模数 $m$，分度圆压力角 $\alpha_0$，齿顶高 $h$，分度圆上最小齿厚 $S_{\min}$，可以按公式 $d_L=2[r_0\tan(\alpha_1+\beta_1)-r_1\sin\alpha_1]$ 计算出滚柱的计算直径 $d_L$。由于滚柱直径已标准化，所以设计时可选用邻近的较小的标准直径的滚柱。

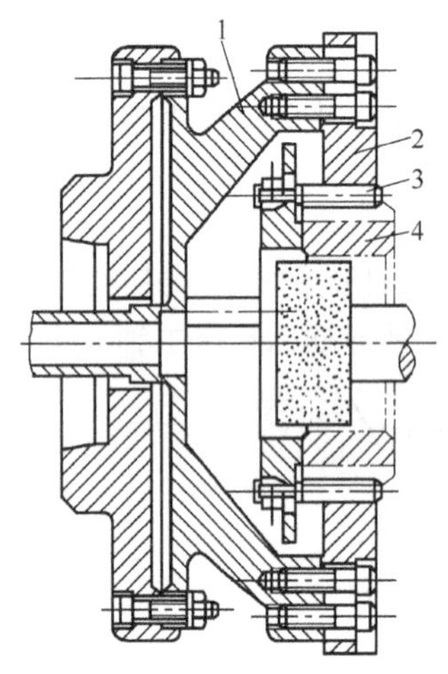


图 3-69　齿形表面定位

1—自动定心盘；2—卡爪；3—滚柱；4—齿轮

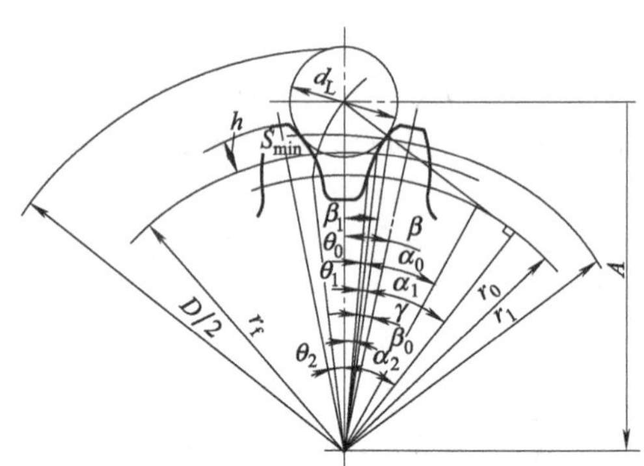


图 3-70　计算滚柱直径 $d$ 及外公切圆直径 $D$ 的简图

（3）工件以其他特殊表面定位

如图 3-71（a）所示，心轴上有键 4，使工件的键槽定位，其限制工件一个绕坐标轴的自由度。如图 3-71（b）所示，工件以螺纹孔定位，心轴体 1 上的螺纹限制工件自由度。如图 3-71（c）所示为花键心轴，用于花键孔的定位。

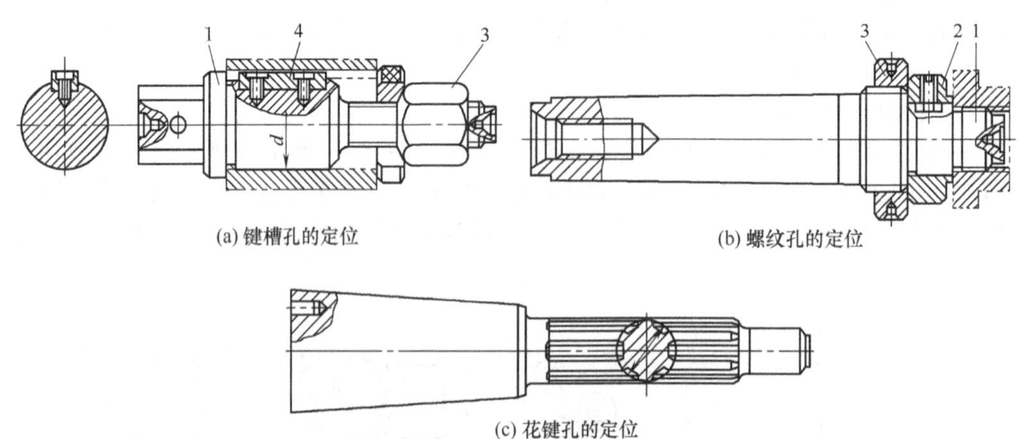


图 3-71　其他特殊表面的定位

1—心轴体；2—压环；3—夹紧螺母；4—键

#### 3.2.4.6 组合表面定位

上述几种定位方法都是以工件的单一表面定位的。但在实际生产中，常采用工件的两个或两个以上表面作为定位基准，即组合表面定位。常见的组合表面定位见前面表3-3（常用的定位方案，详见3.2.6组合定位）。

最常用的是一面两孔定位，如成批生产中加工箱体、杠杆及盖板等零件时，都以工件上的一个平面和两孔作为定位表面。两孔可以是工件上原有的，也可以是专为定位需要而特地加工出来的工艺孔。采用一面两孔定位可以使工件在各道工序的定位基准统一，以保证达到工件的相互位置精度。

一面两孔定位时所用的定位元件为：平面采用支承板，两孔采用一个短圆柱销和一个菱形销（或称削边销），如图3-72所示。

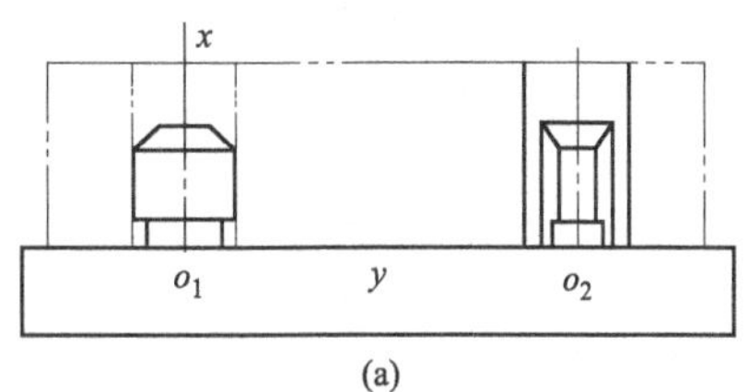

(a)

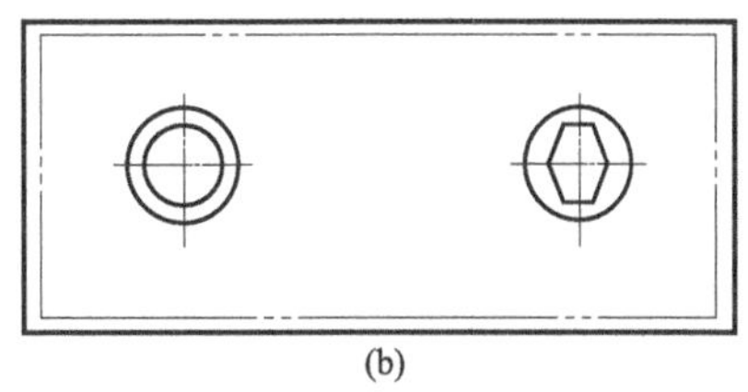
(b)

图3-72 一面两孔定位

若采用两个短圆柱销和一个平面定位时，会产生过定位。因为平面限制三个自由度，每个短圆柱销限制两个自由度，即重复限制了 $\vec{y}$ 向的自由度。若先将第一孔装到第一销上，则第二孔可能会装不到第二销上去，因为一批工件中两孔的中心距存在误差。为了满足装配要求，可以把第二销的直径减小，并使其减小量能够补偿中心距误差的影响。这样，虽然能够把工件装上，但却增加了孔和销之间的配合间隙，使工件的转角误差也增加了，从而影响了工件的加工精度。解决这个问题的方法是：将第二销改为削边销，即把第二销碰到孔壁的部分削去成为菱形。这时，在连心线方向上仍有减小直径的作用，而在垂直于连心线方向上的销子直径并未减小，使工件的转角误差没有增大。

#### 3.2.4.7 注意事项

前面各种定位方法及其定位元件的选择和确定，都应该从被加工工件的实际出发，有的放矢地解决问题。在确定定位方案时，应注意以下问题。

① 要正确地限制必限的自由度。这要根据加工工序的要求，采用适当的定位件来限制。

② 要确保定位精度，使定位所产生的误差小于工序相应尺寸公差的1/3（参看定位误差的分析与计算）。在提高定位精度时，还应考虑制造条件和经济性。

③ 要使定位稳定可靠，一般情况下应避免过定位。

④ 尽量选用标准化元件。对于非标准的定位件要合理地选取材料和规定硬度、尺寸精度、表面粗糙度的要求，以保证足够的强度、刚度等。

### 3.2.5 分析与计算定位误差

使用夹具加工工件时，造成工件被加工尺寸的误差的来源有很多种：夹具在机床上的装夹误差，工件在夹具中的定位误差和夹紧误差，机床调整误差，工艺系统的弹性变形和热变形误差，机床和刀具的制造误差及磨损误差等。

为保证工件的加工要求，上述误差合成的总误差不应超出工件被加工尺寸的公差 $\delta$。所以定位所产生的定位误差不能太大，一般认为定位误差小于或等于 $(1/5\sim1/3)\delta$ 是合适的。

#### 3.2.5.1 定位误差的定义

六点定位原则解决了消除工件自由度的问题，即解决了工件在夹具中位置“定与不定”的问题。但工件及定位元件本身存在公差，一批工件逐个在夹具中定位时，各个工件所占据的位置不完全一致，即出现工件位置定得“准与不准”的问题。如果工件所占据的位置不准确，加工后各工件的加工尺寸必然大小不一，形成加工误差。这种只与工件定位有关的误差称为定位误差，即由定位引起的同一批工件的工序基准在加工尺寸方向上的最大变动量，用 $\Delta D$ 表示。

定位误差研究的主要对象是工件的工序基准和定位基准。工序基准的变动量将影响工件的尺寸精度和位置精度。

### 3.2.5.2 定位误差产生的原因

造成定位误差的原因有两个：一是定位基准与工序基准不重合，由此产生基准不重合误差 $\Delta D_B$；二是定位基准移动产生基准位移误差 $\Delta D_Y$

(1) 基准不重合误差 $\Delta D_B$

图 3-73 (a) 所示是在工件上铣缺口的工序简图，加工尺寸为 $A$ 和 $B$。图 3-73 (b) 所示是加工示意图，工件以底面和 $E$ 面定位，$C$ 是确定夹具与刀具相互位置的对刀尺寸，在一批工件的加工过程中 $C$ 的大小是不变的。

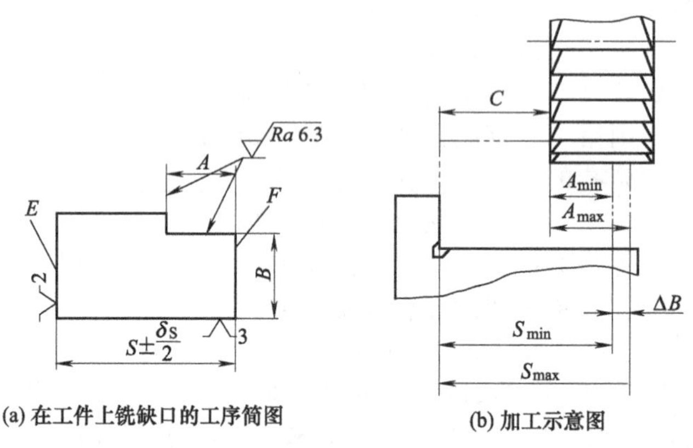


(a) 在工件上铣缺口的工序简图　(b) 加工示意图

图 3-73　基准不重合误差 $\Delta D_B$

加工尺寸 $A$ 的工序基准是 $F$，定位基准是 $E$，两者不重合。当一批工件逐个在夹具上定位时，受尺寸 $S\pm\delta_S/2$ 的影响，工序基准 $F$ 的位置是变动的。$F$ 的变动直接影响 $A$ 的大小，从而造成 $A$ 的尺寸误差，该误差就是基准不重合误差。

显然，基准不重合误差的大小应等于因定位基准与工序基准不重合而造成的加工尺寸的变动范围。由图 3-73 (b) 可知

$$\Delta D_B = A_{max} - A_{min} = S_{max} - S_{min} = \delta_S$$

式中，$S$ 是定位基准 $E$ 与工序基准 $F$ 间的距离尺寸，称为定位尺寸。

由此可知，当工序基准的变动方向与加工尺寸的方向相同时，基准不重合误差等于定位尺寸的公差，即

$$\Delta D_B = \delta_S \tag{3-1}$$

当工序基准的变动方向与加工尺寸的方向不一致时，即存在一夹角 $\alpha$，则基准不重合误差等于定位尺寸的公差在加工尺寸方向上的投影，即

$$\Delta D_B = \delta_S \cos\alpha \tag{3-2}$$

当基准不重合误差由多个尺寸影响而产生时，应将其在工序尺寸方向上合成。

基准不重合误差的一般计算式为

$$\Delta D_B = \sum_{i=1}^{n} \delta_i \cos\beta \tag{3-3}$$

式中，$\delta_i$ 为定位基准与工序基准间的尺寸链组成环的公差，mm；$\beta$ 为 $\delta_i$ 方向与加工尺

寸方向间的夹角，(°)。

图 3-73 (a) 所示加工尺寸 $B$ 的工序基准与定位基准均为底面，其基准重合，所以基准不重合误差 $\Delta D_B = 0$。

基准重合可以消除因基准不重合而产生的定位误差，图 3-74 (c) 就是采用设计基准作为定位基准。图 3-74 (a) 中零件加工表面 2 的设计基准是表面 3，若选择表面 1 作为定位基准，如图 3-74 (b) 所示，则会使加工尺寸 20 产生定位误差，其值即定位基准至设计基准之间的尺寸 20 的公差值 0.25mm。

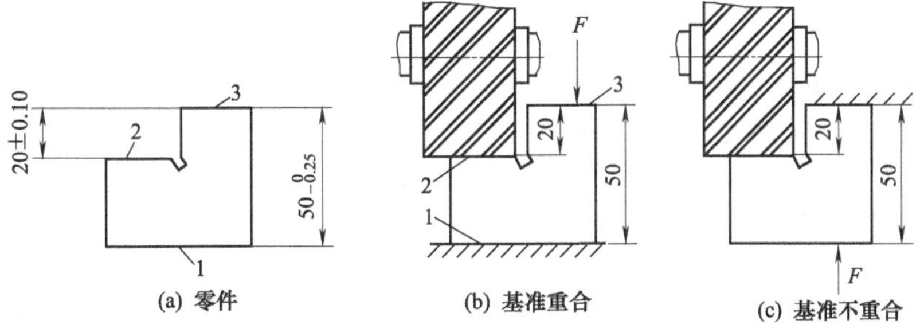


图 3-74　基准不重合误差

(2) 基准位移误差 $\Delta D_Y$

由定位基准的误差或定位支承点的误差造成的定位基准位移，即为工件实际位置对确定位置的理想要素的误差，这种定位误差称为基准位移误差，以 $\Delta D_Y$ 表示。

图 3-75 (a) 所示是在圆柱面上铣槽的工序简图，加工尺寸为 $A$ 和 $B$。图 3-75 (b) 所示是加工示意图，工件以内孔 $D$ 在圆柱心轴（直径为 $d_0$）上定位；$O$ 是心轴轴心，即限位基准；$C$ 是对刀尺寸。

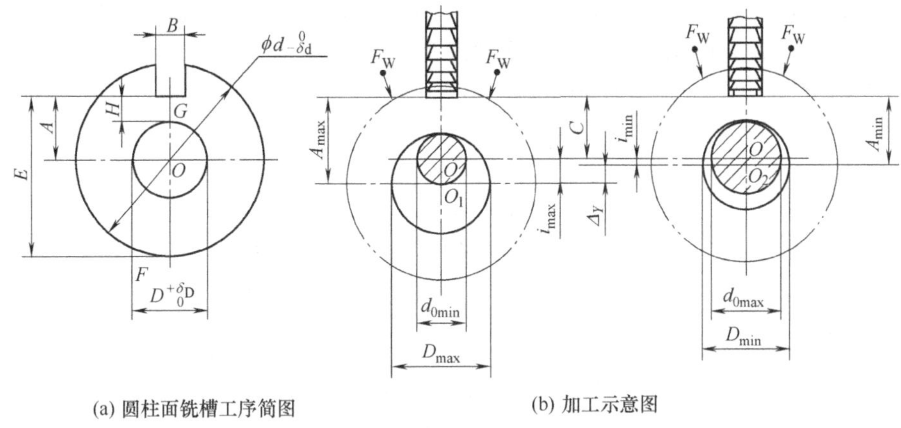


图 3-75　基准位移误差

尺寸 $A$ 的工序基准是内孔轴线，定位基准也是内孔轴线，两者重合，故 $\Delta B = 0$。但是，由于定位副（工件内孔面与心轴圆柱面）有制造公差和配合间隙，使得定位基准（工件内孔轴线）与限位基准（心轴轴线）不能重合，在夹紧力 $F_W$ 的作用下，定位基准相对于限位基准下移了一段距离。定位基准的位置变动影响到尺寸 $A$ 的大小，从而造成尺寸 $A$ 的误差，该误差就是基准位移误差。

同样，基准位移误差的大小应等于因定位基准与限位基准不重合而造成的加工尺寸的变动范围。

由图 3-75 (b) 可知，当工件孔的直径为最大（$D_{max}$）、定位销直径为最小（$d_{0min}$）时，定位基准的位移量 $i$ 为最大（$i_{max}=OO_1$），加工尺寸 $A$ 也最大（$A_{max}$）；当工件孔的直径为最小（$D_{min}$）、定位销直径为最大（$d_{0max}$）时，定位基准的位移量 $i$ 为最小（$i_{min}=OO_2$），加工尺寸也最小（$A_{min}$）。因此

$$\Delta D_Y=A_{max}-A_{min}=i_{max}-i_{min}=\delta_i$$

式中，$i$ 为定位基准的位移量；$\delta_i$ 为一批工件定位基准的变动范围。

由此可知：当定位基准的变动方向与加工尺寸的方向一致时，基准位移误差等于定位基准的变动范围，即

$$\Delta D_Y=\delta_i \tag{3-4}$$

当定位基准的变动方向与加工尺寸的方向不一致时，若两者之间成夹角 $\alpha$，则基准位移误差等于定位基准的变动范围在加工尺寸方向上的投影，即

$$\Delta D_Y=\delta_i\cos\alpha \tag{3-5}$$

#### 3.2.5.3 定位误差的常用计算方法

定位误差的常用计算方法是误差合成法。

造成定位误差的原因是因为定位基准与工序基准不重合以及定位基准与限位基准不重合，因此，定位误差应是基准不重合误差与基准位移误差的合成。计算时，可先算出 $\Delta D_B$ 和 $\Delta D_Y$，然后将两者合成得到 $\Delta D$。

合成时，若工序基准不在定位基面上（工序基准与定位基面为两个独立的表面），即 $\Delta D_Y$ 与 $\Delta D_B$ 无相关公共变量，则 $\Delta D=\Delta D_Y+D_B$；若工序基准在定位基面上，即 $\Delta D_Y$ 与 $\Delta D_B$ 有相关的公共变量，则 $\Delta D=\Delta D_Y\pm\Delta D_B$。式中“+”“−”号的确定方法如下。

① 分析定位基面尺寸由小变大（或由大变小）时，分析定位基准的变动方向。

② 当定位基面尺寸由小变大（或由大变小）时，假设定位基准的位置不变动，分析工序基准的变动方向。

③ 两者的变动方向相同时，取“+”号；两者的变动方向相反时，取“−”号。

#### 3.2.5.4 不同定位方式的基准位移误差的计算方法

(1) 利用圆柱定位销、圆柱心轴定位

利用圆柱定位销、圆柱心轴定位时，其定位基准为孔的中心线，定位基面为内孔表面。当圆柱定位销、圆柱心轴与被定位的工件内孔的配合为过盈配合时，不存在间隙，定位基准（内孔轴线）相对定位元件没有位置变化，则基准位移误差 $\Delta D_Y=0$。

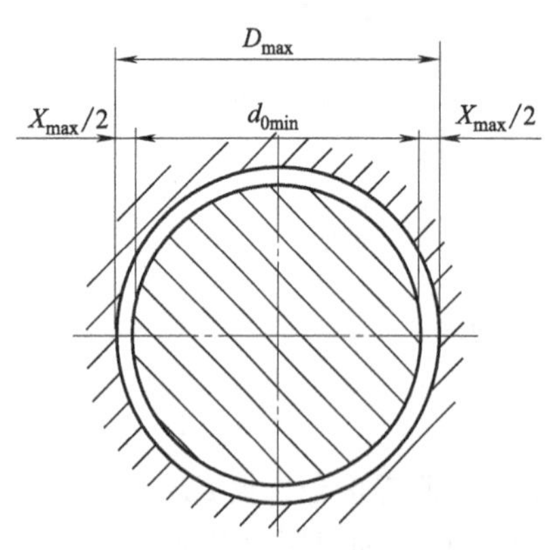

图 3-76 $X_{max}$ 对工件尺寸公差的影响

如图 3-76 所示，当定位副为间隙配合时，由于定位副配合间隙的影响，会使工件上内孔中心线（定位基准）的位置发生偏移，其中心偏移量在加工尺寸方向上的投影即为基准位移误差 $\Delta Y$。定位基准偏移的方向有两种可能：一是可以在任意方向上偏移；二是只能在某一方向上偏移。

当定位基准在任意方向偏移时，其最大偏移量即为定位副直径方向的最大间隙，即

$$\Delta D_Y=X_{max}=D_{max}-d_{0min}=\delta_D+\delta_{d0}+X_{min} \tag{3-6}$$

式中，$X_{max}$ 为定位副最大配合间隙，mm；$D_{max}$ 为工件定位孔最大直径，mm；$d_{0min}$ 为定位圆柱销或圆柱心轴的最小直径，mm；$\delta_D$ 为工件定位孔的直径公差，mm；$\delta_{d0}$ 为定位圆柱销或圆柱心轴的直径公差，mm；$X_{min}$ 为定位所需最小间隙，由设计时确定，mm。

当基准偏移为单方向时，其移动方向最大偏移量为半径方向的最大间隙，即

$$\Delta D_Y=\frac{X_{max}}{2}=\frac{D_{max}-d_{0min}}{2}=\frac{\delta_D+\delta_{d0}+X_{min}}{2} \tag{3-7}$$

当工件用长定位轴定位时，定位的配合间隙还会使工件发生歪斜，并影响工件的平行度要求。如图3-77所示，工件除了孔距公差外，还有平行度要求，定位副最大配合间隙 $X_{max}$ 同时会造成平行度误差，即

$$\Delta D_Y=(\delta_D+\delta_{d0}+X_{min})\frac{L_1}{L_2}$$

$$\text{或单方向 } \Delta D_Y=\frac{\delta_D+\delta_{d0}+X_{min}}{2}\times\frac{L_1}{L_2} \tag{3-8}$$

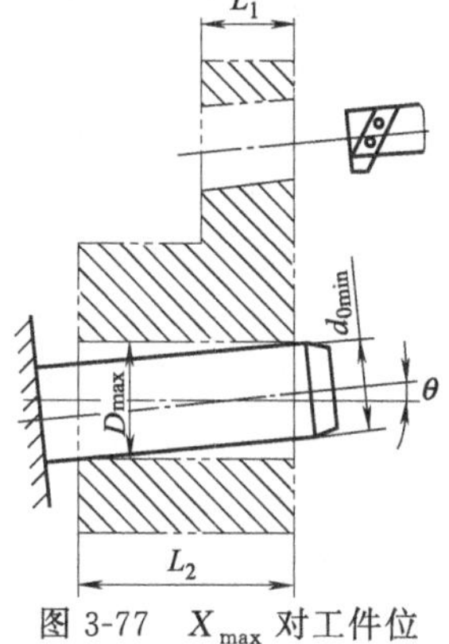


图3-77　$X_{max}$ 对工件位置公差的影响

式中，$L_1$ 为加工面长度，mm；$L_2$ 为定位孔长度，mm。

工件外圆柱面采用定位套定位，其基准位移误差产生的原因与上述相同，计算方法也与上述方法相同。

（2）利用平面定位

工件以平面定位时的基准位移误差计算比较方便。由于工件以平面定位时，其定位基面与定位元件限位基面以平面接触，二者的位置不会发生相对变化，因此基准位移误差为零，即工件以平面定位时 $\Delta D_Y=0$。

（3）利用外圆柱面在V形块上定位

工件以外圆柱面在V形块上定位时，其定位基准为工件外圆柱面的轴心线，定位基面为外圆柱面。如图3-78（a）所示，若不计V形块的误差而仅计工件基准面的圆度误差时，则其工件的定位中心会发生偏移，产生基准位移误差。由图3-78（b）可知，仅由于 $\delta_d$ 的影响，使工件中心沿 $z$ 向从 $O_1$ 移至 $O_2$，即基准位移量为

$$\Delta D_Y=\delta_i=O_1O_2=\frac{d}{2\sin\frac{\alpha}{2}}-\frac{d-\delta_d}{2\sin\frac{\alpha}{2}}=\frac{\delta_d}{2\sin\frac{\alpha}{2}} \tag{3-9}$$

式中，$\delta_d$ 为工件定位基准的直径公差，mm；$\alpha/2$ 为V形块的半角，(°)。

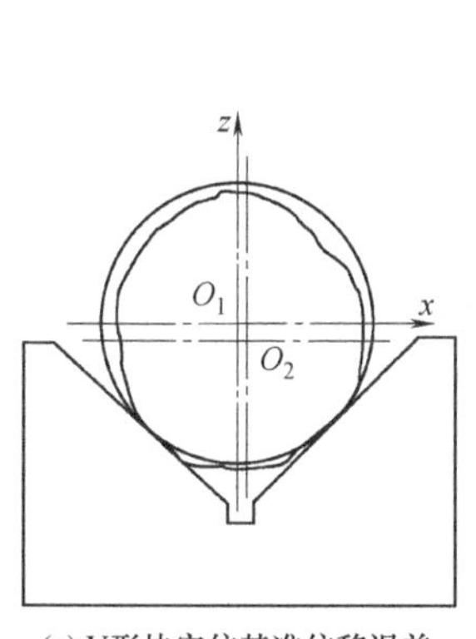


(a) V形块定位基准位移误差

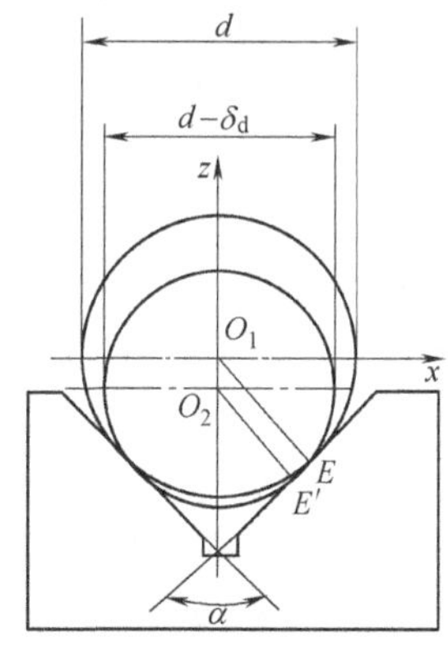


(b) V形块定位基准位移量计算

图3-78　V形块定位的位移误差

由于V形块的对中性好，所以其沿 $x$ 向的位移误差为零。

当 $\alpha=90°$时，V形块的基准位移误差可由式（3-10）计算

$$\Delta D_Y=0.707\delta_d \tag{3-10}$$

### 3.2.5.5　定位误差分析和计算的注意事项

① 某工序的定位方案可以对本工序的几个加工精度参数产生不同的定位误差，我们应对这几种加工精度参数逐个分析来计算其定位误差。

② 分析计算定位误差的前提是采用夹具装夹加工一批工件，并采用调整法加工时才存在定位误差。

③ 分析计算得出的定位误差值是指加工一批工件时可能产生的最大定位误差范围，而不是指某一个工件的定位误差的具体数值。

④ 一般情况下分析计算定位误差时，夹具的精度对加工误差的影响较为重要。此外，分析定位方案时，要求先对其定位误差是否影响工序的精度进行预估，在正常加工条件下，一般推荐定位误差占工序允差的1/3～1/5，此时比较合适。

⑤ 定位误差移动方向与加工方向成一定角度时应按公式（3-2）、公式（3-3）和公式（3-5）进行折算。

⑥ 当定位精度不能满足工件加工要求时，改进定位基准。

⑦ 选择定位基准应尽可能与工序基准重合，应选取精度高的表面作定位基准。

### 3.2.5.6　定位误差计算实例

**【例 3-5】** 如图 3-79 所示，以 $A$ 面定位加工 $\phi$20H8 孔，求加工尺寸（40±0.1）mm 的定位误差。

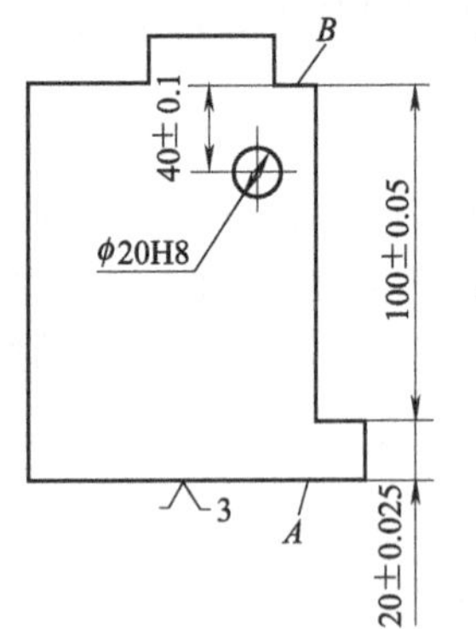


图 3-79　定位误差计算实例（一）

**解：**

（1）工件以平面定位，$\Delta D_{\mathrm{Y}}=0$。

（2）由图 3-79 可知，工序基准为 $B$ 面，定位基准为 $A$ 面，故基准不重合。

按式（3-3）得
$$\Delta D_{\mathrm{B}}=\sum_{i=1}^{n}\delta_i\cos\beta$$
$$=(0.05+0.1)\cos0^\circ=0.15\ (\mathrm{mm})$$

（3）定位误差 $\Delta D=\Delta B=0.15\mathrm{mm}$。

（4）判断定位是否合理：因为 $\Delta D=0.15>0.2/3$，所以定位不合理。

**【例 3-6】** 如图 3-80 所示零件上钻铰 $\phi$10H7 孔，工件主要以 $\phi$20H7（$^{+0.021}_{0}$）孔定位，定位轴直径为 $\phi20^{-0.007}_{-0.016}$，求工序尺寸（50±0.07）mm 及平行度的定位误差。

**解：**

（1）工序尺寸（50±0.07）mm 的定位误差

定位基准为 $\phi$20H7（$^{+0.021}_{0}$）孔的轴线，工序尺寸（50±0.07）mm 的工序基准也为 $\phi$20H7（$^{+0.021}_{0}$）孔的轴线，故定位基准与工序基准重合，即：$\Delta D_B=0$。

由于定位基准在单方向偏移，按式（3-6）得

$$\Delta D_{\mathrm{Y}}=X_{\max}/2=(\delta_{\mathrm{D}}+\delta_{\mathrm{d0}}+X_{\min})/2$$
$$=(0.021+0.09+0.007)/2=0.0185\ (\mathrm{mm})$$

定位误差 $\Delta D=\Delta D_{\mathrm{B}}+\Delta D_{\mathrm{Y}}=0.0185\mathrm{mm}$。

判断定位是否合理：因为 $\Delta D=0.0185<0.14/3$，所以定位合理。

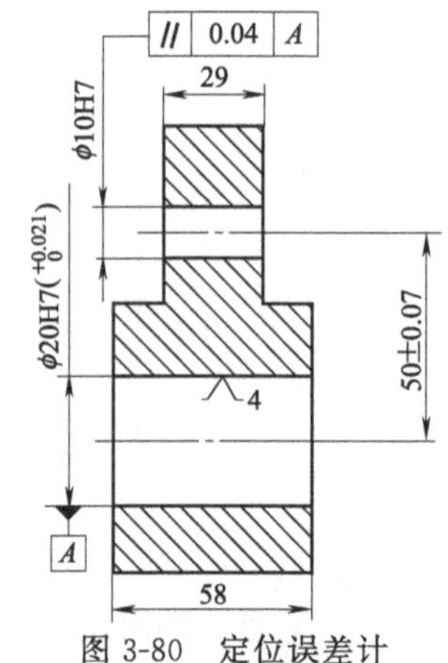


图 3-80　定位误差计算实例（二）

（2）平行度 0.04mm 的定位误差

同理，$\Delta D_B=0$

按式（3-8）得

$$\Delta D_Y=\frac{\delta_D+\delta_{d0}+X_{min}}{2}\times\frac{L_1}{L_2}$$

$$=(0.021+0.09+0.007)/2\times\frac{29}{58}=0.00925\ (mm)$$

（3）影响工件平行度的定位误差

$$\Delta D=\Delta D_Y=0.00925mm$$

判断定位是否合理：因为 $\Delta D=0.00925<0.04/3$，所以定位合理。

（4）总结论：定位合理。

**【例 3-7】** 用图 3-81 所示定位方式在台阶轴上铣削平面，求加工尺寸 $A=29_{-0.16}^{\ 0}$ 的定位误差。

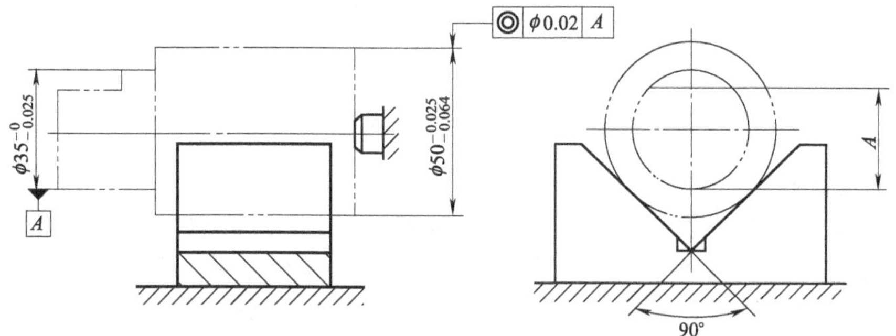


图 3-81　定位误差计算实例（三）

**解：**

（1）定位基准是圆柱 $\phi50_{-0.064}^{-0.025}$ 的轴线，工序基准在外圆 $\phi35_{-0.025}^{\ 0}$ 的素线上，两者不重合，定位尺寸是外圆 $\phi35_{-0.025}^{\ 0}$ 的半径，并且考虑两圆的同轴度误差。按式（3-3）得

$$\Delta D_B=\sum_{i=1}^{n}\delta_i\cos\beta=\left(\frac{\delta_{d_2}}{2}+t\right)\cos0°$$

$$=0.02+\frac{0.025}{2}=0.0325\ (mm)$$

（2）按式（3-10）得

$$\Delta D_Y=0.707\delta_d=0.707\times0.039=0.0276\ (mm)$$

（3）工序基准不在定位基面上，$\Delta B$ 与 $\Delta D_Y$ 无相关公共变量，所以

$$\Delta D=\Delta B+\Delta D_Y=0.0325+0.0276=0.0601\ (mm)$$

（4）判断定位是否合理：因为 $\Delta D=0.0601>0.16/3$，所以定位不合理。

## 3.2.6　组合定位

### 3.2.6.1　工件组合定位的方法

工件以多个定位基准组合定位是很常见的。它们可以是平面、外圆柱面、内圆柱面、圆锥面等的各种组合。工件组合定位时，应注意下列问题。

① 合理选择定位元件，实现工件的完全定位或不完全定位，不能发生欠定位，一般避免过定位。

② 按基准重合原则选择定位基准。首先确定主要定位基准，然后再确定其他定位基准。

③ 在组合定位中，一些定位元件单独使用时限制沿坐标轴方向移动的自由度，而在组合定位时则转化为限制绕坐标轴方向转动的自由度。

④ 从多种定位方案中选择定位元件时，应特别注意定位元件所限制的自由度与加工精度的关系，以满足加工要求。如图 3-82 所示，加工工件上孔 1、2，要求控制尺寸 $H$、$L_1$、$L_2$。图 3-83 所示有两种定位方案。其中，图 3-83（b）所示方案能满足尺寸 $H$、$L_1$、$L_2$ 的加工要求。

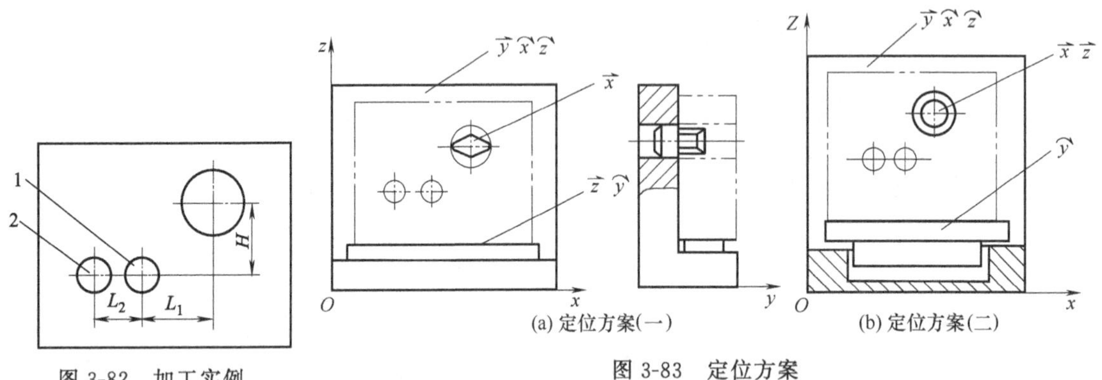


图 3-82　加工实例

图 3-83　定位方案

### 3.2.6.2 工件组合定位的实例

图 3-84 所示为机体零件组合定位方案图，铣削 V 形槽 $H$。工件定位基准为 $\phi 290^{+0.10}_{+0.04}$mm 孔、端平面及平面，其中，端平面为主要定位基准。定位点分布如图 3-84 所示。根据零件的结构特点，夹具还设置了辅助支承，以提高工件的刚度。

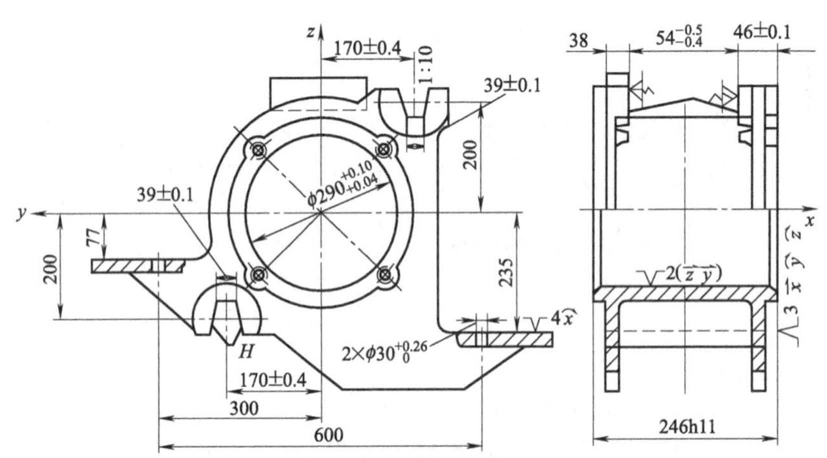


图 3-84　机体零件组合定位方案

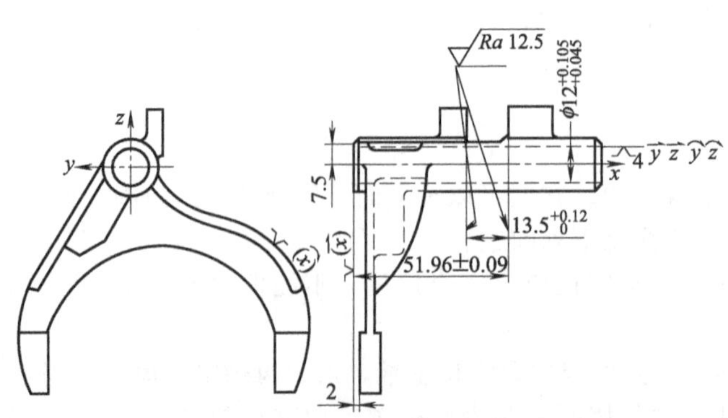


图 3-85　拨叉零件铣槽工序的组合定位方案

图 3-85 所示为拨叉零件铣槽工序的组合定位。它以长圆柱孔、端平面及弧面为定位基准，其中，主要定位基准为 $\phi 12^{+0.105}_{+0.045}$mm 孔。此定位方案符合基准重合原则，定位元件为定位轴和可调支承。

图 3-86 所示为活塞零件镗销孔夹具定位装置实例，工件以 $\phi$95H8 止口在定位元件 1 上定位，弹簧控制的摇板 2 靠在两个 $\phi$40mm 外圆锥面上，这样可以保

证所镗销孔壁厚均匀。

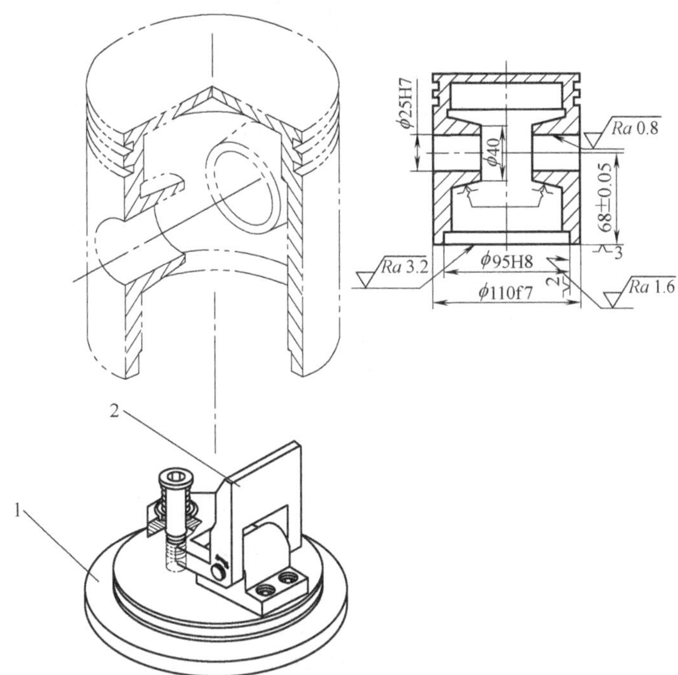


图 3-86　活塞零件镗销孔夹具定位装置

1—定位元件；2—摇板

图 3-87 所示为弯套零件车 φ51mm 外圆和端面夹具定位装置实例，工件以 φ77mm 外圆和弧面 A 处、B 处分别在活动 V 形块 1，支承钉 2、3 及 4 上定位。

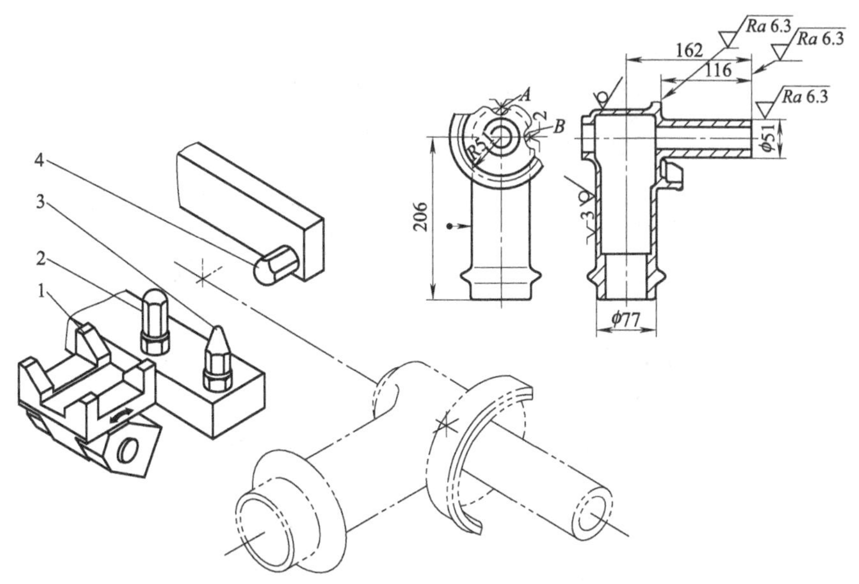


图 3-87　车弯套带活动 V 形块的定位装置

1—活动 V 形块；2～4—支承钉

图 3-88 所示为拨叉零件铣叉口夹具定位装置，工件以 φ22H7 孔、叉口外缘、叉口一外侧面分别在长圆柱销 1、自位支承 2 和止推销 3 上定位。

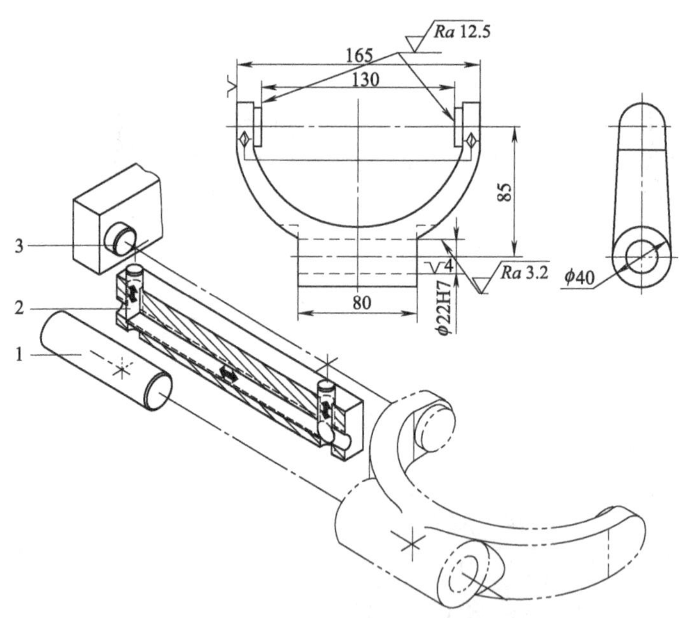


图 3-88 拨叉零件铣叉口夹具定位装置

1—长圆柱销；2—自位支承；3—止推销

图 3-89 所示为活塞盖零件研磨孔夹具定位装置实例，工件以 $\phi$25H6 及端面、$\phi$22mm 孔分别在定位销 2、定位板 1、两个小圆锥销（相当圆锥削边销）3 上定位（带有两个小圆锥销 3 的铰链板可以翻转）。

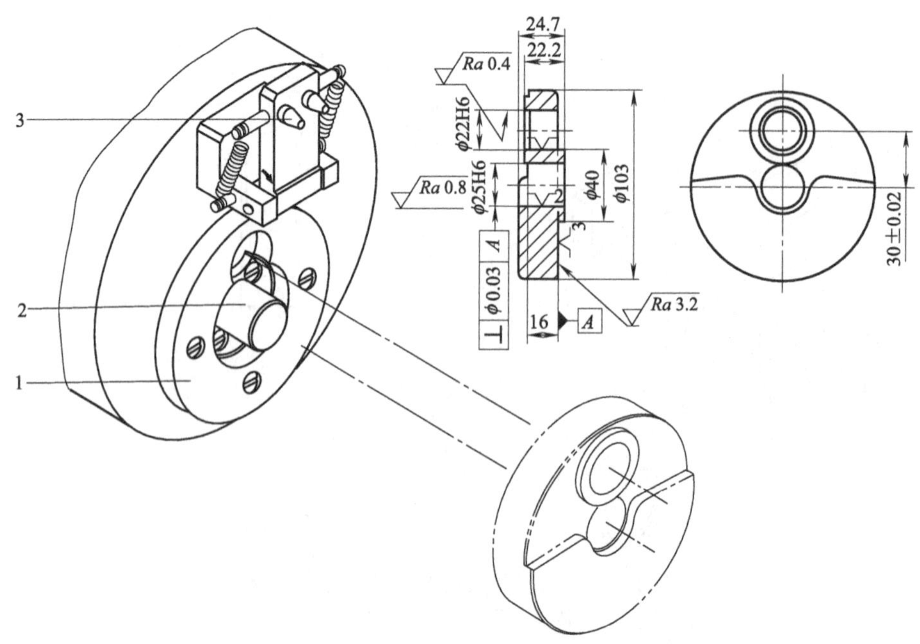


图 3-89 以研磨孔本身定位的定位装置

1—定位板；2—定位销；3—小圆锥销

# 3.3 任务实施

通过前面的学习，应掌握六点定位原理、常用定位元件限制的自由度、工件的定位方式、常用定位元件设计、定位方案设计的基本原则、定位误差的分析计算等。下面将完成工作任务。

## 3.3.1 工作任务实施

看图 3-1 所示工件的要求，对加工工件进行定位设计。

（1）工件分析

前面我们已对图 3-1 所示的拨叉工件进行了结构分析和精度分析。

（2）定位方案

① 应该限制的自由度　为了保证孔 $\phi$8.4mm 对基准孔 $\phi$15.8F8 垂直并对该孔中心线的对称度符合要求，应当限制工件的 $\vec{x}$、$\overset{\frown}{y}$、$\overset{\frown}{z}$ 三个自由度；为了保证孔 $\phi$8.4mm 处于拨叉的对称面内且不发生扭斜，应当限制 $\overset{\frown}{y}$ 自由度；为了保证孔对槽的位置尺寸（3.1±0.1）mm，还应当限制 $\vec{y}$ 自由度。由于孔 $\phi$8.4mm 为通孔，孔深度方向的自由度 $\vec{z}$ 可以不加限制，因此，本夹具应当限制五个自由度。

② 定位方案　工件上的孔 $\phi$15.8F8 是已经加工过的孔，并且又是本工序要加工的孔 $\phi$8.4mm 的设计基准，按基准重合原则选择它作为主定位基准比较合理。若定位元件采用 $\phi$15.8h8 的心轴，则该心轴限制工件的 $\vec{x}$、$\vec{z}$、$\overset{\frown}{x}$、$\overset{\frown}{z}$ 四个自由度。将心轴水平放置并保证与钻床主轴垂直和共面，则所钻的孔与基准孔之间的垂直度与对称度就可以保证，其定位精度取决于配合间隙。

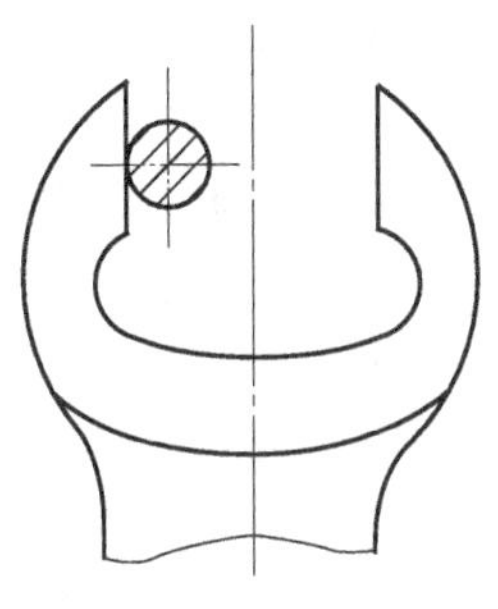

图 3-90　方案分析（一）

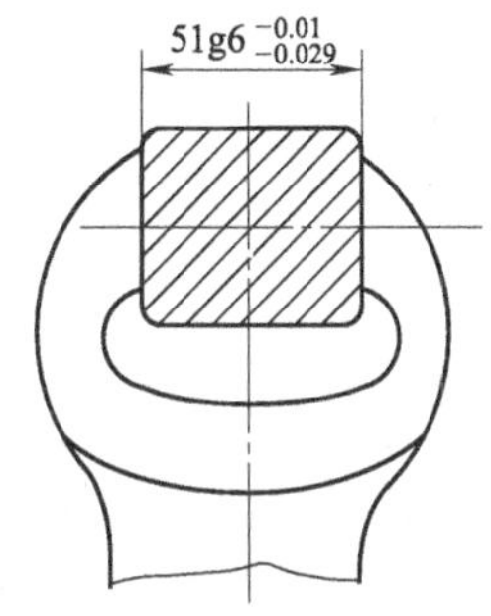


图 3-91　方案分析（二）

为了限制 $\overset{\frown}{y}$ 自由度，应以拨叉槽口 $51^{+0.1}_{0}$mm 为定位基准。这时有两种方案：图 3-90 所示是在叉口的一个槽面上布置一个防转销；图 3-91 所示是利用叉口的两侧面布置一个大菱形销，其尺寸采用 $\phi$51g6。从定位稳定和有利于夹紧的角度考虑，后一种方案较好。

故拨叉工件钻孔 $\phi$8.4mm 的定位方案用定位符号示意如图 3-92 所示。

（3）定位元件

为了限制 $\vec{y}$ 自由度，定位元件的布置有如下三种方案。

① 以 $D$ 面定位，这时定位基准与设计基准（槽 $14.2^{+0.1}_{0}$mm 的对称中心线）不重合，设计基准与定位基准之间的尺寸（20±0.105）mm 和 $7.1^{+0.05}_{0}$mm 所具有的误差必然会反映到定位误差中，其基准不重合误差为 0.26mm，不能保证（3.1±0.1）mm 的要求。

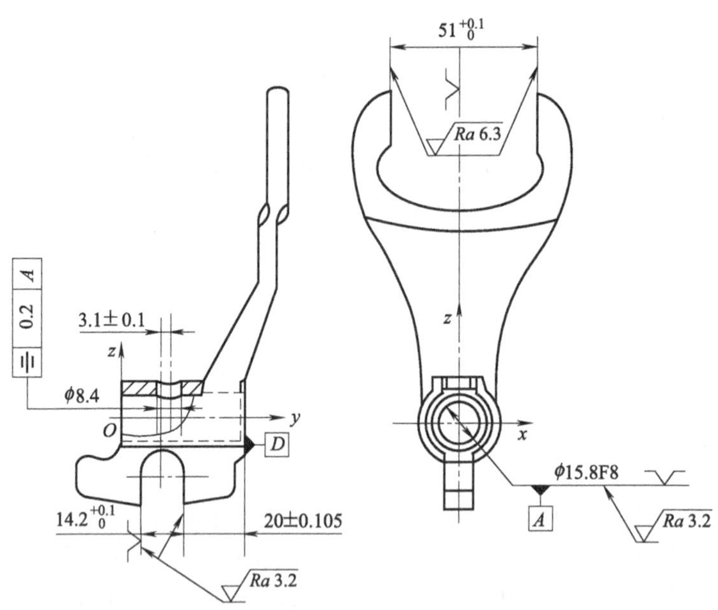


图 3-92 拨叉工件定位设计示意图

② 以槽口两侧面中的任一面为定位基准，采用圆柱销单面定位。这时，由于设计基准是槽的对称中心线，所以仍属于基准不重合，槽口尺寸变化所形成的基准不重合误差为 0.05mm。

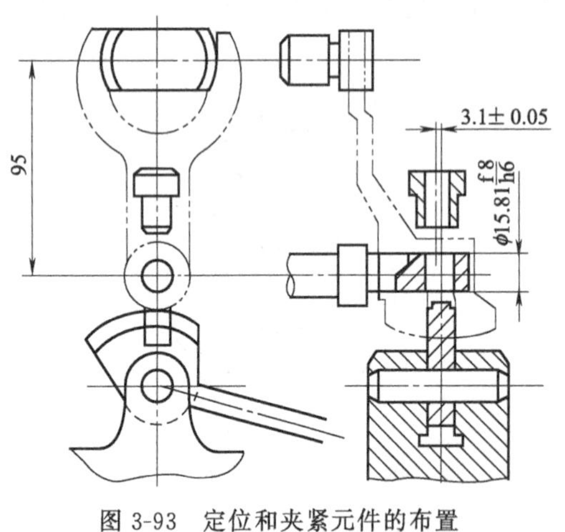


图 3-93 定位和夹紧元件的布置

③ 以槽口两侧面为定位基准，采用具有对称结构的定位元件（可伸缩的锥形定位销或带有对称斜面的偏心轮等）定位，此时，定位基准与设计基准完全重合，定位间隙也可以消除。

从上述三个方案中可知，第一种方案不能保证加工精度；第二种方案具有结构简单、加工精度可以保证的优点；第三种方案定位误差为零，但结构比前两种方案复杂。但从大批量生产的条件来看，虽然第三种方案结构复杂，但却能完成夹紧任务（将在项目 4 中讨论），因此第三种方案较恰当。定位和夹紧元件的布置如图 3-93 所示。

## 3.3.2 拓展实践

如图 3-94 所示，要钻连杆盖上的四个定位销孔。按照加工要求，用平面 $A$ 及直径为 $\phi 12^{+0.021}_{0}$ mm 的两个螺栓孔定位。

这种一平面两圆孔（简称一面两孔）的定位方式，在箱体、杠杆、盖板等类零件的加工中使用非常广。工件的定位平面一般是加工过的精基面，两定位孔可能是工件上原有的，也可能是专为定位需要而设置的工艺孔。

工件以一面两孔定位时，除了采用相应的支承板外，用于两个定位圆孔的定位元件如果采用两个短圆柱销，沿连心线方向的自由度将被重复限制，则属过定位；如果采用一个短圆

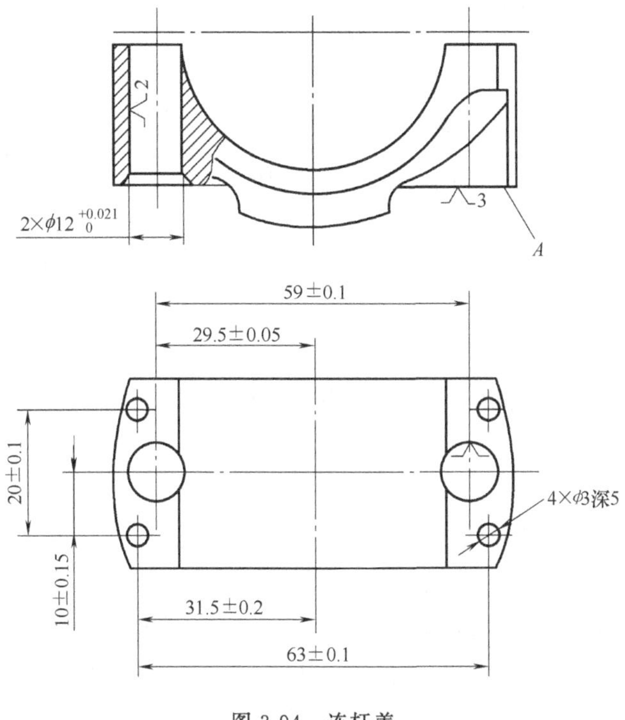


图 3-94　连杆盖

柱销和一个短菱形销，则是完全定位，所以在生产实际中一般都采用这种方式定位。下面将重点介绍菱形销的设计和布置。

### 3.3.2.1　定位方式

如表 3-2 所示，工件以平面作为主要定位基准，用支承板限制工件的三个自由度 $\vec{y}$、$\widehat{x}$、$\widehat{z}$；其中，一孔用定位圆柱销定位，限制工件的两个自由度 $\vec{x}$、$\vec{z}$，另一孔消除工件的一个自由度 $\widehat{y}$。菱形销作为防转支承，其布置应使长轴方向与两销的中心连线相垂直，并应正确选择菱形销直径的基本尺寸和经削边后圆柱部分的宽度。

### 3.3.2.2　菱形销的设计

如图 3-95（a）所示，当孔距为最大极限尺寸、销距为最小极限尺寸时，菱形销的干涉点会发生在点 $A$、$B$ 处。当孔距为最小极限尺寸、销距为最大极限尺寸时，菱形销的干涉点则在点 $C$、$D$ 处，如图 3-95（b）所示。为了满足工件顺利装卸的要求，需控制菱形销直径 $d_2$ 和经削边后的圆柱部分宽度 $b$。

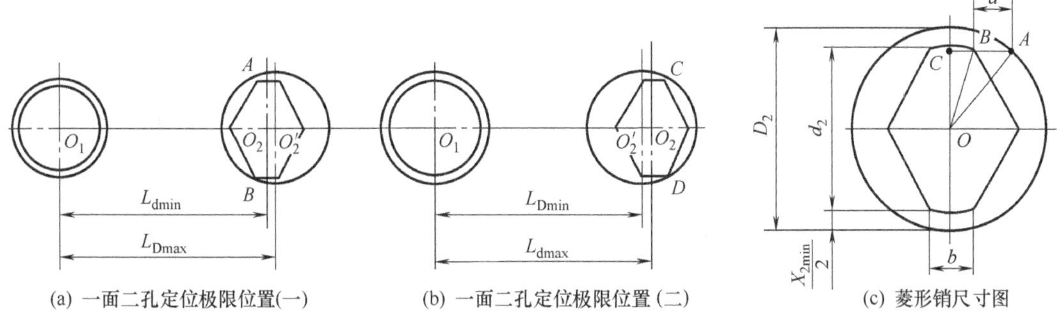


(a) 一面二孔定位极限位置(一)　(b) 一面二孔定位极限位置(二)　(c) 菱形销尺寸图

图 3-95　菱形销的设计

由图 3-95（c）所示几何关系可知

$$OA^2-AC^2=OB^2-BC^2$$

而
$$OA=\frac{D_{\min}}{2} \qquad AC=a+\frac{b}{2} \qquad BC=\frac{b}{2}$$

$$OB=\frac{d_{2\max}}{2}=\frac{D_{2\min}-X_{2\min}}{2}$$

代入
$$\left(\frac{D_{2\min}}{2}\right)^2-\left(a+\frac{b}{2}\right)^2=\left(\frac{D_{2\min}-X_{2\min}}{2}\right)^2-\left(\frac{b}{2}\right)^2$$

得
$$b=\frac{2D_{2\min}X_{2\min}-X_{2\min}^2-4a^2}{4a}$$

由于 $X_{2\min}^2$ 和 $4a^2$ 的数值很小，可忽略不计，所以

$$b=\frac{D_{2\min}X_{2\min}}{2a}$$

或削边销与孔的最小配合间隙为

$$X_{2\min}=\frac{2ab}{D_{2\min}} \tag{3-11}$$

式中，$X_{2\min}$ 为菱形销定位的最小间隙，mm；$b$ 为菱形销圆柱部分的宽度，mm；$D_{2\min}$ 为工件定位孔的最小实体尺寸，mm；$a$ 为补偿量，mm，其中

$$a=\frac{\delta_{L_D}+\delta_{L_d}}{2} \tag{3-12}$$

式中，$\delta_{L_D}$ 为孔距公差，mm；$\delta_{L_d}$ 为销距公差，mm。

菱形销最大直径可按式（3-13）求得

$$d_{2\max}=D_{2\min}-X_{2\min} \tag{3-13}$$

目前菱形销已经标准化了，尺寸可查表 3-4，其有关数据可查“夹具标准”或“夹具手册”。

下面完成本任务菱形销的设计。

（1）确定两定位销的中心距 $L_d \pm \delta_{L_d}/2$

两定位销的中心距的基本尺寸应等于工件两定位孔中心距的平均尺寸，其公差一般为 $\delta_{L_d}=\left(\frac{1}{3}\sim\frac{1}{5}\right)\delta_{L_D}$。

如图 3-94 所示的连杆盖工序图，两定位孔间距 $L_D=(59\pm0.1)$mm。因此两定位销中心距 $L_d$ 基本尺寸等于 59mm，公差取 0.04mm，故销间距 $L_d=(59\pm0.02)$mm。

（2）确定圆柱销直径 $d_1$

圆柱销直径的基本尺寸应等于与之配合的工件孔的最小极限尺寸，其公差带一般取 g6 或 h7。

因连杆盖定位孔的直径为 $\phi12^{+0.021}_{0}$mm，故取圆柱销的直径 $d_1$ = 12g6（$\phi12^{-0.006}_{-0.017}$mm）。

（3）确定菱形销的尺寸 $b$ 和 $b_1$

查表 3-4 可得，$b=4$mm，$b_1=3$mm。

（4）确定菱形销的直径

① 按式（3-11）计算 $X_{2\min}$，因 $a=\frac{\delta_{L_D}+\delta_{L_d}}{2}=0.1+0.02=0.12$（mm），$b=4$mm，

$D_2=\phi 12^{+0.021}_{0}$mm，所以

$$X_{2\min}=\frac{2ab}{D_{2\min}}=\frac{2\times 0.12\times 4}{12}=0.08\ (\text{mm}) \tag{3-14}$$

采用修圆菱形销时，应以 $b$ 代替 $b_1$ 进行计算。

② 按公式 $d_{2\max}=D_{2\min}-X_{2\min}$，可算出菱形销的最大直径 $d_{2\max}$，即

$$d_{2\max}=12-0.08=11.92\ (\text{mm})$$

③ 确定菱形销的公差等级。菱形销直径的公差等级一般取 IT6 或 IT7。因 IT6＝0.011mm，所以 $d_2=\phi 12^{-0.08}_{-0.091}$mm。

### 3.3.2.3　一面二孔定位的定位误差

工件以一面二孔在夹具的一面两销上定位时（见图 3-96），由于 $O_1$ 孔与圆柱销存在最大配合间隙 $X_{1\max}$，$O_2$ 孔与菱形销存在最大配合间隙 $X_{2\max}$，因此会产生直线位移误差 $\Delta Y_1$ 和角位移误差 $\Delta Y_2$，两者组成基准位移误差 $\Delta D_Y$。

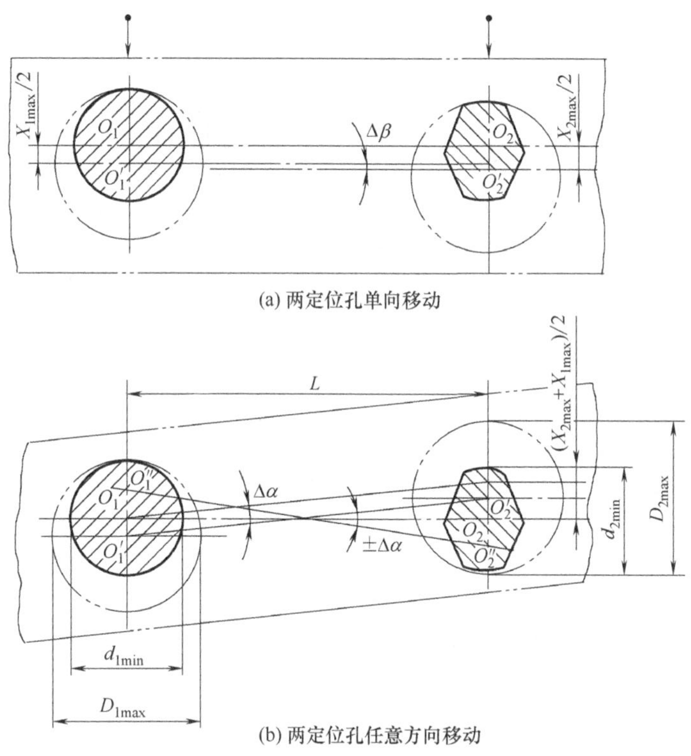


图 3-96　一面二孔定位时定位基准的移动

因 $X_{1\max}<X_{2\max}$，所以直线位移误差 $\Delta D_{Y1}$ 受 $X_{1\max}$ 的控制。当工件在外力作用下单向位移时，$\Delta D_{Y1}=X_{1\max}/2$；当工件可在任意方向位移时，$\Delta Y_1=X_{1\max}$。

如图 3-96（a）所示，当工件在外力作用下单向移动时，工件的定位基准 $O_1'O_2'$会出现的转角 $\Delta\beta$，此时

$$\tan\Delta\beta=\frac{X_{2\max}-X_{1\max}}{2L} \tag{3-15}$$

如图 3-96（b）所示，当工件可在任意方向转动时，定位基准的最大转角为$\pm\Delta\alpha$，此时

$$\tan\Delta\alpha=\frac{X_{2\max}+X_{1\max}}{2L} \tag{3-16}$$

此时，工件也可能出现单向转动，转角为$\pm\Delta\beta$；定位基准的转角会产生角位移误差$\Delta D_{Y2}$，当工件加工尺寸的方向和位置不同时，$\Delta D_{Y2}$也不同。

$$\Delta D_Y = \Delta D_{Y1} + \Delta D_{Y2} \tag{3-17}$$

本任务定位误差计算：

连杆盖在本工序中的加工尺寸较多，除了四孔的直径和深度外，还有（63±0.1）mm、（20±0.1）mm、（31.5±0.2）mm 和（10±0.15）mm。其中，（63±0.1）mm 和（20±0.1）mm 没有定位误差，因为它们的大小主要取决于钻套间的距离，与工件定位无关；而（31.5±0.2）mm 和（10±0.15）mm 均受工件定位的影响，有定位误差。连杆盖的定位方式与定位误差如图 3-97 所示。

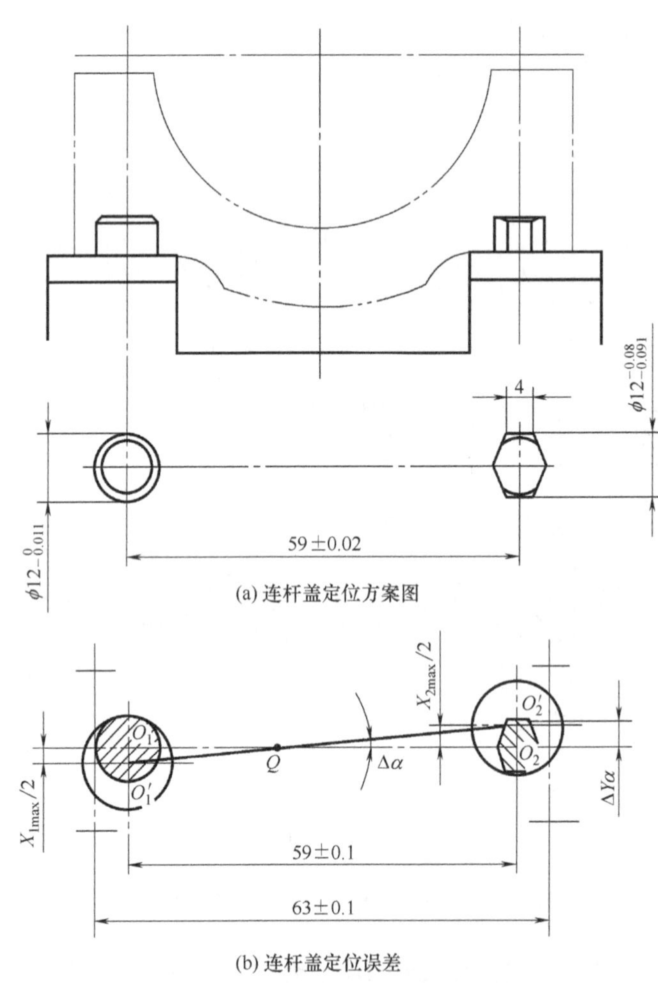


图 3-97　连杆盖的定位方式与定位误差

（1）求加工尺寸（31.5±0.2）mm 的定位误差。

由于定位基准与工序基准不重合，定位尺寸 $S=(29.5\pm0.05)$mm，所以

$$\Delta D = \delta_S = 0.1\text{mm}$$

由于尺寸（31.5±0.2）mm 的方向与两定位孔连心线平行，根据附表 15 得

$$\Delta D_Y = X_{1max} = 0.021 + 0.017 = 0.038\ (\text{mm})$$

由于工序基准不在定位基面上，所以

$$\Delta D=\Delta D_Y+\Delta D_B=0.038+0.1=0.138\ (\text{mm})$$

因为 $\Delta D=0.138>0.4/3$，所以圆柱销设计不合理。

重取圆柱销的直径 $d_1=12\text{h}6(\phi 12_{-0.011}^{\ 0}\ \text{mm})$，则 $\Delta D=0.132<0.4/3$，定位误差在允许范围内，圆柱销设计合理。

(2) 求加工尺寸 $(10\pm0.15)$mm 的定位误差。

由于定位基准与工序基准重合，故 $\Delta D_B=0$。

由于定位基准与限位基准不重合，定位基准 $O_1O_2$ 可作任意方向的位移，加工位置在定位孔两外侧，故根据式 (3-16) 得

$$\tan\Delta\alpha=\frac{X_{2\max}+X_{1\max}}{2L}=(0.113+0.038)/(2\times59)=0.00128$$

根据附表 15 可知，基准位移误差为

$$\Delta D_Y=X_{1\max}+2L_1\tan\Delta\alpha=0.032+2\times2\times0.00128=0.037\ (\text{mm})$$

故

$$\Delta D=\Delta D_Y=0.037\text{mm}$$

因为 $\Delta D=0.037<0.3/3$，所以圆柱销、菱形销设计合理。

### 3.3.3 工作实践中常见问题解析

(1) 工件加工尺寸不符合工序加工要求

① 分析设计的定位方案对加工精度有要求的自由度是否正确限制，是否欠定位。

② 分析定位方案的设计是否符合基准重合原则，即定位基准与工序基准是否重合。如果在定位过程中无法满足基准重合原则，那么在工序设计和夹具设计中是否采取了相关措施。

③ 假如零件加工精度要求比较高，分析计算定位误差值是否偏大，是否影响零件加工精度要求。

④ 分析定位元件的主要尺寸和公差是否合理。

(2) 工件加工尺寸时好时坏

① 分析定位元件的定位表面是否有足够的精度和较小的表面粗糙度。例如 V 形块的半角公差、圆柱心轴定位圆柱面的圆度、支承板的平面度公差等，都应有足够的制造精度。

② 分析定位元件的工件表面是否有较高的硬度和耐磨性，以使夹具有足够的储备精度。

③ 分析工件的尺寸和公差是否满足要求。

④ 分析工人是否按照工序作业规程进行操作加工。

⑤ 分析所用的机床和刀具是否满足要求。

(3) 工件加工后出现变形

① 分析工件是否过定位，由于工件定位基面之间以及夹具定位元件工作表面之间的位置精度影响，过定位干涉会造成工件变形。

② 根据工件结构特点和切削力大小，分析是否采用辅助支承或自位支承。

③ 采用辅助支承时，分析操作顺序是否正确。

④ 分析夹紧力大小是否合理。

## 项目小结

本项目介绍了六点定位原理、常用定位元件限制的自由度、工件的定位方式（完全定位、不完全定位、欠定位、过定位）、定位元件的设计、定位设计的基本原则、定位误差的分析和计算等基本内容。学生通过学习和完成工作任务，应达到掌握工件定位设计以及定位误差分析和计算等相关知识的目的。

# 实践任务

## 实践任务 3-1

| 专业 | | 班级 | | 姓名 | | 学号 | |
|---|---|---|---|---|---|---|---|
| 实践任务 | 复习本项目内容 | | | 评分 | | | |
| 实践要求 | | | | | | | |

**一、填空题**

1. 定位基准是______中所用的基准。设计夹具时，从减小加工误差考虑，应尽可能选用工序基准为定位基准，即遵循所谓________原则，当用多个表面定位时，应选择其中一个________表面为主要定位基准。

2. 工艺基准分为四类，即__________、__________、__________和____________。

3. 工件有六个自由度，加工过程中出现的定位方式有________、______、______、________。

4. 长 V 形块限制_______个自由度，长圆柱销可限制_______个自由度，长圆锥销限制________个自由度，短定位套限制________个自由度，短菱形销限制________个自由度，短圆锥销限制________个自由度，短圆柱销限制________个自由度，窄 V 形块限制________个自由度。

5. 工件的________个自由度被________的定位称完全定位。

6. V 形块定位元件适用于工件以____________面定位。外圆柱面定位常用的定位元件有：__________、_________、________及各类自动装置等定位元件。

7. 精基准的选择原则是________、__________、__________、__________。

8. 工件定位时，几个定位支承点重复限制同一个自由度的现象，称为____________。

9. 以平面进行定位的支承元件有：________、________、________、________等。

10. 主要支承用来限制工件的________。辅助支承用来提高工件的________和________，没有________作用。

11. 一面两销组合定位中，为避免两销定位时出现________干涉现象，实际应用中将其中之一做成________结构。

12. 定位误差产生的原因是________和________。

13. 定位误差由两部分组成，即基准位置误差和________误差。

**二、选择题**

1. 过定位是指定位时，工件的同一(　　)被多个定位元件重复限制的定位方式。

A. 平面　　B. 自由度　　C. 圆柱面　　D. 方向

2. 若工件采取一面两销定位，限制的自由度数目为(　　)个。

A. 6　　B. 2　　C. 3　　D. 4

3. 在磨一个轴套时，先以内孔为基准磨外圆，再以外圆为基准磨内孔，这是遵循(　　)的原则。

A. 基准重合　　B. 基准统一　　C. 自为基准　　D. 互为基准

4. 采用短圆柱心轴定位，可限制(　　)个自由度。

A. 2　　B. 3　　C. 4　　D. 1

5. 在下列内容中，不属于工艺基准的是(　　)。

A. 定位基准　　B. 测量基准　　C. 装配基准　　D. 设计基准

6. 精基准是用(　　)作为定位基准面。

A. 未加工表面　　B. 复杂表面　　C. 切削量小的　　D. 加工后的表面

7. 选择粗基准时，重点考虑如何保证各加工表面(　　)，使不加工表面与加工表面间的尺寸、位置符合零件图要求。

A. 对刀方便　　B. 切削性能好　　C. 进/退刀方便　　D. 有足够的余量

8. 决定某种定位方法属几点定位，主要根据(　　)。

A. 有几个支承点与工件接触　　B. 工件被消除了几个自由度

C. 工件需要消除几个自由度　　D. 夹具采用几个定位元件

9. 轴类零件加工时，通常采用 V 形块定位，当采用长 V 形块定位时，其限制的自由度数目为(　　)个；用短 V 形块来定位，其限制的自由度数目为(　　)个。

A. 2　　B. 4　　C. 5　　D. 6

10. 为了使工件在定位过程中能自动调整位置，常用(　　)定位。

A. 调节支承　　B. 固定支承　　C. 浮动支承　　D. 辅助支承

11. 只有在(　　)精度很高时，过定位才允许采用，且有利于增强工件的(　　)。

A. 设计基准面和定位元件　　B. 定位基准面和定位元件

C. 夹紧机构　　D. 刚度　　E. 强度

12. 定位元件的材料一般选(　　)。

A. 20 钢渗碳淬火　　B. 铸铁　　C. 合金钢　　D. 中碳钢淬火

13. 自位支承(浮动支承)其作用增加与工件接触的支承点数目，但(　　)。

A. 不起定位作用　　B. 一般来说只限制一个自由度

C. 不管如何浮动必定只能限制一个自由度

续表

| 专业 | | 班级 | | 姓名 | | 学号 | |
|---|---|---|---|---|---|---|---|
| 实践任务 | 复习本项目内容 | | | 评分 | | | |
| 实践要求 | | | | | | | |

14. 基准不重合误差大小与(　　)有关。

A. 本道工序要保证的尺寸大小和技术要求

B. 只与本道工序设计(或工序)基准与定位基准之间位置误差

C. 定位元件和定位基准本身的制造误差

15. 工件采用心轴定位时,定位基准面是(　　)。

A. 心轴外圆柱面　B. 工件内圆柱面　C. 心轴中心线　D. 工件孔中心线

16. 在平面磨床上磨削平面时,要求保证被加工平面与底平面之间的尺寸精度和平行度,这时应限制(　　)个自由度。

A. 5　　B. 4　　C. 3　　D. 2

17. 箱体类工件常以一面两孔定位,相应的定位元件应是(　　)。

A. 一个平面、二个短圆柱销　B. 一个平面、一个短圆柱销、一个短削边销

C. 一个平面、二个长圆柱销　D. 一个平面、一个长圆柱销、一个短圆柱销

18. 用双顶尖装夹工件车削外圆,限制了(　　)个自由度。

A. 6　　B. 5　　C. 4　　D. 3

19. 盘形齿轮齿坯精加工时,采用小锥度心轴装夹车削外圆属何种定位(　　)。

A. 完全定位　B. 不完全定位　C. 过定位　D. 欠定位

**三、判断题**(正确的打√,错误的打×)

1.(　　)如果工件被夹紧了,那么它也就被定位了。

2.(　　)生产中应尽量避免用定位元件来参与夹紧,以维持定位精度的精确性。

3.(　　)工件在夹具中定位,就是根据加工的需要,消除工件的某些不定度。夹具对工件消除自由度是通过对工件位置提供定位点来实现的。

4.(　　)三个点可以消除工件的三个自由度。

5.(　　)重复定位在生产中是可以出现的。

6.(　　)辅助支承可以提高工件的安装刚性,而自位支承则不能。

7.(　　)定位就是使工件在夹具中具有确定的相对位置的动作过程。

8.(　　)工件与定位元件保持直线接触时消除两个移动不定度。

9.(　　)用设计基准作为定位基准,可以避免基准不重合引起的误差。

10.(　　)夹具的定位误差应该大于工序公差的 1/3。

11.(　　)用锥度很小的长锥孔定位时,工件插入后就不会转动,所以就消除了六个自由度。

12.(　　)工件在夹具中与各定位元件接触,虽然没有夹紧,尚可移动,但是其已取得确定的位置,所以可以认为工件已定位。

13.(　　)为了保证加工精度,所有的工件加工时必须消除其全部自由度,即进行完全定位。

14.(　　)对已加工平面定位时,为了增加工件的刚度,有利于加工,可以采用三个以上的等高支承块。

15.(　　)零件上有不需要加工的表面,若以此表面定位进行加工,则可使此不加工的表面与加工表面保持正确的相对位置。

# 实践任务 3-2

| 专业 | | 班级 | | 姓名 | | 学号 | |
|---|---|---|---|---|---|---|---|
| 实践任务 | 定位基准的确定 | | | 评分 | | | |
| 实践要求 | 按工件加工工序尺寸的要求,指出工序基准,确定工件的定位基准(用定位符号表示)。 | | | | | | |

1. 图 3-98(a):加工 $A$ 面,保证 20。图 3-98(b):车 $\phi30$ 外圆,保证与外圆 $\phi50$ 同轴。图 3-98(c):铣槽底面,保证 45。

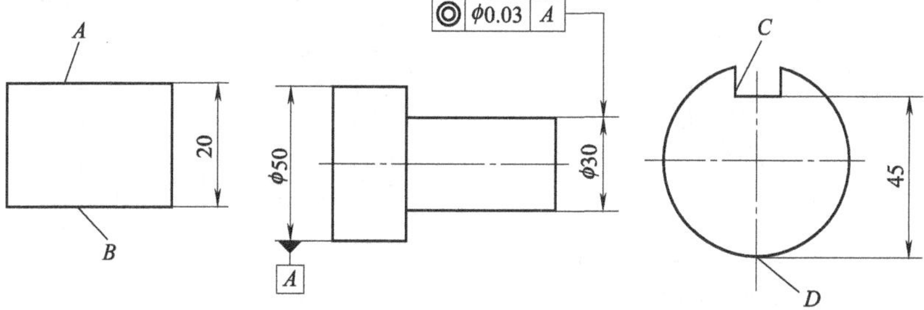


(a) 两面之间距离　(b) 阶梯轴同轴度和圆柱面尺寸　(c) 铣槽底面位置尺寸

图 3-98　实践任务 3-2 题 1 图

续表

| 专业 | | 班级 | | 姓名 | | 学号 | |
|---|---|---|---|---|---|---|---|
| 实践任务 | 定位基准的确定 | | | 评分 | | | |
| 实践要求 | 按工件加工工序尺寸的要求，指出工序基准，确定工件的定位基准(用定位符号表示)。 | | | | | | |

2. 图 3-99(a)：铣上表面，保证 15。图 3-99(b)：车 $\phi$30H7 内孔，保证 40。图 3-99(c)：钻 4×$\phi$6，保证尺寸。图 3-99(d)：铣 16H7 槽，保证对称度。图 3-99(e)：铣 30H7 槽，保证对称度。

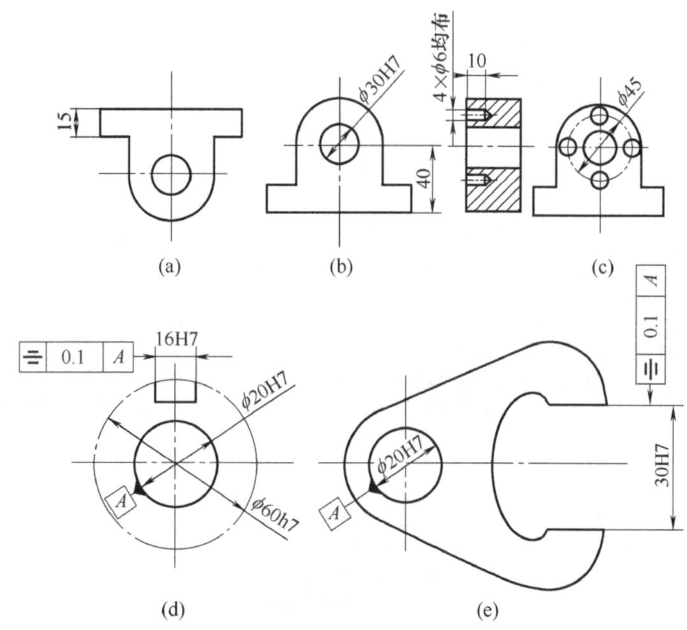


图 3-99 实践任务 3-2 题 2 图

## 实践任务 3-3

| 专业 | | 班级 | | 姓名 | | 学号 | |
|---|---|---|---|---|---|---|---|
| 实践任务 | 分析已设计的定位方案 | | | 评分 | | | |
| 实践要求 | 分析下列如图所示的定位方案：①指出各定位元件所限制的自由度；②判断定位方式；③如有不合理的定位方案，请提出改进意见。 | | | | | | |

1. 定位如图 3-100 所示，钻孔 $\phi C$

2. 定位如图 3-101 所示，镗前面大孔。

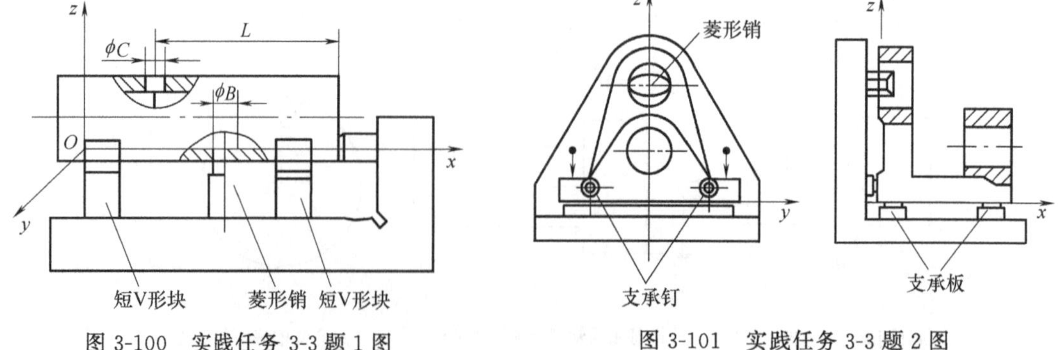


图 3-100 实践任务 3-3 题 1 图

图 3-101 实践任务 3-3 题 2 图

续表

| 专业 | | 班级 | | 姓名 | | 学号 | |
|---|---|---|---|---|---|---|---|
| 实践任务 | 分析已设计的定位方案 | | | 评分 | | | |
| 实践要求 | 分析下列如图所示的定位方案：①指出各定位元件所限制的自由度；②判断定位方式；③如有不合理的定位方案，请提出改进意见。 | | | | | | |

3. 定位如图 3-102 所示。

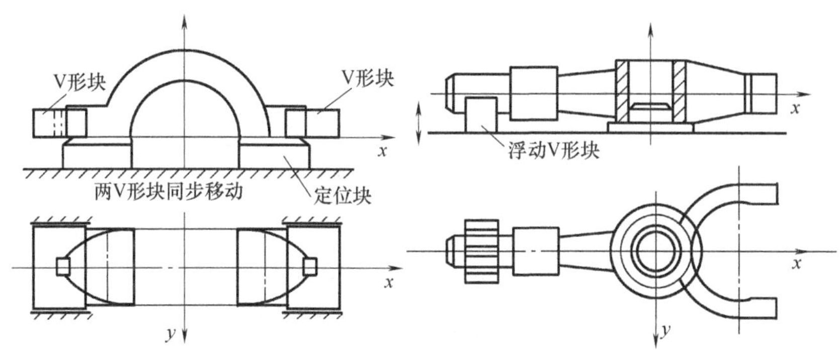


图 3-102　实践任务 3-3 题 3 图

4. 图 3-103(a)：过三通管中心 $O$ 钻一孔，使孔轴线 $Ox$ 与 $Oz$ 垂直相交。图 3-103(b)：车外圆，保证外圆内孔同轴。图 3-103(c)：车阶梯外圆。图 3-103(d)：在圆盘零件上钻孔，保证孔与外圆同轴。图 3-103(e)：钻铰连杆零件小头孔，保证其与大头孔之间的距离及两孔的平行度。

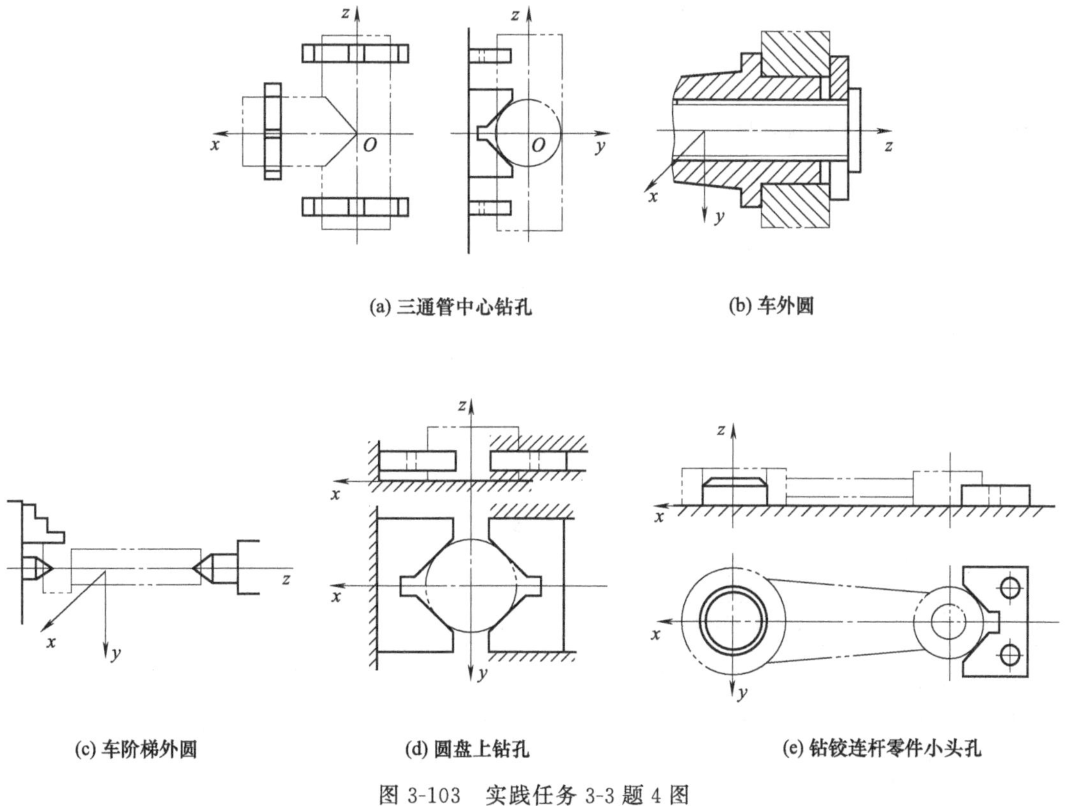


图 3-103　实践任务 3-3 题 4 图

## 实践任务 3-4

| 专业 | | 班级 | | 姓名 | | 学号 | |
|---|---|---|---|---|---|---|---|
| 实践任务 | 定位方案设计 | | | 评分 | | | |
| 实践要求 | 按工件的加工要求，设计其定位及夹紧方案(用规定的符号表示)。 | | | | | | |

1. 图 3-104 所示零件加工。图 3-104(a)：加工 $B$ 槽。图 3-104(b)：加工 $\phi D$。图 3-104(c)：加工 2 小孔。设计它们的定位方案，并用规定的符号在图中标出。

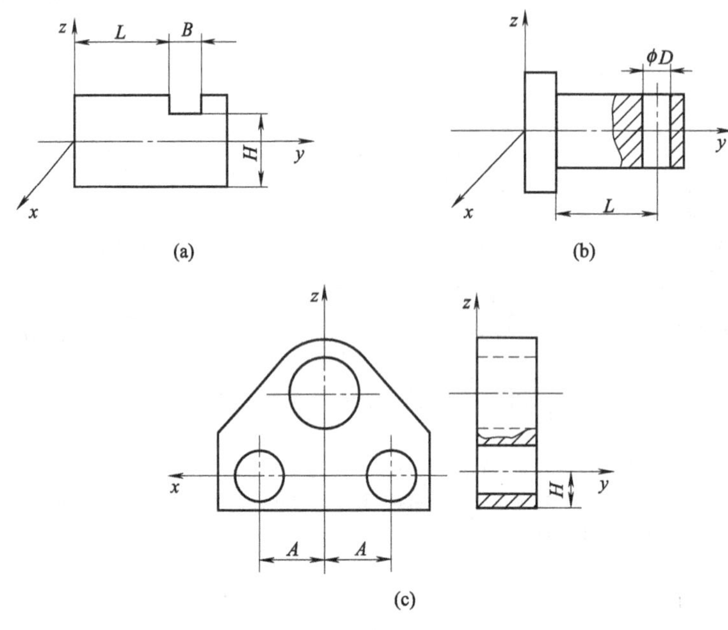

图 3-104 实践任务 3-4 题 1 图

2. 图 3-105 所示零件加工有粗糙度符号的部位。请设计它们的定位方案，并用规定的符号在图中标出。

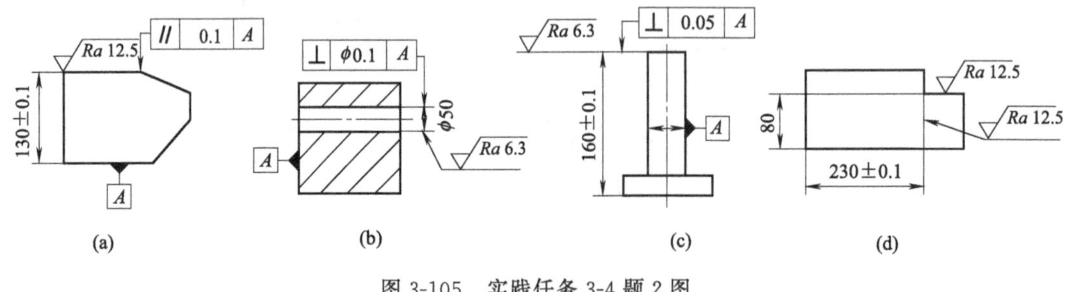

图 3-105 实践任务 3-4 题 2 图

## 实践任务 3-5

| 专业 | | 班级 | | 姓名 | | 学号 | |
|---|---|---|---|---|---|---|---|
| 实践任务 | 定位方案实践设计 | | | 评分 | | | |
| 实践要求 | 任意选择以下模型或工件，按照老师给定的加工要求，说出自己设计的定位方案。 | | | | | | |

项目 6 实践任务 图 6-37～图 6-42

项目 7 实践任务 图 7-25～图 7-30

项目 8 实践任务 图 8-17～图 8-21

项目 9 实践任务 图 9-24～图 9-29

## 实践任务 3-6

| 专业 | | 班级 | | 姓名 | | 学号 | |
|---|---|---|---|---|---|---|---|
| 实践任务 | 定位元件计算设计 | | | 评分 | | | |
| 实践要求 | 按给定的工件尺寸，设计一面两销定位方案及具体尺寸。 | | | | | | |

1. 如图 3-106 所示工件，用一面二销定位加工 $A$ 面，要求保证尺寸(18±0.05)mm。

① 定位及夹紧方案用符号画图表示在图上。

② 试设计定位处两销直径 $D$ 及公差(公差选用 h6 或 h7)($\phi12$ 的 IT6=0.011;IT7=0.017)。

③ 按两销直径及作用选择定位销形式，在图上画√表示。

④ 对尺寸 18±0.05 进行定位误差分析。

[所用公式如下：$\delta_{L_d}=(1/3\sim1/5)\delta_{L_D}$；$a=(\delta_{L_D}+\delta_{L_d})/2$；$X_{min}=2ab/D$；$d_2=D-X_{min}$]

2. 如图 3-107 加工 $\phi20$ 的孔，

(1)试进行定位方案设计，用符号画图表示。

(2)如果工件以两孔一面在两销一面上定位加工孔 $\phi20$，试设计定位处两销直径 $D$ 及公差(公差选用 h6 或 h7)($\phi30$ 的 IT6=0.013;IT7=0.021)。

(3)试设计两定位销的距离。

(4)对 30±0.12 和 40±0.10 进行定位误差分析。

[所用公式如下：$\delta_{L_d}=(1/3\sim1/5)\delta_{L_D}$；$a=(\delta_{L_D}+\delta_{L_d})/2$；$X_{min}=2ab/D$；$d_2=D-X_{min}$]

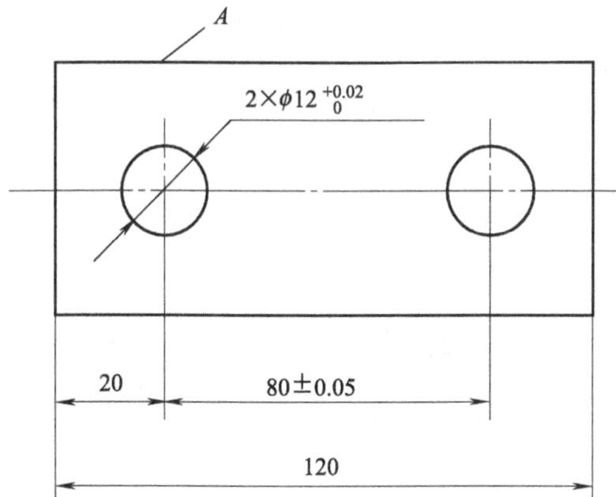


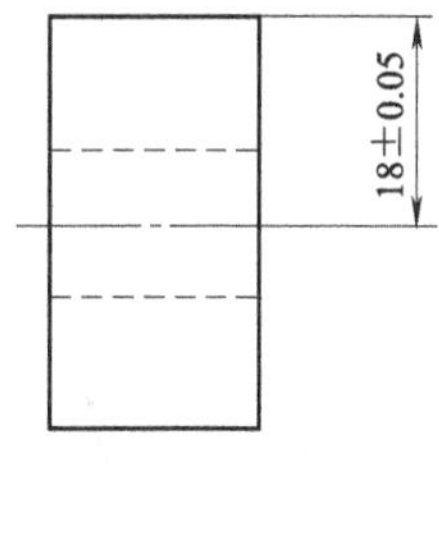


图 3-106 实践任务 3-6 题 1 图

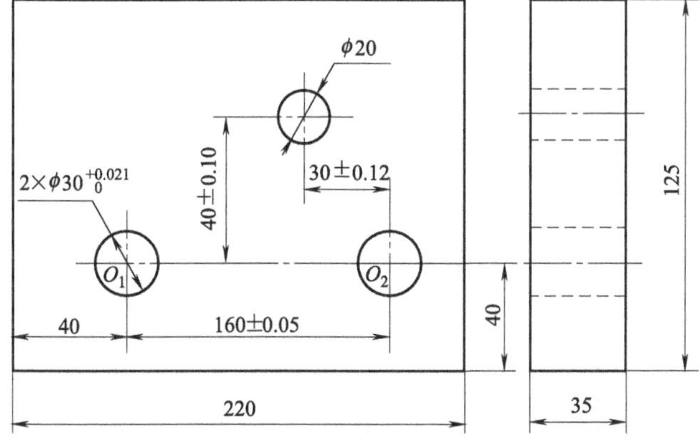


图 3-107 实践任务 3-6 题 2 图

## 实践任务 3-7

| 专业 | | 班级 | | 姓名 | | 学号 | |
|---|---|---|---|---|---|---|---|
| 实践任务 | 分析计算定位误差 | | | 评分 | | | |
| 实践要求 | 按工件加工要求，分析计算校核其定位误差能否保证加工尺寸。 | | | | | | |

1. 如图 3-108 为镗削 $\phi$30H7 孔时的定位，试分析计算定位误差。

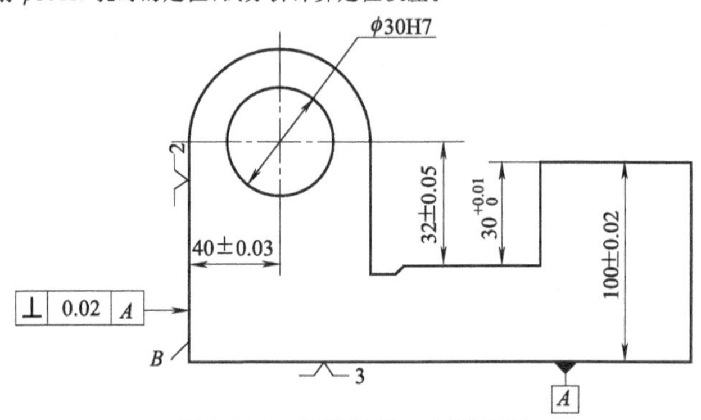


图 3-108　实践任务 3-7 题 1 图

2. 如图 3-109 所示齿轮坯，内孔和外圆已加工合格，现在车床上用调整法加工内键槽，要求保证尺寸 $H=38^{+0.2}_{0}$。试分析采用图所示定位方法能否满足加工要求(定位误差不大于工件尺寸公差的 1/3)？若不能满足，应如何改进？忽略外圆与内孔的同轴度误差。已知：$d=\phi 80_{-0.1}^{0}$ mm，$D=35^{+0.025}_{0}$ mm。

3. 用图 3-110 所示的定位方式铣削连杆的两个侧面，计算加工尺寸 $12^{+0.3}_{0}$ 的定位误差。已知 $\phi 20\text{H7/g6}=\phi 20^{+0.021}_{0}/^{-0.007}_{-0.020}$。

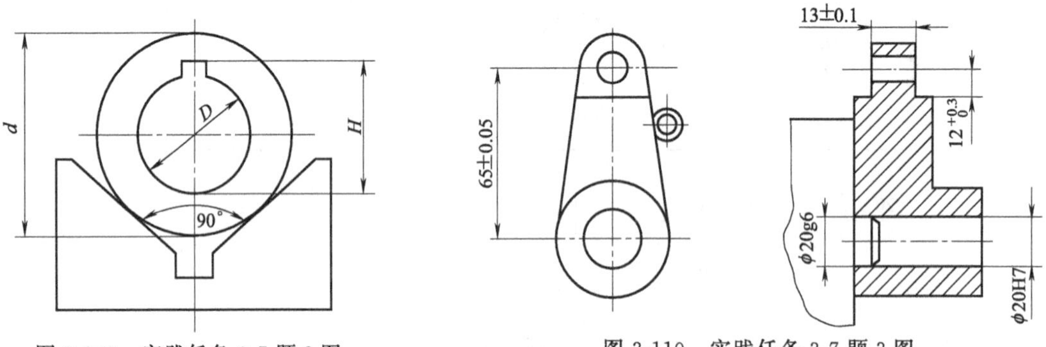


图 3-109　实践任务 3-7 题 2 图

图 3-110　实践任务 3-7 题 3 图

4. 如图 3-111(a)在圆柱体上铣台阶面，采用图 3-111(b)～(h)定位方案，试分别进行定位误差分析。

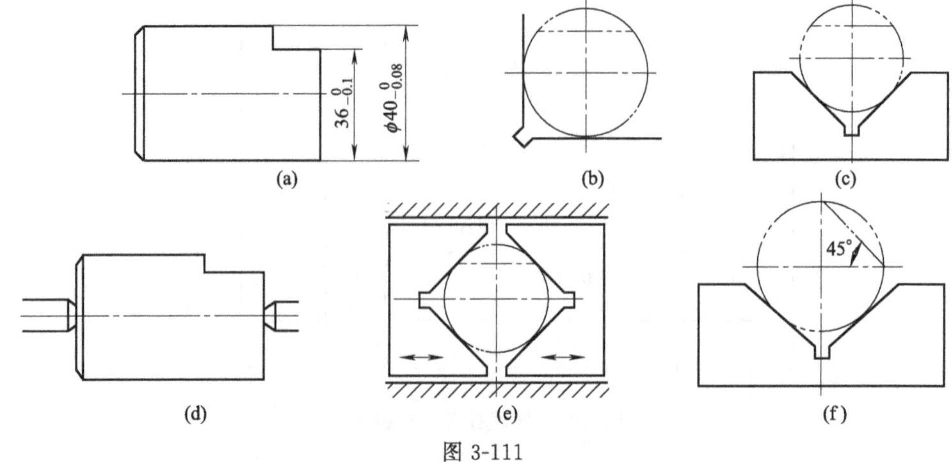


图 3-111

续表

| 专业 | | 班级 | | 姓名 | | 学号 | |
|---|---|---|---|---|---|---|---|
| 实践任务 | 分析计算定位误差 | | | 评分 | | | |
| 实践要求 | 按工件加工要求，分析计算校核其定位误差能否保证加工尺寸。 | | | | | | |

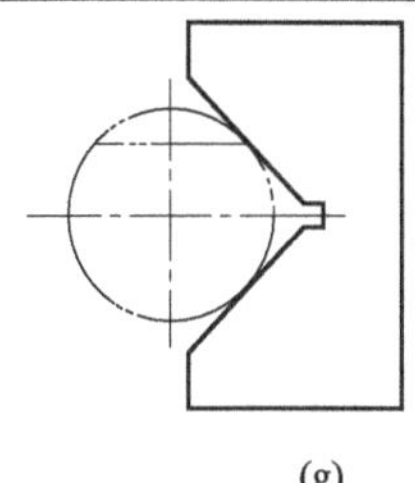

(g)

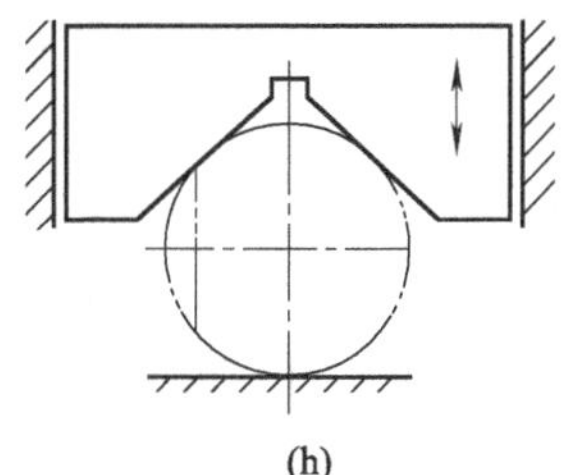

(h)

图 3-111 实践任务 3-7 题 4 图

# 实践任务 3-8

| 专业 | | 班级 | | 姓名 | | 学号 | |
|---|---|---|---|---|---|---|---|
| 实践任务 | 分析计算定位误差 | | | 评分 | | | |
| 实践要求 | 按工件加工要求，分析计算校核其定位误差能否保证加工尺寸。 | | | | | | |

1. 在图 3-112(a)所示套筒零件上铣键槽，要保证尺寸 $54_{-0.14}^{\ 0}$ 及对称度。现有 3 种定位方案，分别如图(b)～(d)所示。试计算 3 种不同定位方案的定位误差，并从中选择最优方案(已知内孔与外圆的同轴度误差为 $\phi$0.02mm)。

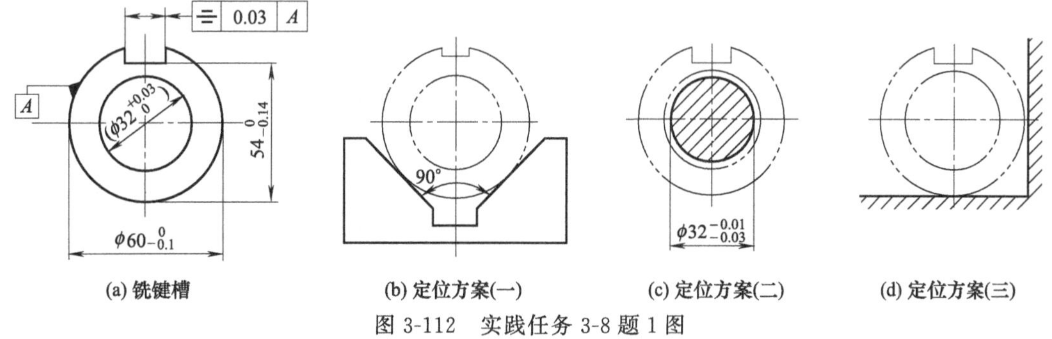


(a) 铣键槽 (b) 定位方案(一) (c) 定位方案(二) (d) 定位方案(三)

图 3-112 实践任务 3-8 题 1 图

2. 如图 3-113 所示，垫圈零件在本工序中需钻 $\phi_1$ 孔，试计算被加工孔的位置尺寸 $L_1$、$L_2$、$L_3$ 的定位误差。如果定位误差值较大，定位方案设计不合理，应如何改进？

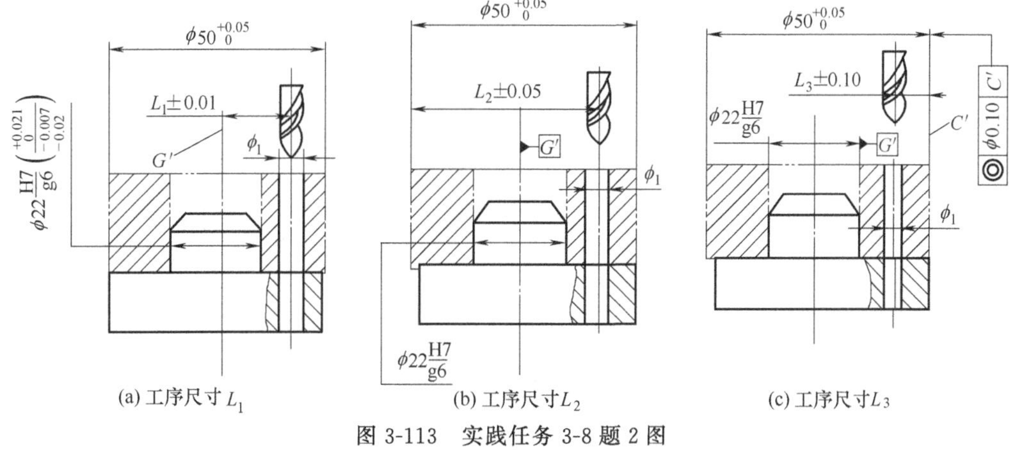


(a) 工序尺寸 $L_1$ (b) 工序尺寸 $L_2$ (c) 工序尺寸 $L_3$

图 3-113 实践任务 3-8 题 2 图

续表

| 专业 | | 班级 | | 姓名 | | 学号 | |
|---|---|---|---|---|---|---|---|
| 实践任务 | 分析计算定位误差 | | | 评分 | | | |
| 实践要求 | 按工件加工要求，分析计算校核其定位误差能否保证加工尺寸。 | | | | | | |

3. 如图 3-114 钻孔，保证 $A=15\pm0.05$，采用(a)～(d)四种方案，试分别进行定位误差分析(外圆 $d$ 为 $\phi50_{-0.2}^{-0.1}$)。

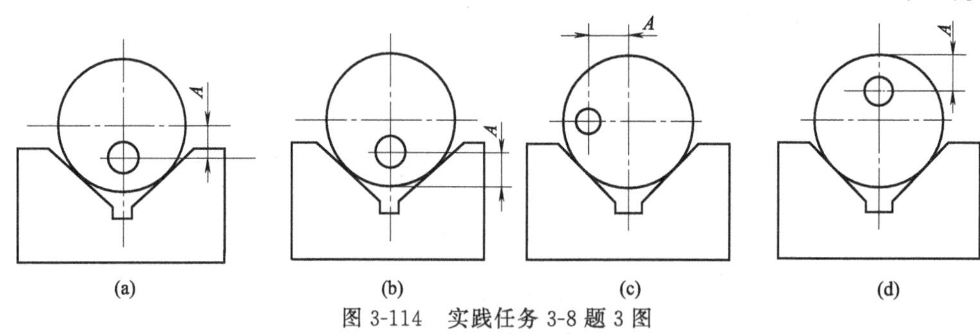


图 3-114 实践任务 3-8 题 3 图

# 项目4

# 工件夹紧设计

## 知识目标

1. 掌握夹紧装置的组成和基本要求。
2. 确定夹紧力三要素。
3. 掌握基本夹紧机构。
4. 掌握联动夹紧机构和定心夹紧机构。
5. 了解夹紧动力装置。

## 能力目标

1. 能通过查阅工具手册，计算切削力和夹紧力。
2. 能根据零件工序加工要求和特点，设计其夹紧方案。
3. 能根据零件工序加工要求和特点，设计其夹紧元件。

## 4.1 工作任务

### 4.1.1 任务描述

如图 4-1 所示半轴零件车孔 $\phi$21mm 和 $\phi$30H7mm 工序图，零件材料为 HT200，大批量生产，试设计其加工工序的定位夹紧方案。

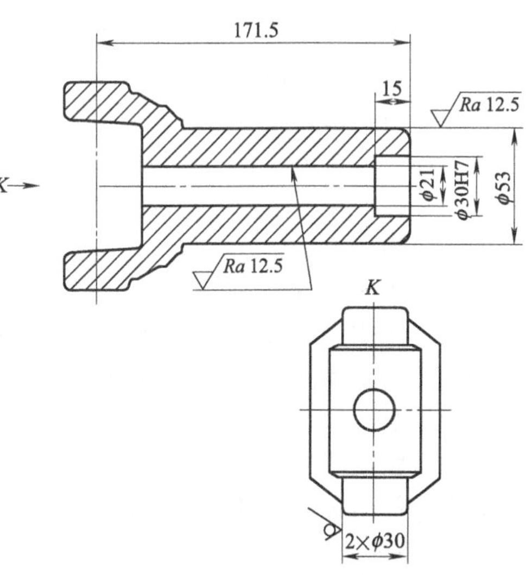


图 4-1 半轴零件车孔 $\phi$21mm 和 $\phi$30H7mm 工序图

### 4.1.2 任务分析

对图 4-1 所示的半轴零件进行分析。

① 生产纲领：大批量生产。

② 毛坯：材料为 HT200，除 $\phi$21mm 和 $\phi$30H7mm 孔未加工，其余已加工。

③ 结构分析：形状不简单，但复杂部分都已铸造好了。

④ 精度分析：加工的孔 $\phi$30H7mm 要保证 7 级精度，其余精度不高，也没有形位公

差要求，除了保证孔尺寸外，就只要保证距离尺寸 171.5mm 和 15mm。

# 4.2 知识准备

## 4.2.1 夹紧装置概知

### 4.2.1.1 夹紧装置的组成

在机械加工前，为保持工件定位时所确定的正确加工位置，防止工件在切削力、惯性力、离心力及重力等作用下产生位置偏移和振动，机床夹具都应用夹紧装置以将工件夹紧。由此可见夹紧装置在夹具中占有重要地位。

夹紧装置分为手动夹紧和机动夹紧两类。根据结构特点和功用，典型夹紧装置由三部分组成，即力源装置、中间传力机构、夹紧元件，如图 4-2 所示。

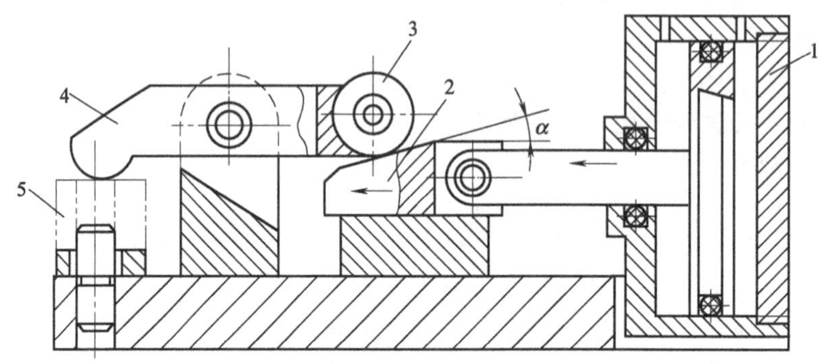


图 4-2　气压夹紧装置的组成

1—气缸；2—斜楔；3—滚子；4—压板；5—工件

(1) 力源装置

力源装置是产生夹紧力的装置，通常是指动力夹紧时所用的气压装置、液压装置、电动装置、磁力装置、真空装置等。图 4-2 中的气缸 1 便是动力夹紧中的一种气压装置。手动夹紧时的力源由人力保证，它没有力源装置。

(2) 中间传力机构

中间传力机构是介于力源和夹紧元件之间传递力的机构，通过它将力源产生的夹紧力传给夹紧元件，然后由夹紧元件最终完成对工件的夹紧。一般中间传力机构可以在传递夹紧力的过程中，改变夹紧力的方向和大小，并根据需要也可具有一定的自锁性能。图 4-2 中的斜楔 2 便是中间传力机构。在传递力的过程中，它能起到如下作用。

① 改变作用力的方向。

② 改变作用力的大小，通常是起增力作用。

③ 使夹紧实现自锁，保证力源提供的原始力消失后，仍能可靠地夹紧工件，这对手动夹紧尤为重要。

(3) 夹紧元件

夹紧元件是实现夹紧的最终执行元件，通过它和工件直接接触而完成夹紧工件，如图 4-2 中的压板 4。对于手动夹紧装置而言，夹紧机构由中间传力机构和夹紧元件组成。

夹紧装置的具体组成并非一成不变，须根据工件的加工要求、安装方法和生产规模等条件来确定。夹紧装置各组成部分的相互关系如图 4-3 中的方框图所示。

#### 4.2.1.2　夹紧装置设计的基本要求

夹紧装置设计得好坏不仅关系到工件的加工质量，而且对提高生产效率，降低加工成本以及创造良好的工作条件等诸方面都有很大的影响，所以设计的夹紧装置应满足下列基本要求。

① 工件不移动原则。夹紧过程中保持工件在定位时已获得的正确位置。

② 工件不变形原则。夹紧力的大小要可靠、适当，既要保证工件在整个加工过程中位置稳定不变，又要使工件不产生过大的夹紧变形和表面损伤。

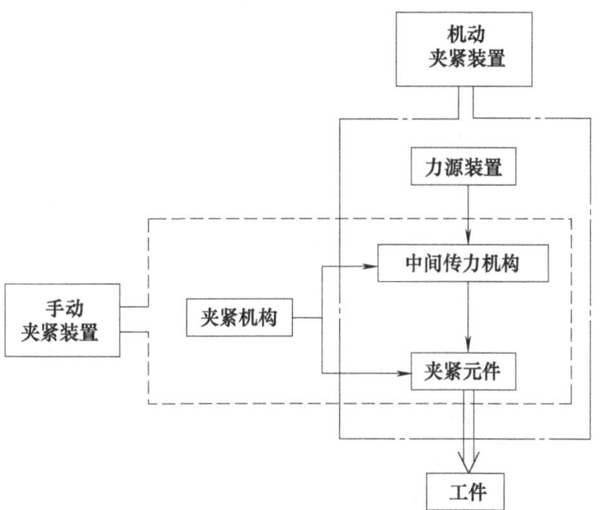


图 4-3　夹紧装置各组成部分的相互关系方框图

③ 工件不振动原则。夹紧机构一般要有自锁作用，保证在加工过程中工件不会产生松动或振动。

④ 安全、方便、省力。夹紧装置的操作应当减轻劳动强度，缩短辅助时间，提高生产效率。

⑤ 自动化、复杂化程度与生产纲领相一致。在保证生产率的前提下，夹紧装置的结构要力求简单、紧凑和刚性好，尽量采用标准化零件和标准化夹紧装置，以便缩短夹具的设计制造周期。

### 4.2.2　夹紧力三要素

夹紧力是由力的大小、方向和作用点（数量和位置）三个要素体现的，它对夹紧机构的设计起着决定性的作用，在设计夹紧装置时，首先要确定的就是夹紧力的三要素，然后进一步选择适当的传力方式，并具体设计合理的夹紧机构。

确定夹紧力的方向、作用点和大小时，要分析工件的结构特点、加工要求、切削力和其他外力作用工件的情况，以及定位元件的结构和布置方式。

#### 4.2.2.1　夹紧力的方向

在实际生产中，尽管工件的安装方式各式各样，但对夹紧力作用方向的选择必须考虑下面几点。

（1）应朝向主要定位面

夹紧力的作用方向应有助于定位稳定，朝向主要定位面，不破坏工件定位的准确性。对工件只施加一个夹紧力，或施加几个方向相同的夹紧力时，夹紧力的方向应朝向主要定位基准，把工件压向定位元件的主要定位表面上。

如图 4-4（a）所示为支座零件镗孔，要求孔与 $A$ 面垂直，故应以 $A$ 面作为主要定位基准，夹紧力朝向主要限位面 $A$，则较容易保证质量。反之，若压向 $B$ 面，由于工件左端面与底面的夹角误差，夹紧时将破坏工件的定位，使孔不垂直于 $A$ 面而可能报废。

再如图 4-4（b）所示，夹紧力朝向主要限位面——V 形块的 V 形面，使工件的装夹稳定可靠。如果夹紧力改朝向 $B$ 面，则由于工件圆柱面与端面的垂直度误差，所以夹紧时工件的圆柱面可能离开 V 形块的 V 形面，这不仅破坏了定位，影响加工要求，而且加工时工件容易振动。

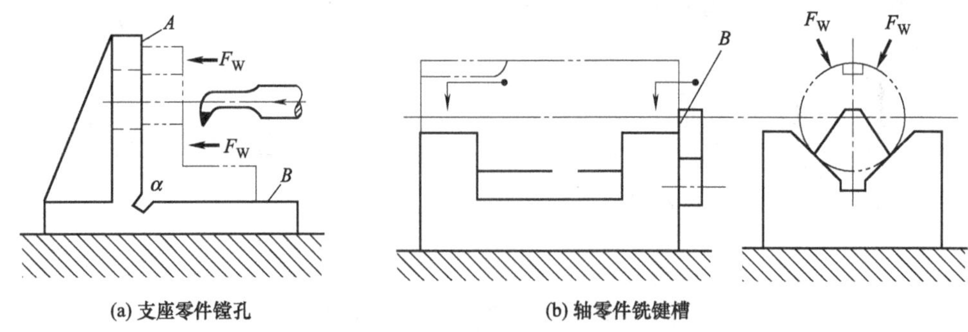


图 4-4　夹紧力朝向主要定位面

对工件施加几个方向不同的夹紧力时，朝向主要限位面的夹紧力应是主要夹紧力。

(2) 应使所需夹紧力尽可能小

夹紧力的方向应尽可能与切削力、重力方向一致，有利于减小夹紧力。图 4-5 (a) 只需要很小的夹紧力就可以把工件夹紧。在保证夹紧可靠的情况下，减小夹紧力可以减轻工人的劳动强度，提高生产效率，同时可以使机构轻便、紧凑以及减少工件变形。

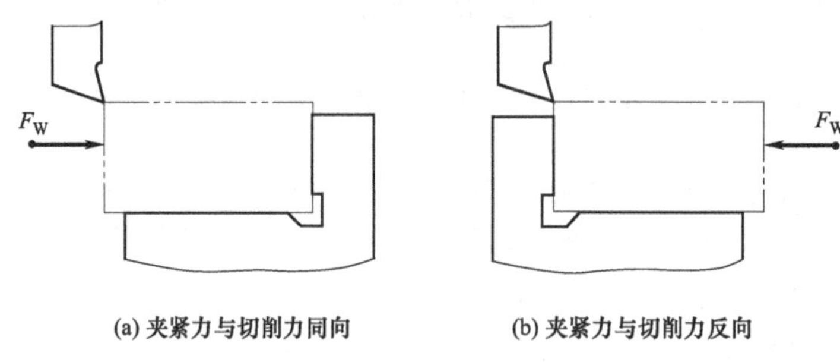


图 4-5　夹紧力方向

图 4-6 所示为工件在夹具中加工时常见的几种受力情况。所需的夹紧力的大小计算如下：

(a) $F$、$F_W$、$G$ 三力同向，且指向夹具体，$F_W$ 最小。

(b) $F=(G+F_W)f \rightarrow F_W=F/f-G=6.67F-G$　　(假设 $f=0.15$ 下同)

(c) $F_1-G_1=(F_W+G_2+F_2)f$　　(假设 $G_2=G_1=0.5G$、$F_1=F_2=0.5F$ 下同)

$$\rightarrow F_W=(F_1-G_1)/f-G_2-F_2$$
$$=(0.5F-0.5G)/f-0.5G-0.5F=3.33F-3.33G-0.5G-0.5F$$
$$=2.83F-3.83G$$

(d) $F_W f=F+G \rightarrow F_W=(F+G)/f=6.67F+6.67G$，$F_W$ 最大。

(e) $(F+F_W)f=G \rightarrow F_W=G/f-F=6.67G-F$

(f) $F_W=F+G$

在图 4-6 (a) 中，夹紧力 $F_W$、切削力 $F$ 和重力 $G$ 同向时，所需的夹紧力最小；图 4-6 (d) 所示为需要由夹紧力产生的摩擦来克服切削力和重力，故需要的夹紧力最大。

图 4-7 所示为在钻床上钻孔的情况，即为 $F$、$F_W$、$G$ 三力方向重合的理想情况。一般在同时考虑定位与夹紧时，也要同时考虑切削力 $F$、工件重力 $G$、夹紧力 $F_W$ 三力的方向与大小。

实际生产中，满足 $F_W$、$F$ 及 $G$ 同向的夹紧机构并不多，故在机床夹具设计时要根据各种因素辩证分析、恰当处理。图 4-8 所示为最不理想的状况，夹紧力 $F_W$ 比 $(F+G)$ 大很多，但由于工件小、重量轻，钻小孔时切削力也小，因而此种结构仍是实用的。

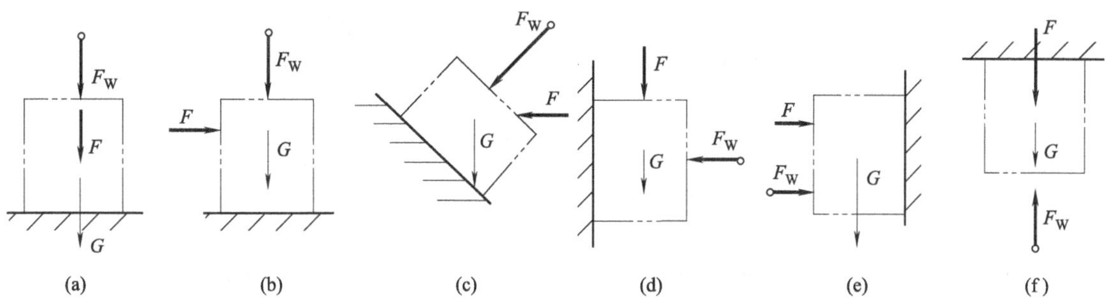


图 4-6　夹紧力方向与夹紧力大小的关系

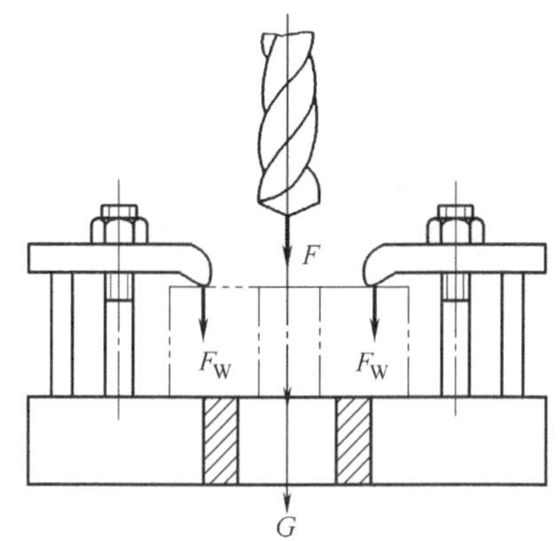


图 4-7　钻孔时各力方向之间的关系

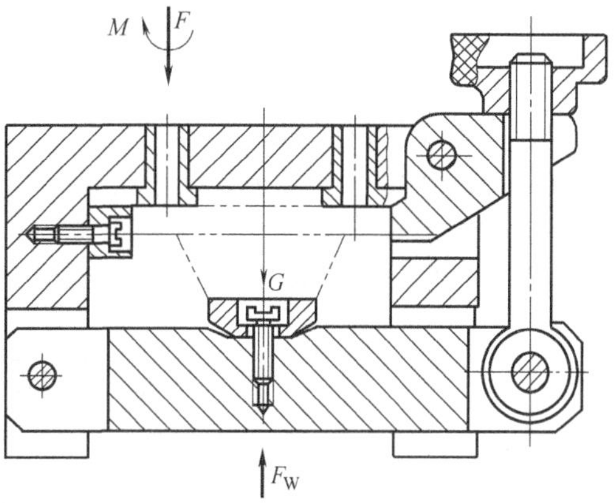

图 4-8　夹紧力与切削力、重力反向的钻模

(3) 应是工件刚度高的方向

夹紧力的方向应是工件刚度较高的方向，应使工件夹紧变形尽可能小。工件在不同方向上刚度是不等的，不同的受力表面也因其接触面积大小而变形各异，尤其在夹压薄壁零件时，更需注意。如图 4-9 所示套筒，薄套件径向刚度差而轴向刚度好，用三爪自定心卡盘夹紧外圆，显然要比用特制螺母从轴向夹紧工件变形要大。采用图 4-9 (b) 所示方案可避免工件发生严重的夹紧变形。

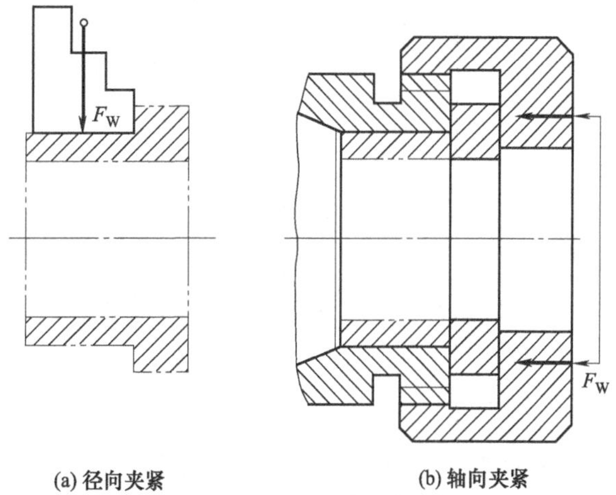


(a) 径向夹紧　　(b) 轴向夹紧

图 4-9　夹紧力方向与工件刚度的关系

(4) 夹紧力的反作用力

夹紧力的反作用力不应使夹具产生影响加工精度的变形。图 4-10 (a) 夹紧力的反作用力影响工件变形，图 4-10 (b) 夹紧螺杆与镗模支架分开，避免了镗模支架受夹紧力的反作用力而变形。

#### 4.2.2.2　夹紧力的作用点

夹紧力作用点是指夹紧件与工件接触的一小块面积。选择作用点的问题是指在夹紧力方向已定的情况下确定夹紧力作用点的位置和数目。合理选择夹紧力作用点必须注意以下几点。

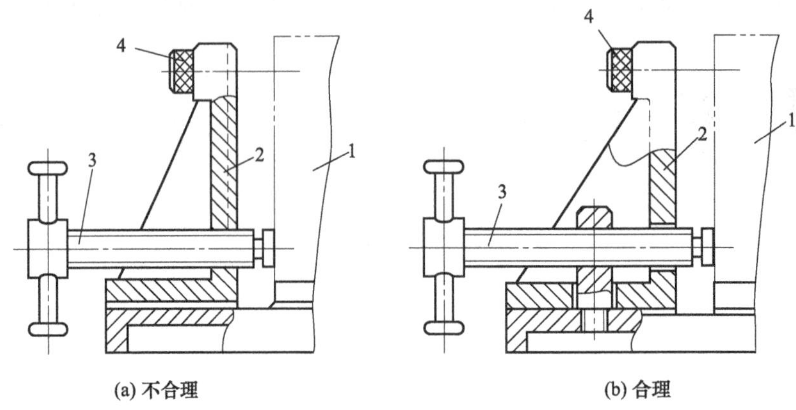


图 4-10　夹紧力的反作用力影响工件变形

1—工件；2—镗模支架；3—夹紧螺杆；4—镗套

(1) 应在支承范围内

夹紧力的作用点应与支承点“点对点”对应，或在支承点确定的区域内，以避免破坏定位或造成较大的夹紧变形。如图 4-11 所示，夹紧力的作用点落到了定位元件的支承范围之外，会使工件倾斜或移动，夹紧时将破坏工件的定位，因而是错误的。

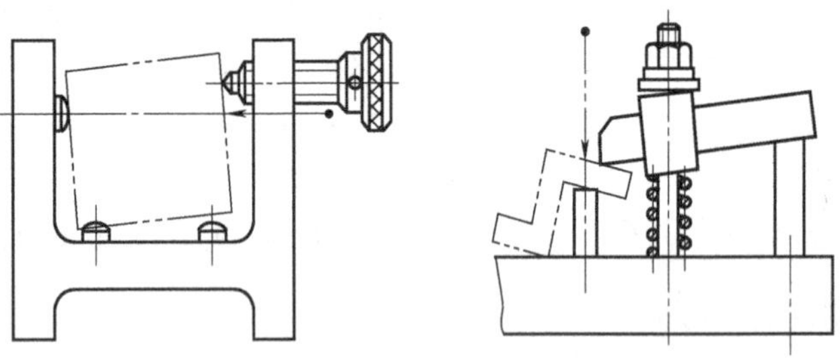

图 4-11　夹紧力作用点的位置不正确

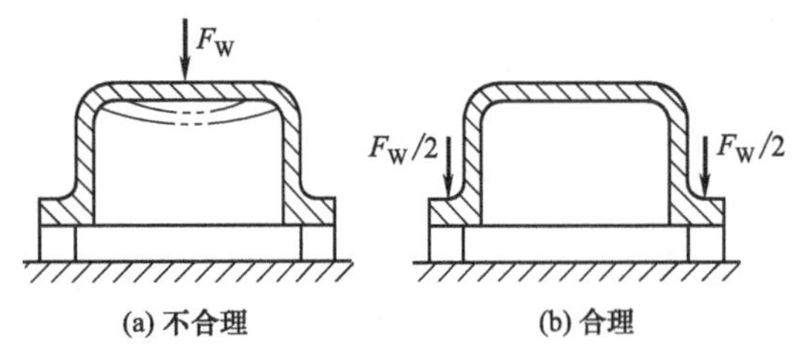


图 4-12　夹紧力作用点应在刚度高的部位

(2) 应在工件刚度高的部位

夹紧力的作用点应选在工件刚度较高的部位。这对刚度较差的工件尤其重要。如图 4-12 所示，将作用点由中间的单点改成两侧的两点夹紧，工件变形减小，夹紧更可靠。

(3) 应尽量靠近加工表面

夹紧力的作用点应尽量靠近加工表面。作用点靠近加工表面，可减小切削力对工件造成的翻转力矩和减少振动。如图 4-13 所示，因 $M_1 < M_2$，故在切削力大小相同的条件下，图 4-13 (a) 和图 4-13 (c) 所用的夹紧力较小。

当作用点只能远离加工面，造成工件装夹刚度较差时，应在靠近加工面附近设置辅助支承 2，并施加辅助夹紧力（见图 4-14），这样翻转力矩小，同时又增加了工件的刚性，既保证了定位夹紧的可靠性，又减小了振动和变形。

#### 4.2.2.3 夹紧力的大小

夹紧力大小要适当，夹紧力过小→夹紧不可靠→工件产生移动→破坏定位，造成报废甚至发生事故；夹紧力过大→工件变形增大。

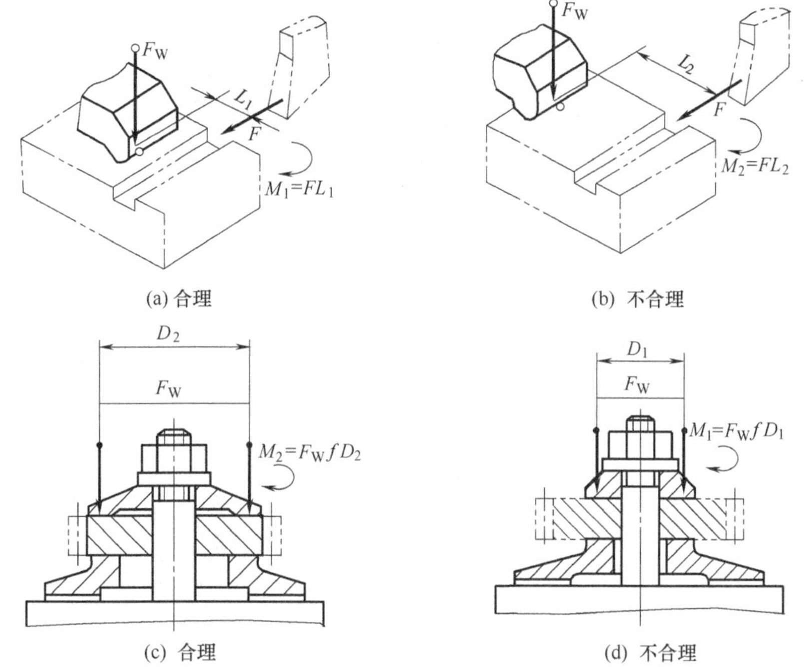


图 4-13　夹紧力作用点应靠近工件加工表面

采用手动夹紧时，可凭人力来控制夹紧力的大小，一般不需要算出所需夹紧力的确切数值，只是必要时进行概略估算。当设计机动（如气动、液压、电动等）夹紧装置时，则需要计算夹紧力的大小，以便决定动力部件的尺寸（如气缸、活塞的直径等）。

理论上，夹紧力的大小应与作用在工件上的其他力（力矩）相平衡；而实际上，夹紧力的大小还与工艺系统的刚度、夹紧机构的传递效率等因素有关，计算是很复杂的。因此，实际设计中常采用估算法、类比法和试验法来确定所需的夹紧力。

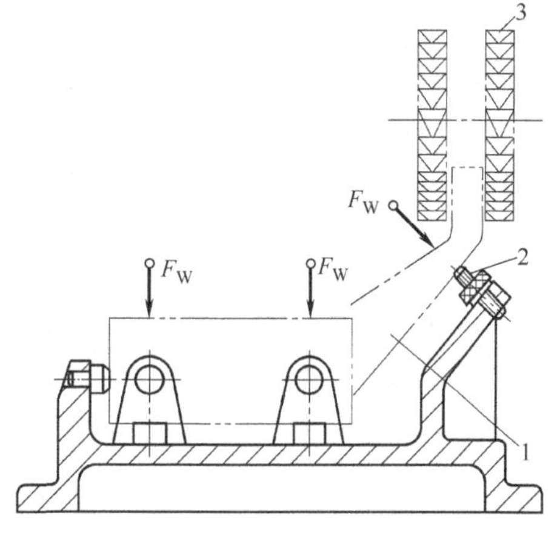


图 4-14　增设辅助支承和辅助夹紧力
1—工件；2—辅助支承；3—铣刀

(1) 夹紧力估算

当采用估算法确定夹紧力的大小时，为简化计算，通常将夹具和工件看成一个刚体。根据切削原理的公式求出切削力的大小，必要时算出惯性力、离心力的大小，再根据切削力、夹紧力（大型工件应考虑重力、惯性力等）的作用情况，按静力平衡原理，列出平衡方程式，计算出理论夹紧力，最后再乘以安全系数 $K$，作为所需的实际夹紧力。

即

$$F_{WK}=KF_W \tag{4-1}$$

式中，$F_{WK}$ 为实际所需夹紧力，N；$F_W$ 为在一定条件下，由静力平衡算出的理论夹紧力，N；$K$ 为安全系数。

安全系数 $K$ 按（4-2）式计算

$$K=K_0 K_1 K_2 K_3 K_4 K_5 K_6 \tag{4-2}$$

各种因素的安全系数如表 4-1 所示。通常情况下，取 $K=1.5\sim2.5$。当夹紧力与切削力方向相反时，取 $K=2.5\sim3$。粗加工时取 $2.5\sim3$，精加工时可取 $1.5\sim2$。各种典型切削方式所需夹紧力的静平衡方程式可参看“夹具手册”。

**表 4-1　各种因数的安全系数**

| 项目 | 考虑因素 | | 系数值 |
|---|---|---|---|
| $K_0$ | 基本安全系数(考虑工件材质、余量是否均匀) | | 1.2～1.5 |
| $K_1$ | 加工性质系数 | 粗加工 | 1.2 |
| | | 精加工 | 1.0 |
| $K_2$ | 刀具钝化系数 | | 1.1～1.9 |
| $K_3$ | 切削特点系数 | 连续切削 | 1.0 |
| | | 断续切削 | 1.2 |
| $K_4$ | 夹紧力的稳定性 | 手动夹紧 | 1.3 |
| | | 机动夹紧 | 1.0 |
| $K_5$ | 手动夹紧时手柄位置 | 操作方便 | 1.0 |
| | | 操作不方便 | 1.2 |
| $K_6$ | 仅有力矩使工件回转时工件与支承面的接触情况 | 接触点确定 | 1.0 |
| | | 接触点不确定 | 1.5 |

（2）夹紧力估算的实例

下面将介绍夹紧力估算的实例。

**【例 4-1】** 如图 4-15 所示，估算钻削时所需的夹紧力。

**解：** 钻孔时，工件受切削力矩 $M$ 和轴向力 $F_x$ 作用。$M$ 将使工件产生回转，$F_x$ 帮助工件压向支承表面，若工件较轻，自重可不计。令工件夹紧时与定位表面处的摩擦因数为 $f$，摩擦力臂为 $r$，则可列出方程式

$$M-(F_{W1}+F_{W2}+F_x)fr=0$$

设两块压板的夹紧力相等，即 $F_{W1}=F_{W2}=F_W$，则每块压板的夹紧力为（忽略压板对工件的摩擦力矩）

$$F_W=\frac{[M/(fr)-F_x]}{2}$$

则

$$F_{WK}=K\frac{[M/(fr)-F_x]}{2}$$

**【例 4-2】** 如图 4-16 所示，估算铣削时所需的夹紧力。

**解：** 引起工件绕止推支承 5 翻转为最不利的情况。当铣削到切削深度最大时，其翻转力矩为 $FL$；阻止工件翻转的导向支承 2、6 上的摩擦力矩为 $F_{N1}fL_1+F_{N2}fL_2$，工件重力及压板与工件间的摩擦力可以忽略不计。$f$ 为工件与导向支承间的摩擦系数。

当 $F_{N2}=F_{N1}=F_W/2$ 时，根据静力平衡条件，得

$$FL=\frac{F_W}{2}fL_1+\frac{F_W}{2}fL_2$$

考虑安全系数，得

$$F_{WK}=\frac{2KFL}{f(L_1+L_2)}$$

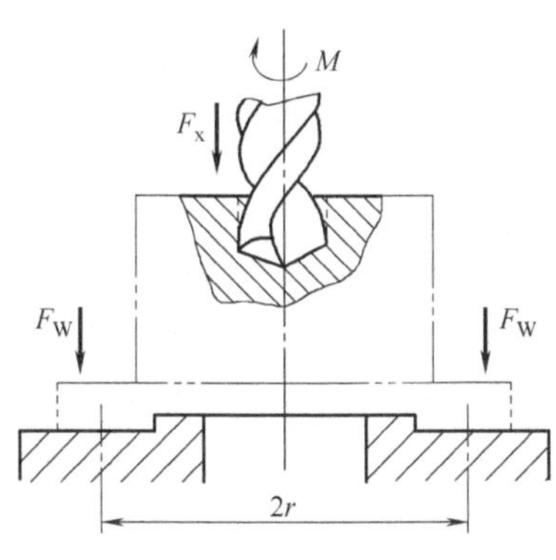


图 4-15　钻孔时的夹紧力

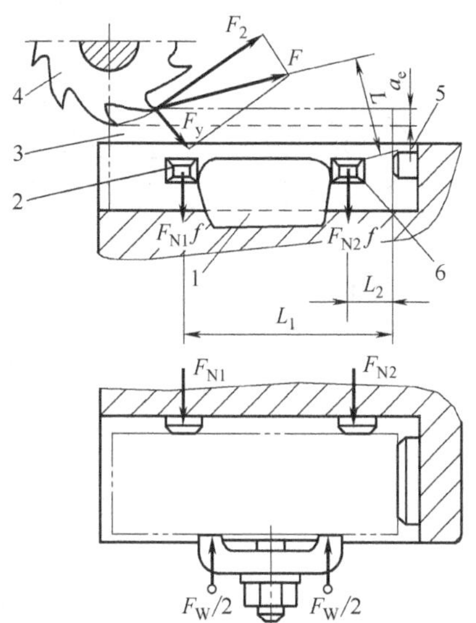


图 4-16　铣削加工所需夹紧力

1—压板；2,6—导向支承；3—工件；4—铣刀；5—止推支承

【例 4-3】 如图 4-17 所示，求车削加工时所需的夹紧力。

**解**：工件用三爪自定心卡盘夹紧，车削时受切削分力 $F_z$、$F_x$、$F_y$ 的作用。主切削力 $F_z$ 形成的切削转矩使工件相对卡盘顺时针转动，为 $F_z(d/2)$；$F_z$ 和 $F_y$ 一起以工件为杠杆，力图搬松卡爪；$F_x$ 与卡盘端面反力相平衡。为简化计算，因工件较短，只考虑切削转矩的影响。根据静力平衡条件，需要每一个卡爪实际输出的夹紧力为

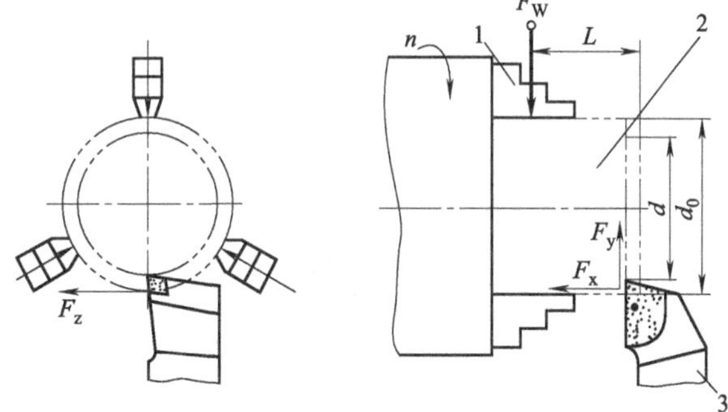


图 4-17　车削加工所需夹紧力

1—三爪自定心卡盘；2—工件；3—车刀

$$F_z \frac{d_0}{2} = 3F_W f \frac{d}{2} \text{（当 } d \approx d_0 \text{ 时）}$$

考虑安全系数

$$F_W = \frac{KF_z}{3f}$$

当工件的悬伸长 $L$ 与夹持直径 $d$ 之比 $L/d>0.5$ 时，$F_y$ 等力对夹紧的影响不能忽略，可乘以修正系数 $K'$补偿，$K'$值按 $L/d$ 的比值可在表 4-2 所示范围内选取。

**表 4-2　修正系数 $K'$ 选择范围表**

| $L/d$ | 0.5 | 1.0 | 1.5 | 2.0 |
|---|---|---|---|---|
| $K'$ | 1.0 | 1.5 | 2.5 | 4.0 |

常见的各种夹紧形式所需夹紧力及摩擦系数，见“机床夹具手册”。

#### 4.2.2.4　减少夹紧变形的方法

在夹具中夹紧工件时，夹紧力通过工件传至夹具的定位装置，造成工件及其定位基面和

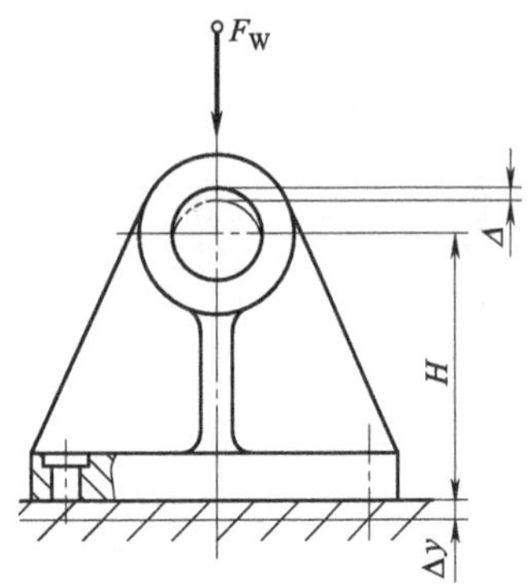

图 4-18　工件夹紧弹性变形示意图

夹具变形。图 4-18 所示为工件夹紧时弹性变形产生的圆度误差 Δ 和工件定位基面与夹具支承面之间接触变形产生的加工尺寸误差 $\Delta y$。由于弹性变形计算复杂，故在夹具设计中不宜作定量计算，主要是采取各种措施来减少夹紧变形对加工精度的影响。

(1) 机动夹紧

在可能条件下采用机动夹紧，并使各接触面上所受的单位压力相等。图 4-19 所示工件在夹紧力 $F_W$ 的作用下，各接触面处压力不等，接触变形不同，从而造成定位基准面倾斜。当以 3 个支承钉定位时，如果夹紧力作用在 $2L/3$ 处，则可使每个接触面都承受相同大小的夹紧力，或采用不同的接触面积，使单位面积上的压力相等，均可避免工件倾斜现象。

(2) 提高工件和夹具元件的装夹刚度

① 对于刚度差的工件，应采用浮动夹紧装置或增设辅助支承。图 4-20 所示为浮动夹紧实例，因工件形状特殊，刚度低，右端薄壁部分若不夹紧，势必产生振动。由于右端薄壁受尺寸公差的影响，其位置不固定，因此，必须采用浮动夹紧才不会引起工件变形，确保工件有较高的装夹刚度。

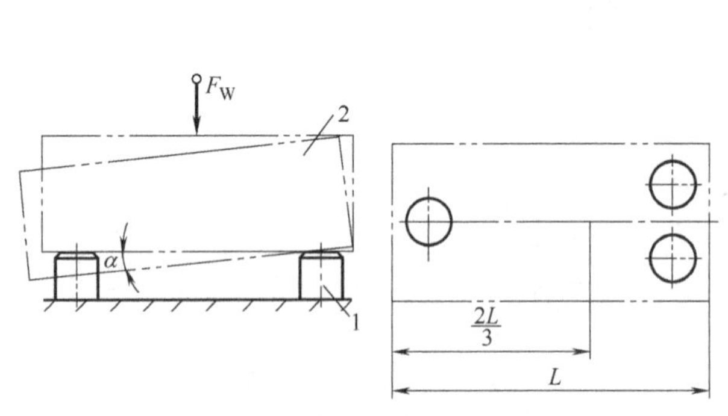

图 4-19　夹紧力作用点的设置

1—支承钉；2—工件

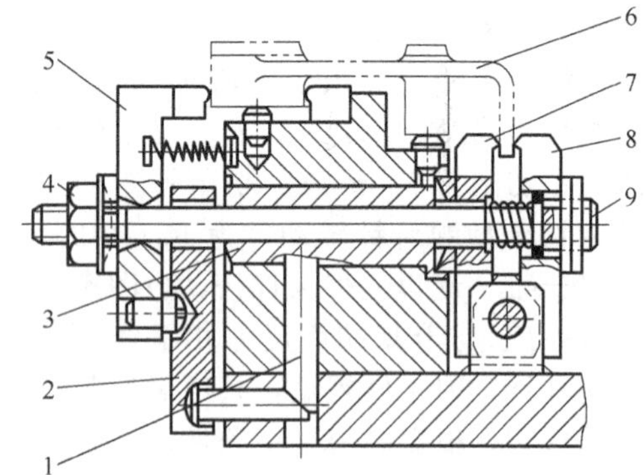

图 4-20　浮动式螺旋压板机构

1—滑柱；2—杠杆；3—套筒；4—螺母；5—压板；6—工件；7,8—浮动卡爪；9—拉杆

图 4-21 所示为通过增设辅助支承达到强化工件刚度的目的。

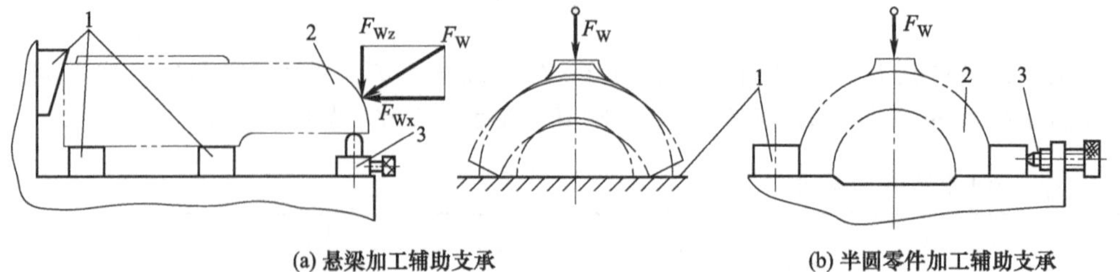

(a) 悬梁加工辅助支承　　(b) 半圆零件加工辅助支承

图 4-21　设置辅助支承强化工件刚度

1—固定支承；2—工件；3—辅助支承

② 改善接触面的形状，提高接合面的质量。如提高接合面硬度，降低表面粗糙度值，

必要时经过预压等。

此外，在夹紧装置结构设计时，也要注意减小或防止夹具元件变形对加工精度的影响。如图 4-22 所示，工件与夹具体仅受纯压力作用，避免了弯曲力导致变形对夹紧系统的影响。

(3) 合理确定夹紧力的三要素

图 4-23 所示为增加夹紧力作用点的例子。图 4-23 (a) 中三点夹紧工件的径向变形 $\Delta R$ 是六点夹紧的 10 倍。图 4-23 (b) 所示为在薄壁工件 1 与 3 个压板 3 之间增设一递力垫圈 2，变集中力为均布力，以减小工件径向变形。

夹紧力的确定还要注意：定位的夹紧力要先动作，夹紧的夹紧力后动作；夹紧元件只能在夹紧的方向上移动，夹紧过程中才不致破坏定位。

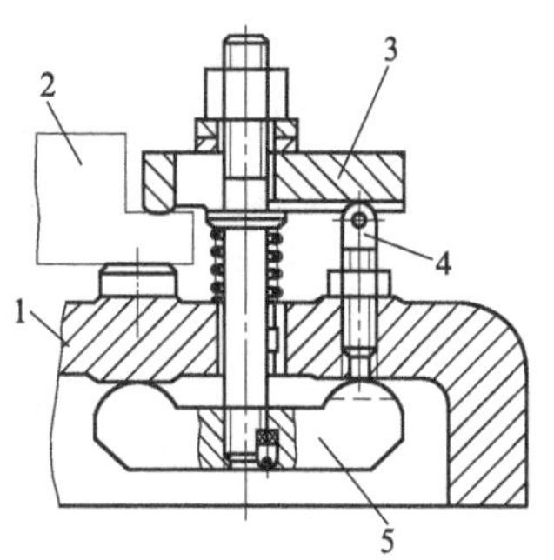


图 4-22　夹紧力对夹具体变形的影响

1—夹具体；2—工件；3—压板；4—可调支承；5—平衡杠杆

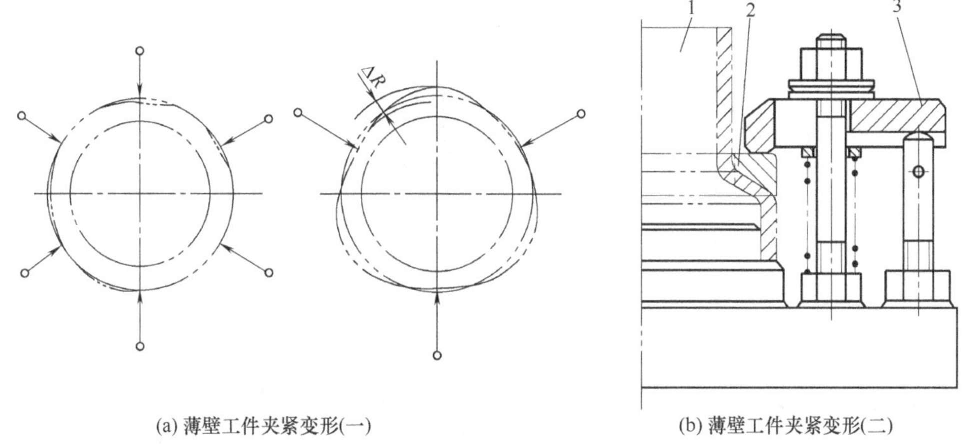


(a) 薄壁工件夹紧变形(一)　　(b) 薄壁工件夹紧变形(二)

图 4-23　夹紧力作用点数目与工件变形的关系

1—工件；2—递力垫圈；3—压板

夹紧力三要素的确定，实际是一个综合性问题，必须全面考虑工件的结构特点、工艺方法、定位元件的结构和布置等多种因素，才能最后确定并具体设计出较为理想的夹紧机构。

## 4.2.3 基本夹紧机构

在任何夹紧装置中，要把手动或机动的作用力转化为夹紧力，都必须通过夹紧机构来实现。夹紧机构的种类虽然很多，但其结构大都以斜楔夹紧机构、螺旋夹紧机构和偏心夹紧机构为基础，这 3 种夹紧机构合称为基本夹紧机构。

### 4.2.3.1 斜楔夹紧机构

采用斜楔作为传力元件或夹紧元件的夹紧机构称为斜楔夹紧机构。斜楔夹紧机构结构简单，有一定的扩力作用，一般扩力比 $i_F=F_W/F_Q\approx3$，宜用在受力不大的工序中或与其他增力机构组合使用；能自锁，但有自锁条件；可以方便地改变力的方向，但行程比较长，自锁性能变差；夹紧和松开要敲击大、小端，操作不方便；夹紧行程小。

图 4-24 所示为斜楔夹紧机构夹紧工件的实例。图 4-24 (a) 所示是在工件上钻互相垂直的 $\phi$8mm、$\phi$5mm 两组孔。工件装入后，锤击斜楔大头，夹紧工件。加工完毕后，锤击斜楔小头，松开工件。由于用斜楔直接夹紧工件的夹紧力较小，且操作费时，所以，实际生产

中应用不多，多数情况下是将斜楔与其他机构联合起来使用，主要用于机动夹紧，且工件精度较高。图 4-24（b）所示是将斜楔与滑柱合成一种夹紧机构，一般用气压或液压驱动。图 4-24（c）所示是由端面斜楔与压板组合而成的夹紧机构。

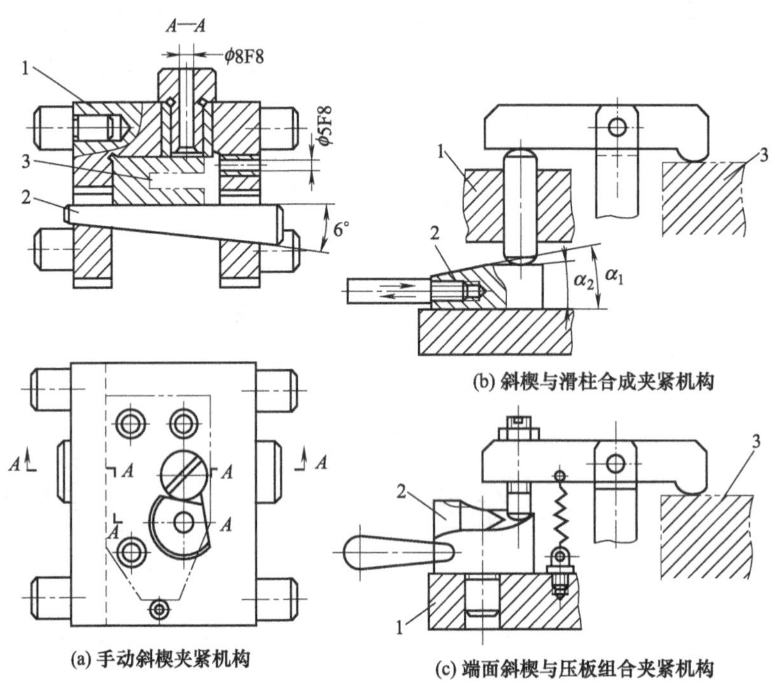


图 4-24　斜楔夹紧机构

1—夹具体；2—斜楔；3—工件

（1）斜楔的夹紧力

图 4-25（a）所示是在外力 $F_Q$ 作用下斜楔的受力情况。建立静平衡方程式

$$F_1+F_{Rx}=F_Q$$

其中，

$$F_1=F_1\tan\varphi_1 \quad F_{Rx}=\tan(\alpha+\varphi_2)$$

所以

$$F_W=\frac{F_Q}{\tan\varphi_1+\tan(\alpha+\varphi_2)} \tag{4-3}$$

式中，$F_W$ 为斜楔对工件的夹紧力，N；$\alpha$ 为斜楔升角，(°)；$F_Q$ 为加在斜楔上的作用力，N；$\varphi_1$ 为斜楔与工件间的摩擦角，(°)；$\varphi_2$ 为斜楔与夹具体间的摩擦角，(°)。

设 $\varphi_1=\varphi_2=\varphi$，当 $\alpha$ 很小时（$\alpha\leqslant 10°$），可用下式作近似计算

$$F_W=\frac{F_Q}{\tan(\alpha+2\varphi)}$$

（2）斜楔自锁条件

图 4-25（b）所示是作用力 $F_Q$ 撤去后斜楔的受力情况。从图 4-25（b）中可以看出，要自锁，必须满足下式

$$F_1>F_{Rx}$$

因

$$F_W=F_W\tan\varphi_1 \quad F_{Rx}=F_W\tan(\alpha-\varphi_2)$$

代入上式得

$$F_W\tan\varphi_1>F_W\tan(\alpha-\varphi_2)$$

即

$$\tan\varphi_1>\tan(\alpha-\varphi_2)$$

由于 $\varphi_1$、$\varphi_2$、$\alpha$ 都很小，$\tan\varphi_1\approx\varphi_1$，$\tan(\alpha-\varphi_2)\approx\alpha-\varphi_2$，上式可化简为

或

$$\left.\begin{array}{l}\varphi_1>\alpha-\varphi_2\\ \alpha<\varphi_1+\varphi_2\end{array}\right\}\tag{4-4}$$

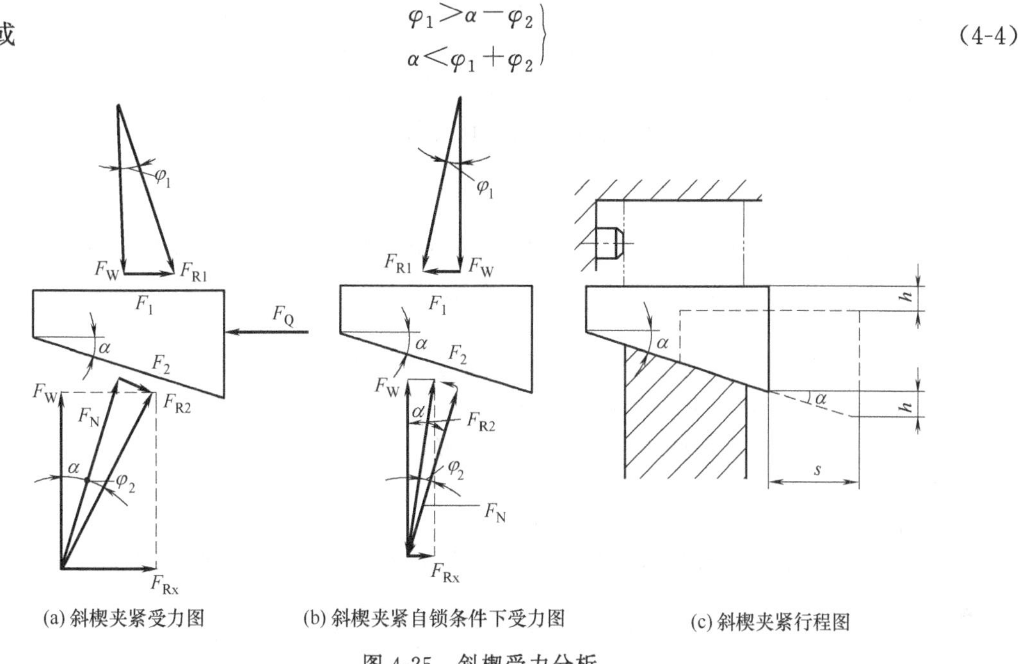


(a) 斜楔夹紧受力图　(b) 斜楔夹紧自锁条件下受力图　(c) 斜楔夹紧行程图

图 4-25　斜楔受力分析

因此，斜楔的自锁条件是：斜楔的升角小于斜楔与工件、斜楔与夹具体之间的摩擦角之和。一般钢件接触面的摩擦因数 $f=0.1\sim0.15$，故得摩擦角 $\varphi=\arctan(0.1\sim0.15)=5°43'\sim8°30'$，而相应的升角 $\alpha=11°\sim17°$，保证自锁可靠。手动夹紧机构一般取 $\alpha<6°\sim8°$。用气压或液压装置驱动的斜楔不需要自锁，可取 $\alpha=15°\sim30°$。

(3) 增力比计算

斜楔的夹紧力与原始作用力之比称为增力比 $i_F$，即

$$i_F=\frac{F_W}{F_Q}=\frac{1}{\tan\varphi_1+\tan(\alpha+\varphi)}\tag{4-5}$$

在不考虑摩擦影响时，理想增力比 $i'_F$ 为

$$i'_F=\frac{1}{\tan\alpha}$$

当夹紧装置有多个增力机构时，其总增力比 $i_{F_i}$ 为

$$i_{F_i}=i_{F_1}i_{F_2}\cdots i_{F_n}\tag{4-6}$$

(4) 夹紧行程

工件所要求的夹紧行程 $h$ 与斜楔相应移动的距离 $s$ 之比称为行程比 $i_s$。由图 4-25 (c) 可知

$$i_s=\frac{h}{s}=\tan\alpha\tag{4-7}$$

因 $i'_F=1/i_s$，故斜楔理想增力倍数等于夹紧行程的缩小倍数。因此，选择升角 $\alpha$ 时，必须同时考虑增力比和夹紧行程两方面的问题。

(5) 斜楔夹紧机构的设计要点

设计斜楔夹紧机构的主要工作内容为确定斜楔的斜角 $\alpha$ 和夹紧机构所需的夹紧力，其设计步骤如下。

① 确定斜楔的斜角 $\alpha$。斜楔的斜角 $\alpha$ 与斜楔的自锁性能和夹紧行程有关，因此，确定 $\alpha$ 值时，可视具体情况而定。一般主要从确保夹紧机构的自锁条件出发来确定 $\alpha$ 的大小，即取

$\alpha \leqslant 6^\circ \sim 8^\circ$；但要求斜楔有较大的夹紧行程时，为提高夹紧效率，可将斜楔的斜面做成如图4-24（b）所示的双斜面斜楔，斜角分别为 $\alpha_1$ 和 $\alpha_2$ 的两段。前段采用较大的斜角 $\alpha_1$，以保证有较大的行程，使滑柱迅速上升；后段采用较小的斜角 $\alpha_2$，以确保自锁，$\alpha_2 \leqslant 6^\circ \sim 8^\circ$。

② 计算作用力 $F_Q$。由斜楔夹紧力的公式可计算出作用力 $F_Q$，即

$$F_Q = F_W \tan(\alpha + 2\varphi)$$

#### 4.2.3.2 螺旋夹紧机构

由螺钉、螺母、垫圈、压板等元件组成，采用螺杆做中间传力元件的夹紧机构称为螺旋夹紧机构。螺旋夹紧实际上就是将斜楔的斜面绕在圆柱体上成为螺旋面，因此，螺旋夹紧的原理与斜楔夹紧相似。

螺旋夹紧机构的结构简单、容易制造，而且由于缠绕在螺钉表面的螺旋线很长，螺旋升角又小 $\alpha \leqslant 4^\circ$，螺旋夹紧机构的自锁性能好，耐振；夹紧力较大，扩力比 $i_F = F_W / F_Q$ 可达80以上，是手动夹具上用得最多的一种夹紧机构；夹紧行程不受限制，但夹紧行程大时，操作时间长，动作慢。

（1）单个螺旋夹紧机构

图4-26所示是直接用螺钉或螺母夹紧工件的机构，称为单个螺旋夹紧机构。

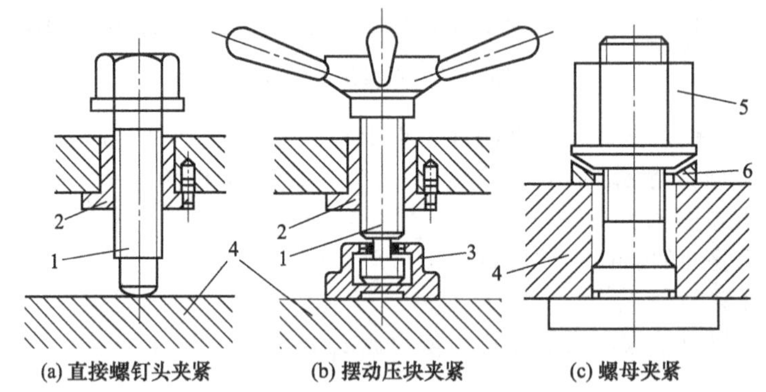


图4-26 单个螺旋夹紧机构

1—螺钉、螺杆；2—螺母套；3—摆动压块；4—工件；5—球面带肩螺母；6—球面垫圈

在图4-26（a）中，夹紧时螺钉头直接与工件表面接触，螺钉转动时，可能损伤工件表面，或带动工件旋转。为此，在螺钉头部装上图4-27所示的摆动压块。当摆动压块与工件接触后，由于压块与工件间的摩擦力矩大于压块与螺钉间的摩擦力矩，所以压块不会随螺钉一起转动。图4-26（c）所示为用球面带肩螺母夹紧的结构。螺母和工件4之间加球面垫圈6，可使工件受到均匀的夹紧力并避免螺杆弯曲。

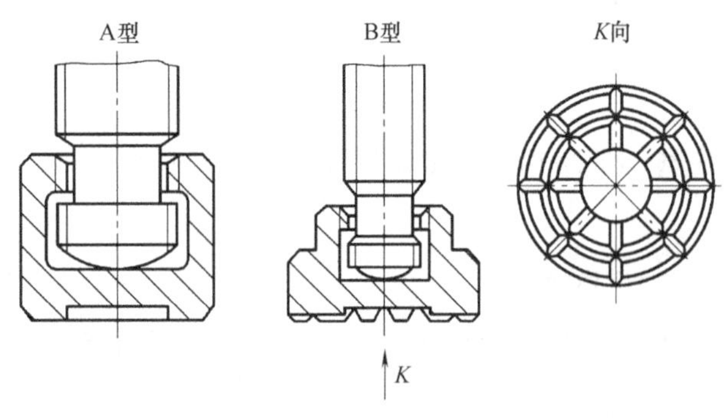


图4-27 摆动压块

在图4-27中，A型的端面是光滑的，用于夹紧已加工表面；B型的端面有齿纹，用于夹紧毛坯粗糙表面。

夹紧动作慢、工件装卸费时是单个螺旋夹紧机构的缺点。如图4-26（c）所示，装卸工件时，要将螺母拧上拧下，费时费力。克服这一缺点的办法很多，图4-28所示就是常见的几种方法。

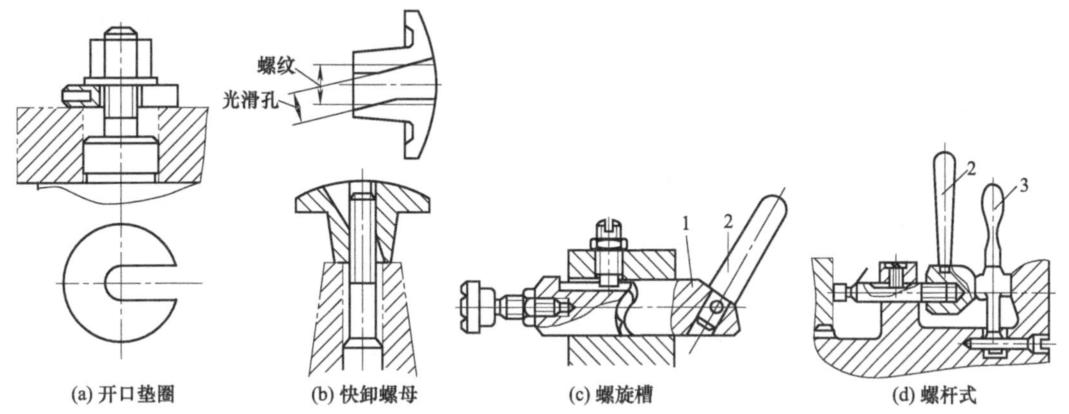


图 4-28 快速螺旋夹紧机构

1—夹紧轴；2,3—手柄

图 4-28（a）所示使用了开口垫圈。图 4-28（b）所示采用了快卸螺母。在图 4-28（c）中，夹紧轴 1 上的直槽连着螺旋槽，先推动手柄 2，使摆动压块迅速靠近工件，继而转动手柄，夹紧工件并自锁。图 4-28（d）中的手柄 2 推动螺杆沿直槽方向快速接近工件，后将手柄 3 拉至图示位置，再转动手柄 2 带动螺母旋转，因手柄 3 的限制，螺母不能右移，致使螺杆带着摆动压块往左移动，从而夹紧工件。松夹时，只要反转手柄 2，稍微松开后，即可推开手柄 3，为手柄 2 的快速右移让出空间。

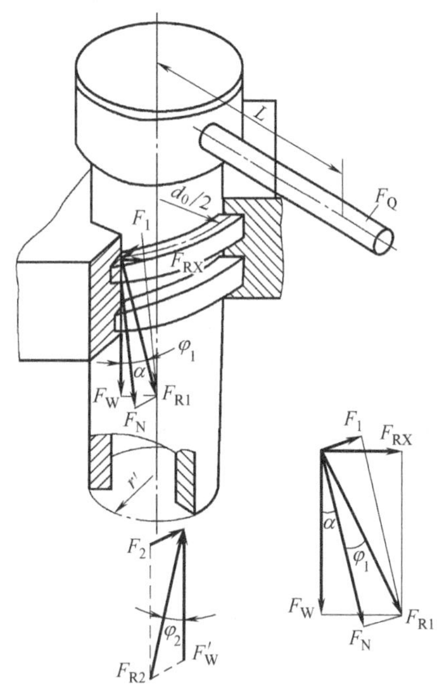


图 4-29 螺杆的受力示意图

螺旋夹紧是斜楔夹紧的一种变型，螺杆实际上就是绕在圆柱表面上的斜楔，所以它的夹紧力计算与斜楔夹紧相似。图 4-29 所示为夹紧状态下螺杆的受力示意图。

施加在手柄上的原始力矩 $M=F_QL$，工件对螺杆产生反作用力 $F_W'$（其值即等于夹紧力）和摩擦力 $F_2$，$F_2$ 分布在整个接触面上，计算时可看成集中作用于当量摩擦半径 $r'$ 的圆周上。$r'$ 的大小与端面接触形式有关，其计算方法如图 4-30 所示。螺母对螺杆的反作用力有垂直于螺旋面的正压力 $F_N$ 及螺旋上的摩擦力 $F_1$，其合力为 $F_{R1}$，此力分布于整个螺旋接触面，计算时认为其作用于螺旋中径处。为了便于计算，将 $F_{R1}$ 分解为水平方向分力 $F_{RX}$ 和垂直方向分力 $F_W$（其值与 $F_W'$ 相等）。

根据力矩平衡条件得

$$F_QL=F_2r'+F_{RX}\frac{d_0}{2}$$

因 $F_2=F_W\tan\varphi_2 \quad F_{RX}=F_W\tan(\alpha+\varphi_1)$

代入上式得

$$F_W=\frac{F_QL}{\frac{d_0}{2}\tan(\alpha+\varphi_1)+r'\tan\varphi_2} \tag{4-8}$$

式中，$F_W$ 为夹紧力，N；$F_Q$ 为作用力，N；$L$ 为作用力臂，mm；$d_0$ 为螺纹中径，mm；$\alpha$ 为螺纹升角（°）；$\varphi_1$ 为螺纹处摩擦角（°）；$\varphi_2$ 为螺杆端部与工件间的摩擦角（°）；$r'$为螺杆端部与工件间的当量摩擦半径，mm。

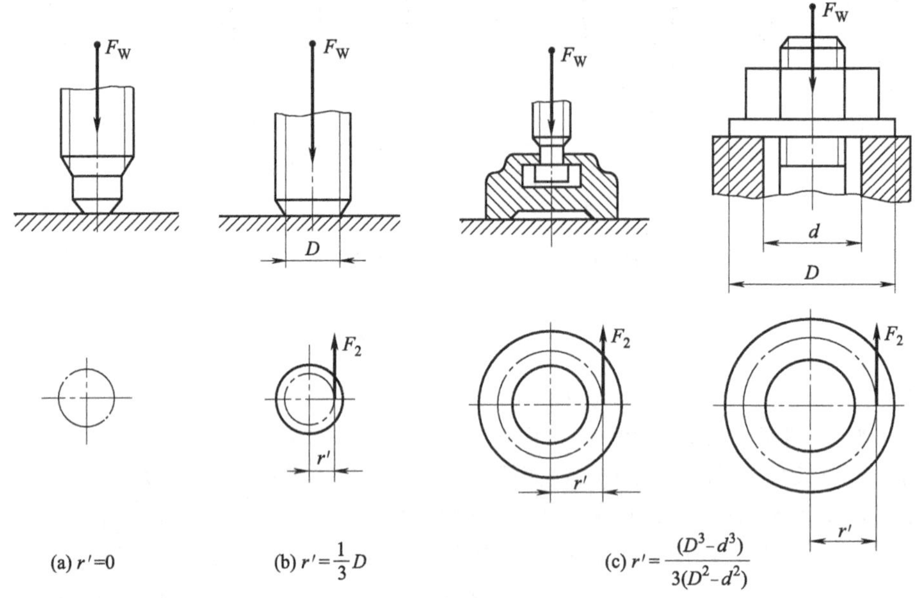


(a) $r'=0$　　(b) $r'=\frac{1}{3}D$　　(c) $r'=\frac{(D^3-d^3)}{3(D^2-d^2)}$

图 4-30　当量摩擦半径

一些螺母夹紧力计算结果如表 4-3 所示。

**表 4-3　螺母的夹紧力**

| 形式 | 简　图 | 螺纹公称直径 $d$/mm | 螺纹中径 $d_2$/mm | 手柄长度 $L$/mm | 手柄上的作用力 $F_Q$/N | 产生的夹紧力 $F_W$/N |
|---|---|---|---|---|---|---|
| 带柄螺母 | | 8 | 7.188 | 50 | 50 | 2060 |
| | | 10 | 9.026 | 60 | 50 | 2990 |
| | | 12 | 10.863 | 80 | 80 | 3540 |
| | | 16 | 14.701 | 100 | 100 | 4210 |
| | | 20 | 18.376 | 140 | 100 | 4700 |
| 用扳手的六角螺母 | | 10 | 9.026 | 120 | 45 | 3570 |
| | | 12 | 10.863 | 140 | 70 | 5420 |
| | | 16 | 14.701 | 190 | 100 | 8000 |
| | | 20 | 18.376 | 240 | 100 | 8060 |
| | | 24 | 22.052 | 310 | 150 | 13030 |
| 蝶形螺母 | | 4 | 3.545 | 8 | 10 | 130 |
| | | 5 | 4.480 | 9 | 15 | 178 |
| | | 6 | 5.350 | 10 | 20 | 218 |
| | | 8 | 7.188 | 12 | 30 | 296 |
| | | 10 | 9.026 | 17 | 40 | 450 |

注：螺母支承端面的外径 $d_1$ 取 $2d$。

（2）螺旋压板机构

夹紧机构中，结构形式变化最多的是螺旋压板机构。图 4-31 所示是常用螺旋压板机构的 5 种典型结构。图 4-31（a）和（b）所示两种机构的施力螺钉位置不同，图 4-31（a）所示夹紧力 $F'_W$ 小于作用力 $F_Q$，主要用于夹紧行程较大的场合。图 4-31（b）所示可通过调整压板的杠杆比 $l/L$，实现增大夹紧力和夹紧行程的目的。图 4-31（c）所示是铰链压板机构，主要用于增大夹紧力场合。图 4-31（d）所示是螺旋钩形压板机构，其特点是结构紧凑、使用方便，主要用于安装夹紧机构的位置受限的场合。图 4-31（e）所示为自调式压板，它能适应工件高度在 0～100mm 范围内变化，而无须进行调节，其结构简单、使用方便。

钩形压板回转时的行程和升程可按下面的公式计算

$$s=\frac{\pi d\phi}{360} \tag{4-9}$$

$$h=\frac{s}{\tan\beta}=\frac{\pi d\phi}{360\tan\beta} \quad 或 \quad h=Kd \quad K=\frac{\pi\phi}{360\tan\beta}$$

式中，$s$ 为压板回转时沿圆柱转过的弧长（行程），mm；$h$ 为压板回转时的升程，mm；$\phi$ 为压板的回转角度，（°）；$\beta$ 为压板螺旋槽的螺旋角，一般取 $\beta=30°\sim40°$；$d$ 为压板导向圆柱的直径，mm；$K$ 为压板升程系数。

各种螺旋压板机构的结构尺寸均已标准化，设计者可参考有关国家标准和“夹具设计手册”进行设计。

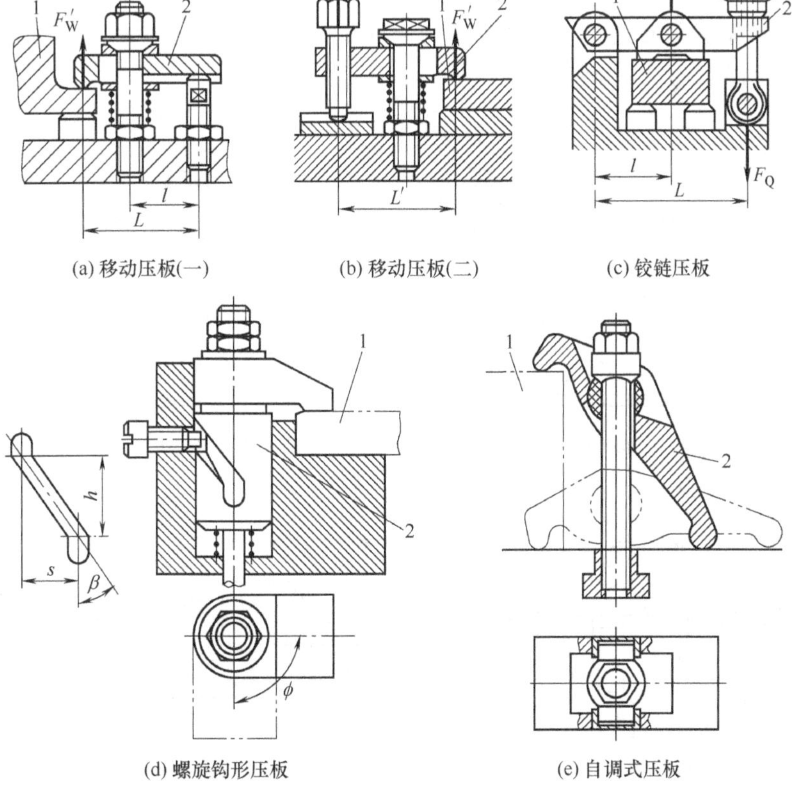


图 4-31　典型螺旋压板机构

1—工件；2—压板

(3) 设计螺旋压板夹紧机构时应注意的问题

① 当工件在夹压方向上的尺寸变化较大时，如被夹压表面为毛面，则应在夹紧螺母同压板之间设置球面垫圈，并使垫圈孔与螺杆间保持足够大的间隙，以防止夹紧工件时，由于压板倾斜而使螺杆弯曲。

② 压板的支承螺杆的支承端应制作成圆球形，另一端用螺母锁紧在夹具体上。并且螺杆高度应可调，以使压板有足够的活动余地，适应工件夹压尺寸的变化以及防止支承螺杆松动。

③ 当夹紧螺杆或支承螺杆与夹具体接触端必须移动时，应避免与夹具体直接接触，应在螺杆与夹具体间增设用耐磨材料制作的垫块，以免夹具体被磨损。

④ 应采取措施防止夹紧螺杆转动。如图 4-31 (a)、(b)、(d) 所示，夹紧螺杆用锁紧螺母锁紧在夹具体上，以防止其转动。其他的防转措施可参阅各种夹具图册。

⑤ 夹紧压板应采用弹簧支承，以利于装卸工件。

#### 4.2.3.3 偏心夹紧机构

偏心夹紧机构是用偏心件直接或间接夹紧工件的机构。偏心夹紧机构结构简单、操作方便、夹紧迅速，但自锁性能差、夹紧力和夹紧行程都较小。只宜使用在切削力不大、振动小、没有离心力影响的加工中。

偏心件有圆偏心和曲线偏心两种类型，其中，圆偏心机构因结构简单、制造容易而得到广泛的应用。图 4-32 所示是几种常见偏心夹紧机构的应用实例。图 4-32 (a) 和图 4-32 (b) 所示用的是圆偏心轮，图 4-32 (c) 所示用的是偏心轴，图 4-32 (d) 所示用的是偏心叉。

(1) 圆偏心轮的工作原理

图 4-33 所示是圆偏心轮直接夹紧工件的原理图。$O_1$ 是圆偏心轮的几何中心，$R$ 是它的几何半径，$O_2$ 是偏心轮的回转中心，$O_1O_2$ 是偏心距。

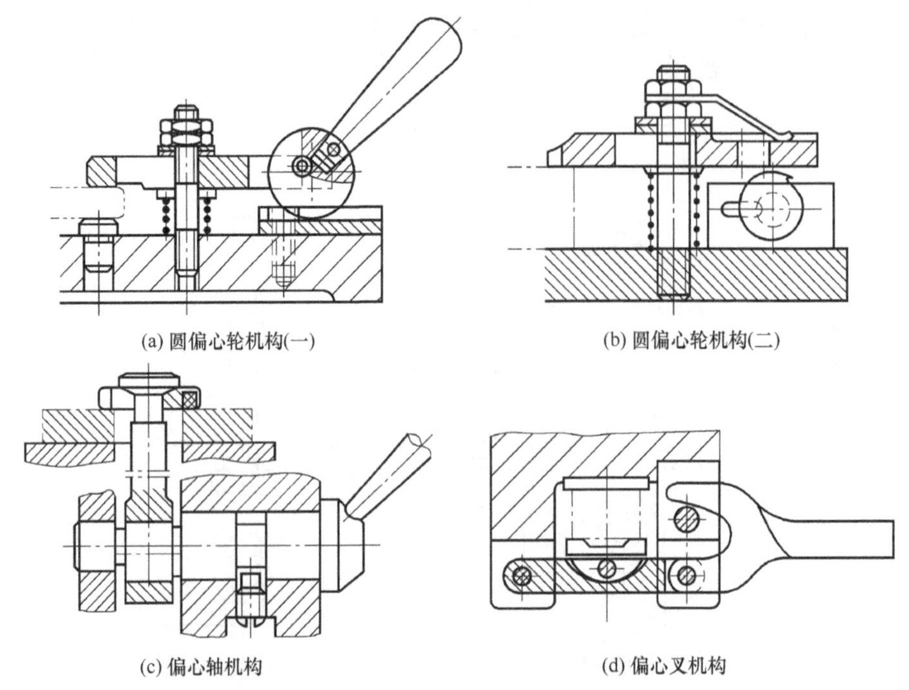

(a) 圆偏心轮机构(一)　(b) 圆偏心轮机构(二)

(c) 偏心轴机构　(d) 偏心叉机构

图 4-32 偏心夹紧机构

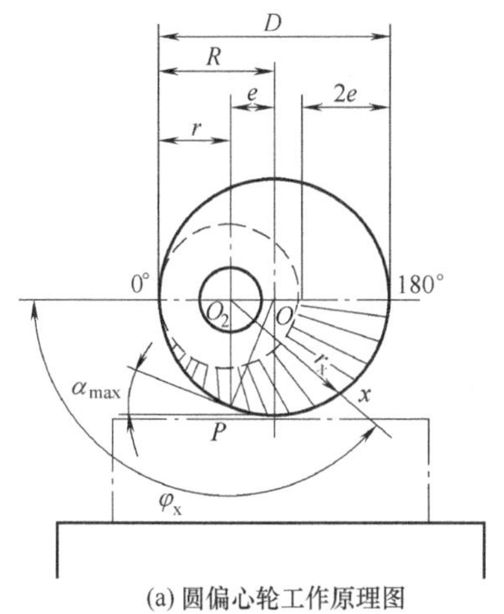


(a) 圆偏心轮工作原理图

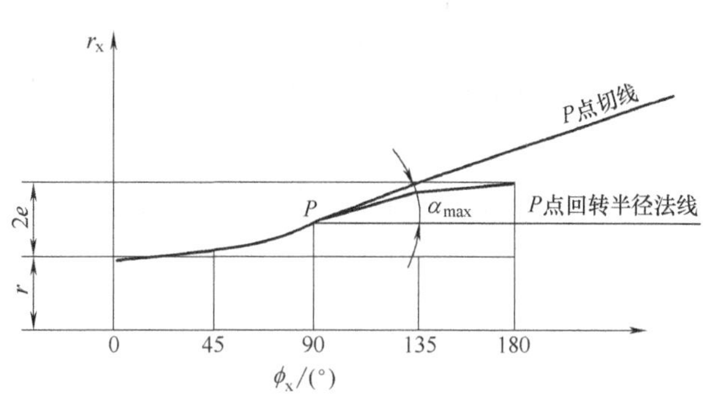


(b) 圆偏心轮弧形楔展开图

图 4-33　圆偏心轮直接夹紧工作的原理图

若以 $O_2$ 为圆心，$r$ 为半径画圆（虚线圆），便把偏心轮分成了 3 个部分。其中，虚线部分是“基圆盘”，半径 $r=R-e$；另外两部分是两个相同的弧形楔。当偏心轮绕回转中心 $O_2$ 顺时针转动时，相当于一个弧形楔逐渐楔入“基圆盘”与工件之间，从而夹紧工件。

(2) 圆偏心轮的夹紧行程及工作段

如图 4-33（a）所示，当圆偏心轮绕回转中心 $O_2$ 转动时，设轮周上任意点 $x$ 的回转角为 $\varphi_x$，回转半径为 $r_x$。用 $\varphi_x$、$r_x$ 为坐标轴建立直角坐标系，再将轮周上各点的回转角与回转半径一一对应地计入此坐标系中，便得到了圆偏心轮上弧形楔的展开图，如图 4-33（b）所示。

由图 4-33 可知，当圆偏心轮从 0°回转到 180°时，其夹紧行程为 $2e$。轮周上各点升角不等，升角是变量，$P$ 点的升角最大（$\alpha_{max}$）。根据解析几何，$P$ 点的升角等于 $P$ 点的切线与 $P$ 点回转半径法线间的夹角。

按照上述原理，在图 4-33（a）中，过 $P$ 点分别作 $O_1P$、$O_2P$ 的垂线，便可得到 $P$ 点的升角。

因

$$\alpha_{max}=\angle O_1PO_2$$

$$\sin\alpha_{max}=\sin\angle O_1PO_2=\frac{O_1O_2}{O_1P}$$

而

$$O_1O_2=e \quad O_1P=\frac{D}{2}$$

代入上式得

$$\sin\alpha_{max}=\frac{2e}{D} \tag{4-10}$$

圆偏心轮的工作转角一般小于 90°，因为转角太大，不仅操作费时，而且也不安全。工作转角范围内的那段轮周称为圆偏心轮的工作段。常用的工作段是 $\varphi_x=45°\sim135°$或 $\varphi_x=90°\sim180°$。在 $\varphi_x=45°\sim135°$范围内，升角大，夹紧力较小，但夹紧行程大（$h\approx1.4e$）；在 $\varphi_x=90°\sim180°$范围内，升角由大到小，夹紧力逐渐增大，但夹紧行程较小（$h=e$）。

(3) 圆偏心轮的自锁条件

由于圆偏心轮的弧形楔夹紧与斜楔夹紧的实质相同，因此，圆偏心轮的自锁条件应与斜楔的自锁条件相同，即

$$\alpha_{max} \leqslant \varphi_1 + \varphi_2$$

式中，$\alpha_{max}$ 为圆偏心轮的最大升角（°）；$\varphi_1$ 为圆偏心轮与工件间的摩擦角（°）；$\varphi_2$ 为圆偏心轮与回转轴之间的摩擦角（°）。

为安全起见，不考虑转轴处的摩擦，将 $\varphi_2$ 忽略不计，则

$$\alpha_{max} \leqslant \varphi_1, \ \tan\alpha_{max} \leqslant \tan\varphi_1$$

因 $\sin\alpha_{max} = \frac{2e}{D}$，而 $\alpha_{max}$ 很小可近似得

$$\sin\alpha_{max} \approx \tan\alpha_{max} \quad \tan\alpha_{max} = \frac{2e}{D}$$

代入上式得

$$\frac{2e}{D} \leqslant f \tag{4-11}$$

当 $f = 0.1$ 时，$\frac{D}{e} \geqslant 20$；当 $f = 0.15$ 时，$\frac{D}{e} \geqslant 14$。$\frac{D}{e}$ 称为偏心率或偏心特性。

（4）圆偏心轮的设计步骤

① 确定夹紧行程。偏心轮直接夹紧工件时

$$h = T + S_1 + S_2 + S_3 \tag{4-12}$$

式中，$T$ 为工件夹压表面至定位面的尺寸公差，mm；$S_1$ 为装卸工件所需的间隙，一般取 $S_1 = 0.3\text{mm}$；$S_2$ 为夹紧装置的压移量，一般取 $S_2 = (0.3 \sim 0.5)\text{mm}$；$S_3$ 为夹紧行程储备量，一般取 $S_3 = (0.1 \sim 0.3)\text{mm}$。

偏心轮不直接夹紧工件时

$$h = K(T + S_1 + S_2 + S_3) \tag{4-13}$$

式中，$K$ 为夹紧行程系数，其值取决于偏心夹紧机构的结构。

② 计算偏心距。

用 $\varphi_x = 45° \sim 135°$ 作为工作段时：$e = 0.7h$。

用 $\varphi_x = 90° \sim 180°$ 作为工作段时：$e = h$。

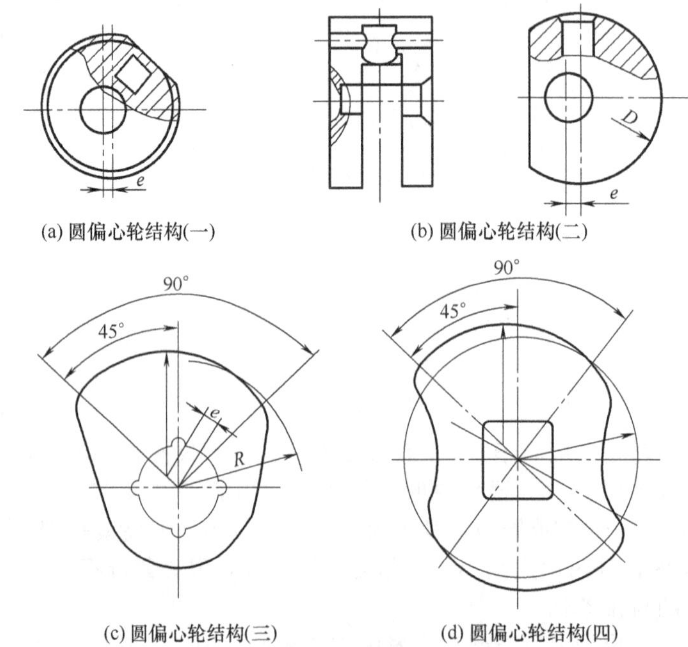


(a) 圆偏心轮结构(一)　(b) 圆偏心轮结构(二)

(c) 圆偏心轮结构(三)　(d) 圆偏心轮结构(四)

图 4-34　常用的圆偏心轮的结构

③ 按自锁条件计算 $D$。

当 $f=0.1$ 时，$D \geqslant 20e$；$f=0.15$ 时，$D \geqslant 14e$。一般摩擦系数取较小的值，以使偏心轮的自锁更可靠。

④ 圆偏心轮的结构已标准化，有关技术要求、参数可查阅 GB/T 2191—1991～GB/T 2194—1991。图 4-34 所示为几种常用的圆偏心轮结构，可供设计时参考。

### 4.2.3.4 铰链夹紧机构

铰链夹紧机构是由铰链杠杆组合而成的一种增力机构，其结构简单、动作迅速、增力比大、易于改变力的作用方向，但无自锁性能。它常与动力装置（气缸、液压缸等）联用，在气动铣床夹具中应用较广，也用于其他机床夹具。铰链夹紧机构的应用如图 4-35 所示。

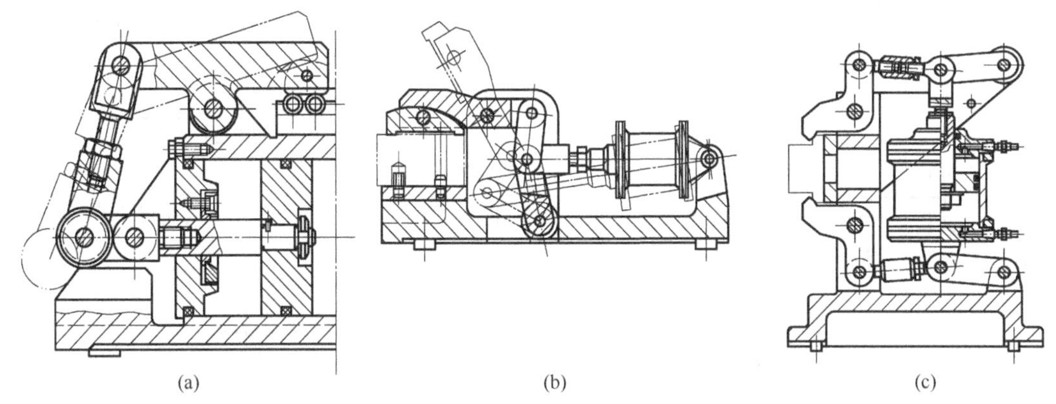


图 4-35　铰链夹紧机构的应用

如图 4-36 所示，在连杆右端铣槽。工件以 $\phi$52mm 外圆柱面、侧面及右端底面分别在 V 形块、可调螺钉和支承座上定位，采用气压驱动的双臂单向作用铰链夹紧机构夹紧工件。

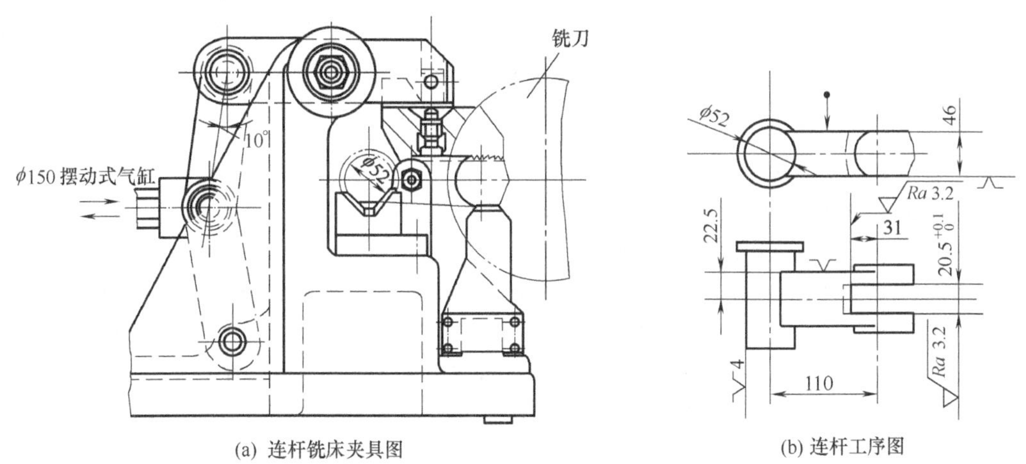


图 4-36　双臂单向作用铰链夹紧的铣床夹具

(1) 类型及主要参数

图 4-37 所示为铰链夹紧机构的 5 种基本类型。图 4-37（a）所示为单臂铰链夹紧机构（Ⅰ型)，图 4-37（b）所示为双臂单向作用的铰链夹紧机构（Ⅱ型)，图 4-37（c）所示为双臂单向作用带移动柱塞的铰链夹紧机构（Ⅲ型)，图 4-37（d）所示为双臂双向作用的铰链夹紧机构（Ⅳ型)，图 4-37（e）所示为双臂双向作用带移动柱塞的铰链夹紧机构（Ⅴ型)。

铰链夹紧机构的主要参数如图 4-37（a）所示。

① $\alpha_0$ 为铰链臂的起始行程倾斜角。

② $s_0$ 为受力点的行程，即为气缸的行程 $x_0$。

③ $\alpha_j$ 为铰链臂夹紧时的起始倾斜角。

④ $s_c$ 为夹紧端 $A$ 的储备行程。

⑤ $s_1$ 为装卸工件的空行程。

⑥ $s_2+s_3$ 为夹紧行程。

⑦ $\alpha_c$ 为铰链臂的夹紧储备角。

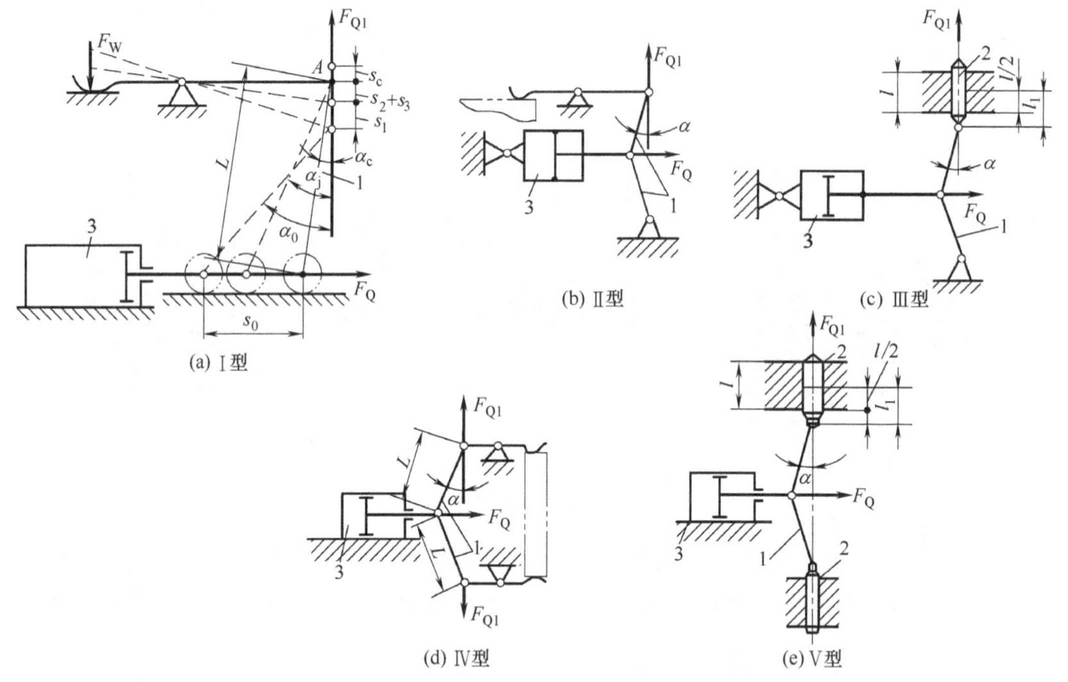


图 4-37　铰链夹紧机构的基本类型

1—铰链臂；2—柱塞；3—气缸

(2) Ⅰ型铰链夹紧机构的有关计算

Ⅰ型铰链夹紧机构的有关设计的计算与步骤如下。

① 根据夹紧机构设计要求初步确定结构尺寸。

② 确定所需的夹紧行程、气缸行程及相应铰链臂的倾斜角。如图 4-37（a）所示，当机构处于夹紧状态时，铰链臂末端离其极限位置应保持一个最小储备量 $s_c$，否则机构可能失效。一般认为 $s_c>0.5$mm 比较合适，但又不宜过大，以免过分影响增力比；也可直接取夹紧储备角 $\alpha_c=5°\sim10°$，由表 5-4 中的公式算出。

**表 4-4　Ⅰ型铰链机构主要参数的计算**

| 计算参数 | 计算公式 | 计算参数 | 计算公式 |
|---|---|---|---|
| $\alpha_c$ | $\alpha_c=5°\sim10°$ | $F_W$ | $F_W=i_F F_Q$ |
| $s_c$ | $s_c=L(1\sim\cos\alpha_c)$ | $\alpha_0$ | $\alpha_0=\arccos\dfrac{L\cos\alpha_j-s_1}{L}$ |
| $\alpha_j$ | $\alpha_j=\arccos\dfrac{L\cos\alpha_c-(S_2+S_3)}{L}$ | $s_0$ | $s_0=L(\sin\alpha_0-\sin\alpha_c)$ |
| $i_F$ | $i_F=\dfrac{1}{\tan(\alpha_j+\beta)+\tan\varphi_1}$ | $X_0$ | $X_0=s_0$ |

注：$\beta$ 为铰链臂的摩擦角；$\tan\varphi_1$ 为滚子支承面的当量摩擦系数；$L$ 为铰链臂两头铰接点之间的距离；$i_F$ 为增力比。

夹紧终点的行程包括两部分：一部分为便于装卸工件的空行程 $s_1$，另一部分为夹紧行程 $s_2+s_3$，其中 $s_2$ 用来补偿系统的受力变形，一般取 $s_3=(0.05\sim0.15)$mm。根据 $s_2+s_3$，可由表 4-4 中的公式算出铰链臂夹紧时的起始倾斜角 $\alpha_j$，再根据 $s_1$ 和 $\alpha_j$ 算出铰链臂的起始行程倾斜角 $\alpha_0$。

③ 计算Ⅰ型铰链夹紧机构 $A$ 端的竖直分力 $F_{Q1}$ 或原始作用力 $F_Q$。增力比由表 4-4 中的公式算出，然后根据预定的原始作用力 $F_Q$ 乘以 $i_F$ 计算出 $F_{Q1}$，再与夹紧机构所需要的竖直分力 $F'_{Q1}$ 比较，$F_{Q1}>F'_{Q1}$ 方可。如果 $F_{Q1}<F'_{Q1}$，可以增大原始作用力 $F_Q$（如增大气缸直径）或修改夹紧机构的结构参数，也可以根据 $F'_{Q1}$ 除以 $i_F$ 算出原始作用力 $F_Q$。

④ 计算动力装置的结构尺寸。根据原始作用力 $F_Q$，计算动力气缸的直径；根据确定的铰链臂的起始行程倾斜角 $\alpha_0$ 和夹紧储备角 $\alpha_c$，按表 4-4 中的公式算出受力点的行程 $s_0$（气缸活塞的行程 $x_0$）。

#### 4.2.3.5 组合夹紧机构

组合夹紧机构是由上述基本夹紧机构组合在一起，利用杠杆作用来扩大夹紧力，并在适当部位来夹紧工件的机构。其组合方式和构造如图 4-38～图 4-40 所示。

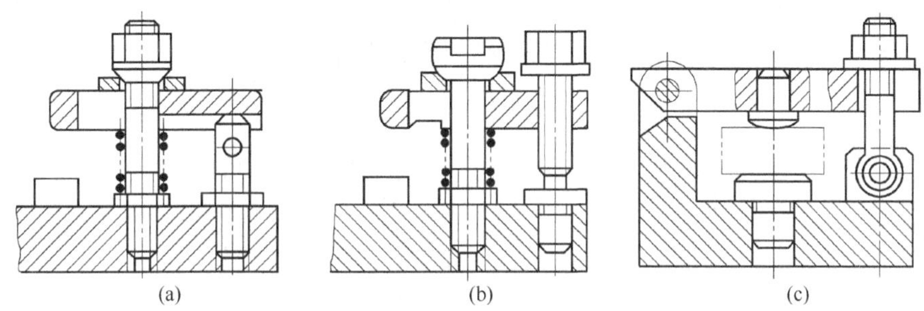


图 4-38 螺旋压板组合夹紧机构

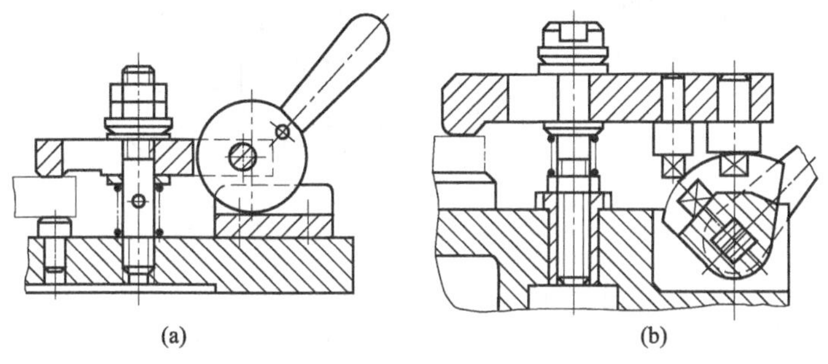


图 4-39 偏心压板组合夹紧机构

图 4-38 所示为几种螺旋压板（螺旋和杠杆组合）组合夹紧机构，图 4-39 所示为偏心压板（偏心轮和杠杆组合）组合夹紧机构，图 4-40 所示为偏心轴-压板组合夹紧机构。

从图中可以看到，组合夹紧机构不但可以扩大夹紧力的大小或行程，而且可以改变力的方向（便于在适当的方向和位置上夹紧工件）。手动夹紧的施力部分还能自锁，因而使用方便、可靠。这些常用的组合机构都已经标准化，设计时可参考采用或做改型设计。

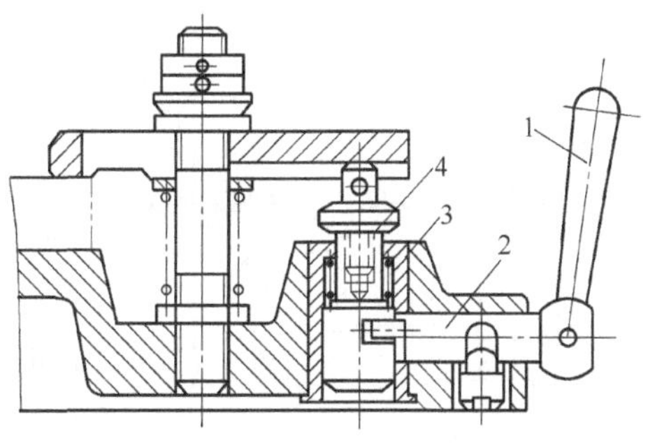


图 4-40 偏心轴-压板组合夹紧机构

1—手柄；2—偏心轴；3—套筒；4—支承钉

## 4.2.4 联动夹紧机构

利用一个原始作用力实现单件或多件的多点、多向同时夹紧的机构，称为联动夹紧机构。当工件需要多点同时夹紧，或多工件同时夹紧，或先定位再夹紧等，都可采用联动夹紧机构。由于联动夹紧机构能有效提高生产率，因而在自动线和各种高效夹具中得到了广泛的应用。

### 4.2.4.1 联动夹紧机构的主要形式及其特点

(1) 单件联动夹紧机构

单件联动夹紧机构大多用于分散的夹紧力作用点或夹紧力方向差别较大的场合。按夹紧力的方向来分，单件联动夹紧有 3 种方式。

① 单件同向联动夹紧。图 4-41 (a) 所示为浮动压头。通过浮动柱 2 的水平滑动协调浮动压头 1、3 实现对工件的夹紧。图 4-41 (b) 所示为联动钩形压板夹紧机构。它通过薄膜气缸 9 的活塞杆 8 带动浮动盘 7 和三个钩形压板 5，可使工件 4 得到快速转位松夹。三个钩形压板下部的螺母头及活塞杆的头部都以球面与浮动盘相连接，并在相关的长度和直径方向上留有足够的间隙，使浮动盘充分浮动以确保可靠地联动。由于采用了能够自动回转钩形压板，所以装卸工件很方便。在夹紧点之间，必须设计有浮动元件 2、7。

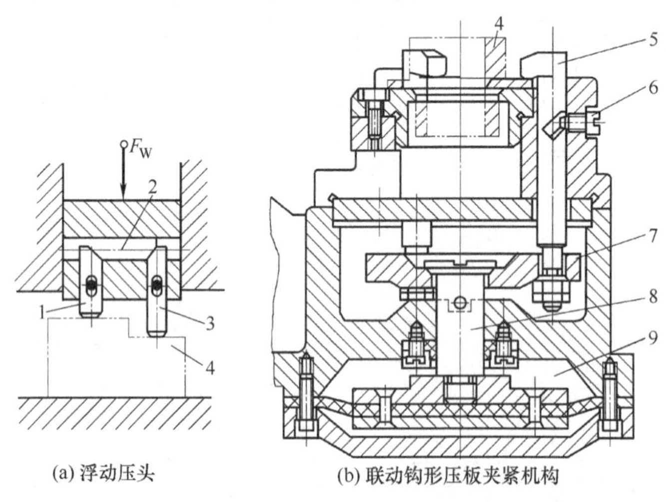


图 4-41 单件同向联动夹紧机构

1,3—浮动压头；2—浮动柱；4—工件；5—钩形压板；6—螺钉；7—浮动盘；8—活塞杆；9—薄膜气缸

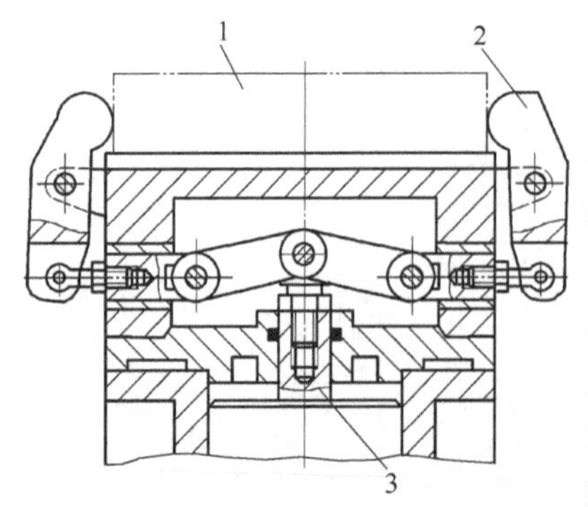


图 4-42 单件对向联动夹紧机构

1—工件；2—浮动压板；3—活塞杆

② 单件对向联动夹紧。图 4-42 所示为单件对向联动夹紧机构。当液压缸中的活塞杆 3 向下移动时，通过双臂铰链使浮动压板 2 绕铰链相对转动，最后将工件 1 夹紧。

③ 互垂力或斜交力联动夹紧。图 4-43 (a) 所示为双向浮动四点联动夹紧机构。拧紧螺母 4 压铰链压板，从而使摇臂 2 转动带动摆动压块 1、3 实现相互垂直两个方向四点联动夹紧工件。图 4-43 (b) 所示为浮动压头通过摆动压块 1 实现斜交力两点联动夹紧工件。

(2) 多件联动夹紧机构

多件联动夹紧机构多用于中、小型工件的加工，按其对工件施力方式的不同，一般分为如下几种形式。

① 平行式多件联动夹紧。特点：夹紧元件必须做成浮动的。

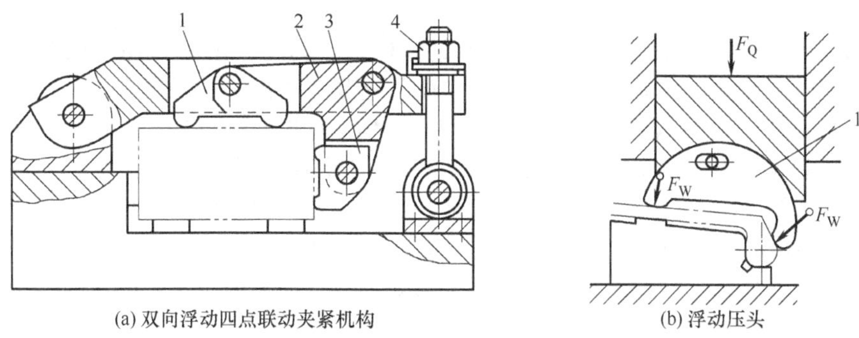

(a) 双向浮动四点联动夹紧机构　　(b) 浮动压头

图 4-43　互垂力或斜交力联动夹紧机构

1,3—摆动压块；2—摇臂；4—螺母

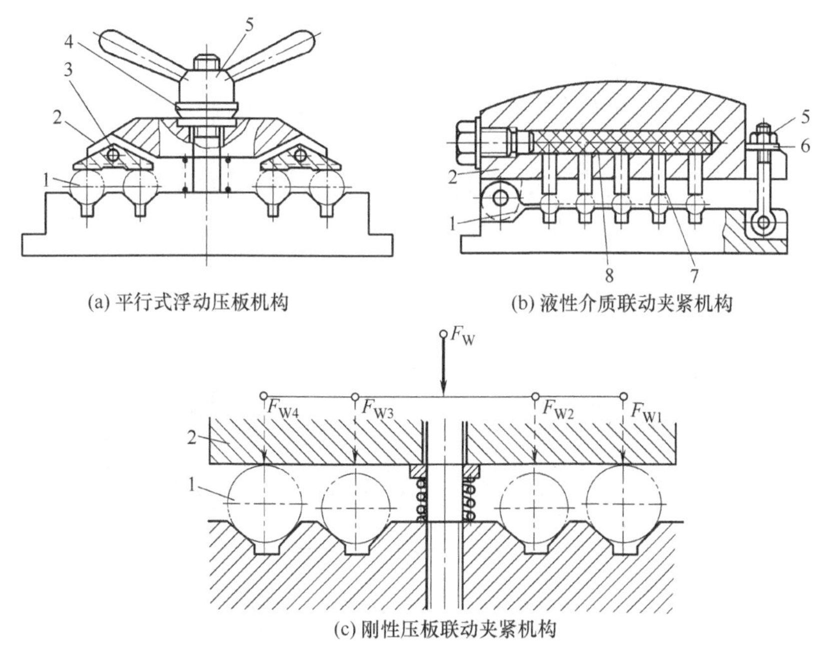

(a) 平行式浮动压板机构　　(b) 液性介质联动夹紧机构

(c) 刚性压板联动夹紧机构

图 4-44　平行式多件联动夹紧机构

1—工件；2—刚性压板；3—摆动压块；4—球面垫圈；5—螺母；6—垫圈；7—柱塞；8—液性介质

图 4-44（a）所示为浮动压板机构对工件平行夹紧的实例。由于压板 2、摆动压块 3 和球面垫圈 4 可以相对转动，均是浮动件，故拧紧螺母 5 即可实现同时平行夹紧四个工件。图 4-44（b）所示为液性介质联动夹紧机构。密闭腔内的不可压缩液性介质既能传递力，还能起到浮动环节的作用。旋紧螺母 5 时，使压板 2 转动，在液性介质 8 作用下，推动各个柱塞 7，五个柱塞同时平行夹紧工件。

从上述可知，各个夹紧力相互平行，理论上分配到各工件上的夹紧力应相等，即

$$F_{Wi}=\frac{F_W}{n}$$

式中，$F_W$ 为夹紧机构产生的总夹紧力，N；$F_{Wi}$ 为理论上每个工件承受的夹紧力，N；$n$ 为同时被夹紧的工件数量。

由于工件有尺寸公差，如采用图 4-44（c）所示的刚性压板 2，则各工件所受的夹紧力就不能相同，甚至有些工件夹不住。因此，为了能均匀地夹紧工件，平行夹紧机构也必须有浮动环节。

② 连续式多件联动夹紧。特点：定位夹紧元件合二为一；工件直径变化引起工件的移动，为不影响加工精度，故只能用在工件加工面与夹紧力方向平行的场合。

如图 4-45 所示，拧紧螺钉 3 压移动 V 形块面依次夹紧工件。7 个工件 1 以外圆及轴肩在夹具的可移动 V 形块 2 中定位，用螺钉 3 夹紧。V 形块 2 既是定位、夹紧元件，又是浮动元件，除左端第一个工件外，其他工件也是浮动的。在理想条件下，各工件所受的夹紧力 $F_{Wi}$ 均为螺钉输出的夹紧力 $F_W$。实际上，在夹紧系统中，各环节的变形、传递力过程中均存在摩擦能耗，当被夹工件数量过多时，有可能导致末件夹紧力不足，或者首件被夹坏的结果。此外，由于工件定位误差和定位夹紧件的误差依次传递、逐个积累，造成夹紧力方向的误差很大，故连续式夹紧适用于工件的加工面与夹紧力方向平行的场合。

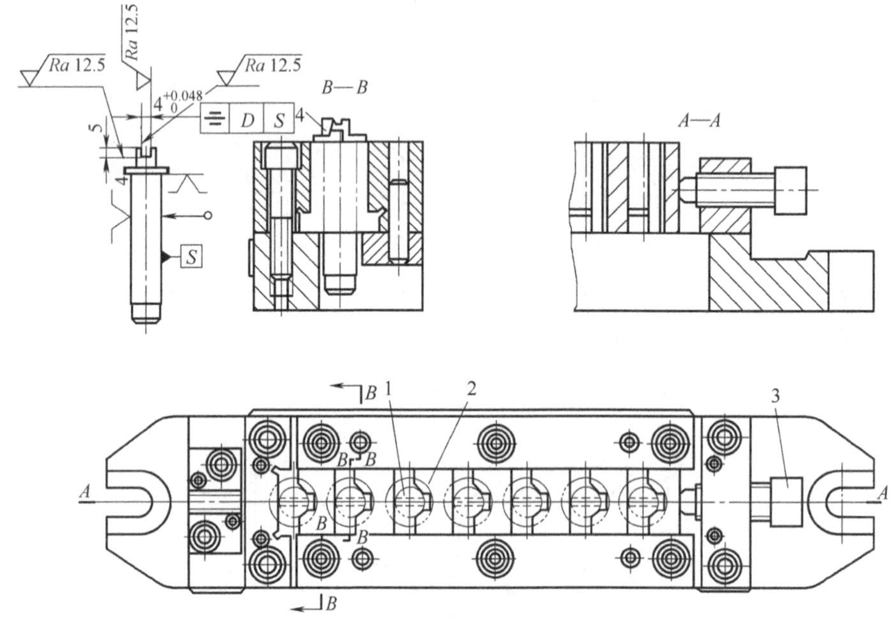


图 4-45　连续式多件联动夹紧机构

1—工件；2—V 形块；3—螺钉；4—对刀块

③ 对向式多件联动夹紧。如图 4-46 所示，两对向压板 1、4 利用球面垫圈及间隙构成了浮动环节。当旋动偏心轮 6 时，迫使压板 4 夹紧右边的工件，与此同时拉杆 5 右移使压板 1 将左边的工件夹紧。当反转偏心轮 6 时，拉簧将压板松开。这类夹紧机构可以减小原始作用力，但相应增大了对机构夹紧行程的要求。

④ 复合式多件联动夹紧。凡将上述多件联动夹紧方式合理组合构成的机构，均称为复合式多件联动夹紧。图 4-47 所示为平行式和对向式组合的复合式多件联动夹紧的实例。

#### 4.2.4.2　联动夹紧机构的设计要点

① 联动夹紧机构在两个夹紧点之间必须设置必要的浮动环节，并具有足够的浮动量，动作灵活，符合机械传动原理。

如前述联动夹紧机构中，采用滑柱、球面垫圈、摇臂、摆动压块和液性介质等作为浮动件的各个环节，它们补偿了同批工件尺寸公差的变化，确保了联动夹紧的可靠性。常见的浮动环节结构如图 4-48 所示，其中图 4-48（a）和图 4-48（b）所示为两点式，图 4-48（c）和

图 4-48（d）所示为三点式，图 4-48（e）和图 4-48（f）所示为多点式。

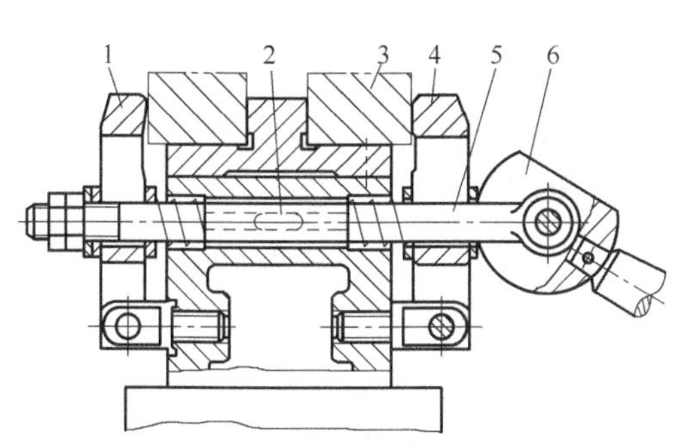


图 4-46　对向式多件联动夹紧机构

1,4—压板；2—键；3—工件；5—拉杆；6—偏心轮

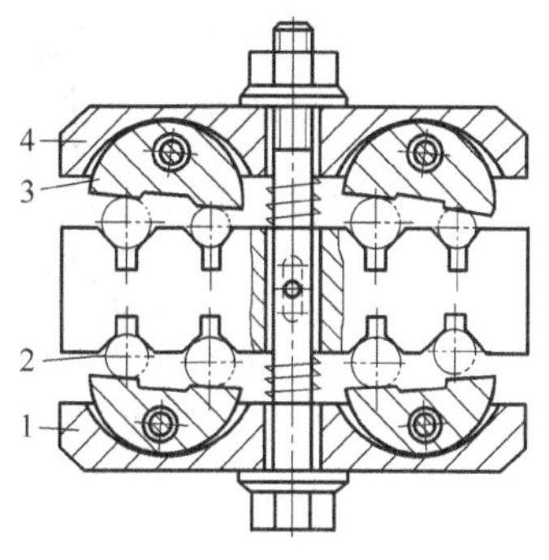


图 4-47　复合式多件联动夹紧机构

1,4—压板；2—工件；3—摆动压块

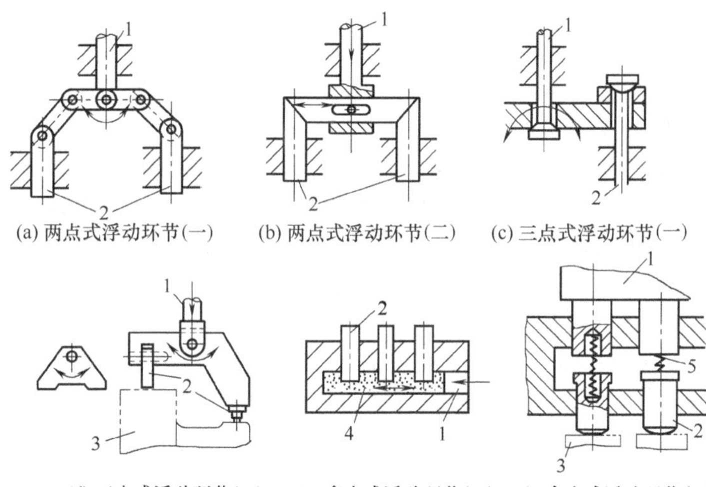


图 4-48　浮动环节的结构类型

1—动力输入端；2—输出端；3—工件；4—液性介质；5—弹簧

② 适当限制被夹工件的数量。在平行式多件联动夹紧中，如果工件数量过多，在一定原始力作用条件下，作用在各工件上的力就小，或者为了保证工件有足够的夹紧力，需无限增大原始作用力，从而给夹具的强度、刚度及结构等带来一系列问题。对连续式多件联动夹紧，由于摩擦等因素的影响，各工件上所受的夹紧力不等，距原始作用力越远，则夹紧力越小，故要合理确定同时被夹紧的工件数量。

③ 联动夹紧机构的中间传力杠杆应力求增力，以免使驱动力过大；并要避免采用过多的杠杆，力求结构简单紧凑，提高工作效率，保证机构可靠的工作。

④ 设置必要的复位环节，保证复位准确，松夹装卸方便。如图 4-49 所示，在两拉杆 4 上装有固定套环 5，松夹时，联动杠杆 6 上移，就可借助固定套环 5 强制拉杆 4 向上，使压板 3 脱离工件，以便装卸。

⑤ 要保证联动夹紧机构的系统刚度。一般情况下，联动夹紧机构所需总夹紧力较大，故在结构形式及尺寸设计时必须予以重视，特别要注意一些递力元件的刚度。如图 4-49 中的联动杠杆 6 的中间部位受较大弯矩，其截面尺寸应设计大些，以防止夹紧后发生变形或损坏。

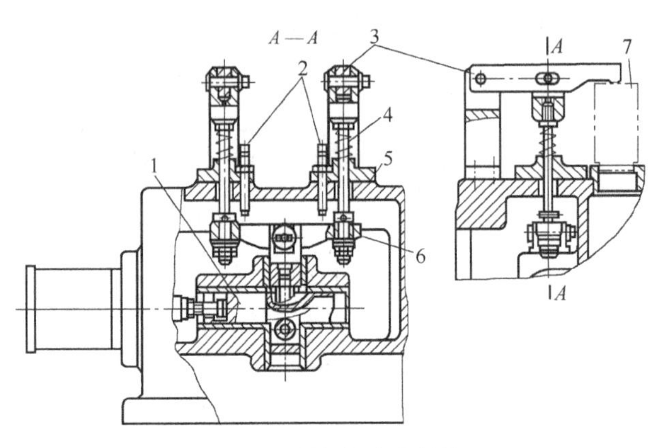


图 4-49 强行松夹的结构

1—斜楔滑柱机构；2—限位螺钉；3—压板；4—拉杆；5—固定套环；6—联动杠杆；7—工件

⑥ 正确处理夹紧力方向和工件加工面之间的关系，避免工件在定位、夹紧时的逐个积累误差对加工精度的影响。在连续式多件夹紧中，工件在夹紧力方向必须没有限制自由度的要求。

## 4.2.5 定心夹紧机构

定心夹紧机构就是定位和夹紧同时实现的夹紧机构。特点是“定位-夹紧”元件合二为一。定心夹紧机构具有定位和夹紧两种功能。定位：夹紧元件按等速位移原理来均分工件定位面的尺寸误差，实现定心或对中。夹紧：用夹紧元件的均匀弹性变形原理来实现定心夹紧。

当工件被加工面以中心要素（轴线、中心平面等）为工序基准时，为使基准重合以减少定位误差，就须采用定心夹紧机构。

定心夹紧机构按其定位和夹紧作用原理来分有两种类型：一种是依靠传动机构使定心夹紧元件同时作等速移动，从而实现定心夹紧，如螺旋式、杠杆式、楔式等；另一种是依靠定心夹紧元件本身作均匀的弹性变形（收缩或胀力），实现定心或对中夹紧，如弹性心轴、弹簧筒夹、液性塑料夹头等。下面将介绍常用的几种结构。

（1）螺旋式定心夹紧机构

如图 4-50 所示，转动有左、右螺纹的双向螺杆 6，使滑座 1、5 上的 V 形块钳口 2、4 作对向等速移动，可等速靠拢中心或等速远离中心从而实现对工件定心夹紧。V 形块钳口可按工件需要更换，定心精度可借助调节杆 3 实现。

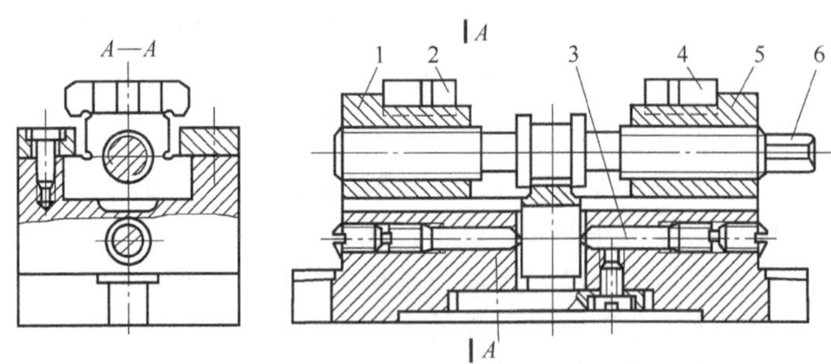


图 4-50 螺旋式定心夹紧机构

1,5—滑座；2,4—V 形块钳口；3—调节杆；6—双向螺杆

这种定心夹紧机构的优点是：结构简单，工作行程大，通用性好。其缺点是：定心精度不高，一般为 $\phi$（0.05～0.1）mm。该机构主要用于粗加工或半精加工中需要行程大而定心精度要求不高的工件。

（2）杠杆式定心夹紧机构

如图 4-51 所示为车床用的气压定心卡盘，气缸通过拉杆 1 带动滑套 2 向左移动时，拨动 3 个钩形杠杆 3 同时绕轴销 4 摆动，收拢位于滑槽中的 3 个夹爪 5 而将工件定心夹紧。夹爪的张开靠拉杆右移时装在滑套 2 上的斜面推动。

这种定心夹紧机构具有刚度高、动作快、增力比大、工作行程也比较大（随结构尺寸不同，行程为 3～12mm）等特点，其定心精度较低，一般约为 $\phi$0.1mm。它主要用于工件的粗加工。由于杠杆机构不能自锁，所以这种机构自锁要靠气压或其他装置，其中采用气压的较多。

(3) 楔式定心夹紧机构

如图 4-52 所示为机动的楔式夹爪自动定心机构。当工件以内孔及左端面在夹具上定位后，气缸通过拉杆 4 带动本体 2 右移，因斜面的作用使夹爪 1 向外胀开而定心夹紧工件，反之拉杆 4 左移，在弹簧卡圈 3 作用下使夹爪收拢松开工件。

这种定心夹紧机构的结构紧凑且传动准确，定心精度一般可达 $\phi$(0.02～0.07)mm，比较适用于工件以内孔作定位基面的半精加工工序。

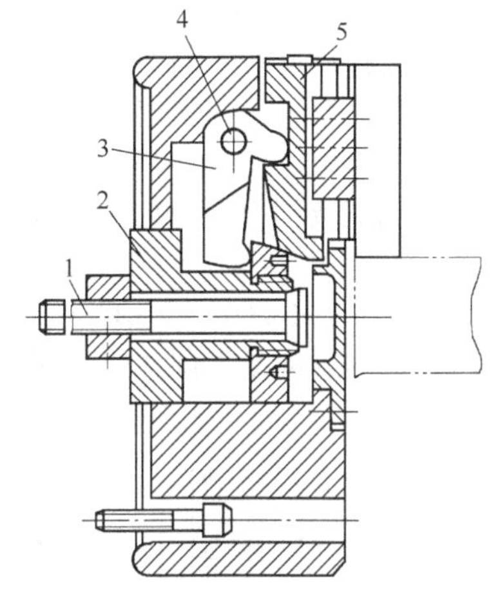


图 4-51　气压定心卡盘

1—拉杆；2—滑套；3—钩形杠杆；4—轴销；5—夹爪

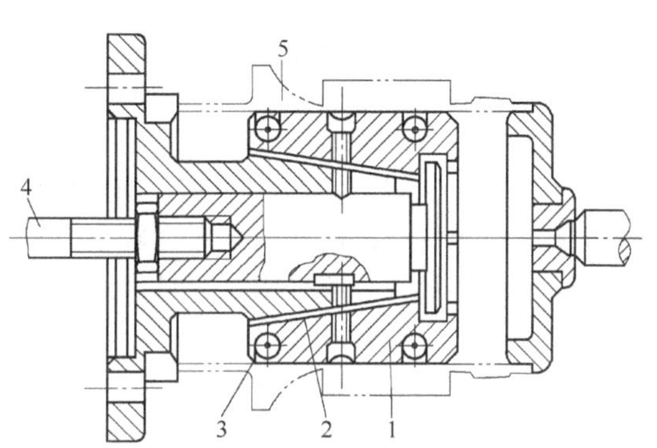


图 4-52　机动的楔式夹爪自动定心机构

1—夹爪；2—本体；3—弹簧卡圈；4—拉杆；5—工件

(4) 弹簧筒夹式定心夹紧机构

弹簧筒夹式定心夹紧机构常用于安装轴套类工件。图 4-53 (a) 所示为用于装夹工件以外圆柱面为定位基面的弹簧夹头。旋转螺母 4 时，锥套 3 内锥面迫使弹簧筒夹 2 上的簧瓣向心收缩，从而将工件定心夹紧。图 4-53 (b) 所示是用于工件以内孔为定位基面的弹簧心轴。因工件的长径比 $L/d \geqslant 1$，故弹簧筒夹 2 的两端各有簧瓣。旋转螺母 4 时，锥套 3 的外锥面向心轴 5 的外锥面靠拢，迫使弹簧筒夹 2 的两端簧瓣向外均匀胀开，从而将工件定心夹紧。反向转动螺母，带退锥套，便可卸下工件。

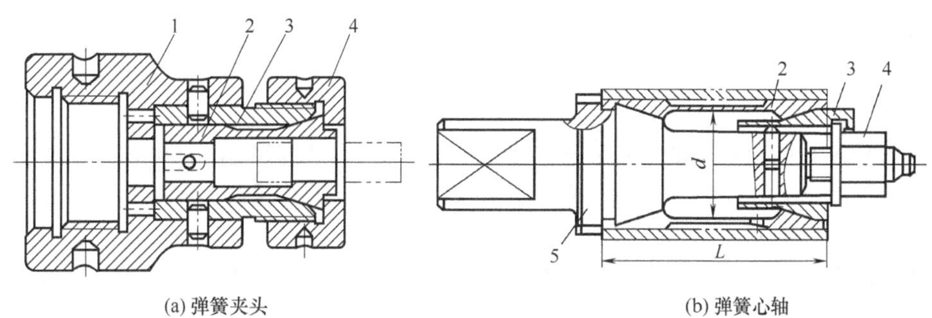


图 4-53　弹簧夹头和弹簧心轴

1—夹具体；2—弹簧筒夹；3—锥套；4—螺母；5—心轴

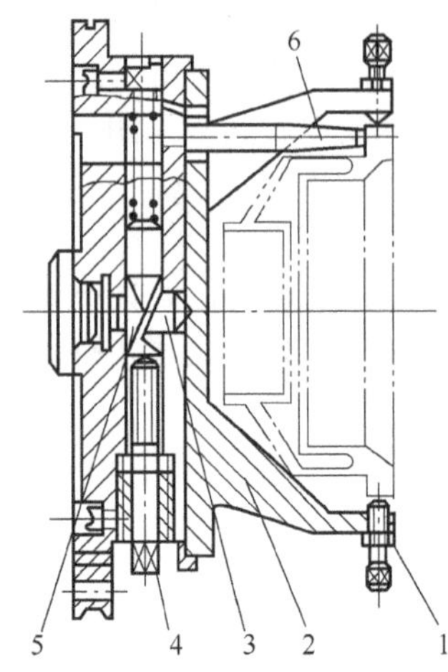

图 4-54 膜片卡盘定心夹紧机构
1—支承钉；2—膜片；3—滑柱；4—螺钉；5—楔块；6—支柱

弹簧筒夹定心夹紧机构的结构简单、体积小，操作方便迅速，因而应用十分广泛。其定心精度可稳定在 $\phi$(0.04～0.1) mm 之间，高的可达 $\phi$(0.01～0.02)mm。为保证弹簧筒夹正常工作，工件定位基面的尺寸公差应控制在 0.1～0.5mm 范围内，故一般适用于精加工或半精加工场合。

(5) 膜片卡盘定心夹紧机构

如图 4-54 所示工件以大端面和外圆为定位基面，在 10 个等高支柱 6 和膜片 2 的 10 个夹爪上定位。首先顺时针旋动螺钉 4 使楔块 5 下移，并推动滑柱 3 右移，迫使膜片 2 产生弹件变形，10 个夹爪同时张开，以放入工件。逆时针旋动螺钉，使膜片恢复弹性变形，10 个夹爪同时收缩将工件定心夹紧。夹爪上的支承钉 1 可以调节，以适应直径尺寸不同的工件。支承钉每次调整后都要用螺母锁紧，并在所用的机床上对 10 个支承钉的工作面进行加工（夹爪在直径方向上应留有 0.4mm 左右的预张量），以保证基准轴线与机床主轴回转轴线的同轴度。

膜片卡盘定心机构具有工艺性好、通用性好、定心精度高［一般为 $\phi$（0.005～0.01）mm］、操作方便迅速等特点。但它的夹紧力较小，故常用于滚动轴承零件的磨削或车削加工工序。

(6) 波纹套定心夹紧机构（详见 2.2.1.4）

(7) 液性塑料定心夹紧机构

如图 4-55 所示为液性塑料定心夹紧机构的两种结构，其中，图 4-55（a）所示是工件以内孔为定位基面，图 4-55（b）所示是工件以外圆为定位基面，虽然两者的定位基面不同，但其基本结构与工作原理是相同的。起直接夹紧作用的薄壁套筒 2 压配在夹具体 1 上，在所构成的容腔中注满了液性塑料 3。当将工件装到薄壁套筒 2 上之后，旋进加压螺钉 5，通过滑柱 4 使液性塑料流动并将压力传到各个方向上，薄壁套筒的薄壁部分在压力作用下产生径向均匀的弹性变形，从而将工件定心夹紧。图 4-55（a）中的限位螺钉 6 用于限制加压螺钉的行程，防止薄壁套筒超负荷而产生塑性变形。

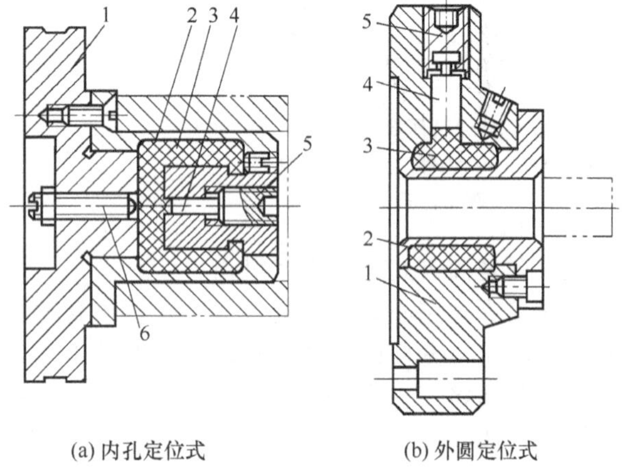

图 4-55 液性塑料定心夹紧机构
1—夹具体；2—薄壁套筒；3—液性塑料；4—滑柱；5—螺钉；6—限位螺钉

液性塑料定心夹紧机构的定心精度一般为 0.01mm，最高可达 0.005mm。由于薄壁套的弹性变形不能过大，一般径向变形量 $\varepsilon=(0.002\sim0.005)D$。因此，它只适用于定位孔精度较高的精车、磨削和齿轮加工等精加工工序。

薄壁套筒的结构尺寸和材料、热处理等可从“夹具手册”中查到。

## 4.2.6 夹具动力装置的应用

对于力源来自机械、电力等机动夹紧装置，统称为夹具动力装置。下面将介绍常用动力装置的特点及一般应用情况，对于具体的结构设计可参阅有关机床夹具设计资料。

#### 4.2.6.1 气压装置

(1) 气压装置的组成

气压装置的系统如图 4-56 所示，它包括 3 个组成部分：气源、控制部分和执行部分。

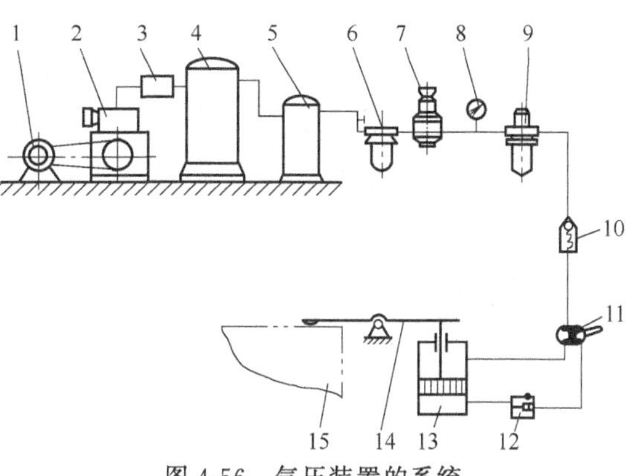


图 4-56 气压装置的系统

1—电动机；2—空气压缩机；3—冷却器；4—储气罐；5—过滤器；6—分水滤气器；7—调压阀；8—压力表；9—油雾器；10—单向阀；11—配气阀；12—调速阀；13—气缸；14—压板；15—工件

气压装置的执行部分主要是气缸，它们通常直接装在机床夹具上与夹紧机构相连。气缸将压缩空气的工作压力转换为活塞的移动，以驱动夹紧机构实现对工件的夹紧。它的种类很多，按活塞的结构可分为活塞式和膜片式两大类；按安装方式可分为固定式、摆动式和回转式等；按工作方式还可分为单向作用和双向作用气缸。

① 如图 4-57 所示为固定式活塞式气缸，由缸体 1、缸盖 2 与缸盖 4、活塞 6 和活塞杆 3 组成。活塞在压缩空气推动下作往复直线运动，实现夹紧和松开。

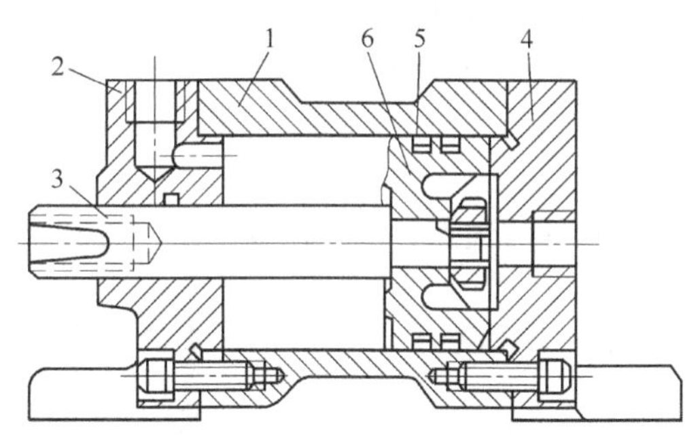


图 4-57 固定式活塞式气缸

1—缸体；2,4—缸盖；3—活塞杆；5—密封圈；6—活塞

各种气缸的结构参数和推力（或拉力）可从“夹具手册”中查到。

② 回转式活塞式气缸：它用于作回转运动的夹具，如车、磨用夹具等。图 4-58 所示为采用回转气缸的车床气动卡盘，它由卡盘 1、回转气缸 6 和导气接头 8 三个部分组成。卡盘以其过渡盘 2 安装在主轴 3 前端的轴颈上，回转气缸则通过连接盘 5 安装在主轴末端，活塞 7 和卡盘 1 用拉杆 4 相连。加工时，卡盘和回转气缸随主轴一起旋转，导气接头不转动。

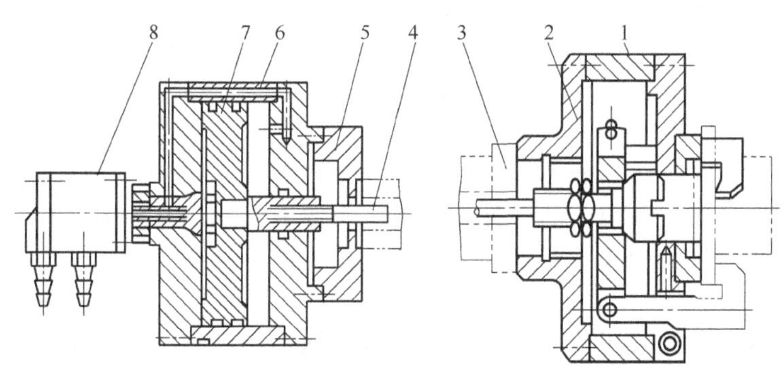


图 4-58 采用回转气缸的车床气动卡盘

1—卡盘；2—过渡盘；3—主轴；4—拉杆；5—连接盘；6—回转气缸；7—活塞；8—导气接头

导气接头的结构如图 4-59 所示。支承心轴 1 右端固定在气缸盖 8 上，壳体 2 通过两个滚动轴承 5 和滚动轴承 7 装配在支承心轴的轴颈上，支承心轴随气缸和轴承内圈一起转动，壳体 2 则静止不动。

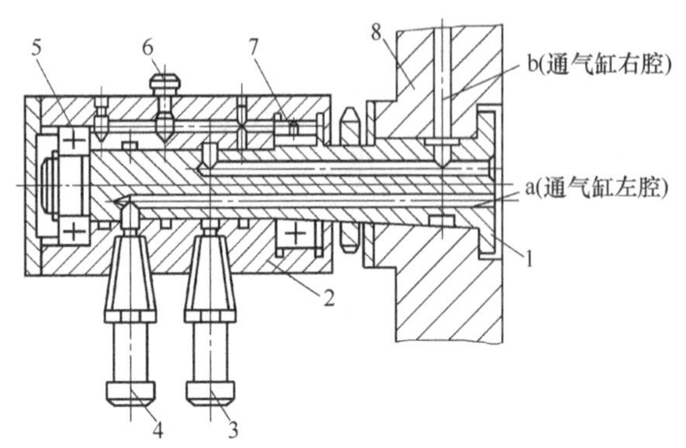


图 4-59 导气接头的结构

1—支承心轴；2—壳体；3,4—管接头；5,7—滚动轴承；6—油孔螺塞；8—气缸盖

当压缩空气从管接头 3 输入，经环形槽和孔道 b 进入气缸右腔时，活塞向左移动并带动钩形压板压紧工件。此时左腔废气经由孔道口和环形槽从管接头 4 的管道至配气阀排入大气中。反之，当配气阀手柄换位时，压缩空气经由管接头 4、环形槽和孔道 a 进入左腔，工件松夹，气缸右腔废气便从管接头 3 经配气阀排出。

回转式气缸必须密封可靠，回转灵活。导气接头的壳体与心轴之间应有 0.007～0.015mm 的间隙，以保证导气接头中的运动副获得充分润滑而不会因摩擦发热而咬死。

③ 薄膜式气缸：图 4-60 所示为单向作用薄膜式气缸。当压缩空气从接头 1 进入气缸作用在薄膜 5 和托盘 4 上时，推杆 6 右移夹紧工件；松夹时靠弹簧 2 和弹簧 3 的弹力推动托盘左移，废气仍从接头 1 排出。

薄膜式气缸与活塞式气缸相比，其优点是：结构简单，容易制造，不需密封装置，成本较低。其缺点是：受薄膜变形量限制，工作行程一般不超过 30～40mm；推力也小，并随着夹紧行程的增大而减小。

(2) 气压装置的特点

气压装置以压缩空气为力源，有清洁无污染和成本低的优点，应用比较广泛，与液压装置比较有如下优点：

① 动作迅速，反应快。气压为 0.5MPa 时，气缸活塞速度为 1～10m/s，夹具每小时可连续松夹上千次。

② 工作压力低（一般为 0.4～0.6MPa），传动结构简单，对装置所用材料及制造精度要求不高，制造成本低。

③ 空气黏度小，在管路中的损失较少，便于集中供应和远距离输送，易于集中操纵或程序控制等。

④ 空气可就地取材，容易保持清洁，管路不易堵塞，也不会污染环境，具有维护简单，使用安全、可靠、方便等特点。

其主要缺点是：空气压缩性大，夹具的刚度和稳定性较差；在产生相同原始作用力的条件下，因工作压力低，其动力装置的结构尺寸大；此外，还有较大的排气噪声。

在夹具上使用气动或液压传动装置，均可显著地提高工效和减轻劳动强度，使传动动作迅速、反应灵敏，易实现自动化控制。

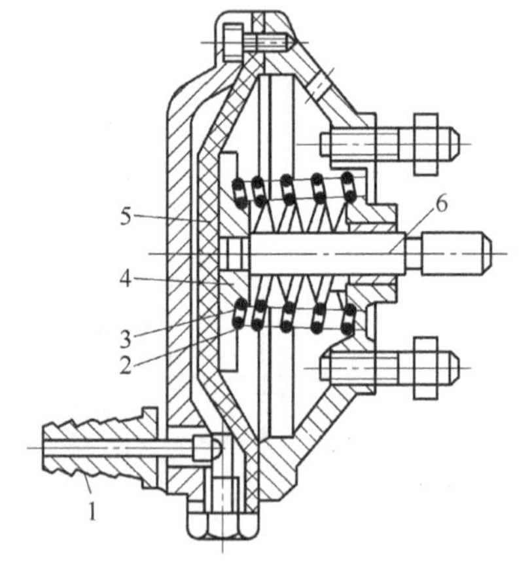


图 4-60 单向作用薄膜式气缸

1—接头；2,3—弹簧；4—托盘；5—薄膜；6—推杆

#### 4.2.6.2 液压装置

在现代机械制造业中，由于机床转速高、切削用量大、要求夹紧力大等因素，使体积小、压力大（油压为 2MPa 左右）、传动平稳的液压装置在夹具中的应用愈来愈广泛。

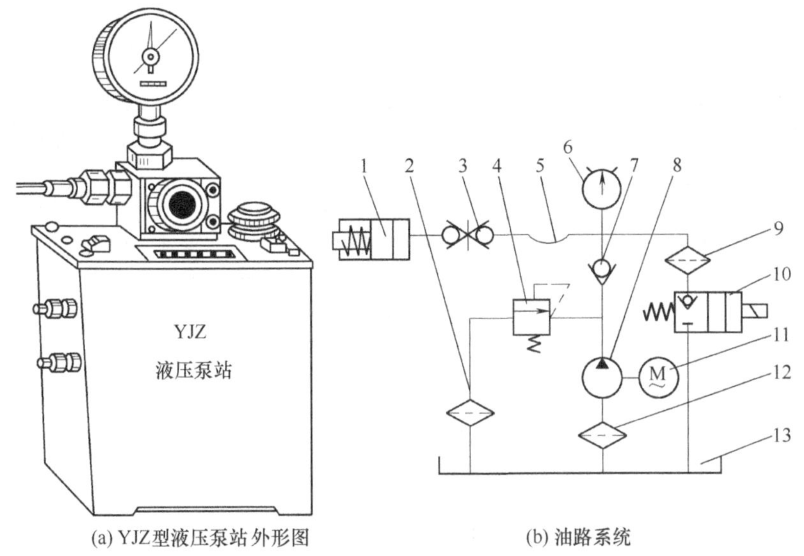


(a) YJZ型液压泵站外形图　　(b) 油路系统

图 4-61　YJZ 型液压泵站

1—夹具微型液压缸；2,9,12—滤油器；3—快换接头；4—溢流阀；5—高压软管；6—电接点压力表；7—单向阀；8—柱塞泵；10—电磁卸荷阀；11—电动机；13—油箱

(1) 液压泵站油路系统

当在几台非液压机床上使用液压夹具，并采用集中泵站供油方式时，可以看到液压夹具的优越性。但是，它存在着工件夹紧后或更换时不需要供应液压油，而其他机床却需要液压泵连续供油，从而造成虚耗大量电能，致使油温急剧上升，液压油容易变质等问题。为此，可采用单机配套的高压小流量液压泵站。

图 4-61 (a) 所示是 YJZ 型液压泵站外形图。图 4-61 (b) 所示为其油路系统，油液经滤油器 12 进入柱塞泵 8，通过单向阀 7 与快换接头 3 进入夹具微型液压缸 1。电接点压力表 6 用于显示液压系统的工作压力，溢流阀 4 的作用是防止系统过载，电磁卸荷阀 10 兼有卸荷、换向、保压的作用。

液压泵站输出的液压油油压高（最高工作压力为 16～32MPa)，工作液压缸直径尺寸小，如图 4-62 所示。这种微型液压缸可直接安装在机床工作台或夹具体上。

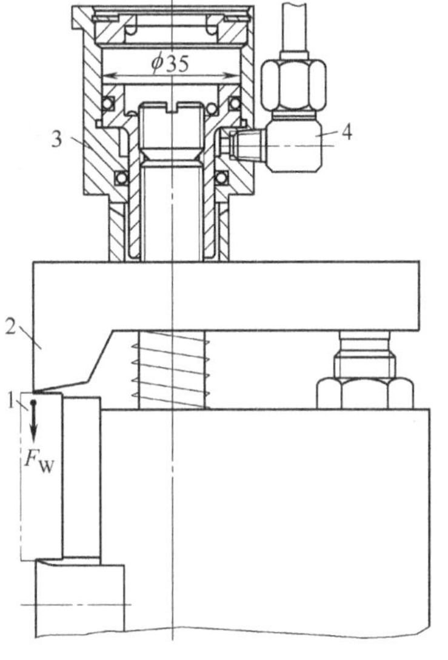


图 4-62　微型液压缸

1—工件；2—压板；3—液压缸；4—管接头

图 4-63 (a) 所示为通过 T 形槽安装在工作台上，图 4-63 (b) 所示为液压缸安装在夹具体孔中并用螺钉紧固，图 4-63 (c) 所示为液压缸直接旋入夹具体螺纹孔中。

液压泵站可按实际需要购买。微型液压缸的参数和尺寸见有关机床夹具设计手册。

(2) 液压装置的特点

液压装置的优点如下。

① 液压油油压高、传动力大，在产生同样原始作用力的情况下，液压缸的结构尺寸是气压的 1/3～1/4。

② 油液的不可压缩性使夹紧刚度高，工作平稳、可靠。

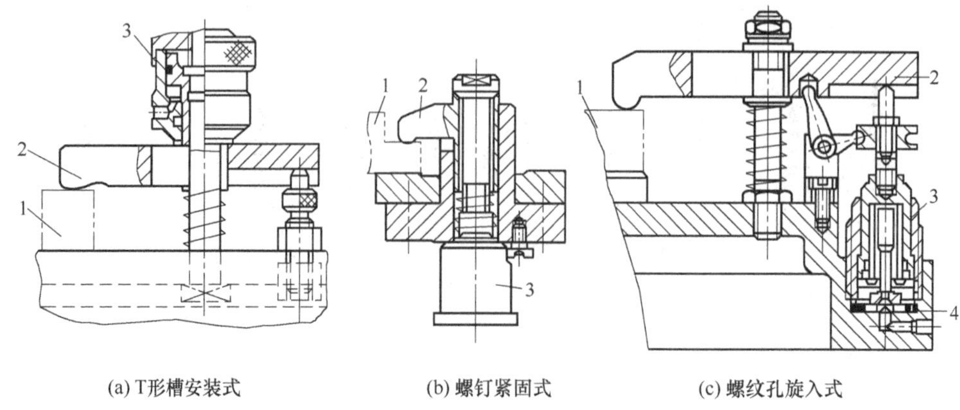

(a) T形槽安装式　(b) 螺钉紧固式　(c) 螺纹孔旋入式

图 4-63　微型液压缸的安装形式

1—工件；2—压板；3—微型液压缸；4—夹具体

③ 液压传动噪声小，劳动条件比气压的好。

其缺点是油压高容易漏油，要求液压元件的材质和制造精度高，故而夹具成本较高。

#### 4.2.6.3　气液增压装置

为了综合利用气压和液压装置的优点，在不需增设液压装置的条件下，可在非液压机床上采用气液联动的增压装置。

(1) 气液增压工作原理

气液增压夹紧的动力来源仍是压缩空气，液压起增压作用。其工作原理如图 4-64 所示。压缩空气进入气缸 A 室，推动活塞 1 左移。增力液压缸 B 与工作液压缸是接通的。当活塞 1 左移时，活塞杆就推动 B 室内的油增压进入工作液压缸而夹紧工件。增力计算如下。

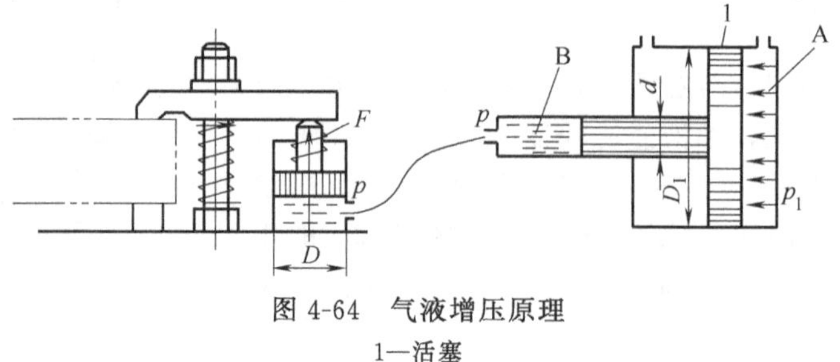

图 4-64　气液增压原理

1—活塞

按工件被夹紧后的平衡条件，气缸与增力液压缸之间的平衡方程式为

$$\frac{\pi D_1^2}{4} p_1 = \frac{\pi d^2}{4} p$$

则

$$p = \frac{D_1^2}{d^2} p_1 \eta$$

式中，$p$ 为输出油压，即增力液压缸的油压，N/cm²；$p_1$ 为压缩空气的气压，N/cm²；$D_1$ 为气缸的直径，cm；$d$ 为增力液压缸直径，cm；$\eta$ 为总效率，一般为 0.8～0.85。

作用在工作液压缸上的推力为

$$F = \frac{\pi D^2}{4} p\eta = \frac{\pi D^2}{4}\left(\frac{D_1^2}{d^2}\right) p_1 \eta$$

式中，$F$ 为工作液压缸活塞上的推力，N；$D$ 为工作液压缸的直径，cm。

由上式可知，气液增压装置的增压比为

$$i_p=\frac{p}{p_1}=\left(\frac{D_1}{d}\right)^2$$

(2) 气液增压装置的特点

① 其油压可达 9.8～19.6MPa，不需要增加机械增力机构就能产生很大的夹紧力，使夹具结构简化，传动效率提高和制造成本降低。

② 气液增压装置已被制成通用部件，可以各种方式灵活、方便地与夹具组合使用。

#### 4.2.6.4　电动装置

电动装置是以电动机带动夹具中的夹紧机构，对工件进行夹紧的一种方式。最常用的是少齿差行星减速电动卡盘。电动卡盘工作时需要低转速、大扭矩。借助行星减速机构可以将电动机高转速、小扭矩变成符合电动卡盘需要的低转速、大扭矩功能。

图 4-65 所示为电动三爪自定心卡盘。它可由三爪自定心卡盘改装而成，即在卡盘体内装上一套少齿差行星机构。电动机的动力通过胶木齿轮 1 和齿轮 2 传至传动轴 3。在传动轴 3 的前端装有偏心轴 6，其上装有两个相互偏心的齿轮 7 和齿轮 8，通过每个齿轮上面的 8 个孔，套在固定于定位板 4 上的 8 个销子 5 上。偏心轴 6 转动时，齿轮 7 和齿轮 8 不能自转而只能作平行运动，并带动内齿轮 9 转动。内齿轮 9 的端面与大锥齿轮啮合，从而带动卡爪定心夹紧或松开工件。

这种电动卡盘的特点是：传动平稳，无噪声，具有普通三爪自定心卡盘的通用性。

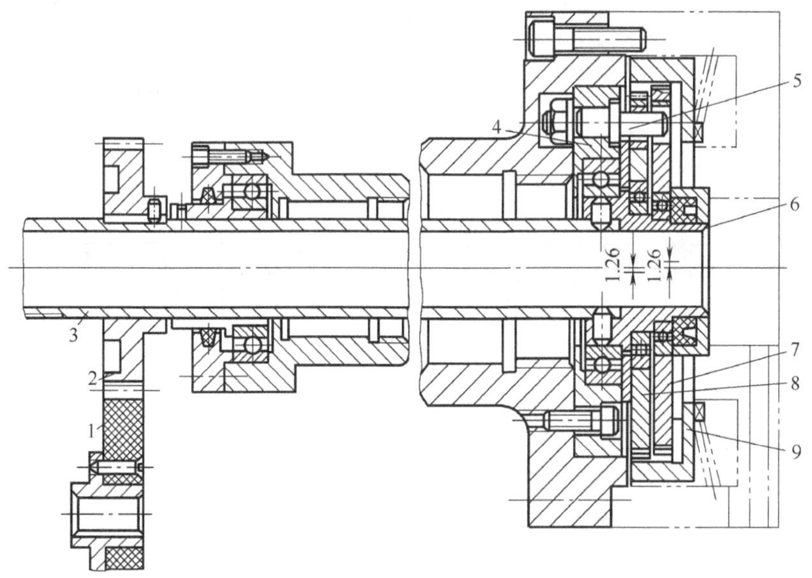


图 4-65　电动三爪自定心卡盘

1—胶木齿轮；2,7,8—齿轮；3—传动轴；4—定位板；5—销子；6—偏心轴；9—内齿轮

#### 4.2.6.5　磁力装置

磁力装置按其磁力的来源，可分为永磁式和电磁式两类，永磁式是由永久磁铁产生吸力将工件夹紧，如常见的标准通用永磁工作台。它的优点是不消耗电能，经久耐用，但吸力没有电磁式的大。

图 4-66 所示为车床用感应式电磁卡盘。当线圈 1 通上直流电后，在铁芯 2 上产生磁力线，避开隔磁体 5 使磁力线通过工件和导磁体定位件 6 形成闭合回路（如图 4-66 中虚线所示），工件被磁力吸在盘面上。断电后，磁力消失，取下工件。

磁力夹紧主要适用于薄件加工和高精度的磨削，它具有结构简单紧凑、安全可靠、夹紧

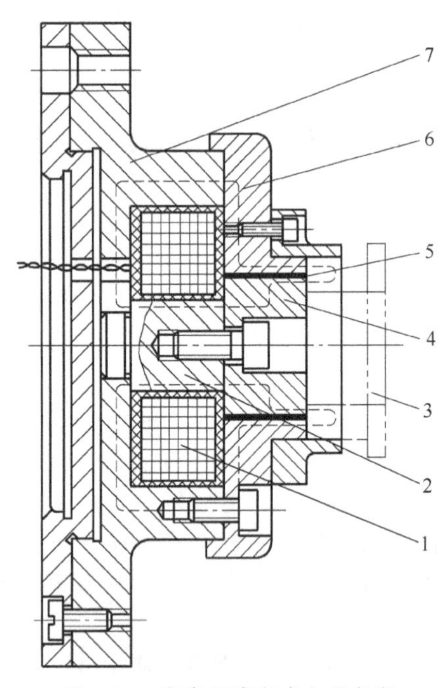


图 4-66　车床用感应式电磁卡盘

1—线圈；2—铁芯；3—工件；4—导磁体定位件；5—隔磁体；6—导磁体定位件；7—夹具体

动作迅速等特点。

#### 4.2.6.6　真空装置

真空装置是利用封闭腔内的真空度吸紧工件，实质上是利用大气压力来压紧工件。图 4-67 所示是其工作原理图。图 4-67（a）所示是未夹紧状态，夹具体上有橡皮密封圈 B，工件放在密封圈上，使工件与夹具体形成密闭腔 A，然后通过孔道 C 用真空泵抽出腔内空气，使密闭腔形成一定的真空度，在大气压力作用下，工件定位基准面与夹具支承面接触［见图 4-67（b）］并获得一定的夹紧力。

夹紧力计算公式如下：

$$F_W = s(p_a - p_0) - F_m$$

式中，$F_W$ 为夹紧力，N；$s$ 为空腔 A 的有效面积，即为密封圈 B 所包容的面积，$mm^2$；$p_a$ 为大气压强，0.1MPa；$p_0$ 为腔内剩余压强，一般为 0.01～0.05MPa；$F_m$ 为橡胶密封圈的反作用力，N。

图 4-68 所示为真空夹紧装置的系统图，它由电动机 1、真空泵 2、真空罐 3、空气滤清器 4、操纵阀 5、真空夹具 6 等组成。其中，真空罐 3 经常处于真空状态，当它与夹具密闭腔接通后，迅速使腔内形成真空，夹紧工件。真空罐的容积应比夹具密闭腔的容积大 15～20 倍。

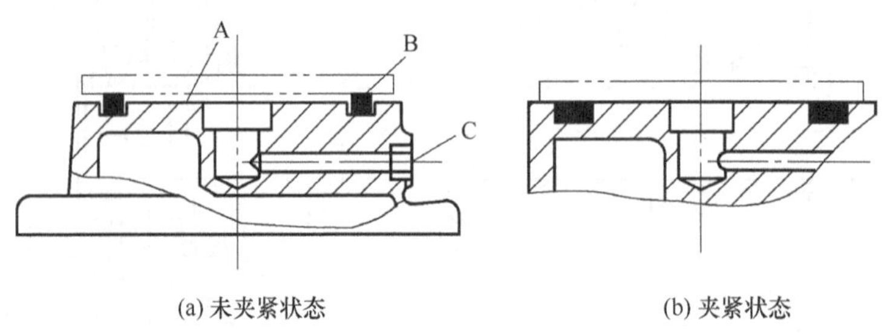


(a) 未夹紧状态　　(b) 夹紧状态

图 4-67　真空夹紧原理

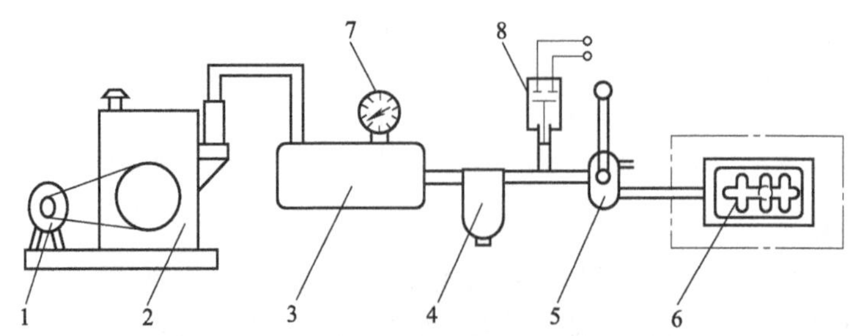


图 4-68　真空夹紧装置的系统图

1—电动机；2—真空泵；3—真空罐；4—空气滤清器；5—操纵阀；6—真空夹具；7—真空表；8—紧急断路器

系统中还安装了紧急断路器 8，它与机床电动机的电路联锁。当真空度低于规定值时，紧急断路器将电路切断，停止机床运转，以防发生事故。

真空装置的特点是压力均匀，单位有效面积上的压力只有 $6 \sim 8N/cm^2$，因此，仅适用于加工刚度低、大而薄或需要均匀夹紧而又不能采用磁力夹紧的工件。

# 4.3 任务实施

## 4.3.1 工作任务实施

通过前面的学习，应了解夹紧装置的组成和基本要求，掌握夹紧力确定的基本原则、基本夹紧机构的结构特点和设计方法等。下面将回到工作场景中，完成工作任务。

(1) 零件分析

前面我们已对图 4-1 所示零件进行了结构分析和精度分析。

(2) 定位方案

因半轴零件圆弧较多，故考虑采用 3 个短 V 形块定位，把 6 个自由度进行完全定位，如图 4-69 所示。

定位元件可选用一个长 V 形块（横向 V 形块 2）替两个短 V 形块，半轴零件长轴方向可用半圆弧的两个定位元件（定位夹紧元件 1）来代替一个短 V 形块，如图 4-70 所示。

(3) 夹紧方案

夹紧力方向和作用点如图 4-69 所示。

夹紧动力装置可采用气压或液压装置，推动轴向拉杆 3 向后移动，推动滑柱 4，通过杠杆 5 使定位夹紧元件 1 向中心收拢夹紧工件，如图 4-70 所示。

(4) 定位及夹紧实施

如图 4-70 所示，工件从侧面装入夹具，使两叉半圆柱面与横向 V 形块 2 接触，轴向拉杆 3 向后移动，由于斜面作用径向外推两个滑柱 4，通过两个杠杆 5 使带有半圆弧的两个定位夹紧元件 1 向中心收拢，工件得到定心并夹紧。

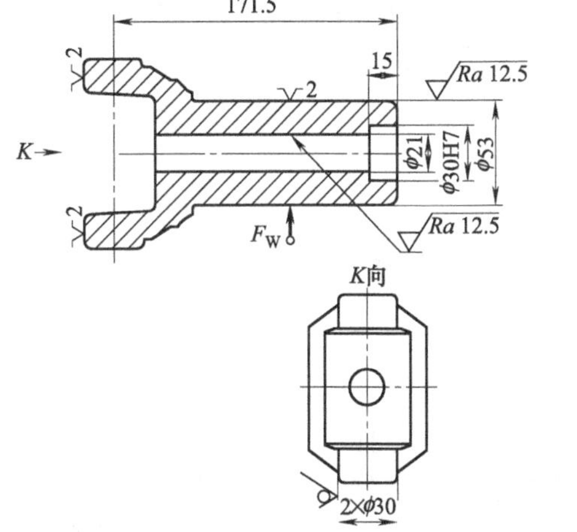

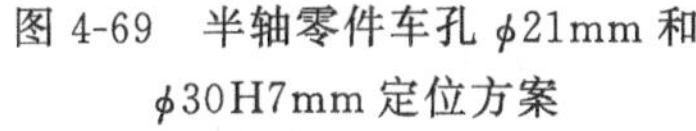


图 4-69 半轴零件车孔 $\phi$21mm 和 $\phi$30H7mm 定位方案

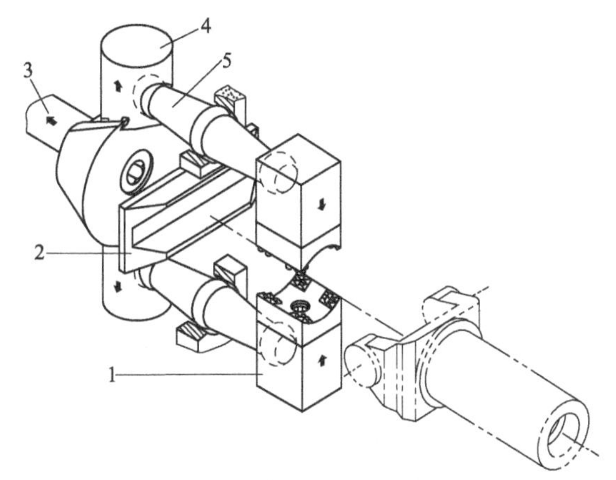


图 4-70 半轴零件车孔 $\phi$21mm 和 $\phi$30H7mm 定位夹紧装置

1—定位夹紧元件；2—横向 V 形块；3—轴向拉杆；4—滑柱；5—杠杆

## 4.3.2 拓展实践

如图 4-71 所示为法兰盘零件，生产 500 件，材料为 HT200。欲在其上加工 4×$\phi$26H11 孔。根据工艺规程，本工序是最后一道机加工工序，采用钻模分两个工步加工，即先钻

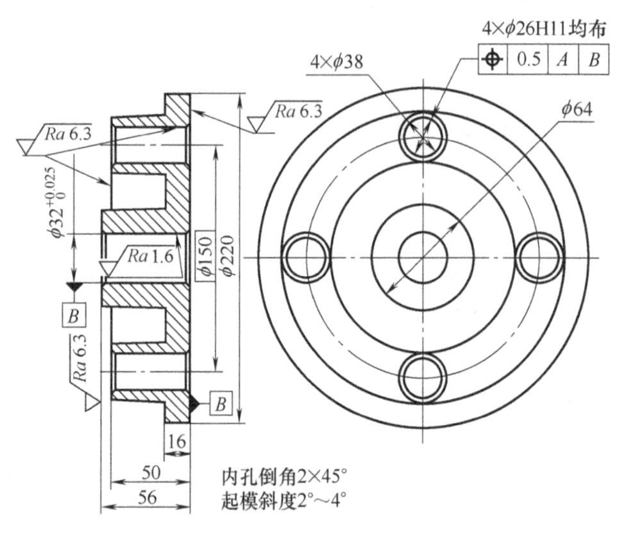


图 4-71 法兰盘零件

$\phi$24mm 孔，后扩至 $\phi$26H11 孔。设计夹紧方案。

(1) 零件分析

① 4×$\phi$26mm 孔加工精度为 11 级。先钻 $\phi$24mm 孔，后扩至 $\phi$26H11 孔。

② 4×$\phi$26mm 孔轴线对基准 $A$、$B$ 的位置度公差为 $\phi$0.5mm。

③ 4×$\phi$38mm 孔为自由尺寸。

(2) 确定动力来源

考虑到生产类型为中批生产，夹具的夹紧机构不宜复杂，钻削扭矩较大，为保证夹紧可靠安全，拟采用手动螺旋压板夹紧机构。

(3) 确定夹紧力方向和作用点

根据夹紧力方向和作用点的选择原则，拟定的夹紧方案如图 4-72 (a) 所示。参考类似的夹具资料，针对工件夹压部位的结构，为便于装卸工件，选用两个 A16×80 移动压板置于工件两侧 [见图 4-72 (b)]，能否满足要求，则需计算夹紧力。

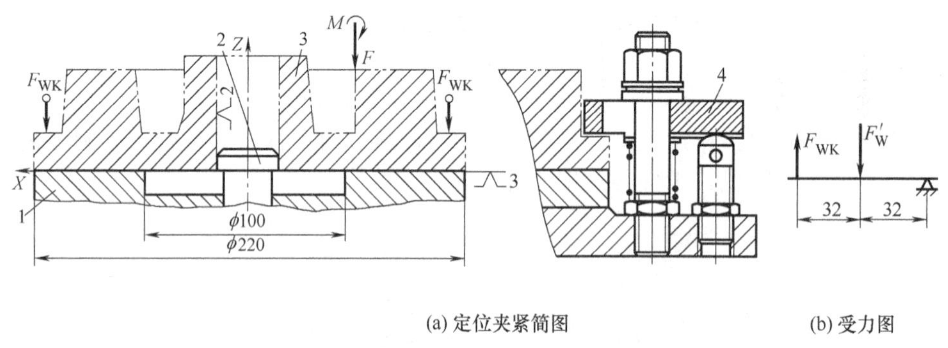


图 4-72 法兰盘夹紧方案

1—支承板；2—定位销；3—工件；4—移动压板

(4) 确定夹紧力大小

钻 $\phi$24mm 孔所需夹紧力比扩孔的大，所以只需计算钻孔条件下的夹紧力。由图 4-72 (a) 可知，加工 $\phi$24mm 孔时，钻削轴向力 $F$ 与夹紧力 $F_{WK}$ 同向，作用于定位支承板上；钻削扭矩 $M$ 则使工件转动。为防止工件转动，夹具夹紧机构应有足够的摩擦力矩。

根据工件的材料，钻头直径 $d_0=24$mm，进给量 $f=0.3$mm/r，由切削用量手册可查（公式计算）出钻削扭矩 $M=46.205$N·m，钻削轴向力 $F=3924$N。

钻削时，两压板与工件接触处的摩擦力矩可忽略不计。因钻 $\phi$24mm 孔最不利的加工位置为钻透瞬间的位置，此时钻削轴向力 $F$ 突然反向，故不将其作为对夹紧的有利因素考虑。按静力平衡并考虑安全系数可知，每个压板实际应输出的夹紧力为

$$F_{WK}=\frac{KM}{2fr'}$$

式中，$M$ 为钻削扭矩，N・m；$F_{WK}$ 为每个压板实际输出的夹紧力，N；$f$ 为摩擦系数，$f=0.15$；$K$ 为安全系数，$K=2$；$r'$为当量摩擦半径。其中，$r'=\frac{1}{3}\left(\frac{D^3-D_1^3}{D^2-D_1^2}\right)$，$D$ 为工件外圆直径，$D=0.22\text{mm}$；$D_1$ 为支承板孔直径，$D_1=0.10\text{mm}$。

将已知数值代入上式

$$F_{WK}=\frac{2\times 46.205}{2\times 0.15\times\frac{1}{3}\times\left(\frac{0.22^3-0.1^3}{0.22^2-0.1^2}\right)}\text{N}=3678\text{N}$$

由图 4-72（b）所示的杠杆比可知，螺母的夹紧力应为 3678×2N＝7356N。由表 4-3 查得，当手柄长为 190mm，手柄作用力 $F_Q$ 为 100N 时，M16 螺母的夹紧力 $F'_W$ 为 8000N。由于 $F_{WK}=7356\text{N}<F'_W=8000\text{N}$，因而 M16 螺栓能满足夹紧要求。

M16 螺杆的强度足够，其校核公式如下。

$$d\geqslant 2c\sqrt{\frac{F'_W}{\pi\sigma_b}}$$

式中，$d$ 为外螺纹公称直径，mm；$F'_W$ 为外螺纹承受的轴向力，N；$c$ 为系数，普通螺纹 $c=1.4$；$\sigma_b$ 为抗拉强度，45 钢 $\sigma_b=600\text{N/mm}^2$。

根据前面计算，选用 M16 螺栓和螺母以及移动压板［图 4-31（a）］等。

## 4.3.3 工作实践中常见问题解析

（1）工件定位正确合理，但加工尺寸仍不符合工序加工要求

① 分析夹紧装置中夹紧力的方向是否合理。夹紧力的方向应有助于定位稳定，不改变工件定位后占据的正确位置。

② 分析夹紧装置中夹紧力的作用点是否合理。夹紧力的作用点应落在定位元件的支承范围内，应尽量靠近加工表面。

③ 采用联动夹紧机构时，分析浮动环节设置是否合理可靠。

④ 分析夹紧力的确定是否合理，工件是否夹牢。

⑤ 分析夹紧机构是否考虑了自锁性能。

⑥ 分析机床精度和刀具精度是否有保证。

⑦ 分析工人是否按照工序作业规程进行操作加工。

（2）工件定位合理，但工件加工后仍出现变形

① 分析夹紧装置中夹紧力的方向和作用点是否合理，是否在工件刚度较高的方向和刚度较高的部位。

② 工件刚度较差，分析是否采用浮动夹紧装置或增设辅助支承。

③ 分析夹紧力的大小是否合理，是否由于夹紧力过大而夹坏工件。

④ 分析夹紧元件接触面的形状是否合理，接触面的质量是否有保证。

⑤ 分析夹紧元件和工件各接触面所受的单位压力是否相等。

⑥ 分析工人操作是否规范。

（3）夹紧装置的夹紧力大，工人操作不方便

① 分析夹紧装置中夹紧力的方向是否有利于减小夹紧力。

② 分析夹紧力计算是否合理，安全系数确定是否合理。

③ 分析夹紧装置中间传力机构的设计是否合理。

④ 分析是否有必要采用机动夹紧装置。

⑤ 分析联动夹紧机构夹紧工件数量是否过多。

⑥ 分析夹紧装置设计是否考虑了工人的操作习惯。

## 项目小结

本项目介绍了工件夹紧装置的组成和基本要求、夹紧力确定的基本原则、基本夹紧机构（斜楔夹紧机构、螺旋夹紧机构、偏心夹紧机构、铰链夹紧机构）等基本内容，并介绍了联动夹紧机构、定心夹紧机构以及夹紧动力装置的应用等拓展内容。学生通过学习和完成工作任务，应达到掌握夹紧装置设计的相关知识的目的，并且巩固项目 3 所学习的工件定位设计方面的知识。

## 实践任务

### 实践任务 4-1

| 专业 | | 班级 | | 姓名 | | 学号 | |
|---|---|---|---|---|---|---|---|
| 实践任务 | 复习本项目内容 | | | 评分 | | | |
| 实践要求 | | | | | | | |

**一、填空题**

1. 典型夹紧机构包括________、________和________三部分。

2. 基本夹紧机构是指________、________、________、________以及它们的组合。

3. 在各种夹紧机构中，________夹紧机构一般不考虑自锁；________夹紧机构既可增力又可减力；________夹紧机构实现工件定位作用的同时，并将工件夹紧；________夹紧机构行程不受限制。________夹紧机构能改变夹紧力的方向，________夹紧机构夹紧行程与自锁性能有矛盾。________夹紧机构动作迅速，操作简便。

4. 定心夹紧机构是指________在实行对工件夹紧的过程中，同时完成对工件的定位，即对工件的________和________同时完成。

5. 偏心夹紧机构的偏心件一般有________和________两种类型。在使用圆偏心轮夹紧工件时能保证自锁，则应使圆偏心轮上任意一点的________角都小于该点工作时的____________角。

6. 多点联动夹紧是一种____________夹紧，在夹紧机构中必须有____________元件。

7. 机床夹具的动力夹紧装置由____________、中间传力机构和____________所组成。

8. 常用动力装置有________、________、________、________、________、________。

9. 夹紧力三要素的设计原则为：________、________和________。

10. 生产中应用最普遍的夹紧机构是_________夹紧机构。典型螺旋夹紧机构的两种典型结构形式为_________和________。

**二、选择题**

1.（　　）夹紧机构不仅结构简单，容易制造，而且自锁性能好，夹紧力大，是夹具上用得最多的一种夹紧机构。

A. 斜楔　　B. 螺旋　　C. 偏心　　D. 铰链

2. 夹紧力的方向应尽量垂直于主要定位基准面，同时应尽量与（　　）方向一致。

A. 退刀　　B. 振动　　C. 换刀　　D. 切削

3. 车细长轴时，要使用中心架或跟刀架来增加工件的（　　）。

A. 韧性　　B. 强度　　C. 刚度　　D. 稳定性

4. 夹紧力的方向应尽可能和切削力、工作重力（　　）。

A. 同向　　B. 平行　　C. 相反

5. 为保证工件在夹具中加工时不会振动，夹紧力的作用点应选择在（　　）。

A. 远离加工处　　B. 靠近加工处　　C. 加工处　　D. 刚度足够处

6. 在简单夹紧机构中：

（　　）夹紧机构一般不考虑自锁；

（　　）夹紧机构既可增力又可减力；

（　　）夹紧机构实现工件定位作用的同时，并将工件夹紧；

（　　）夹紧机构行程不受限制；

（　　）夹紧机构能改变夹紧力的方向；

续表

| 专业 | | 班级 | | 姓名 | | 学号 | |
|---|---|---|---|---|---|---|---|
| 实践任务 | 复习本项目内容 | | | 评分 | | | |
| 实践要求 | | | | | | | |

(　　)夹紧机构夹紧行程与自锁性能有矛盾；

(　　)夹紧机构动作迅速，操作简便。

A. 斜楔　B. 螺旋　C. 定心　D. 杠杆

E. 铰链　F. 偏心

7. 偏心轮的偏心量取决于(　　)和(　　)，偏心轮的直径和(　　)密切有关。

A. 自锁条件　B. 夹紧力大小　C. 工作行程　D. 销轴直径

E. 工作范围　F. 手柄长度

8. 在多件夹紧中，由于(　　)，因此一般采用(　　)，夹紧才能达到各工件同时被夹紧的目的。

A. 多点　B. 多向　C. 浮动　D. 动作联动

E. 各工件在尺寸上有误差　F. 连续式或平行式夹紧。

9. 采用连续多件夹紧，工件本身作浮动件，为了防止工件的定位基准位置误差逐个积累，应使(　　)与夹紧力方向相垂直。

A. 工件加工尺寸的方向　B. 定位基准面　C. 加工表面　D. 夹压面

10. 常用的夹紧机构中，自锁性能最可靠的是(　　)。

A. 斜楔　B. 螺旋　C. 偏心　D. 铰链

11. 薄壁套筒零件安装在车床三爪卡盘上，以外圆定位车内孔，加工后发现孔有较大圆度误差，其主要原因是(　　)。

A. 工件夹紧变形　B. 工件热变形　C. 刀具受力变形　D. 刀具热变形

12. 圆偏心夹紧机构是依靠偏心轮在转动的过程中，轮缘上各工作点距回转中心不断(　　)的距离来逐渐夹紧工件的。

A. 减少　B. 增大　C. 保持不变

**三、判断题**(正确的打√，错误的打×)

1.(　　)夹紧力的方向应尽可能与切削力、工件重力平行。

2.(　　)夹紧力的方向应尽可能和切削力、工件重力垂直。

3.(　　)工件夹紧变形会使被加工工件产生形状误差。

4.(　　)生产中应尽量避免用定位元件来参与夹紧，以维持定位精度的精确性。

5.(　　)斜楔夹紧机构自锁条件：斜楔的升角大于斜楔与工件、斜楔与夹具体之间的摩擦角之和。

6.(　　)弹簧筒夹式定心夹紧机构是利用的斜面原理。

7.(　　)斜楔理想增力倍数等于夹紧行程的增大倍数。

8.(　　)夹紧装置中中间传力机构可以改变夹紧力的方向和大小。

9.(　　)铰链夹紧机构是一种增力机构，其自锁性能好。

10.(　　)联动夹紧机构在两个夹紧点之间必须设置必要的浮动环节。

11.(　　)在大型、重型工件上钻孔时，可以不用夹具。

12.(　　)斜楔夹紧机构中有效夹紧力为主动力的 10 倍。

## 实践任务 4-2

| 专业 | | 班级 | | 姓名 | | 学号 | |
|---|---|---|---|---|---|---|---|
| 实践任务 | 夹紧力方向和作用点 | | | 评分 | | | |
| 实践要求 | 按工件加工要求,确定夹紧力的方向和作用点(用定位符号表示),若不合理请改进。 | | | | | | |

1. 试分析图 4-73 各夹紧机构中夹紧力的方向和作用点是否合理?若不合理应如何改进?

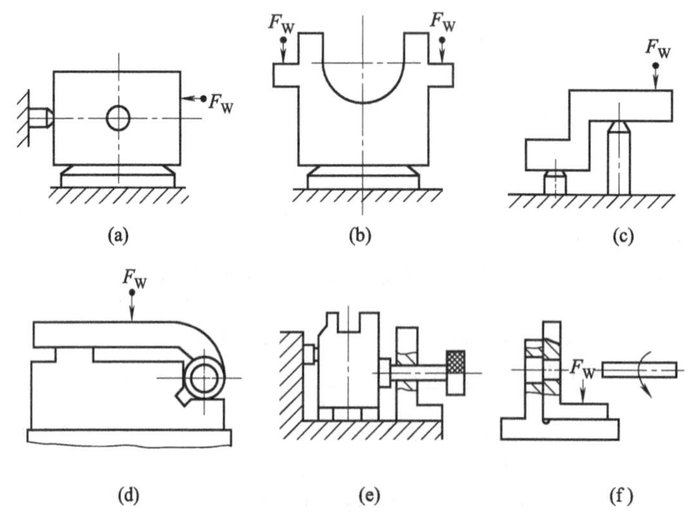


图 4-73　实践任务 4-2 题 1 图

2. 分析图 4-74 所示的夹紧力方向和作用点,并判断其合理性及如何改进?

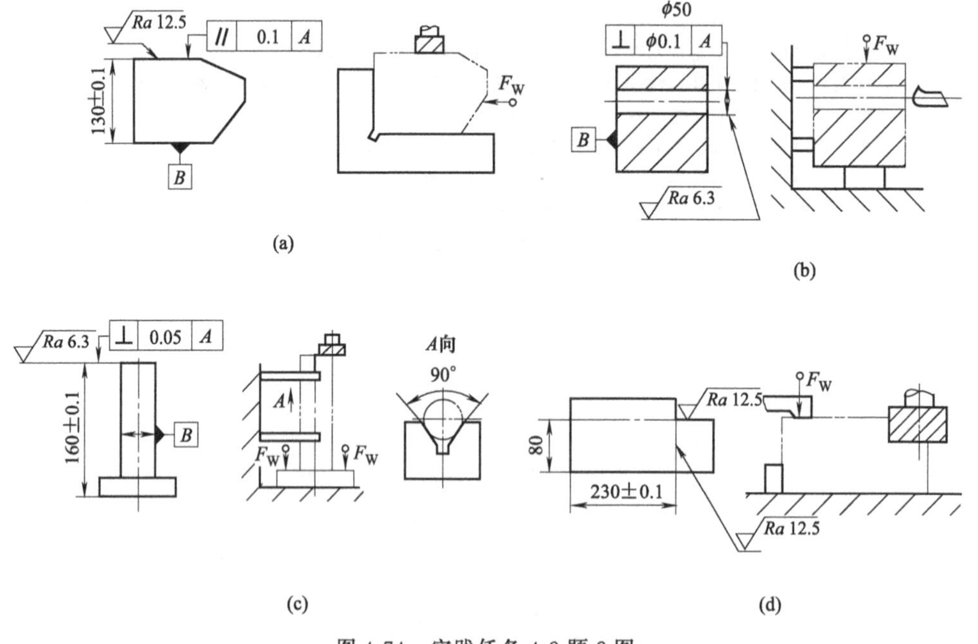


图 4-74　实践任务 4-2 题 2 图

# 实践任务 4-3

| 专业 | | 班级 | | 姓名 | | 学号 | |
|---|---|---|---|---|---|---|---|
| 实践任务 | 定位及夹紧方案设计 | | | 评分 | | | |
| 实践要求 | 按工件的加工要求，设计其定位及夹紧方案(用规定的符号表示)。 | | | | | | |

1. 图 4-75 所示零件加工，图 4-75(a)，加工 $B$ 槽；图 4-75(b)，加工 $\phi D$；图 4-75(c)，加工 2 小孔。设计它们的定位及夹紧方案，并用规定的符号在图中标出。

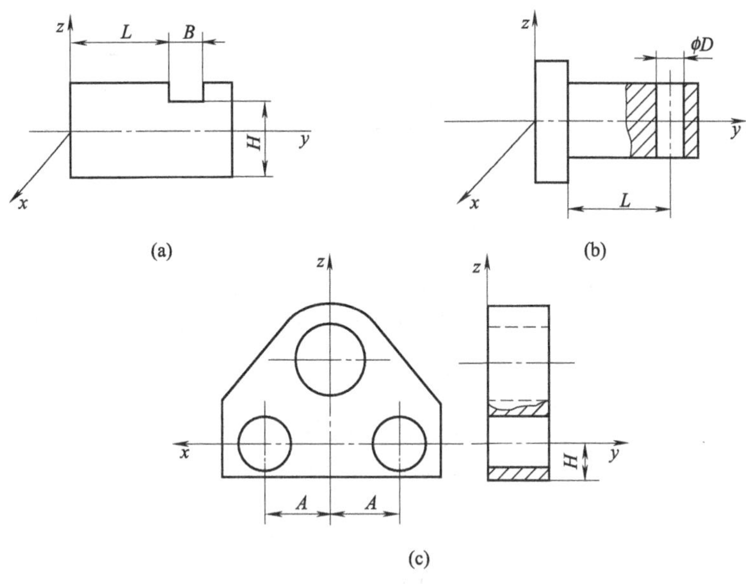


图 4-75　实践任务 4-3 题 1 图

2. 图 4-76 所示零件加工有粗糙度符号的部位。请设计它们的定位及夹紧方案，并用规定的符号在图中标出。

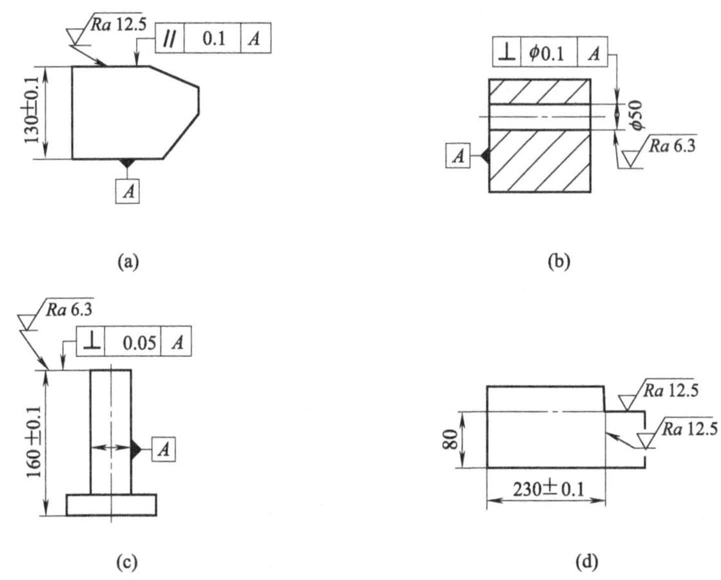


图 4-76　实践任务 4-3 题 2 图

## 实践任务 4-4

| 专业 | | 班级 | | 姓名 | | 学号 | |
|---|---|---|---|---|---|---|---|
| 实践任务 | 定位夹紧方案实践设计 | | | 评分 | | | |
| 实践要求 | 任意选择以下模型或工件，按照老师给定的加工要求，说出自己设计的定位及夹紧方案。 | | | | | | |

项目 6　实践任务　图 6-37～图 6-42

项目 7　实践任务　图 7-25～图 7-30

项目 8　实践任务　图 8-17～图 8-21

项目 9　实践任务　图 9-24～图 9-29

## 实践任务 4-5

| 专业 | | 班级 | | 姓名 | | 学号 | |
|---|---|---|---|---|---|---|---|
| 实践任务 | 夹紧力大小计算 | | | 评分 | | | |
| 实践要求 | 按给定的要求计算夹紧力的数值。 | | | | | | |

1. 如图 4-77 所示，已知外加力 $F_Q=250N$，工件与斜楔、夹具体与斜楔之间的摩擦角为 $\psi_1=\psi_2=5°43'$，$\tan15°43'=0.2814$，摩擦系数 $f_1=f_2=0.1$，求垂直方向上的夹紧力 $F_W$ 的值。判断当 $F_Q$ 去除后此斜楔机构有无自锁性。

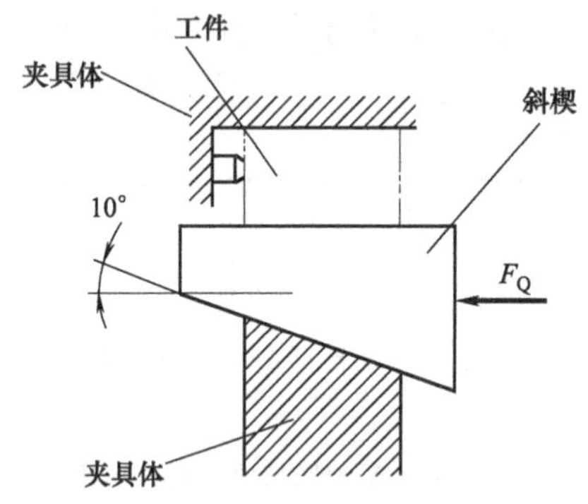


图 4-77　实践任务 4-5 题 1 图

2. 一手动斜楔夹紧机构(见图 4-78)，已知参数如表 4-5 所示，试求出工件的夹紧力 $F_W$ 并分析其自锁性能。

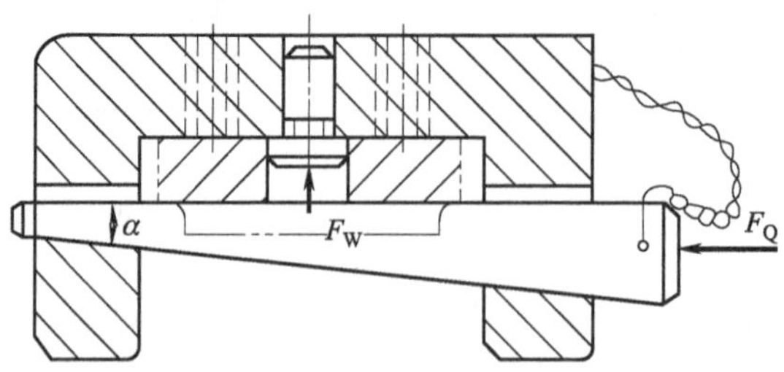


图 4-78　实践任务 4-5 题 2 图

表 4-5　实践任务 4-5 题 2

| 斜楔升角 α | 各面间摩擦系数 f | 原始作用力 $F_Q$/N | 夹紧力 $F_W$/N | 自锁性能 |
|---|---|---|---|---|
| 6° | 0.1(0.15) | 100 | | |
| 8° | 0.1(0.15) | 100 | | |
| 12° | 0.1(0.15) | 100 | | |
| 15° | 0.1(0.15) | 100 | | |

续表

| 专业 | | 班级 | | 姓名 | | 学号 | |
|---|---|---|---|---|---|---|---|
| 实践任务 | 夹紧力大小计算 | | | 评分 | | | |
| 实践要求 | 按给定的要求计算夹紧力的数值。 | | | | | | |

3. 夹具结构示意如图 4-79 所示，已知切削力 $F_P=4400N$（垂直夹紧力方向），试估算所需的夹紧力 $F_W$ 及气缸产生的推力 $F_Q$。已知 $\alpha=6°$，$f=0.15$，$d/D=0.2$，$l=h$，$L_1=L_2$。

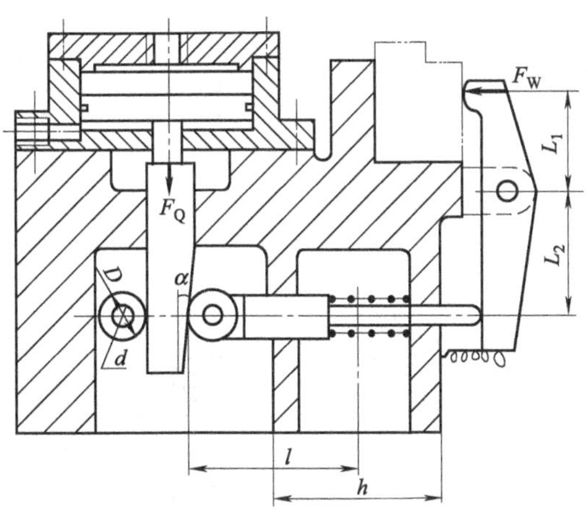


图 4-79 实践任务 4-5 题 3 图

4. 如图 4-80 所示，已知切削力 $F=150N$，若不计小轴 1、2 的摩擦损耗，各摩擦系数为 $f=0.1$，斜楔与小轴 2 和斜面之间的摩擦角为 $\psi_1=\psi_2=5°43'$，$\alpha=10°$，$\tan15°43'=0.2814$，试计算图所示夹紧装置作用在斜楔左端的作用力 $F_Q$ 的值。并判断当 $F_Q$ 去除后此斜楔机构有无自锁性。

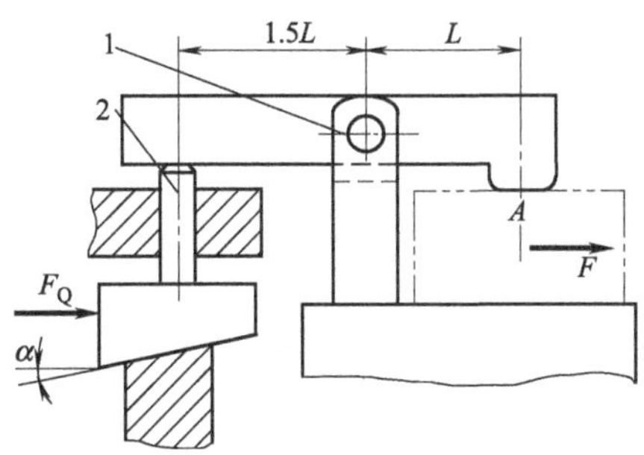


图 4-80 实践任务 4-5 题 4 图

# 实践任务 4-6

| 专业 | | 班级 | | 姓名 | | 学号 | |
|---|---|---|---|---|---|---|---|
| 实践任务 | 分析夹紧方案及结构 | | | 评分 | | | |
| 实践要求 | 分析夹紧方案及结构，指出设计中不正确的地方，并提出改进意见。 | | | | | | |

1. 指出图 4-81 所示各定位、夹紧方案及结构设计中不正确的地方，并提出改进意见。

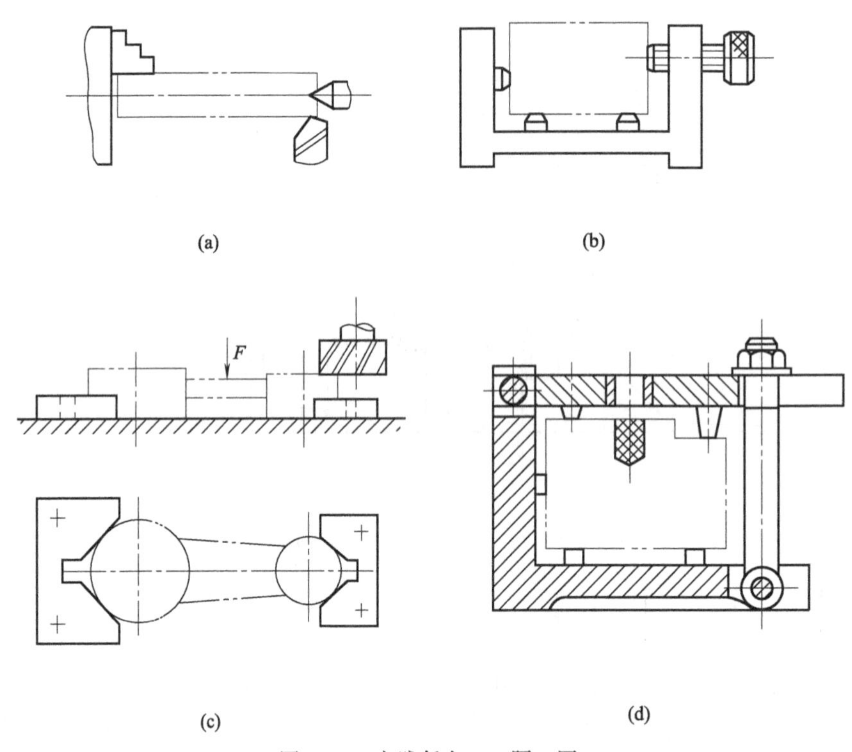


图 4-81 实践任务 4-6 题 1 图

2. 图 4-82 所示的螺旋压板夹紧机构有无缺点？若有缺点应如何改进？

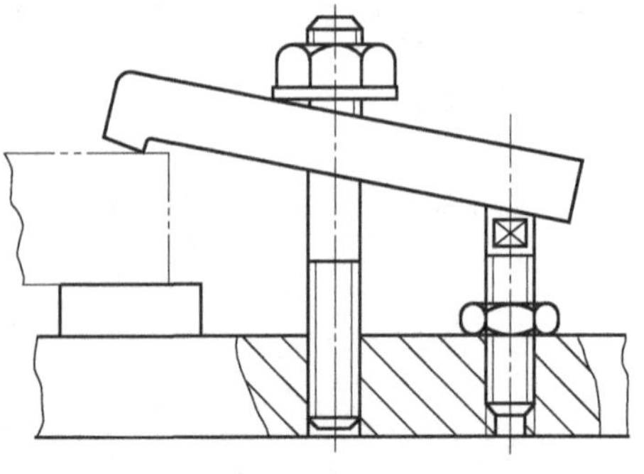

图 4-82 实践任务 4-6 题 2 图

续表

| 专业 | | 班级 | | 姓名 | | 学号 | |
|---|---|---|---|---|---|---|---|
| 实践任务 | 分析夹紧方案及结构 | | | 评分 | | | |
| 实践要求 | 分析夹紧方案及结构，指出设计中不正确的地方，并提出改进意见。 | | | | | | |

3. 图 4-83 所示的联动夹紧机构是否合理？为什么？若不合理应如何改进？

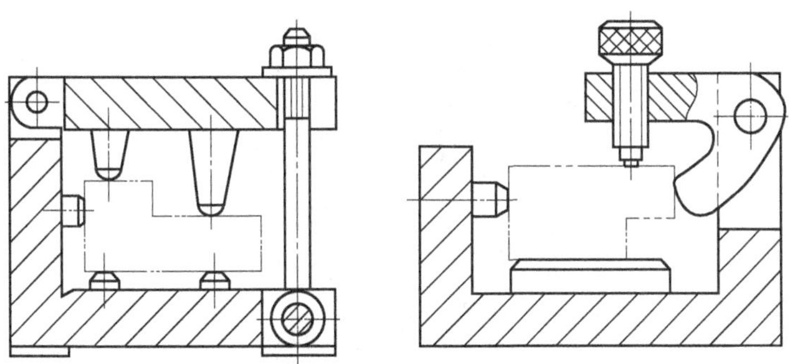

图 4-83　实践任务 4-6 题 3 图

4. 试分析图 4-84 所示的夹紧机构是否合理？怎样改进？

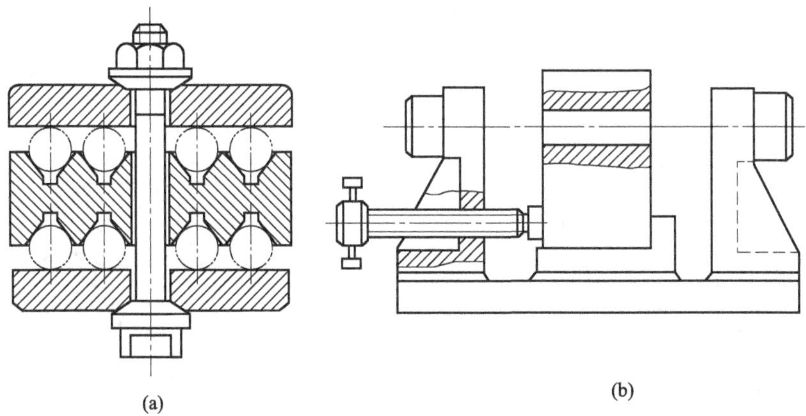


图 4-84　实践任务 4-6 题 4 图

## 实践任务 4-7

| 专业 | | 班级 | | 姓名 | | 学号 | |
|---|---|---|---|---|---|---|---|
| 实践任务 | 确定夹紧机构的工作过程和类型 | | 评分 | | | | |
| 实践要求 | 根据夹紧机构图示,分析其工作过程,确定其类型。 | | | | | | |

1. 分析图 4-85 所示夹紧机构的工作过程,它们是什么类型的夹紧机构?

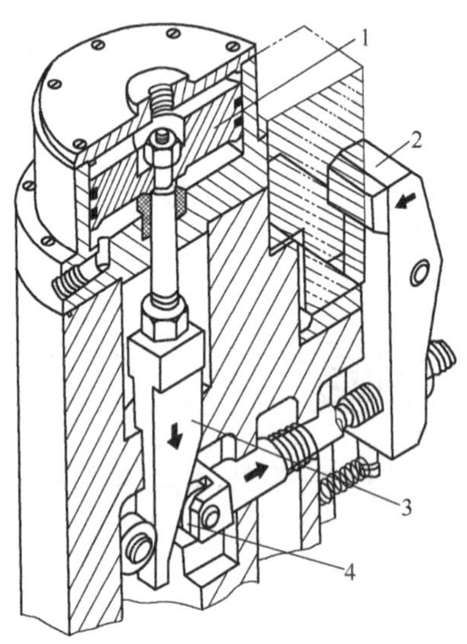


图 4-85　实践任务 4-7 题 1 图

1—气缸活塞;2—压板;3—楔块;4—滚子

2. 分析图 4-86 所示夹紧机构的工作过程,它们是什么类型的夹紧机构?

3. 分析图 4-87 所示夹紧机构的工作过程,它们是什么类型的夹紧机构?

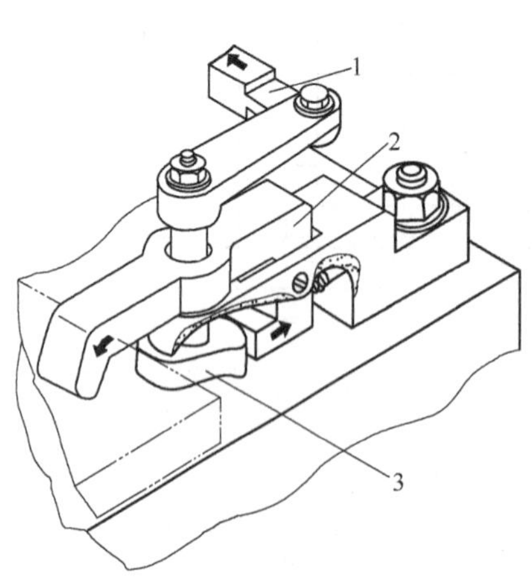


图 4-86　实践任务 4-7 题 2 图

1—连杆;2—回转压板;3—双向偏心轮

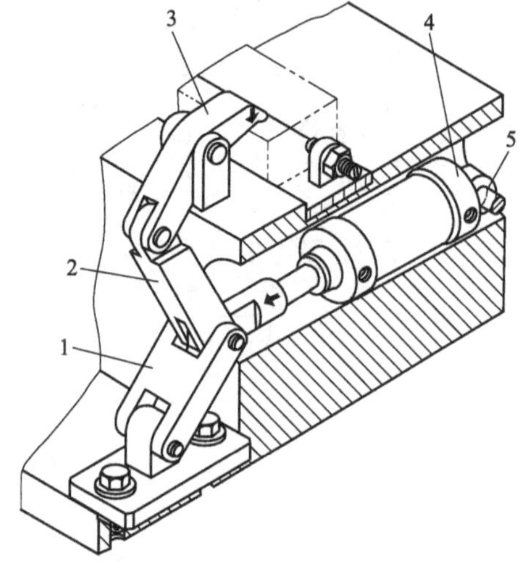


图 4-87　实践任务 4-7 题 3 图

1,2—铰链臂;3—压板;4—气缸;5—轴

# 项目5

# 分度装置和夹具体设计

## 知识目标

1. 掌握分度装置的结构、类型及设计要点。
2. 掌握分度装置的应用和分度精度的分析。
3. 掌握夹具体的结构、类型和应满足的基本要求。

## 能力目标

1. 根据零件工序加工要求，确定是否采用分度装置。
2. 根据零件工序加工要求，能合理选择分度元件。
3. 根据零件工序加工要求，能设计分度装置。
4. 根据零件工序加工要求，能选择夹具体的毛坯类型和设计夹具体。

## 5.1 工作任务

### 5.1.1 项目描述

如图 5-1 所示，柱塞泵分度圆盘零件在本工序中须车削七个等分孔 7×$\phi$24.5mm±0.1mm。外圆和端面等其他表面在前面工序中已加工完成。工件材料为 45 钢，毛坯为锻件，年产量 2000 件。试设计柱塞泵分度圆盘零件车削七个等分孔 7×$\phi$24mm±0.1mm 车床夹具的装夹方案和分度装置。

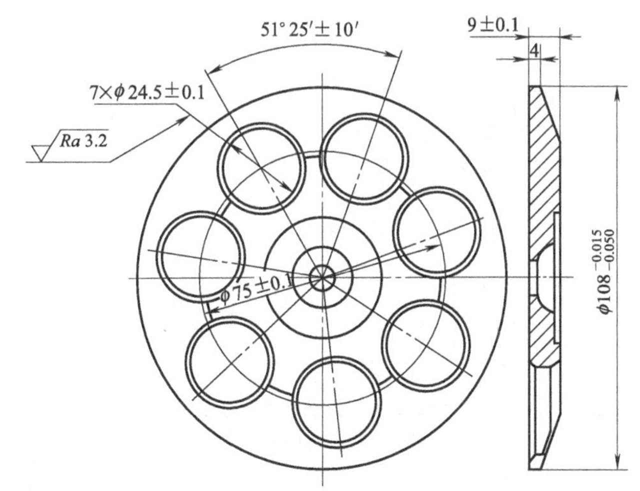

图 5-1　柱塞泵分度圆盘零件工序图

### 5.1.2 任务分析

对图 5-1 所示的柱塞泵分度圆盘零件进行分析。

① 生产纲领：年产量 2000 件。

② 毛坯：毛坯为锻件，材料为 45 钢。外圆和端面等其他表面

在前面工序中已加工完成。尺寸为 $\phi108_{-0.050}^{-0.015}$mm× (9±0.1)mm。

③ 加工要求：

a. 保证一次装夹工件车削加工 7×$\phi$24.5mm±0.1mm 孔。

b. 保证 7×$\phi$24mm±0.1mm 孔轴线在直径为 $\phi$75mm±0.1mm 的圆周上均匀分布。

c. 保证 7×$\phi$24mm±0.1mm 各相邻两孔轴线的夹角为 51°25′±10′。

# 5.2 知识准备

## 5.2.1 分度装置简介

在机械加工中经常会有工件的多工位加工，如刻度尺的刻线，叶片液压泵转子叶片槽的铣削、齿轮和齿条的加工、多线螺纹的车削以及其他等分孔或等分槽的加工等。这类工件一次装夹后，需要在加工过程中进行分度，即在完成一个表面的加工以后，依次使工件随同夹具的可动部分转过一定角度或移动一定距离，对下一个表面进行加工，直至完成全部加工内容，具有这种功能的装置称为分度装置。分度装置能使工件加工的工序集中，故广泛地用于车削、钻削、铣削等加工。图 5-2 所示为常见的等分表面。

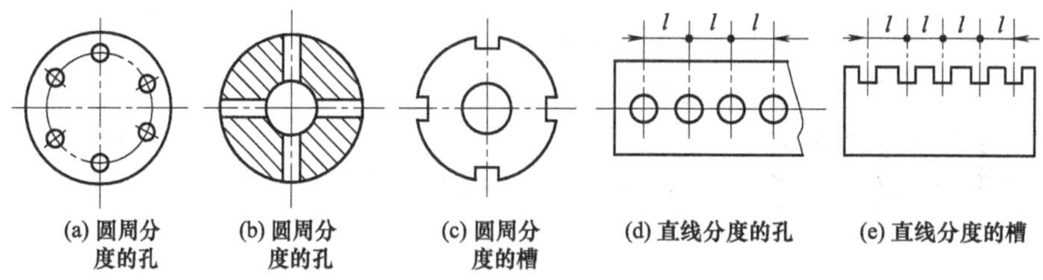


图 5-2 常见的等分表面

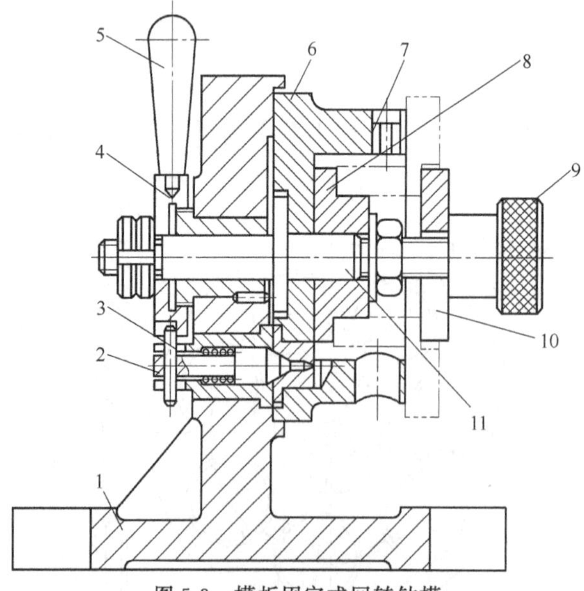


图 5-3 模板固定式回转钻模

1—夹具体；2—对定销；3—横销；4—螺套；5—手柄；6—转盘；7—钻套；8—定位件；9—滚花螺母；10—开口垫圈；11—转轴

#### 5.2.1.1 作用

分度装置就是能够实现角向或直线均分的装置。工件在一次装夹中，每加工完一个表面之后，在不松开工件的情况下，让夹具上的活动部分与工件一起，相对刀具（或机床）转过一定角度或移动一定距离，再加工工件下一个表面。分度装置可以对工件一次装夹实现多工位加工。常见的等分表面：圆周分度的孔、圆周分度的槽、直线分度的孔、直线分度的槽。

如图 5-3 所示，专用分度夹具用于钻削工件径向等分孔，工件以端面和内孔在定位件 8 上定位，转动滚花螺母 9，通过开口垫圈 10 将工件夹紧在转盘上，加工好一个孔后，转动手柄 5 带动横销 3 拔出对定销 2 分度，待转到下一个定位套孔后在弹簧作用下，对定销 2 插入下一个分度孔，完成分度，便可加工下一个孔。

#### 5.2.1.2　类型

常见的分度装置一般按分度方式分类，有以下两大类：回转分度装置和直线分度装置。回转分度装置是一种对圆周角分度的装置，又称圆分度装置，适用于工件表面圆周分度孔或槽的加工。直线分度装置是指对直线方向上的尺寸进行分度的装置，适用于沿直线分度的孔和槽，其分度原理与回转分度装置相同。因直线分度是转角分度的展开形式，所以，主要介绍回转分度装置来说明一般分度装置的设计方法。

分度装置还有其他分类方法：

① 按使用特性，可分为通用和专用两大类。在单件生产中，使用通用分度装置有利于缩短生产的准备周期，降低生产成本；在中、小批生产中，常将通用分度装置与专用夹具联合使用，从而简化专用夹具的设计和制造。通用分度装置的分度精度较低，例如 FW80 型万能分度头，采用速比 1∶40 的蜗杆、蜗轮副，分度精度为 $1'$，故只能满足一般需要。在成批生产中，则广泛使用专用分度装置，以获得较高的分度精度和生产效率。

② 按工作原理的不同，可分为机械分度、光学分度等类型。机械分度装置的结构简单，工作可靠，应用广泛。机械分度又分为通用的蜗杆蜗轮式分度，专用的差动齿轮式、分度盘式和端齿盘式分度。光学分度装置的分度精度较高，例如光栅分度装置的分度精度可达 $\pm 10''$，但由于对工作环境的要求较高，故在机械加工中的应用受到限制。

③ 按分度盘回转轴线分布位置的不同，可分为立轴式、卧轴式和斜轴式三种。一般可按机床类型以及工件被加工面的位置等具体条件设计。

④ 按分度盘和对定销相对位置的不同，可分为轴向分度［见图 5-4（a），分度和定位沿分度盘轴向进行］和径向分度［见图 5-4（b），分度和定位沿分度盘径向进行］。轴向分度与径向分度比较：在分度盘直径相同下，分度孔距回转中心愈远，分度精度愈高，所以径向分度精度较高。

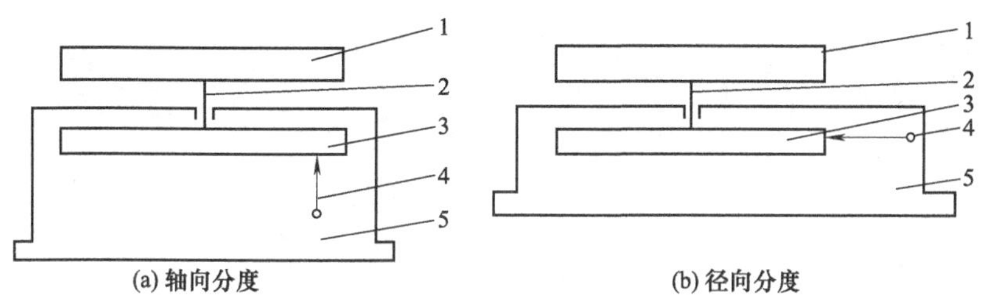


图 5-4　回转分度装置的基本形式

1—回转工作台；2—转轴；3—分度盘；4—对定销；5—夹具体

#### 5.2.1.3　组成

回转分度装置由固定部分、转动部分、分度对定机构及控制机构、分度盘抬起锁紧机构以及润滑部分等组成。

① 固定部分：它是分度装置的基体，其功能相当于夹具体，与机床工作台或机床主轴相连。它通常采用灰口铸铁制造。如图 5-3 的夹具体 1。

② 转动部分：转动部分包括回转盘、衬套和转轴等。回转盘通常用 45、40Cr、20 钢经渗碳淬火加工制成。如图 5-3 的转盘 6、转轴 11。

③ 分度对定机构及控制机构：分度对定机构由分度盘和对定销组成。其作用是在转盘转位后，使其相对于固定部分定位。分度对定机构的误差会直接影响分度精度，因此是分度装置的关键部分。设计时应根据工件的加工要求，合理选择分度对定机构的类型。如图 5-3 的转盘 6、对定销 2。

④ 分度盘抬起锁紧机构：分度对定后，应将转动部分锁紧，以增强分度装置工作时的刚度。大型分度装置还需设置抬起机构。抬起机构的作用：使分度转动灵活，减少摩擦。锁紧机构的作用：防止切削时产生振动。

⑤ 润滑部分：润滑系统是指由油杯组成的润滑系统。其功能是减少摩擦面的磨损，使机构操作灵活。用滚动轴承时，可直接用润滑脂润滑。

## 5.2.2 分度装置设计

### 5.2.2.1 分度对定机构

分度对定机构也称分度副，即分度盘和分度定位器的合称。分度精度主要取决于分度对定机构的精度，而分度对定机构的精度主要取决于分度盘和分度定位器的相互位置和结构形式。

分度对定机构的结构形式较多，主要有以下几种。

① 钢球对定：如图 5-5（a）所示。它是依靠弹簧的弹力将钢球压入分度盘锥形孔中实现分度对定的。钢球对定结构简单，操作方便，在径向、轴向分度中均有应用。但锥坑浅，定位不可靠，常用于切削负荷小、分度精度低的场合，或做精密分度的预定位。

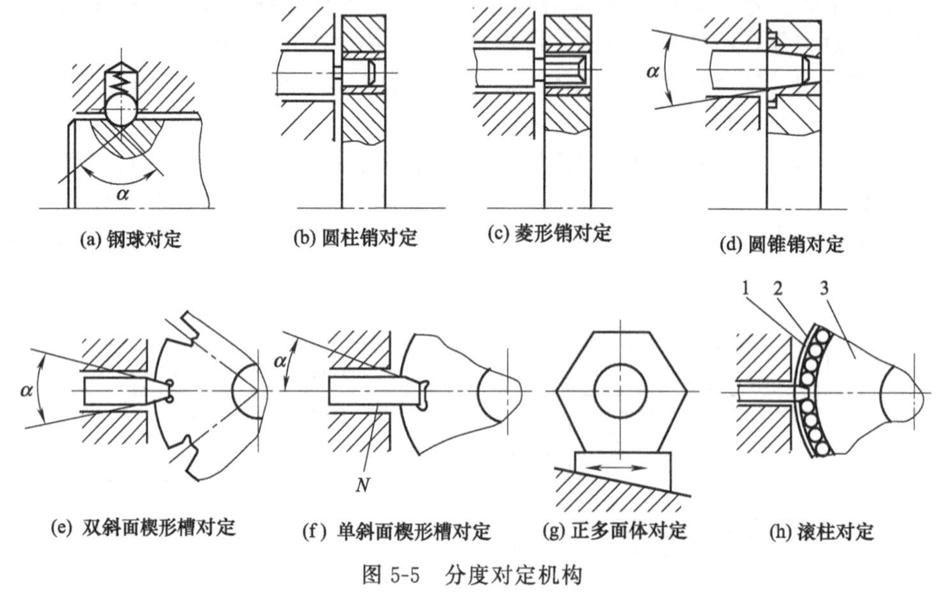


图 5-5 分度对定机构

1—精密滚柱；2—套环；3—圆盘

② 圆柱销对定：如图 5-5（b）所示。圆柱销对定主要用于轴向分度。分度盘一般采用 45 钢经调质制成，这种结构简单、制造方便，缺点是分度副间隙影响分度精度，分度精度较低，一般为$\pm 1'\sim 10'$。

③ 菱形销对定：如图 5-5（c）所示。由于削边销能补偿分度盘分度孔的中心距误差，故结构工艺性良好。其应用特性与圆柱销对定相同。

④ 圆锥销对定：如图 5-5（d）所示。它常用于轴向分度，其特点是圆锥面能自动定心，故分度精度较高，但灰尘影响分度精度，制造较复杂，结构上对防尘有较高的要求。

⑤ 双斜面楔形槽对定：如图 5-5（e）所示。双斜面楔形槽对定的优点是斜面能自动消除结合面的间隙，从而消除分度副间隙对分度精度的影响，故有较高的分度精度；缺点是分度盘的制造工艺较复杂，槽面需经磨削加工。灰尘会影响分度精度。

⑥ 单斜面楔形槽对定：如图 5-5（f）所示。斜面产生的分力能使分度盘始终反靠在平

面上，分度孔与分度定位器始终是同侧接触，分度精度较高，可达±10″，常用于高精度的径向分度。

⑦ 正多面体对定：如图 5-5（g）所示。正多面体是具有精确角度的基准器件。其特点是结构简单、制造容易、刚度高、分度精度较高，但操作费时，分度数不宜多。多面体可用 20 钢渗碳淬火至 58～63HRC，再经磨削加工制成。

⑧ 滚柱对定：如图 5-5（h）所示。

#### 5.2.2.2　分度对定控制机构

分度对定控制机构是指控制分度定位器的操纵机构。常见的有手拉式、枪柱式和齿轮齿条式定位器。

（1）手拉式定位器

图 5-6 所示为结构已标准化的（GB/T 2215—1991）手拉式定位器。右拉捏手 5 至横销 4 越过 $A$ 面，转动捏手 90°，让横销卡在 $A$ 面，转动分度盘分度，再把捏手反转 90°，在弹簧作用下，使分度定位器插入下一个分度孔，完成分度。

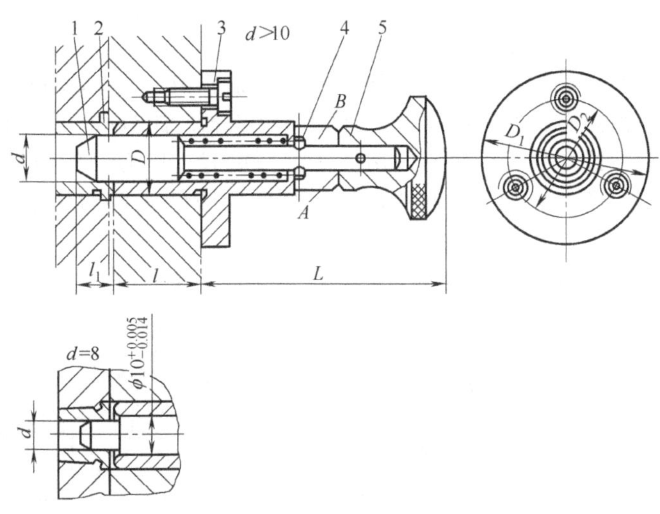


图 5-6　手拉式定位器

1—对定销；2—衬套；3—导套；4—横销；5—捏手

（2）枪柱式定位器

图 5-7 所示为枪柱式定位器（GB/T 2216—1991）。逆时针转动手柄 2，在螺钉与螺旋槽作用下拔出定位销，转动分度盘分度，遇到下一分度孔在弹簧作用下，分度削插入分度孔，完成分度。

（3）齿轮齿条式定位器

图 5-8 所示为齿轮齿条式定位器。顺时针转齿轮，在齿条作用下拔出定位销，转动分度盘分度，遇到下一分度孔，在弹簧作用下分度削插入分度孔，完成分度。

#### 5.2.2.3　抬起锁紧机构

在分度转位之前，为了使转盘转动灵活，特别对于较大规格的转台，需将回转盘稍微抬起；在分度结束后，则应将转盘锁紧，以增强分度装置的刚度和稳定性。特别是在切削力比较大的情况下，加工时分度盘必须锁紧。为此可设置抬起锁紧装置。

分度盘抬起机构有弹簧式抬起机构和偏心式抬起机构。分度盘锁紧机构有螺母轴向锁紧机构、卡箍轴向锁紧机构、偏心轴轴向锁紧机构、圆锥轴向锁紧机构和径向锁紧机构。

图 5-9（a）所示为弹簧式抬起锁紧机构，顶柱 2 通过弹簧 1 把转盘 3 抬起，转盘 3 转位

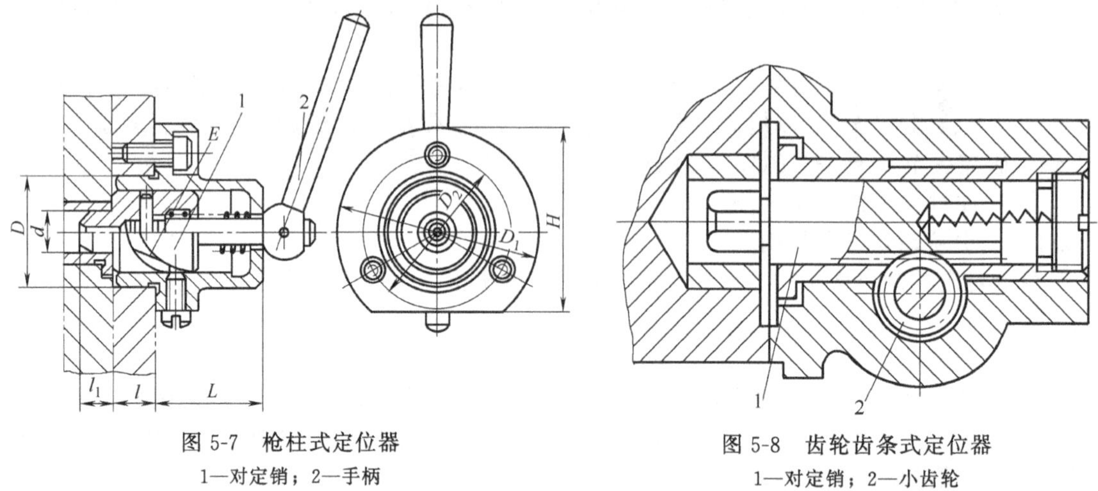

图 5-7 枪柱式定位器

1—对定销；2—手柄

图 5-8 齿轮齿条式定位器

1—对定销；2—小齿轮

后可用锁紧圈 4 和锥形圈 5 锁紧。

图 5-9（b）所示为偏心式抬起锁紧机构，转动圆偏心轴 9，经滑动套 11，轴承 7 把回转盘 6 抬起。反向转动圆偏心，经螺钉 12、滑动套 11 和螺纹轴 8，即可将回转盘锁紧。

图 5-9（c）所示为最大型分度转盘，用液体静压抬起。压力油经油口 C、油路系统 16、油孔 B，在静压槽 D 处产生静压，抬起转盘 19；回油经油口 A 和回油系统 15 排出。静压使转盘抬起 0.1mm。转盘 19 由锁紧装置 18 锁紧。

图 5-9（d）和图 5-9（e）所示为用于小型分度盘的锁紧机构。

(a) 弹簧式　(b) 偏心式

(c) 液压式　(d) 用于小型分度盘的锁紧机构(一)　(e) 用于小型分度盘的锁紧机构(二)

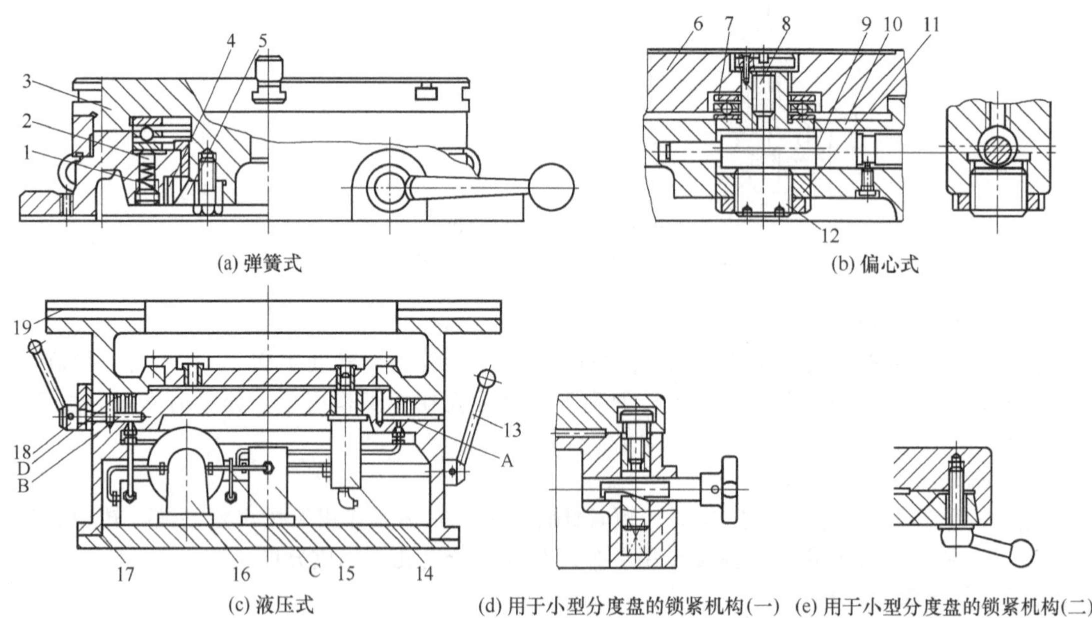

图 5-9 抬起锁紧机构

1—弹簧；2—顶柱；3,19—转盘；4—锁紧圈；5—锥形圈；6—回转盘；7—轴承；8—螺纹轴；9—圆偏心轴；10,17—转台；11—滑动套；12—螺钉；13—手柄；14—液压缸；15—回油系统；16—油路系统；18—锁紧装置

#### 5.2.2.4 分度精度分析

分度装置的分度精度主要取决于分度盘本身的误差、分度盘相对于回转轴线的径向圆跳动

所造成的附加误差、对定机构结构形式及制造误差、有关元件的误差等。分度装置分度时，最大分度值与最小分度值之差就为分度误差，也就是分度机构实际位置与理想位置的差值。

现以圆柱销的轴向分度为例进行分度误差分析。

(1) 直线分度误差

从图 5-10 可知，影响分度误差的主要因素如下：

$X_1$——对定销与分度套的最大配合间隙，mm；

$X_2$——对定销与固定套的最大配合间隙，mm；

$e$——分度套内外圆同轴度，mm；

$2\delta$——分度盘两相邻孔孔距的公差值，mm。

固定套中心 $C$ 在对定过程中位置不变，当圆柱对定销 1 与固定套 2 右边接触、与 $A$ 孔分度套 3 左边接触时，分度盘 $A$ 孔中心向右偏移到 $A'$，最大偏移量为 $(X_1+X_2+e)/2$。同理，当圆柱对定销 1 与固定套 2 左边接触、与 $A$ 孔分度套 3 右边接触时，分度盘 $A$ 孔中心向左偏移到 $A''$，最大偏移量为 $(X_1+X_2+e)/2$。因此 $A$ 孔对定时，最大偏移量为 $A'A''=$

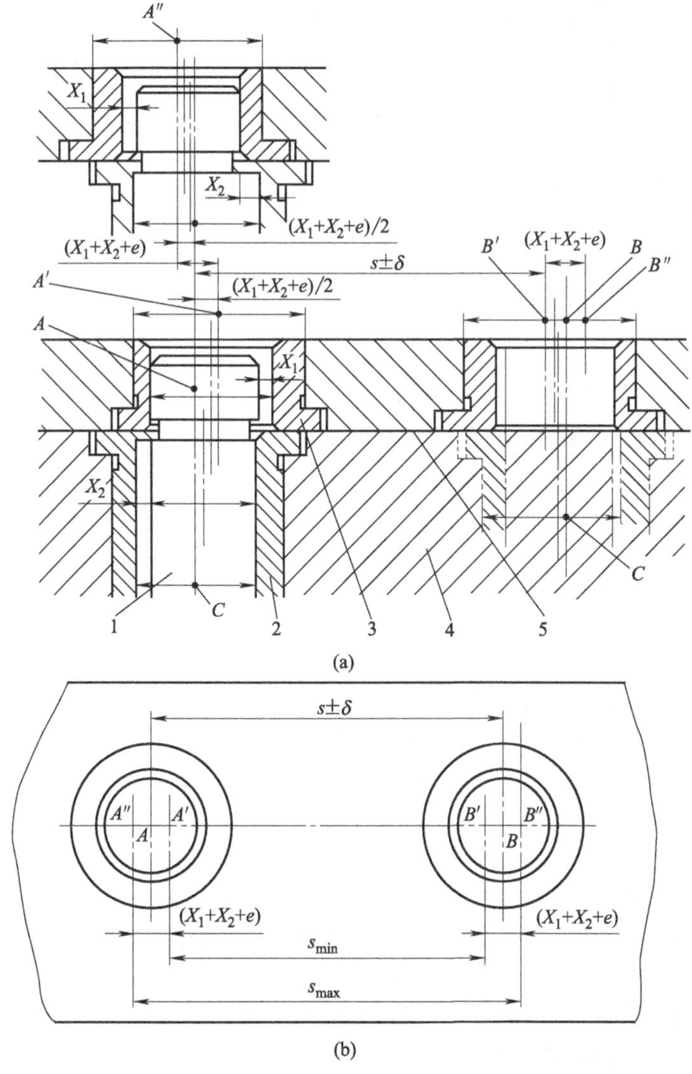


图 5-10　直线分度误差

1—圆柱对定销；2—固定套；3—分度套；4—底座；5—分度盘

$X_1+X_2+e$。同理，其相邻的 $B$ 孔对定时，最大偏移量也为 $B'B''=X_1+X_2+e$。分度盘 $A$、$B$ 两孔间还存在孔距公差 $2\delta$。

由图 5-10（b）可得出 $A$、$B$ 两孔的最小分度距离为：

$$s_{min}=s-(\delta+X_1+X_2+e)$$

最大分度距离为：

$$s_{max}=s+(\delta+X_1+X_2+e)$$

因此直线分度误差为：

$$\Delta_F=s_{max}-s_{min}=2(\delta+X_1+X_2+e)$$

由于影响分度误差的各项因素都是独立随机变量，故可按概率法叠加：

$$\Delta_F=2\sqrt{\delta^2+X_1^2+X_2^2+e^2} \quad (5\text{-}1)$$

（2）回转分度误差

如图 5-11 所示，在回转分度中，对定销在分度盘相邻两个分度套中对定情况与直线分度相似，其分度误差受 $\Delta_F$ 的影响，此外，还受分度盘回转轴与轴孔之间最大间隙的影响。

回转分度误差 $\Delta_\alpha$ 可根据图 5-11（b）中的几何关系求出：

$$\Delta_\alpha=\alpha_{max}-\alpha_{min}$$

$$\Delta_\alpha/4=\arctan\frac{\Delta_F/4+X_3/2}{R}$$

$$\Delta_\alpha=4\arctan\frac{\Delta_F/4+X_3/2}{R} \quad (5\text{-}2)$$

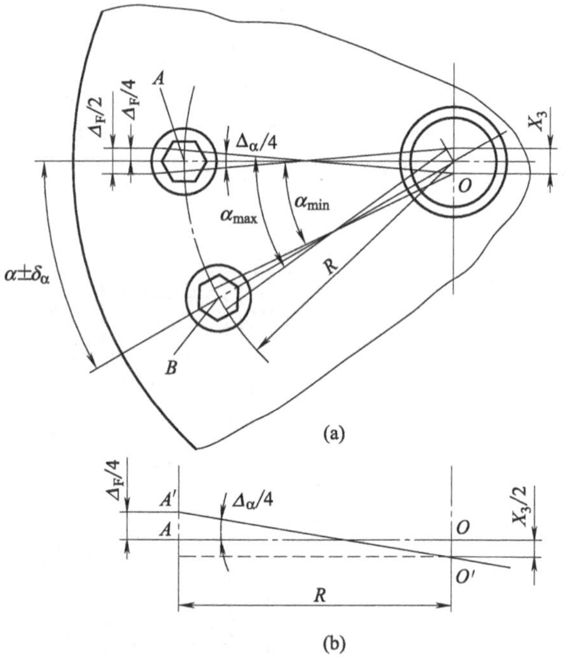

图 5-11 回转分度误差

式中 $\Delta_\alpha$——回转分度误差，mm；

$\alpha_{max}$——相邻两孔最大分度角，(°)；

$\alpha_{min}$——相邻两孔最小分度角，(°)；

$\Delta_F$——菱形销在分度套中的对定误差，mm，$\Delta_F=2\sqrt{\delta^2+X_1^2+X_2^2+e^2}$；

$2\delta$——$2\delta_\alpha$ 在分度套中心处所对应的弧长，$2\delta=\frac{2\delta_\alpha \pi R}{180°}$；

$2\delta_\alpha$——分度盘相邻两孔的角度公差，mm；

$X_3$——分度盘回转轴与轴承间的最大间隙，mm；

$R$——回转中心到分度套中心的距离，mm。

#### 5.2.2.5 提高分度精度的措施

由上例分析可见，一般分度的精度是很有限的。在常规设计中，可以采用下列措施来提高分度装置的分度精度：

① 增大回转轴中心至分度盘衬套孔中心的距离，但这样必然使分度装置的外形尺寸增大，应视具体情况而定。如径向分度比轴向分度精度高。

② 减小对定销与分度孔、导向孔间的配合间隙。采用消除配合间隙的结构措施。

③ 提高分度对定元件的制造精度。

④ 提高主要零件间的配合精度及其间的相互位置精度。一般精度分度装置的对定销和衬套孔、导套孔的配合选用 H7/g6，分度盘相邻孔距公差≤0.06mm；精密分度装置的配合

选用 H6/n5，分度盘相邻孔距公差≤0.03mm；特别精密的分度装置应保证配合间隙 $X_1$、$X_2$≤0.01mm，分度盘相邻孔距公差≤0.03mm。

⑤ 采用高精度分度对定结构。

## 5.2.3　分度装置应用

分度装置能使工件加工的工序集中，故广泛地用于车削、钻削、铣削等加工，如刻度尺的刻线、叶片液压泵转子叶片槽的铣削、齿轮和齿条的加工、多线螺纹的车削以及其他等分孔或等分槽的加工等。

### 5.2.3.1　通用回转分度装置

(1) 卧轴式通用回转台

卧轴式通用回转台如图 5-12 所示。其按中心高可分成两类：一类用于一般立式钻床，其中心高为 180mm，转盘直径有 $\phi$250mm、$\phi$350mm 等几种规格，其分度孔数可按需要镗出；另一类用于摇臂钻床。当联合使用专用夹具时，可增设一个支架，以提高夹具的刚度和稳定性。回转台的分度精度为±1′。

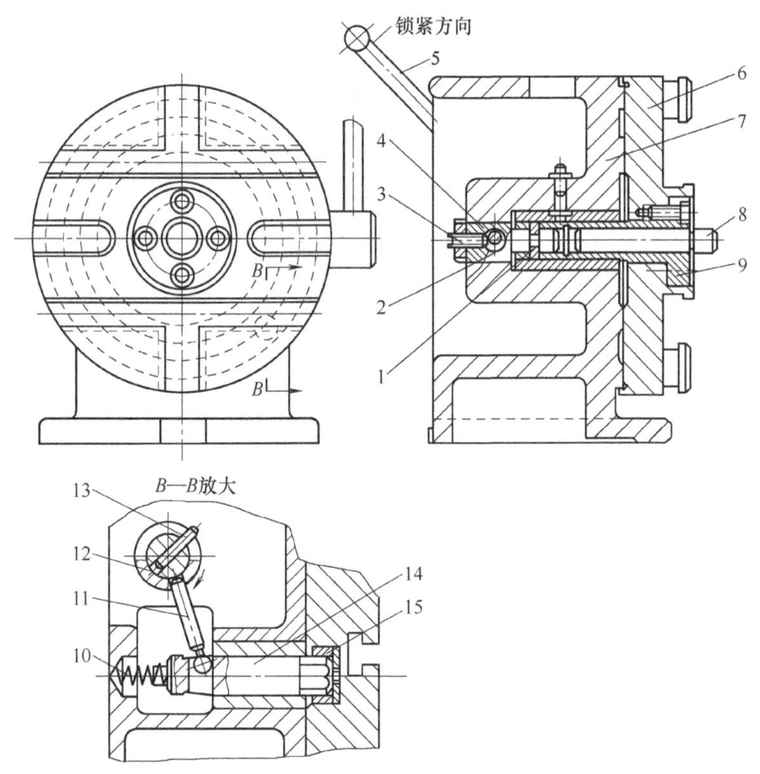


图 5-12　卧轴式通用回转台

1—半圆键；2—移动轴；3—螺钉；4—偏心轴；5—手柄；6—转盘；7—转台体；8—定位销；9—转轴；10—弹簧；11—拨杆；12—转动套；13—挡销；14—菱形销；15—分度衬套

卧轴式通用回转台的组成有：

① 固定部分，转台体 7；

② 转动部分，转盘 6、转轴 9；

③ 分度对定机构，弹簧 10、拨杆 11、转动套 12、挡销 13、菱形销 14、分度衬套 15；

④ 抬起与锁紧机构，偏心轴 4、移动轴 2、半圆键 1、转轴 9。

卧轴式通用回转台的工作过程：拔销、转位、锁紧。

(2) 立轴式通用回转台

立轴式通用回转台常用于钻床或铣床，如图 5-13 所示。回转台已标准化、系列化，转盘直径有 $\phi$250mm、$\phi$300mm、$\phi$450mm 等几种规格，常按 2、3、4、6、12 等分分度。

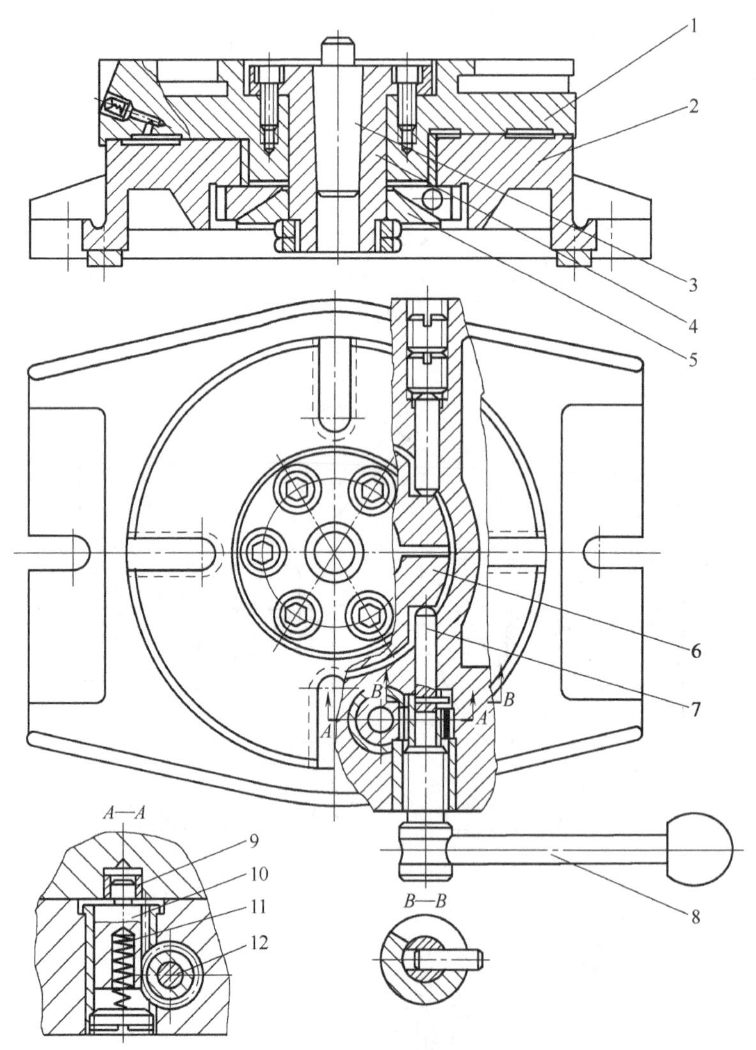


图 5-13 立轴式通用回转台

1—转盘；2—转台体；3—销；4—转轴；5—锥形圈；6—锁紧圈；7—螺杆轴；8—手柄；9—分度衬套；10—对定销；11—弹簧；12—齿轮套

立轴式通用回转台的组成有：

① 固定部分，转台体 2；

② 转动部分，转盘 1、转轴 4；

③ 分度对定机构，分度衬套 9 、对定销 10 、弹簧 11 、齿轮套 12；

④ 抬起与锁紧机构，锥形圈 5、锁紧圈 6、螺杆轴 7、手柄 8。

立轴式通用回转台的工作过程：拔销、转位、锁紧。

#### 5.2.3.2 端齿盘分度装置

端齿盘分度装置是精密分度装置，如图 5-14 所示。它误差均化，分度精度大大提高；

精度重复性和持久性好；利用双层齿盘结构，可实现细分。

（1）端齿盘分度装置的结构

端齿盘分度装置的组成有：

① 固定部分，底座 11、下齿盘 8；

② 转动部分，移动盘 1、轴承内座圈 9、转盘 10；

③ 分度对定机构，定位器 6、定位销 7；

④ 抬起与锁紧机构，手柄 4、扇形齿轮 3、齿轮螺母 2、移动盘 1、轴承内座圈 9、转盘 10。

端齿盘分度装置工作过程：抬起、拔销、转位、锁紧。

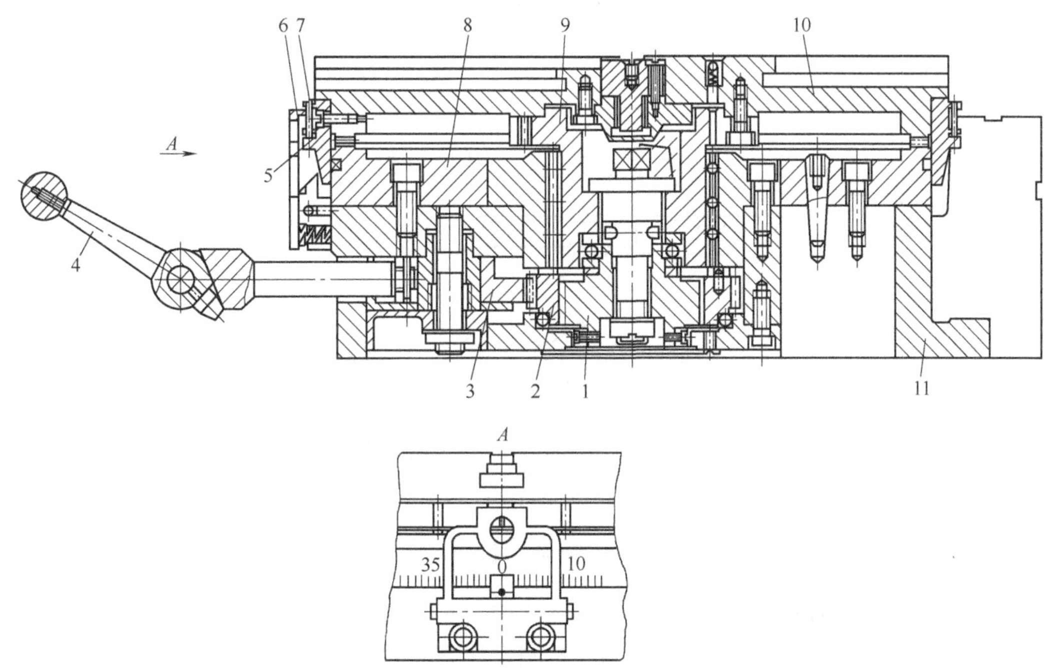


图 5-14　端齿盘分度装置

1—移动盘；2—齿轮螺母；3—扇形齿轮；4—手柄；5—刻度值；6—定位器；7—定位销；8—下齿盘；9—轴承内座圈；10—转盘（上齿盘）；11—底座

（2）端齿盘的细分原理

端齿盘分割精度达到正负几秒。工作原理如图 5-15 所示：采用二片式齿式离合盘，A 与 B 及 B 与 C 分别啮合，假设 B 下盘齿数为 120，B 上盘齿数为 121。先 A 和 B 一起相对 C 顺时针转动一个齿，转过了 360°/120；再 A 相对 B 逆时针转过一个齿，转动了 360°/121。结果 A 相对 C 逆时针转动了：360°/120－360°/121＝1′30″，实现了细分。

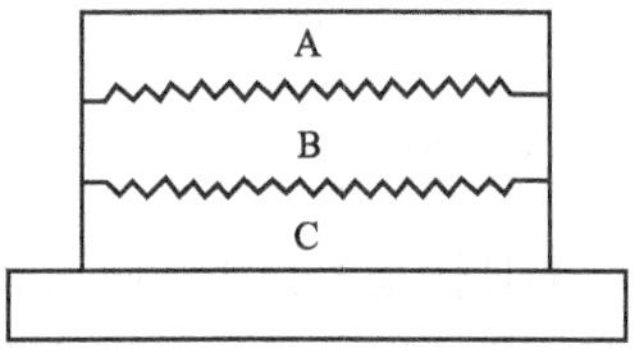

图 5-15　端齿盘的细分原理

（3）端齿盘分度装置的特点

① 分度精度高，分度精度的重复性和持久性好。一般机械分度装置的精度随着分度装置的磨损将逐渐降低，但立式端齿盘在使用过程中却相当于上、下齿盘在连续不断地对研，因此使用越久，上、下齿盘的啮合越好，分度精度的重复性和持久性越好。

② 分度范围大。端齿盘的齿数可任意确定，以适应各种分度需要。例如齿数为 360 个齿的端齿盘，最小分度值为 1″。

③ 刚度好。上、下齿盘啮合无间隙且能自动定心，整个分度盘形成一个刚度良好的整体。

④ 结构紧凑，使用方便。

⑤ 端齿盘的加工工艺较复杂，制造成本较高。端齿盘对防尘和锁紧也有较高的要求。

(4) 端齿盘的基本参数

齿形为三角形的端齿盘的基本参数，如图 5-16 所示。齿数 $z$ 可根据分度要求，即最小分度值 $\alpha$ 来设计，因此可得

$$z=\frac{360°}{\alpha}$$

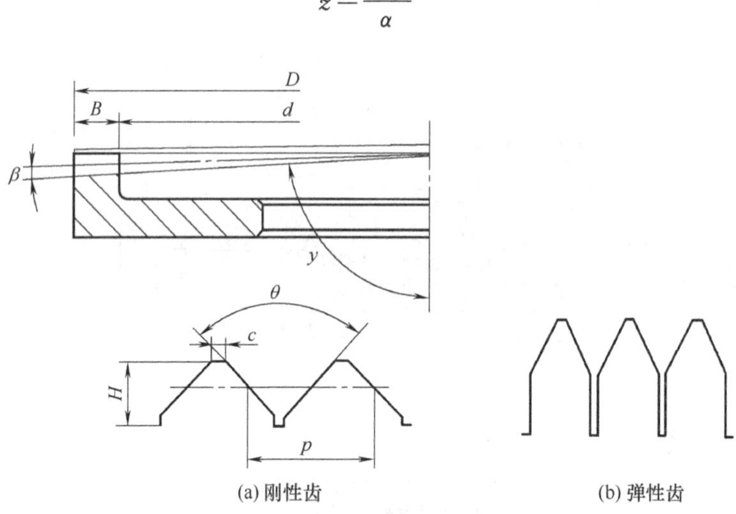

(a) 刚性齿　(b) 弹性齿

图 5-16　端齿盘的基本参数

#### 5.2.3.3　直线分度装置

直线分度装置也广泛用于加工中，如图 5-17 所示。直线分度装置的主要特点是分度孔按直线方向分布。

液压泵上体三孔呈直线分布，要在一次装夹中加工完毕，此直线分度装置的组成有：固定部分，花盘 6；移动部分，分度滑块 8；分度对定机构，对定销 7。分度滑块 8 与过渡盘 10 用 T 形螺钉 3 连接和螺母锁紧，用导向键 9 导向。

工件定位用分度滑块 8、圆柱销 2、菱形销 4；工件夹紧用螺旋压板 5；工件分度对定用对定销 7，由于孔距公差为±0.1mm，分度精度不高，用手拉式圆柱对定销即可，为了不妨碍工人操作和观察，对定机构径向安装。

### 5.2.4　夹具体设计

夹具体是夹具的基础元件。夹具体的安装基面与机床连接，其他工作表面则装配各种元件和装置，以组成夹具的总体。

在加工过程中，夹具体要承受工件重力、夹紧力、切削力、惯性力和振动力的使用，所以夹具体应具有足够的强度、刚度和抗振性，以保证工件的加工精度。对于大型精密夹具，由于刚度不足引起的变形和残余应力产生的变形，应予以足够的重视。

#### 5.2.4.1　夹具体毛坯类型

夹具体毛坯的有铸造、焊接、锻造和装配等类型，如图 5-18 所示。

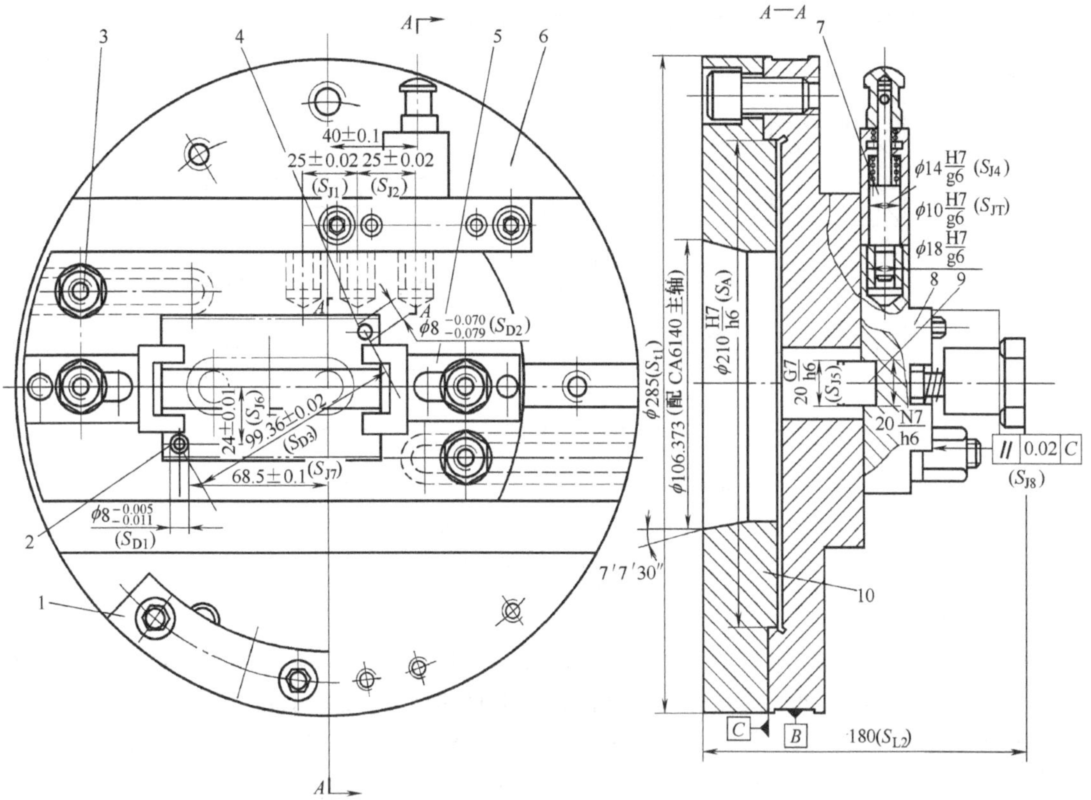

图 5-17　液压泵上体三孔加工直线分度装置

1—平衡块；2—圆柱销；3—T 形螺钉；4—菱形销；5—螺旋压板；6—花盘；7—对定销；8—分度滑块；9—导向键；10—过渡盘

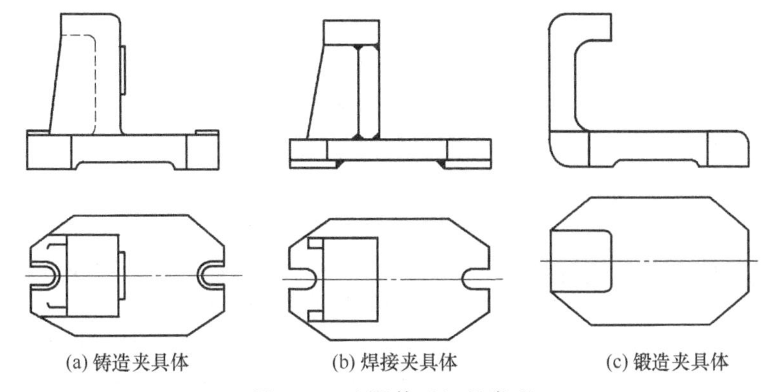

(a) 铸造夹具体　(b) 焊接夹具体　(c) 锻造夹具体

图 5-18　夹具体毛坯的类型

(1) 铸造夹具体

铸造夹具体的优点是工艺性好，容易获得形状复杂的内、外轮廓，且有较好的抗压强度、刚度和抗振性。缺点是生产周期长，需进行时效处理，以消除内应力，单件制造成本较高。结构如图 5-18 (a) 所示。

铸件材料一般用灰铸铁 HT150 或 HT200。高精度夹具可用合金铸铁或高磷铸铁。用铸钢件有利于减轻重量。轻型夹具可用铸铝件。铸件均需时效处理，精密夹具体在粗加工后需作第二次时效处理。图 6-19 (a) 所示为箱形结构，图 5-19 (b) 所示为板形结构。它们的特点是夹具体的基面 1 和夹具体的装配面 2 相互平行。

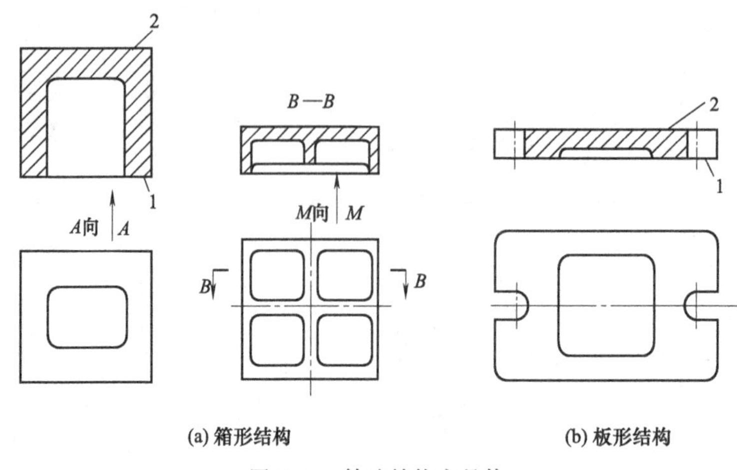


图 5-19 铸造结构夹具体

1—基面；2—装配面

（2）焊接夹具体

焊接夹具体由钢板、型材焊接而成，其结构如图 5-18（b）所示。这种夹具体制造方便、生产周期短、成本低、重量轻（壁厚比铸造夹具体薄），使用也较灵活，是国际上一些工业国家常用的方法。但焊接夹具体的热应力较大，易变形，需经退火处理，以保证夹具体尺寸的稳定性。当发现夹具体刚度不足时，可补焊肋和隔板。

焊接件材料的可焊性要好，适用材料有碳素结构钢 Q195、Q215、Q235，优质碳素结构钢 20 钢、15Mn 等。焊接后需经退火处理，局部热处理的部位则需在热处理后进行低温回火。图 5-20 所示为用型材焊接成的钻模夹具体，其制造成本比铸造结构低 25%。常用的型材有工字钢、角铁、槽钢等。用型材可减少焊缝变形。焊接变形较大时，可采用以下措施减少变形：

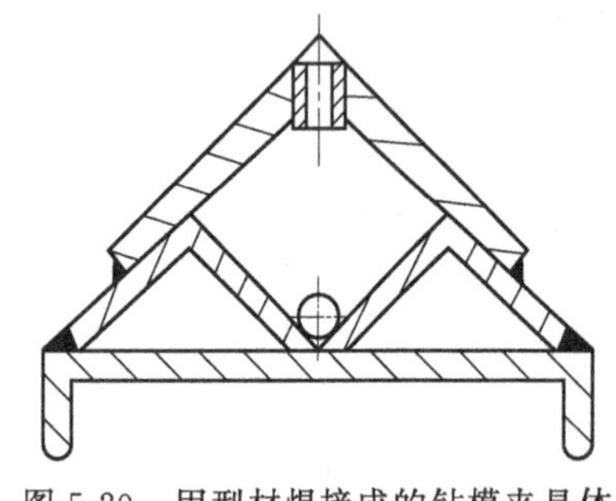

图 5-20 用型材焊接成的钻模夹具体

① 合理布置焊缝位置。

② 缩小焊缝尺寸。

③ 合理安排焊接工艺。

（3）锻造夹具体

锻造夹具体适用于形状简单、尺寸不大、要求强度和刚度较大的夹具体，它能承受较大的冲击载荷。这类夹具体常用优质碳素结构钢 40 钢，合金结构钢 40Cr、38CrMoAlA 等材料，经锻造后酌情采用调质、正火或回火制成。此类夹具体应用较少。其结构如图 5-18（c）所示。

（4）装配夹具体

装配夹具体是近年来发展的一种新型结构。它由标准的毛坯件、零件及个别非标准件通过螺钉、销钉连接，组装而成。这种结构选用标准零部件装配成夹具体，可以缩短生产准备周期，降低生产成本，精度稳定，有利于夹具标准化、系列化，也便于夹具的计算机辅助设计，在生产中应用越来越广泛，其结构如图 5-21 所示。

#### 5.2.4.2 夹具体设计要求

夹具体是夹具上尺寸最大、结构最复杂和承受负荷最大的零件，需考虑：夹具体的结构应简单、紧凑，尺寸要稳定，残余变形要小。夹具的刚度与结构经常有矛盾，往往刚度提高

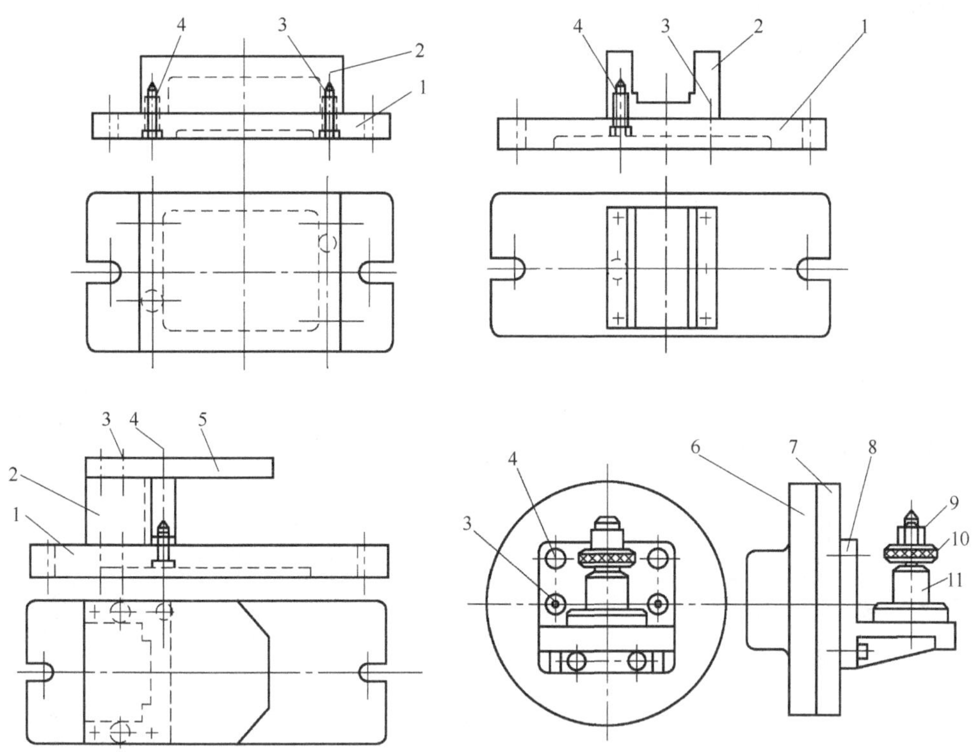


图 5-21 装配夹具体

1—底座；2—支承；3—销钉；4—螺钉；5—钻模板；6—过渡盘；7—花盘；8—角铁；9—螺母；10—开口垫圈；11—定位心轴

了，而夹具体的结构复杂。因此必须提高整体设计水平，在保证强度和刚度的前提下，减小夹具体的体积尺寸和重量。

(1) 有适当的精度和尺寸稳定性

夹具体有三个重要表面，即安装定位元件的表面、安装对刀或导向元件的表面、夹具体与机床相连接的表面（夹具体的安装基面）。应有适当的尺寸和形状精度，它们之间应有适当的位置精度。一般应以夹具的安装基面为夹具体的主要设计基准及工艺基准，这样有利于制造、装配、使用和维修。

为增加夹具体尺寸稳定，铸造夹具体要进行时效处理，焊接和锻造夹具体要进行退火处理。

(2) 有足够的强度和刚度

加工过程中，夹具体要承受较大的切削力和夹紧力，为防止受力后变形，夹具体需要有一定的壁厚。铸造夹具体的壁厚一般取 15～30mm；焊接夹具体的壁厚为 8～15mm。必要时可用肋来提高夹具体的刚度，肋的厚度取壁厚的 0.7～0.9 倍。铸造和焊接夹具体常设置加强肋，或在不影响工件装卸的情况下采用框架式夹具体。

(3) 结构工艺性好

夹具体应便于制造、装配和使用。夹具体的结构工艺性对比见图 5-22。

铸造夹具体上安装各种元件的表面应铸出 3～5mm 高的凸面，以减少加工面积；铸造夹具体壁厚要均匀，转角外应有 $R3$～$R5$mm 的圆角；夹具体不加工的毛面与工件的轮廓表面间要有一定的空隙，以防相碰，一般毛面与毛面间应留空隙 8～15mm，毛面与光面间应留 4～10mm；为减小内应力，壁厚变化要缓和均匀。

夹具体结构形式应便于工件的装卸，如图 5-23 所示。

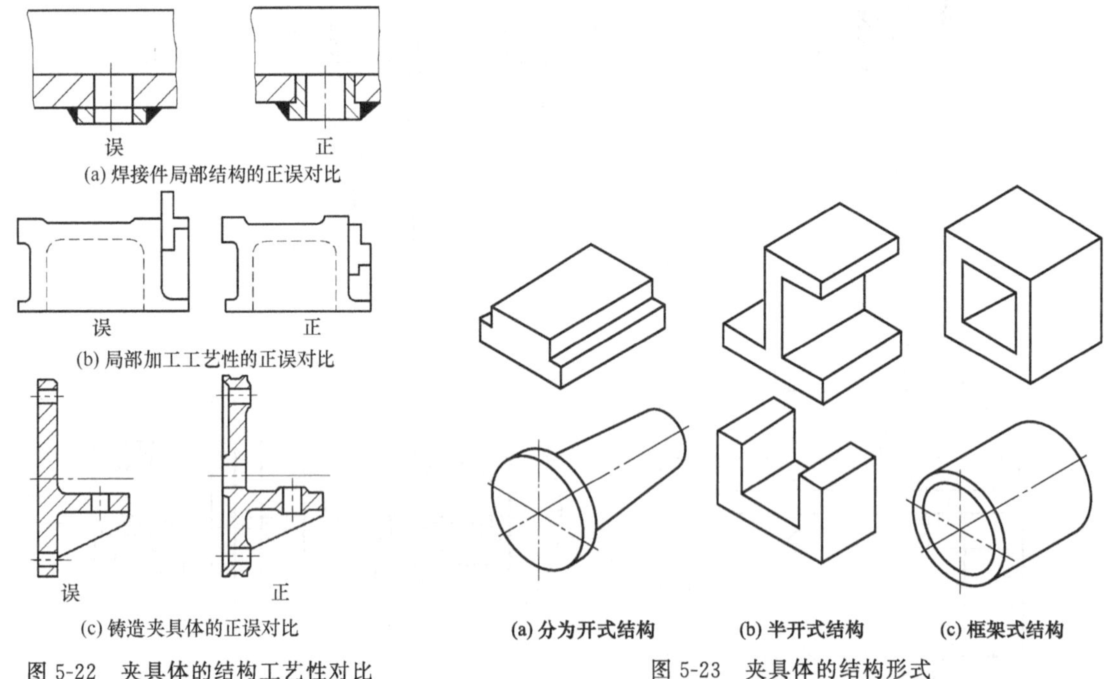


图 5-22 夹具体的结构工艺性对比

图 5-23 夹具体的结构形式

（4）排屑方便

夹具体要便于排屑，要有适当的容屑空间和良好的排屑性能。如果切屑能排出夹具体外，要防止其落在定位元件的定位面上而破坏定位精度。

当切屑不多时，可适当加大定位元件工作表面与夹具体之间的距离、增设容屑沟以增加容屑空间，如图 5-24 所示。

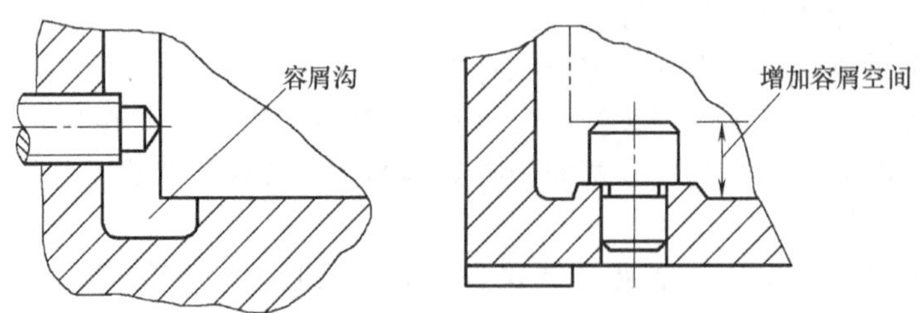


图 5-24 夹具体上设置容屑沟以增加容屑空间

切屑多时，在夹具体上开排屑槽及夹具体下部设置排屑斜面，以便将切屑自动排至夹具体外，如图 5-25 所示。排屑斜面的斜角可取 30°～50°。

（5）在机床上安装稳定可靠

① 夹具在机床工作台上安装，夹具的重心应尽量低，重心越高则支承面应越大；夹具体的高度尺寸要小，其高度与宽度之比一般小于 1.25。

② 夹具底面四边应凸出，使夹具体的安装基面与机床的工作台面接触良好，如图 5-26 所示，接触边或支脚的宽度应大于机床工作台梯形槽的宽度，应一次加工出来，并保证一定的平面精度。

③ 夹具在机床主轴上安装，夹具安装基面与主轴相应表面应有较高的配合精度，并保

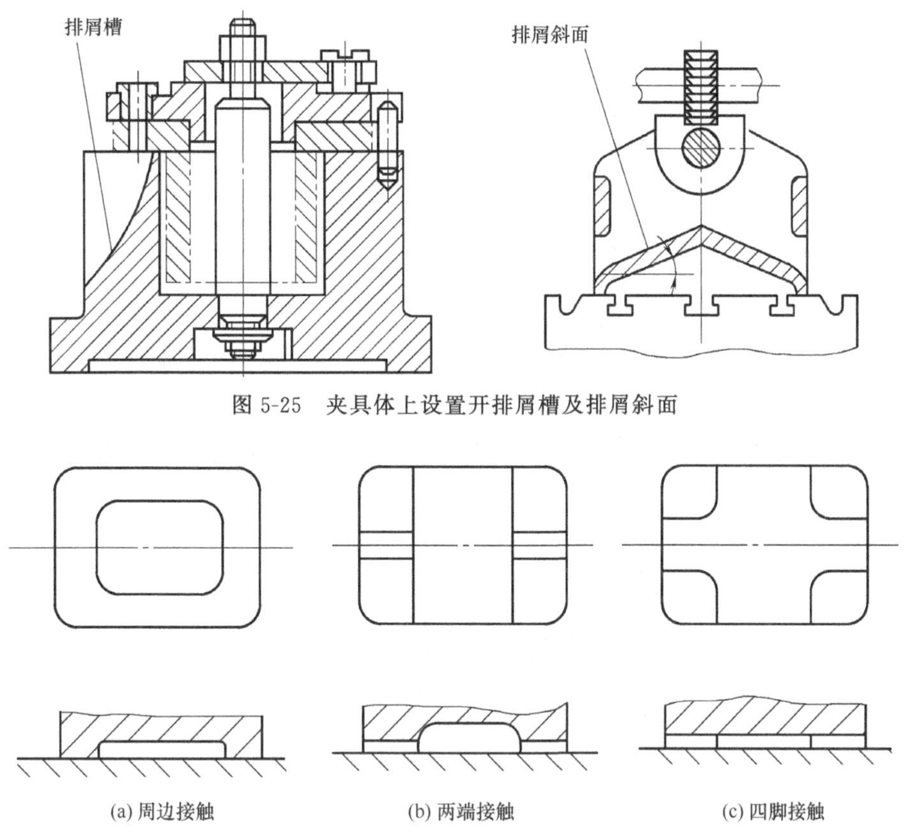


图 5-25 夹具体上设置开排屑槽及排屑斜面

图 5-26 夹具体安装基体的形式

证夹具体安装稳定可靠。

④ 对于旋转类的夹具体，要求尽量没有凸出部分或装上安全罩。在加工中要翻转或移动的夹具体，通常要在夹具体上设置手柄或手扶部位以便于操作。

⑤ 夹具体要结构紧凑、形状简单、装卸工件方便并尽可能使其重量减轻。对于大型夹具，为考虑便于吊运，在夹具体上应设置吊环螺栓或起重孔。

⑥ 要有较好的外观。夹具体外观造型要新颖，钢质的夹具体需要进行发蓝处理或退磁，铸件未加工部位必须清理，并涂油漆。

⑦ 在夹具体的适当部位用钢印打出夹具编号，以便于工装的管理。

#### 5.2.4.3 夹具体的技术要求

夹具体与各元件配合表面的尺寸精度和配精度通常都较高，如图 5-27 所示。常用的夹具元件间配合选择见附表 5。

#### 5.2.4.4 夹具体校正

图 5-28 中 $A$ 为夹具体的基面，夹具体的底（装配）面垂直于 $A$ 面。有时为了夹具在机床上校正方便，常在夹具体的侧面或圆周上，加工出一个专门用于校正的平面，以代替对元件定位基面的直接测量。如图 5-28 所示，用百分表校正 $A$ 面，同时也作为定位件等在夹具体上装配和检验时的基准。

#### 5.2.4.5 夹具体设计实例

夹具体一般是非标准件，需自行设计和制造。

夹具体的结构形式根据所用材料和制造方法的不同，分为铸造、锻造、焊接等结构形式。这就要依据工序要求、制造周期、经济性和具体制造条件而定，其中铸铁铸造类夹具体

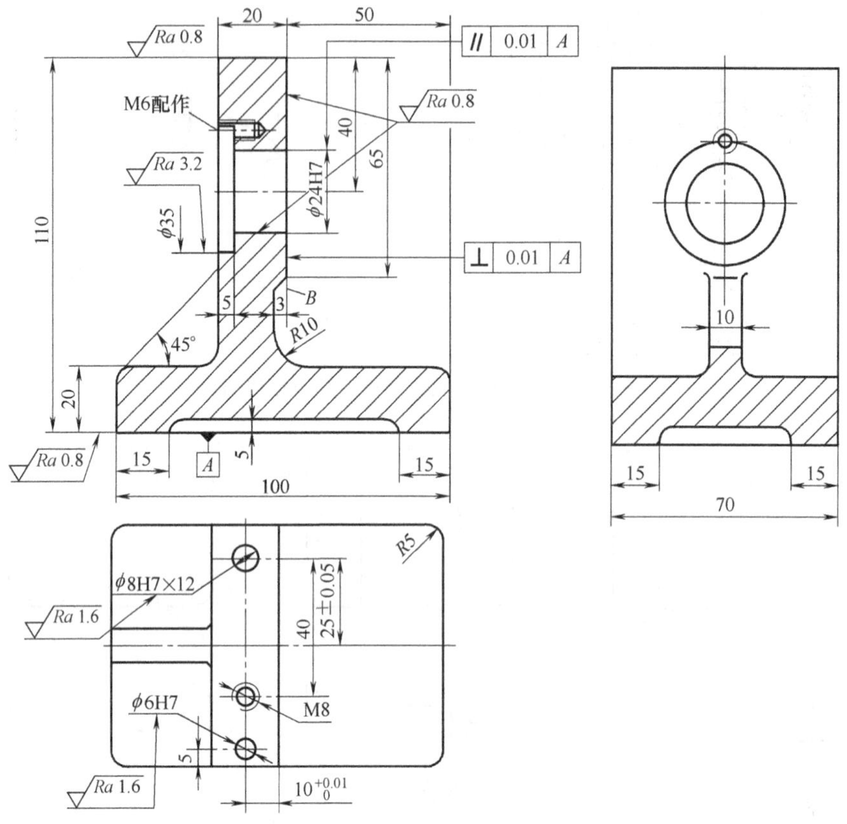


图 5-27　钻模角铁式夹具体设计示例

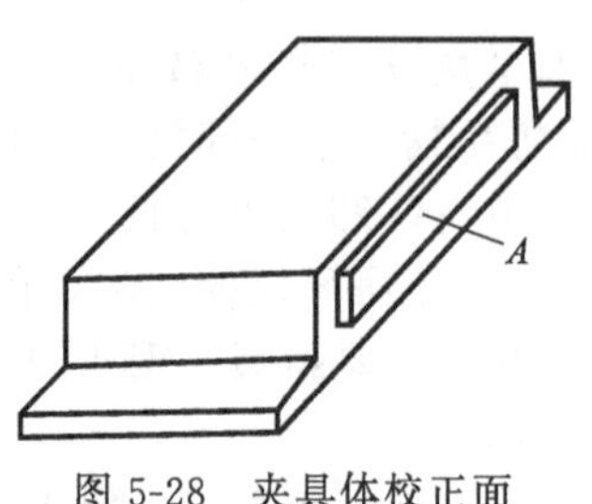


图 5-28　夹具体校正面

是应用最多的，焊接类的夹具体也应用得比较广泛。

夹具体的结构形式还可按机床的有关参数和加工方式而定。主要分两大类：车床夹具的旋转型夹具体，铣床、钻床、镗床夹具的固定型夹具体。旋转型夹具体与车床主轴连接，固定型夹具体则与机床工作台连接。

图 5-27 为钻模角铁式夹具体设计示例，材料为 HT200，应标注的尺寸、公差和形位公差如图 5-27 所示。

图 5-29 为角铁式车床夹具体设计示例。材料为 HT200，应标注的尺寸、公差和形位公差如图 5-29 所示。

角铁式车床夹具体的基面 $A$ 和夹具体的装配面 $B$ 相垂直。由于车床夹具体为旋转型，故还设置了校正圆 $C$，以确定夹具旋转轴线的位置。

设计铸造夹具体需注意合理选择壁厚、肋、铸造圆角及凸台等。

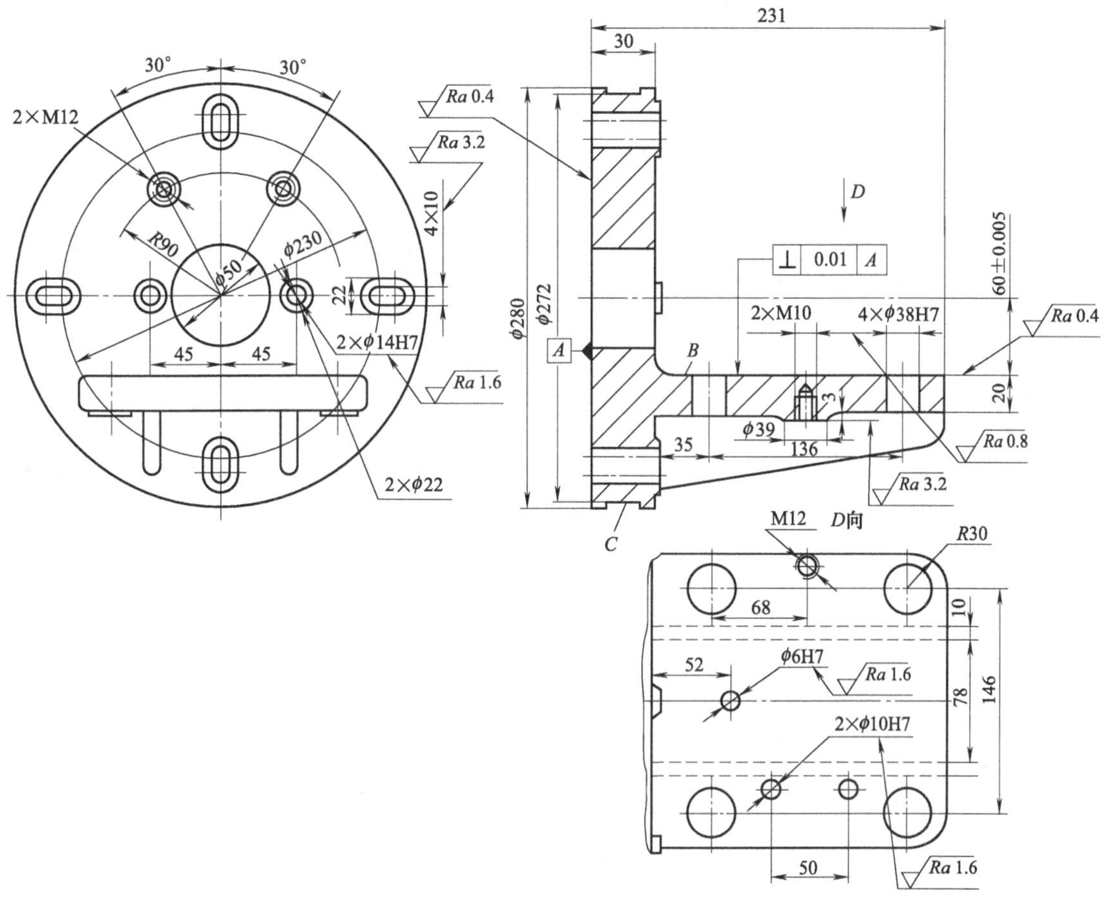


图 5-29　角铁式车床夹具体设计示例

*A*—夹具体基面；*B*—装配面；*C*—校正面

# 5.3 任务实施

通过前面的学习，读者应掌握分度装置的结构、类型及设计要点，掌握分度装置的应用和分度精度的分析，掌握夹具体的结构、类型和应满足的基本要求等。下面将完成工作任务。

## 5.3.1 工作任务实施

我们现在再回头看图 5-1 所示工件的要求，对加工工件进行装夹方案和分度装置设计，看是否能达到加工要求。

(1) 零件分析

前面已对图 5-1 所示的柱塞泵分度圆盘进行了分析。

(2) 定位方案

为了保证 7×$\phi$24.5mm±0.1mm 孔轴线在直径为 $\phi$75mm±0.1mm 的圆周上均匀分布，并保证各相邻两孔轴线的夹角为 51°25′±10′，应选工件底面为主要定位基准，限制了 $\vec{z}$、$\widehat{y}$、$\widehat{x}$ 三个自由度；外圆 $\phi108_{-0.050}^{-0.015}$mm 为次要定位基准，限制 $\vec{x}$、$\vec{y}$ 两个自由度。定位方

案如图 5-30 所示，定位盘作为定位元件，分别限制了工件端面和 $\phi108_{-0.050}^{-0.015}$mm 外圆的五个自由度，而工件旋转方向不需要定位，属不完全定位方式，定位元件设计、制造、加工等非常方便。

(3) 夹紧方案

因采用端面和外圆定位，柱塞泵分度圆盘零件的径向刚度好，夹紧力方向应朝向工件底面，如图 5-30 所示。

由于工件加工数量只有 2000 件，生产批量较小，宜用简单的手动夹紧装置。如图 5-31 所示，采用手动螺旋压板夹紧机构，使工件装卸迅速、方便。如果生产数量较大，则可以采用气压和液压夹紧装置等。

(4) 分度方案

① 分度对定机构　分度精度主要取决于分度对定机构的精度。因为柱塞泵分度圆盘零件的七个等分孔要求保证各相邻两孔轴线的夹角为 51°25′±10′，分度精度不是很高，故可采用如图 5-31 所示对定销，对定销的斜面能自动消除结合面的间隙，从而消除分度副间隙对分度精度的影响。

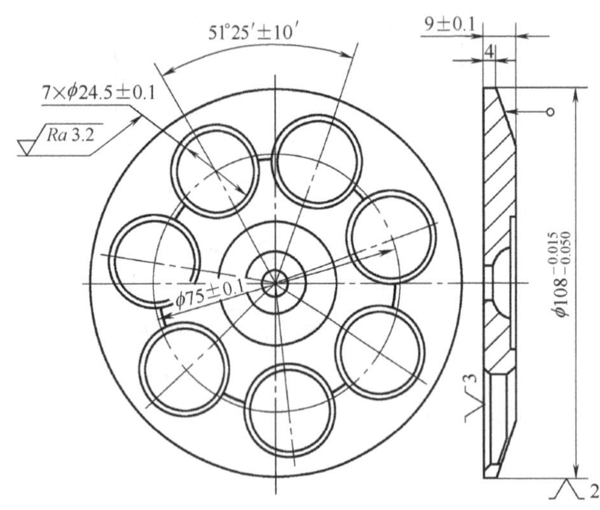


图 5-30　柱塞泵分度圆盘的定位方案

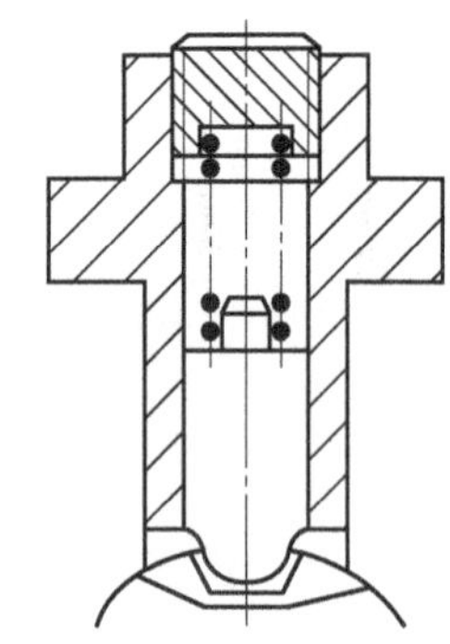

图 5-31　柱塞泵分度圆盘夹紧方案

采用手拉式，对定销借助弹簧的作用插入分度盘的槽中，以确定工件的加工位置。

② 分度装置转动及锁紧部分　分度装置的转动部分如图 5-32 所示，它包括回转体 2 和转轴 4，转轴 4 上装有棘轮 3，回转体 2 上装有棘爪 1。分度对定后，由于棘爪棘轮的单向运动从而将转动部分锁紧。

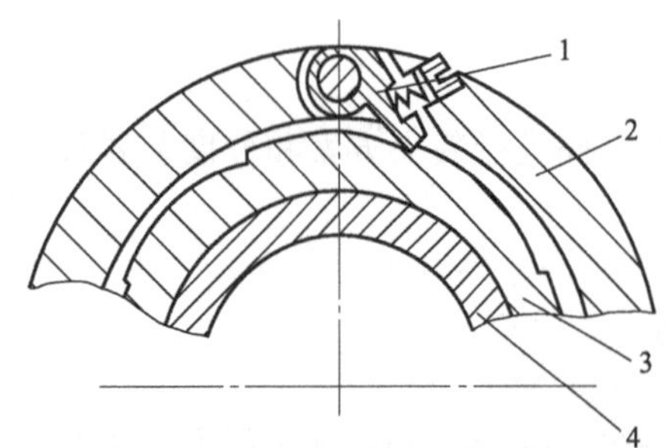


图 5-32　柱塞泵分度装置转动部分

1—棘爪；2—回转体；3—棘轮；4—转轴

(5) 夹具与机床的连接方式

车床夹具与机床主轴的连接精度对夹具的回转精度有决定性的影响。因此，要求夹具的回转轴线与车床主轴轴线有尽可能高的同轴度。

如图 5-33 所示设计的过渡盘 15，夹具以圆盘 14 上定位止口装配在过渡盘 15 的凸缘上，然后用螺钉紧固，并有螺纹可和主轴连接。

(6) 夹具设计总图

夹具设计总图如图 5-33 所示，这种带有回转分度装置的车床夹具，可在一次装夹中，车削柱塞泵分度圆盘上七个等分孔 $7\times\phi24mm\pm0.1mm$。

工件以端面和 $\phi108_{-0.050}^{-0.015}$mm 外圆在定位盘 6 上定位，由两块压板 4 夹紧。本体 3 上的对定销 2 借助弹簧 1 的作用插入分度盘 5 的槽中，以确定工件的加工位置。分度盘 5 的槽数与工件的孔数相等。分度时，用扳手带动销 16、回转体 17 作逆时针回转，回转体 17 上的凸轮面便推动对定销 2 从分度盘 5 中退出。同时，装在回转体 17 上的棘爪 10 从棘轮 9 上滑过，并嵌入下个棘轮凹槽中，然后再将回转体 17 按顺时针方向回转，回转体上的棘爪 10 便拨动棘轮 9 和转轴 7 转过一个角度。此时回转体上的凸轮面已移开，对定销 2 便在弹簧 1 的作用下重新插入分度盘的下一个分度槽中，从而完成一次分度。回转体端面楔块 12、13 锁紧，使定位稳定、可靠。

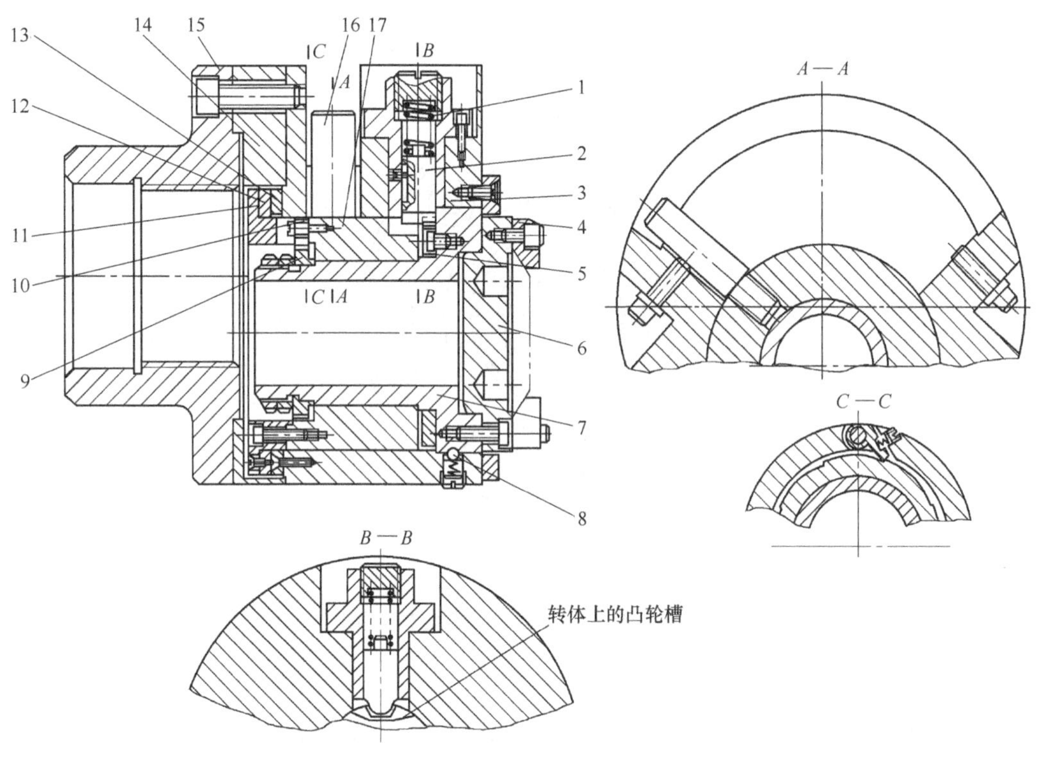


图 5-33　带有回转分度装置的车床夹具

1—弹簧；2—对定销；3—本体；4—压板；5—分度盘；6—定位盘；7—转轴；8—钢球；9—棘轮；10—棘爪；11—盘；12,13—端面楔块；14—圆盘；15—过渡盘；16—销；17—回转体

## 5.3.2 拓展实践

如图 5-34 所示为曲柄板零件图。曲柄板零件需钻通孔 $5\times\phi5.2mm$ 以及同轴线上沉孔 $5\times\phi11mm$、深 3.5mm。工件材料为 45，毛坯为锻件，年产量 2000 件。

(1) 零件分析

① 生产纲领：年产量 2000 件。

② 毛坯：毛坯为锻件，材料为 45 钢。其他各表面在前面工序中已加工完成。

③ 加工要求：

a. 保证一次装夹工件钻通孔 $5\times\phi5.2mm$ 以及同轴线上沉孔 $5\times\phi11mm$、深 3.5mm。

b. 保证 $5\times\phi5.2mm\times5\times\phi11mm$ 孔轴线在直径为 $\phi80mm$ 的圆周上均匀分布。

c. 保证 5×$\phi$5.2mm×5×$\phi$11mm 各相邻孔轴线的夹角为 45°。

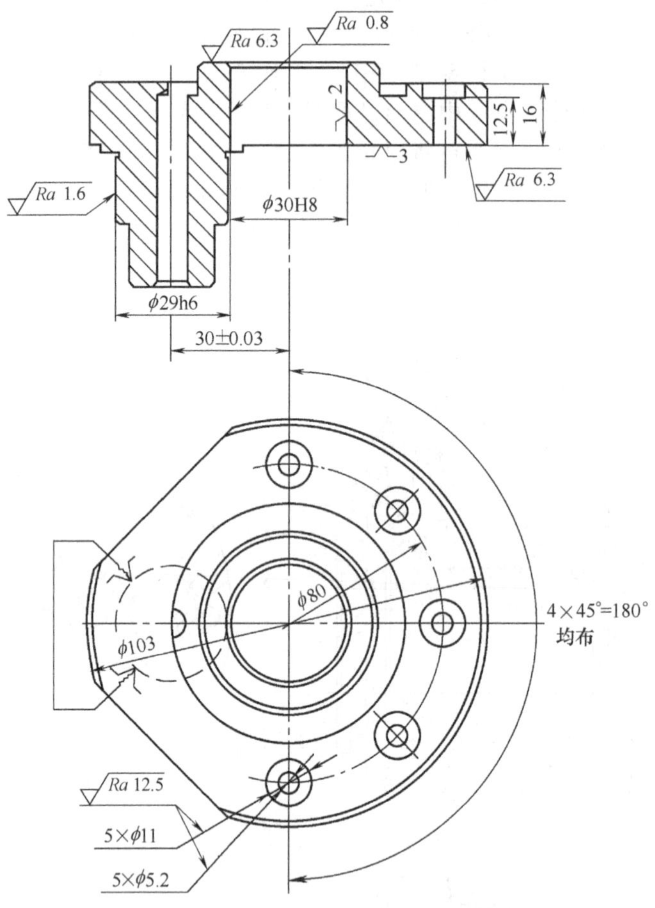


图 5-34 曲柄板零件工序及定位方案图

(2) 定位方案

根据“基准重合”和“基准统一”的原则，选定工件上已加工好的曲柄板下端面为主要定位基准，用 3 个支承钉形成定位，限制了 $\vec{z}$、$\overset{\frown}{y}$、$\overset{\frown}{x}$ 三个自由度；$\phi$30H8mm 内孔表面作为次要定位基准，用分度盘限制 $\vec{x}$、$\vec{y}$ 两个自由度；活动 V 形块限制 $\overset{\frown}{z}$；属于完全定位，能保证曲柄盘的精度及正确的位置，如图 5-34 所示。

(3) 夹紧方案

由于所钻孔只有 5 个 $\phi$5.2mm 以及同轴线上沉孔 $\phi$11mm，孔径小，钻削时的切削扭矩和轴向力较小，而工件质量较大，为便于操作和提高效率，利用工件上已加工好的上端面，用夹紧螺母和开口垫圈将工件压紧在分度套上，如图 5-35 所示。

夹紧力是保证定位稳定、夹具可行的因素。夹紧力不能太小，否则加工时容易发生工件位移而破坏定位，夹紧力也不太过大，否则工件易变形，增大结构尺寸。本次钻孔孔径较小，所需夹紧力较小；综合考虑加工因素，选用 M10 的夹紧螺母，能够满足夹紧要求。

(4) 导向方案

由于加工的工件由 2 个直径不同的孔组成 ，工件需钻、扩、铰多工步加工时，为能快速更换不同孔径的钻套，应选用快换钻套。更换钻套时，将钻套缺口转至螺钉处，即可取出钻套。

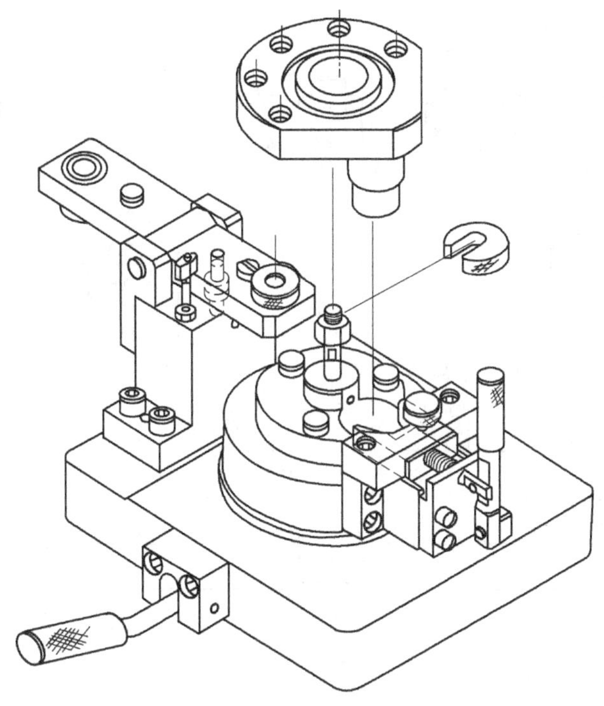

图 5-35　曲柄板零件夹紧及导向方案立体图

为了避免钻模板妨碍工件装卸，采用铰链式钻模板，如图 5-35 所示。

(5) 分度方案

由于 5 个沉孔的对称度要求不高（未标注公差），设计一般精度的分度装置即可。如图 5-36 所示，分度盘与定位心轴做成一体，在夹具体的回转套中回转，采用对定销对定，锁紧螺母锁紧，结构简单，动作迅速可靠。

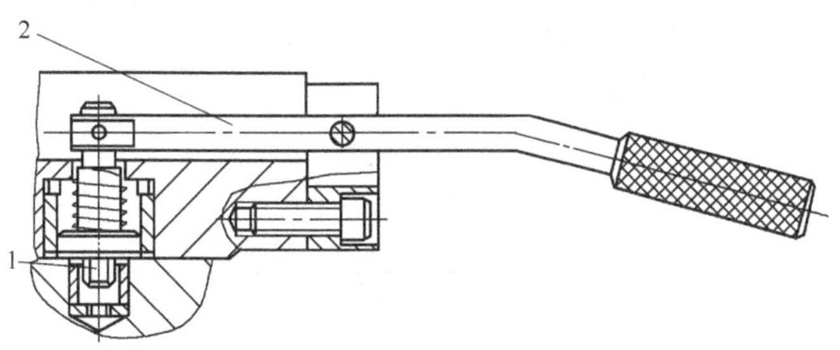


图 5-36　曲柄板零件分度对定机构

1—对定销；2—抬起手柄

(6) 夹具体

选用铸造夹具体。夹具体是夹具中的基础元件，它所有的元件的支承面，分度盘的锁紧装置在夹具体的下方，因此夹具体下方要挖出槽来。

(7) 夹具设计总图

夹具设计总图如图 5-37 所示，可在一次装夹中，车削曲柄板零件上五个等分孔 $\phi$5.2mm 以及同轴线上沉孔 $\phi$11mm。

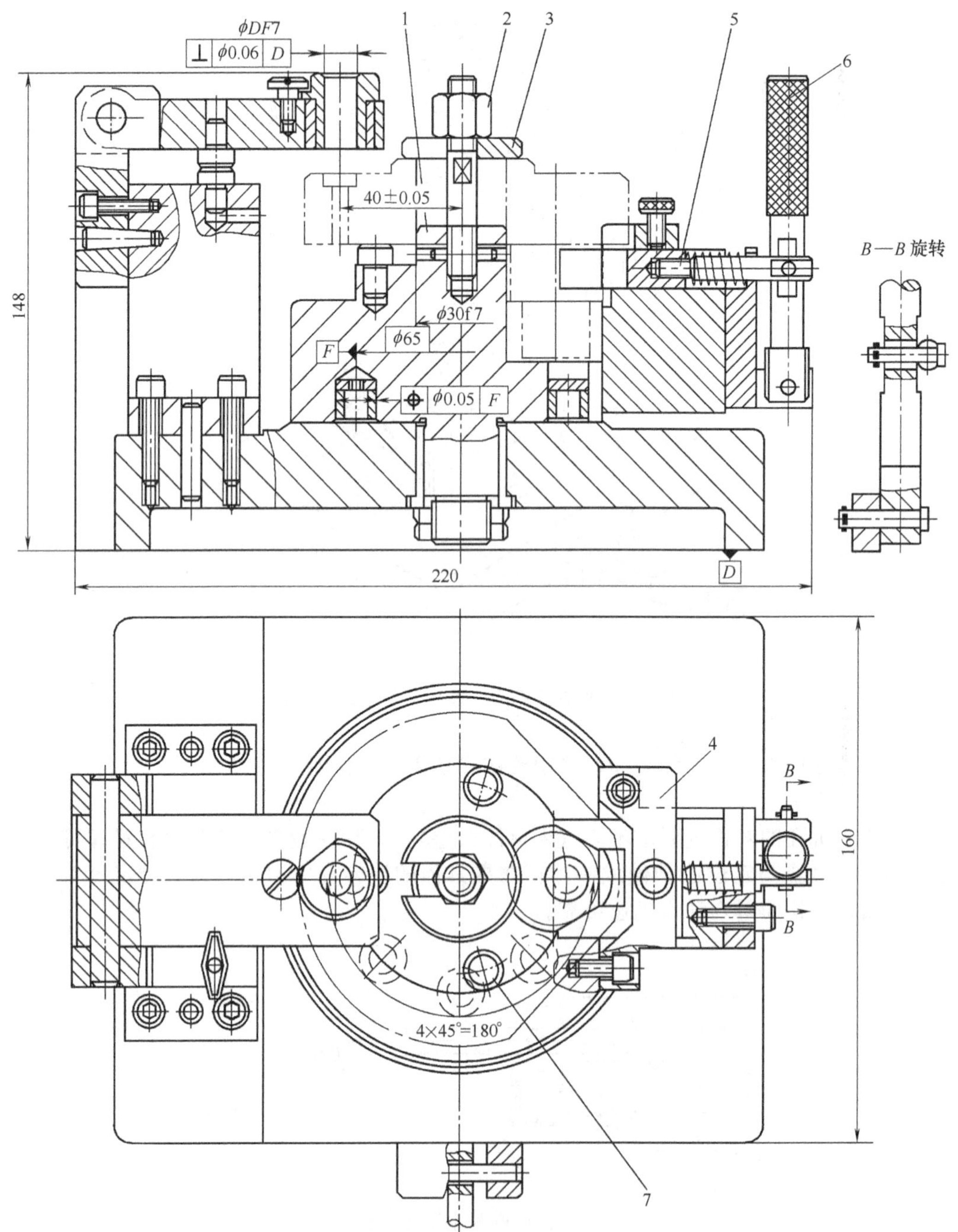


图 5-37 曲柄板零件钻孔立轴回转分度式钻床夹具

1—转动分度盘；2—夹紧螺母；3—开口垫圈；4—活动 V 形块；5—对定销；6—抬起手柄；7—支承钉

夹具用三个支承钉 7 定位以曲柄板下端面，用转动分度盘定位 $\phi$30f7mm 内孔表面，活动 V 形块 4 限制工件的转动。利用工件上已加工好的上端面，用夹紧螺母 2 和开口垫圈 3 将工件压紧在转动分度盘 1 上。夹具钻完第一个孔后，抬起手柄 6，拔出对定销 5，转动分度盘 1，当下一个分度孔与对定销 5 对准时，对定销在弹簧作用下，插入分度孔，即可钻第二个孔，以此类推。分度装置结构简单，使用方便。

## 项目小结

本项目介绍了分度装置和夹具体的结构、类型、应用及设计要点，并对分度精度进行了分析。学生通过学习和完成工作任务，应达到能根据零件工序加工要求，确定是否采用分度装置，合理选择分度元件和设计分度装置，并能选择夹具体的毛坯类型和设计夹具体的目的。

## 实践任务

### 实践任务 5-1

| 专业 | | 班级 | | 姓名 | | 学号 | |
|---|---|---|---|---|---|---|---|
| 实践任务 | 复习本项目内容 | | | 评分 | | | |
| 实践要求 | | | | | | | |

**一、填空题**

1. 分度装置就是能够实现__________或__________均分的装置。

2. 常见的分度装置一般按分度方式分类，有以下两大类：__________和__________。

3. 回转分度装置由固定部分、转动部分、__________、__________，以及润滑部分等组成。

4. 分度对定机构也称分度副，即__________和__________的合称。

5. 分度对定机构的结构形式较多，主要有：钢球对定、圆柱销对定、__________、__________、__________、__________、__________、滚柱对定等。

6. 分度对定控制机构是指控制分度定位器的操纵机构。常见的有__________、__________和齿轮齿条式定位器。

7. 一般分度的精度是很有限的。在常规设计中，可以采用下列措施来提高分度装置的分度精度：增大回转轴中心至分度盘衬套孔中心的距离、__________、__________提高主要零件间的配合精度及其间的相互位置精度和采用高精度分度对定结构。

8. 夹具体是夹具的__________元件。夹具体的安装__________与机床连接，其他工作表面则装配各种元件和装置，以组成夹具的总体。

9. 夹具体毛坯有铸造、__________、__________和装配等类型。

10. 装配夹具体有利于夹具__________与__________，也便于夹具的计算机辅助设计，在生产中应用越来越广泛。

**二、判断题**（正确的打√，错误的打×）

1.（　）分度装置分散工件的加工工序。

2.（　）分度精度主要取决于分度对定控制机构的精度。

3.（　）分度装置分度时，最大分度值与最小分度值之差就为分度误差，也就是分度机构实际位置与理想位置的差值。

4.（　）夹具体应具有足够的强度、刚度和抗振性。

5.（　）铸造夹具体容易获得形状复杂的内、外轮廓，且没有内应力。

6.（　）夹具在机床工作台上安装，夹具的重心应尽量高。

7.（　）焊接夹具体的热应力较大，易变形，需要经过退火处理。

8.（　）夹具体可以不考虑排屑问题。

9.（　）采用高精度分度对定结构可以提高分度的精度。

10.（　）对于大型精密夹具，不但要考虑分度精度问题，还要足够重视夹具体由于刚度不足引起的变形和残余应力产生的变形。

## 实践任务 5-2

| 专业 | | 班级 | | 姓名 | | 学号 | |
|---|---|---|---|---|---|---|---|
| 实践任务 | 了解分度装置及夹具体 | | | 评分 | | | |
| 实践要求 | 根据本项目内容或上网查询，分组制作 PPT，介绍和演示各种分度装置的工作原理、作用、种类、结构，使用特点和方法、适用范围等注意事项。 | | | | | | |

**分度装置及夹具体介绍题目(分组)**

1. 分度装置有什么功用？它由哪些部分组成？
2. 分度装置有什么类型？各应用范围如何？
3. 径向分度与轴向分度各有何优缺点？
4. 分度装置中决定分度精度的核心元件有哪些？
5. 分度对定机构的结构形式有哪些？分度盘锁紧机构呢？
6. 试分析影响分度精度的因素有哪些？
7. 如何提高分度装置的分度精度？
8. 端齿分度盘的特点？为什么端齿分度盘可以获得较高的分度精度？
9. 夹具体的毛坯类型有哪些？
10. 夹具体的作用有什么？夹具对夹具体的基本要求是什么？

## 实践任务 5-3

| 专业 | | 班级 | | 姓名 | | 学号 | |
|---|---|---|---|---|---|---|---|
| 实践任务 | 分析计算分度误差 | | | 评分 | | | |
| 实践要求 | 根据工件尺寸及分度装置配合尺寸，不考虑其他误差，分析计算分度误差。 | | | | | | |

1. 设项目 5 中图 5-3 中的对定机构为圆柱销结构，并且对定销 2 与定位套的配合尺寸为 $\phi$10H7/g6mm，与固定衬套的配合尺寸为 $\phi$20H7/g6mm，转轴 11 转动处配合尺寸为 $\phi$30H7/g6mm，定位套(对定销 2)的轴线到转轴 11 轴线的半径尺寸为 32.5mm。不考虑其他误差，试计算回转分度钻模的分度误差。

2. 夹具上分度装置如图 5-38 所示。已知分度定位孔 $A$、$B$ 两孔之间的距离为 $s=136.8\text{mm}\pm0.03\text{mm}$，分度盘衬套内孔 $D_1=\phi20^{+0.021}_{0}\text{mm}$，夹具体衬套内孔 $D_2=\phi24^{+0.021}_{0}\text{mm}$，分度销削直径 $d_1=\phi20^{0}_{-0.013}\text{mm}$，分度销下部直径 $d_2=\phi24^{0}_{-0.013}\text{mm}$。衬套内孔 $D_2$ 与外圆 $D_3$ 同轴度公差为 0.01mm。当不考虑其他误差时，试计算分度误差。

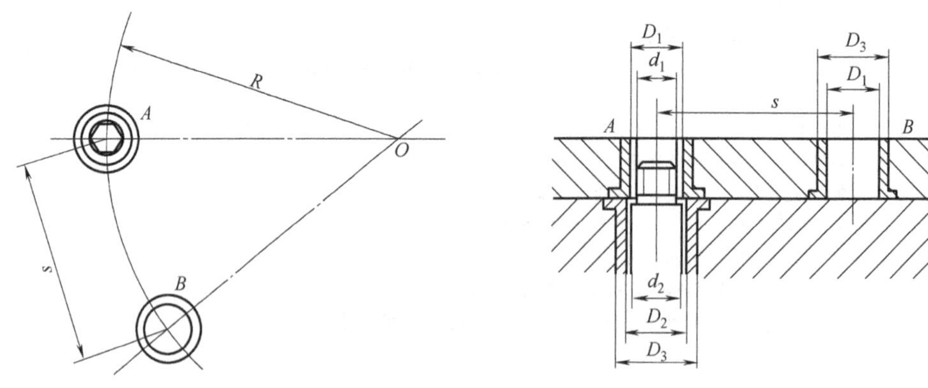


图 5-38　实践任务 5-3 题 2 图

## 实践任务 5-4

| 专业 | | 班级 | | 姓名 | | 学号 | |
|---|---|---|---|---|---|---|---|
| 实践任务 | 装夹方案和分度装置设计 | | | 评分 | | | |
| 实践要求 | 按加工要求及前面学习内容，设计工件的装夹方案和分度装置。 | | | | | | |

如图 5-39 所示，法兰盘零件在本工序中钻 4×$\phi$10mm 孔。孔和端面等其他表面在前面工序中已加工完成。工件材料为 HT250，毛坯为铸件，中批量生产。设计法兰盘零件钻 4×$\phi$10mm 孔钻床夹具的装夹方案和分度装置。

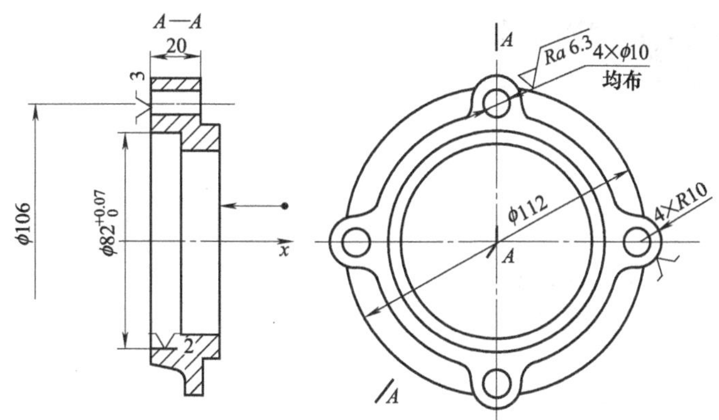


图 5-39 实践任务 5-4 题图

加工要求：

(1) 4×$\phi$10mm 孔为自由尺寸，保证一次钻削加工。

(2) 4×$\phi$10mm 孔轴线在直径为 $\phi$106mm 的圆周上均匀分布。

(3) 保证 4×$\phi$10mm 孔轴线在 $R$10mm 的圆弧面中间，并且 4×$\phi$10mm 孔轴线与端面垂直。

## 实践任务 5-5

| 专业 | | 班级 | | 姓名 | | 学号 | |
|---|---|---|---|---|---|---|---|
| 实践任务 | 夹具体画图设计 | | | 评分 | | | |
| 实践要求 | 按夹具体设计要求、注意事项及模型图，画出此钻模的夹具体。 | | | | | | |

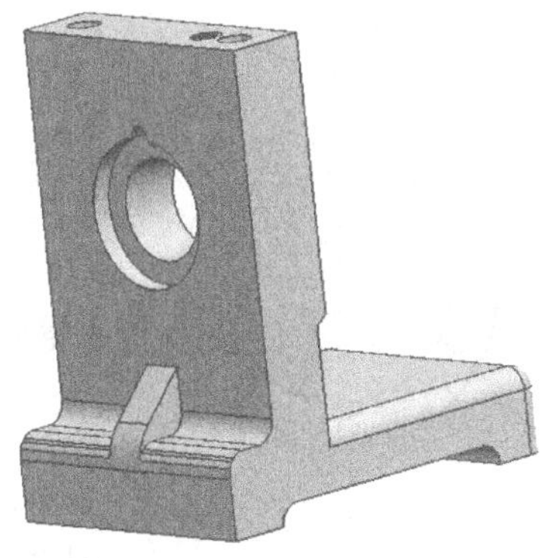

图 5-40 实践任务 5-5 题图

# 项目6
# 钻床夹具设计

## 知识目标

1. 掌握机床夹具的设计方法和步骤。
2. 了解机床夹具精度及经济性分析。
3. 分析各种钻床夹具。
4. 掌握钻床夹具的设计要点。

## 能力目标

根据零件的结构特点和加工要求，能设计钻床夹具。

## 6.1 工作任务

### 6.1.1 任务描述

如图 6-1 所示，工件材料为 Q235A 钢，批量 $N=2000$ 件，套零件在本工序中需钻 $\phi$5mm 孔。满足如下加工要求：$\phi$5mm 孔轴线到端面 $B$ 的距离 20mm±0.1mm；$\phi$5mm 孔对 $\phi$20H7 孔的对称度为 0.1mm。设计套零件钻 $\phi$5mm 孔的钻床夹具。

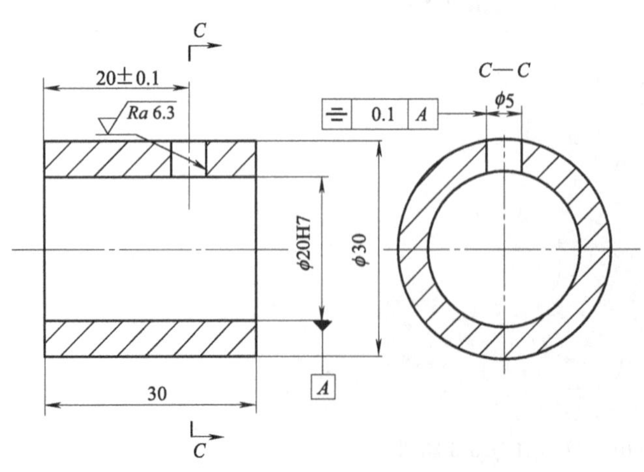


图 6-1 套零件钻 $\phi$5mm 工序图

### 6.1.2 任务分析

① 生产纲领：批量 $N=2000$ 件。

② 毛坯：材料为 Q235A 钢，除尺寸 $\phi$5mm 孔未加工，其余已加工至尺寸。

③ 结构分析：形状简单，由 $\phi$30 外圆、$\phi$20H7 内圆组成。

④ 精度分析：套的径向尺寸基准是套的中心，左端面是套的长度方向尺寸基准，要求 $\phi$5mm 孔轴线到左端面的距离（20±0.1）mm。形位公差要求 $\phi$5mm 孔对 $\phi$20H7 孔的对称度为 0.1mm。

# 6.2 知识准备

夹具是切削加工时用于安装工件并使之与机床和刀具间保持正确相对位置的工艺装备。夹具是保证加工质量、提高生产效率、减轻劳动强度、扩大机床的工艺范围等的主要工具。

## 6.2.1 夹具设计要求和方法

### 6.2.1.1 夹具设计的基本要求

夹具设计一般是在零件的机械加工工艺过程制订之后按照某一工序的具体要求进行的。制订工艺过程，应充分考虑夹具实现的可能性，而设计夹具时，如确有必要也可以对工艺过程提出修改意见。夹具的设计质量的高低，应以能否稳定地保证工件的加工质量，生产效率高，成本低，排屑方便，操作安全、省力和制造、维护容易等为其衡量指标。

设计夹具时，应满足下列四项基本要求。

(1) 保证工件的加工精度要求

夹具应有合理的定位方案，标注合适的尺寸、公差和技术要求，并进行必要的精度分析，确保夹具能满足工件的加工精度要求。特别对于精加工工序，应适当提高夹具的精度，以保证工件的尺寸公差和形状位置公差等。

(2) 保证工人的操作方便、安全

夹具的操作应简便、省力、安全可靠，排屑应方便，必要时可设置排屑结构。按不同的加工方法，可设置必要的防护装置、挡屑板以及各种安全器具。夹具的结构应简单、合理，便于加工、装配、检验和维修。

(3) 达到加工的生产率要求

应根据工件生产批量的大小设计不同复杂程度的高效夹具，以缩短辅助时间，提高生产效率。特别对于大批量生产中使用的夹具，应设法缩短加工的基本时间和辅助时间。

(4) 满足夹具一定的使用寿命和经济性要求

夹具的低成本设计，目前在世界各国都已相当重视。为此，夹具的复杂程度应与工件的生产批量相适应。在大批量生产中，宜采用如气压、液压等高效夹紧装置；而小批量生产中，则宜采用较简单的夹具结构。夹具元件的材料选择将直接影响夹具的使用寿命，定位元件以及主要元件宜采用力学性能较好的材料。

### 6.2.1.2 夹具设计方法

夹具设计主要是绘制所需的图样，同时制订有关的技术要求。夹具设计是一种相互关联的工作，它涉及很广的知识面。通常，设计者在参阅有关典型夹具图样的基础上，按加工要求构思出设计方案，再经修改，最后确定夹具的结构。其设计方法可用图6-2表示。

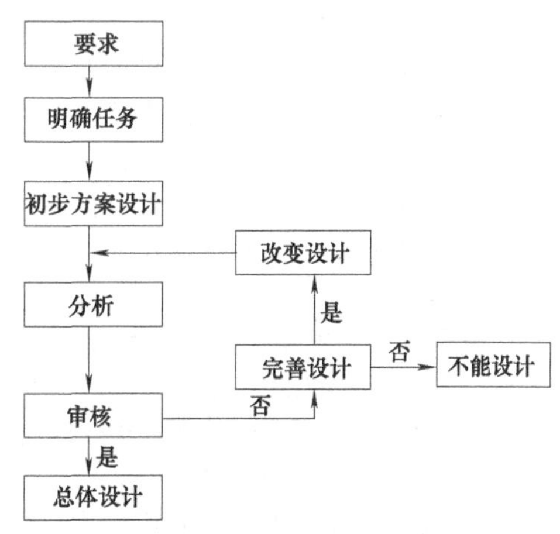

图6-2 夹具设计方法

显然，夹具设计的过程中存在着许多重复的劳动。近年来，迅速发展的机床夹具计算机辅助设计（CAD)，为克服传统设计方法的缺点提供了新的途径。

## 6.2.2 夹具设计步骤

夹具的设计主要分三步走：第一步是设计的准备，从分析工件入手，综合考虑各种因素，做好充足的准备工作，才可以少走弯路，将很多以后可能发生的问题先行消灭。第二步是设计的实施，夹具设计归纳为一句话：定位准，限位稳，取放易，加工少，结构巧。第三步是边绘图边检查。

### 6.2.2.1 设计的准备

这一阶段的工作是收集原始资料、明确设计任务。

在接到夹具设计任务后，要认真分析研究工件的结构特点、材料、生产规模和本工序加工的技术要求以及前后工序的联系；仔细阅读工件的零件图和与之有关的部件装配图，了解它的作用、结构特点和技术要求；研究工件的工艺规程，充分了解本工序的加工内容和加工要求，了解加工所用设备、辅助工具中与设计夹具有关的技术性能和规格，了解工具车间的技术水平等；必要时还要了解同类工件的加工方法和所使用夹具的情况。具体如下：

① 分析工件零件图及装配图，分析零件的作用、形状、结构特点、材料和技术要求。

② 分析工件的加工工艺规程，特别是本工序半成品的形状、尺寸、加工余量、切削用量和所使用的工艺基准。

③ 分析工艺装备设计任务书，对任务书所提出的要求进行可行性研究，以便发现问题，及时与工艺人员进行磋商。工艺装备设计任务书一般规定了加工工序、使用机床、装夹件数、定位基准、工艺公差和加工部位等。任务书对工艺要求也作了具体说明，并用简图表示工件的装夹部位和形式。

④ 了解所使用机床的规格、性能、精度以及与夹具连接部分结构的联系尺寸。

⑤ 了解所使用刀具、量具的规格。

⑥ 了解零件的生产纲领以及生产组织等有关问题。

⑦ 收集有关设计资料，其中包括国家标准、部颁标准、企业标准等资料以及典型夹具资料。

⑧ 熟悉本厂工具车间的制造工艺。

### 6.2.2.2 设计的实施

在分析各种原始资料的基础上，应拟定夹具结构方案与绘制夹具草图，完成下列设计工作：

① 确定工件的定位方案，选择合适的定位元件，设计定位装置。

② 确定工件的夹紧方案，设计或选择合适的夹紧装置，使夹紧力与切削力静力平衡，并注意缩短辅助时间。

③ 确定对刀或导向方案，设计对刀或导向装置。

④ 确定夹具与机床的连接方式，设计连接元件及安装基面。

⑤ 确定和设计其他装置及元件的结构形式，如分度装置、预定位装置及吊装元件等。

⑥ 确定夹具体的结构形式及夹具在机床上的安装方式。

⑦ 绘制夹具草图，并标注尺寸、公差及技术要求。

### 6.2.2.3 绘图

按国家制图标准绘制夹具装配总图。总图应把夹具的工作原理、各种装置的结构及其相互关系、各种元件间的装配关系表达清楚。绘图比例尽量采用 1∶1，以使所绘制的夹具具有良好的直观性。主视图尽量选择夹具面对操作者的方向绘制。

夹具总图的绘制次序如下：

① 用双点画线将工件的外形轮廓、定位基面、夹紧表面及加工表面绘制在各个视图的合适位置上。并将工件看作透明体，不遮挡后面夹具上的线条。可对其剖视表示，其加工余

量用网纹线表示。

② 依次绘出定位装置、夹紧装置、对刀或导向装置、其他装置、夹具体及连接元件和安装基面。

③ 标注必要的尺寸、公差和技术要求。

④ 编制夹具明细表及标题栏。

⑤ 绘制夹具零件图。夹具中的非标准零件都必须绘制零件图。在确定这些零件的尺寸、公差或技术要求时，应注意使其满足夹具总图的要求。

由于夹具上专用零件的制造属于单件生产，精度要求又高，根据夹具精度要求和制造的特点，有些零件必须在装配中再进行相配加工，有的应在装配后再作组合加工，所以在这样的零件工作图上应该注明。例如在夹具体上用以固定钻模板、对刀块等零件位置用的销钉孔，就应在装配时进行加工。根据具体工艺方法的不同，在夹具的有关零件图上就可注明“两孔和某件同钻铰”或“两销孔按某件配作”。再如对于要严格保证间隙和配合性质的零件，应在零件图上注明“与某件相配，保证总图要求”等。

### 6.2.2.4 标注

夹具总图上应标注轮廓尺寸，必要的装配尺寸、检验尺寸及其公差，标注主要元件、装置之间的相互位置精度要求等。当加工的技术要求较高时，应进行工序精度分析。

(1) 标注夹具总图上的尺寸

要标注的尺寸及公差包括以下五类：

① 外形轮廓尺寸（A 类尺寸）。长、宽、高（不包含被加工工件、定位键），当夹具结构中有活动部分时，用双点画线画出最大活动范围（或标出活动部分的尺寸范围），应包括活动部分处于极限位置时在空间所占的尺寸。如图 6-3 中最大轮廓尺寸为：84mm、$\phi$70mm 和 60mm。

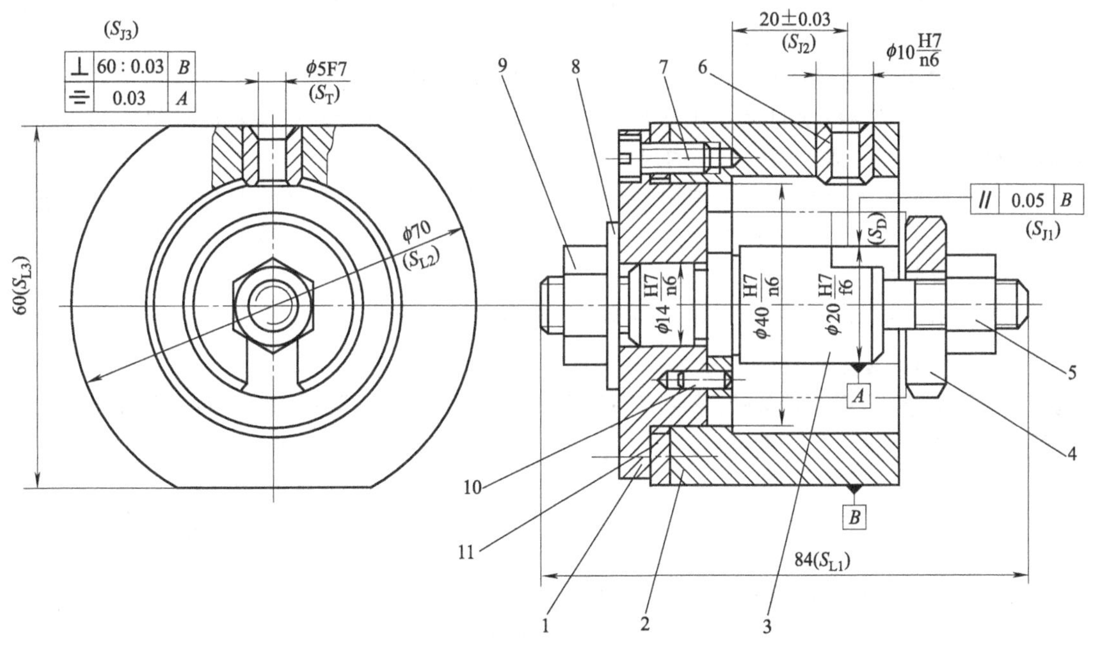


图 6-3　钻模夹具尺寸标注示意

1—盘；2—套；3—定位心轴；4—开口垫圈；5—夹紧螺母；6—固定钻套；7—螺钉；8—垫圈；9—锁紧螺母；10—防转销钉；11—调整垫圈

② 工件与定位元件的联系尺寸（B 类尺寸）。把工件顺利装入夹具所涉及的尺寸。主要指影响定位精度的尺寸和公差，即工件与定位元件及定位元件之间的尺寸、公差。主要包括：工件与定位元件的配合尺寸（配合标注或只标定位元件的尺寸）；定位元件之间的位置尺寸。如图 6-3 中标注的定位基面与限位基面的配合尺寸 $\phi$20H7/f6；图 6-4 中标注的圆柱销及菱形销的尺寸 $d_1$、$d_2$ 及销间距 $L\pm\delta_L$。

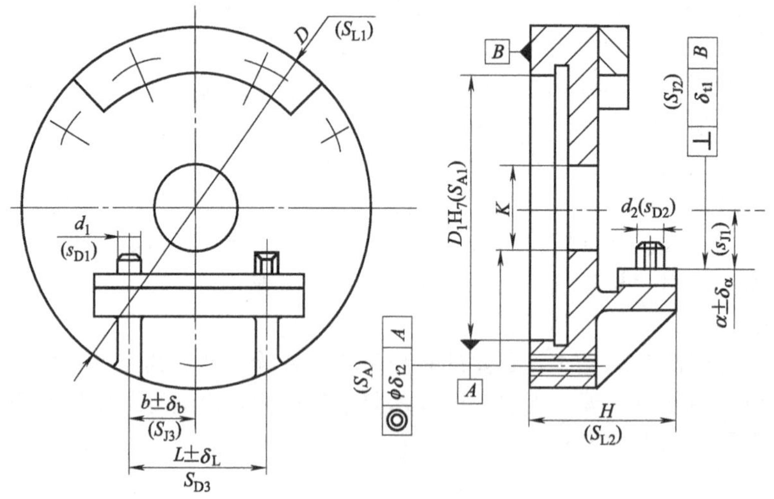


图 6-4 车床夹具尺寸标注示意

③ 夹具与刀具的联系尺寸（C 类尺寸）。主要指影响对刀精度的尺寸和公差，即刀具与对刀或导向元件之间的尺寸、公差，定位元件与对刀元件之间的位置尺寸，即如图 6-3 中标注的钻套导向孔的尺寸 $\phi$5F7，20mm±0.03mm。

④ 夹具与机床的联系尺寸（D 类尺寸）。把夹具顺利装入机床所涉及的尺寸，主要指影响夹具在机床上安装精度的尺寸和公差，与机床尺寸相关。如夹具安装基面与机床相应配合表面之间的尺寸、公差，图 6-4 中的尺寸 $D_1$H7。

车床夹具标注夹具与车床主轴端部圆柱面配合的配合尺寸；铣床夹具标注定位键与铣床 T 形槽的配合尺寸；钻床夹具无此类尺寸。尺寸若以配合形式标注，要用双点画线画出主轴端部、T 形槽形状。

一些机床夹具总图上的尺寸标注如表 6-1 所示。

**表 6-1 机床夹具总图上尺寸标注**

| 夹具形式 | 夹具轮廓尺寸 | 夹具与工件联系尺寸 | 夹具与刀具联系尺寸 | 夹具与机床联系尺寸 | 其他装配尺寸 |
|---|---|---|---|---|---|
| | A | B | C | D | E |
| 车床夹具 | 于极限位置时的长、宽、高 | 工件与定位元件的配合尺寸；<br>定位元件之间的位置尺寸 | — | 夹具安装面 —柱、锥面尺寸→ 车床主轴端部 | 有相互位置要求的装配尺寸；<br>夹具内部的配合尺寸 |
| 铣床夹具 | | | 定位元件 —位置尺寸→ 对刀块 —塞尺尺寸→ 刀具 | 定位键 —键宽尺寸→ T形槽 | |
| 钻、镗床夹具 | | | 定位元件 ←位置尺寸→ 导套 ←导套内径→ 刀具刀杆<br>位置尺寸 | — | |
| 备注 | | 与工件尺寸有关 | | 与机床尺寸有关 | |

⑤ 其他装配尺寸（E类尺寸）。不在上述几类尺寸之外的尺寸。如：夹具内部的配合尺寸；有相互位置要求的装配尺寸等。如图6-3中标注的配合尺寸$\phi$14H7/n6、$\phi$40H7/n6、$\phi$10H7/n6。

夹具上常用配合的选择参考附表5。

（2）标注夹具总图上的公差

夹具总图上标注公差值的原则是：在满足工件加工要求的前提下，尽量降低夹具的制造精度。夹具总图上的尺寸公差或位置公差为：

$$\delta_j=(1/2\sim1/5)\delta_k \tag{6-1}$$

式中，$\delta_k$ 与 $\delta_j$ 为相应的工件尺寸公差或位置公差。

夹具上主要元件之间的尺寸应取工件相应尺寸的平均值，其公差一般按工件相应公差的1/3～1/5取值，常取±(0.02～0.05) mm。常用的是工件位置公差的1/2～1/3。夹具上主要角度公差一般按工件相应角度公差的1/2～1/5，常取为±10′，要求严格的可取±(1′～5′)。当工件批量大、加工精度低时，$\delta_j$ 取小值，反之取大值。

当工件未注明要求时：工件的加工尺寸未注公差时，工件公差视为IT12～IT14，夹具上相应的尺寸公差按IT9～IT11标注；工件上的位置要求未注公差时，工件位置公差视为9～11级，夹具上相应的位置公差按7～9级标注；工件上加工角度未注公差时，工件公差视为±30′～±10′，夹具上相应的角度公差标为±10′～±3′（相应边长为10～400mm，边长短时取大值）。参看附表6和附表7。

把公差标注成偏差时，按“±”标注。大小确定时，在制造满足经济精度前提下，尽可能少$\delta_{HJ}$，以延长夹具寿命。

夹具总图上公差配合的制订可参考以下：夹具标准件与相关零件的配合参照“夹具设计手册”选取。与工件加工尺寸公差无关的夹具公差，一般参照附表5、6、7选择。与工件加工尺寸公差$\delta_H$有关的夹具公差$\delta_{HJ}$，参照附表8选择。

#### 6.2.2.5 制订夹具总图上的技术要求

夹具总图上规定技术要求的目的，是在于限制定位元件和导引件等在夹具体上的相互位置误差，以及夹具在机床上的安装误差。在规定夹具的技术要求时，必须从分析工件被加工表面的位置精度入手，分析哪些是影响工件被加工表面位置精度的因素，从而提出必要的技术要求。

如几个支承钉应装配后修磨达到等高、装配时调整某元件或临床修磨某元件的定位表面等，以保证夹具精度；或某些零件的重要表面应一起加工，如一起镗孔、一起磨削等；工艺孔的设置和检测；夹具使用时的操作顺序；夹具表面的装饰要求等。

（1）夹具总图上的技术条件

夹具总图上应标注的位置精度要求见图6-5，技术条件如下。

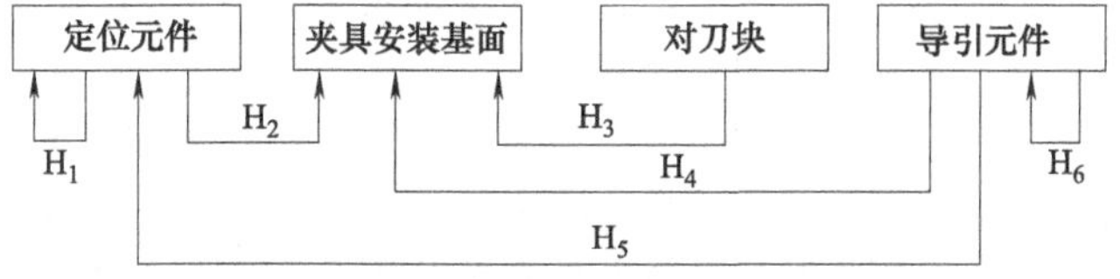


图6-5 夹具总图上应标注的位置精度要求

$H_1$：① 多件装夹时，相同定位元件之间的位置要求。

② 组合定位时，多个定位元件之间次要定位元件对主要定位元件的位置要求。

$H_2$：铣夹具，定位元件→夹具体底面；定位元件→定位键侧面。

钻夹具，定位元件→夹具体底面。

车夹具，定位元件→夹具定位面（圆柱面、圆锥面、端面）。

$H_3$：铣夹具，对刀块，水平面→夹具体底面；
侧平面→定位键侧面。

$H_4$：钻夹具，钻套中心线⊥夹具体底面。

$H_5$：钻夹具，当钻套在某一方向位置尺寸为 0 时，有钻套对定位元件的位置精度要求。

$H_6$：钻夹具，多个钻套之间的位置要求。

(2) 夹具总图上技术条件大小的确定

与工件上技术条件 $\delta_H$ 相关，则 $\delta_{HJ}=(1/3\sim1/5)\delta_H$；与工件无关，参照附表 9 选择。

#### 6.2.2.6 设计审核与改进设计

经主管部门、有关技术人员与操作者审核，以对夹具结构在使用上提出特殊要求并讨论需要解决的某些技术问题，审核包括以下内容：

① 夹具的标志是否完整。

② 夹具的搬运是否方便。

③ 夹具与机床的连接是否牢固和正确。

④ 定位元件是否可靠和精确。

⑤ 夹紧装置是否安全和可靠。有动力装置的夹具，需进行夹紧力验算。

⑥ 工件的装卸是否方便。

⑦ 夹具与有关刀具、辅具、量具之间的协调关系是否良好。

⑧ 加工过程中切屑的排除是否良好。

⑨ 操作的安全性是否可靠。

⑩ 加工精度能否符合工件图样所规定的要求。

⑪ 生产率能否达到工艺要求。

⑫ 夹具是否具有良好的结构工艺性和经济性。当有几种夹具方案时，可进行经济分析，选用经济效益较高的方案。

⑬ 刀具的标准化审核。

### 6.2.3 夹具精度分析

用设计的夹具装夹工件进行机械加工时，机床、夹具、刀具、工件等环节形成一个封闭的加工工艺系统，各环节之间相互联系，环节中的任何误差，都将以加工误差的形式直接或间接地影响工件的加工精度。进行加工精度分析可以帮助我们了解所设计的夹具在加工过程中产生误差的原因，以便探索控制各项误差的途径，为制订、验证、修改夹具技术要求提供依据。

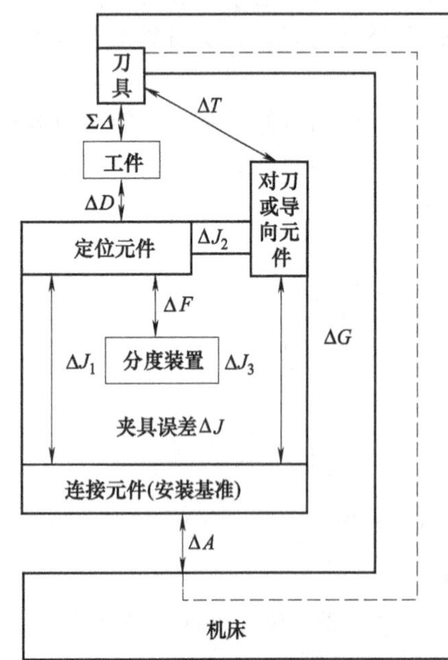


图 6-6 工件在夹具上加工时影响加工精度的主要因素

影响工件加工精度的尺寸和位置误差因素较多，产生原因及对工序尺寸的影响程度等也各不相同。与夹具有关的因素如图 6-6 所示：定位误差 $\Delta D$、调整（引导）误差 $\Delta T$、夹具的安装误差 $\Delta A$ 和夹具误差 $\Delta J$，加工因素引起的加工方法误差 $\Delta G$。上述各项误差均导致刀具相对工件的位置不精确，而形成工件的总加工误差 $\Sigma\Delta$。

#### 6.2.3.1 定位误差 ΔD

由定位引起的同一批工件的工序基准在加工尺

寸方向上的最大变动量称为定位误差。工件产生定位误差的原因主要与两种情况有关：

① 定位副（工件的定位表面和定位元件的工作表面的合称）制造不准确误差；

② 基准（工序基准和定位基准）不重合误差。

#### 6.2.3.2　调整误差 $\Delta T$

因刀具相对于对刀或导向元件的位置不精确而造成的加工误差，称为调整误差。其包含：

① 对刀误差。对刀误差主要与对刀引导元件（对刀引导装置、样板样件、定程机构等）的制造、各元件间及元件与刀具间的配合间隙、对刀调整时的测量误差等有关。

② 刀具的安装误差。

② 刀具误差。刀具误差是由刀具的制造误差和刀具磨损引起的加工误差。在使用钻模加工孔时，应与对刀误差合并计算。

#### 6.2.3.3　夹具的安装误差 $\Delta A$

因夹具在机床上的安装不精确而造成的加工误差，称为夹具的安装误差。夹具的安装误差与两种情况有关：

(1) 夹具定位元件对夹具安装基面的相对位置误差；

(2) 夹具安装基面本身的制造误差及夹具与机床装夹表面的连接误差。

#### 6.2.3.4　夹具误差 $\Delta J$

因夹具上定位元件、对刀或导向元件、分度装置及安装基准之间的位置不精确而造成的加工误差，称为夹具误差。夹具误差 $\Delta J$ 主要由以下几项组成：

① 定位元件相对于安装基准的尺寸或位置误差 $\Delta J_1$；

② 定位元件相对于对刀或导向元件（包含导向元件之间）的尺寸或位置误差 $\Delta J_2$；

③ 导向元件相对于安装基准的尺寸或位置误差 $\Delta J_3$；

④ 若有分度装置时，还存在分度误差 $\Delta F$。

以上几项共同组成夹具误差 $\Delta J$。

#### 6.2.3.5　加工方法误差 $\Delta G$

因机床精度、刀具精度、刀具与机床的位置精度、工艺系统的受力变形和受热变形等因素造成的加工误差，统称为加工方法误差。加工方法误差主要由以下几项组成：

① 机床误差。机床误差主要由主轴回转误差、导轨导向误差、内传动链的传动误差、主轴、导轨的位置误差等组成。机床的制造、安装误差以及长期使用后的磨损是造成机床误差的主要原因。机床误差的大小可根据机床的工作精度从机床说明书中查得。

② 变形误差。在机械加工过程中，工艺系统在作用力（夹紧力、切削力、传动力、离心力、重力、残余应力等）和作用热的影响下，常常会产生复杂的变形，从而破坏刀具与工件之间的正确位置关系，引起加工误差。该误差值计算困难，在设计夹具时常采取一些结构性措施来提高刚性，以减小变形误差。

③ 工件误差。工件误差是由工件被加工表面的制造误差引起的加工误差。工件被加工表面的制造误差（如形状误差、材料硬度不均匀等）会引起切削力变化，工艺系统的变形会随切削力的变化而变化，从而引起工件加工误差（即复映误差）。该误差可归入工艺系统受力变形误差中考虑。

因加工方法误差影响因素多，又不便于计算，所以常根据经验为它留出工件公差 $\delta_K$ 的 1/3。计算时可设：

$$\Delta G=\delta_K/3 \tag{6-2}$$

#### 6.2.3.6　工件的总加工误差 $\Sigma\Delta$

工件在夹具中加工时，总加工误差 $\Sigma\Delta$ 为上述各项误差之和。由于上述误差均为独立随机变量，应用概率法叠加。因此保证工件加工精度的条件是：

$$\Sigma\Delta=\sqrt{\Delta D^2+\Delta T^2+\Delta A^2+\Delta J^2+\Delta G^2}\leqslant\delta_K \tag{6-3}$$

即工件的总加工误差$\Sigma\Delta$应不大于工件的加工尺寸公差$\delta_K$。

#### 6.2.3.7 精度储备量 $J_C$

为保证夹具有一定的使用寿命，防止夹具因磨损而过早报废，在分析计算工件加工精度时，需留出一定的精度储备量$J_C$。因此将（6-3）式改写为：

$$\Sigma\Delta\leqslant\delta_K-J_C$$

或

$$J_C=\delta_K-\Sigma\Delta\geqslant 0 \tag{6-4}$$

当$J_C\geqslant 0$时，夹具能满足工件的加工要求。$J_C$值的大小还表示了夹具使用寿命的长短和夹具总图上各项公差值$\delta_J$确定得是否合理。

### 6.2.4 夹具的经济分析

夹具的经济分析是研究夹具的复杂程度与工件工序成本的关系，以便分析比较和选定经济效益较好的夹具方案。

#### 6.2.4.1 经济分析的原始数据

① 工件的年批量$N$（件）。

② 单件工时$t_d$（h）。

③ 机床每小时的生产费用$f$（元/h）。此项费用包括工人工资、机床折旧费、生产中辅料损耗费、管理费等。它的数值主要根据使用不同的机床而变化，一般情况下可参考各工厂规定的各类机床对外协作价。

④ 夹具年成本$C_j$（元）。$C_j$为专用夹具的制造费用$C_z$分摊在使用期内每年的费用与全年使用夹具的费用之和。

专用夹具的制造费用$C_z$由下式计算

$$C_z=pm+tf_e \tag{6-5}$$

式中，$p$为材料的平均价格，元/kg；$m$为夹具毛坯的重量，kg；$t$为夹具制造工时，h；$f_e$为制造夹具的每小时平均生产费用，元/h。

夹具年成本$C_j$由下式计算

$$C_j=\left(\frac{1+K_1}{T}+K_2\right)C_z \tag{6-6}$$

式中，$K_1$为专用夹具设计系数，常取0.5；$K_2$为专用夹具使用系数，常取0.2～0.3；$T$为专用夹具使用年限，对于简单夹具，$T=1a$；对于中等复杂程度的夹具，$T=2\sim3a$；对于复杂夹具，$T=4\sim5a$。

#### 6.2.4.2 经济分析的计算步骤

经济分析的计算步骤如表6-2所示。

表6-2 经济分析的计算步骤

| 序号 | 项 目 | 计算公式 | 单 位 | 备 注 |
|---|---|---|---|---|
| 1 | 工件年批量 | $N$ | 件 | 已知 |
| 2 | 单件工时 | $t_d$ | h | 已知 |
| 3 | 机床每小时生产费用 | $f$ | 元/h | 已知 |
| 4 | 夹具年成本 | $C_j$ | 元 | 估算 |
| 5 | 生产效率 | $\eta=1/T_d$ | 件/h | |
| 6 | 工序生产成本 | $C_s=N_{td}f=\frac{Nf}{\eta}$ | 元 | |
| 7 | 单件工序生产成本 | $C_{sd}=\frac{C_s}{N}=t_df=\frac{f}{\eta}$ | 元/件 | |

续表

| 序号 | 项　目 | 计算公式 | 单位 | 备注 |
| --- | --- | --- | --- | --- |
| 8 | 工序总成本 | $C=C_j+C_s=C_j+C_{sd}N$ | 元 | |
| 9 | 单件工序总成本 | $C_d=\frac{C}{N}=\frac{C_j+C_s}{N}$ | 元/件 | |
| 10 | 两方案比较的经济效益 $E_{1,2}$ | $E_{1,2}=C_1-C_2=N(C_{d1}-C_{d2})$ | 元 | |

几个方案交点处的批量称临界批量 $N_k$。当批量为 $N_k$ 时，几个方案的成本相等。当 $N>N_k$ 时，$C_2<C_1$，采用第二方案经济效益高；反之，应采用第一方案。

按成本相等条件，可求出临界批量 $N_{k1,2}$。

$$C_{sd1}N_{k1,2}+C_{j1}=C_{sd2}N_{k1,2}+C_{j2}$$

$$N_{k1,2}=\frac{C_{j2}-C_{j1}}{C_{sd1}-C_{sd2}}=\frac{N(C_{j2}-C_{j1})}{C_{s1}-C_{s2}} \tag{6-7}$$

## 6.2.5　各种钻床夹具

钻床夹具是在钻床上用来钻孔、扩孔、铰孔等的机床夹具，这类夹具因大都具有刀具导向装置钻模板和钻套，故习惯上又称为钻模。在机床夹具中，钻模占有相当大的比例。

钻床上所加工的孔多为中小尺寸的孔，加工刀具为多刃刀具，当刀刃分布不对称，或刀刃长度不相等，会造成被加工孔的制造误差，尤其是采用普通麻花钻钻孔，手工刃磨钻头所造成的两侧刀刃的不对称，极易造成被加工孔的孔位偏移、孔径增大及孔轴线的弯曲和歪斜，严重影响孔的形状、位置精度。所以解决控制孔位精度问题，需依靠夹具对刀具的严格引导。

钻床夹具根据其结构特点可分为固定式钻模、回转式钻模、移动式钻模、翻转式钻模、盖板式钻模和滑柱式钻模等。

### 6.2.5.1　固定式钻模

固定式钻模是指工件装上夹具后，直至所有孔加工工序内容完成的全过程中，工件及夹具始终保持不动的钻床夹具。

这种夹具相对机床的位置固定不动，工件在夹具中的位置固定不动，钻套相对刀具的精确位置可以通过严格调装，达到相当高的精度，整个夹具的活动环节很少，夹具的刚性较好，所以固定式钻模的钻孔位置精度较高。但钻孔的方向和位置不能变动，机动性差。一般情况下，固定式钻模往往由于钻模板的设置使夹具的敞开性变差，装卸工件较麻烦，所以，工件的装夹效率较低。固定式钻模主要用于立式钻床上加工直径较大的单孔，或在机动性较好的摇臂钻床上加工较大的平行孔系，以便对多个孔依次换位钻削，或者用于组合多轴钻上，同时对多孔进行钻削，单孔加工可用于普通立钻上。

图 6-7 所示为在某壳体上钻孔的固定模板式钻模。工件以凸缘端面和短圆柱为基准在定位元件 1 上定位，并用凸缘上的一个小孔套到菱形销上以实现角度定位。拧紧螺母 3 带动开口垫圈 2 夹紧工件。装有钻套的钻模板用两个销钉和四个螺钉固定在夹具体上。由于工件待加工的是台阶孔，所以采用快换钻套（每个钻套都需和刀具相适应）。这种钻模刚性好，模板固定不动，便于提高被加工孔的位置尺寸精度。它常用于从一个方向加工轴线平行的孔。由于被加工的孔很小，所以就不必将夹具体固定。但当加工较大的孔时，例如在摇臂钻床上或在镗床上使用时，则需要将夹具固定在工作台上。

### 6.2.5.2　回转式钻模

加工同一圆周上的平行孔系，或分布在圆周上的径向孔系，或同一直线上的等距孔系时，钻模上应设置分度装置。带有回转式分度装置的钻模称为回转式钻模。

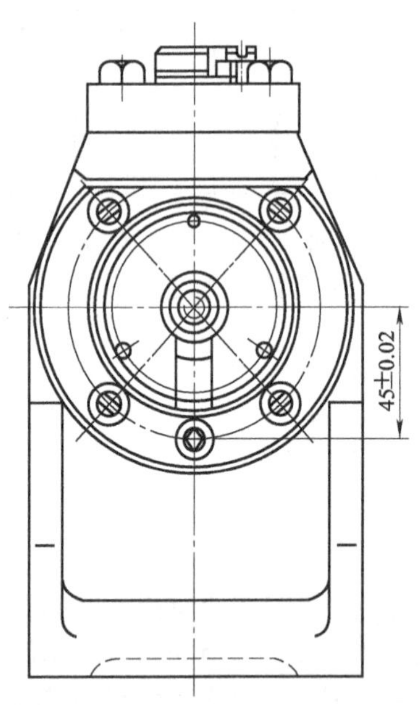


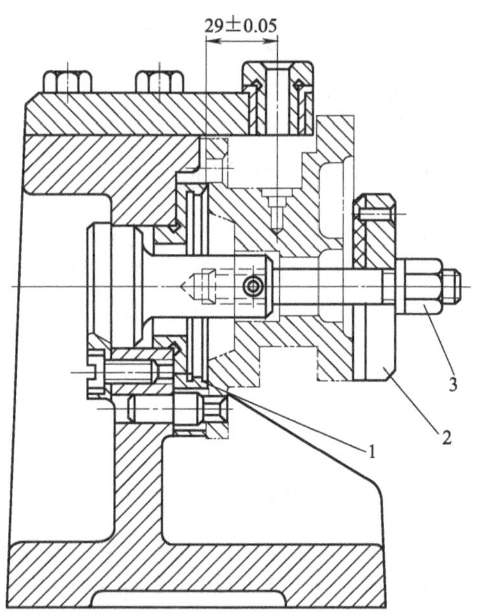


图 6-7 固定模板式钻模
1—定位元件；2—开口垫圈；3—螺母

回转式钻模可以带动工件进行回转，以完成同一圆周上分布的多个孔的依次加工，孔的位置精度由钻套和夹具上的回转分度对定机构来保证。一般用于在中、小批量生产中。

根据钻模板在夹具上不同的设置，可以把回转式钻模分为模板固定式和模板回转式两种。

模板固定式回转钻模的钻模板为固定式结构，一般与夹具体固连在一起，以保证钻套与钻头的严格同轴关系，减少二者间的摩擦与磨损，维持和提高钻套的引导精度，而工件则单独装在回转分度盘的心轴上，由心轴带动进行回转换位。工件上的加工孔位精度由工件相对钻套的回转精度，即分度盘、心轴的分度、对定精度来保证。

模板回转式钻模的钻模板与工件一起装在回转心轴上，将随同工件一起回转换位，这种结构的钻模把回转分度，对定的误差直接由心轴带给钻模板上的钻套，引起钻套轴线与钻头轴线间的同轴度误差，严重地破坏钻套的引导精度，钻套过大的歪斜量甚至会导致钻刃摩擦钻套孔壁，造成刀刃和钻套的损伤。这种钻模一般只是在工件孔的分度精度要求很低时，为简化夹具的分度、对定机构才采用，一般情况下较少应用这种结构。

图 6-8 为一模板固定式回转钻模，用于依次加工工件上同一截面圆周上均布的小孔，将工件安装在可以回转的定位件 8 上，由转盘 6 及对定销 2 组成的分度、对定机构来控制小孔沿圆周分布的等分性。钻套 7 固定在转盘 6 上，保证与刀具间的位置精度。

生产中，为简化回转式钻模的结构及其设计、制造生产过程，缩短工艺装备的准备周期，常把夹具的回转部分直接用通用回转工作台来代替，使钻模的结构大为简化，并提高夹具的通用化程度。如图 6-9 所示立轴回转式分度钻模，回转工作台 1 是通用回转工作台。

#### 6.2.5.3 移动式钻模

移动式钻模是指工件安装到夹具上后，可通过夹具整体的自由移动或夹具局部结构的直线移动来依次完成多个孔的加工的钻模。这类钻模用于钻削中、小型工件同一表面上的多个孔。

整体自由移动式钻模一般适用于在台钻、立钻上钻削小尺寸孔的小型多孔工件，由于钻

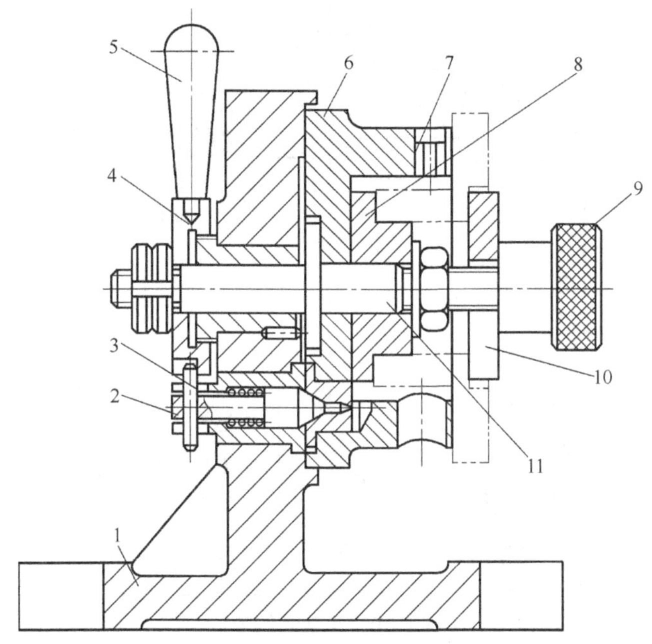


图 6-8 模板固定式回转钻模

1—夹具体；2—对定销；3—横销；4—螺套；5—手柄；6—转盘；7—钻套；8—定位件；9—滚花螺母；10—开口垫圈；11—转轴

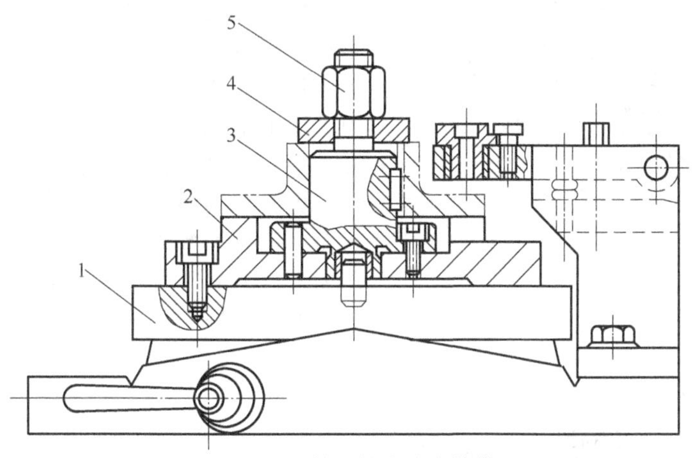


图 6-9 立轴回转式分度钻模

1—回转工作台；2—转盘；3—定位件；4—压板；5—螺母

削小孔，钻削扭矩较小，钻模在自身重力及摩擦力作用下，完全可以与钻削扭力矩相平衡，加上手动进给，一般不大会发生拔钻危险，所以，夹具与工作台不需固连在一起，这样，可以利用夹具本身的移动来进行孔位的转换而加工多孔。图 6-10 为一种移动式钻模，用于加工连杆大、小头上的孔。

图 6-11 为一种简易移动式钻模，夹具本身具有导轨、移动换位装置，钻完一个孔后，夹具可以带动工件在导轨的引导下进行定向移动，转换孔位。这种结构本身经常具有活动模板，靠模板上的钻套引导钻头，确定孔位。当换位工作只需进行一次时，可以应用图中挡板限位机构，靠挡板 1、2 来限定滑板及工件的最终移动位置，进行两孔位的转换。当孔数较多，且孔位精度要求较高时，可采用直线分度对定机构来完成孔位间的转换。

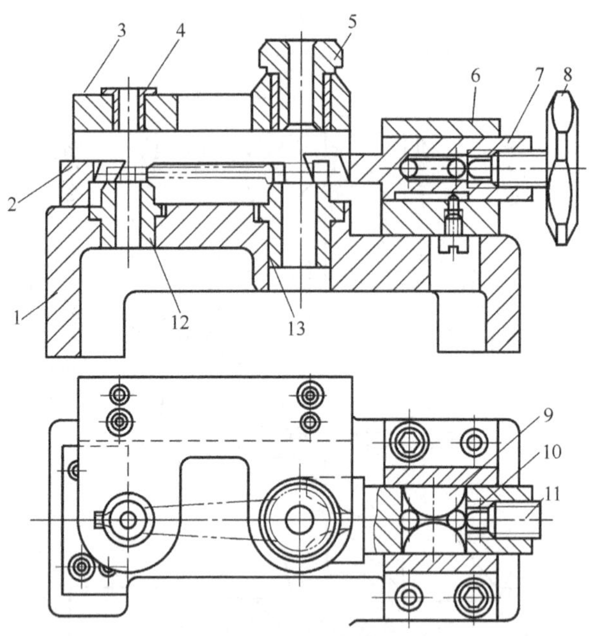


图 6-10 移动式钻模

1—夹具体；2—固定 V 形块；3—钻模板；4,5—钻套；6—支座；7—活动 V 形块；8—手轮；9—半月键；10—钢球；11—螺钉；12,13—定位套

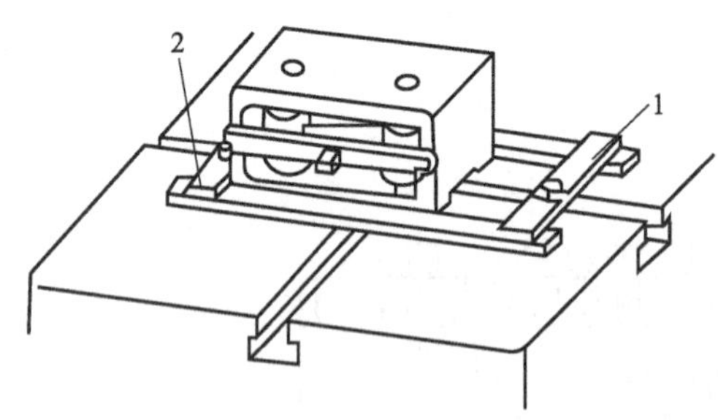


图 6-11 简易移动式钻模

1—右挡板；2—左挡板

#### 6.2.5.4 翻转式钻模

翻转式钻模主要用于加工中、小型工件分布在不同表面上的孔。翻转式钻模属于一种活动式钻模，工件装在钻模中后可以一起翻转，用以加工不同方向上的孔。工件一次性安装到夹具中后，可以借助夹具使用过程中的手动翻转，更换夹具相对刀具的加工方向和安装基面，从而可依次完成工件不同加工面上不同方位的孔加工。只是工件的这种翻转换面是通过手动翻转夹具实现的，所以要求工件及夹具的总质量不能太重。

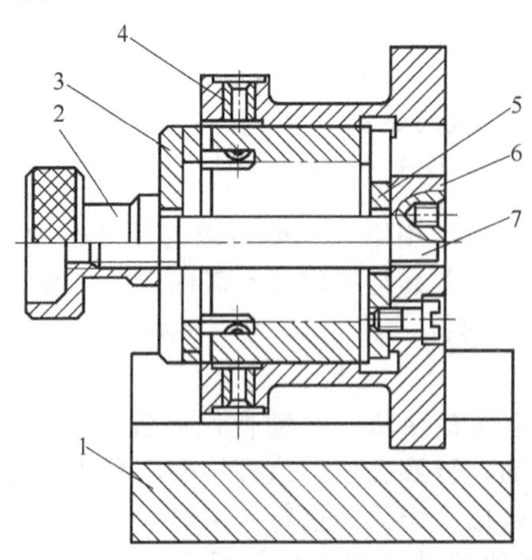


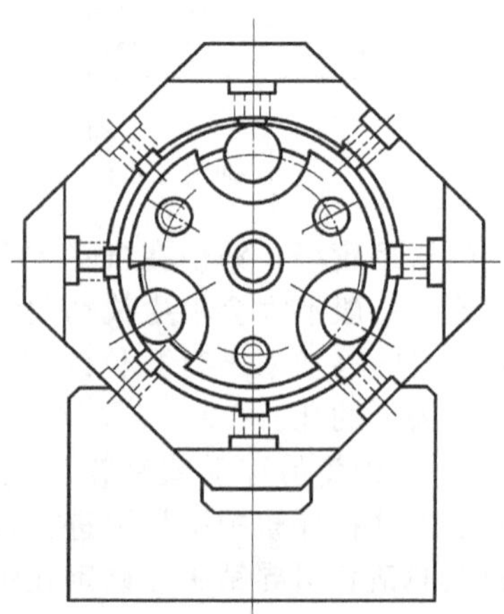

图 6-12 钻 8 个孔的翻转式钻模

1—夹具体；2—定位板；3—钻套；4—开口垫圈；5—螺母；6—V 形块；7—螺杆

通过手动的翻转换面，极大地提高钻模使用的机动性能，可在一次安装条件下实现小型工件上任意方向孔的加工。当小型工件具有空间交错的斜方向小孔加工要求时，往往优先考虑翻转式钻模的使用。由于这种钻模的活动性，使钻套相对钻头的位置关系不稳定，加上翻转造成夹具及工件的加工安装基准面不断地转换，所以，加工出的孔系精度往往不高。

图 6-12 所示为在套筒工件上钻不同方向的 8 个孔的翻转式钻模。整个钻模呈正方形，为了便于钻 8 个径向孔，另设置一个 V 形块作底座使用。

由于翻转式钻模在加工过程中，夹具要不断地换面翻转，因此应注意及时清除干净工作台安装平面上的积屑，以防碎屑破坏夹具与工作台面的严密接触，影响定位安装精度。

#### 6.2.5.5 盖板式钻模

钻床夹具最原始的形式就是一块钻模板，这就是盖板式钻模的原形，把模板盖在大型工件上并压紧，就可以把模板上的孔系复制在工件上。为保证模板的孔系相对工件的毛坯间较严格的位置关系，因此在模板上增加相对工件的定位元件及夹紧装置。由于盖板式钻模很适合于小批量生产中大型机体、箱体工件的小孔孔系加工，所以其结构形式被保留下来。

盖板式钻模的特点是没有夹具体，一般情况下，钻模板上除了钻套外，还装有定位元件和夹紧装置，加工时只要将它覆盖在工件上即可。此类钻模的模板是可卸的，钻模板可以“覆”在工件上（无需夹具体），也可以和钻具本体用定位销或铰链连接。

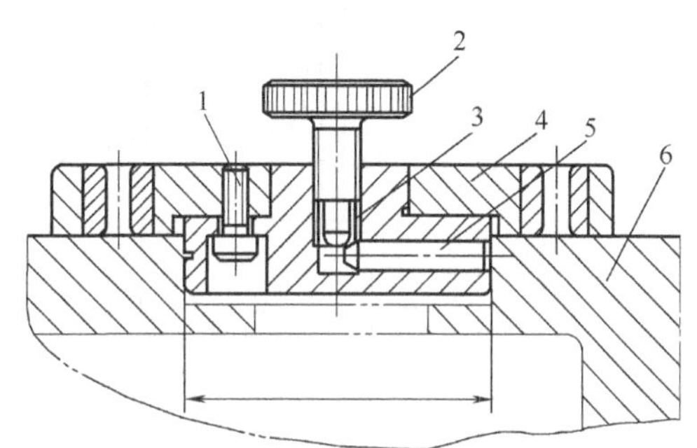


图 6-13 盖板式钻模

1—销钉；2—螺钉；3—钢球；4—钻模板；5—滑柱；6—工件

图 6-13 所示为一盖板式钻模。工件以孔及端面定位，把覆盖式钻模与工件接触后，拧动螺钉 2，通过钢球 3 使三个滑柱 5 伸出，把覆盖式钻模胀紧在工件上。覆盖式钻模不但结构简便、节省材料，而且减轻了工人的劳动强度。适用在体积大而笨重的工件上钻孔。

图 6-14 所示是为加工车床溜板箱上的孔系而设计的盖板式钻模。

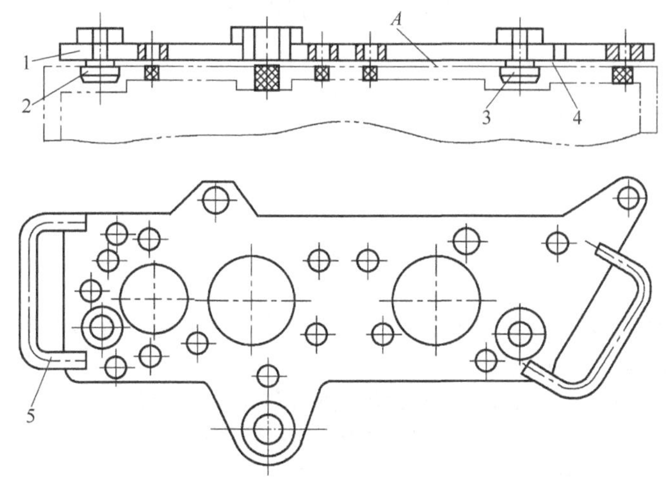


图 6-14 车床溜板箱上的盖板式钻模

1—盖板；2—圆柱销；3—削边销；4—支承钉；5—把手模

盖板式钻模只有一块钻模板，没有夹具体，一般情况下它要借助于工件的平面，直接覆盖在工件上保持其与工件间的稳定接触和相对刀具的正确关系，所以要求工件接触面本身的形状精度应较高，质量要稳定，同批工件之间不能差异太大。当需要在工件非加工面上覆盖钻模板时，应选择毛坯面上质量较为稳定的区域设置模板上的支承钉。

由于模板只起“模”的作用，一般模板材料结构不必选得过厚，大型盖板一般掌握其质量不超过 10kg，在钻套及重要夹紧点处适当设置凸台和筋肋，只要能满足基本刚度条件即可。

### 6.2.5.6 滑柱式钻模

滑柱式钻模是一种具有升降钻模板的通用可调夹具，是应用广泛的中小型通用夹具。它具有能够在两个滑柱的引导下进行上下移动的钻模板，在手动或者气、液动力作用下，能够快速压紧工件，具有工件装夹方便、夹紧动作迅速、操作简便，易于实现自动化控制等优点。尤其适合于一些小型工件的孔加工。所以，在专业化生产和小批量生产中，滑柱式钻模都得到广泛的应用。

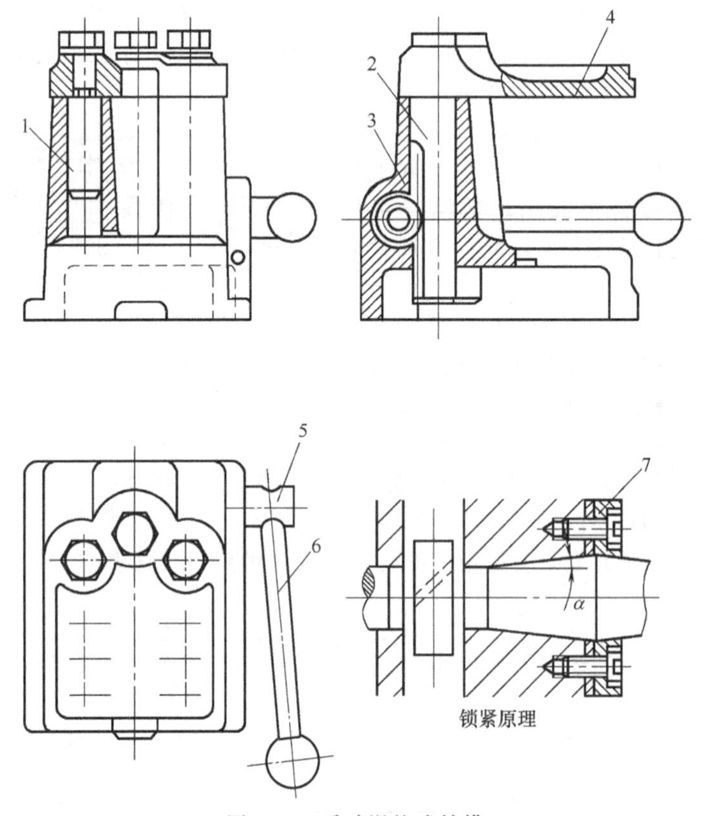


图 6-15 手动滑柱式钻模

1—滑柱；2—齿条；3—斜齿轮；4—钻模板；5—夹具体；6—手柄；7—套环

图 6-15 为手动滑柱式钻模的通用结构。转动手柄 6，使斜齿轮 3 带动齿条 2，引领滑柱 1 及钻模板 4 上下滑动，当钻模板 4 下降并压紧工件，钻模板不再向下运动，此时，由于与斜齿轮 3 啮合中的齿条 2 不再下移，斜齿轮 3 继续转动，将使斜齿轮 3 受到一个较大的轴向啮合分力，由于斜齿轮 3 上的轴设置有锥度为 1∶5 的正反两个锁紧锥，从而斜齿轮轴在此轴向力的作用下，与夹具体 5 的内锥面挤锁在一起，使齿条 2 与钻模板 4 压紧工件并锁紧不动。除圆锥锁紧结构外，滑柱式钻模尚有斜楔锁紧、偏心锁紧等不同的锁紧结构。

图 6-16 为滑柱钻模的应用实例，可用它加工杠杆类零件上的孔。工序简图如右下方所示，孔的两端面已经加工，工件在支承 1 的平面、定心夹紧套 3 的三锥爪和防转定位支架 2 的槽中定位；钻模板下降时，通过定心夹紧套 3 使工件定心夹紧。支承 1 上的三锥爪仅起预

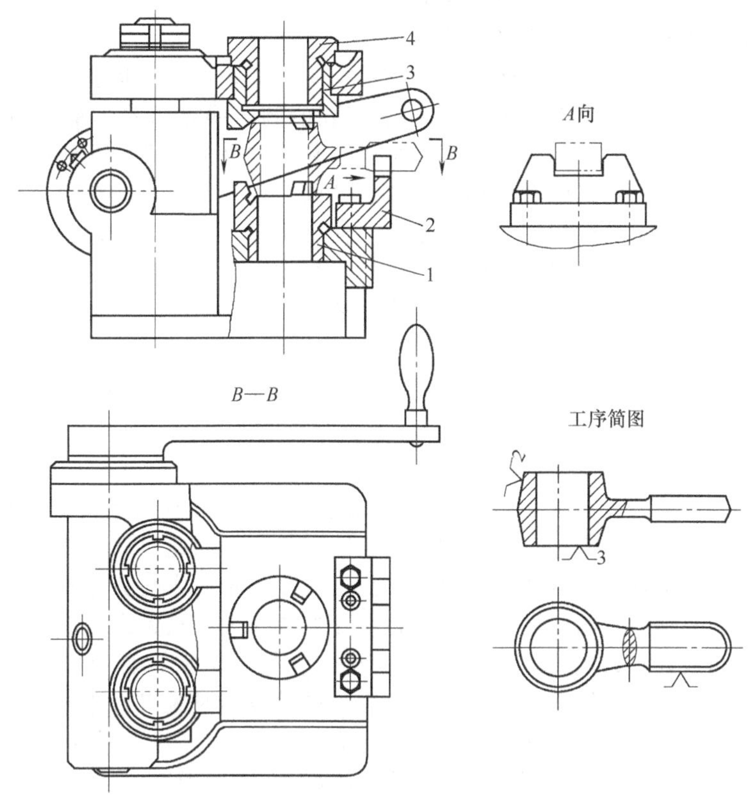


图 6-16　加工杠杆类零件的滑柱钻模

1—支承；2—防转定位支架；3—定心夹紧套；4—钻套

定位作用。

图 6-16 中件 1～4 为专用件，其他均为通用件。滑柱式钻模操作方便、迅速，其通用结构已标准化、系列化，可向专业厂购买。使用部门仅需设计定位、夹紧和导向元件，从而缩短设计制造周期。但滑柱与导向孔之间的配合间隙会影响加工孔的位置精度。夹紧工件时，钻模板上将承受夹紧反力。为避免钻模板变形而影响加工精度，钻模板应有一定的厚度，并设置加强肋，以增加刚度。滑柱式钻模适用于钻铰中等精度的孔和孔系。

在滑柱式钻模的实际应用中，根据工件的具体定位、夹紧需要，把定位元件及工件都设置在钻模板与钻模台面之间的空间范围内，而钻模板兼作夹紧元件用，所以夹紧迅速，操作方便。

由于滑柱式钻模的实用性，其结构已标准化，系列化，使用时，可以直接购买或者根据工件的具体尺寸规格组装。所以，滑柱式钻模已属于通用夹具的范畴。

## 6.2.6　钻床夹具的特点与设计要点

钻床类夹具包括用在各种钻床、镗床和组合机床上的孔加工夹具，简称钻模（镗模）或钻具。它的主要作用是保证被加工孔的位置精度。钻床夹具通常称钻模，主要由定位元件、夹紧装置、钻模板、钻套、夹具体组成。

### 6.2.6.1　钻床夹具的特点

① 钻床夹具，通常具有较精确的钻模板，以正确、快速地引导钻头控制孔位精度，这是钻床夹具的最主要的特点。所以，习惯上又把钻床夹具称为钻模。

钻床夹具严格控制工件相对刀具的正确加工位置是由于孔加工特点决定的。钻床上所加工的孔多为中小尺寸的孔，刀具直径往往较小，而轴向尺寸较大，刀具的刚性均较差；孔加工的工序内容不外乎钻、扩、铰、锪或攻螺纹等加工，这些加工刀具多为多刃刀具，当刀刃分布不对称，或刀刃长度不相等，会造成被加工孔的制造误差，尤其是采用普通麻花钻钻孔，手工刃磨钻头所造成的两侧刀刃的不对称，极易造成被加工孔的孔位偏移、孔径增大及孔轴线的弯曲和歪斜，严重影响孔的形状、位置精度。再者普通麻花钻轴向尺寸大，结构刚性差，加上钻芯结构所形成的横刃，破坏定心，使钻尖运动不稳，往往在起钻过程中造成较大的孔位误差。在单件、小批量生产中，往往要靠操作工在起钻过程中不断地进行人工校正控制孔位精度，而在大批量高效生产中，则需依靠刀刃结构的改进和夹具对刀具的严格引导解决。

② 钻床夹具为防止钻刃破坏钻模板上引导孔的孔壁，多在引导孔中设置高硬度的钻套，以维持钻模板的孔系精度。

③ 钻床夹具与工作台间的牢固连接。由于普通麻花钻的螺旋结构，使得两个左右主切削刃的外缘处具有较大的正前角，当钻头即将钻通工件，钻心横刃不再受工件材料阻碍时，钻头原来所受的巨大轴向抗力由于钻心的穿透会瞬间消失，而此时尚未切出工件的左右钻刃外缘的正前角，由于主轴旋转的作用，使得钻头上所受的轴向力会突然反向，使进给机构的传动间隙反向，造成钻刃进给量的突然增大，从而造成较大的拔钻力（工件孔底材料咬住钻刃，施加给钻头的强大拉力）。这个拔钻力严重时，会把钻头从钻套中强行拉出，若钻头装夹牢固，则旋转着的钻头可能会把夹具中的工件连同模板同时拔出，造成事故。所以，除非是较小型的翻转式夹具，一般钻床夹具在专业化高效生产中，多强调与机床工作台保持牢固的连接，并采用较大进给量机动进给，尤其是当钻孔孔径大于 20mm 时，更应特别注意钻头即将钻通工件的一瞬间的安全性。

钻床夹具设计，多把夹紧力与切削轴向力取在相同方向上，并直接指向夹具的主要定位基准面，以借助钻头的轴向切削力增大安装面上的摩擦力，保持工件加工过程中的稳固性。

#### 6.2.6.2 钻床夹具的设计要点

（1）钻模类型的选择

① 在立式钻床上加工直径小于 10mm 的小孔或孔系、钻模质量小于 15kg 时，一般采用移动式普通钻模。

② 在立式钻床上加工直径大于 10mm 的单孔，或在摇臂钻床上加工较大的平行孔系，或钻模质量超过 15kg 时，加工精度要求高时，一般采用固定式普通钻模。

③ 翻转式钻模适用于加工中、小型工件，包括工件在内所产生的总重力不宜超过 100N。

④ 对于孔的垂直度和孔距要求不高的中、小型工件，有条件时宜优先采用滑柱钻模。

⑤ 对于钻模板和夹具体为焊接式的钻模，因焊接应力不能彻底消除，精度不能长期保持，故一般在工件孔距公差要求不高（大于±0.1mm）时才采用。

⑥ 床身、箱体等大型工件上的小孔的加工一般采用盖板式钻模。

（2）钻套

钻套用以确定刀具的位置和在加工中引导刀具，是钻模上特有的引导刀具的元件，可保证被加工孔的位置精度，防止加工过程中刀具的偏斜，提高工艺系统的刚度。钻套又有钻模套、导套之称，用于铰刀的又称铰套，用于镗削时称镗套。引导的刀具虽不相同，但它们的结构相近，设计方法相同。

为防止孔加工过程中，刀具直接对钻模板上的引导孔进行挤压、摩擦甚至切削破坏，钻模板的引导孔一般都装有硬度较高的钻套引导刀具，所以，钻套的作用除可用来引导刀具，

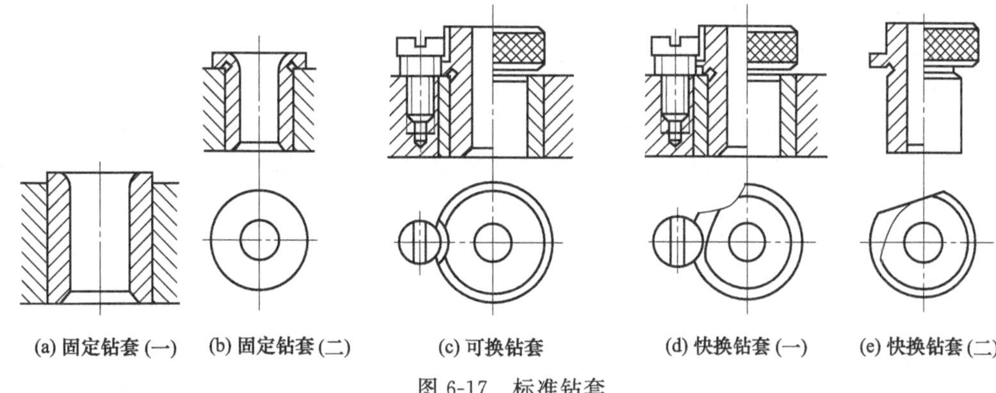

(a) 固定钻套(一) (b) 固定钻套(二) (c) 可换钻套 (d) 快换钻套(一) (e) 快换钻套(二)

图 6-17 标准钻套

以保证被加工孔的位置精度外，还具有保护钻模板孔系精度的作用。另外，由于一般孔加工刀具的刚性较差，尤其像普通麻花钻，钻孔时在巨大轴向力作用下，极易发生弯曲失稳，所以钻套还可以起到对刀具的辅助支承作用，防止刀具切削过程中的过大弯曲变形及切削振动，有效地提高工艺系统的刚性。

钻套结构，尺寸已标准化。钻套可分为标准钻套和特殊钻套两大类。其中标准钻套又分为固定钻套、可换钻套和快换钻套三种，如图 6-17 所示 。

① 标准钻套

a. 固定钻套。固定钻套与钻模板为固定式连接，依靠钻套与钻模板间适当的材料过盈挤紧在模板孔中。由于直接压入钻模板或夹具体的孔中，位置精度较高，但磨损后不易拆卸，故多用于中、小批量生产。

固定钻套按结构的不同分为 A 型、B 型两种，图 6-17（a）为 A 型固定钻套结构，其外形为套筒形，为防止使用时钻屑及油污流入钻套，固定式钻套在压入安装孔时，其上端应稍突出钻模板。图 6-17（b）为 B 型固定钻套，为带凸缘式结构，上端凸缘直接确定了钻套的压入位置，为安装提供方便，并提高钻套上端孔口的强度，防止钻头等在移动中撞坏钻套上口。

固定式钻套与安装孔间的配合，一般选为 H7/r6 或 H7/n6 配合。紧固连接使钻套的孔位精度提高，但钻套的磨损更换比较困难，其使用寿命平均约为 10000～15000 次，更换时需压出旧钻套，重新镗修孔座，再配换新钻套。反复更换钻套易造成安装孔精度的破坏，所以不适用于磨损较严重的大批量、高效生产，一般多用于小批量生产中。

b. 可换钻套。钻套通过衬套与钻模板相连接，由衬套来保护钻模板底孔。钻套以间隙配合安装在衬套中，而衬套则压入钻模板或夹具体的孔中。如图 6-17（c）所示，它是以 H6/g5 或 H7/g6 配合装入衬套内（衬套按 H7/r6 或 H7/n6 配合），有时也可以 H7/js6 或 H7/k6 过渡配合直接装在钻模板上。为了防止钻头带动钻套旋转及钻头退刀时拔出钻套或被切屑顶出，常用固定螺钉固定。这种钻套便于更换，宜在大批量生产中使用，但仍不宜连续进行钻孔、扩孔、铰孔，因更换时要拧下紧固螺钉，影响生产效率。

c. 快换钻套。快换钻套为一种可以进行快速更换的钻套。当工件在工位上安装后，需要对一个孔位依次进行诸如钻、扩、铰等多道工序内容的加工时，由于孔径的不断扩大，所需的导套直径也需要不断改变，这种情况需要在工序间快速地更换导套，可以采用快换钻套。

快换钻套具有快速更换的特点，更换时不需拧动螺钉，而只要将钻套逆时针方向转动一个角度，使螺钉头部对准钻套缺口，即可取下钻套。图 6-17（d）和（e）所示为快换钻套，适用于同一孔需经多个工步（钻、扩、铰等）依次连续加工的情况，广泛用在成批生产中。

它和衬套也采用 H7/g6 或 H6/g6 配合。

由图中对比可以看出快换钻套与可换钻套的外形及装配结构大致相同，只是钻套螺钉的压紧台阶结构有所区别：快换钻套上口凸缘除专门设置有压紧台阶外，还将凸缘铣出一个缺边，当更换钻套时，只需将快换钻套逆时针转出压紧台阶，到凸缘的缺边处，就可向上提出钻套，进行更换，不需拆下钻套螺钉，达到快速更换的目的。因此，快换钻套的钻套螺钉拧紧后，螺钉头并不压紧在钻套的台阶上，而是使二者保持一个小间隙，以便钻套可以在台阶和缺边范围内进行转动；而可换钻套的钻套螺钉则是压紧在钻套台阶上的，钻套不能松动，这是二者间的又一区别。

② 特殊钻套

特殊钻套为非标准件，是根据工件被加工孔的具体特点专门设计和制造的特殊结构钻套。因工件的形状或被加工孔的位置需要而不能使用标准钻套时，需自行设计钻套，此种钻套称为特殊钻套。

特殊钻套用于某些特殊加工的场合，例如钻多个小间距孔、在工件凹陷处钻孔、在斜面上钻孔等。此时不宜使用标准钻套，可根据特殊要求设计专用钻套。

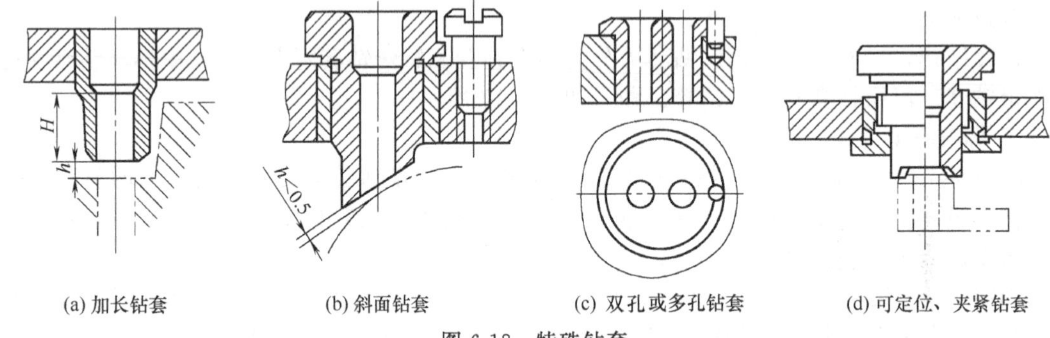


(a) 加长钻套 (b) 斜面钻套 (c) 双孔或多孔钻套 (d) 可定位、夹紧钻套

图 6-18 特殊钻套

图 6-18 (a) 为加长钻套，常用于孔位处于工件的凹坑、凹面中，钻模板无法靠近的场合。当钻套内孔轴向长度较长，为减少钻屑及钻头对导套内壁的剧烈摩擦，多把钻套上部非引导部的孔径扩大，从而减少钻头及钻套的磨损。

图 6-18 (b) 为在斜面、弧面上钻孔采用的斜面钻套。当普通钻头在斜面上起钻时，只有靠近工件的一侧钻刃进行切削，受力的不均衡将使钻头向斜面外侧发生严重的歪斜，从而造成较大的孔位误差。使用斜面钻套可以迫使钻头维持钻孔位置少发生歪斜，但此时钻头对钻套内壁的摩擦和刮切，也是很严重的，所以，一般情况下应尽量采用工艺凸台，铣坑或分级起钻等工艺手段，避免在斜面、弧面上直接起钻。有时为简化生产过程，非要采用斜面起钻时，应注意适当控制起钻进给量，在大批量生产中应及时更换被磨损的钻套。

图 6-18 (c) 为双孔或多孔钻套，当小孔间的孔距较小，可以以一个钻套体代替多个钻套。使用这种钻套应注意钻套应为紧固连接，否则，孔位会因钻套转动产生误差，必要时，应打上防转销。

图 6-18 (d) 为一种兼有自动定心夹紧功能的复合钻套，钻模板与钻套之间设置有引导钻套的衬套，钻套与衬套间设有夹紧螺纹结构，钻套下端设置短锥套自动定心结构，向下扭紧钻套，可使工件相对钻套自动定心并压紧。结构紧凑，操作简单，使用时应注意螺纹部的强度及夹紧可靠性。

(3) 钻套有关参数

① 钻套内径公差带的选择 钻套的内径公差带应视加工内容及被引导刀具而选定。钻套内径公差带一般按基轴制选取。由于钻头、扩孔钻、铰刀等都是标准定值刀具，故应以刀

具为基准依据。

一般钻套导向孔的基本尺寸取刀具的最大极限尺寸，为防止刀具与钻套发生咬死，钻孔、扩孔时，其公差取 F7 或 F8，粗铰孔时公差取 G7，精铰孔时公差取 G6。

钻套内径公差按表 6-3 选取。

当钻套引导的不是刀具的切削部，而是刀具的导柱时，如刀具用圆柱部分导向（接长扩孔钻、铰刀等），可按基孔制取，采用 H7/f7（g6）配合。

若被加工孔为基准孔（如 H7、H9）时，钻套导向孔的基本尺寸可取被加工孔的基本尺寸，钻孔时其公差取 F7 或 F8 时，铰 H7 孔时取 F7，铰 H9 孔时取 E7。

**表 6-3　钻套内径公差**

| 工序 | 导孔基本尺寸 | 导孔偏差 |
|---|---|---|
| 钻、扩 | 刀具刃部基本直径 | 上偏差＝刀具刃部上偏差＋F7 上偏差<br>下偏差＝刀具刃部上偏差＋F7 下偏差 |
| 粗铰 | | 上偏差＝刀具刃部上偏差＋G7 上偏差<br>下偏差＝刀具刃部上偏差＋G7 下偏差 |
| 精铰 | | 上偏差＝刀具刃部上偏差＋G6 上偏差<br>下偏差＝刀具刃部上偏差＋G6 下偏差 |

注：刀具刃部直径偏差见附表 16、17、18。

② 钻套的高度 $H$　钻套高度 $H$ 一般情况下按下式选取：

$$H=(1\sim2.5)d$$

式中，$d$ 为刀具直径公称尺寸。

钻套的高度 $H$ 增大时，则导向性能好，刀具刚度提高，加工精度高，但钻套的高度 $H$ 过大，引导长度过大，会加剧刀具与钻套的磨损。

当孔径尺寸较小，钻头刚性较差，可使

$$H>2.5d$$

③ 排屑空间 $h$　排屑空间 $h$ 是指钻套底部与工件表面之间的空间。$h$ 过小切屑易阻塞，$h$ 过大导向性不好，一般在钻刃伸出钻套，钻尖正好碰着工件表面，导向性最好；增大 $h$ 值，排屑方便，但刀具的刚度和孔的加工精度都会降低。一般应根据屑的粉碎情况及对钻头的引导精度要求，灵活确定其大小。考虑各种因素，推荐：

加工铸铁等易排屑脆性材料　　$h=(0.3\sim0.6)d$

加工钢等较难排屑塑性材料　　$h=(0.5\sim1)d$

钻深孔($L/d>5$)时　　$h=1.5d$

斜面、弧面起钻　　$h$ 应尽量小

工件精度要求高时，　　$h=0$

材料愈硬、$h$ 愈小；$d$ 愈小、$h$ 愈大。

④ 钻套的材料　当钻套孔径 $d\leqslant26$mm 时，用 T10A 钢制造，热处理硬度为 58～64HRC；当钻套孔径 $d>26$mm 时，用 20 钢制造，渗碳深度为 0.8～1.2mm，热处理硬度为 58～64HRC。

钻套的材料可参看“夹具手册”。

(4) 钻模板

钻模板的作用是用于安装钻套，钻床夹具的钻模板是一个关键部件，它的结构形式、在夹具上的安装形式，以及其制造精度都直接影响到工件孔加工的位置精度。钻模板与夹具体的常用连接方式有固定式、铰链式、分离式和悬挂式等几种。

设计钻模板时应注意以下几点：钻模板上安装钻套的孔之间及孔与定位元件的位置应有

足够的精度；钻模板应具有足够的刚度，以保证钻套位置的准确性，但又不能设计得太厚太重，注意布置加强肋以提高钻模板的刚度，钻模板一般不应承受夹紧反力；为保证加工的稳定性，悬挂式钻模板导杆上的弹簧力必须足够，以便钻模板在夹具上能够维持足够的定位压力。如果钻模板本身产生的重力超过 800N，则导杆上可不装弹簧。

① 固定式钻模板　钻模板直接固定在夹具体上，结构简单、精度较高。

固定式钻模板工作中相对夹具体没有任何活动形式，没有活动模板所必备的活动间隙，钻套相对夹具体的位置精度较高。但固定式钻模板工件安装的敞开性较差，使得工件的装卸不方便，安装效率低。图 6-19 为固定式钻模板的一般结构：图 6-19（a）钻模板与夹具体铸造成一体；也可采用焊接方式，图 6-19（b）把模板与夹具体永久性固连在一起；图 6-19（c）模板多是在经过较严格的位置调整后通过螺钉连接紧固在夹具体上，并用双定位销把调装位置长期固定下来。

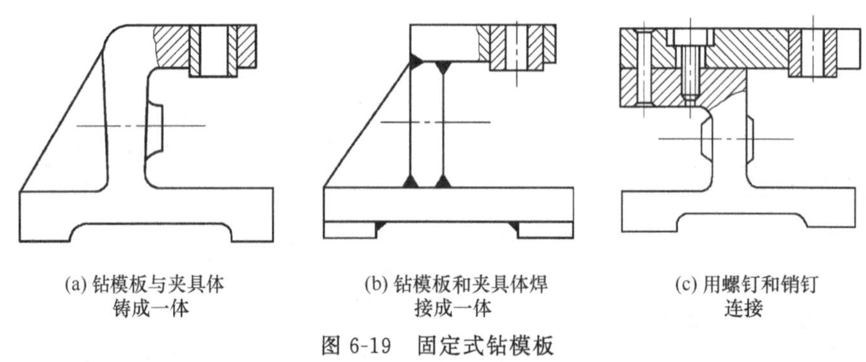

(a) 钻模板与夹具体铸成一体　(b) 钻模板和夹具体焊接成一体　(c) 用螺钉和销钉连接

图 6-19　固定式钻模板

② 铰链式钻模板　当钻模板妨碍工件装卸或钻孔后需攻螺纹时，可采用铰链式钻模板。铰链式钻模板是利用铰链把模板与夹具体装配在一起，使模板可以绕铰链销进行摆转或者翻转，提高工件安装的敞开性，以利于工件在本工位上孔的多工序加工，如钻孔后再进行攻螺纹、锪平面等。

一般，铰链销与钻模板孔的配合常取 G7/h6 或 H7/h6，与铰链座孔的配合常取 N7/h6，钻模板与铰链座凹槽间的配合多为 H8/g7，精度要求较高时，可以单独配制或者进行研配。钻模板通过铰链与夹具体相连接，由于铰链销孔之间存在配合间隙，不可避免地降低钻套相对刀具的位置精度。

如图 6-20 所示的铰链式钻模板。钻套导向孔与夹具安装面的垂直度可通过调整两个支承钉 4 的高度加以保证。加工时，钻模板 5 由菱形销 6 锁紧。

③ 分离式钻模板　分离式钻模板也叫可卸式钻模板，是指钻模板与夹具体分离，钻模板在工件上定位，并与工件一起装卸。每装卸一次工件，钻模板需从夹具体及工件上装卸一次。分离式钻模板是为了装卸工件方便而设计的，费力且位置精度低。但在某些情况下，由于钻模板与夹具体的分离关系，钻模板常是依靠工件表面完成安装的，所以，模板相对工件的位置关系可以借助专门的定位元件而控制得很严，孔位精度较高，但工件安装时较麻烦，安装效率较低。

分离式钻模板见图 6-21，工件在夹具体 2 上实现五点定位，钻模板 1 通过圆柱销 3 和菱形销 4 放在工件表面上，以一面二孔定位，模板相对工件的孔位精度较高。

④ 悬挂式钻模板　在立式钻床或组合机床上用多轴传动头加工平行孔系时，钻模板连接在机床主轴的传动箱上，随机床主轴上下移动，靠近或离开工件，这种结构简称为悬挂式钻模板。

图 6-22 为悬挂式钻模板在机床上的连接情况，悬挂式钻模板不装在夹具上，而是连接

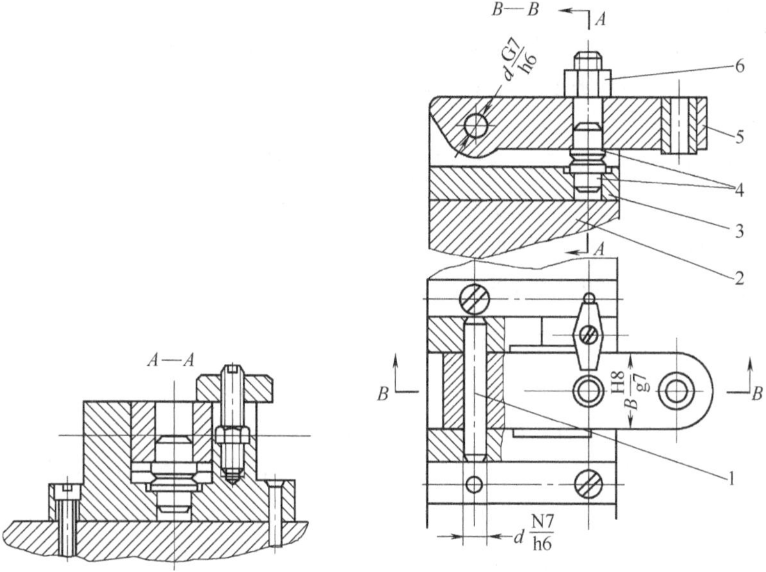


图 6-20　铰链式钻模板

1—铰链销；2—夹具体；3—铰链座；4—支承钉；5—钻模板；6—菱形销

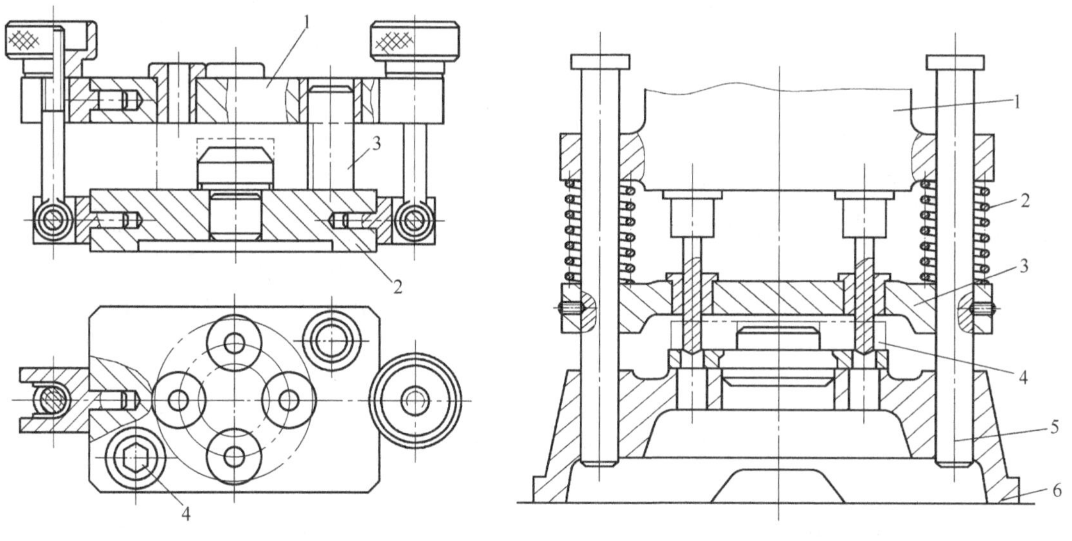

图 6-21　分离式钻模板

1—钻模板；2—夹具体；3—圆柱销；4—菱形销

图 6-22　悬挂式钻模板

1—横梁；2—弹簧；3—钻模板；4—工件；5—导向滑柱；6—底座

在机床主轴箱或主轴结构上，随同刀具及主轴箱的移动靠近或离开工件。为保证钻模板相对工件的正确位置，悬挂系统与夹具体间往往具有较精确的对定引导装置。

在组合机床和自动线上，悬挂式钻模板经常悬挂在多轴箱上，随同多轴箱靠近工件，所以，悬挂式钻模板有时也借助悬挂系统的弹簧力兼作辅助压紧作用。这种结构在多轴箱退回原位时，工件装卸的敞开性较好，安装空间较大，有利于工件的快速安装和自动安装，故多在自动作业线上使用。

(5) 夹具体

钻模的夹具体一般不设定位或导向装置，夹具通过夹具体底面安放在钻床工作台上，可直接用钻套找正并用压板压紧（或在夹具体上设置耳座用螺栓压紧）。对于翻转式钻模，通常要求在相对于钻头送进方向设置支脚，支脚可以直接在夹具体上做出，也可以做成装配式，支脚一般应有 4 个，以检查夹具安放是否歪斜。支脚的宽度（或直径）应大于机床工作台 T 形槽的宽度。

钻模支脚设计如图 6-23 所示，有铸造结构、焊接结构、装配结构。钻模支脚尺寸应大于钻床 T 形槽尺寸，支脚位置布置应考虑钻模工作稳定。

（6）钻床夹具对刀误差 $\Delta T$ 的计算

如图 6-24 所示，刀具与钻套的最大配合间隙 $X_{max}$ 的存在会引起刀具的偏斜，将导致加工孔的偏移量 $X_2$：

$$X_2=\frac{B+h+H/2}{H}X_{max}$$

式中，$B$ 为工件厚度，mm；$H$ 为钻套高度，mm；$h$ 为排屑空间的高度，mm。

工件厚度大时，按 $X_2$ 计算对刀误差，$\Delta T=X_2$；工件薄时，按 $X_{max}$ 计算对刀误差，$\Delta T=X_{max}$。

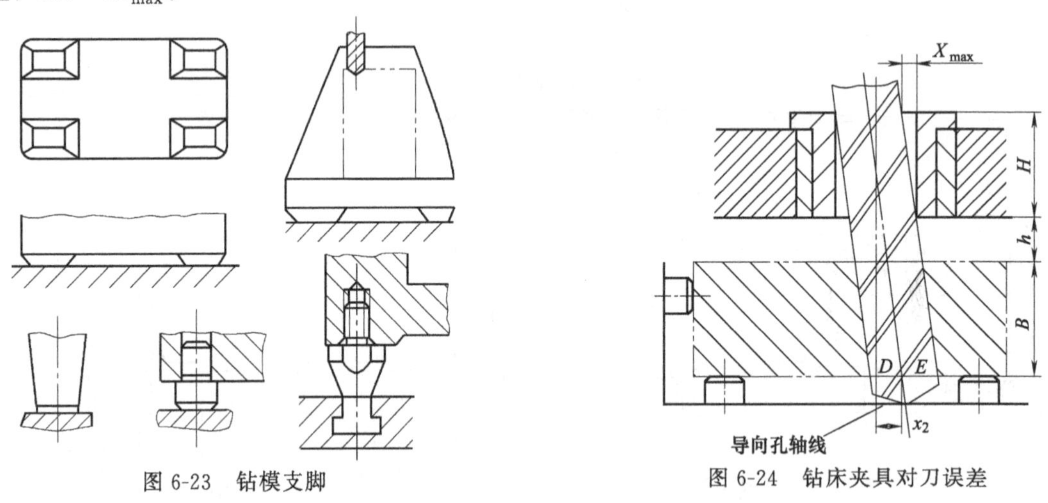


图 6-23　钻模支脚

图 6-24　钻床夹具对刀误差

# 6.3 任务实施

## 6.3.1 工作任务实施

现在再回头看图 6-1 所示套零件要求，设计钻 $\phi$5mm 孔的钻床夹具。

（1）零件分析

前面已对图 6-1 所示的钢套进行了零件的结构分析和精度分析。

（2）定位方案

按基准重合原则，套零件钻 $\phi$5mm 孔工序基准为左端面及 $\phi$20H7 孔的轴线，按基准重合原则，应选 $B$ 基准面及 $\phi$20H7 孔为定位基准，采用一面和一心轴组合定位。定位方案如图 6-25 所示。

为了保证孔 $\phi$5mm 对基准孔 $\phi$20H7 垂直并对该孔中心线的对称度符合要求，应限制钢套零件的 $\vec{y}$、$\widehat{y}$、$\widehat{z}$ 三个自由度；为了保证尺寸（20±0.1)mm，应限制套零件的 $\vec{x}$ 自由度。由于 $\phi$5mm 孔为通孔，所以孔深度方向的自由度 $\vec{z}$ 可以不加限制；同时，由于本工序加工前套零件轴对称，所以轴线方向转动自由度 $\widehat{x}$ 可以不限制。

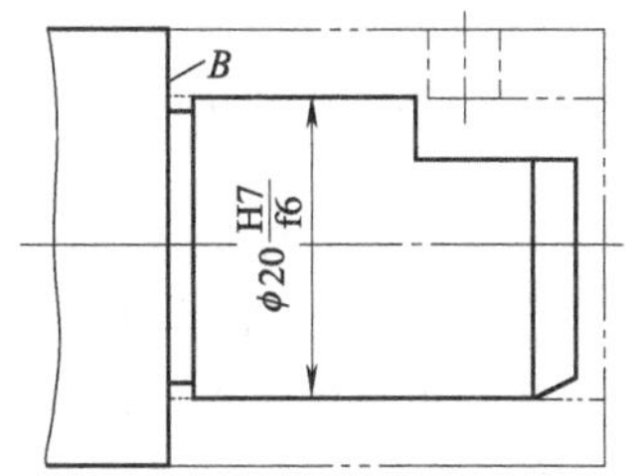

图 6-25 套零件定位方案

心轴限制四个自由度 $\vec{y}$、$\vec{z}$、$\widehat{y}$、$\widehat{z}$，台阶面限制三个自由度 $\vec{x}$、$\widehat{y}$、$\widehat{z}$，故重复限制了 $\widehat{y}$、$\widehat{z}$ 两个自由度。但由于 $\phi$20H7 孔的轴线与 $B$ 端面的垂直度 $\delta_{\perp}=0.02$mm，$\phi$20H7 与 $\phi$20f6 的最小配合间隙 $X_{min}=0.02$mm，两者相等，故满足 $\delta_{\perp}\leqslant X_{min}+\varepsilon$ 的条件，所以这种定位方式属于可用重复定位方式。

由此可知，钢套零件钻 $\phi$5mm 孔钻床夹具的主要定位基准面是 $\phi$20H7 圆孔，定位元件采用圆柱心轴。为了让刀和避免钻孔后的毛刺妨碍工件装卸，应铣平定位圆柱心轴的右上部。左端面 $B$ 也是定位基准面，为了协调与定位元件圆柱心轴的关系，采用圆柱心轴台阶面作为面限制三个自由度 $\vec{x}$、$\widehat{y}$、$\widehat{z}$，使得定位元件制造加工方便。

加工尺寸 (20±0.1)mm 的定位误差 $\Delta D=0$。

对称度 0.1mm 的定位误差为工件定位孔与定位心轴配合最大间隙的一半，工件定位孔的尺寸为 $\phi$20H7（$\phi22^{+0.021}_{0}$），定位心轴的尺寸为 $\phi$20h7（$\phi20^{-0.020}_{-0.033}$）。

$$\Delta D=X_{max}=(0.021+0.033)/2\text{mm}=0.027\text{mm}$$

(3) 导向方案

为能迅速、准确地确定刀具与夹具的相对位置，钻夹具上都应设置引导刀具的元件——钻套。钻套一般安装在钻模板上，钻模板与夹具体连接，钻套与工件之间留有排屑空间，如图 6-26 所示。

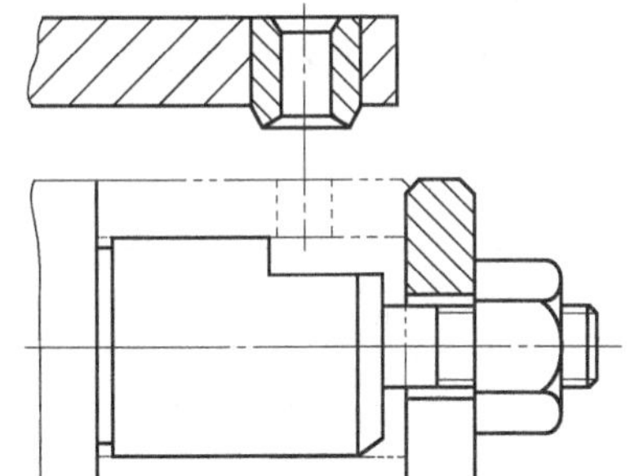
图 6-26 套零件钻孔的导向及夹紧方案

(4) 夹紧方案

由于工件批量小，宜用简单的手动夹紧装置。采用端面和内孔，则用圆柱心轴定位，套的轴向刚度比径向刚度好，夹紧力方向应朝向限位台阶端面。因此夹紧机构如图 6-26 所示，采用带开口垫圈的螺旋夹紧机构，使工件装卸迅速、方便。

根据实际夹紧力的大小和强度条件，确定螺纹的公称直径，主要保证所需实际夹紧力小于相应规格螺旋夹紧力即可。然后查阅相关手册和标准，确定开口垫圈的尺寸。

(5) 夹具体的设计

如图 6-3 为采用型材夹具体的钻模。夹具体由盘 1 及套 2 组成，定位心轴 3 安装在盘 1 上，套 2 下部为安装基面 $B$，上部兼作钻模板。此方案的夹具体为框架式结构。采用此方案的钻模刚度好、重量轻、取材容易、制造方便、制造周期短、成本较低。

(6) 绘制夹具装配总图，并标注尺寸、公差及技术要求

如图 6-3 所示。

(7) 夹具精度分析

① 定位误差 $\Delta D$　加工尺寸 20mm±0.1mm 的定位误差，$\Delta D=0$。

对称度 0.1mm 的定位误差为工件定位孔与定位心轴配合的最大间隙。工件定位孔的尺寸为 $\phi$20H7($^{+0.021}_{0}$)mm，定位心轴的尺寸 $\phi$20f6($^{-0.020}_{-0.033}$)mm

$$\Delta D=X_{max}=(0.021+0.033)\text{mm}=0.54\text{mm}$$

② 调整误差 $\Delta T$　如图 6-3 中钻头与钻套间的间隙，会引起钻头的位移或倾斜，造成加工误差。由于钢套壁厚较薄，可只计算钻头位移引起的误差。钻套导向孔尺寸为

$\phi 5F7(^{+0.022}_{+0.010})$mm，钻头尺寸为 $\phi 5h9(^{0}_{-0.03})$mm。尺寸 20mm±0.1mm 及对称度 0.1mm 的对刀误差均为钻头与导向孔的最大间隙

$$\Delta T = X_{max} = (0.022+0.03)\text{mm} = 0.052\text{mm}$$

③ 夹具的安装误差 $\Delta A$　图 6-3 中夹具的安装基面为平面，因而没有安装误差，$\Delta A=0$。

④ 夹具误差 $\Delta J$　图 6-3 中，影响尺寸 20mm±0.1mm 的夹具误差的定位面到导向孔轴线的尺寸公差 $\Delta J_2=0.06$mm，及导向孔对安装基面 $B$ 的垂直度 $\Delta J_3=0.03$mm。

影响对称度 0.1mm 的夹具误差为导向孔对定位心轴的对称度 $\Delta J_2=0.03$mm（导向孔对安装基面 $B$ 的垂直度误差 $\Delta J_3=0.03$mm 与 $\Delta J_2$ 在公差上兼容，只需计算其中较大的一项即可）。

⑤ 加工方法误差 $\Delta G$　影响尺寸 20mm±0.1mm 加工方法误差 $\Delta G=0.2/3=0.067$(mm)

影响对称度 0.1mm 加工方法误差 $\Delta G=0.1/3=0.033$（mm）

⑥ 工件的总加工误差 $\Sigma\Delta$　保证尺寸 20mm±0.1mm 加工精度的条件是

$$\Sigma\Delta=\sqrt{\Delta D^2+\Delta T^2+\Delta A^2+\Delta J^2+\Delta G^2}=\sqrt{0.052^2+0.06^2+0.03^3+0.067^2}=0.108(\text{mm})$$

保证对称度 0.1mm 加工精度的条件是

$$\Sigma\Delta=\sqrt{\Delta D^2+\Delta T^2+\Delta A^2+\Delta J^2+\Delta G^2}=\sqrt{0.054^2+0.052^2+0.03^3+0.033^2}=0.087(\text{mm})$$

⑦ 精度储备量 $J_C$　20mm±0.1mm 精度储备量：$J_C=\delta_K-\Sigma\Delta=0.2-0.108=0.092$

对称度 0.1mm 精度储备量：$J_C=\delta_K-\Sigma\Delta=0.1-0.087=0.013$

图 6-3 所示钻模上钻钢套的 6mm 孔的加工精度计算列于表 6-4 中。由表 6-4 可知，该钻模能满足工件的各项精度要求，且有一定的精度储备。

**表 6-4　钻模上钻钢套上的 6mm 孔的加工精度计算**

| 误差名称 | 误差计算 | |
|---|---|---|
| | 20mm±0.1mm | 对称度 0.1mm |
| $\Delta D$ | 0 | 0.054mm |
| $\Delta T$ | 0.052mm | 0.052mm |
| $\Delta A$ | 0 | 0 |
| $\Delta J$ | 0.09mm | 0.03mm |
| $\Delta G$ | 0.067mm | 0.033mm |
| $\Sigma\Delta$ | 0.108mm | 0.087mm |
| $J_C$ | 0.092mm | 0.013mm |

（8）夹具经济分析

设套（图 6-1）批量 $N=500$ 件，钻床每小时生产费用 $f=20$ 元/h。试分析下列三种加工方案的经济效益。

方案 1：不用专用夹具，通过划线找正钻孔。夹具年成本 $C_{j1}=0$，单件工时 $t_{d1}=0.4$h。

方案 2：用专用夹具。单件工时 $t_{d2}=0.15$h，设夹具毛坯重量 $m=2$kg，材料平均价 $p=16$ 元/kg，夹具制造工时 $t=4$h，制造夹具每小时平均生产费 $f_e=20$ 元/h，可估算出专用夹具的制造价格为

$$C_{z2}=pm+tf_e=(16\times2+4\times20)\text{元}=112\text{ 元}$$

计算夹具的年成本 $C_{j2}$。设 $K_1=0.5$，$K_2=0.2$，$T=1$a，则

$$C_{j2}=\left(\frac{1+K_1}{T}+K_2\right)C_1=\left(\frac{1+0.5}{1}+0.2\right)\times112\text{ 元}=190.4\text{ 元}$$

方案 3：采用半自动化夹具。单件工时 $t_{d3}=0.05$h，设夹具毛坯重量 $m=30$kg，材料平均价格 $p=16$ 元，夹具制造工时 $t=56$h，制造夹具每小时平均生产费用 $f_e=20$ 元/h，则夹具制造价格为

$$C_{z3}=pm+tf_{e}=(16\times30+56\times20)\text{元}=1600\text{ 元}$$

计算夹具成本 $C_{j3}$。设 $K_1=0.5$，$K_2=0.2$，$T=2a$，则

$$C_{j3}=\left(\frac{1+K_1}{T}+K_2\right)C_1=\left(\frac{1+0.5}{1}+0.2\right)\times1600\text{ 元}=1520\text{ 元}$$

套钻孔各方案的工序成本估算见表 6-7。

**表 6-5　套钻孔各方案的工序成本估算**

| 工序成本估算 | 方案 1(不用专用夹具) | 方案 2(专用夹具) | 方案 3(半自动夹具) |
| --- | --- | --- | --- |
| $t_d$/h | 0.4 | 0.15 | 0.05 |
| $\eta$ | 1/0.4=2.5 | 1/0.15=6.7 | 1/0.05=20 |
| $C_j$/元 | 0 | 190.4 | 1520 |
| $C_s$/元 | 500×0.4×20=4000 | 500×0.15×20=1500 | 500×0.05×20=500 |
| $C_{sd}$/(元/件) | 4000/500=8 | 1500/500=3 | 500/500=1 |
| $C$/元 | 4000 | 190.4+1500=1690.4 | 1520+500=2020 |
| $C_d$/(元/件) | 4000/500=8 | 1690/500=3.38 | 2020/500=4.04 |

各方案的经济效益估算如下：

$$E_{1、2}=C_1-C_2=(4000-1690.4)\text{元}=2309.6\text{ 元}$$
$$E_{2、3}=C_2-C_3=(1690.4-2020)\text{元}=-329.6\text{ 元}$$
$$E_{1、3}=C_1-C_3=(4000-2020)\text{元}=1980\text{ 元}$$

可见，批量为 500 件时，用专用夹具经济效益最好，不用钻模经济效益最差，三个方案的临界批量为 500 件。

## 6.3.2　拓展实践

(1) 设计任务

如图 6-27 (a) 所示为托架工序简图，图 6-27 (b) 所示为托架工件三维图。托架零件材料为铸铝，毛坯为铸件，年产量 1000 件。在本工序中需钻 2×M12mm 斜孔螺纹的底孔 $\phi$10.1mm。试设计托架零件钻 2×$\phi$10.1mm 斜孔分度式钻床夹具。

(2) 任务分析

① 生产纲领：年产量 1000 件，中批量生产。

② 毛坯：两孔 $\phi$33H7 孔和 2×$R$18mm 的中间平面及 $A$、$B$、$C$ 等端面均已在先行工序中加工完毕。

③ 结构分析。本例零件尺寸较大，结构较复杂，加工部位刚度较差。为保证钻套及加工孔轴线垂直于钻床工作台面，主要限位基准必须倾斜。

④ 精度分析。加工要求：2×$\phi$10.1mm 孔中心到端面 $A$ 的距离为 105mm；2×$\phi$10.1mm 孔中心到孔 $\phi$33H7mm 孔轴线的距离都为 (88.5±0.15)mm；2×$\phi$10.1mm 孔轴线与 $\phi$33H7 孔轴线的夹角为 25°±20′。

设计该工序的专用夹具，要熟悉机床夹具的设计原则、步骤和方法；能根据零件加工工艺的要求，拟定夹具设计方案，进行必要的定位误差计算；能设计符合工序加工要求、使用方便、经济实用的夹具。主要要考虑以下问题：工件采用何种定位方式，选用何种结构与尺寸的定位元件，如何设计夹紧方案、对刀方案与分度装置，如何确定夹具的总体结构以及夹具在机床上的安装方式。为保证钻套及加工孔轴线垂直于钻床工作台面，主要限位基准必须倾斜，主要限位基准相对钻套轴线倾斜的钻模称为斜孔钻模；设计斜孔钻模时，需设置工艺孔；两个 $\phi$10.1mm 孔应在一次装夹中加工，因此钻模应设置分度装置；工件加工部位刚度较差，设计时应考虑加强。

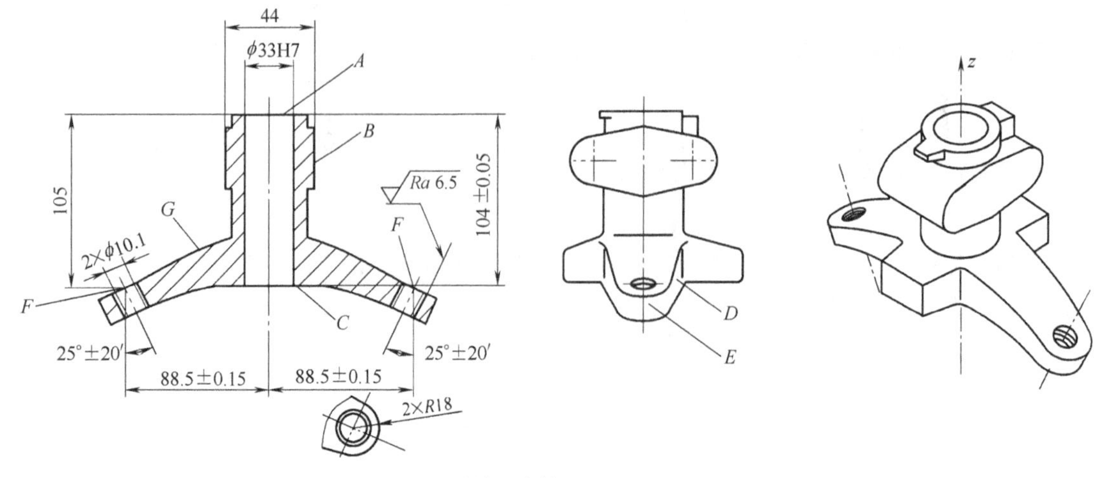


(a) 托架工序简图　　(b) 托架工件三维图

图 6-27　托架零件

(3) 任务实施

① 定位方案的确定

方案 1：选工序基准 $\phi$33H7 孔、A 面及 R18mm 作定位基面，限制 6 个自由度。如图 6-28 所示，以心轴和端面限制五个自由度，在 R18mm 处用活动 V 形块 1 限制一个旋转自由度。加工部位设置两个辅助支承钉 2，以提高工件的刚度。此方案由于基准完全重合而定位误差小，但夹紧装置与导向装置易互相干扰，而且结构较大。

方案 2：选 $\phi$33H7 孔、C 面及 R18mm 作定位基面，限制 6 个自由度。其结构如图 6-29 所示，心轴及其端面限制了五个自由度，用活动 V 形块 1 限制了最后一个旋转自由度。在加工孔下方用两个斜楔作辅助支承。此方案虽然工序基准 A 与定位基准 C 不重合，但由于尺寸 105mm 精度不高，故影响不大；此方案结构紧凑，工件装夹方便。为使结构设计方便，选用方案 2 更有利。

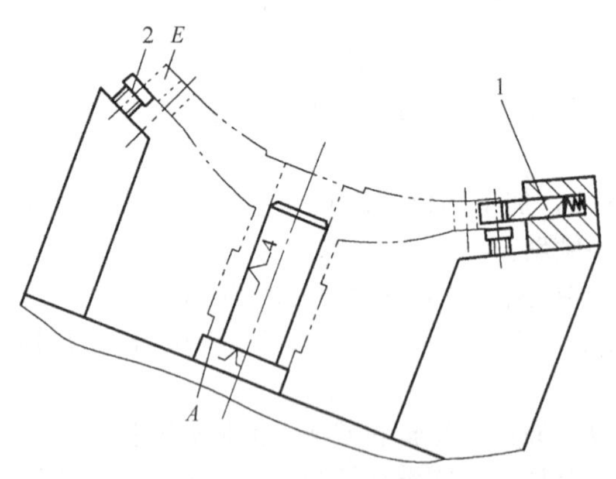


图 6-28　托架零件钻孔夹具定位方案 1

1—活动 V 形块；2—辅助支承钉

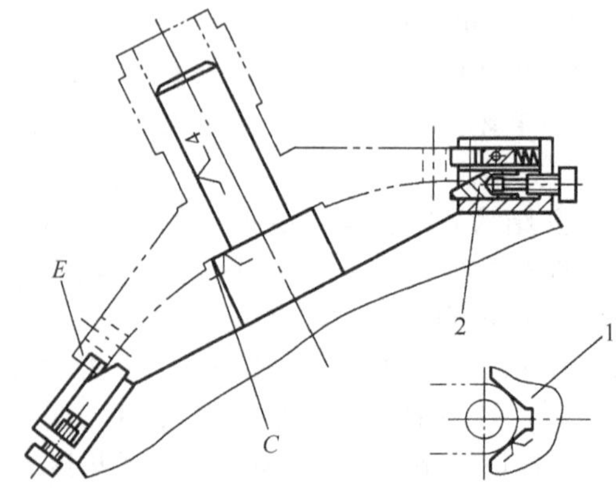


图 6-29　托架零件钻孔夹具定位方案 2

1—活动 V 形块；2—斜楔辅助支承

② 夹紧方案　托架零件钻 2×$\phi$10.1mm 斜孔加工数量年产量为 1000 件，批量不大，常用手工夹紧机构。为便于快速装卸工件，采用螺钉及开口垫圈夹紧机构，属螺旋夹紧机构，如图 6-30 所示。

③ 导向方案　由于加工的两个 2×$\phi$10.1mm 孔是螺纹底孔，可直接钻出；又因批量不

大，故宜选用固定钻套。在工件装卸方便的情况下，尽可能选用固定式钻模板。托架零件钻孔夹具的导向方案如图 6-31 所示。

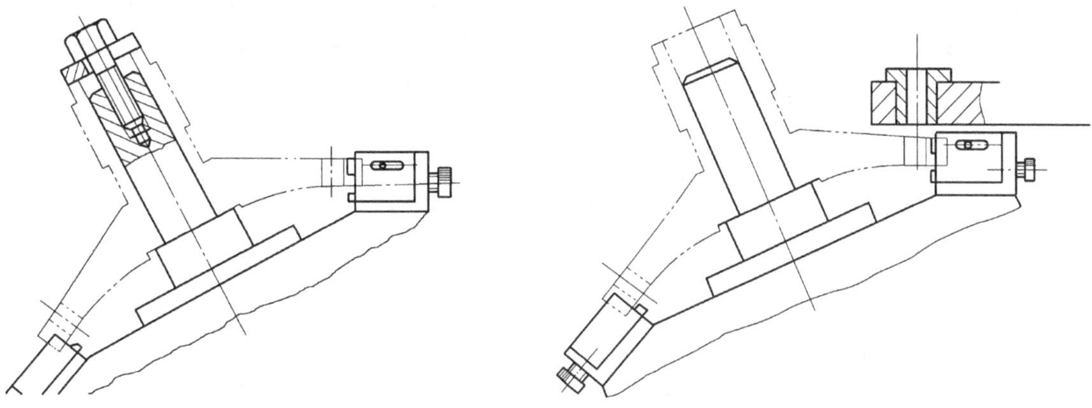

图 6-30 托架钻孔夹具夹紧方案　　　　图 6-31 托架零件钻孔夹具导向方案

④ 分度装置　由于两个 $\phi$10.1mm 孔对 $\phi$33H7 孔的对称度要求不高（未标注公差），因此设计一般精度的分度装置即可，如图 6-32 所示。回转轴 1 与定位心轴做成一体，用销钉与分度盘 3 连接，在夹具体 6 的回转套 5 中回转。采用圆柱对定销 2 对定、锁紧螺母 4 锁紧。此分度装置结构简单、制造方便，能满足加工要求。

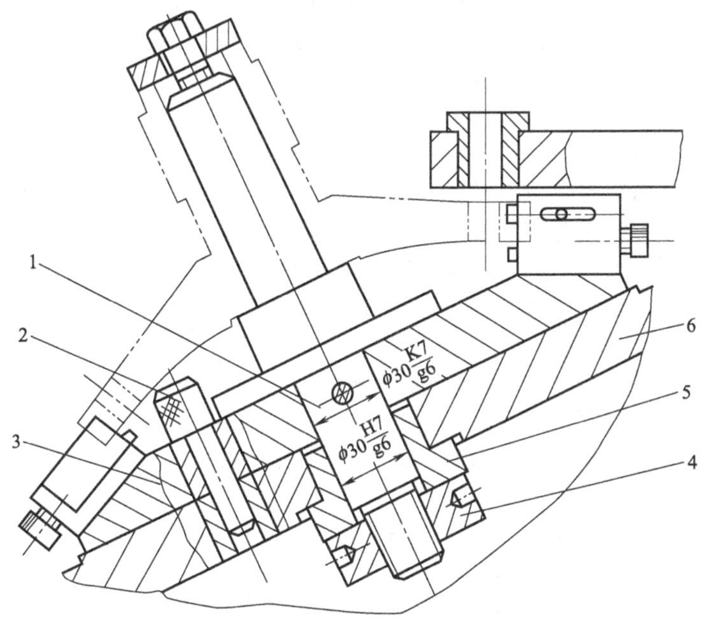


图 6-32 托架钻孔夹具分度装置

1—回转轴；2—圆柱对定销；3—分度盘；4—锁紧螺母；5—回转套；6—夹具体

⑤ 夹具体设计　选用铸造夹具体，夹具体上安装分度盘的表面与夹具体安装基面 $B$ 成 $25°\pm10'$倾斜角，安装钻模板的平面与 $B$ 面平行，安装基面 $B$ 采用两端接触的形式。

在斜孔钻模上，钻套轴线与限位基准倾斜，其相互位置无法直接标注和测量，为此常在夹具的适当部位设置工艺孔，利用此孔间接确定钻套与定位元件之间的尺寸，以保证加工精度。如图 6-33 所示。在夹具体斜面的侧面设置了工艺孔 $\phi$10H7mm。尺寸 105mm 可直接钻出；又因批量不大，故宜选用固定钻套。

在工件设置工艺孔应注意以下几点：

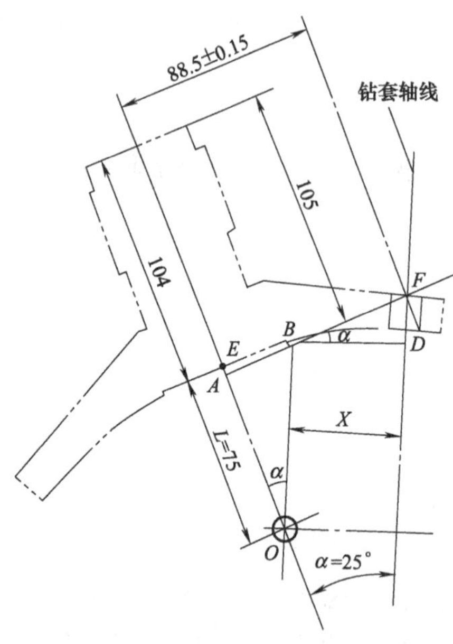


图 6-33 用 $\phi$10H7 工艺孔确定钻套位置

a. 工艺孔的位置必须便于加工和测量，一般设置在夹具体的暴露面上。

b. 工艺孔的位置必须便于计算，一般设置在定位元件轴线上或钻套轴线上，在两者交点上更好。

c. 工艺孔尺寸应选用标准心棒的尺寸。

本方案的工艺孔符合以上原则。工艺孔到限位基面的距离为 75mm。通过图 6-33 的几何关系，可以求出工艺孔到钻套轴线的距离 $X$：

$$X=BD-BF\cos\alpha$$
$$=[AF-(OE-EA)\tan\alpha]\cos\alpha$$
$$=[88.5-(75-1)\tan 25°]\cos 25°$$
$$=48.94\ (\text{mm})$$

在夹具制造中要求控制 75mm±0.05mm 及 48.94mm±0.05mm 这两个尺寸，即可间接地保证 88.5mm±0.15mm 的加工要求。

⑥ 夹具总图技术要求的标注　绘制托架零件钻 2×$\phi$10.1mm 斜孔钻床夹具的装配总图，如图 6-34 所示，主要标注如下尺寸、公差和技术要求。

a. 外形轮廓尺寸（A 类尺寸）：355mm、150mm、312mm。

b. 工件与定位元件的联系尺寸（B 类尺寸）：定位心轴与工件的配合尺寸 $\phi$33g6。

c. 夹具与刀具的联系尺寸（C 类尺寸）：钻套导向孔的尺寸、公差 $\phi$10F7。

d. 夹具与机床的联系尺寸（D 类尺寸）：工艺孔到定位心轴限位端面的距离 $L$=75mm±0.05mm；工艺孔到钻套轴线的距离 $X$=48.94mm±0.05mm；钻套轴线对安装基面 $B$ 的垂直度 0.05mm；钻套轴线与定位心轴轴线间的夹角 25°±10′；回转轴与夹具体回转套的配合尺寸 $\phi$30H7/g6；圆柱对定销 10 与分度套及夹具体上固定套的配合尺寸 $\phi$12H7/g6。

e. 其他装配尺寸（E 类尺寸）：回转轴与分度盘的配合尺寸 $\phi$30H7/g6；分度套与分度盘 9 及固定衬套与夹具体 3 的配合尺寸 $\phi$28H7/n6；钻套 5 与钻模板 4 的配合尺寸 $\phi$15H7/n6；活动 V 形块 1 与座架的配合尺寸 60H8/f7 等。

f. 需标注的技术要求：工件随分度盘转离钻模板后再进行装夹；工件在定位夹紧后才能拧动辅助支承旋钮，拧紧力应适当；夹具的非工作表面喷涂灰色漆。

由于工件可随分度装置转离钻模板，所以装卸很方便。

（4）夹具的精度分析

本工序的主要加工要求是：尺寸 88.5mm±0.15mm 和角度 25°±20′。加工孔轴线与两个 $R$18mm 半圆面的对称度要求不高，可不进行精度分析。

① 计算尺寸（88.5±0.15)mm 定位误差 $\Delta D$　工件定位孔为 $\phi$33H7（$^{+0.025}_{0}$），圆柱心轴为 $\phi$33g6（$^{-0.009}_{-0.025}$）在尺寸 88.5mm 方向上的基准位移误差为：

$$\Delta Y=X_{\max}=(0.025+0.025)\text{mm}$$
$$=0.05\text{mm}$$

工件的定位基准 $C$ 面与工序基准 $A$ 面不重合，定位尺寸 $S$=(104±0.05)mm，因此：

$$\Delta B'=0.1\text{mm}$$

如图 6-35（a）所示，$\Delta B'$对尺寸 88.5mm 形成的误差为

$$\Delta B=\Delta B'\tan\alpha$$
$$=0.10\tan 25°\text{mm}$$
$$=0.047\text{mm}$$

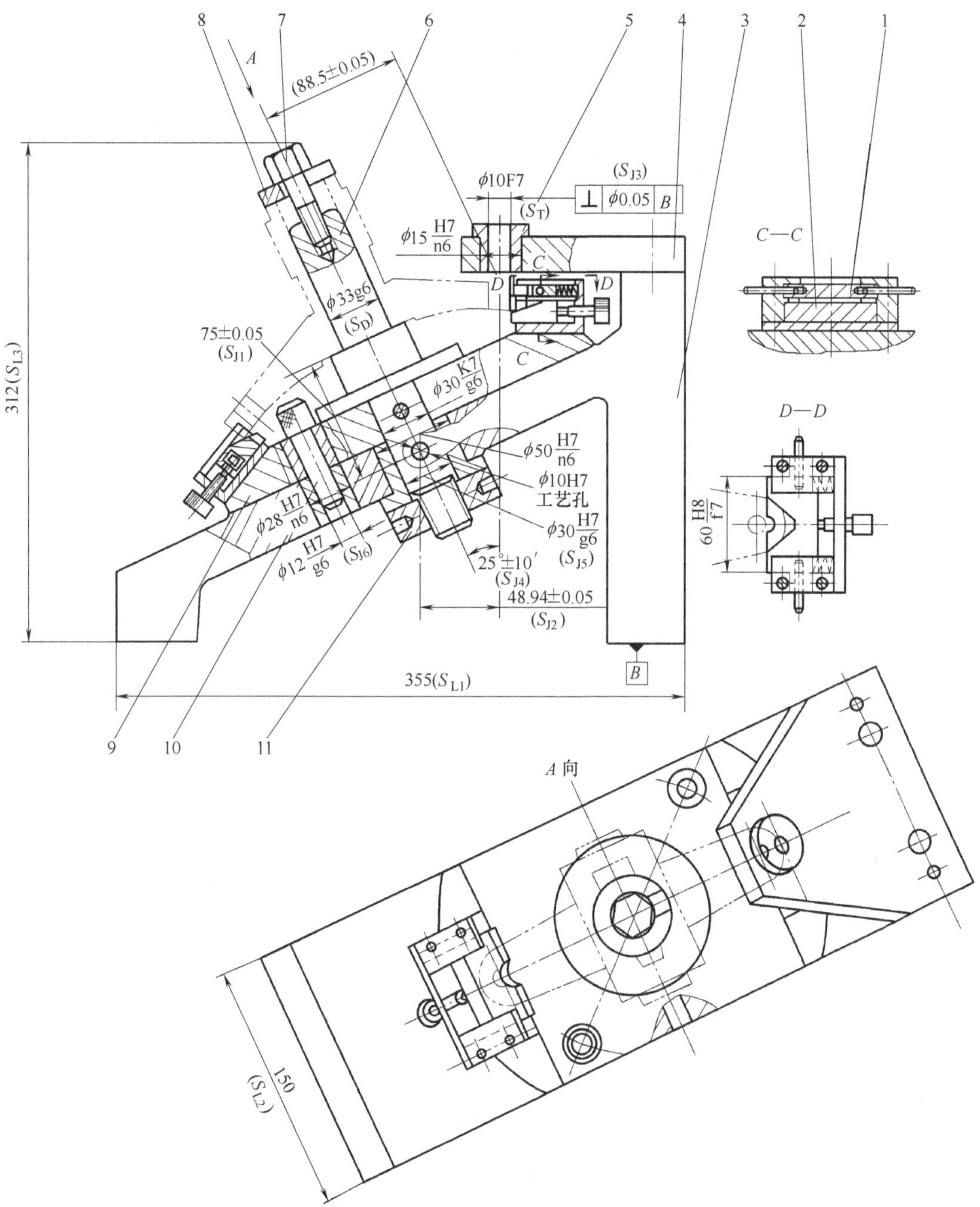

技术要求

1.工件随分度盘转离钻模板后再进行装夹。

2.工件在定位夹紧后才能拧动辅助支承旋扭，拧紧力应适当。

3.夹具的非工作表面喷涂灰色漆。

图 6-34　装配总图

1—活动 V 形块；2—斜楔辅助支承；3—夹具体；4—钻模板；5—钻套；6—定位心轴；7—夹紧螺钉；8—开口垫圈；9—分度盘；10—圆柱对定销；11—锁紧螺母

因此尺寸 88.5mm 的定位误差为

$$\begin{aligned}\Delta D &= \Delta Y+\Delta B\\ &=(0.05+0.047)\text{mm}\\ &=0.097\text{mm}\end{aligned}$$

② 对刀误差 $\Delta T$ 因加工孔处工件较薄，可不考虑钻头的偏斜。钻套导向孔尺寸为 $\phi$10F7；钻头尺寸为 $\phi$10mm。对刀误差为

$$\begin{aligned}\Delta T' &=(0.028+0.036)\text{mm}\\ &=0.064\text{mm}\end{aligned}$$

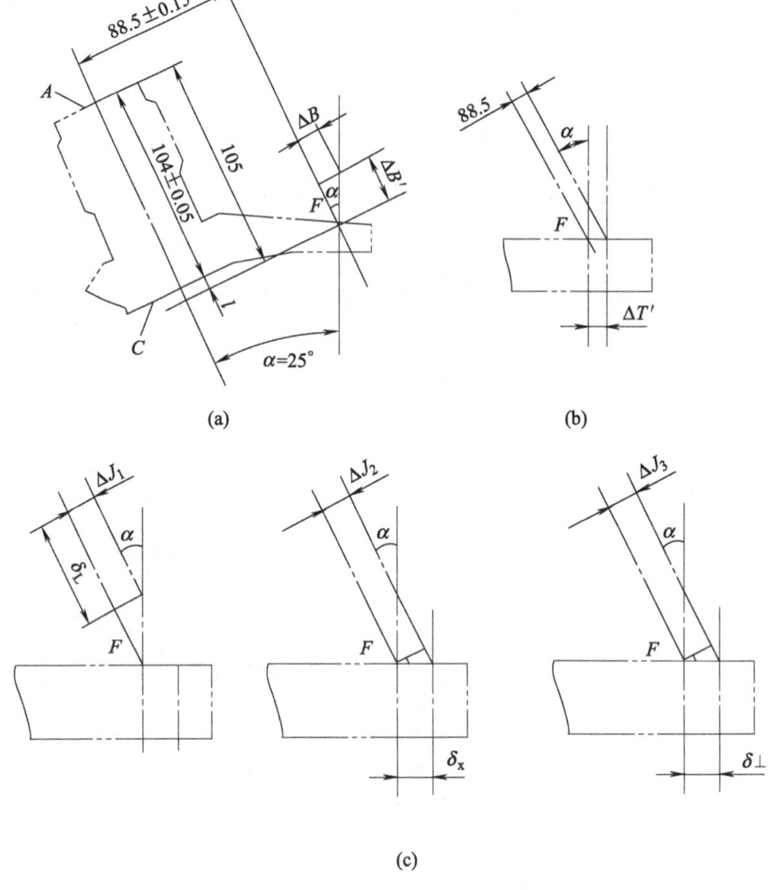


图 6-35 各项误差对加工尺寸的影响

在尺寸 88.5mm 方向上的对刀误差如图 6-35（b）所示

$$\begin{aligned}\Delta T &=\Delta T'\cos\alpha\\ &=0.064\cos25^\circ\\ &=0.058\ (\text{mm})\end{aligned}$$

③ 安装误差 $\Delta A=0$

④ 夹具误差由以下几项组成

a. 尺寸 $L$ 的公差 $\delta_L=\pm0.05$mm，如图 6-35（c）所示，它在尺寸 88.5mm 方向上产生的误差为：

$$\begin{aligned}\Delta J_1 &=\delta_L\tan25^\circ\\ &=0.046\ (\text{mm})\end{aligned}$$

b. 尺寸 $\delta_x$ 的公差，$\delta_x=\pm0.05$mm，它在尺寸 88.5mm 方向上产生的误差为：

$$\Delta J_2=\delta_x\cos\alpha$$
$$=0.1\cos25°$$
$$=0.09\ \text{(mm)}$$

c. 钻套轴线对底面的垂直度 $\delta_{\perp}=0.05$mm，它在尺寸 88.5mm 方向上产生的误差为：

$$\Delta J_3=\delta_{\perp}\cos\alpha$$
$$=0.05\cos25°$$
$$=0.045\ \text{(mm)}$$

d. 回转轴与夹具体回转套的配合间隙给尺寸 88.5mm 造成的误差：

$$\Delta J_4=X_{max}$$
$$=0.021+0.02$$
$$=0.041\ \text{(mm)}$$

e. 钻套轴线与定位心轴轴线的角度误差，它直接影响 25°±20′的精度。

$$\Delta J_a=\pm10'$$

f. 分度误差盘仅影响两个 $R18$mm 的对称度，对 88.5mm 及 25°均无影响。

⑤ 加工方法误差

对于孔距（88.5±0.15）mm： $\Delta G=0.3/3=0.1$（mm）

对角度 25°±20′： $\Delta G=40'/3=13.3'$

具体计算列于表 6-6 中。

**表 6-6 托架斜孔钻模加工精度计算**

| 误差名称 | 加工要求 | |
|---|---|---|
| | 角度 25°±20′ | 孔距(88.5±0.15)mm |
| 定位误差 $\Delta D$ | 0 | $\Delta D=\Delta B+\Delta Y=(0.05+0.047)\text{mm}=0.097\text{mm}$ |
| 对刀误差 $\Delta T$ | 0(不考虑钻头偏斜) | $\Delta T=\Delta T'\cos\alpha=0.064\cos25°=0.058(\text{mm})$ |
| 夹具误差 $\Delta J$ | $\Delta J_a=\pm0'$ | $\Sigma\Delta=\sqrt{\Delta J_1^2+\Delta J_2^2+\Delta J_3^2+\Delta J_4^2}$<br>$=\sqrt{0.046^2+0.09^2+0.045^2+0.041^2}$<br>$=0.118(\text{mm})$ |
| 加工方法误差 $\Delta G$ | $\Delta G=40'/3=13.3'$ | $\Delta G=0.01\text{mm}$ |
| 工件的总加工误差 $\Sigma\Delta$ | $\Sigma\Delta=\sqrt{20'^2+13.3'^2}=24'$ | $\Sigma\Delta=\sqrt{\Delta D^2+\Delta T^2+\Delta J^2+\Delta G^2}$<br>$=\sqrt{0.097^2+0.058^2+0.118^2+0.1^2}$<br>$=0.192$ |
| 精度储备量 $J_c$ | $J_c=40'-16'=24'>0$ | $J_c=0.3-0.192=0.108(\text{mm})>0$ |

经计算，该夹具有一定的精度储备，能满足加工尺寸的精度要求。

## 项目小结

本项目介绍了机床夹具的设计方法、设计步骤、精度分析，各种机床夹具的设计要点。学生通过学习和完成工作任务，应达到掌握钻床夹具设计及精度分析等相关知识的目的。

# 实践任务

## 实践任务 6-1

| 专业 | | 班级 | | 姓名 | | 学号 | |
|---|---|---|---|---|---|---|---|
| 实践任务 | 钻床夹具尺寸标注 | | | 评分 | | | |
| 实践要求 | 按已画出的钻床夹具总图，标注尺寸(用 A、B、C、D、E 标注)和技术条件。 | | | | | | |

在钻床夹具总图 6-36 上标注尺寸和技术条件(用 A、B、C、D、E 标注尺寸)。

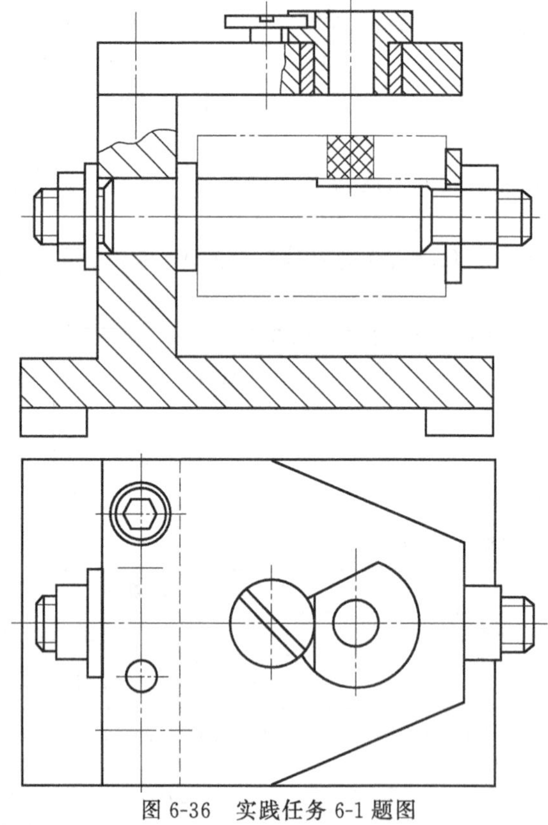

图 6-36 实践任务 6-1 题图

## 实践任务 6-2

| 专业 | | 班级 | | 姓名 | | 学号 | |
|---|---|---|---|---|---|---|---|
| 实践任务 | 端盖钻床夹具设计 | | | 评分 | | | |
| 实践要求 | 端盖工件大批量生产，假设工件的其他尺寸已经加工好，仅加工要求的尺寸，各组用表 6-7 中的尺寸代替图形中的尺寸，设计其加工的钻床夹具。 | | | | | | |

表 6-7 实践任务 6-2 端盖加工尺寸

| 组号 | 钻孔 $\phi8\times\phi20$ | 组号 | 钻尺寸 $4\times\phi18\times\phi28$ |
|---|---|---|---|
| 1 | $\phi8\times\phi20$ | 6 | $4\times\phi18\times\phi28$ |
| 2 | $\phi9\times\phi20$ | 7 | $4\times\phi17\times\phi28$ |
| 3 | $\phi10\times\phi22$ | 8 | $4\times\phi16\times\phi26$ |
| 4 | $\phi7\times\phi20$ | 9 | $4\times\phi15\times\phi26$ |
| 5 | $\phi6\times\phi18$ | 10 | $4\times\phi19\times\phi28$ |

图 6-37 实践任务 6-2 端盖模型图

续表

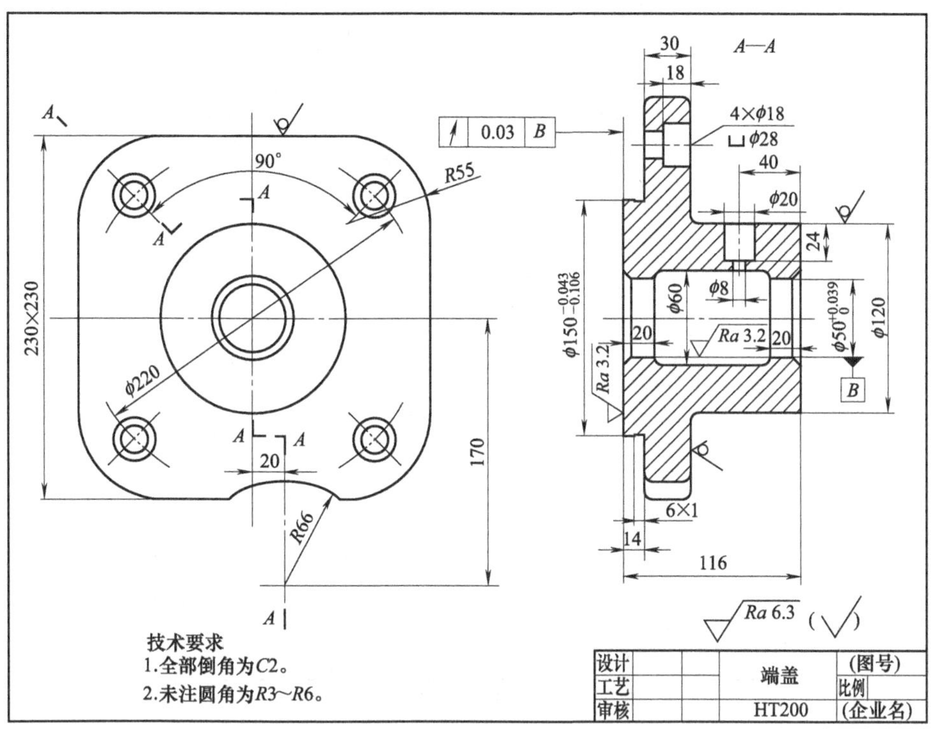


图 6-38　实践任务 6-2 端盖工件图

## 实践任务 6-3

| 专业 | | 班级 | | 姓名 | | 学号 | |
|---|---|---|---|---|---|---|---|
| 实践任务 | 泵盖钻床夹具设计 | | | 评分 | | | |
| 实践要求 | 泵盖工件大批量生产，假设工件的其他尺寸已经加工好，仅加工要求的尺寸，各组用表 6-8 中的尺寸代替图形中的尺寸，设计其加工的钻床夹具。 | | | | | | |

**表 6-8**　实践任务 6-3 支架加工尺寸

| 组号 | 钻尺寸 2×φ18H8 | 组号 | 钻尺寸 6×φ7 |
|---|---|---|---|
| 1 | 2×φ18H8 | 6 | 6×φ7 |
| 2 | 2×φ19H8 | 7 | 6×φ6 |
| 3 | 2×φ20H8 | 8 | 6×φ8 |
| 4 | 2×φ17H8 | 9 | 6×φ9 |
| 5 | 2×φ16H8 | 10 | 6×φ10 |

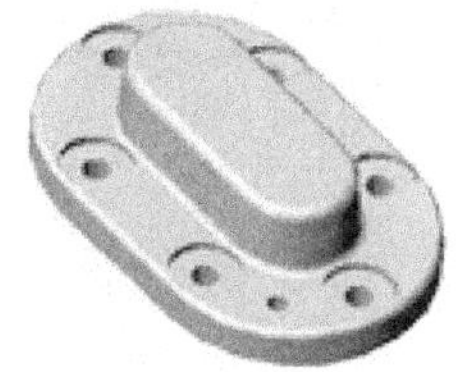

图 6-39　实践任务 6-3 泵盖模型图

续表

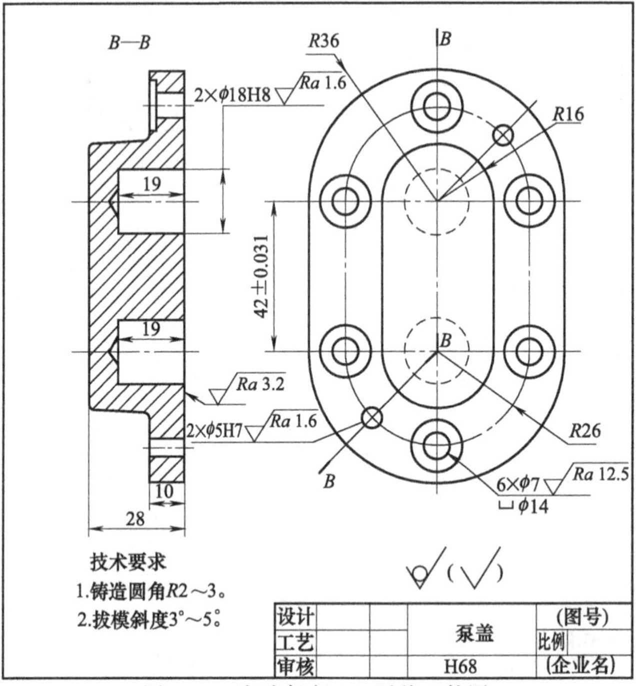


图 6-40　实践任务 6-3 泵盖工件图

## 实践任务 6-4

| 专业 | | 班级 | | 姓名 | | 学号 | |
|---|---|---|---|---|---|---|---|
| 实践任务 | 圆盖钻床夹具设计 | | | 评分 | | | |
| 实践要求 | 圆盖工件大批量生产，假设工件的其他尺寸已经加工好，仅加工要求的尺寸，各组用表 6-9 中的尺寸代替图形中的尺寸，设计其加工的钻床夹具。 | | | | | | |

**表 6-9**　实践任务 6-3 圆盖加工尺寸

| 组号 | 钻 $\phi10\times32$ 与 $\phi10$ 互通孔 | 组号 | 钻尺寸 $6\times\phi6$ |
|---|---|---|---|
| 1 | $\phi10\times32$ 与 $\phi10$ | 6 | $6\times\phi6$ |
| 2 | $\phi9\times32$ 与 $\phi9$ | 7 | $6\times\phi7$ |
| 3 | $\phi8\times32$ 与 $\phi8$ | 8 | $6\times\phi9$ |
| 4 | $\phi11\times32$ 与 $\phi11$ | 9 | $6\times\phi11$ |
| 5 | $\phi12\times32$ 与 $\phi12$ | 10 | $6\times\phi13$ |

图 6-41　实践任务 6-4 圆盖模型图

续表

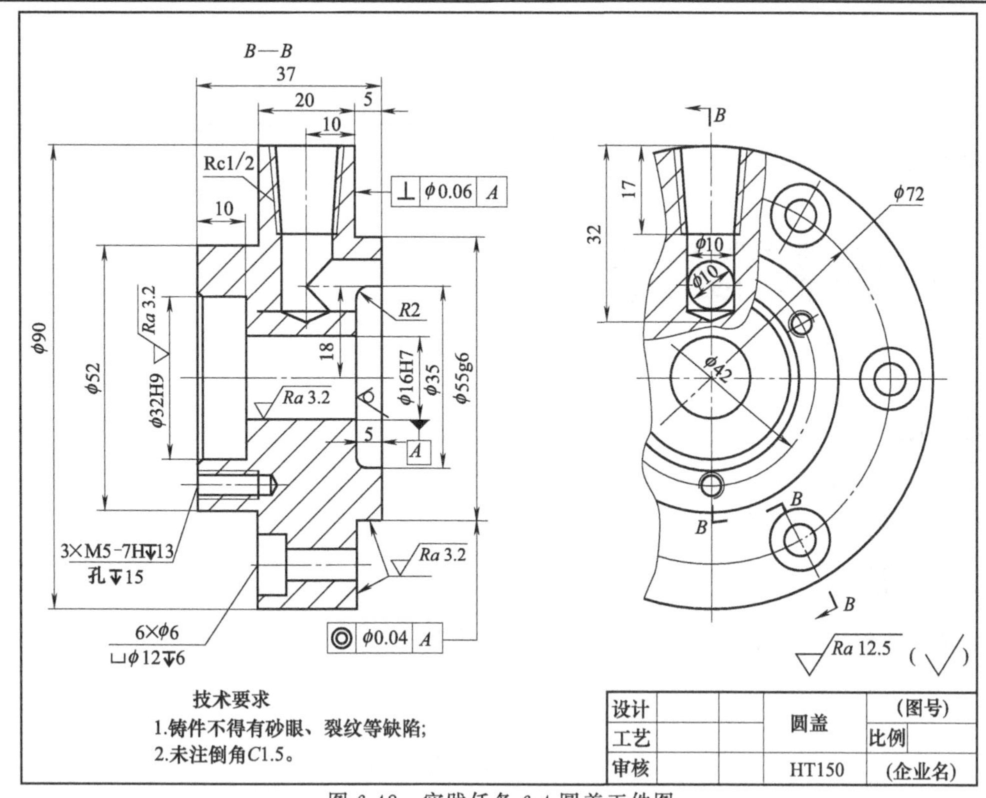


图 6-42　实践任务 6-4 圆盖工件图

# 项目7

# 铣床夹具设计

## 知识目标

1. 分析各种铣床夹具。
2. 掌握铣床夹具的设计要点。

## 能力目标

根据零件的结构特点和加工要求，能设计铣床夹具。

## 7.1 工作任务

### 7.1.1 任务描述

如图 7-1 所示为某机器连杆零件的铣槽工序简图，要求在卧式铣床上铣削工件两端面处的 8 个槽，槽宽为 $10^{+0.2}_{0}$mm，槽深为 $3.2^{+0.4}_{0}$mm，槽的中心线与两孔中心连线夹角为 45°±30′。两孔 $\phi$ $42.6^{+0.1}_{0}$mm 和 $\phi15.3^{+0.1}_{0}$mm 及厚度为 $14.3_{-0.1}^{0}$mm 的两个端面均已在先行工序中加工完毕。工件材料为 45 钢，生产类型为小批量生产，所用机床为 X62W 铣床。试设计本工序所用的专用夹具。

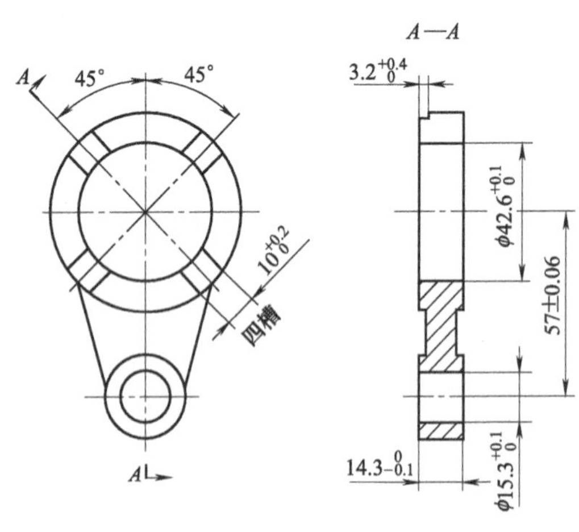


图 7-1 连杆零件的铣槽工序图

### 7.1.2 任务分析

① 生产纲领：小批量生产。

② 毛坯：两孔 $\phi42.6^{+0.1}_{0}$mm 和 $\phi15.3^{+0.1}_{0}$mm 及厚度为 $14.3_{-0.1}^{0}$mm 的两个端面均已在先行工序中加工完毕。

③ 结构分析：零件尺寸不大，但结构复杂，有内孔、外圆及台阶面。

④ 精度分析：铣槽的槽宽为 $10^{+0.2}_{0}$mm，表面粗糙度 *Ra* 值为 6.3μm；槽深为 $3.2^{+0.4}_{0}$mm，表面粗糙度 *Ra* 值为 6.3μm；槽的中心线与两孔中心连线夹角为 45°±30′，且通过孔 $\phi42.6^{+0.1}_{0}$ 的

中心。

设计该工序的专用夹具，进一步熟悉机床夹具的设计原则、步骤和方法；能根据零件加工工艺的要求，拟定夹具设计方案，进行必要的定位误差计算；能设计符合工序加工要求、使用方便、经济实用的夹具。主要要考虑以下问题：工件采用何种定位方式，选用何种结构与尺寸的定位元件，如何设计夹紧方案、对刀方案与分度装置，如何确定夹具的总体结构以及夹具在机床上的安装方式。

# 7.2 知识准备

铣床夹具主要用于加工零件上的平面、凹槽、键槽、花键、缺口及各种成形面，是最常用的夹具之一。

## 7.2.1 各种铣床夹具

铣床夹具主要由定位装置、夹紧装置、夹具体、连接元件、对刀元件组成。铣削加工时，切削力较大，又是断续切削，振动较大，因此铣床夹具的夹紧力要求较大，夹具刚度、强度要求都比较高。

铣床夹具的分类方法很多，可按其是否配备转位机构，分固定式和转位式；按转位分度方式的不同，又可分为直线分度式和回转分度式等。由于铣削加工过程中，夹具大都与工作台一起作进给运动，而铣床夹具的整体结构又常常取决于铣削加工的进给方式。所以铣床夹具一般按铣削时的进给方式，分为直线进给式、圆周进给式和仿形进给式三种类型。

### 7.2.1.1 直线进给式铣床夹具

直线进给式铣床夹具安装在铣床工作台上，随工作台一起作直线进给运动。按照在夹具上装夹工件的数目，它可分为单件夹具和多件夹具。

(1) 单件直线进给式铣床夹具

单件直线进给式铣床夹具每次只能装一件工件，生产效率较低，多用于一般企业的小批量生产中。

图 7-3 为一杠杆零件上铣出斜面的铣床夹具，根据杠杆零件（图 7-2）的外形特点及加工要求，夹具设置定位销 9 及端面定位消除五个不定度，可调支承 6 消除一个转动不定度，从而在夹具中实现六点定位；钩形压板 10 将工件夹紧和松开；为完成快速调刀，夹具上设置有对刀块 7；利用夹具底面的定位键 8 与工作台 T 形槽的对定安装，可以迅速确定夹具体相对机床工作台的位置关系。

图 7-4 为一铣削套筒工件上端面通槽的铣床夹具，根据工件的外形特点及加工精度要求，夹具设置长 V 形块及端面组合定位系统。工件以外圆柱面在夹具固定 V 形块 7 上定位，消除掉两个移动、两个转动共四个不定度，另以下端面在夹具支承套 5 上定位，消除沿垂直方向的移动不定度，从而在夹具中实现五点定位；扳

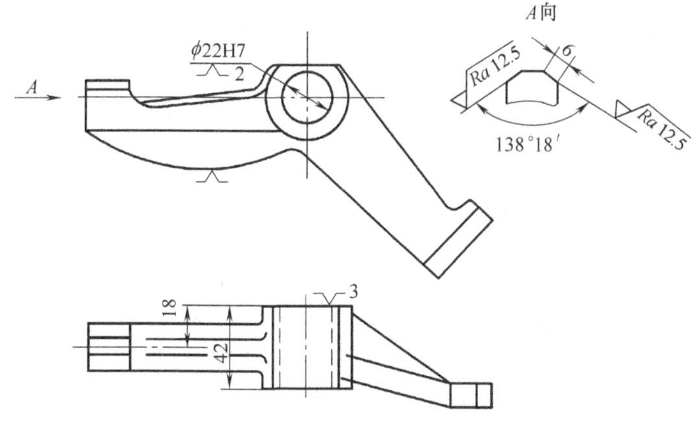

图 7-2　在杠杆零件上铣出斜面的工序简图

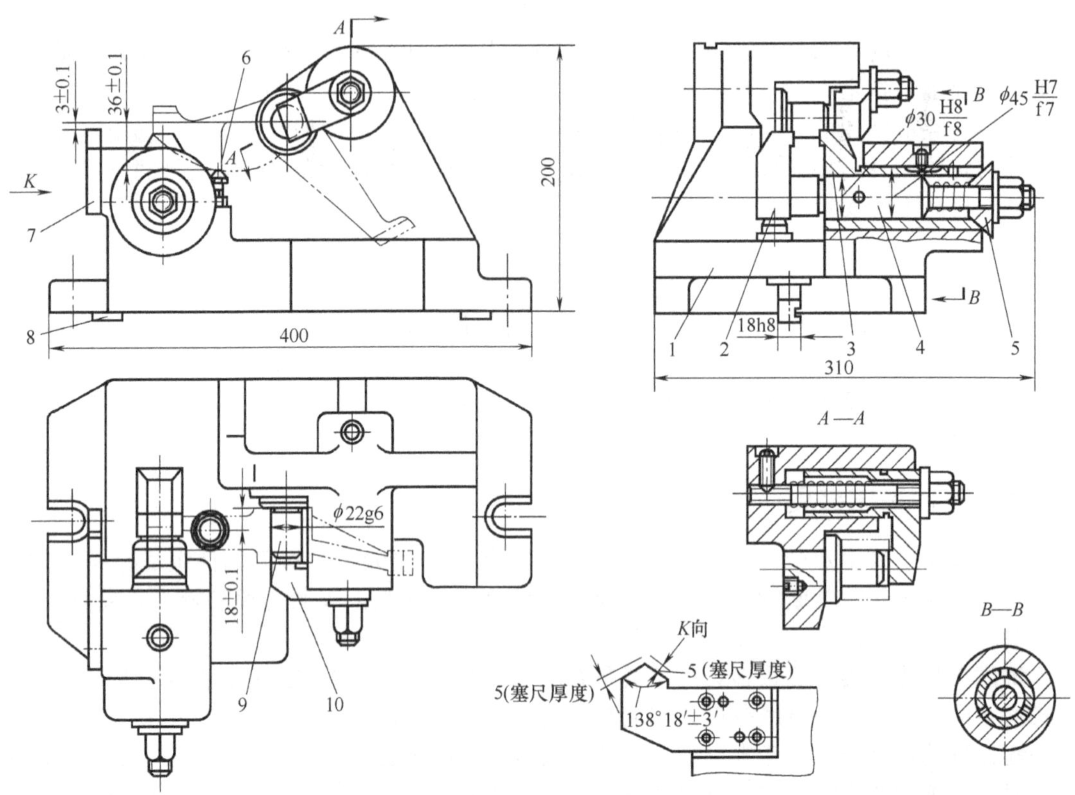


图 7-3 杠杆零件上铣出斜面的铣床夹具

1—夹具体；2,3—卡爪；4—连接杆；5—锥套；6—可调支承；7—对刀块；8—定位键；9—定位销；10—钩形压板

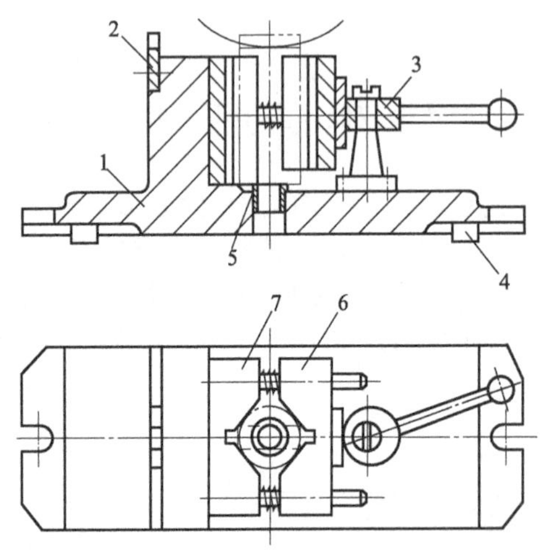


图 7-4 铣削套筒工件上端面通槽的铣床夹具

1—夹具体；2—对刀块；3—偏心轮；4—定位键；5—支承套；6—活动 V 形块；7—固定 V 形块

动手柄，带动夹紧偏心轮 3 转动，可使活动 V 形块 6 进行左右移动，从而将工件夹紧和松开；为完成快速调刀，夹具上设置有对刀块 2；利用夹具底面的定位键 4 与工作台 T 形槽的对定安装，可以迅速确定夹具体相对机床工作台的位置关系，保证 V 形块对称中心平面相对工作台纵向导轨的平行度。

(2) 多件直线进给式铣床夹具

这类夹具铣床用得最多。夹具安装在铣床工作台上，加工中随工作台按直线进给方式运动。根据工件质量、结构及生产批量，将夹具设计成单件多点、多件平行和多件连续依次夹紧的联动方式，有时还要采用分度机构，均为了提高生产效率。

图 7-5 为一部铣削轴端四方头夹具。夹具一次可装夹四个工件，并可通过回转座 4 的 90°转位，实现一次装夹完成四方端头两个方向上的铣削加工，提高了加工效率。

利用工件的外圆柱形表面，夹具设置双面 V 形块 8 以实现工件的定位，并利用浮动压板 7 和夹紧螺母 6 将四个工件同时夹紧。工件四方尺寸由四片三面刃铣刀的组合距离保证。在铣完一个方向后，松开楔块 5，将工件连同回转座一起转过后再行楔紧，即可进行另一个方向的铣削。利用这种装夹以及转位，大大节省装夹和切削时间，使生产效率大为提高。

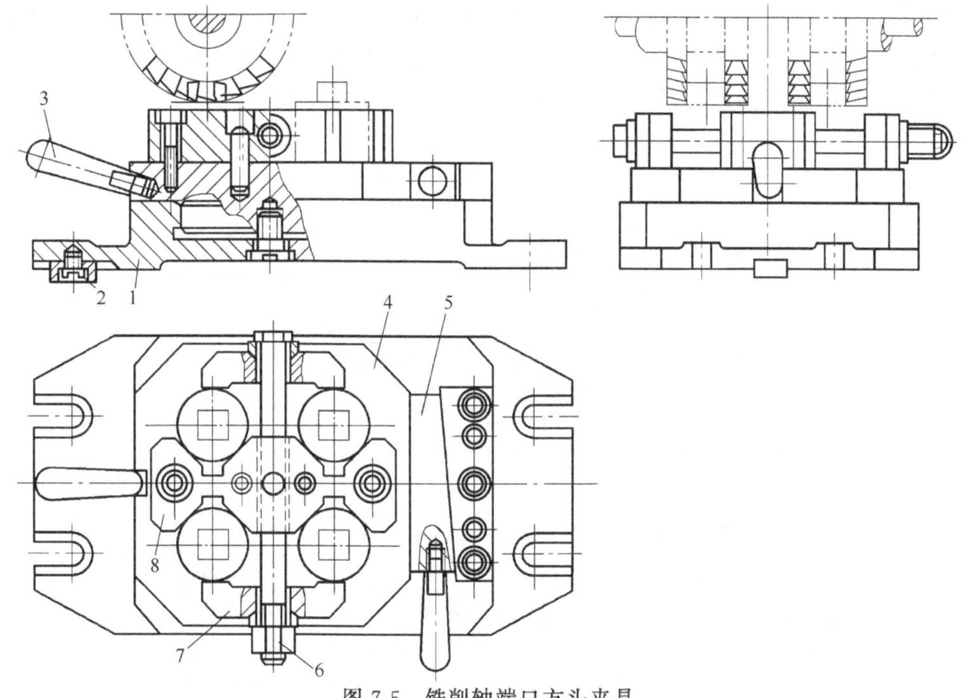


图 7-5　铣削轴端口方头夹具

1—夹具体；2—定向键；3—手柄；4—回转座；5—楔块；6—夹紧螺母；7—压板；8—V 形块

图 7-6 所示为活塞套零件简图，在铣床上加工活塞套上端 6mm 的槽，其铣床夹具结构如图 7-7 所示。工件以 $\phi$60H7 孔、端面 $A$ 及下端已加工的 6mm 槽为定位基准，分别在定位轴 7、夹具体 12 的平面及键 11 上定位。由螺钉 1 推动滑柱 2，经介质（液性塑料）3、滑柱 4、框架 5、拉杆 6、钩 8、压板 9，将 6 个工件同时夹紧。铣刀的位置则可由对刀块 10 调整。整个夹具是通过两个定位销 14 与铣床工作台的 T 形槽相配而确定其在机床上的位置。显然，此夹具可获得较高的生产率。

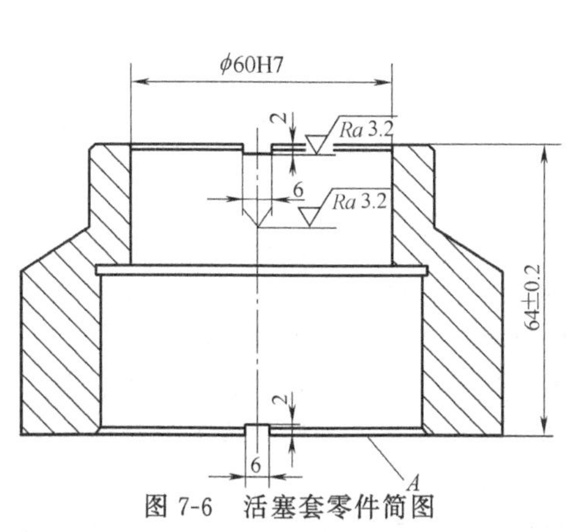


图 7-6　活塞套零件简图

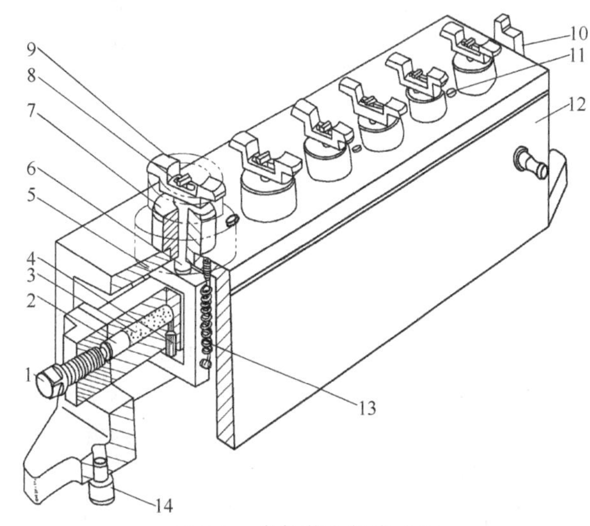


图 7-7　多件装夹铣床夹具

1—螺钉；2，4—滑柱；3—介质（液性塑料）；5—框架；6—拉杆；7—定位轴；8—钩；9—压板；10—对刀块；11—键；12—夹具体；13—弹簧；14—定位销

图 7-8 所示为料仓式铣床夹具。夹具由两部分组成：一部分固定在机床工作台上；另一部分是图 7-8（b）可装卸的料仓。一个夹具应配备两个以上的料仓，操作者利用切削基本时间事先装好工件［图 7-8（c）］，与料仓一起装到夹具体中，再由夹具体上夹紧机构夹紧。这种夹具可使装卸工件的部分辅助时间与切削基本时间重合，从而提高生产效率。

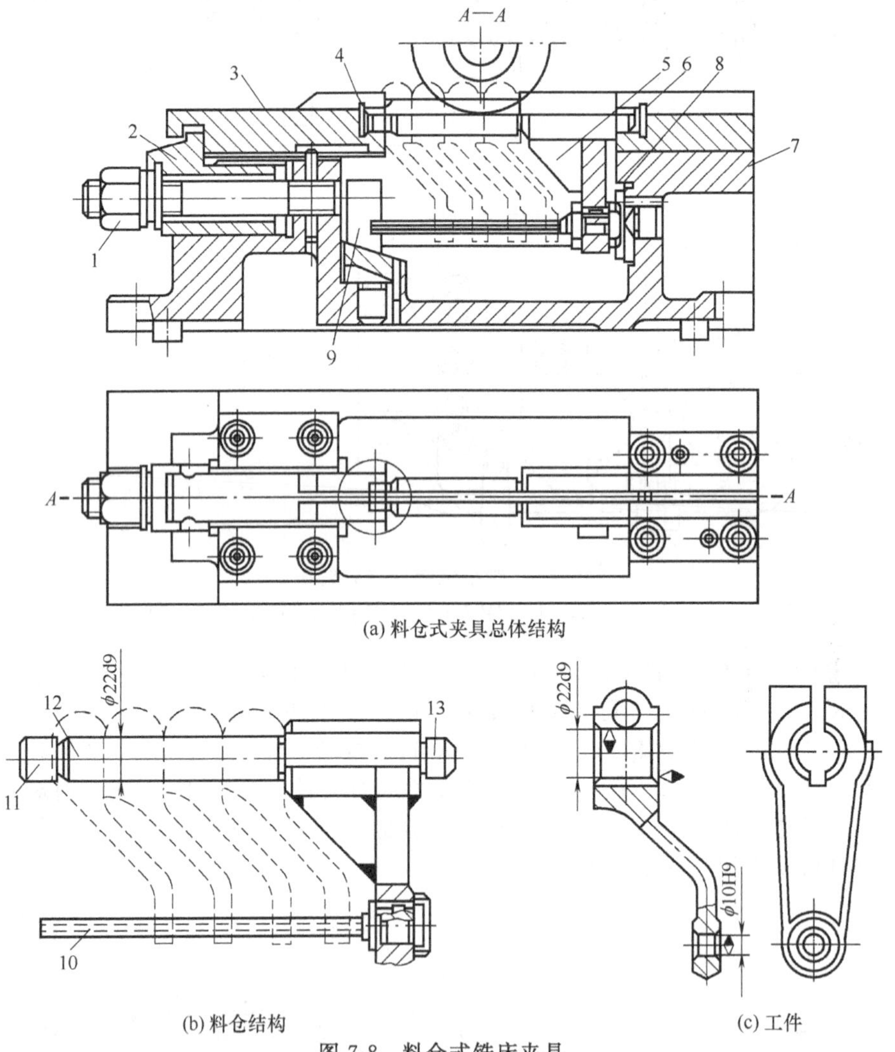


(a) 料仓式夹具总体结构

(b) 料仓结构

(c) 工件

图 7-8　料仓式铣床夹具

1—螺母；2—压板；3—压块；4,6—定位孔；5—料仓；7—夹具体；8,9—定位槽口；10—菱形销；11～13—圆柱销

### 7.2.1.2　圆周进给式铣床夹具

圆周进给式铣床夹具在不停车的情况下装卸工件，一般是多工位，在有回转工作台的专用铣床上使用。在通用铣床上使用时，应进行改装，增加一个回转工作台。这种夹具结构紧凑，操作方便，机动时间与辅助时间重叠，是高效铣床夹具，使用于大批量生产。

图 7-9 所示为一部回转工作台式专用铣床。为实现不间断地高速铣削，机床回转工作台上沿圆周设置十二部液动夹具进行自动夹紧。工件拨叉以内孔及其下端面和拨叉外侧面在夹具定位销 2 和挡销 4 上定位，并由液压缸 6 驱动拉杆 1 经快换垫圈 3 将工件夹紧。

整个回转工作台分成 *AB* 切削区和 *CD* 装卸区（见图 7-9）两大部分，并由电机通过蜗杆减速机构带动实现不停车的连续回转。这样，只需在 *CD* 区域设置自动装卸机构，或者专门安排人工进行工件的装卸，即可维持机床高效率的加工。

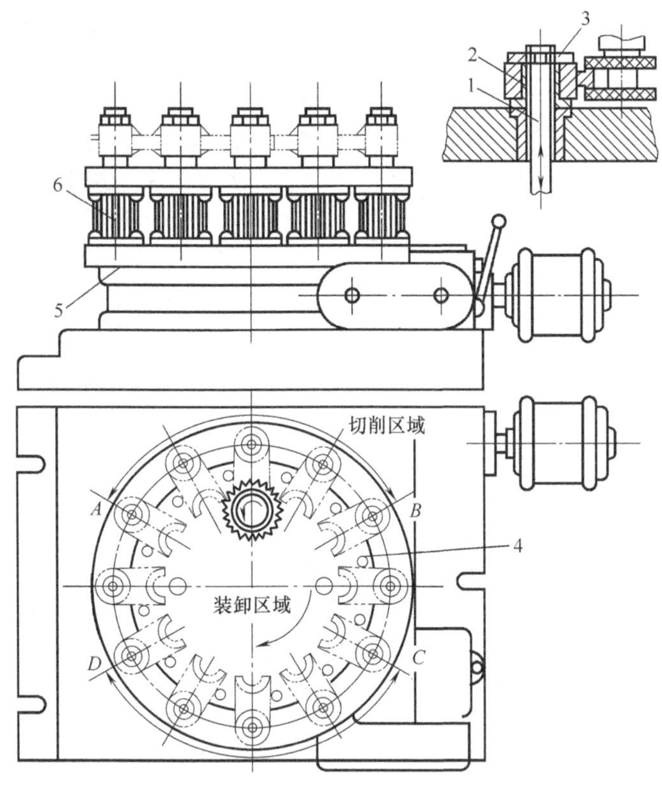


图 7-9 圆周进给式铣床夹具

1—拉杆；2—定位销；3—快换垫圈；4—挡销；5—转台；6—液压缸

图 7-10 所示为立式双头回转铣床，用于内燃机连杆工件的端面铣削。夹具沿机床回转工作台的圆周排列紧凑，使铣刀的空程时间缩短到最低限度，并由每个夹具的液压夹紧机构和浮动压板同时夹紧两个工件。机床设置两个动力铣头，可以依次完成每个工件顶面的粗铣和精铣，因而大大提高了生产效率。此类大型液动夹紧回转工作台，还可以根据其他加工需要，在回转台周围设置其他动力加工工位，使双工位变成多工位。这种结构在大规模专业化生产中经常采用，生产效率及自动化程度均较高。

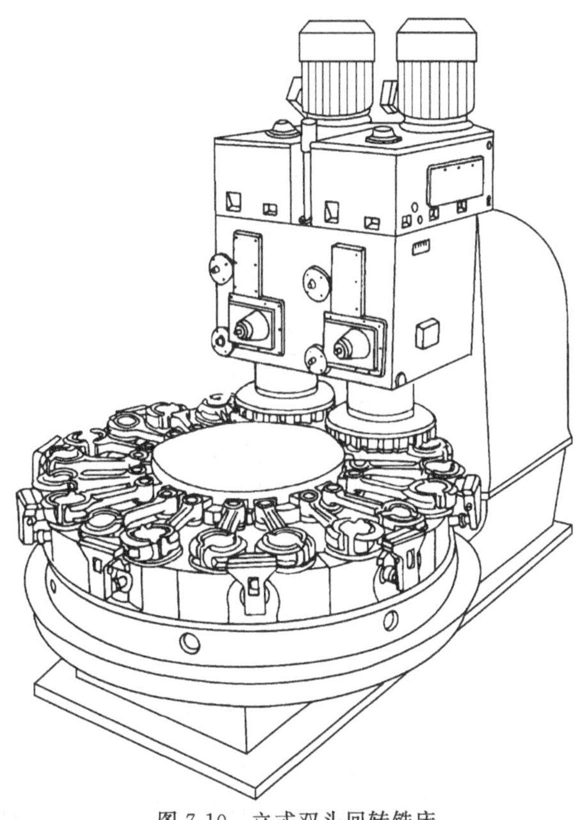

图 7-10 立式双头回转铣床

图 7-11 所示为一种双工位转台结构。在双工位转台 3 上安装左、右两部夹具 2 和 4，当一部夹具在进行操作，可在另一部夹具上装卸工件，从而使此工件的装卸包含在另一工位工件的切削加工时间中，这种专门设置的装卸工位，消除装卸辅助时间，使得切削加工可以连续进行。这种重合原理被广泛应

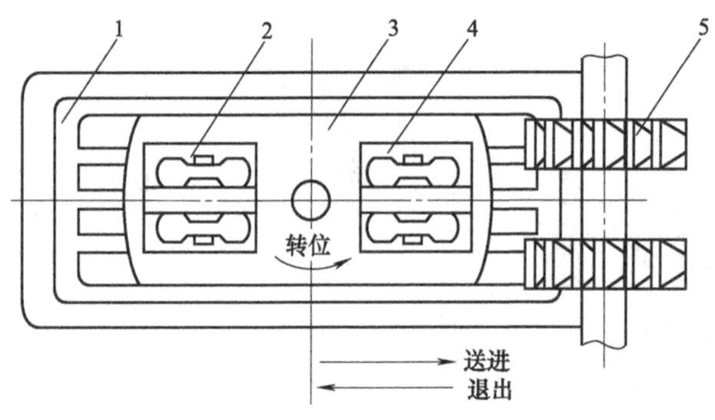


图 7-11 双工位转台结构

1—工作台；2,4—夹具；3—双工位转台；5—铣刀

用于专业化大规模生产中，并由双工位发展到多工位，形成连续进给方式的回转夹具，使得设备可以始终维持高速运转，提高生产效率。

### 7.2.1.3 仿形进给式铣床夹具

仿形进给式铣床夹具也称为靠模铣床夹具。带有靠模装置的铣床夹具用于专用或通用铣床上加工各种非圆曲面。靠模的作用是使工件获得辅助运动，使辅助运动与主进给运动合成加工所需要的仿形运动。按照主进给运动的运动方式，靠模铣床夹具可分为直线进给和圆周进给两种。

(1) 直线进给靠模铣床夹具

图 7-12 (a) 所示为直线进给靠模铣夹具。其靠模 2 和工件 4 共同安装在夹具上，滚柱滑座 6 与铣刀滑座 5 固连为一体，并借助于重锤或弹簧的拉力 $F$，使滚柱 1 始终压紧在靠模 2 上。这样，当工作台作纵向直线进给时，铣刀 3 便可获得滚柱 1 沿靠模 2 轮廓的相对运动轨迹，从而使铣刀 3 在工件 4 上仿出靠模 2 的轮廓。

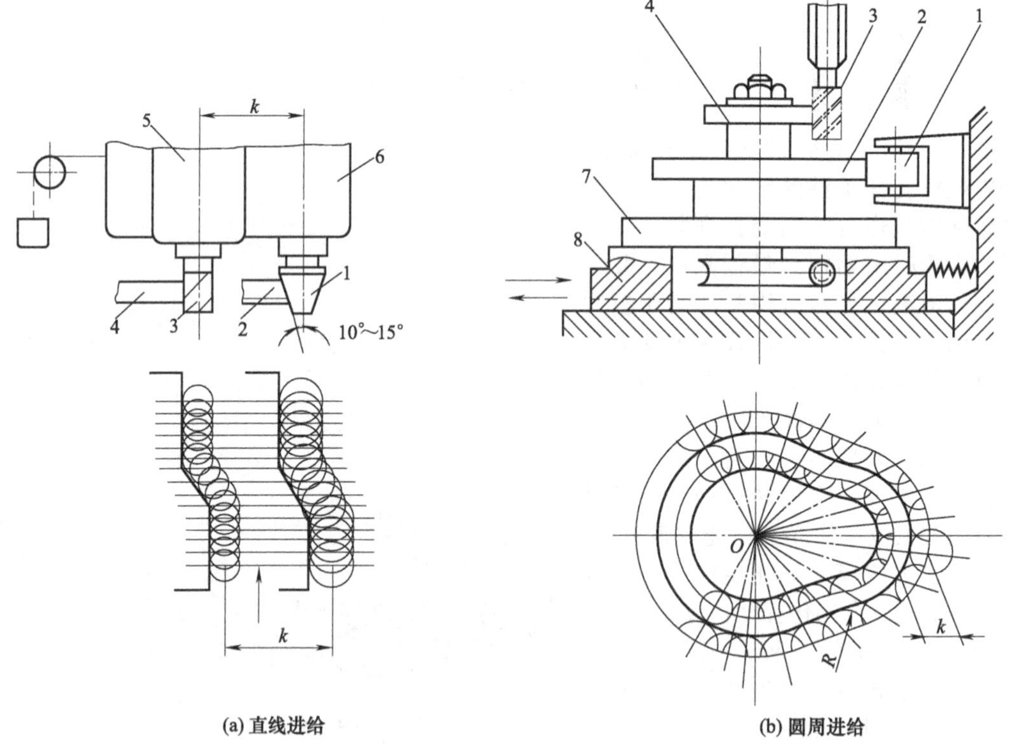


图 7-12 仿形进给式铣床夹具

1—滚柱；2—靠模；3—铣刀；4—工件；5—铣刀滑座；6—滚柱滑座；7—回转台；8—滑座

(2) 圆周进给靠模铣床夹具

对于平面凸轮这类回转型曲面工件，由于其曲面轮廓的向径是随工件的转角而发生变

化，因此，常采用圆周进给式靠模夹具。

图 7-12（b）所示为圆周进给靠模铣夹具。工件 4 和靠模 2 安装在回转台 7 上，并保持三者间的严格同轴关系。回转台滑座 8 在重锤或弹簧的拉力 $F$ 作用下，使靠模与滚柱 1 始终压紧。当回转工作台带动工件及靠模一起回转时，靠模滚柱轴线相对回转工作台轴线间的距离，将由于靠模凸轮曲线的向径变化而随转角发生变化，从而使铣刀 3 在工件上加工出与靠模曲线相似的工件曲线。

在机械加工中，经常遇到各类非圆曲线、特形曲面，采用靠模铣成形工件曲面，是一种经常采用的工艺方法。这种方法只需通过一块精密的曲线模板，就可以在普通设备或专用铣床上，完成特形曲面轮廓的批量生产。

## 7.2.2　铣床夹具的特点与设计要点

### 7.2.2.1　铣床夹具的特点

铣削加工时，由于铣刀为多齿刀具，且每一刀齿的切削为周期性的断续切削，切削面积和切削力不断发生变化，所以铣削伴随着强烈的冲击和振动；再者由于铣削的高效性，使得铣削被广泛地用以代替刨削，应用于大批量生产中对毛坯件的粗加工工序中，所以铣削切削用量较大，切削力较大，使铣削成为一种重负荷切削；而大负荷切削，刀具材料的磨损率较大，生产中需要经常性地进行调刀和换刀。

针对以上铣削的加工特点，铣床夹具的夹紧力较大，夹具刚度、强度都比较高。具有下列特点：

① 夹具本身应具有足够的强度及刚性，以适应工件重负荷切削的装夹需要；

② 夹具都配备有较强大而可靠的夹紧系统，以保证夹紧有良好的自锁性和抗振性；

③ 夹具多半设置有专门的快速对刀装置，以减少调刀、换刀辅助时间，提高刀位精度；

④ 夹具效率较高，一般采用多件夹紧和多件加工，较多夹具采用机动夹紧机构或联动夹紧机构。

### 7.2.2.2　铣床夹具设计要点

（1）定位元件和夹紧装置

为保证工件定位的稳定性，除应遵循一般的设计原则外，铣床夹具定位元件的布置还应尽量使主要支承面积大些。若工件的加工部位呈悬臂状态，则应采用辅助支承，增加工件的安装刚度，防止振动。

设计夹紧装置应保证足够的夹紧力，且具有良好的自锁性能，以防止夹紧机构因振动而松夹。施力的方向和作用点要恰当，并尽量靠近加工表面，必要时设置辅助夹紧机构，以提高夹紧刚度。对于切削用量大的铣床夹具，最好采用螺旋夹紧机构。

图 7-13 所示为加工壳体侧面所用的铣床夹具。工件以端面、大孔和安装边上的一个小孔作为定位基准，在定位平板 2、定位销 3 和菱形销 4 上进行定位。夹紧装置是采用螺旋压板的联动夹紧机构，操作时只需要拧动左边的螺母 6，即可使左、右两个压板同时压紧工件。夹具上设置有对刀块 10，用以调整铣刀的位置。底面下边的两个定向键 11 用来确定夹具在机床工作台上的位置。

（2）定向键

铣床夹具通常通过定向键与铣床工作台 T 形槽的配合来确定夹具在机床上的方位。

为了确定夹具与机床工作台的相对位置，在夹具体的底面上应设置定向键，如图 7-13 的 11 所示。定向键安装在夹具底面的纵向槽中，一般使用两个，用开槽圆柱头螺钉固定。小型夹具也可使用一个断面为矩形的长键。通过定向键与铣床工作台上 T 形槽的配合，确定夹具在机床上的正确位置。除定位之外，定向键还可承受铣削时可产生的切削扭矩，以减

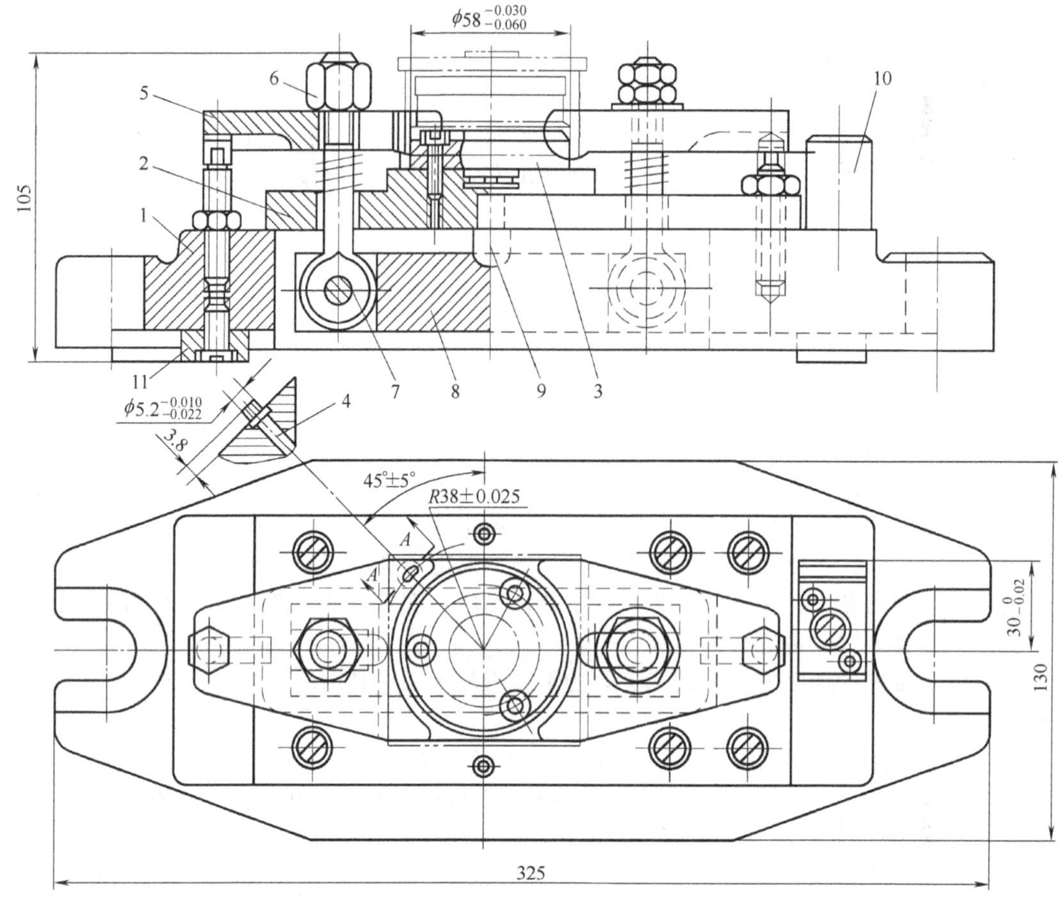


图 7-13 加工壳体侧面用的铣床夹具

1—夹具体；2—定位平板；3—定位销；4—菱形销；5—压板；6—螺母；7—转动杆；8—杠杆；9—支承钉；10—对刀块；11—定向键

轻夹具固定螺栓的负荷，加强夹具在加工过程中的稳固性。

定向键结构尺寸已标准化，如图 7-14 所示。矩形定向键有两种结构形式：A 型和 B 型。A 型定向键的宽度，按统一尺寸 $B$（h6 或 h8）制作，适用于夹具的定向精度要求不高的场合，B 型定向键的侧面开有沟槽，沟槽的上部与夹具体的键槽配合，其宽度尺寸 $B$ 按 H7/h6 或 Js6/h6 与键槽相配合。沟槽的下部宽度为 $B_1$，与铣床工作台的 T 形槽配合。因为 T 形槽公差为 H8 或 H7，故 $B_1$ 一般按 h8 或 h6 制造。为了提高夹具的定向精度，在制造定向键时，$B_1$ 应留有磨量 0.5mm，以便与工作台 T 形槽修配。可参阅“夹具标准”（GB/T 2206—1991）。

（3）对刀装置

铣床夹具在工作台上安装好之后，还要调整铣刀对夹具的相对位置，以便进行定距加工。这可以采用试切削调整、用标准件调整和用对刀件调整等方法，其中以用对刀件（对刀块和塞尺）调整最为方便。

对刀装置主要由对刀块和塞尺组成，用以确定夹具与刀具间的相对位置。对刀块常用销钉和螺钉紧固在夹具体上，其位置应便于使用塞尺对刀，不妨碍工件装卸。

图 7-15 所示为用对刀块调刀的简图。铣刀与对刀块之间的间隙（用以控制对刀精度）常用塞尺检查。因为用刀具直接与对刀块接触时，其接触情况难于察觉，极易发生碰伤，所

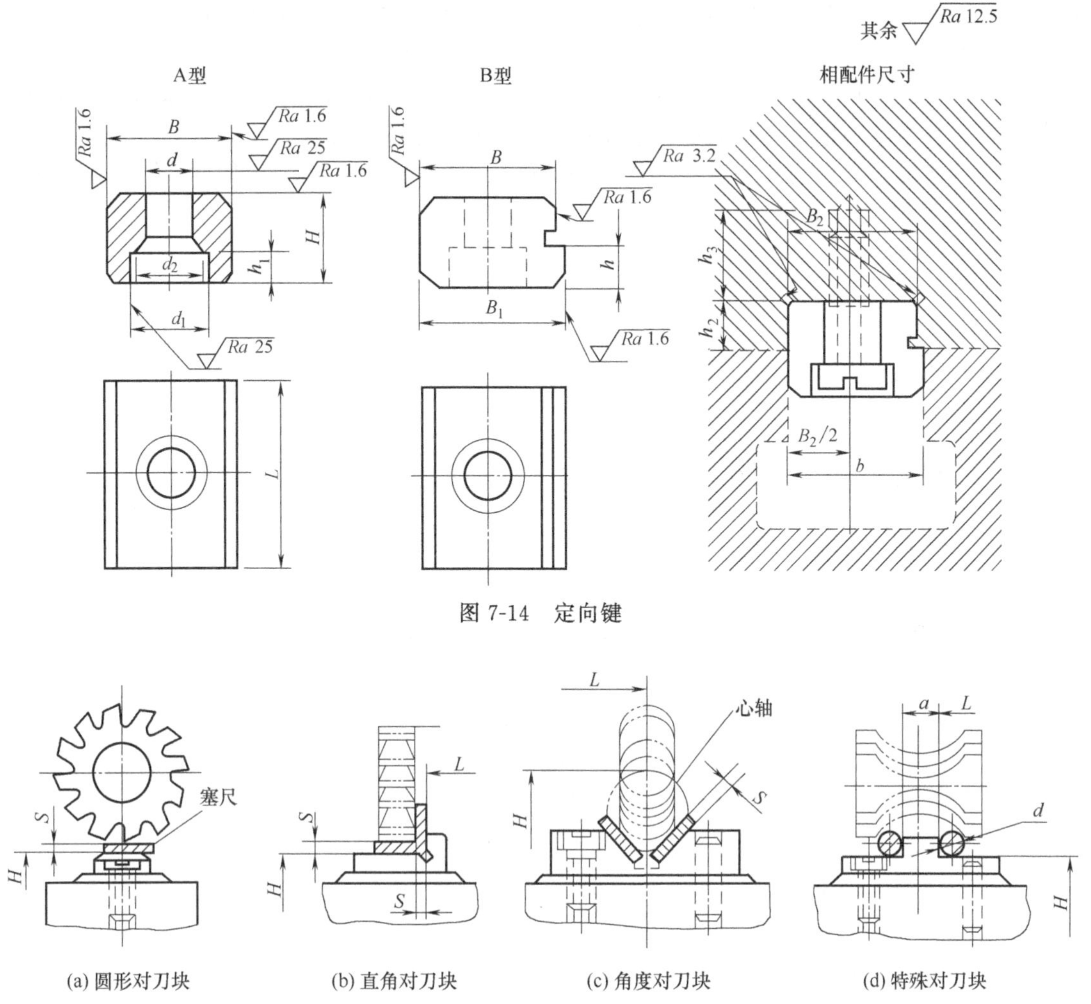


图 7-14 定向键

图 7-15 用对刀块调刀简图

以用塞尺检查比较方便和安全。

对刀块的结构形式取决于加工表面的形状。图 7-16（a）所示为圆形对刀块，用于加工平面；图 7-16（b）所示为方形对刀块，用于调整组合铣刀的位置；图 7-16（c）所示为直角对刀块，用于加工两相互垂直面或铣槽时的对刀；图 7-16（d）所示为侧装对刀块，亦用于加工两相互垂直面或铣槽时的对刀。这些标准对刀块的结构参数均可从有关手册中查取。

塞尺用于检查刀具与对刀块之间的间隙，以避免刀具与对刀块直接接触而损坏刀刃或造成对刀块过早磨损。塞尺有平塞尺和圆柱形塞尺两种，如图 7-17 所示。其厚度和直径为 3～5mm，制造公差 h6。对刀块和塞尺均已标准化（设计时可查阅相关手册），使用时，夹具总图上应标明塞尺尺寸及对刀块工作表面与定位元件之间的位置。对刀装置应设置在便于对刀而且是工件切入的一端。

对刀块工作表面的位置尺寸（$H$，$L$）一般是从定位表面注起，如图 7-18 所示。其值应等于工件相应尺寸的平均值再减去塞尺的厚度 $S$。其公差常取工件相应公差的 1/3～1/5。换算时应取工件相应尺寸的平均值计算。

（4）夹具的总体设计及夹具体

为提高铣床夹具在机床上安装的稳固性，减轻其断续切削可能引起的振动，在进行夹具的总体结构设计时，各种装置的布置应紧凑，加工面应尽可能靠近工作台面，以降低夹具的重心，一般夹具体的高宽之比应限制在 $H/B \leqslant 1 \sim 1.25$ 范围内。

铣床夹具的夹具体应具有足够的刚度和强度，必要时设置加强肋；夹具体的安装基面应足够大，要有足够的稳定性，且尽可能做成周边接触的形式；夹具体应合理地设置耳座，以便与工作台连接，常见的耳座结构如图 7-19 所示；若夹具体较宽，可在同一侧设置两个与铣床工作台 T 形槽间等距的耳座。

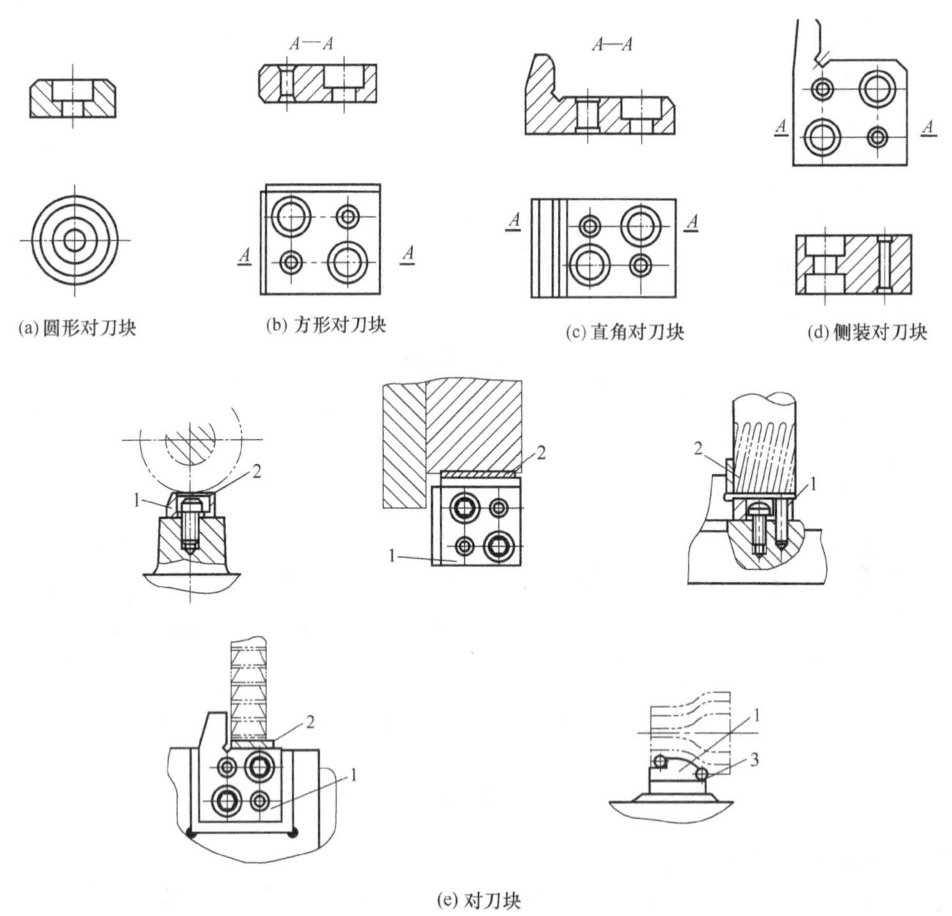


图 7-16 对刀块结构形式

1—对刀块；2—对刀平塞尺；3—对刀圆柱塞尺

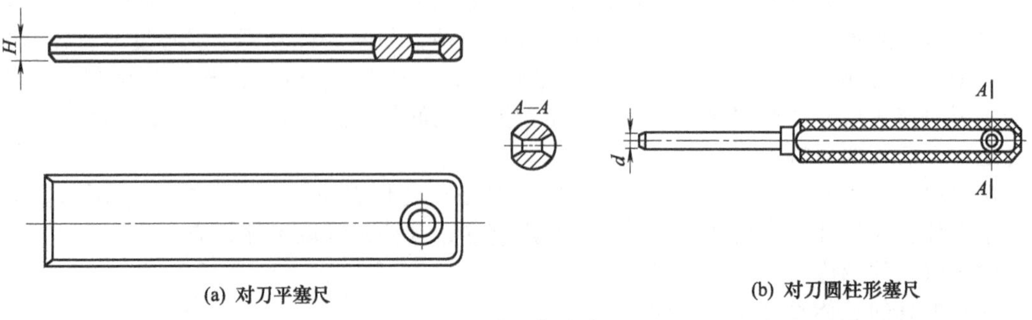


图 7-17 常用标准塞尺

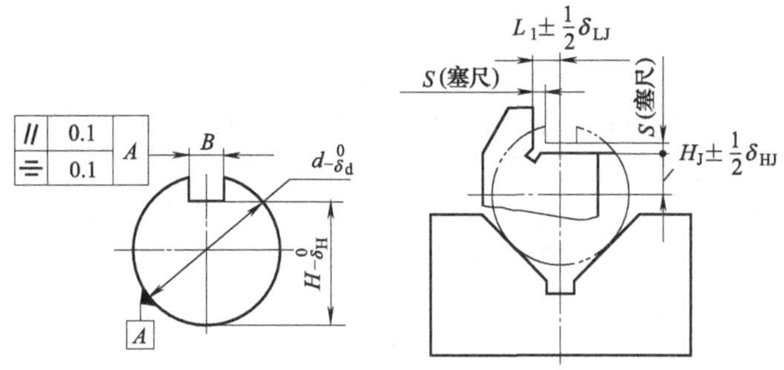


(a) V形环定位的对刀尺寸

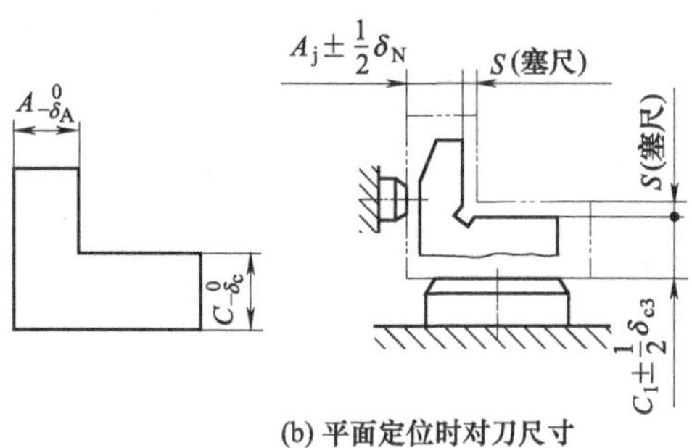


(b) 平面定位时对刀尺寸

图 7-18　对刀尺寸标注

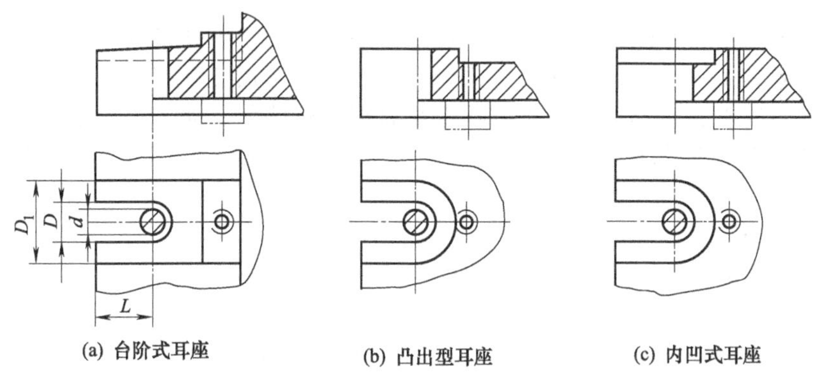


(a) 台阶式耳座　　(b) 凸出型耳座　　(c) 内凹式耳座

图 7-19　常见的耳座结构

夹具应具有足够的排屑空间，并注意切屑的流向，使清理切屑方便。

对于重型铣床夹具，在夹具体上应设置吊环，以便于搬运。

(5) 铣床夹具的安装

铣床夹具在机床工作台上的安装位置直接影响工件被加工表面的位置精度，所以在设计时就必须考虑其安装方法。一般在铣床夹具的底面都装着两个定向键，用以确定夹具（定位件）对工作台送进方向的位置精度（平行度或垂直度等）。两个定向键间的距离力求大些，并要规定与定位件、对刀件的相互位置要求。由于定向键和机床工作台 T 形槽的配合有间隙，所以要按单面接触的办法进行安装。

采用定向键虽然便于安装夹具，但其位置精度不高，所以又常在夹具体的一侧设置一个校正面（将夹具体的一个侧面磨平即可），如图 7-20 所示的 $A$ 面。安装夹具时，就以校正面为准用百分表找正该校正面同时也作为定位件、定向键等在夹具体上装配和检验时的基准。

对于位置精度要求高的夹具，直接在夹具体的侧面加工出一窄长平面作为夹具安装时的找正基面，安装夹具时，就以校正面为准用百分表找正该校正面，同时也作为定位件等在夹具体上装配和检验时的基准。如图 7-21（b）的 $A$ 面所示。

在图 7-21（a）中的 V 形块上放入精密心棒，通过用固定在床身或主轴上的百分表进行找正，夹具就可获得所需的准确位置。因为这种方法是直接按成形运动确定定位元件的位置的，避免了中间环节的影响。

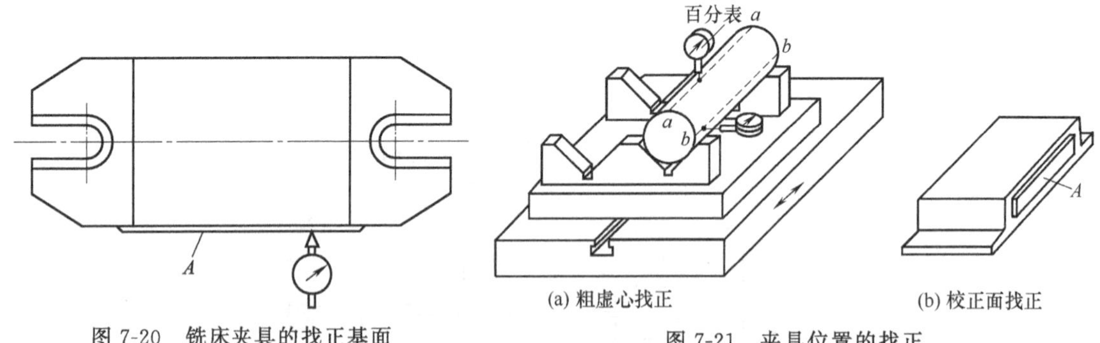


图 7-20　铣床夹具的找正基面

图 7-21　夹具位置的找正

# 7.3 任务实施

现在再回头看图 7-1 所示连杆零件，设计连杆零件铣槽工序的铣床夹具。

连杆零件铣槽工序选择在 X62W 卧式铣床上进行，选用三面刃盘铣刀就可加工。而槽宽和槽深的尺寸精度要求不高，选用游标卡尺就可进行测量。此工序的槽宽由铣刀宽度保证，而槽深和角度位置要通过夹具来保证。所以夹具需要特别设计，故要根据工件的形状、尺寸和加工要求的不同而设计其专用夹具。

（1）零件分析

前面已对图 7-1 所示的连杆进行了零件的结构分析和精度分析。

（2）定位方案

① 分析确定　根据连杆铣槽工序的尺寸、形状和位置精度的要求，工件定位时需限制 6 个自由度。工件的定位基准和夹紧位置虽然在工序图上已经规定，但在拟定定位夹紧方案时，仍需要对其进行分析研究，考察定位基准的选择能否满足工件位置精度的要求，夹具的结构能否实现。在连杆铣槽的工序中，工件在槽深方向的工序基准是和槽相连的端面，若以此端面为平面定位基准，可以达到与工序基准相重合。但由于要在此面上开槽，那么夹具的定位面就势必要设计成朝下的，会给定位和夹紧带来麻烦，夹具结构也比较复杂。如果选择与所加工槽相对的另一端面为定位基准，则会引起基准不重合误差，其大小等于工件两端面之间联系尺寸的公差 0.1mm。考虑到槽深的公差较大（0.4mm），完全可以保证加工精度要求。而这样又可以使定位夹紧可靠、操作方便，所以应选择待加工槽对侧端面为定位基准。采用支承板作定位元件。

在保证角度尺寸 $45°\pm30'$方面，工序基准是两孔的中心线，以两孔为定位基准，不仅可以做到基准重合，而且操作方便。为了避免发生不必要的过定位现象，采用一个圆柱销和一个菱形销作定位元件。由于被加工槽的角度位置是以大孔的中心为基准的，槽的中心线应通

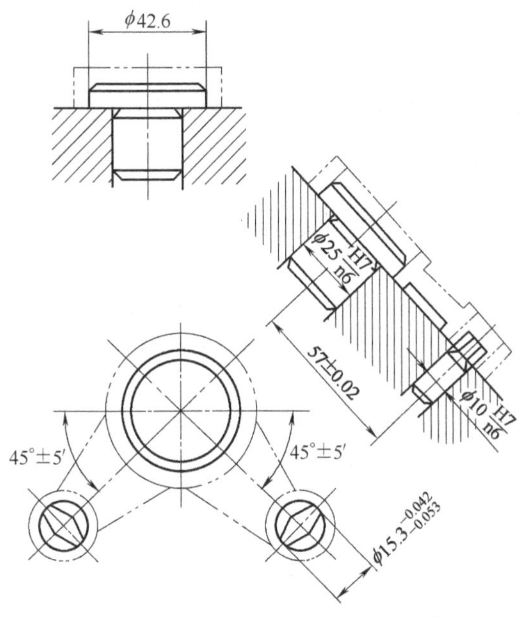


图 7-22　定位元件结构及其布置

过大孔的中心，并与两孔连线成 45°角，因此应将圆柱销放在大孔，菱形销放在小孔，如图 7-22 所示。工件以“一面两孔”为定位基准，定位元件采用一面两销，分别限制工件的 6 个自由度，属完全定位。

由上可知，定位元件由支承板、圆柱销、菱形销组成。

② 定位元件的结构尺寸及其在夹具中位置的确定

a. 两定位销中心距的确定

$$L\pm\frac{\delta L_d}{2}=L\pm\left(\frac{1}{2}-\frac{1}{5}\right)\frac{L_d}{2}=57\pm\left(\frac{1}{2}-\frac{1}{5}\right)\times 0.06$$

取 $L\pm\frac{\delta L_d}{2}=(57\pm 0.02)\text{mm}$

b. 圆柱销尺寸的确定　取定位孔 $\phi 42.6^{+0.1}_{0}$ 直径的最小值为圆柱销的基本尺寸，销与孔按 H7/g6 配合，则圆柱销的直径和公差为 $\phi 42.6^{-0.009}_{-0.025}$mm。

c. 菱形销尺寸的确定　查阅夹具设计手册，取 $b=4$，$B=13$，经计算可得菱形销直径为：$d_2=\phi 15.258$mm。

直径公差按 H6 确定，可得：$d_2=\phi 15.258^{0}_{-0.011}$mm$=\phi 15.3^{-0.042}_{-0.053}$mm。

两销与夹具体连接选用过渡配合 H7/g6 或 H7/r6。

③ 分度方案　由于连杆每一面各有两对呈 90°完全相同的槽，为提高加工效率，应在一道工序中完成，这就需要对工件正反面的槽分别加工，而且在加工某一面时，在一对槽加工完成后，还必须变更工件在夹具中的位置，以加工另一对槽。实施的方案有两种：一是采用分度盘，工件装夹在分度盘上，当加工完一对槽后，将工件与分度盘一起转过 90°，再加工另一对槽；另一种是在夹具上装两个相差为 90°的菱形销（见图 7-22），加工完一对槽后，卸下工件，将工件转过 90°套在另一个菱形销上，重新进行夹紧后再加工另一对槽。显然，第一种方案中，工件不用重新装夹，定位精度较高，效率也较高，但要转动分度盘，而且分度盘也需要锁紧，夹具结构较为复杂；第二种方案，夹具结构简单，但工件需要进行两次装

夹。考虑该产品生产批量不大，因而选择第二种分度方案。

(3) 夹紧方案

根据工件的定位方案，考虑夹紧力的作用点及方向，采用如图 7-23 所示的方式较好。因它的夹紧点选在大孔端面上，接近被加工面，增加了工件的刚度，切削过程中不易产生振动，工件的夹紧变形也小，夹紧可靠。但对夹紧机构的高度要加以限制，以防止与铣刀杆发生碰撞。

由于该工件较小，批量又不大，为使夹具结构简单，采用了手动的螺旋压板夹紧机构。

(4) 对刀方案

本工序中对被加工槽的精度要求一般，主要保证槽深和槽中心线通过大孔（$\phi 42.6^{+0.1}_{0}$mm）中心等要求。夹具中采用直角对刀块及塞尺的对刀装置来调整铣刀相对夹具的位置。其中，利用对刀块的铅垂对刀面及塞尺调整铣刀，使其宽度方向的对称面通过圆柱销的中心，从而保证零件加工后，两槽中心对称线通过 $\phi 42.6^{+0.1}_{0}$mm 大孔中心。利用对刀块水平对刀面及塞尺调整铣刀圆周刃口位置，从而保证槽深尺寸 $3.2^{+0.4}_{0}$mm 的加工要求。对刀块采用销钉定位、螺钉紧固的方式与夹具体连接。具体结构如图 7-23 所示。

(5) 夹具在机床上的安装方式

考虑本工序加工精度一般，因此夹具可通过定向键与机床工作台 T 形槽的配合实现在铣床上的定位，并通过 T 形槽螺栓将夹具固定在工作台上，如图 7-23 所示。

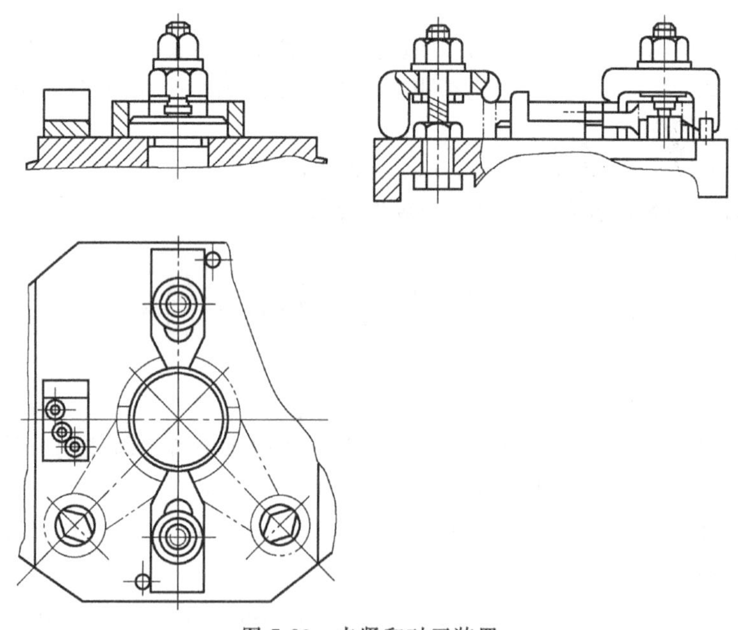

图 7-23 夹紧和对刀装置

(6) 夹具体及总体设计

夹具体的设计应通盘考虑，使各组成部分通过夹具体有机地联系起来，形成一个完整的夹具。由于铣削加工中易引起振动，故要求夹具体及与之相连接的所有元件的刚度、强度要能满足加工要求。夹具体及夹具总体结构如图 7-24 所示。

(7) 夹具总图标注

在绘制夹具结构草图的基础上，绘出夹具总装图并标注有关的尺寸、公差配合和技术条件。夹具总装图如图 7-24 所示。

① 夹具总图上应标注的尺寸及公差配合

a. 夹具的外轮廓尺寸为 180mm×140mm×70mm。

b. 两定位销的尺寸为 $\phi 42.6_{-0.025}^{-0.009}$mm 与 $\phi 15.3_{-0.053}^{-0.042}$mm，两定位销的中心距尺寸为 (57±0.02)mm 等。

c. 两菱形销之间的方向位置尺寸为 45°±5′。

d. 对刀块工作表面与定位元件表面间的尺寸为 (7.85±0.02)mm 和 (8±0.02)mm。

e. 其他配合尺寸。圆柱销及菱形销与夹具体装卸孔的配合尺寸 ($\phi$25H7/n6 和 $\phi$10H7/n6)。

f. 夹具定位键与夹具体的配合尺寸 $\phi$18H7/h6。

② 夹具总图上应标注的技术要求

a. 圆柱销、菱形销的轴心线相对定位面 $N$ 的垂直度公差为 0.03mm。

b. 定位面 $N$ 相对夹具底面 $M$ 的平行度公差为 0.02mm。

c. 对刀块与对刀工作面相对定位键侧面的平行度公差为 0.05mm。

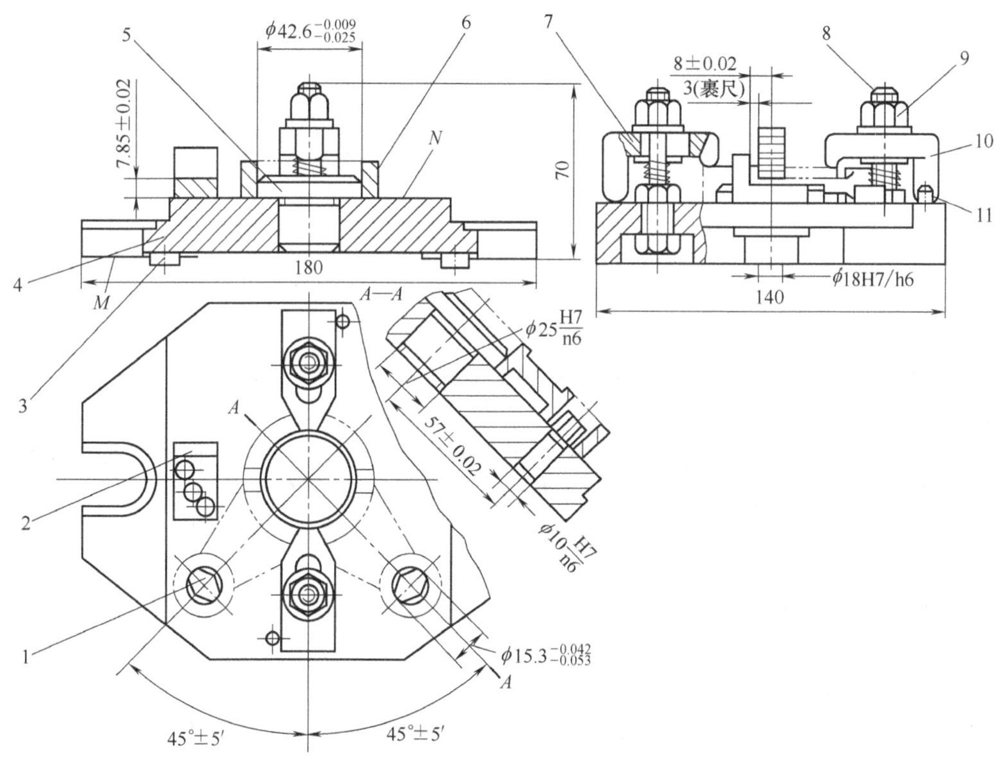


图 7-24　夹具总装图

(8) 夹具的精度分析

工件在铣床夹具上加工时，加工误差的大小受工件在夹具上的定位误差 $\Delta D$、夹具误差 $\Delta J$、夹具在主轴上的安装误差 $\Delta A$ 和加工方法误差 $\Delta G$ 的影响。

铣槽的槽宽为 $10_{0}^{+0.2}$mm，表面粗糙度 $Ra$ 值为 6.3μm；槽深为 $3.2_{0}^{+0.4}$mm，表面粗糙度 $Ra$ 值为 6.3μm；槽的中心线与两孔中心连线夹角为 45°±30′，且通过孔 $\phi 42.6_{0}^{+0.1}$ 的中心。

① 槽深精度的校核　影响槽深尺寸 $3.2_{0}^{+0.4}$mm 精度的主要因素如下：

a. 定位误差 $\Delta D$

基准不重合误差　　　$\Delta B=0.1\text{mm}$

基准位移偏差　　　　$\Delta Y=0$

所以　　　　　　　　$\Delta D=\Delta B=0.1\text{mm}$

b. 夹具安装误差 $\Delta A$　由于夹具定位面 $N$ 和夹具底面 $M$ 间的平行度误差等，会引起工件的倾斜，使被加工槽的底面和端面不平行，而影响槽深的尺寸精度。夹具技术要求规定为不大于 0.03/100，故工件大端约 50mm 范围内的影响值为 0.015mm。

c. 加工方法误差 $\Delta G$　根据实际生产经验，这方面的误差一般可控制在被加工件公差的 1/3 范围内，这里取为 0.15mm。

以上三项合计为 0.265mm，即可能的加工误差为 0.265mm，这远小于工件加工尺寸要求保证的公差 0.4mm。

② 角度尺寸 45°±30′的校核

a. 定位误差 $\Delta D$　由于工作定位孔与夹具定位销之间的配合间隙会造成基准位移误差，有可能导致工件两定位孔中心连线对规定位置的倾斜，其最大转角误差为

$$\Delta_\alpha=\arctan\frac{\Delta_{D1}+\Delta_{d1}+x_{1\min}+\Delta_{D2}+\Delta_{d2}+x_{2\min}}{2L}$$

$$=\arctan\frac{0.1+0.016+0.009+0.1+0.018+0.016}{2\times57}$$

$$=\arctan0.00227$$

$$=7.8'$$

即倾斜对工件 45°角的最大影响量为±7.8′。

b. 夹具安装误差 $\Delta A$　夹具上两菱形销分别和大圆柱销中心连线的角度位置误差为±5′，这会影响工件的 45°角。

c. 加工方法误差 $\Delta G$　主要是机床纵向走刀方向与工作台 T 形槽方向的平行度误差，查阅相关机床手册，一般为 0.03/100，经换算，相当于角度误差为±1′。

综合以上三项误差，其最大角度误差为±13.8′，该值远小于工序要求的角度公差±30′。

从以上分析和计算可以看出，本夹具能满足连杆铣槽工序的精度要求，可以应用。

## 项目小结

本项目介绍了各种铣床夹具及其设计要点，学生通过学习和完成工作任务，应达到能设计铣床夹具的目的。

## 实践任务

### 实践任务 7-1

| 专业 | | 班级 | | 姓名 | | 学号 | |
|---|---|---|---|---|---|---|---|
| 实践任务 | 拨叉铣床夹具设计 | | | 评分 | | | |
| 实践要求 | 拨叉工件大批量生产，假设工件的其他尺寸已经加工好，仅加工要求的尺寸，各组用表 7-1 中的尺寸代替图形中的尺寸，设计其加工的铣床夹具。 | | | | | | |

续表

**表 7-1　实践任务 7-1 拨叉加工尺寸**

| 组号 | 铣尺寸 $10_{-0.028}^{-0.013}$ | 组号 | 铣尺寸 $\phi15_{0}^{+0.018}$ |
|---|---|---|---|
| 1 | $10_{-0.028}^{-0.013}$ | 6 | $\phi15_{0}^{+0.018}$ |
| 2 | $11_{-0.028}^{-0.013}$ | 7 | $\phi16_{0}^{+0.018}$ |
| 3 | $12_{-0.028}^{-0.013}$ | 8 | $\phi17_{0}^{+0.018}$ |
| 4 | $8_{-0.028}^{-0.013}$ | 9 | $\phi13_{0}^{+0.018}$ |
| 5 | $9_{-0.028}^{-0.013}$ | 10 | $\phi14_{0}^{+0.018}$ |

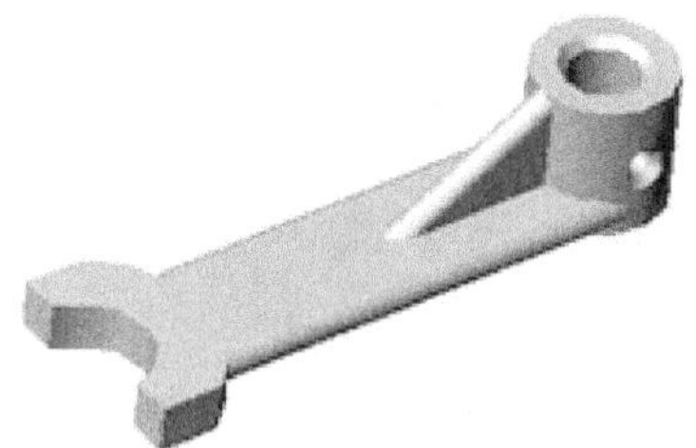

图 7-25　实践任务 7-1 拨叉模型图

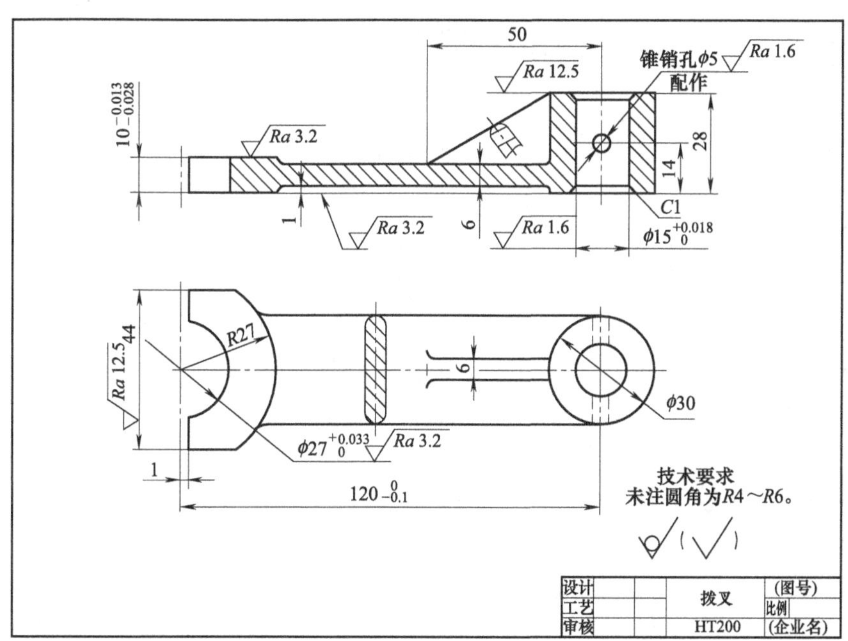


图 7-26　实践任务 7-1 拨叉工件图

# 实践任务 7-2

| 专业 | | 班级 | | 姓名 | | 学号 | |
|---|---|---|---|---|---|---|---|
| 实践任务 | 斜齿圆柱齿轮铣床夹具设计 | | | 评分 | | | |
| 实践要求 | 斜齿圆柱齿轮工件大批量生产，假设工件的其他尺寸已经加工好，仅加工要求的尺寸，各组用表 7-2 中的尺寸代替图形中的尺寸，设计其加工的铣床夹具。 | | | | | | |

表 7-2 实践任务 7-2 斜齿圆柱齿轮加工尺寸

| 组号 | 铣齿数 80 | 组号 | 铣齿数 80 |
|---|---|---|---|
| 1 | 80 | 6 | 82 |
| 2 | 78 | 7 | 84 |
| 3 | 76 | 8 | 86 |
| 4 | 74 | 9 | 88 |
| 5 | 72 | 10 | 90 |

图 7-27 实践任务 7-2 斜齿圆柱齿轮模型图

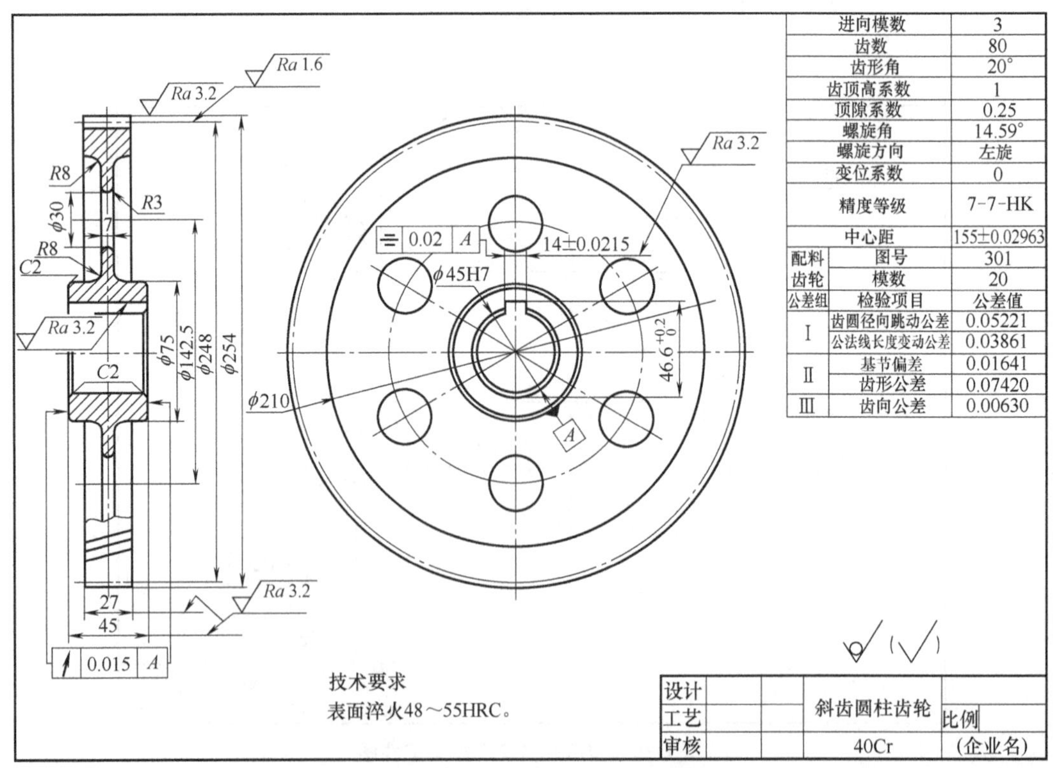


图 7-28 实践任务 7-2 斜齿圆柱齿轮工件图

## 实践任务 7-3

| 专业 | | 班级 | | 姓名 | | 学号 | |
|---|---|---|---|---|---|---|---|
| 实践任务 | 托架铣床夹具设计 | | | 评分 | | | |
| 实践要求 | 托架工件大批量生产，假设工件的其他尺寸已经加工好，仅加工要求的尺寸，各组用表 7-3 中的尺寸代替图形中的尺寸，设计其加工的铣床夹具。 | | | | | | |

**表 7-3**　实践任务 7-3 托架加工尺寸

| 组号 | 铣孔 $\phi10^{+0.027}_{0}$ | 组号 | 铣槽 2 |
|---|---|---|---|
| 1 | $\phi10^{+0.027}_{0}$ | 6 | 2 |
| 2 | $\phi9^{+0.027}_{0}$ | 7 | 2.5 |
| 3 | $\phi8^{+0.027}_{0}$ | 8 | 3 |
| 4 | $\phi11^{+0.027}_{0}$ | 9 | 3.5 |
| 5 | $\phi12^{+0.027}_{0}$ | 10 | 4 |

图 7-29　实践任务 7-3 托架模型图

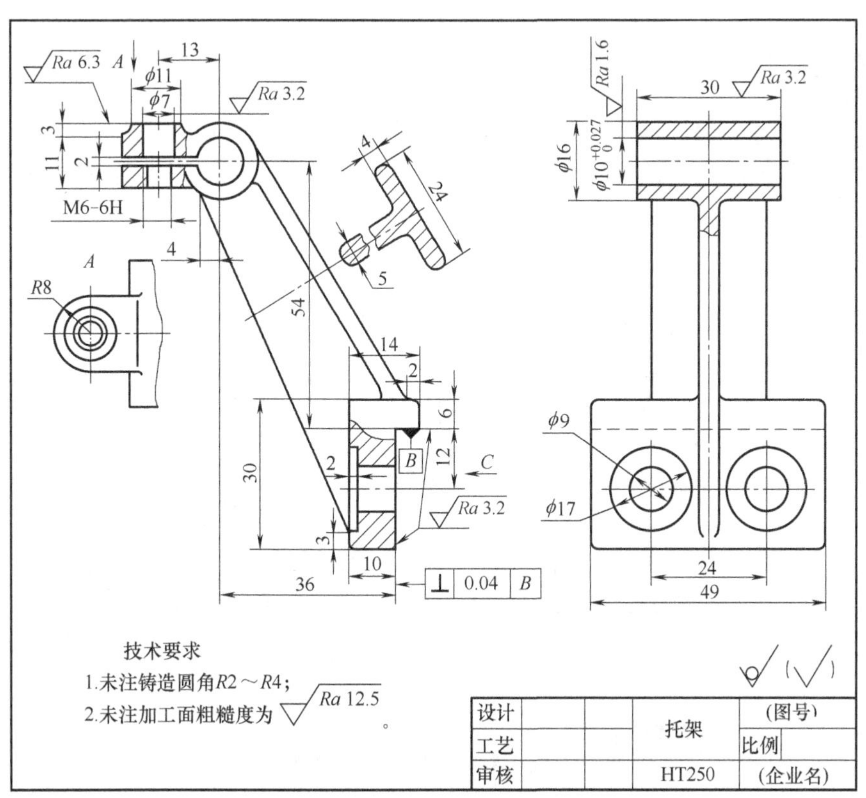


图 7-30　实践任务 7-3 托架工件图

# 项目8

# 车床夹具设计

## 知识目标

1. 分析各种车床夹具。
2. 掌握车床夹具的设计要点。

## 能力目标

根据零件的结构特点和加工要求，能设计车床夹具。

## 8.1 工作任务

### 8.1.1 任务描述

如图 8-1 所示为车床 CA6140 的开合螺母工件，在本工序中需精车孔 $\phi 40^{+0.027}_{0}$ mm 及端面。工件的燕尾导轨面和两个 $\phi 12^{+0.019}_{0}$ mm 孔已经加工，两孔距离为 38mm±0.1mm，

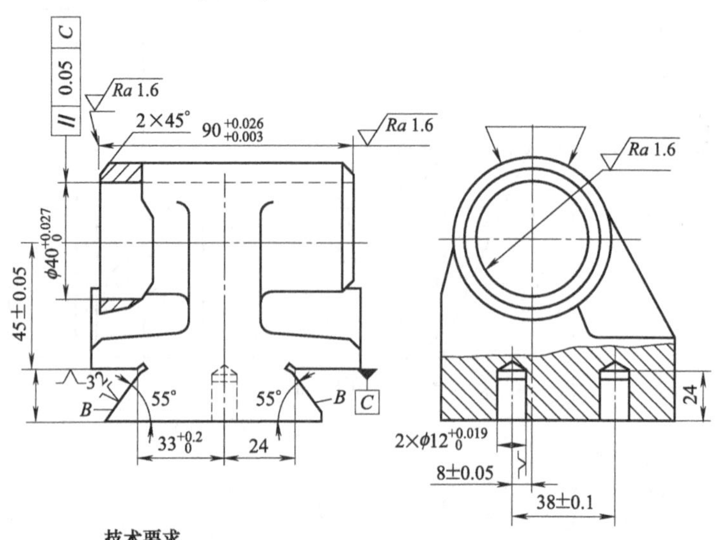


图 8-1　车床 CA6140 的开合螺母工件

$\phi40^{+0.027}_{0}$mm 孔经过粗加工。工件材料为 45 钢，毛坯为锻件，中批量生产。试设计本工序所用的专用夹具。

### 8.1.2 任务分析

① 生产纲领：中批量生产。

② 毛坯：锻件，工件的燕尾导轨面和两个 $\phi12^{+0.019}_{0}$mm 孔已经加工，两孔距离为 38mm±0.1mm，$\phi40^{+0.027}_{0}$mm 孔经过粗加工。

③ 结构分析：开合螺母由上下两个半螺母组成，装在溜板箱体后壁的燕尾形导轨中，可上下移动。上下半螺母的背面各装有一个圆销，其伸出端分别嵌在槽盘的两条曲线槽中。扳动手柄，经轴使槽盘逆时针转动时，曲线槽迫使两圆销互相靠近，带动上下半螺母合拢，与丝杠啮合，刀架便由丝杠螺母经溜板箱传动进给。槽盘顺时针转动时，曲线槽通过迫使圆销使两半螺母相互分离，与丝杠脱开啮合，刀架便停止进给。

④ 精度分析：加工孔 $\phi40^{+0.027}_{0}$mm 轴线至燕尾导轨底面 $C$ 的距离为 45mm±0.05mm；孔 $\phi40^{+0.027}_{0}$mm 轴线与 $C$ 面的平行度为 0.05mm；加工孔 $\phi40^{+0.027}_{0}$mm 轴线与 $\phi12^{+0.019}_{0}$mm 孔的距离为 8mm±0.05mm；加工孔 $\phi40^{+0.027}_{0}$mm 轴线对两 $B$ 面的对称面的垂直度为 0.05mm。

更进一步熟悉机床夹具的设计原则、步骤和方法；能够根据零件加工工艺的要求，拟定夹具设计方案，如：工件采用何种定位方式，选用何种结构与尺寸的定位元件？如何设计夹紧方案？如何确定夹具的总体结构以及夹具在机床上的安装方式？并进行必要的定位误差计算，设计出符合工序加工要求、使用方便、经济实用的夹具。

## 8.2 知识准备

在车床上用来加工工件内、外回转面及端面的夹具称为车床夹具。车床夹具一般都安装在车床主轴端部，加工时夹具随机床主轴一起旋转，装在刀架上的切削刀具作进给运动。

### 8.2.1 各种车床夹具

车床夹具一般分为定心式（心轴式）、角铁式和圆盘式车床夹具。定心式车床夹具的工件常以孔或外圆定位，夹具采用定心夹紧机构；在车床上加工壳体、支座、杠杆、接头等零件的回转端面时，由于零件形状较复杂，难以装夹在通用卡盘上，须设计夹具体呈角铁状的角铁式车床夹具；圆盘式车床夹具的夹具体称花盘，上面开有若干个 T 形槽，安装定位元件、夹紧元件和分度元件等辅助元件，可加工形状复杂工件的外圆和内孔。角铁式和圆盘式车床夹具不对称，要注意平衡。

#### 8.2.1.1 **定心式车床夹具**（详见项目 2 通用夹具）

定心式车床夹具一般设计成通用夹具，其中大多数已成为机床的一种标准附件。如以工件外圆定位的车床夹具，设计成各类卡盘和夹头；如以工件内孔定位的车床夹具，设计成各种心轴；如以工件顶尖孔定位的车床夹具，设计成顶尖、拨盘等。

当所加工的工件超出通用夹具的尺寸范围时，才需要设计。除了一些简单的心轴、顶尖应自行设计生产外，一般情况下，向专门生产通用夹具的厂家订购比自行设计生产成本低得多。

#### 8.2.1.2 **角铁式车床夹具**

角铁式车床夹具主要适用于工件形状特殊，被加工表面的轴线与定位基准平行或成一定角度，因而夹具的构形不能对称，形似角铁，故称为角铁式车床夹具，也称弯板式车床夹具。在角铁式车床夹具上加工的工件形状较复杂。它常用于加工壳体、支座、杠杆、接头等零件上的回转面和端面。这种夹具既要解决平衡问题，又要考虑旋转时的安全问题，必要时可加防护罩。

图 8-2 所示为用来加工气门杆端面的夹具。由于气门杆的形状特点（基准外圆很细而左端却很大）不便采用自动定心装置，而宜采用半孔定位的方式，并将夹具体设计成角铁状。为了解决该夹具的平衡问题，可在质量大的一侧钻几个孔或在质量小的一侧设置配重块。

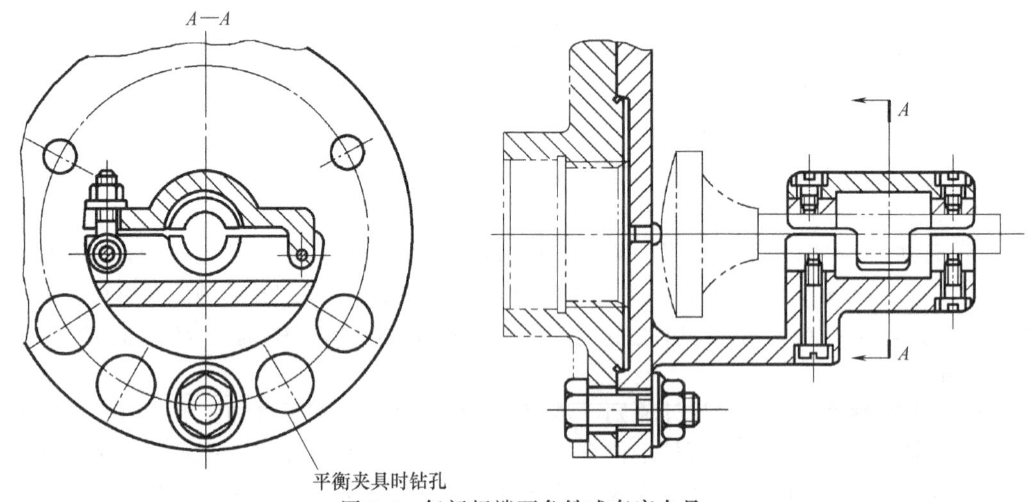


图 8-2　气门杆端面角铁式车床夹具

如图 8-3 所示，在车床上加工异形杠杆的 $\phi$14H7 孔，要保证此孔的轴线与 $\phi$20h7 外圆轴线距离尺寸为 (70±0.05)mm 及平行度公差为 0.05mm。

其车床夹具的结构如图 8-4 所示。工件以 $\phi$20h7、$\phi$30mm 外圆为定位基面，分别用 V 形块 2、可调 V 形块 6 定位。并用铰链压板 1 和螺钉 5 夹紧。由图可以看出，只要严格控制夹具上 V 形块 2 的位置和方向，便能够保证两轴线距离为 (70±0.05)mm 及平行度公差为 0.05mm 的要求。

图 8-5 所示横拉杆接头工件的孔 $\phi 34^{+0.05}_{0}$、M36×1.5-6H 及两端面，均已加工过。需在车床上加工 M24×1.5-6H 及端面和倒角，要保证此孔的轴线与 M36×1.5-6H 一端面距离尺寸为 (27±0.26)mm。

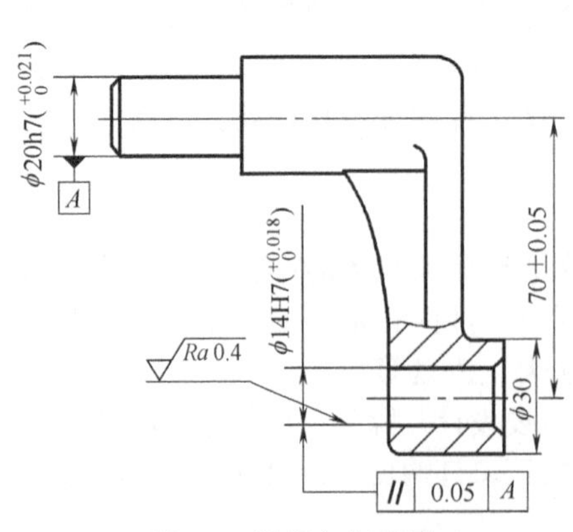


图 8-3　异形杠杆简图

图 8-4　异形杠杆车床夹具

1—铰链压板；2—V 形块；3—夹具体；4—支架；5—螺钉；6—可调 V 形块；7—螺杆

其车床夹具的结构如图 8-6 所示：定位销 7 定位工件 M36×1.5-6H 一端面和 $\phi 34^{+0.05}_{0}$ 内圆；钩形压板 8 和摆动压块 12 夹紧；平衡块 10 解决夹具平衡问题。

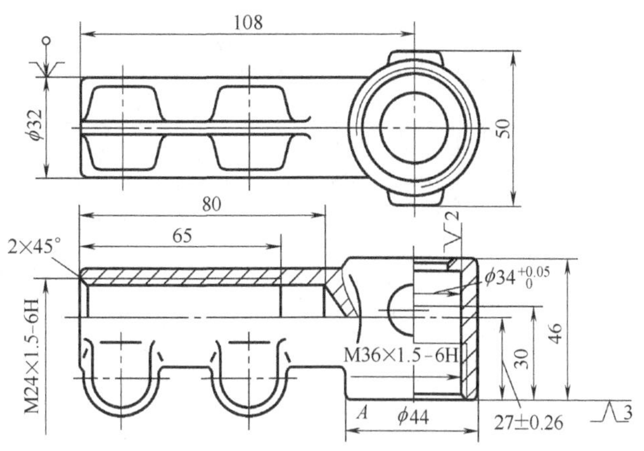


图 8-5　横拉杆接头工序图

### 8.2.1.3　圆盘式车床夹具

圆盘式车床夹具的夹具体为圆盘形。在圆盘式车床夹具上加工的工件一般形状都较复杂，多数情况是工件的定位基准为与加工圆柱面垂直的端面。夹具上的平面定位件与车床主轴的轴线垂直。

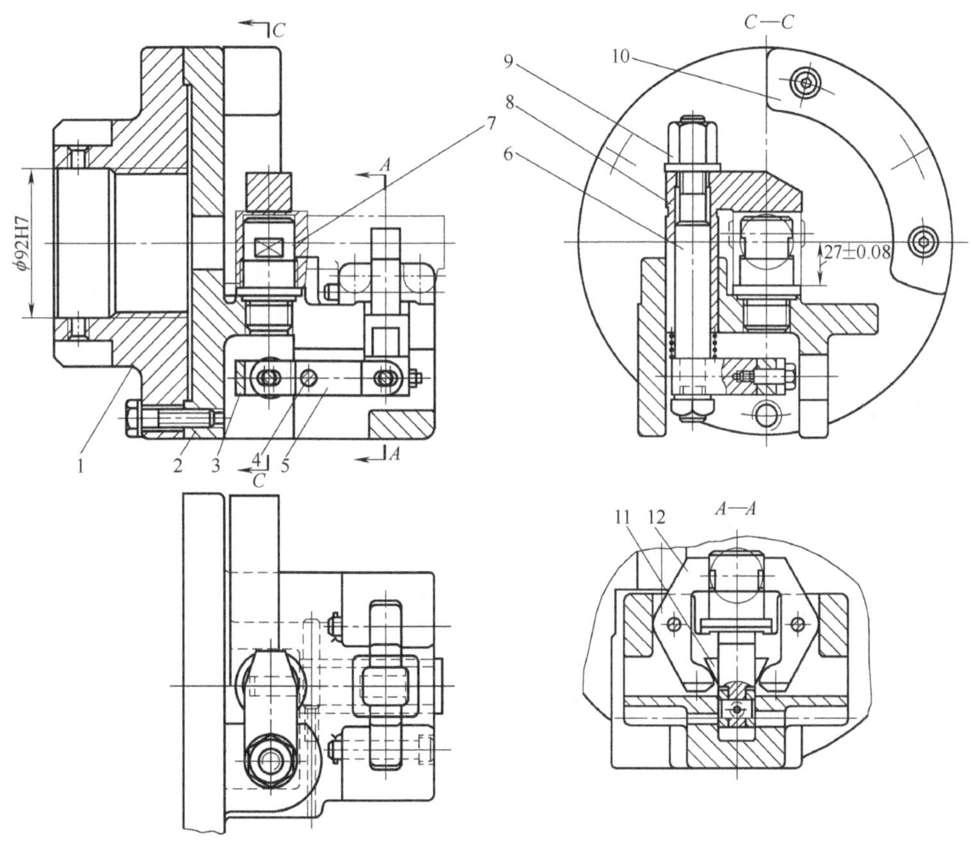


图 8-6　横拉杆接头角铁式车床夹具

1—过渡盘；2—夹具体；3—连接块；4—销钉；5—杠杆；6—拉杆；7—定位销；8—钩形压板；9—带肩螺母；10—平衡块；11—楔块；12—摆动压块

加工如图 8-7 所示的回水盖上 2×$G_1$ 螺孔。两螺孔的中心距为 (78±0.3)mm，两螺孔的连心线与 $\phi$9H7 两孔的连心线之间的夹角为 45°，两螺孔轴线应与底面垂直。

其车床夹具的结构如图 8-8 所示。工件以底平面和 2×$\phi$9mm 孔，分别在分度盘 3、菱形销 6 和定位销 7 上定位；拧螺母 9，由两块螺旋压板 8 夹紧工件；车完一个螺孔后，松开三个螺母 5，拔出对定销 10，将分度盘 3 回转 180°，当对定销插入另一分度孔中，即可加工

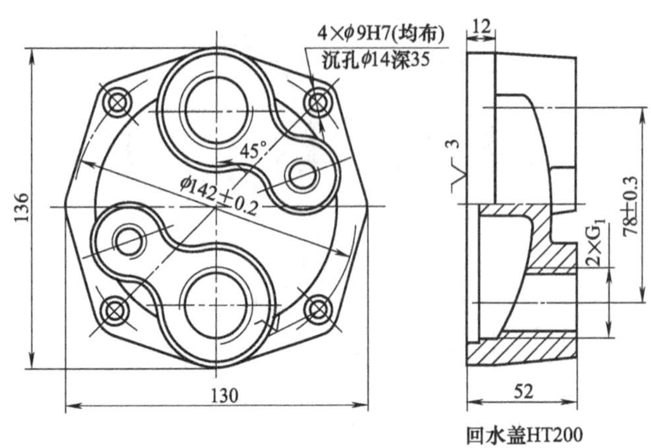


图 8-7 回水盖工序图

另一个螺孔；夹具体 2 以端面和止口在过渡盘 1 上对定，并用螺钉紧固；为使整个夹具回转时平衡，设置了平衡块 11。

除了通用的三爪、四爪卡盘外，还有一些卡盘是要特殊设计的，它可以归类为定心式车床夹具，但由于其夹具体为圆盘形，所以这里归类为圆盘式车床夹具。

#### 8.2.1.4 高效车床夹具

现代化生产朝着高速、高效方向发展，随着数控车床和高速车磨加工技术在机械制造业中的广泛应用，传统的车、磨夹具已不能满足高速度、高效率的生产要求，因此，一些高效的车床夹具逐渐得到推广和使用。这些夹具无论在结构上还是在装夹方式上，均体现出安装迅速、定位准确的特点。

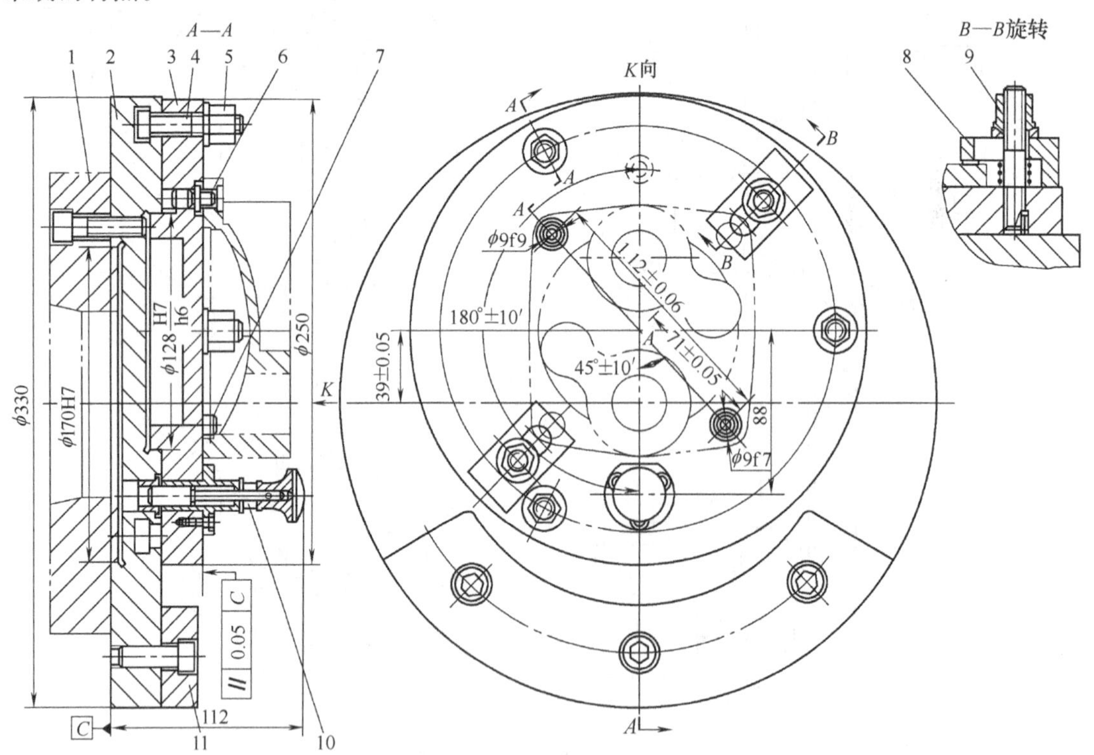


图 8-8 圆盘式车床夹具

1—过渡盘；2—夹具体；3—分度盘；4—T 形螺钉；5,9—螺母；6—菱形销；7—定位销；8—螺旋压板；10—对定销；11—平衡块

(1) 端面驱动夹具

这种夹具是利用拨爪嵌入工件的端面驱动工件旋转的，主要用于数控车床上加工轴、套类零件。采用端面驱动夹具不仅可以缩短装夹辅助时间，而且能在一次装夹中完成工件所有外表面的加工，综合加工效率高，能提高工件各表面之间的相互位置精度。

图 8-9 所示的塑性尖齿拨爪顶针即属于这类夹具，用于以中心孔定位的轴类工件的车磨加工。中心顶尖 2 和圆周均布的几个拨爪 1，通过液性塑料可以互相微量浮动，从而保证各尖齿拨爪均匀地顶入工件端面，使工件获得驱动力矩以抵抗切削力。

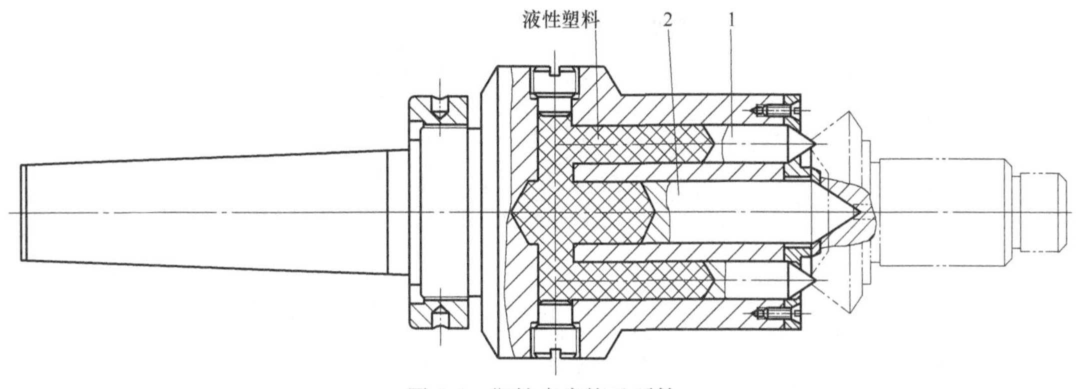


图 8-9　塑性尖齿拨爪顶针

1—拨爪；2—中心顶尖

(2) 离心式驱动夹具

这种夹具是利用离心力来夹紧工件的。图 8-10 所示离心式自动夹头，用于车削小型轴类零件。将工件装入弹性夹头 6 内，开动机床；由于离心作用，三个均布的离心重球 3 绕销轴 7 外张，于是离心重球尾角向里压迫压盘 8，压盘 8 又推压弹性夹头 6 使之夹紧工件。调节螺钉 4 用来使工件轴向定位。每个球柄中间各有一个 3mm 小孔，用一根小弹簧 5 绕成一个环形束圈，在停车后配合弹簧 2 使离心球快速恢复到原来的静止位置上。

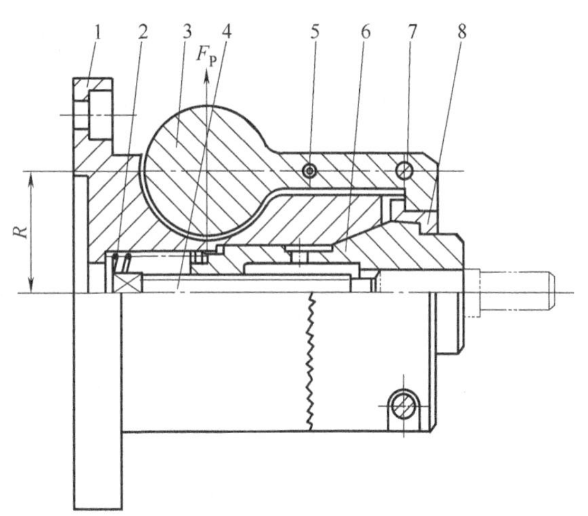


图 8-10　离心式自动夹头

1—夹具体；2—弹簧；3—离心重球；4—调节螺钉；5—小弹簧；6—弹性夹头；7—销轴；8—压盘

离心式夹紧夹具可大大减轻工人的装夹劳动强度，节省装夹辅助时间，但需要足够的夹紧力。每个重块的离心力 $F_P$ (N) 可按下式计算

$$F_P = mR\omega^2$$

式中，$m$ 为每个重块的质量，kg；$R$ 为重块的质量重心到回转中心的距离，m；$\omega$ 为重块的质量重心对回转中心的角速度，rad/s。

根据夹具体结构尺寸可计算出夹紧力。为使夹具的结构紧凑、尺寸不至于太大，主轴的转速应足够高。

(3) 高速驱动夹具

图 8-11 为高速回转液压缸的结构图，回转液压缸 1 通过螺孔 $d$，固定在车床或磨床主轴的尾部，可随主轴一起转动；液压缸的左端通过两个滚动轴承 3、6 支承在固定轴承座 8 上；由换向阀控制压力油通过管接头 4 或 5 分别通向液压缸活塞的左端或右端，推动活塞杆 9 往复移动；活塞杆通过右端的螺孔 $d$ 与固定在主轴前端上的夹具的拉杆相连，以带动拉杆夹紧或松开工件。固定轴承座 8 安装在罩壳 2 上，罩壳下部还设置两个泄油接头 7。此液压缸所用液压油的许用压力为 4MPa；缸径 $D$ 为 160～200mm；拉力为 40～70kN；转速为 4500～3000r/min。

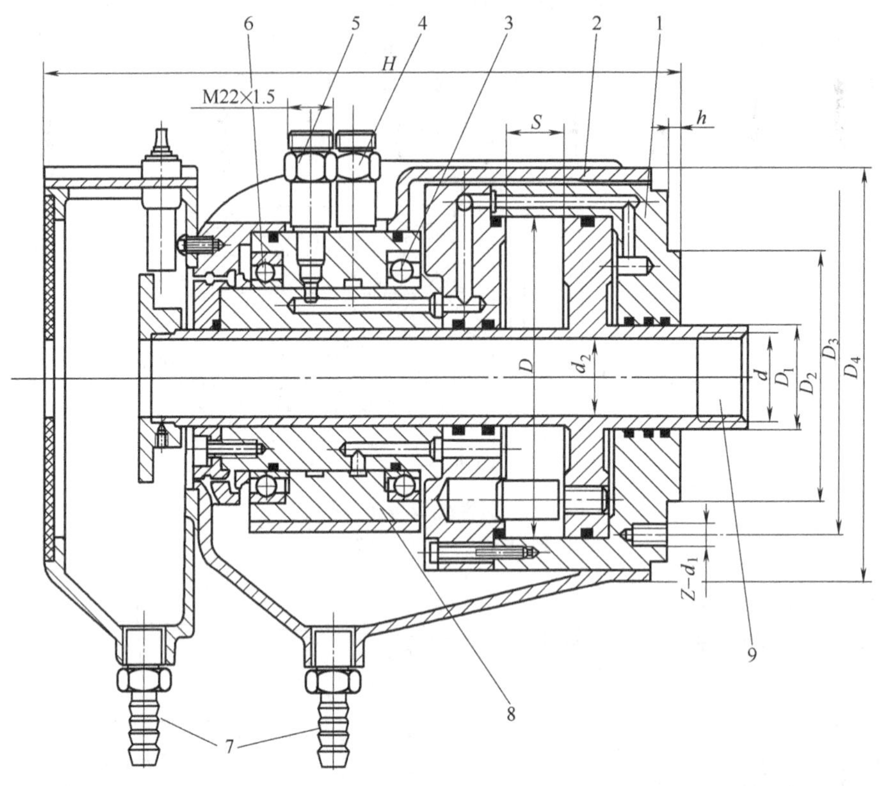


图 8-11 高速回转液压缸

1—液压缸；2—罩壳；3,6—滚动轴承；4,5—管接头；7—泄油接头；8—固定轴承座；9—活塞杆

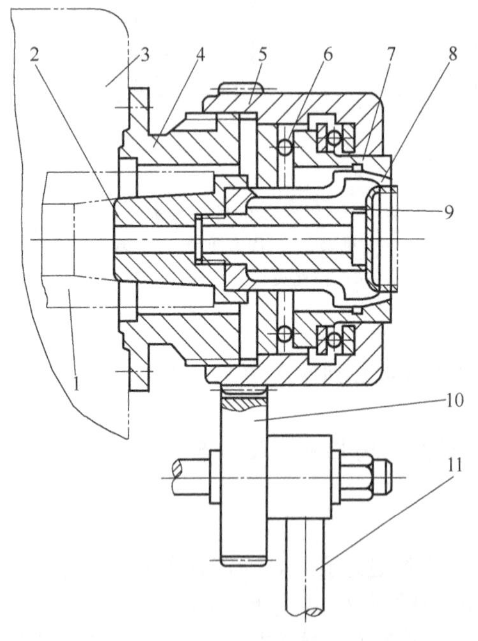


图 8-12 不停车夹头

1—车床主轴；2—锥套；3—主轴箱；4—夹具体；5—齿轮螺母；6—钢球；7—内锥套；8—弹性夹头；9—定位柱塞；10—小齿轮；11—手柄

（4）不停车夹具

能在机床主轴旋转时装卸工件的车床夹具，称为不停车夹具，如通用夹具中的不停车卡盘。此类夹具可以在车床主轴不停车的高速回转条件下装卸工件，大大节省装卸辅助时间。

由于这类夹具是借助于弹簧夹头或卡头的微量弹性变形来夹紧工件的外圆，夹紧行程较小，故适用于外圆精度较高的棒料毛坯的装夹。图 8-12 为不停车夹头，固定在机床主轴箱上，锥套 2 装在车床主轴 1 内。顺时针转动手柄 11，小齿轮 10 带动齿轮螺母 5 转动，齿轮螺母 5 通过轴承向左推动内锥套 7，内锥套的锥面迫使弹性夹头 8 向内收缩，将工件夹紧。反之，弹性夹头胀开，松开工件。

## 8.2.2 车床夹具的特点与设计要点

### 8.2.2.1 车床夹具的特点

车床类夹具包括用于各种车床、内外圆磨床等机床上用的夹具。大家所熟悉的普通车床上常用的三爪自定心、四爪单动卡盘、各类顶尖及通用夹头等夹具在工作时，大多与车床主轴一起，带动工件高速回转，所以，车床夹具一般具有下述特点：

① 车床夹具多具有足够的强度、刚性和可靠的夹紧装置，以保证能牢固地夹持工件随同主轴高速回转，并克服离心惯性力和切削力。

② 车床夹具一般都具有较匀称的结构，以减少高速回转时的不平衡离心惯性力，当夹具总体结构不能保持比较匀称（如花盘角铁类结构）时，夹具上多设置有专门的静平衡结构（配重铁、平衡块等）。

③ 车床夹具多为自动定心夹具（如三爪自定心卡盘、弹性夹头、弹性胀套等）。

④ 夹具工作时，其对称轴线与机床主轴保持同轴，故夹具相对机床主轴的安装多具有较完善的对定结构（定心锥柄、定心轴颈、止口等结构）。

⑤ 只要结构空间允许，夹具设计都尽量兼顾安全操作防护措施，例如必要的护板、护罩及封闭结构等。

#### 8.2.2.2　车床夹具设计要点

车床夹具都是安装在机床主轴上，并与主轴一起作回转运动，要求定位件与机床主轴的轴线有高的位置精度。设计时主要考虑其安装方式、平衡问题和安全问题。

车床夹具一般都是在悬臂状态下工作的，为保证加工过程的稳定性，夹具结构应力求简单紧凑，轻便且安全，悬伸长度尽量小，使重心靠近主轴前支承，一般要求夹具悬伸不大于夹具轮廓外径。为保证安全，夹具体应制成圆形，夹具体上的各元件不允许伸出夹具体直径之外，避免尖角、突出部分，必要时应加防护罩。

对角铁式、花盘式等结构不对称的车床夹具，设计时应使夹具结构要紧凑，轮廓尺寸要小，重心尽可能靠近回转轴线，以减少离心力和回转力矩；应采用平衡装置并能调节，以减少由离心力产生的振动及主轴轴承的磨损。此外，夹具的结构还应便于工件的安装、测量和切屑的顺利排出或清理。

夹紧装置应安全可靠，车床夹具的夹紧机构要能提供足够的夹紧力，且有较好的自锁性，以确保工件在切削过程中不会松动。

(1) 车床夹具在机床主轴上的安装方式

车床夹具与车床主轴的连接方式取决于车床主轴轴端的结构以及夹具的体积和精度要求。

由于加工中车床夹具随车床主轴一起回转，夹具与主轴的连接精度直接影响夹具的回转精度，故要求车床夹具与主轴二者轴线有较高的同轴度，且要连接可靠。通常连接方式有以下几种：

① 夹具通过主轴锥孔与主轴连接。当夹具体两端有中心孔时，夹具安装在车床的前后顶尖上。夹具体带有锥柄时，夹具通过莫氏锥柄直接安装在主轴锥孔中，并用螺栓拉紧，如图 8-13 (a) 所示。这种安装方式的安装误差小，定心精度高，适用于小型夹具。一般 $D<140$mm 或 $D<(2\sim3)d$。几种车床主轴前端的形状及尺寸见附录。

② 夹具通过过渡盘与机床主轴连接。径向尺寸较大的夹具，一般用过渡盘安装在主轴的头部，过渡盘与主轴配合处的形状取决于主轴前端的结构。

图 8-13 (b) 所示的过渡盘，以内孔在主轴前端的定心轴颈上定位（采用 H7/h6 或 H7/js6 配合），用螺纹紧固，轴向由过渡盘端面与主轴前端的台阶面接触。为防止停车和倒车时因惯性作用使两者松开，用压块 4 将过渡盘压在主轴上。这种安装方式的安装精度受配合精度的影响。

图 8-13 (c) 所示的过渡盘，以锥孔和端面在主轴前端的短圆锥面和端面上定位。安装时，先将过渡盘推入主轴，使其端面与主轴端面之间有 0.05～0.1mm 间隙，用螺钉均匀拧

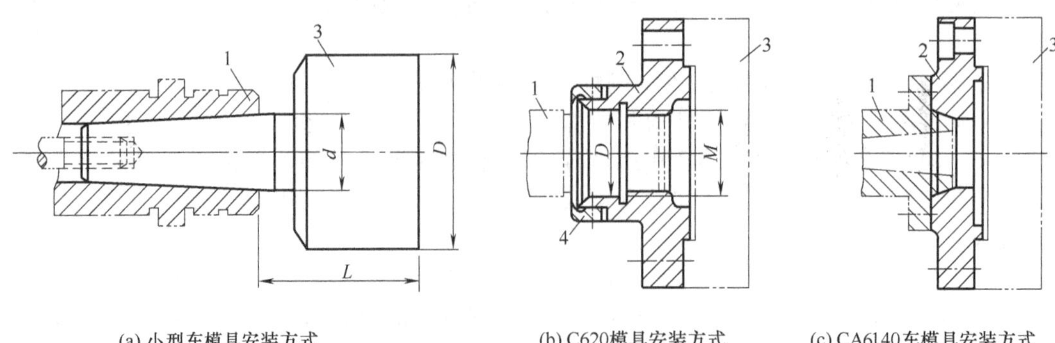

(a) 小型车模具安装方式　(b) C620模具安装方式　(c) CA6140车模具安装方式

图 8-13　车床夹具与机床主轴的连接

1—主轴；2—过渡盘；3—专用夹具；4—压块

紧后，产生弹性变形，使端面与锥面全部接触，这种安装方式定心准确，刚性好，但加工精度要求高，常用于 CA6140 机床。

三爪自定心卡盘和四爪单动卡盘过渡盘用于卡盘和车床主轴的连接，如图 8-14 所示为用于 GB/T 4346—2008、GB/T 4347—2008 规定的三爪自定心卡盘。图 8-15 所示为适用于 GB/T 5901.1～5901.3 规定的四爪单动卡盘。

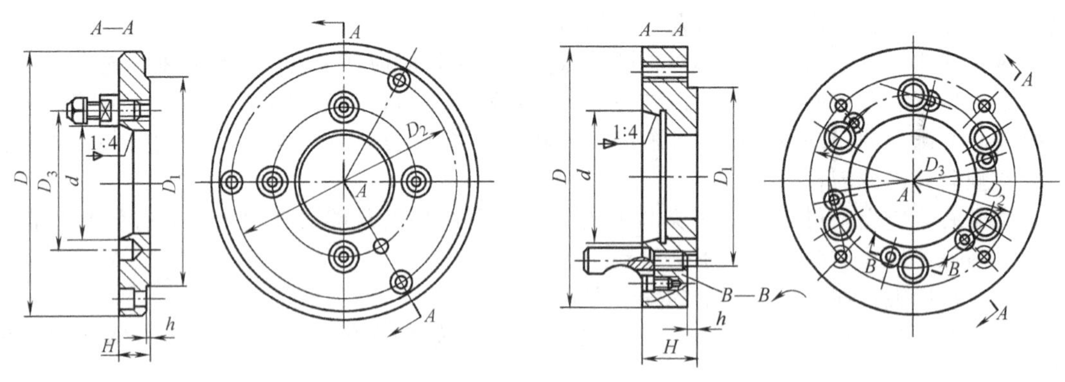

图 8-14　三爪自定心卡盘用过渡盘结构　　图 8-15　四爪单动卡盘用过渡盘结构

（2）找正基面的设置

为了保证车床夹具的安装精度，安装时应对夹具的限位表面进行仔细地找正。若夹具的限位面为与主轴同轴的回转面，则直接用限位表面找正它与主轴的同轴度。若限位面偏离回转中心，则应在夹具体上专门制作一孔（或外圆）作为找正基面，使该面与机床主轴同轴，同时，它也作为夹具的设计、装配和测量基准。

为保证加工精度，车床夹具的设计中心（即限位面或找正基面）对主轴回转中心的同轴度应控制在 $\phi$0.01mm 之内，限位端面（或找正端面）对主轴回转中心的跳动量也不应大于 0.01mm。

（3）定位元件的设置

设置定位元件时应考虑使工件加工表面的轴线与主轴轴线重合。

对于回转体或对称零件，一般采用心轴或定心夹紧式夹具，以保证工件的定位基面、加工表面和主轴三者的轴线重合。

对于壳体、支架、托架等形状复杂的工件，由于被加工表面与工序基准之间有尺寸和相互位置要求，所以各定位元件的限位表面应与机床主轴旋转中心具有正确的尺寸和位置关系。

为了获得定位元件相对于机床主轴轴线的准确位置，有时采用“临床加工”的方法，即限位面的最终加工就在使用该夹具的机床上进行，加工完之后夹具的位置不再变动，避免了很多中间环节对夹具位置精度的影响。如采用不淬火三爪自定心卡盘的卡爪，装夹工件前，先对卡爪“临床加工”，以提高装夹精度。

（4）夹紧装置的设置

车床夹具的夹紧装置必须安全可靠。

夹紧力必须克服切削力、离心力等外力的作用，且自锁可靠。

对高速切削的车、磨夹具，应进行夹紧力克服切削力和离心力的验算。

若采用螺旋夹紧机构，一般要加弹簧垫圈或使用锁紧螺母。

（5）夹具的平衡

对角铁式、花盘式等结构不对称的车床夹具，设计时应采取平衡措施，以减少由离心力产生的振动和主轴轴承的磨损。角铁式车床夹具的定位元件及其他元件总是布置在主轴轴线一边，不平衡现象最严重，特别要注意对它进行平衡设计。

平衡的方法有两种：设置平衡块或加工减重孔。对低速切削的车床夹具只需进行静平衡验算。对高速车削的车床夹具需考虑离心力的影响。

（6）夹具的结构要求

① 结构要紧凑，悬伸长度要短。车床夹具的悬伸长度过大，会加剧主轴轴承的磨损，同时引起振动，影响加工质量。因此，夹具的悬伸长度 $L$ 与轮廓直径 $D$ 之比应控制如下。直径小于 150mm 的夹具，$L/D\leqslant2.5$；直径在 150～300mm 的夹具，$L/D\leqslant0.9$；直径大于 300mm 的夹具，$L/D\leqslant0.6$。

② 车床夹具的夹具体应制成圆形，夹具上（包括工件在内）的各元件不应伸出夹具体的轮廓之外，当夹具上有不规则的突出部分，或有切削液飞溅及切屑缠绕时，应加设防护罩。

③ 夹具的结构应便于工件在夹具上安装和测量，切屑能顺利排出或清理。

## 8.3 任务实施

我们现在再回头看图 8-1 所示开合螺母工件，设计其车孔的车床夹具。

（1）零件分析

前面已对图 8-1 所示的开合螺母进行了零件的结构分析和精度分析。

（2）定位方案

根据本工序的尺寸、形状和位置精度的要求，工件必须完全定位，需要限制 6 个自由度。按照加工要求，不仅要车削孔，还要加工两个平面，定位基准为燕尾底面 $C$ 和 $\phi12^{+0.019}_{0}$mm 孔轴心线。如图 8-16 所示，工件的定位方案分析如下：

① $\phi40^{+0.027}_{0}$mm 孔轴线到燕尾导轨底面 $C$ 的距离为 $(45\pm0.05)$mm；$\phi40^{+0.027}_{0}$mm 孔轴线与燕尾导轨底面 $C$ 的平行度为 0.05mm。

加工 $\phi40^{+0.027}_{0}$mm 孔的工序基准为燕尾底面 $C$，根据基准重合原理，应以燕尾底面 $C$ 为定位基准，则限位基准为固定支承板 8 和活动支承板 10 上与燕尾底面 $C$ 接触的平面。燕尾底面 $C$ 限制 $z$ 转动、$y$ 移动、$x$ 移动三个自由度；燕尾面 $b$ 限制 $z$ 转动、$x$ 移动二个自由度。即工件用燕尾面 $B$ 和 $C$ 在固定支承板 8 和活动支承板 10 上定位（两板高度相等），限制了 $z$ 转动、$z$ 移动、$y$ 转动、$x$ 转动、$x$ 移动五个自由度。

② 加工 $\phi40^{+0.027}_{0}$mm 孔轴线与 $\phi12^{+0.019}_{0}$mm 孔的距离为 $(8\pm0.05)$mm。

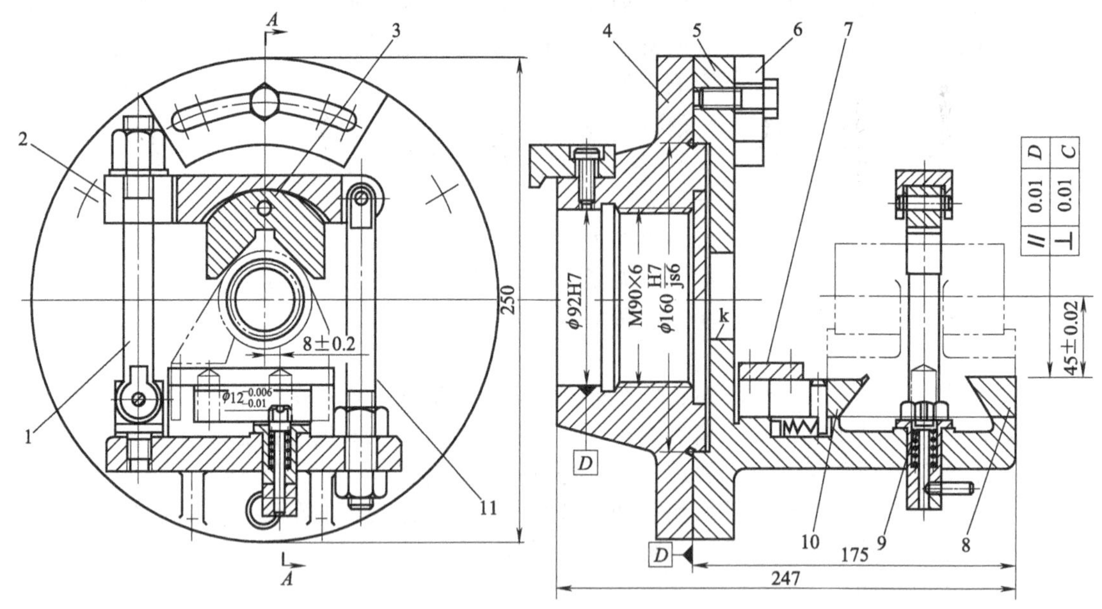


图 8-16　角铁式车床夹具

1,11—螺栓；2—压板；3—摆动V形块；4—过渡盘；5—夹具体；6—平衡块；7—盖板；8—固定支承板；9—活动菱形销；10—活动支承板

$\phi40_{0}^{+0.027}$mm 孔轴心线的另一定位元件是活动菱形销 9，根据基准重合原理，应以 $\phi12_{0}^{+0.019}$mm 孔轴心线为定位基准，则限位基准为 $\phi12_{0}^{+0.019}$mm 孔轴心线，即 $\phi12_{0}^{+0.019}$mm 孔与活动菱形销 9 配合，限制 $y$ 向转动自由度。

工件的定位及应限制的自由度见表 8-1。

**表 8-1　工件的定位及应限制的自由度**

| 定位元件 | 限位基准 | 定位基准 | 限制自由度 |
|---|---|---|---|
| 支承板 8、10 | 支承板 8、10 的平面 | 燕尾底面 $C$ | $z$ 转动、$y$ 移动、$x$ 转动 |
| | | 燕尾面 $B$ | $y$ 转动、$x$ 移动 |
| 活动菱形销 9 | 活动菱形销 9 的轴心线 | $\phi12_{0}^{+0.019}$mm 孔轴心线 | $z$ 移动 |

工件装卸时，可从上方推开活动支承板 10 将工件插入，靠弹簧力使工件靠紧固定支承板 8，并略推移工件使活动菱形销 9 弹入定位孔 $\phi12_{0}^{+0.019}$mm 内。

(3) 车床夹具类型

由于开合螺母以燕尾面 $C$ 为主要定位基准，且在车床上加工，而工件的形状与尺寸决定了它不适宜于采用心轴类、卡盘类或花盘类夹具，只能采用角铁式车床加工。

夹具体呈角铁状的车床夹具称为角铁式车床夹具，其结构不对称，用于加工壳体、支承座、杠杆、接头等零件上的回转面和端面。具体适用于以下两种情况：

① 工件的主要定位基准是平面，要求被加工表面的轴线对定位基准面保持一定的位置关系（平行或成一定角度）。这时夹具的平面定位元件必须相应地设置在与车床主轴轴线相平行或成一定角度的位置上。

② 工件定位基准虽然不是与被加工表面的轴线平行或成一定角度的平面，但由于工件外形的限制，不适于采用卡盘式夹具，而必须采用半圆孔或 V 形块定位件的情况。

考虑车床夹具的特点和工件的加工表面，本工序应有两次安装，当孔和一个端面加工完毕后，应松开压板，将工件回转 180°，重新定位夹紧，再加工另一端面。

(4) 夹紧方案

由于车削时工件和夹具一起随主轴作旋转运动，故在加工过程中，工件除受切削扭矩的作用外，整个夹具还受到离心力的作用，转速越高离心力越大，会降低夹紧机构产生的夹紧力。此外，工件定位基准的位置相对于切削力和重力的方向来说是变化的。因此，夹紧机构所产生的夹紧力必须足够，自锁性能要好，以防止工件在加工过程中脱离定位元件的工作表面。

对于角铁式车床夹具，夹紧力的施力方式要注意防止引起夹具变形。不要采用可能会引起角铁悬伸部分的变形和夹具体的弯曲变形的结构，因为离心力、切削力也会助长这种变形。根据工件形状特点，采用如图 8-16 所示带摆动 V 形块 3 的回转式螺旋压板机构夹紧较好，因为角铁刚性好，压板的变形不影响加工精度。

(5) 夹具与机床连接方式

车床夹具与机床主轴的连接精度对夹具的回转精度有决定性的影响。因此，要求夹具的回转轴线与车床主轴轴线有尽可能高的同轴度。

如图 8-16 所示设计的过渡盘 4，夹具以夹具体 5 上定位止口按 H7/js6（或 H7/h6）装配在过渡盘的凸缘上，然后用螺钉紧固；并有螺纹 M90×6 和主轴连接，为了安全起见，用螺钉把过渡盘紧固在主轴上，这样可防止停车和倒车时，不致因惯性作用而可能松开。这种连接方式的安装精度受到配合精度的限制，为了提高安装精度，在车床上安装夹具时，可按找正圆 $K$ 校正夹具与车床主轴的同轴度。

(6) 夹具平衡

由于加工时夹具随同主轴旋转，如果夹具的重心不在主轴旋转轴线上就会产生离心力，这样不仅加剧机床主轴和轴承的磨损，而且会产生振动，影响加工质量和刀具寿命，且不安全。平衡的方法是设置平衡块 6。平衡块上开了环形槽，以使平衡块重心的位置可以调节。

(7) 夹具总图

绘制夹具装配总图，并标注尺寸、公差及技术要求，如图 8-16 所示。

(8) 夹具的精度分析

工件在车床夹具上加工时，加工误差的大小受工件在夹具上的定位误差 $\Delta D$、夹具误差 $\Delta J$、夹具在主轴上的安装误差 $\Delta A$ 和加工方法误差 $\Delta G$ 的影响。现对尺寸 45mm±0.05mm 的精度问题作以下分析。

① 定位误差 $\Delta D$　由于 $C$ 面既是工序基准，又是定位基准，基准不重合误差 $\Delta B$ 为零。

工件在夹具上定位时，定位基准与限位基准（支承板 8、10 平面）是重合的，基准位移误差 $\Delta Y$ 也为零。

因此，尺寸 45mm±0.05mm 的定位误差 $\Delta D$ 等于零。

② 夹具误差 $\Delta J$　夹具的过渡盘是连接在夹具上是不拆的，过渡盘定位圆孔轴线为夹具的安装基准，夹具误差为限位基面（支承板 8、10 的平面）与圆孔轴线间的距离误差，尺寸为 45mm+0.02mm，因此：

$$\Delta J = 0.04\text{mm}$$

③ 夹具的安装误差 $\Delta A$

$$\Delta A = X_{1\max} + X_{2\max}$$

式中，$X_{1\max}$ 为过渡盘与主轴间的最大配合间隙；$X_{2\max}$ 为过渡盘与夹具体间的最大配合间隙。

设过渡盘与车床主轴的配合尺寸为 $\phi$92H7/js6，查表：$\phi$92H7 为 $\phi 92^{+0.035}_{0}$mm，$\phi$92js6 为 $\phi$92±0.011mm。因此：

$$X_{1max}=0.035+0.011$$
$$=0.046\ (mm)$$

夹具体与过渡盘止口的配合尺寸为 $\phi160H7/js6$，查表：$\phi160H7$ 为 $\phi160^{+0.040}_{0}mm$，$\phi160js6$ 为 $\phi160\pm0.0125mm$。因此：

$$X_{2max}=(0.040+0.0125)$$
$$=0.0525\ (mm)$$

故
$$\Delta A=\sqrt{0.046^2+0.0525^2}$$
$$=0.0698(mm)$$

④ 加工方法误差 $\Delta G$　车床夹具的加工方法误差，如车床主轴上安装夹具基准（圆柱面轴线、圆锥面轴线或圆锥孔轴线）与主轴回转轴线间的误差、主轴的径向跳动、车床溜板进给方向与主轴轴线的平行度或垂直度等。它的大小取决于机床的制造精度、夹具的悬伸长度和离心力的大小等因素。一般取

$$\Delta G=\delta_k/3$$
$$=0.1/3$$
$$=0.033(mm)$$

⑤ 总加工误差 $\Sigma\Delta$　图 8-16 夹具的总加工误差为：

$$\Sigma\Delta=\sqrt{\Delta D^2+\Delta A^2+\Delta J^2+\Delta G^2}$$
$$=\sqrt{0^2+0.07^2+0.04^2+0.033^2}$$
$$=0.087(mm)$$

精度储备为：
$$J_C=(0.1-0.087)mm$$
$$=0.013mm$$

故此方案可取。

## 项目小结

本项目介绍了各种车床夹具及其设计要点，学生通过学习和完成工作任务，应达到能设计车床夹具的目的。

## 实践任务

### 实践任务 8-1

| 专业 | | 班级 | | 姓名 | | 学号 | |
|---|---|---|---|---|---|---|---|
| 实践任务 | 轴承座车床夹具设计 | | | 评分 | | | |
| 实践要求 | 轴承座工件大批量生产，假设工件的其他尺寸已经加工好，仅加工要求的尺寸，各组用表 8-2 中的尺寸代替图形中的尺寸，设计其加工的车床夹具。 | | | | | | |

表 8-2　实践任务 8-2 轴承座加工尺寸

| 组号 | 车尺寸 $\phi14H7$ | 组号 | 车尺寸 $\phi14H7$ |
|---|---|---|---|
| 1 | $\phi14H7$ | 6 | $\phi13.5H7$ |
| 2 | $\phi15H7$ | 7 | $\phi13H7$ |
| 3 | $\phi16H7$ | 8 | $\phi12.5H7$ |
| 4 | $\phi17H7$ | 9 | $\phi12H7$ |
| 5 | $\phi18H7$ | 10 | $\phi11H7$ |

续表

图 8-17　实践任务 8-1 轴承座模型图

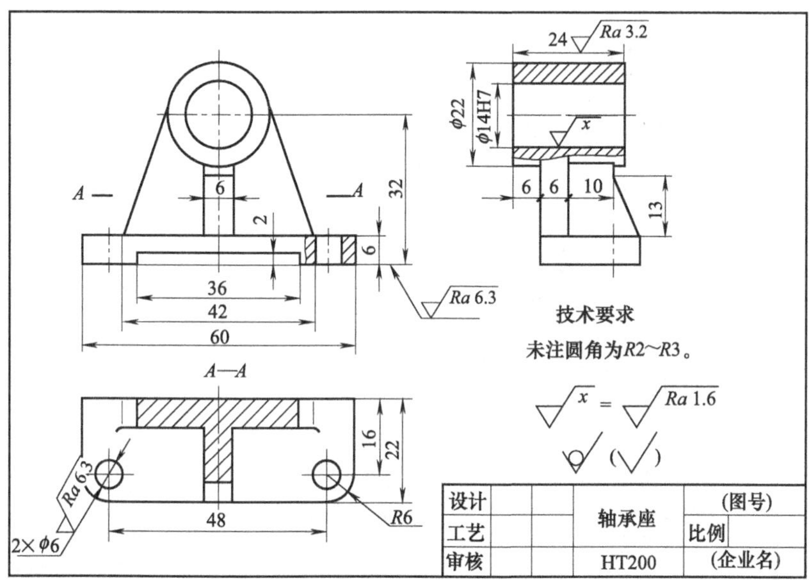


图 8-18　实践任务 8-1 轴承座工件图

## 实践任务 8-2

| 专业 | | 班级 | | 姓名 | | 学号 | |
|---|---|---|---|---|---|---|---|
| 实践任务 | 拨叉车床夹具设计 | | | 评分 | | | |
| 实践要求 | 拨叉工件大批量生产，假设工件的其他尺寸已经加工好，仅加工要求的尺寸，各组用表 8-3 中的尺寸代替图形中的尺寸，设计其加工的车床夹具。 | | | | | | |

**表 8-3**　实践任务 8-2 拨叉加工尺寸

| 组号 | 车尺寸 φ80 | 组号 | 车尺寸 φ80 |
|---|---|---|---|
| 1 | φ80 | 6 | φ75 |
| 2 | φ79 | 7 | φ81 |
| 3 | φ78 | 8 | φ82 |
| 4 | φ77 | 9 | φ83 |
| 5 | φ76 | 10 | φ85 |

续表

图 8-19 实践任务 8-2 拨叉模型图

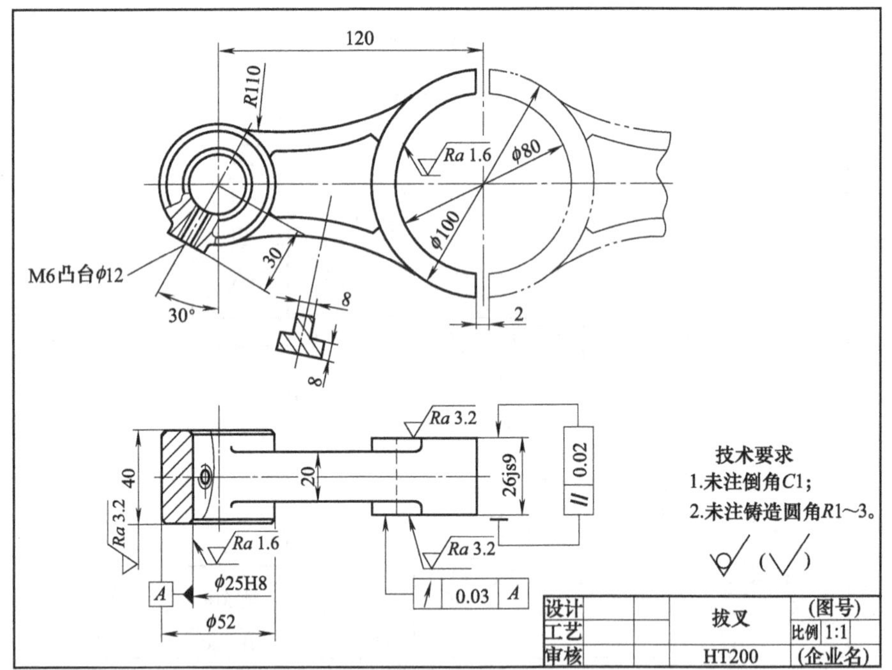


图 8-20 实践任务 8-2 拨叉工件图

## 实践任务 8-3

| 专业 | | 班级 | | 姓名 | | 学号 | |
|---|---|---|---|---|---|---|---|
| 实践任务 | 支架设计钻床夹具 | | | 评分 | | | |
| 实践要求 | 支架工件大批量生产，假设工件的其他尺寸已经加工好，仅加工要求的尺寸，各组用表 8-4 中的尺寸代替图形中的尺寸，设计其加工的钻床夹具。 | | | | | | |

表 8-4 实践任务 8-2 支架加工尺寸

| 组号 | 车尺寸 ϕ20H7 | 组号 | 车尺寸 ϕ20H7 |
|---|---|---|---|
| 1 | ϕ20H7 | 6 | ϕ21H7 |
| 2 | ϕ19H7 | 7 | ϕ22H7 |
| 3 | ϕ18H7 | 8 | ϕ23H7 |
| 4 | ϕ17H7 | 9 | ϕ24H7 |
| 5 | ϕ16H7 | 10 | ϕ25H7 |

续表

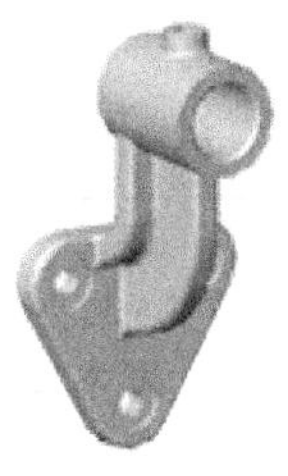

图 8-21　实践任务 8-3 支架模型图

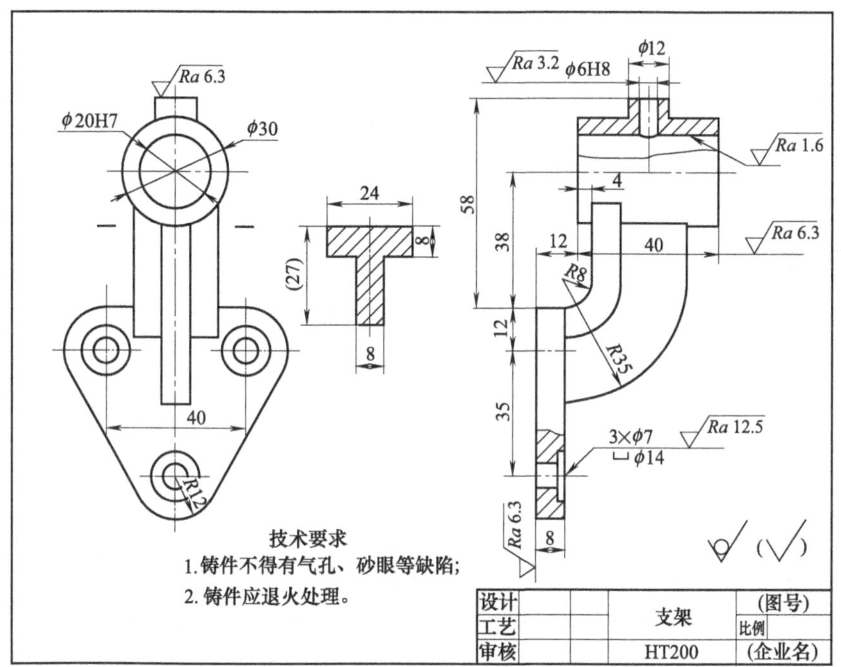


图 8-22　实践任务 8-3 支架工件图

# 项目9
# 镗床夹具设计

## 知识目标

1. 分析各种镗床夹具。
2. 掌握镗床夹具的设计要点。

## 能力目标

根据零件的结构特点和加工要求，能用三维图设计镗床夹具。

## 9.1 工作任务

### 9.1.1 任务描述

如图 9-1 所示为箱体零件三维图。箱体零件材料为 HT200，毛坯为铸件，年产量 1000 件。在本工序中需加工箱体壁上两两同轴并互相垂直的 4 个孔。试用三维图设计箱体零件镗此 4 孔的镗床夹具。

图 9-1 箱体零件

### 9.1.2 任务分析

① 生产纲领：年产量 1000 件，中批量生产。

② 毛坯：材料为 HT200，毛坯为铸件，箱体零件底面及 6 个小孔均已在先行工序中加工完毕。

③ 结构分析。工件由以下几个部分构成：容纳运动零件和储存润滑液的内腔；厚薄较均匀的壁部；壁部有安装运动零件的孔及安装端盖的凸台和凹坑、螺孔等；将工件固定在机座上的底板及安装孔；加强筋、润滑油孔、油槽、放油螺孔等。

④ 精度分析。工件关键要保证壁部上安装运动零件的四孔精度，两两同轴度及其相互垂直度。故此四孔需要在镗床上加工，设计镗床夹具。

## 9.2 知识准备

镗床夹具又称镗模，是一种精密夹具，主要用于加工箱体、支架类类零件上的孔或孔系。它不仅在各类镗床上使用，也可在组合机床、车床及摇臂钻床上使用。

## 9.2.1 各种镗床夹具

镗床夹具一般由定位元件、夹紧装置、镗套、镗模支架、镗模底座组成。

镗床夹具的结构与钻床夹具相似，一般用镗套作为导向元件引导镗孔刀具或镗杆进行镗孔。镗套按照被加工孔或孔系的坐标位置布置在镗模支架上。按镗模支架在镗模上的布置形式的不同，可分为双支承镗模、单支承镗模及无支承镗床夹具三类。

### 9.2.1.1 双支承镗模

双支承镗模上有两个引导镗刀杆的支承，镗杆与机床主轴采用浮动连接，镗孔的位置精度由镗模保证，消除了机床主轴回转误差对镗孔精度的影响。按镗模的两个支承分别设置在刀具的前方和后方，还可分为前后双支承镗模、后双支承镗模、前双支承镗模，其中前后双支承镗模应用得最普遍。

前后双支承镗模一般用于镗削孔径较大，孔的长径比 $L/D>1.5$ 的通孔或孔系，其加工精度较高，但更换刀具不方便。当工件同一轴线上孔数较多，且两支承间距离 $L>10d$ 时，在镗模上应增加中间支承，以提高镗杆刚度似为镗杆直径。

图 9-2 为镗削车床尾座孔的镗模。镗模的两个支承分别设置在刀具的前方和后方，镗刀杆 9 和主轴之间通过浮动接头 10 连接。工件以底面、槽及侧面在定位板 3、4 及可调支承钉 7 上定位，限制六个自由度。采用联动夹紧机构，拧紧夹紧螺钉 6，压板 5、8 同时将工件夹紧。镗模支架 1 上装有滚动回转镗套 2，用以支承和引导镗刀杆。镗模以底面 $A$ 作为安装基面安装在机床工作台上，其侧面设置找正基面 $B$，因此可不设定位键。

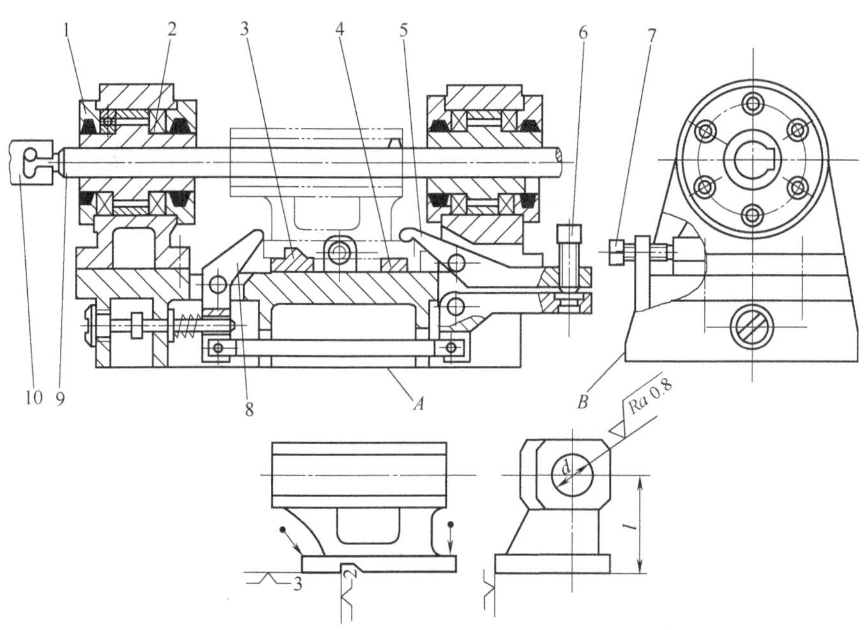


图 9-2 镗削车床尾座孔的镗模

1—支架；2—镗套；3,4—定位板；5,8—压板；6—夹紧螺钉；7—可调支承钉；9—镗刀杆；10—浮动接头

图 9-3 所示为镗削泵体上两个相互垂直的孔及端面用的夹具。夹具经找正后紧固在卧式镗床的工作台上，可随工作台一起移动和转动。

### 9.2.1.2 单支承镗模

单支承镗模只有一个导向支承，单支承的布置方式取决于镗孔直径 $D$ 和深度 $L$。

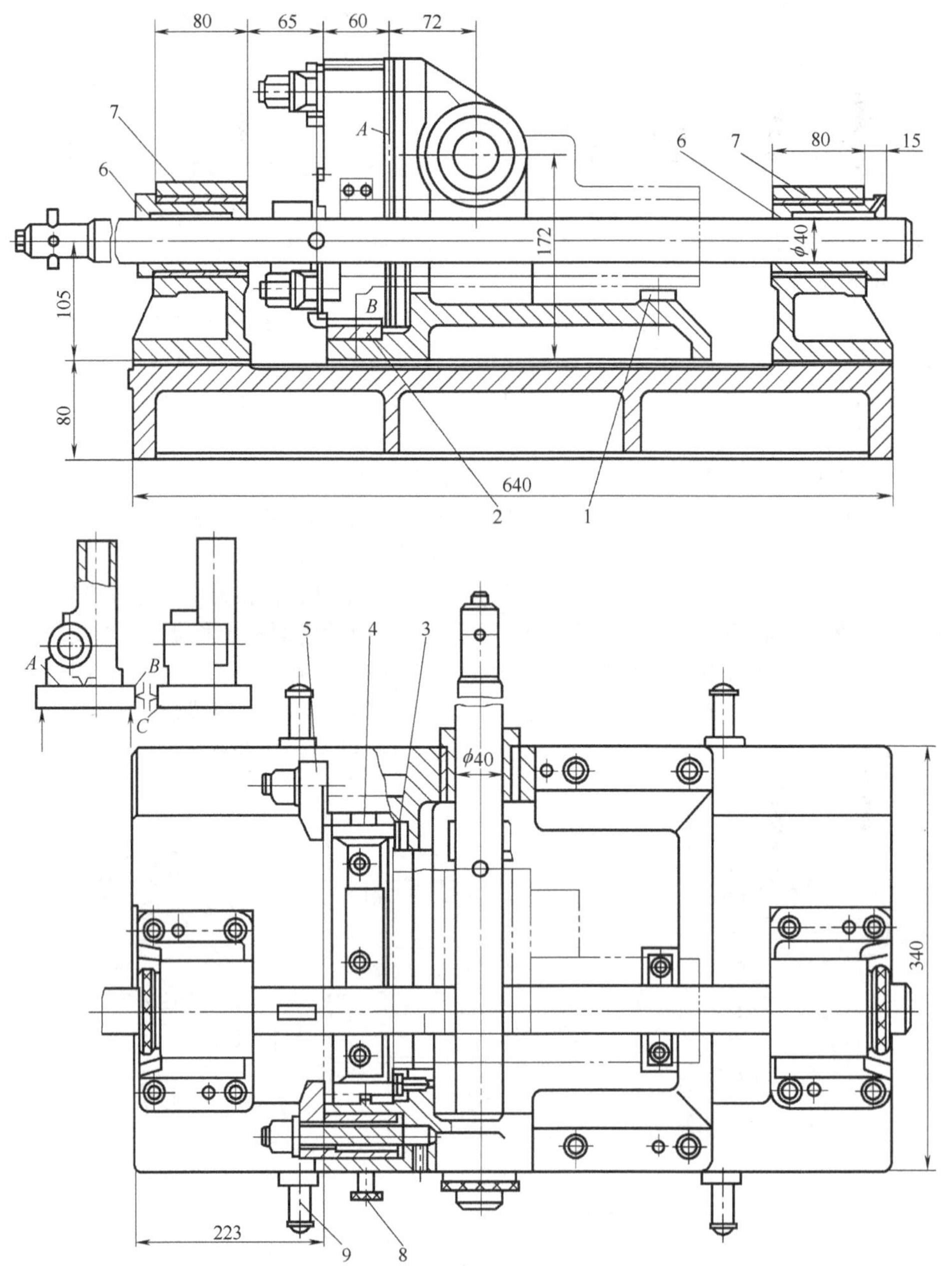


图 9-3 泵体前后双支承镗床夹具

1～3—支承板；4—挡块；5—钩形压板；6—镗套；7—镗模支架；8—螺钉；9—起吊螺栓

如图 9-4（a）所示单支承前镗套，便于在加工中进行观察和测量，缺点是切屑易带入镗套中，用于 $D>60$mm、$L<D$ 的通孔。单支承后镗套如图 9-4（b）所示，刀杆刚性很大，加工精度高，切屑不会影响镗套，用于 $D<60$mm、$L>(1\sim1.25)D$ 通孔或盲孔。

### 9.2.1.3 无支承镗床夹具

工件在刚性好、精度高的金刚镗床、坐标镗床或数控机床、加工中心上镗孔时，夹具上不设置镗模支承，加工孔的尺寸和位置精度均由镗床保证。这类夹具只需设计定位装置、夹紧装置和夹具体即可。

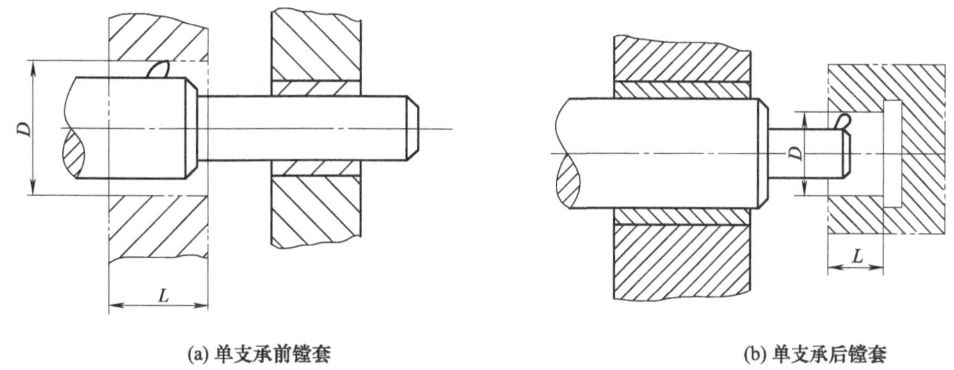


图 9-4　单支承镗模

图 9-5 为镗削曲轴轴承孔的金刚镗床夹具。在卧式双头金刚镗床上，同时加工两个工件。工件以两主轴颈及其一端面在两个 V 形块 1、3 上定位。安装工件时，将前一个曲轴颈放在转动叉形块 7 上，在弹簧 4 的作用下，转动叉形块使工件的定位端面紧靠在 V 形块 1 的侧面上。当液压缸活塞 5 向下运动时，带动活塞杆 6 和浮动压板 8、9 向下运动，使四个浮动压块 2 分别从两个工件的主轴颈上方压紧工件。当活塞上升松开工件时，活塞杆带动浮动压板 8 转动，以便装卸工件。

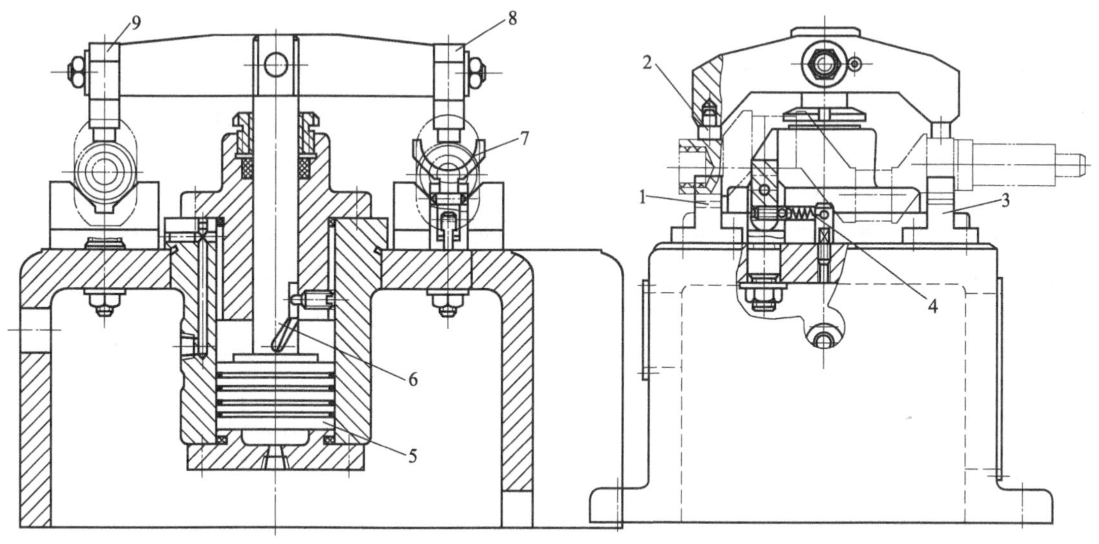


图 9-5　镗削曲轴轴承孔的金刚镗床夹具

1,3—V 形块；2—浮动压块；4—弹簧；5—活塞；6—活塞杆；7—转动叉形块；8,9—浮动压板

## 9.2.2　镗床夹具的特点与设计要点

镗床夹具又称镗模，是一种具有刀具导向的精密夹具，主要用于加工箱体、支架、支座类零件上的孔或孔系，保证孔的尺寸精度、几何形状精度、孔距和孔的位置精度。镗模与钻模有很多相似之处，即工件上的孔或孔系的位置精度主要由镗模保证。

镗模一般用镗套作为导向元件引导镗孔刀具或镗杆进行镗孔，镗套按照被加工孔或孔系的坐标位置布置在镗模支架上。所以设计镗床夹具，主要要确定镗套和镗杆。

### 9.2.2.1　镗套

镗套用于引导镗杆，根据其在加工中是否运动可分为固定式镗套和回转式镗套两类。

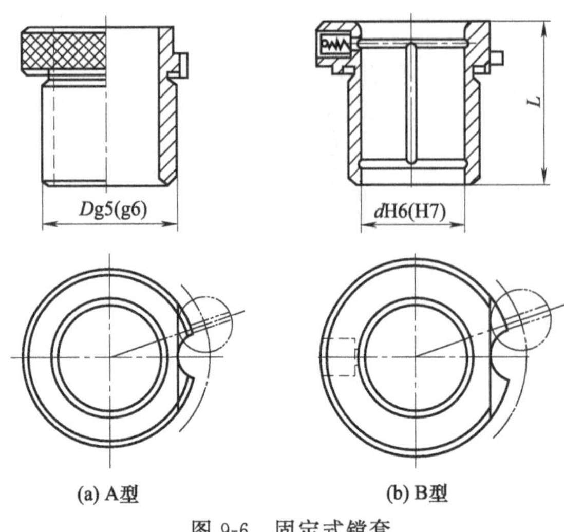


图 9-6 固定式镗套

(1) 镗套的结构形式

镗套的结构形式和精度直接影响被加工孔的加工精度和表面粗糙度，因此应根据工件的不同加工要求和加工条件合理设计或选用。

① 固定式镗套 图 9-6 所示为标准的固定式镗套（GB/T 2266），与快换钻套结构相似，加工时镗套不随镗杆转动。A 型不带油杯和油槽，靠镗杆上开的油槽润滑；B 型则带油杯和油槽，使镗杆和镗套之间能充分地润滑。具体结构尺寸见“夹具手册”。

固定式镗套外形尺寸小、结构简单、精度高，但镗杆在镗套内一面回转，一面作轴向移动，镗套容易磨损，故只适用于低速镗孔。一般摩擦面线速度小于 0.3m/s。

固定式镗套的长度 $L=(1.5\sim2)d$。

② 回转式镗套 回转式镗套随镗杆一起转动，镗杆与镗套之间只有相对移动而无相对转动，从而减少了镗套的磨损，不会因摩擦发热出现“卡死”现象。因此，这类镗套适用于高速镗孔。

回转式镗套又分为滑动式和滚动式两种。

图 9-7 (a) 为滑动式回转镗套，镗套 1 可在滑动轴承 2 内回转，镗模支架 3 上设置油杯，经油孔将润滑油送到回转副，使其充分润滑。镗套中间开有键槽，镗杆上的键通过键槽带动镗套回转。这种镗套的径向尺寸较小，适用于孔心距较小的孔系加工，且回转精度高，减振性好，承载能力大，但需要充分润滑。摩擦面线速度不能大于 0.3～0.44m/s，常用于精加工。

图 9-7 (b) 为滚动式回转镗套，镗套 6 支承在两个滚动轴承 4 上，轴承安装在镗模支架 3 的轴承孔中，支承孔两端分别用轴承端盖 5 封住。这种镗套由于采用了标准的滚动轴承，所以设计、制造和维修方便，而且对润滑要求较低，镗杆转速可大大提高，一般摩擦面线速度>0.4m/s。但径向尺寸较大，回转精度受轴承精度的影响。可采用滚针轴承以减小径向尺寸，采用高精度轴承以提高回转精度。

图 9-7 (c) 为立式滚动回转镗套，它的工作条件差。为避免切屑和切削液落入镗套，需设置防护罩。为承受轴向推力，一般采用圆锥滚子轴承。

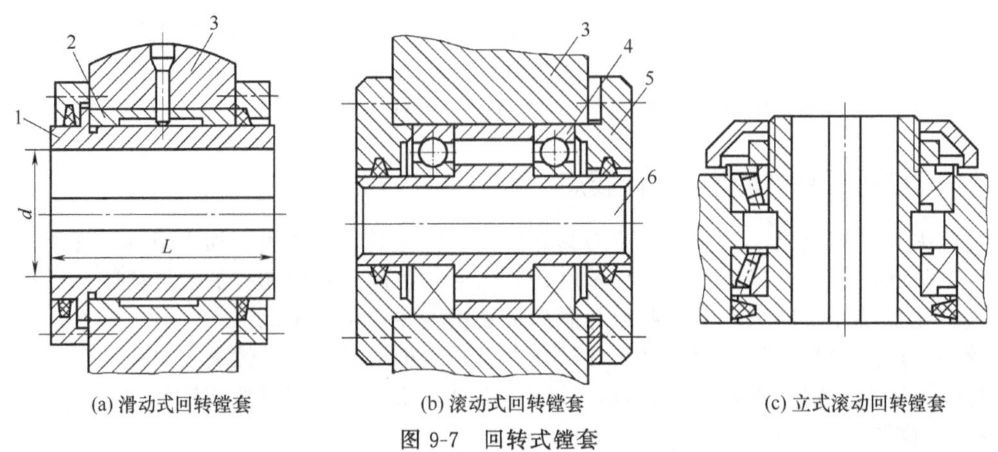


图 9-7 回转式镗套

1,6—镗套；2—滑动轴承；3—镗模支架；4—滚动轴承；5—轴承端盖

各种镗套特点如表 9-1 所示。

**表 9-1　各种镗套特点**

| 项目 | 固定式回转镗套 | 滑动式回转镗套 | 立式滚动回转镗套 |
|---|---|---|---|
| 适应转速 | 低 | 低 | 高 |
| 承载能力 | 较大 | 大 | 低 |
| 润滑要求 | 较高 | 高 | 低 |
| 径向尺寸 | 小 | 较小 | 大 |
| 加工精度 | 较高 | 高 | 低 |
| 应用 | 低速、一般镗孔 | 低速、孔距小 | 高速、孔距大 |

滚动式回转镗套一般用于镗削孔距较大的孔系，当被加工孔径大于镗套孔径时，需在镗套上开引刀槽，使装好刀的镗杆能顺利进入。为确保镗刀进入引刀槽，镗套上有时设置尖头键，如图 9-8 所示。

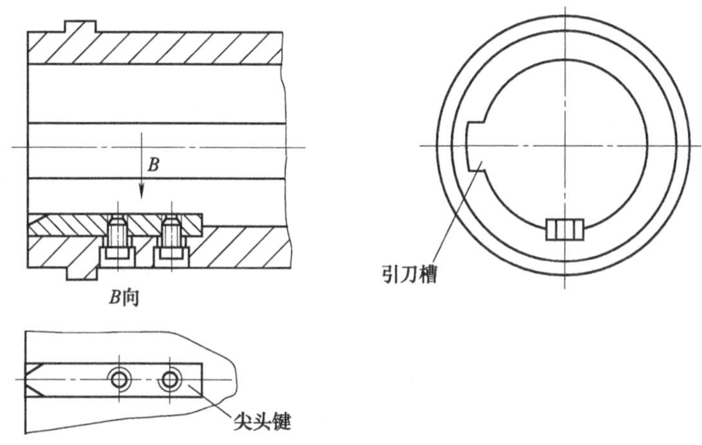


图 9-8　回转镗套的引刀槽及尖头键

回转式镗套的长度 $L=(1.5\sim3)d$，其结构设计可参阅“夹具手册”。

(2) 镗套主要技术要求

① 镗套内径公差带为 H6 或 H7；外径公差带，粗加工采用 g6，精加工采用 g5。

② 镗套内孔与外圆的同轴度：当内径公差带为 H7 时，为 $\phi0.01$mm；当内径公差带为 H6 时，为 $\phi0.005$mm（外径小于 85mm 时）或 $\phi0.01$mm（外径大于或等于 85mm 时）。内孔的圆度、圆柱度允差一般为 0.01～0.002mm。

③ 镗套内孔表面粗糙度值为 $Ra0.8\mu m$ 或 $Ra0.4\mu m$；外圆表面粗糙度值为 $Ra0.8\mu m$。

④ 镗套用衬套的内径公差带，粗加工采用 H7，精加工采用 H6；衬套的外径公差带为 n6。

⑤ 衬套内孔与外圆的同轴度：当内径公差带为 H7 时，为 $\phi0.01$mm；当内径公差带为 H6 时，为 $\phi0.005$mm（外径小于 52mm 时）或 $\phi0.01$mm（外径大于或等于 52mm 时）。

镗套尺寸的配合技术要求见表 9-2 所示。

**表 9-2　镗套尺寸的配合技术要求**

| 镗套尺寸及要求 | 粗　镗 | 精　镗 |
|---|---|---|
| 镗套与镗杆的配合 | H7/g6(H7/h6) | H6/g5(H6/h5) |
| 镗套与衬套的配合 | H7/g6(H7/js6) | H6/g5(H6/j5) |
| 衬套与支架的配合 | H7/n6 | H7/n5 |
| 镗套内外圆同轴度 | $\phi0.01$ | 当镗套外径≥52：$\phi0.01$<br>当镗套外径<52：$\phi0.005$ |

注：括号内为回转镗套与镗杆的配合。

(3) 镗套的布置

镗套的布置方式取决于镗孔直径 $D$ 和深度 $L$。镗套布置形式见表 9-3。

表 9-3 镗套布置形式

| 镗套布置形式 | 图示 | 应用条件 | 优缺点 | 镗杆与主轴连接形式 |
|---|---|---|---|---|
| 单支承前镗套 | 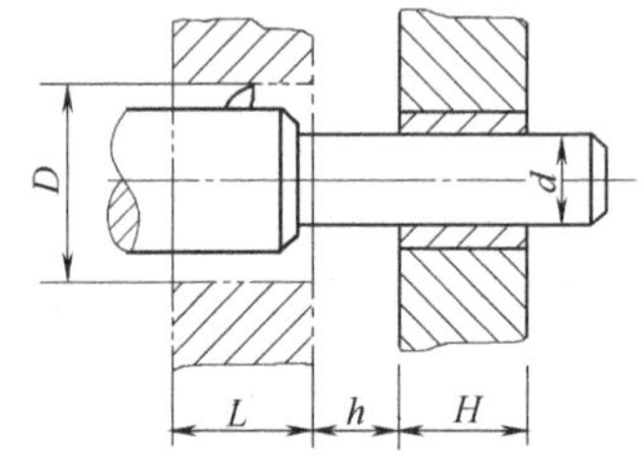 | $D>60$mm<br>$L<D$ 通孔<br>$h=(0.5\sim1)D$<br>且 $h\geqslant20$mm | 便于在加工中进行观察和测量，缺点是切屑易带入镗套中 | 刚性连接(莫氏锥度连接) |
| 单支承后镗套 | 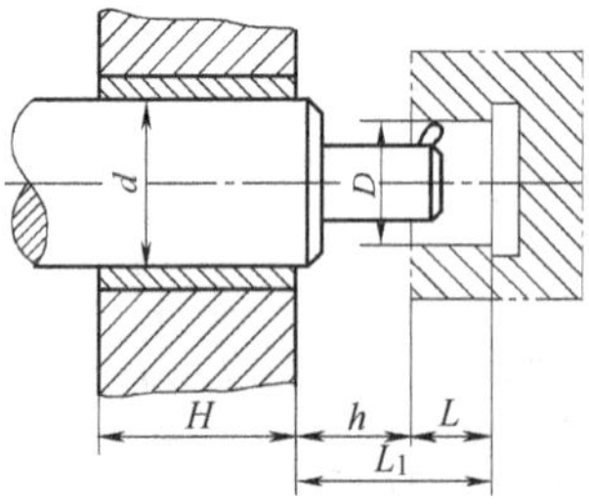 | $D<60$mm<br>$L<D$ 通孔、盲孔 | 刀杆刚性很大，加工精度高，切屑不会影响镗套 | 刚性连接(莫氏锥度连接) |
| | 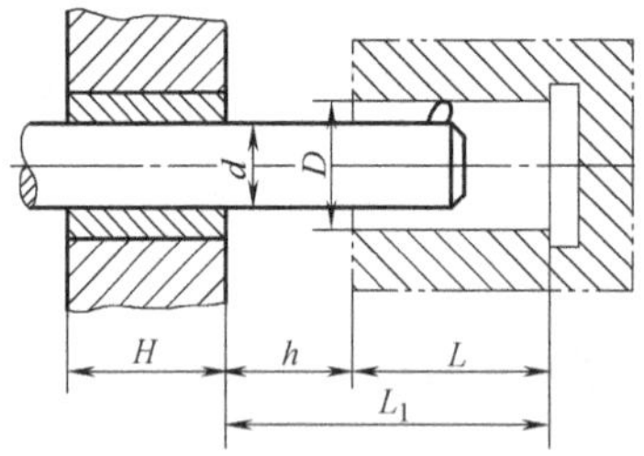 | $D<60$mm<br>$L>(1\sim1.25)D$<br>通孔、盲孔 | | |
| 双支承前后双镗套 | 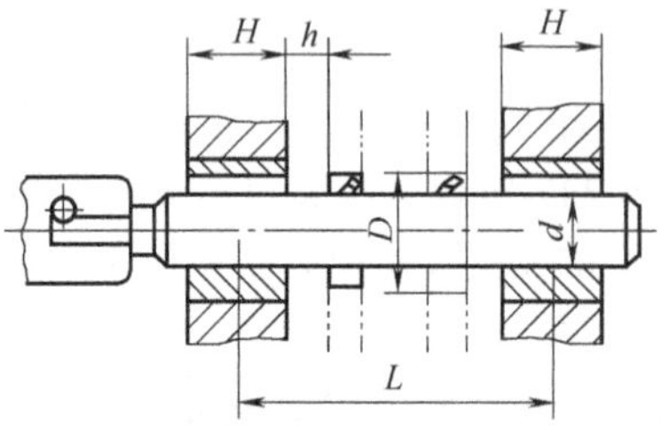 | $L>1.5D$ 的通孔或同轴孔系，当 $L>10d$ 时，应设中间导引套 | 加工精度高。缺点是镗杆较长、刚性差、更换刀具不方便 | 浮动连接 |
| 双支承后双镗套 | 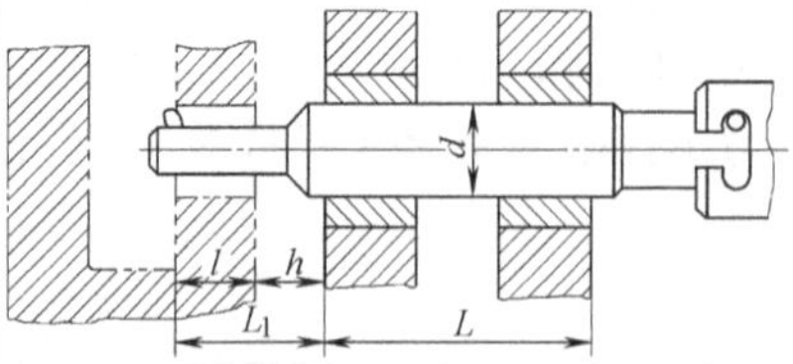 | $L_1<5d$<br>$L>(1.25\sim1.5)L_1$ | 装卸工件方便，更换镗杆容易，便于观察和测量，较多应用于大批生产中 | 浮动连接 |

所镗孔的位置精度取决于镗杆与主轴连接形式。镗杆和机床主轴采用刚性连接，所镗孔的位置精度与机床主轴精度有关；采用浮动连接，所镗孔的位置精度取决于镗模两导向孔的位置精度，而与机床主轴精度无关。

镗套的长度（相当于钻套高度）$H$ 宜根据镗杆导向部分的直径 $d$ 来选取，一般取 $H=(1.5\sim3)d$。

镗套距工件孔的距离 $h$ 要根据更换刀具及排屑要求等而定。如果在立式镗床上则与钻模相似，$h$ 值可参考钻模的情况确定；为便于刀具及工件的装卸和测量，常取 $h=(0.5\sim1.0)D$；在卧式镗床、组合机床上使用时，常取 $h=60\sim100$mm。

(4) 镗套的材料

镗套的材料常用20钢或20Cr钢渗碳，渗碳深度为0.8～1.2mm，淬火硬度为55～60HRC。

一般情况下，镗套的硬度应低于镗杆的硬度。若用磷青铜做固定式镗套，因为减摩性好而不易与镗杆咬住，可用于高速镗孔，但成本较高。对于大直径镗套，或单件小批生产用的镗套，也可采用铸铁（HT200）材料。目前也有用粉末冶金制造的耐磨镗套。

镗套的衬套也用20钢制成，渗碳深度为0.8～1.2mm，淬火硬度为58～64HRC。

镗套的材料、热处理可参阅附表4。

### 9.2.2.2 镗杆

镗杆如图9-9所示。

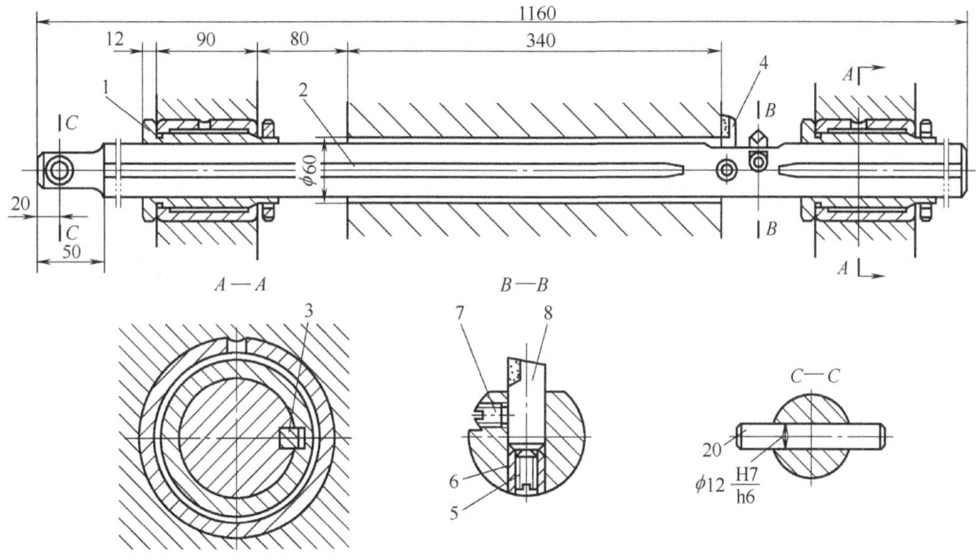


图9-9 镗杆示例图

1—镗套；2—镗杆；3—会牙；4—刮刀；5—螺钉；6—衬套；7—固定螺钉；8—镗刀内孔

(1) 镗杆导引部分

图9-10为用于固定式镗套的镗杆导向部分结构。当镗杆导向部分直径 $d<50$mm 时，常采用整体式结构。

图9-10 (a) 为开油槽的镗杆，镗杆与镗套的接触面积大，磨损大，若切屑从油槽内进入镗套，则易出现“卡死”现象。但镗杆的刚度和强度较好。

图9-10 (b)、(c) 为有较深直槽和螺旋槽的镗杆，这种结构可大大减少镗杆与镗套的接触面积，沟槽内有一定的存屑能力，可减少“卡死”现象，但其刚度较低。

图9-10 (d) 所示为当镗杆导向部分直径 $d>50$mm 时，常采用镶条式结构。镶条应采用摩擦因数小和耐磨的材料，如铜或钢。镶条磨损后，可在底部加垫片，重新修磨使用。这种结构的摩擦面积小，容屑量大，不易“卡死”。

图9-11用于回转镗套的镗杆引进结构。

图9-11 (a) 是在镗杆前端设置平键，平键下面安有压缩弹簧。键的前部有斜面，适用于开有键槽的镗套。无论镗杆以任何位置进入镗套，平键盘均能自动进入键槽，带动镗套旋转。

图 9-11（b）所示的镗杆开有键槽，其头部做成小于 45°的螺旋引导结构，可与图 9-8 所示装有尖头键的镗套配合使用。

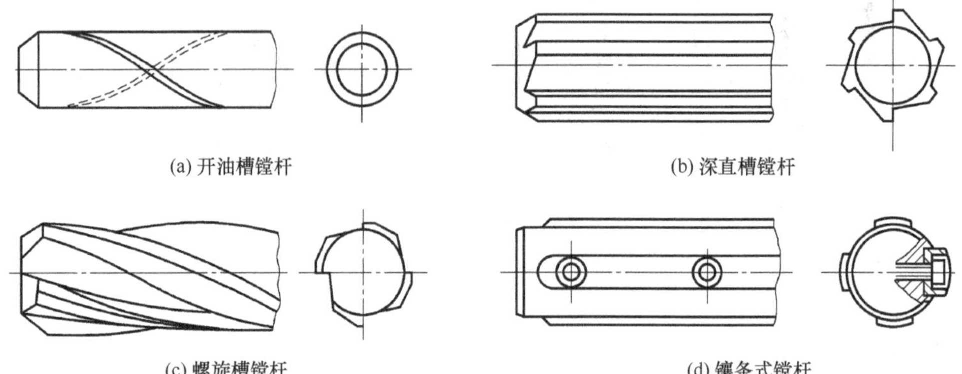

(a) 开油槽镗杆　　(b) 深直槽镗杆　　(c) 螺旋槽镗杆　　(d) 镶条式镗杆

图 9-10　用于固定式镗套的镗杆导向部分结构

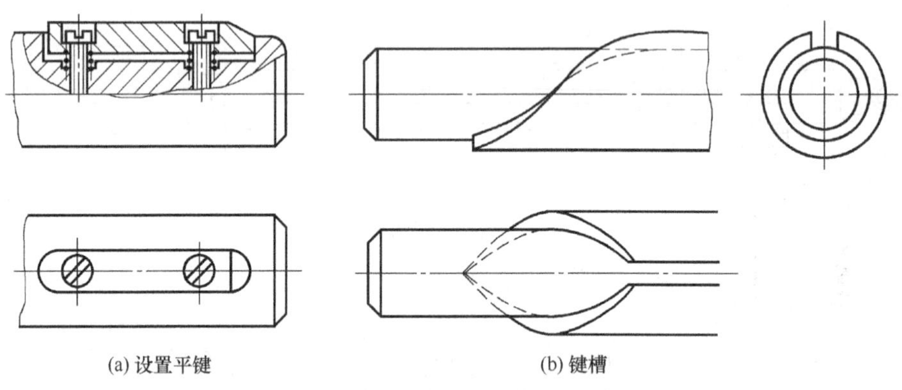

(a) 设置平键　　(b) 键槽

图 9-11　用于回转镗套的镗杆引进结构

（2）镗杆的直径

镗杆与加工孔之间应有足够的间隙，以容纳切屑。镗杆的直径一般按经验公式 $d=(0.6\sim0.8)D$ 选取。

镗孔直径 $D$、镗杆直径 $d$、镗刀截面 $B\times B$ 之间的尺寸关系为：

$$\frac{D-d}{2}=(1\sim1.5)B$$

或参考表 9-4。

**表 9-4　镗孔直径 D、镗杆直径 d、镗刀截面 B×B 之间的尺寸关系**　　mm

| $D$ | 30～40 | 40～50 | 50～70 | 70～90 | 90～100 |
|---|---|---|---|---|---|
| $d$ | 20～30 | 30～40 | 40～50 | 50～65 | 65～90 |
| $B\times B$ | 8×8 | 10×10 | 12×12 | 16×16 | 16×16,20×20 |

表中所列镗杆直径的范围，在加工小孔时取大值；在加工大孔时，一般取中间值，若导向良好，切削负荷小，则可取小值，若导向不良，切削负荷大时可取大值。

（3）镗杆的轴向尺寸

镗杆的轴向尺寸，应按镗孔系统图 9-12 上的有关尺寸确定。

（4）镗杆的材料

镗杆要求表面硬度高而内部韧性好，可采用 20 钢、20Cr 钢渗碳淬火，渗碳层厚度

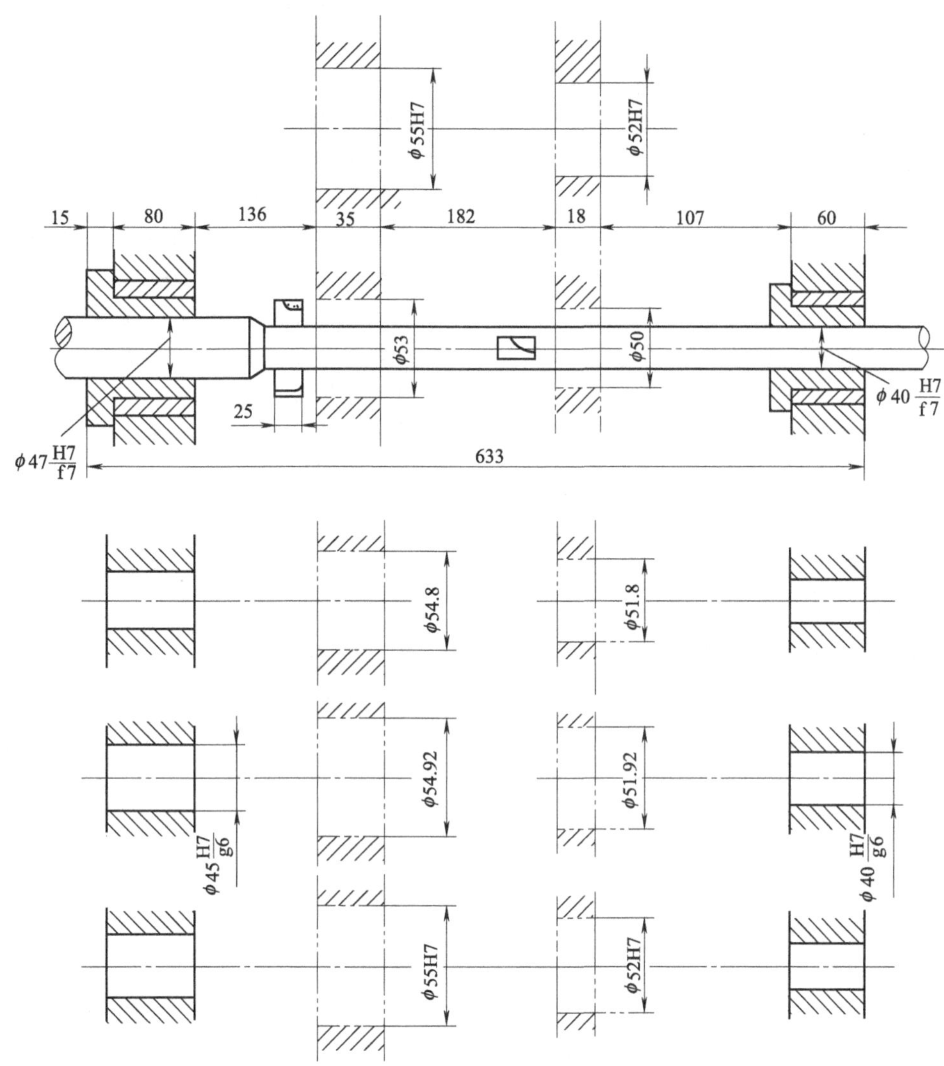


图 9-12　镗孔系统图示例

0.8～1.2mm，淬火硬度 61～63HRC；也可用氮化钢 38CrMoAlA，但热处理工艺复杂；大直径的镗杆，还可采用 45 钢、40Cr 钢或 65Mn 钢，淬火硬度为 40～45HRC。

(5) 镗杆的主要技术要求

① 镗杆的精度一般比加工孔的精度高两级。镗杆导向部分的直径公差带为：粗镗时取 g6，精镗时取 g5、n5。表面粗糙度值为 $Ra$0.4～0.2μm。

② 镗杆导向部分直径的圆度与锥度公差控制在直径公差的 1/2 以内。

③ 镗杆在 500mm 长度内的直线度公差为 0.01mm。

④ 装刀的刀孔对镗杆中心的对称度公差为 0.01～0.1mm，垂直度公差为 (0.01～0.02)/100mm。刀孔表面粗糙度一般为 $Ra$1.6μm，装刀孔不淬火。

#### 9.2.2.3 浮动接头

双支承镗模的镗杆均采用浮动接头与机床主轴连接。如图 9-13 所示，镗杆 1 上拨动销 3 插入接头体 2 的槽中，镗杆与接头体之间留有浮动间隙，接头体的锥柄安装在主轴锥孔中。主轴的回转可通过接头体、拨动销传给镗杆。

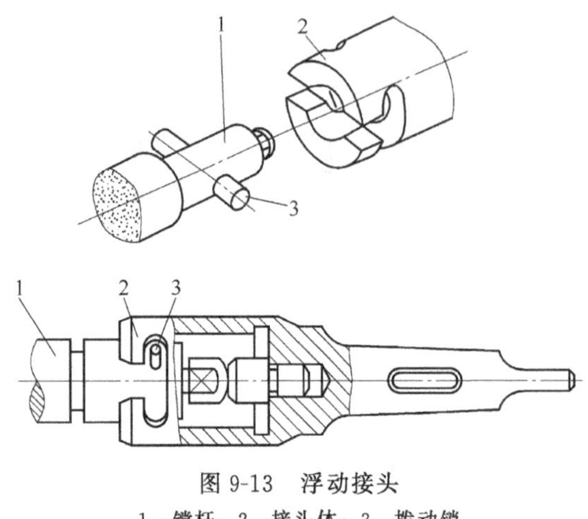


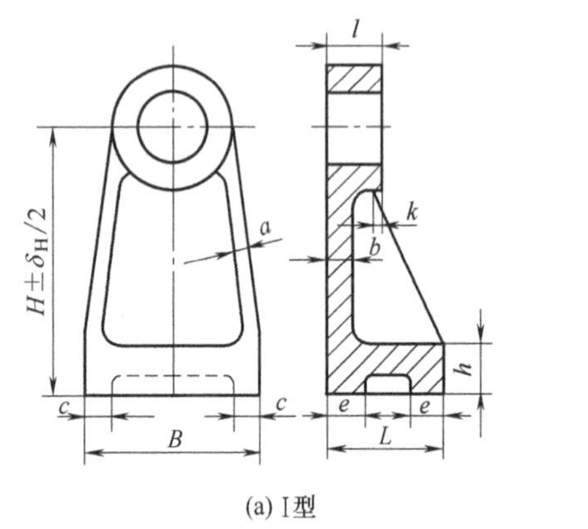


图 9-13 浮动接头

1—镗杆；2—接头体；3—拨动销

### 9.2.2.4 镗模支架和镗模底座

(1) 镗模支架

镗模支架与夹具体一起用于安装镗套，保证被加工孔系的位置精度，并可承受切削力的作用，如图 9-14 所示。镗模支架应有足够的强度和刚度，在结构上应考虑有较大的安装基面和设置必要的加强肋，镗模支架尺寸列于表 9-5 中。

不能在镗模支架上安装夹紧机构或承受夹紧力，以免夹紧反力使镗模支架变形，影响镗孔精度。图 9-15 (a) 所示的设计是错误的，应采用图 9-15 (b) 所示结构，夹紧反力由镗模底座承受。

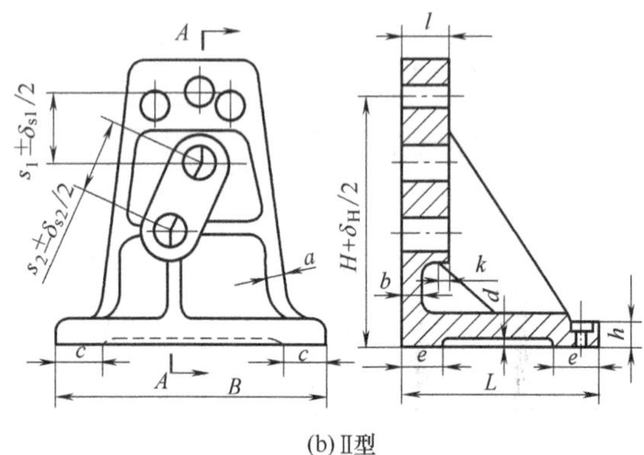

(a) Ⅰ型　(b) Ⅱ型

图 9-14 镗模支架典型结构

**表 9-5 镗模支架尺寸**

| 型式 | B | L | H | $s_1$, $s_2$ | l | a | b | c | d | e | h | k |
|---|---|---|---|---|---|---|---|---|---|---|---|---|
| Ⅰ | (1/2～3/5)H | (1/3～1/2)H | 按工件相应尺寸取 | | | 10～20 | 15～25 | 30～40 | 3～5 | 20～30 | 20～30 | 3～5 |
| Ⅱ | (2/3～1)H | (1/3～2/3)H | | | | | | | | | | |

注：本表材料为铸铁；对铸钢件，其厚度可减薄。

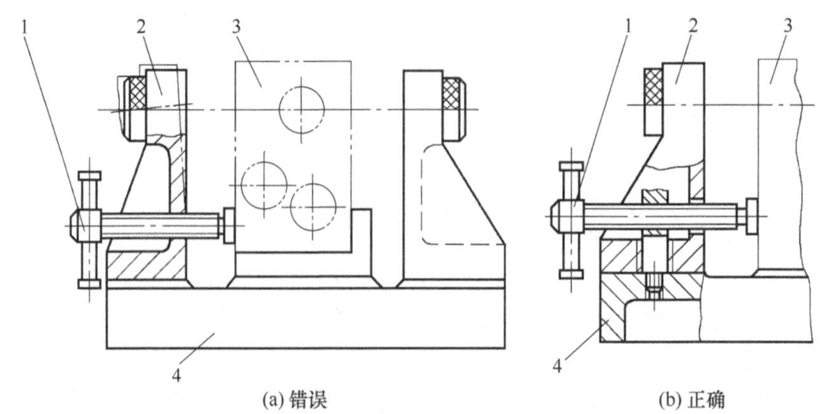


(a) 错误　(b) 正确

图 9-15 不允许镗模支架承受夹紧反力

1—夹紧螺钉；2—镗模支架；3—工件；4—镗模底座

（2）镗模底座

镗模底座如图 9-16 所示。镗模底座上要安装各种装置和工件，并承受切削力、夹紧力，因此要有足够的强度和刚度，并有较好的精度稳定性。其尺寸列于表 9-6。

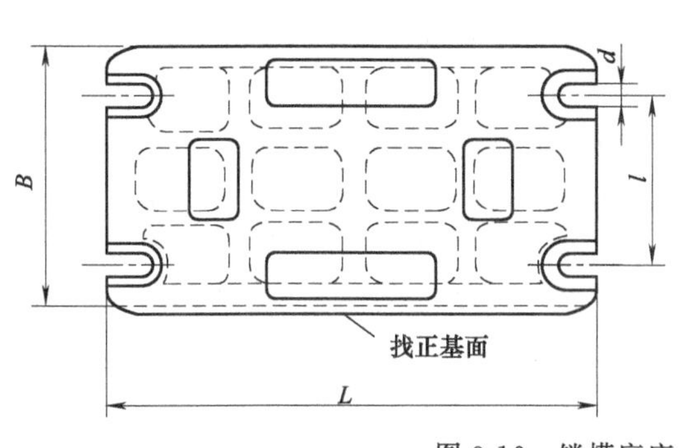


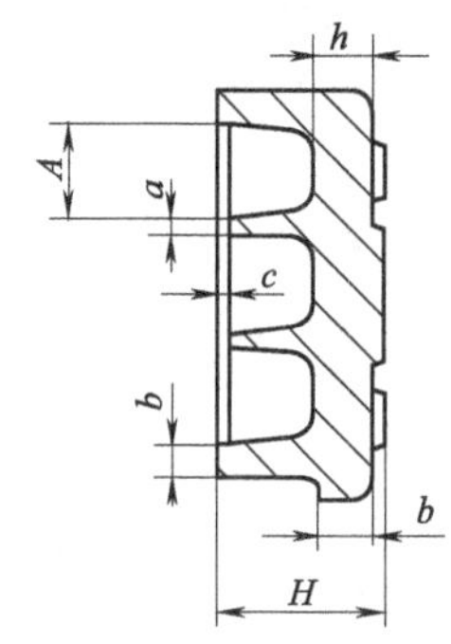


图 9-16　镗模底座

表 9-6　**镗模底座尺寸**

| L | B | H | A | a | b | c | d |
|---|---|---|---|---|---|---|---|
| 按工件大小定 | | (1/8～1/6)L | (1～1.5)H | 10～26 | 20～30 | 5～8 | 20～30 |

镗模底座上应设置加强肋，常采用十字形肋条。镗模底座上安放定位元件和镗模支架等的平面应铸出高度约为 3～5mm 的凸台，凸台需要刮研，使其对底面（安装基准面）有较高的垂直度或平行度。

镗模底座上还应设置定位键或找正基面，一般在镗模底座的侧面加工出细长的找正基面，用以找正夹具定位元件和导向元件的位置，以及找正镗模在机床工作台上安装时的正确位置，找正基面与镗套中心线的平行度应在 300mm∶0.01mm 之内。

镗模底座上应设有多个耳座，用以将镗模紧固在机床上。镗模的底座上还应设置手柄或起吊孔或起吊螺栓，以便搬运镗模。

镗模支架和底座的材料常用铸铁（一般为 HT200），毛坯应进行时效处理。

# 9.3 任务实施

我们现在再回头看图 9-1 所示箱体零件，设计其镗孔的三维镗床夹具。

（1）零件分析

前面我们已对图 9-1 所示的箱体进行了零件的结构分析和精度分析。

（2）定位方案

工件在镗床夹具上常用的定位形式有用圆柱孔、外圆柱面、平面、V 形面及用圆柱销同 V 形导轨面、圆柱销同平面、垂直面的联合定位等。这些定位形式所选择的定位表面，往往都是镗削零件的设计基准面或装配基准面。选用这些表面作定位基准，符合基准重合原则，定位误差小，使加工表面间的相互位置精度较高，并可减少夹具数量，降低成本。

选用一面两销的组合定位方案，箱体底面为主要定位基面，限制 3 个自由度，圆柱销限制 2 个自由度，菱形销用来防止工件转动，限制 1 个自由度。

（3）定位元件

定位板采用底座上表面。其他定位元件形状如图 9-17 所示。

(4) 夹紧元件

压紧力应指向主要定位基面，故选用压板及螺钉螺母夹紧。其零件均采用标准元件，如图 9-18 所示。可查阅相关标准确定。

(5) 引导装置

因工件有排列在同一轴线上的孔，且位置精度也要求较高，采用双支承前后引导方案。导向支架分别装在工件两侧，如装配图 9-23 所示。前后引导的结构刚性最好，镗孔的精度也最高。镗孔精度主要受镗套、镗杆精度及其配合精度的影响。

导向支架主要用来安装镗套和承受切削力。要求有足够的刚性和稳定性，在结构上一般要有较大的安装基面和设置必要的加强筋。而且支架上不允许安装夹紧机构和承受力紧反力，以免支架变形而破坏精度，且不允许承受夹紧力。两种导向支架如图 9-19 所示。

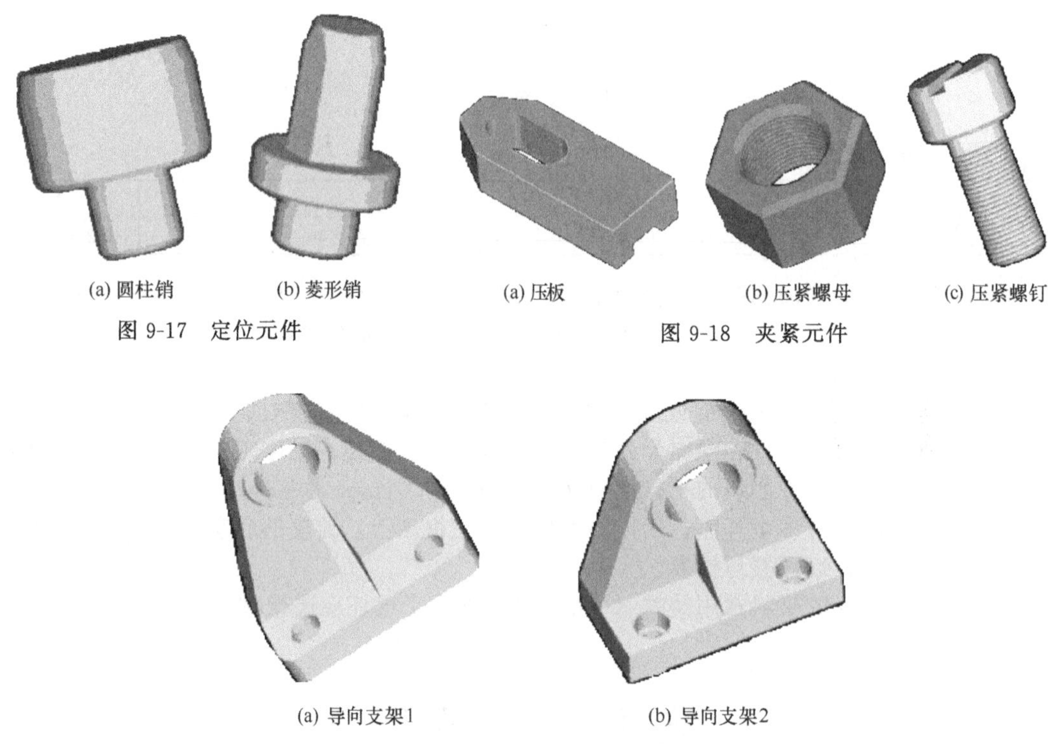

(a) 圆柱销　(b) 菱形销

图 9-17　定位元件

(a) 压板　(b) 压紧螺母　(c) 压紧螺钉

图 9-18　夹紧元件

(a) 导向支架1　(b) 导向支架2

图 9-19　两种导向支架

选用固定式镗套，如图 9-20 所示，这种镗套的外形尺寸小，结构紧凑，制造简单，易获得高的位置精度。由于镗套是固定在镗模支架上，不随镗杆转动和移动，而镗杆在镗套中既有相对转动又有相对移动，镗套易于磨损，故只宜于低速的情况下工作，应采取有效的润滑措施。材料采用青铜。由于固定式镗套结构已标准化了，设计时可参阅国标《夹具零件及部件》中的 GB/T 2266—1991。

(6) 定位键与夹具体

镗床夹具是固定型夹具体，与机床工作台连接即可。设计的定位键如图 9-21 所示。

镗模底座与其他夹具体相比要厚，且内腔设有十字形加强肋。底座上要安装各种装置和元件，并承受切削力和夹紧力，因此必须有足够的强度与刚度，并保持尺寸精度的稳定性。其结构见图 9-22。

(7) 夹具装配图

夹具装配如图 9-23 所示。

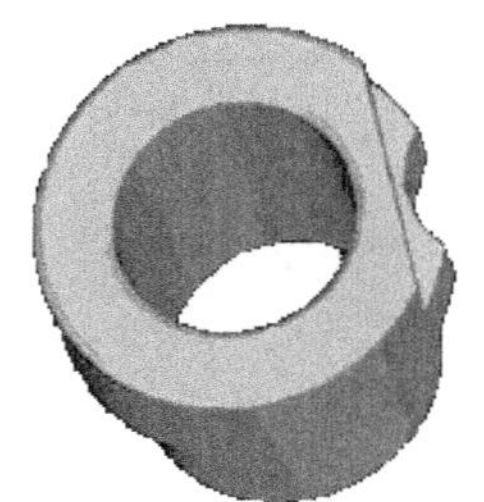
图 9-20　固定式镗套

图 9-21　定位键

图 9-22　镗模底座

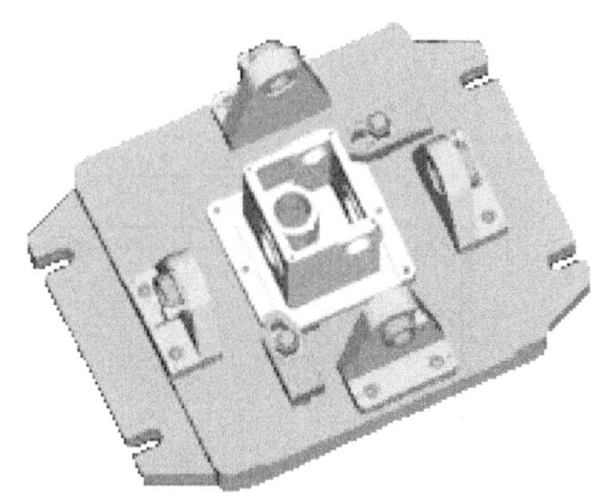
图 9-23　夹具装配图

## 项目小结

本项目介绍了各种镗床夹具及其设计要点，通过本项目的学习和完成工作任务，能根据零件加工要求，完成一定复杂程度零件的镗床夹具三维设计。

## 实践任务

### 实践任务 9-1

| 专业 | | 班级 | | 姓名 | | 学号 | |
|---|---|---|---|---|---|---|---|
| 实践任务 | 座体镗床夹具三维设计 | | | 评分 | | | |
| 实践要求 | 座体工件大批量生产,假设工件的其他尺寸已经加工好,仅加工表 9-7 中要求的尺寸,试用三维软件设计其加工的镗床夹具。 | | | | | | |

表 9-7　实践任务 9-1 座体加工尺寸

| 组号 | 镗尺寸 $\phi$80K7 | 组号 | 镗尺寸 $\phi$80K7 |
|---|---|---|---|
| 1 | $\phi$80K7 | 6 | $\phi$75K7 |
| 2 | $\phi$79K7 | 7 | $\phi$74K7 |
| 3 | $\phi$78K7 | 8 | $\phi$73K7 |
| 4 | $\phi$77K7 | 9 | $\phi$72K7 |
| 5 | $\phi$76K7 | 10 | $\phi$70K7 |

续表

图 9-24　实践任务 9-2 座体模型图

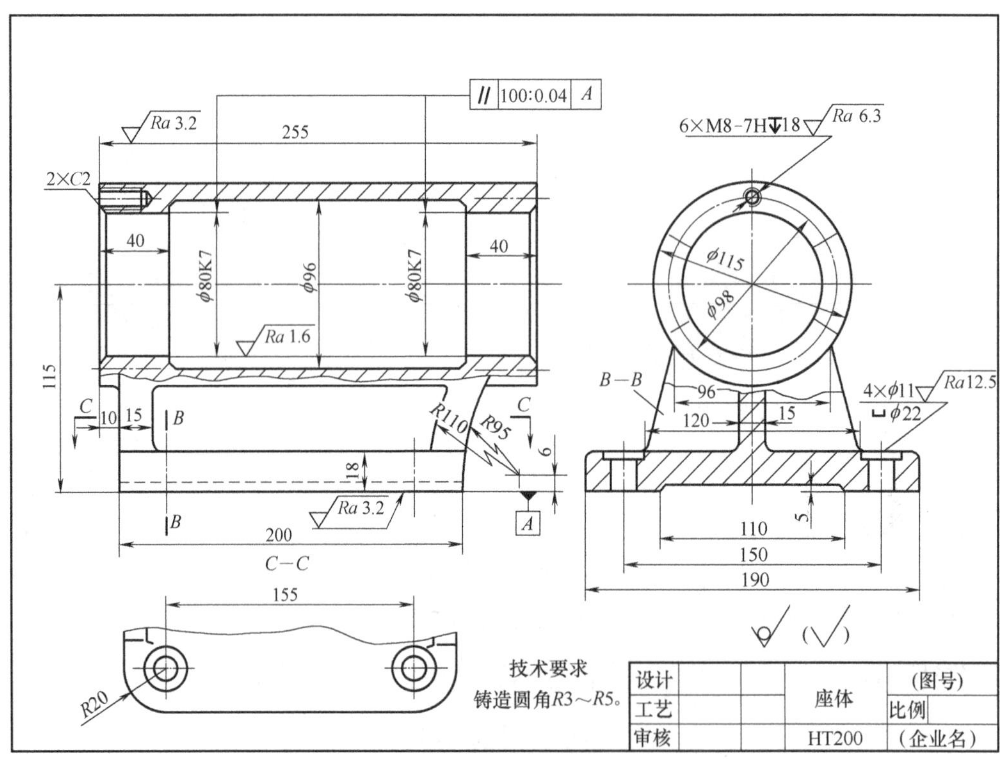


图 9-25　实践任务 9-1 座体工件图

## 实践任务 9-2

| 专业 | | 班级 | | 姓名 | | 学号 | |
|---|---|---|---|---|---|---|---|
| 实践任务 | 轴承座镗床夹具三维设计 | | | 评分 | | | |
| 实践要求 | 轴承座工件大批量生产，假设工件的其他尺寸已经加工好，仅加工表 9-8 中要求的尺寸，试用三维软件设计其加工的镗床夹具。 | | | | | | |

表 9-8　实践任务 9-2 轴承座加工尺寸

| 组号 | 镗尺寸 φ60H7 | 组号 | 镗尺寸 φ60H7 |
|---|---|---|---|
| 1 | φ60H7 | 6 | φ59H7 |
| 2 | φ61H7 | 7 | φ58H7 |
| 3 | φ62H7 | 8 | φ57H7 |
| 4 | φ63H7 | 9 | φ56H7 |
| 5 | φ64H7 | 10 | φ55H7 |

续表

图 9-26 实践任务 9-2 轴承座模型图

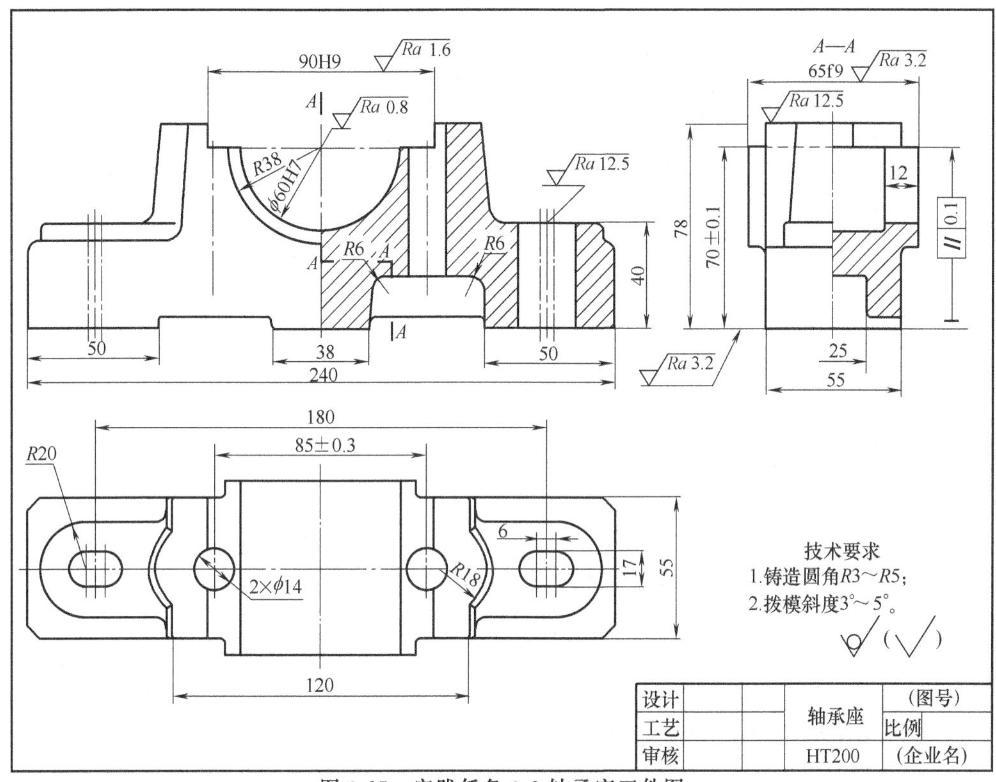


图 9-27 实践任务 9-2 轴承座工件图

## 实践任务 9-3

| 专业 | | 班级 | | 姓名 | | 学号 | |
|---|---|---|---|---|---|---|---|
| 实践任务 | 箱体镗床夹具三维设计 | | | 评分 | | | |
| 实践要求 | 箱体工件大批量生产，假设工件的其他尺寸已经加工好，仅加工表 9-9 中要求的尺寸，试用三维软件设计其加工的镗床夹具。 | | | | | | |

表 9-9 实践任务 9-3 箱体加工尺寸

| 组号 | 镗尺寸 ϕ62K7 | 组号 | 镗尺寸 ϕ47K7 |
|---|---|---|---|
| 1 | ϕ62K7 | 6 | ϕ47K7 |
| 2 | ϕ61K7 | 7 | ϕ46K7 |
| 3 | ϕ60K7 | 8 | ϕ45K7 |
| 4 | ϕ59K7 | 9 | ϕ44K7 |
| 5 | ϕ58K7 | 10 | ϕ43K7 |

续表

图 9-28 实践任务 9-3 箱体模型图

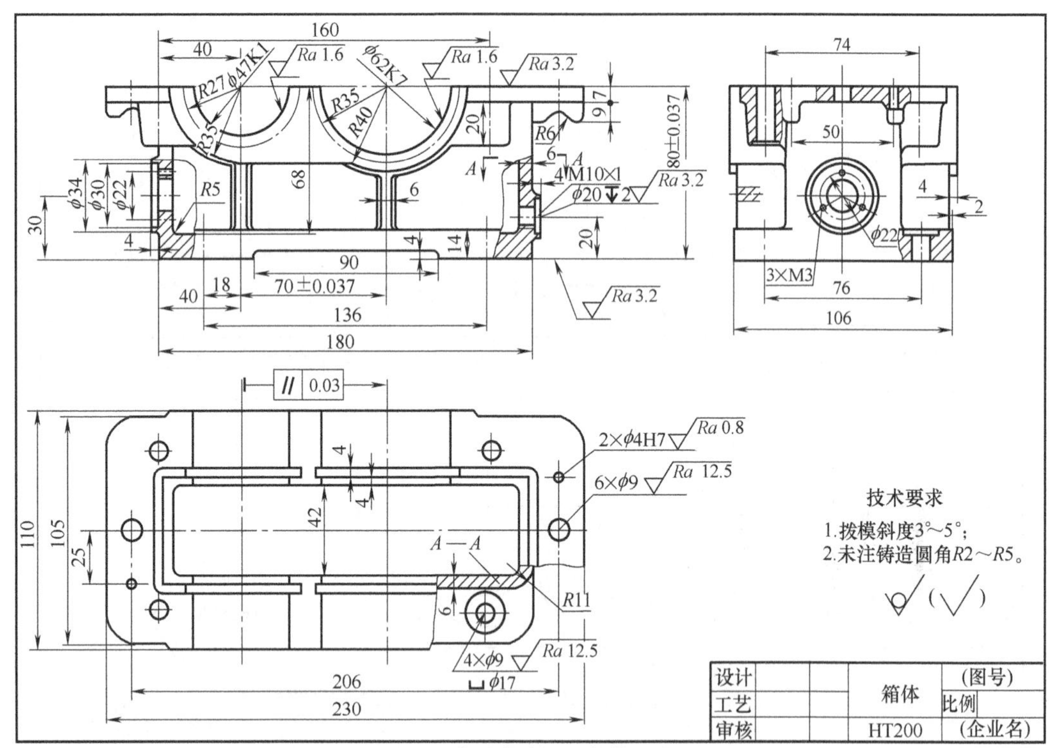


图 9-29 实践任务 9-3 箱体工件图

# 项目10 其他现代机床夹具

## 知识目标

1. 了解可调夹具。
2. 了解成组夹具。
3. 了解拼装夹具。
4. 了解随行夹具。
5. 了解组合夹具。
6. 了解数控机床夹具。

现代机械工业的生产特点：品种多、批量小、精度高、更新快。带来传统生产技术存在的问题：小批量生产采用先进工艺、专用工装不经济，但高、精、尖产品不用不行；现行生产准备周期长，赶不上产品更新需要；产品更新快，采用专用夹具造成积压。为解决这一矛盾，现代机床夹具要标准化、系列化和通用化，大力发展可调夹具，提高机床夹具的精度，并使机床夹具高效化和自动化。

## 10.1 可调夹具

针对机械产品多品种、小批量的发展方向，出现了专用夹具由专用性向通用性的发展，这就是通用可调夹具。它是针对一组工件的工艺、形状、尺寸、精度等相似性而专门设计的夹具。通用可调夹具在调节范围内的服务对象不明确，可无限调节。

通用可调夹具通过调整或更换个别定位元件或夹紧元件，便可以加工相似形状的一组零件或加工某一零件的一道工序，从而变成加工该组零件和某一零件工序用的专用夹具。

(1) 特点

通用可调夹具是在通用夹具的基础上发展的一种可调夹具，只要更换或调整个别定位、夹紧、导向元件，就可以用于多种零件的加工，所以它不仅适合多品种、小批量生产的需要，而且也适合在少品种、较大批量生产中应用。它有以下特点：

① 通用可调夹具适应的加工范围更广。

② 通用可调夹具可用于不同的生产类型中。

③ 调整的环节较多，调整较费时间。

(2) 组成

通用可调夹具由通用部件和可调、换部件两部分组成。通用部件是夹具体、夹紧用的动力传动装置和操纵机构等，它们做成万能的部件，对所有加工对象是不变的。可调、换部件是夹具的可调部分，当加工不同零件时，其定位元件和某些夹紧元件则需要调整和更换，使这些定位元件与零件的外形相适应。

(3) 典型结构

通用可调夹具常见的结构有：通用可调虎钳、通用可调三爪自定心卡盘、通用可调钻模等。此类夹具中的可调件适用的零件或工序越多，即重复利用的机会越多，该夹具就越经济。

① 通用可调虎钳　图 10-1 所示为一万能可调的液压虎钳，它的钳口部分是可以更换的，加工不同形状的零件时，只需更换与零件外形相适应的钳口即可。

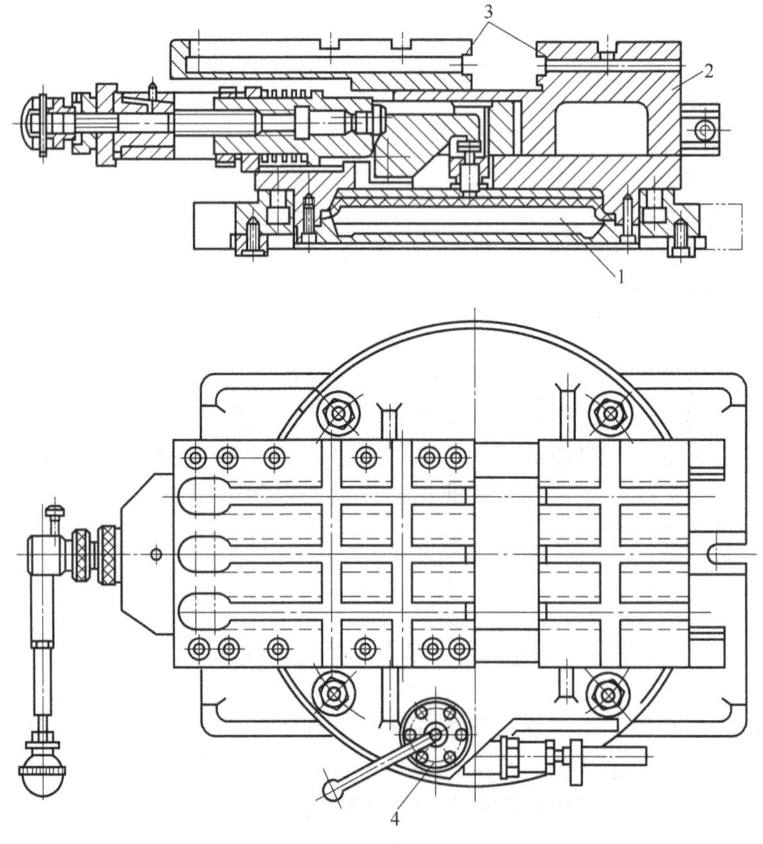


图 10-1　万能可调液压虎钳

1—传动装置；2—夹具体；3—钳口；4—操纵阀

② 通用可调钻模　图 10-2 (a) 为采用机械增力机构的通用可调气动虎钳。当气源压力为 0.45MPa 时，夹紧力达到 1270N。夹紧时活塞 7 左移，使杠杆 6 作逆时针方向摆动，推动活塞杆 5、螺杆 4 带动活动钳口 3 夹紧工件。活动钳口可作小角度摆动，以补偿毛坯面的误差。按照工件不同形状可更换调整件 1、2，图 10-2 (b)、(c) 所示为两种更换调整件。

图 10-3 是在轴类零件上钻径向孔的通用可调夹具，图 10-4 是所加工的工件示例。轴类零件在 V 形块中定位，V 形块也起着夹具体的作用。装在 V 形块左侧端面轴向挡板 KT1 上的定程螺钉起轴向定位及调节作用，以保证所钻孔轴线的轴向位置尺寸。压板支座 KT4 安

装在 V 形块的侧面 T 形槽内，转动夹紧手柄带动杠杆压板 1 夹紧工件。根据不同位置的需要，整个夹紧装置可沿 T 形槽轴向移动调节。装在 V 形块另一侧向 T 形槽内的可换钻模板 KT3，按加工孔轴线的轴向位置尺寸进行调节。若轴上径向孔不止一个，还可装上另外的附加移动可换钻模板 KT3，以满足加工需要。

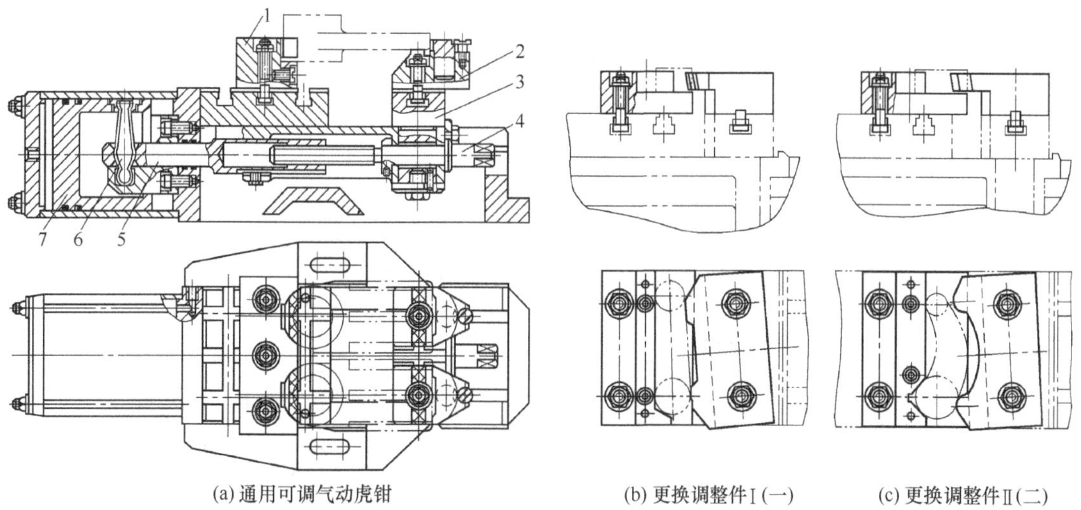


图 10-2 通用可调气动虎钳

1,2—更换调整件；3—活动钳口；4—螺杆；5—活塞杆；6—杠杆；7—活塞

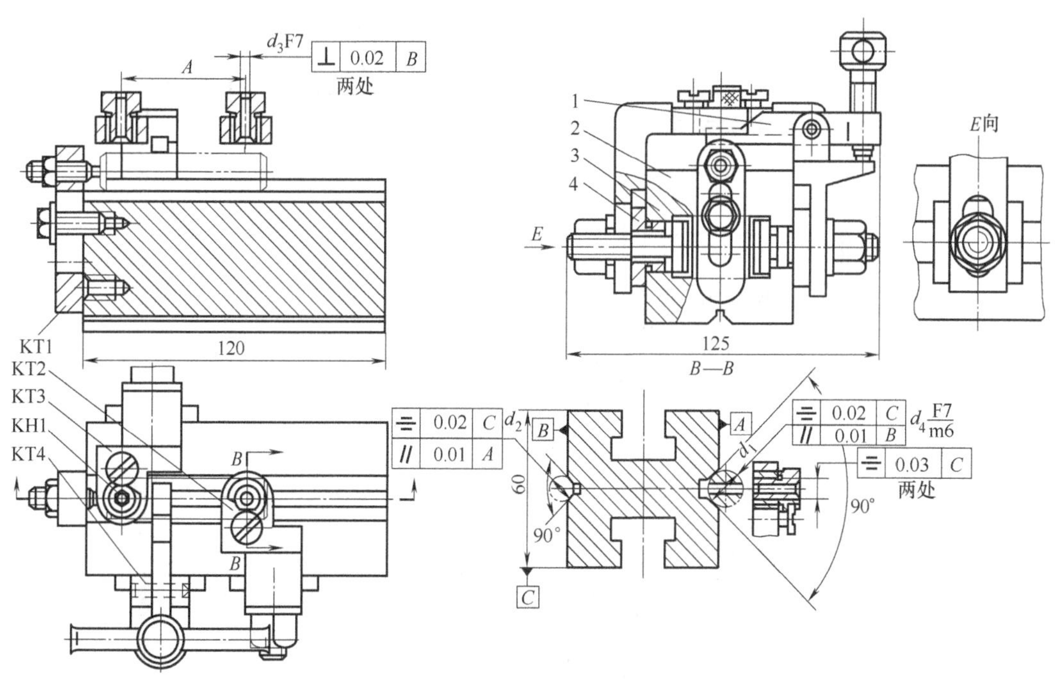


图 10-3 在轴类零件上钻径向孔的通用可调夹具

1—杠杆压板；2—夹具体（V 形块）；3—T 形螺栓；4—十字滑块；KH1—快换钻套；KT1—轴向挡板；KT2—附加移动可换钻模板；KT3—可换钻模板；KT4—压板支座

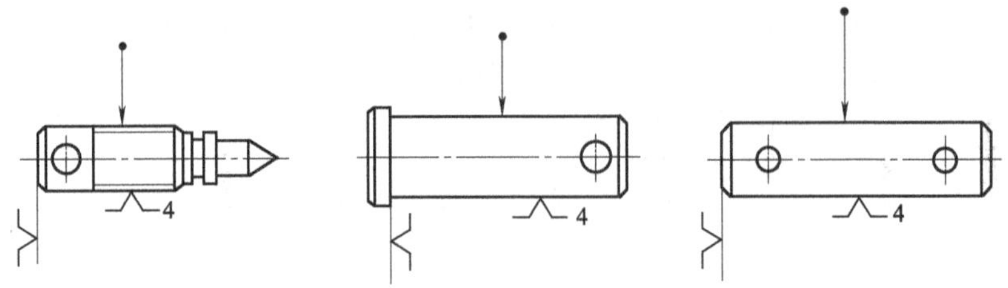


图 10-4　钻径向孔的轴类零件简图

（4）调整方式

通用可调夹具调整的方法有连续、分段、更换、复合调整四种。通用可调夹具常采用复合调整方式。它是利用多种通用调整元件的组合和变形实现调整的。

图 10-5 是通用虎钳五工位复合调整可调结构，其调整件主要由 V 形块 1 、定位钳口 2、夹紧钳口 3 等组成，通过适当组合变位，工件便可获得五个工位。

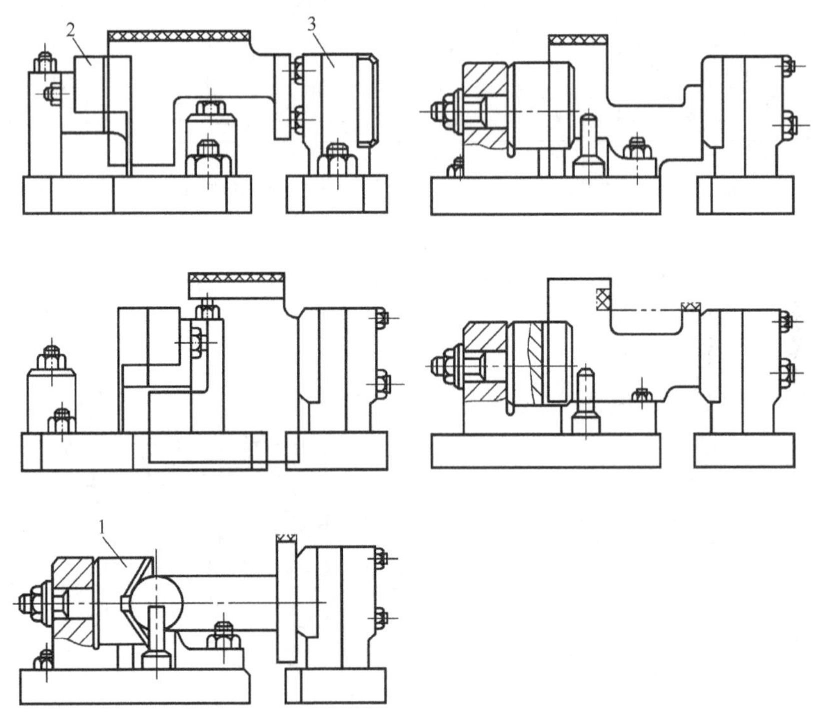


图 10-5　五工位复合调整

1—V 形块；2—定位钳口；3—夹紧钳口

图 10-6 是二工位复合调整的实例，其钳口可使工件装夹在Ⅰ、Ⅱ两个工位上。

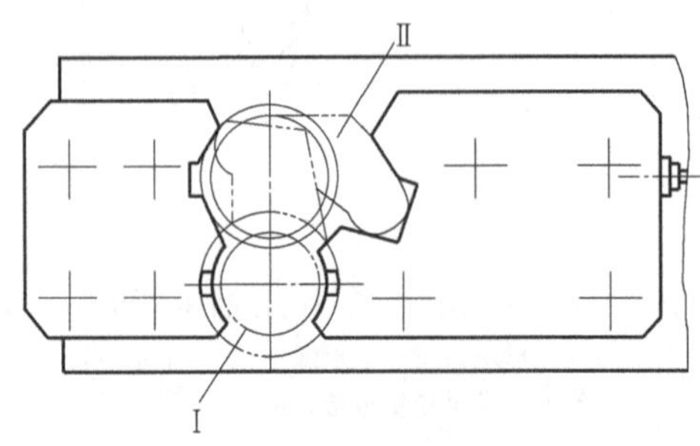


图 10-6　二工位复合调整

图 10-7 是复合可调螺旋压板机构，主要调整参数有 $H_1$、$H_2$、$L$ 等；钩形螺杆 6 由衬套 7 与压板 10 连接，另一端与连接杆 4 连接，将连接套 3、5 按箭头方向提升，即可得到不同尺寸的连接杆 4；支承杆 13 有几种尺寸，供调整使用；基础板 15 由两个半工字形键块 1 组合成 T 形键与机床 T 形槽连接。

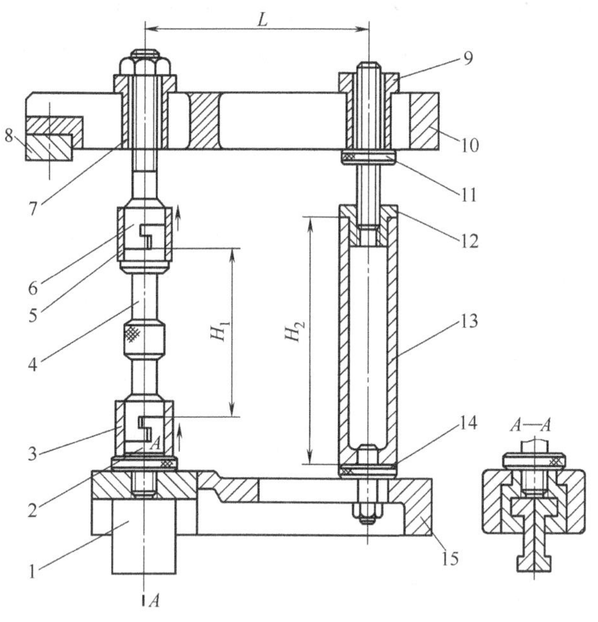


图 10-7　复合可调螺旋压板机构

1—半工字形键块；2—钩形件；3,5—连接套；4—连接杆；6—钩形螺杆；7,9—衬套；8—压块；10—压板；11—螺杆；12—螺套；13—支承杆；14—螺钉；15—基础板

# 10.2　成组夹具

成组夹具是指针对一组（或几组）相似零件的一个（或几个）工序，按相似性原理专门设计的可调整夹具。成组夹具的应用可以扩大机床的使用范围，提高生产效率和零件的加工质量，也能够降低工人的劳动强度，缩短生产准备周期，提高劳动生产率。

成组夹具的结构特点和用途与万能可调夹具相类似，都可用作零件的成组加工。所不同的是，成组夹具的设计有一定的针对性，它是为加工某一组几何形状、工艺过程、定位及夹紧相似的零件而设计的，因此与专用夹具很接近。

（1）特点

① 由于夹具能适用于一组工件的多次使用，因此可大幅度降低夹具的设计制造成本，降低工件的单件生产成本。特别适合在数控机床上使用。

② 缩短产品制造的生产准备周期。

③ 更换工件时，只需对夹具的部分元件进行调整，从而减少总的调整时间。

④ 对于新投产的工件，夹具只需添制较少的调整元件，从而节约大量金属材料，减少夹具的库存量。

（2）组成

成组夹具由基础部分和可调部分组成。

① 基础部分：基础部分是一组工件共同使用的部分，是成组夹具的通用部分，在使用中固定不变。基础部分包括夹具体、动力装置和控制机构等。如图 10-8 中的心轴体 1、螺母 2、滑柱 5 及气压夹紧装置等，均为基础部分。

② 可调部分：成组夹具的可调部分包括可调整的定位元件、夹紧元件和刀具引导元件、分度装置等。更换工件品种时，只需对该部分进行调整或更换元件，即可进行新的加工。如图 10-8 中的键 3、定位套 4、压圈 6 均为可调整元件。可调整部分是成组夹具的重要特征标志之一，它直接决定了夹具的精度和效率。

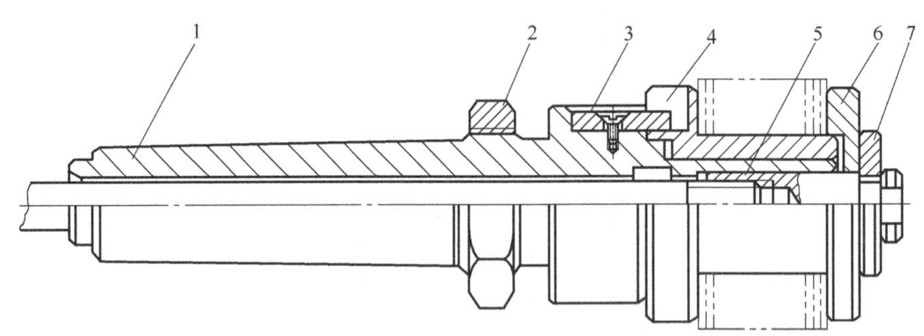


图 10-8 成组车床夹具

1—心轴体；2—螺母；3—键；4—定位套；5—滑柱；6—压圈；7—快换垫圈

（3）工作原理

成组夹具的工作原理有多种，按工件的相似性原理，分为以下几种。

① 工艺相似：工艺相似是指工件加工工艺路线相似，并能使用成组夹具等工艺装备。

② 装夹表面相似：因为夹紧力一般应与主要定位基准垂直，因此定位基准的位置是确定成组夹具夹紧机构的重要依据之一。

③ 形状相似：形状相似包括工件的基本形状要素（外圆、孔、平面、螺纹、圆锥、槽、齿形等），如几何表面位置的相似。

④ 尺寸相似：尺寸相似是指工件之间的加工尺寸和轮廓尺寸相近。工件的最大轮廓尺寸决定了夹具基体的规格尺寸。

⑤ 精度相似：精度相似是指工件对应表面之间公差等级相近。为了保持成组夹具的稳定精度，不同精度的工件不应划入同一成组夹具加工。

所以成组夹具首先要将工件的分类归族，先要按相似性原理将工件分类归族和编码，建立加工工件组并确定工件组的综合工件。例如，图 10-9 所示为几种拨叉零件的钻孔加工，考虑其形状与工艺基本相似，所选定的基准也相同，就归为同一组。

① 工件组：是一组具有相似性特征的工件群，或称“族”。

② 综合工件：又称合成工件或代表工件。综合工件可以是工件组中一个具有代表性的工件，也可以是一个人为假想的工件。确定了能代表组内零件主要特征的“合成零件”后，针对“合成零件”设计夹具，并根据组内零件加工范围，就可确定调整件和可更换件。如图 10-10 为拨叉工件组的合成零件。

（4）调整方式

成组夹具的调整方式可归纳成四种形式，即更换式、调节式、综合式和组合式。

① 更换式。采用更换夹具可调整部分元件的方法，来实现组内不同零件的定位、夹紧、对刀或导向。

② 调节式。借助改变夹具上可调元件位置的方法实现组内不同零件的装夹和导向。

③ 综合式。在实际生产中应用较多的是上述两种方法的综合，即在同一套成组夹具中，

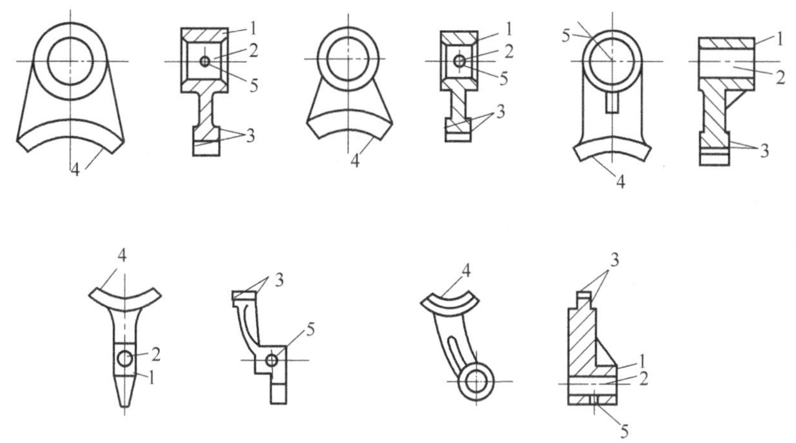


图 10-9 拨叉工件组

1—套；2—孔；3—凸台；4—圆弧；5—小孔

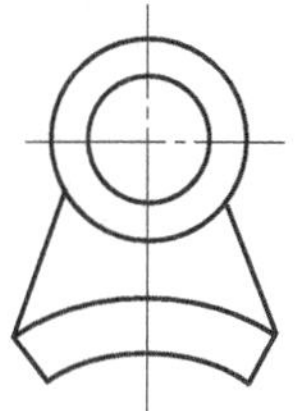

图 10-10 拨叉工件的合成零件

既采用更换元件的方法，又采用调节的方法。

④ 组合式。将一组零件的有关定位或导向元件同时组合在一个夹具体上，以适应不同零件加工的需要。一个零件加工只使用其中的一套元件，占据一个相应的位置。

成组夹具的设计不是针对某一零件的某个工序，而是针对一组零件的某个工序，即成组夹具要适应零件组内所有零件在某一工序的加工。

为了保证调整元件快速、正确地更换和调节，对调整元件的设计提出以下要求：结构简单，调整方便可靠，元件使用寿命长，操作安全；调整件应具有良好的结构工艺性，能迅速装拆，满足生产率的要求；定位元件的调整应能保证工件的加工精度和有关的工艺要求；提高调整件的通用化和标准化程度减少调整件的数量，以便于成组夹具的使用和管理。

(5) 典型结构

成组夹具的结构形式取决于成组加工的生产组织形式。通常成组加工的形式有单机成组和成组加工单元等。单机成组是使用单一（通用或专用）机床完成工件组的单工序或多工序加工；成组加工单元是将机床布置在一个封闭单元中，以完成二组或多组工件加工。加工单元中的主要设备为多工位专用机床或加工中心。

图 10-11 是套类零件钻孔成组夹具。调节手柄 1 和更换钻套 5，就可加工如图 10-11 (b) 所示一组套类零件的钻孔。

图 10-12 是成组车床夹具。更换图 10-12 (a) 的夹紧螺钉 KH1、定位锥体 KH2、顶环 KH3、定位环 KH4、弹簧胀套 KH5，就可加工如图 10-12 (b) 所示一组不同形状和尺寸的工件外圆、螺纹及端面。

图 10-13 所示为加工上述成组零件端面上平行孔系的成组可调钻模，当加工同组内的不同零件时，只需更换可换盘 2 和钻模板组件 3 即可。压板 4 为可调整件，可根据加工对象具体施加夹紧力的位置进行调整。

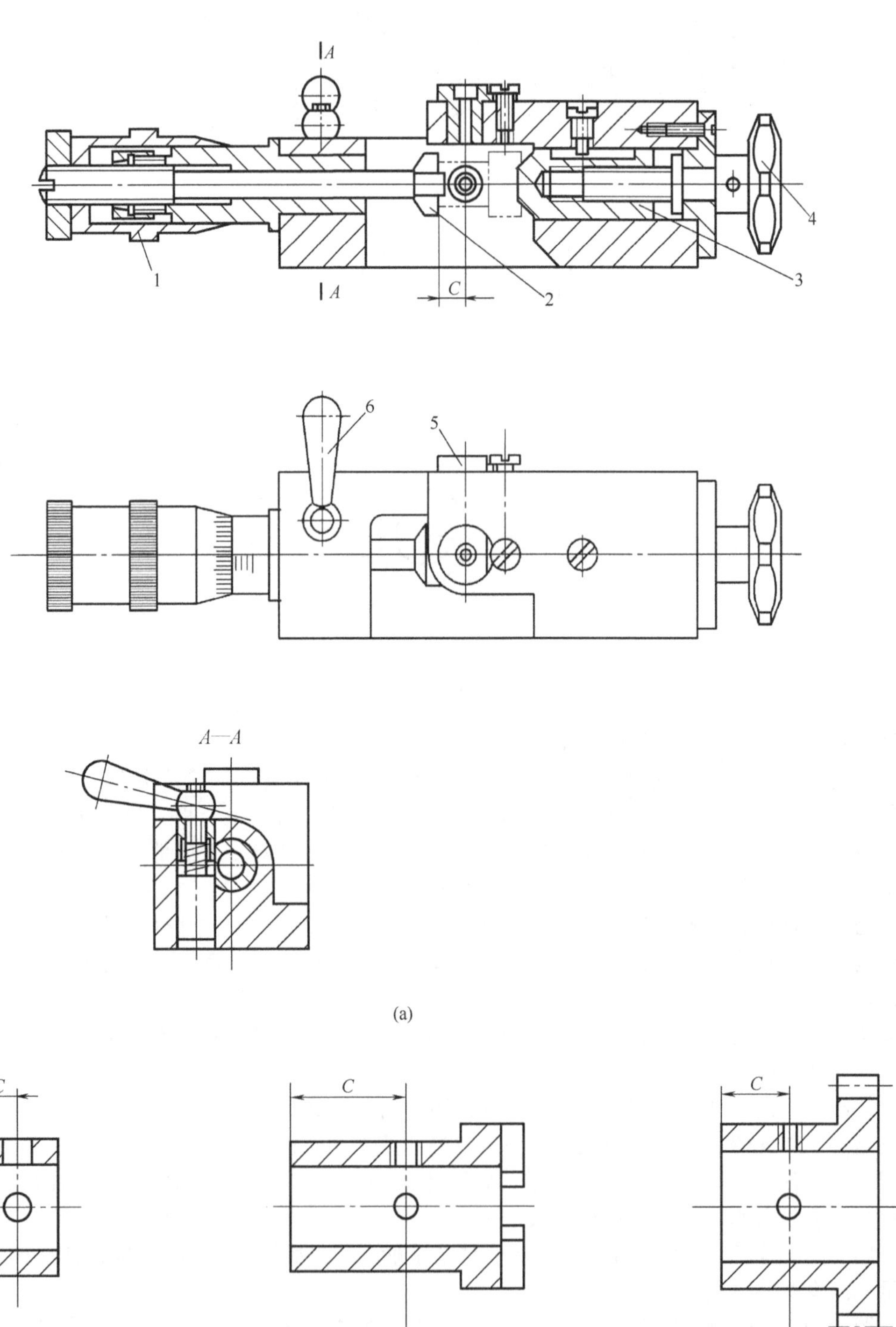


图 10-11 套类零件钻孔成组夹具

1—调节手柄；2—定位支承；3—定位夹紧元件；4—夹紧手轮；5—钻套；6—锁紧手柄

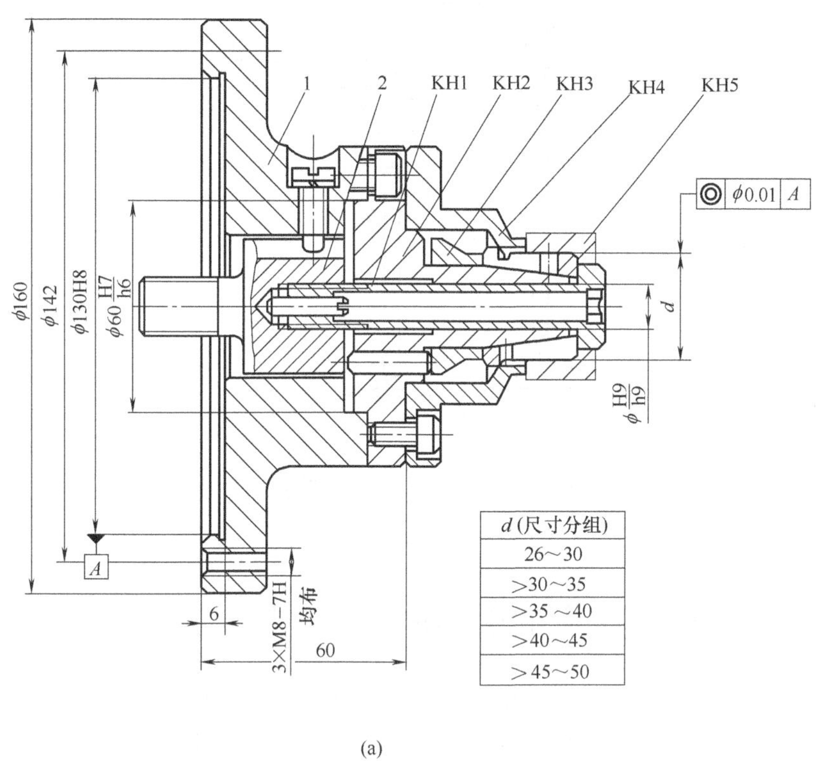


| d (尺寸分组) |
| --- |
| 26～30 |
| >30～35 |
| >35～40 |
| >40～45 |
| >45～50 |

(a)

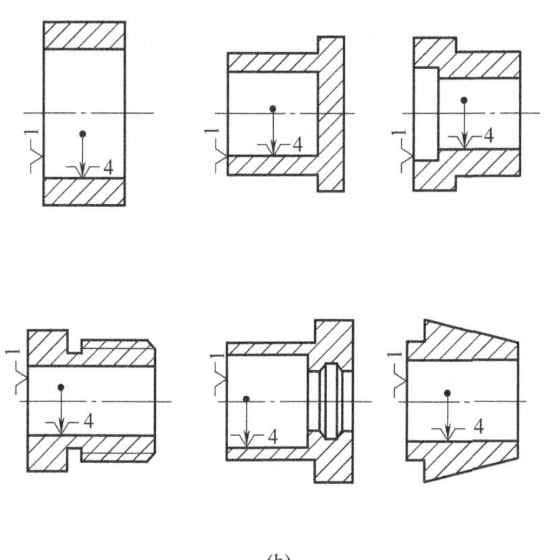


(b)

图 10-12　成组车床夹具

1—夹具体；2—接头；KH1—夹紧螺钉；KH2—定位锥体；KH3—顶环；KH4—定位环；KH5—弹簧胀套

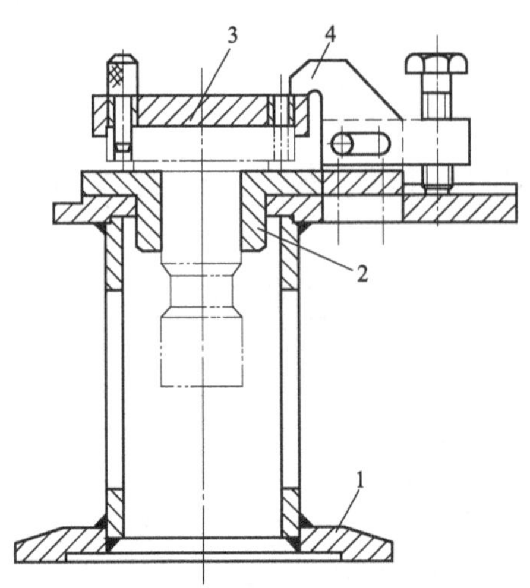


图 10-13 成组可调钻模

1—夹具体；2—可换盘；3—钻模板组件；4—压板

# 10.3 拼装夹具

拼装夹具是在成组工艺基础上，用标准化、系列化的夹具零部件拼装而成的夹具。它有组合夹具的优点，比组合夹具有更好的精度和刚性，更小的体积和更高的效率，因而较适合柔性加工的要求，常用作数控机床夹具。

(1) 特点

拼装夹具是一种模块化夹具，模块化夹具是一种柔性化的夹具，通常由基础件和其他模块元件组成。所谓模块化是指将同一功能的单元，设计成具有不同用途或性能的，且可以相互交换使用的模块，以满足加工需要的一种方法。同一功能单元中的模块，是一组具有同一功能和相同连接要素的元件，也包括能增加夹具功能的小单元。

拼装夹具虽然具有组合夹具的一些特点，但它们之间还有下列区别：

① 拼装夹具所使用的标准元件，是由专用夹具标准化、系列化的元件组成的，它们虽然也由专业化生产厂制造，但在结构上不同于组合夹具的标准元件。

② 拼装夹具的连接形式，仍采用通常专用夹具所用的销钉定位、螺钉紧固的装配方法。而组合夹具则是采用定位槽与定位键和螺钉的连接。

③ 拼装夹具适用于不常拆散的情况下，在拼装前，有时需进行一定的加工，它适用于中批量生产类型。

拼装夹具可以说是组合夹具的初级形式。它比组合夹具在储备元件上所需的投资要少，元件的制造精度和互换性程度要求低，元件的通用性和组装的万能性也差。

(2) 组成

拼装夹具主要由基础元件、定位元件、夹紧元件以及各合件组成。

① 基础元件和合件　图 10-14 所示为普通矩形平台，只有一个方向的 T 形槽 1，使平台有较好的刚性。平台上布置了定位销孔 2，如 *B*—*B* 剖视图所示，可用于工件或夹具元件定位，也可作数控编程的起始孔。*D*—*D* 剖面为中央定位孔。基础平台侧面设置紧固螺纹孔 3，用于拼装元件和合件。两个连接孔 4（*C*—*C* 剖面）为连接孔，用于基础平台和机床工作台的连接定位。

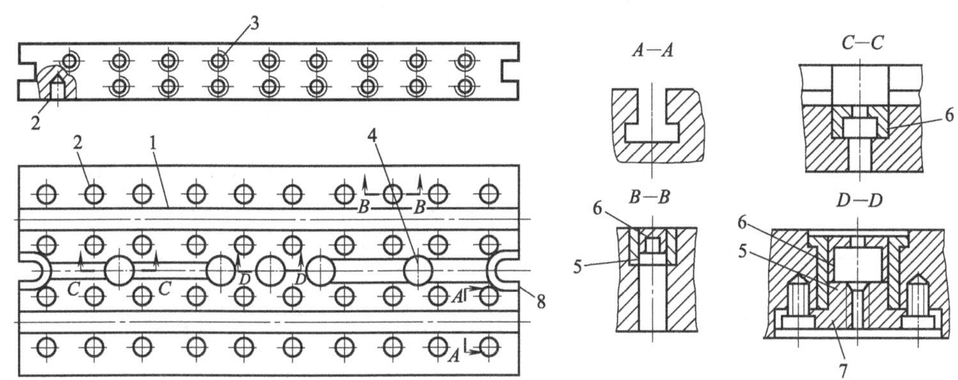


图 10-14　普通矩形平台

1—T 形槽；2—定位销孔；3—紧固螺纹孔；4—连接孔；5—高强度耐磨衬套；6—防尘罩；7—可卸法兰盘；8—耳座

② 定位元件和合件　图 10-15（a）所示为平面安装可调支承钉；图 10-15（b）为 T 形槽安装可调支承钉；图 10-15（c）为侧面安装可调支承钉。

图 10-16 为定位支承板，可用作定位板或过渡板。

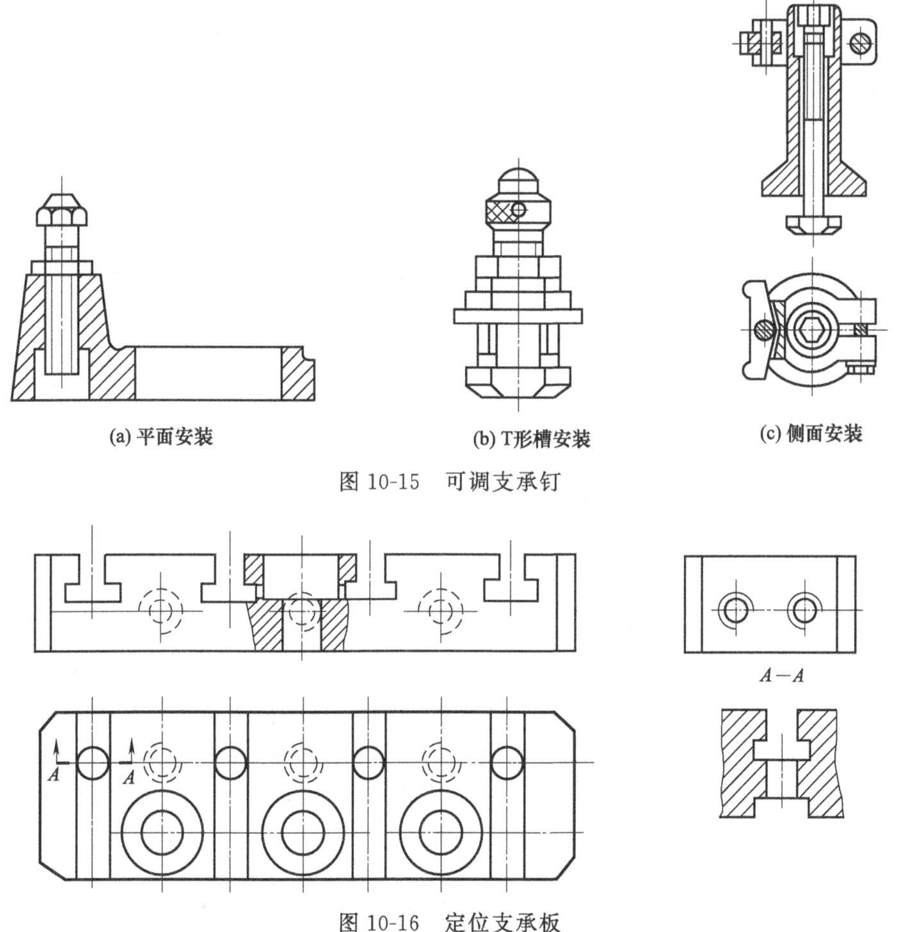


图 10-15　可调支承钉

图 10-16　定位支承板

图 10-17 为可调 V 形块，以一面两销在基础平台上定位、紧固，两个 V 形块 4、5 可通

过左、右螺纹螺杆 3 调节，以实现不同直径工件 6 的定位。

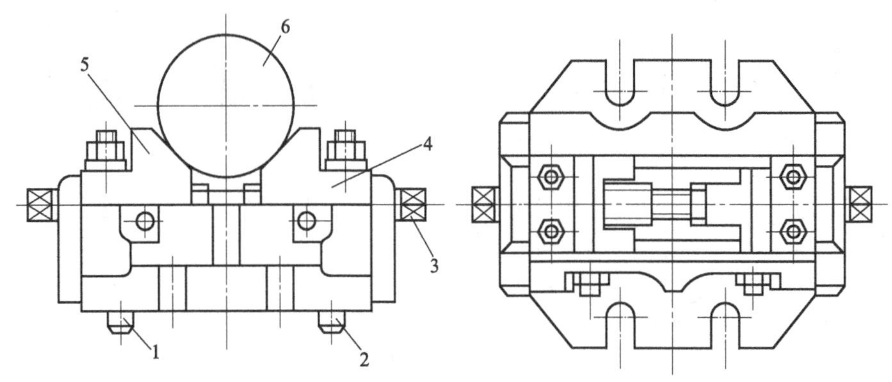


图 10-17 可调 V 形块

1—圆柱销；2—菱形销；3—左、右螺纹螺杆；4,5—左、右活动 V 形块；6—工件

③ 夹紧元件和合件 图 10-18 为手动可调夹紧压板，均可用 T 形螺栓在基础平台的 T 形槽内连接。图 10-19 为液压组合压板，夹紧装置中带有液压缸。

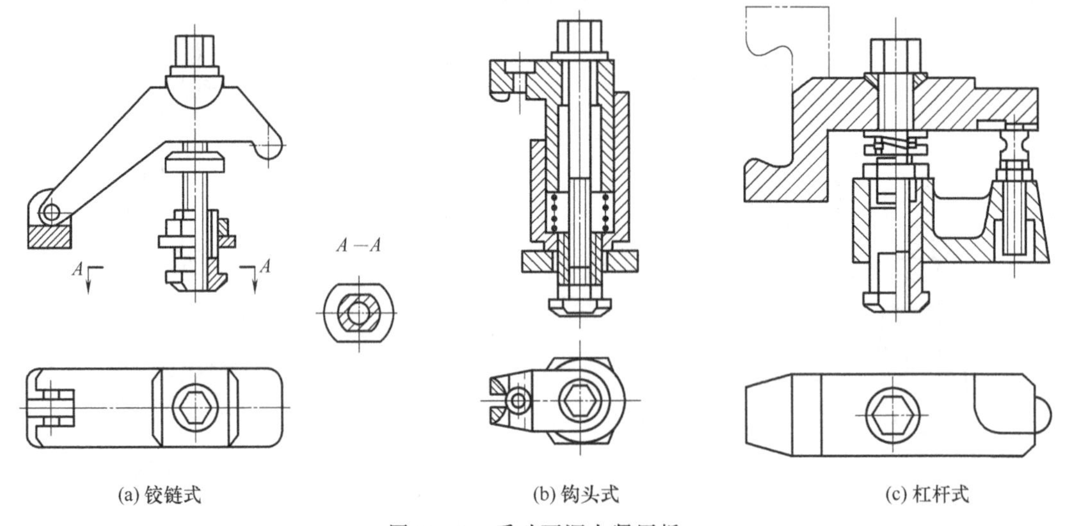


(a) 铰链式 (b) 钩头式 (c) 杠杆式

图 10-18 手动可调夹紧压板

(3) 典型结构

图 10-20 所示为镗箱体孔的一个拼装夹具，需在工件 6 上镗削孔。其基础部分是液压基础平台 5；定位装置是由液压基础平台 5 的平面和 3 个定位销钉 3 组成，工件 6 在夹具上的定位是通过限位表面和三个定位销钉 3 来完成的。夹紧装置是由液压基础平台 5 内的两个液压缸 8、活塞 9、拉杆 12 和压板 13 组成，工件的夹紧是通过两个液压缸 8 推动活塞 9，带动拉杆 12 和压板 11 夹紧工件。夹具通过安装在基础平台底部的两个连接孔中的定位键 10 在机床 T 形槽中定位，并通过两个螺旋压板 11 固定在机床工作台上。把工件装夹在夹具上，可用工件原点也可选用机床定位孔 1、基础平台上的定位孔 2 或夹具上方便的某一定位孔作为编程原点。

图 10-21 是拼装夹具的典型结构。主要由基础板 10 和多面体模块 8、9 组成。多面体模块常用的几何角度为 30°、60°、90°等，按照工件的加工要求，可将其安装成不同的位置。左边的工件 1 由支承 2、6、7 定位，用压板 3 夹紧。右边的工件为另一工件。

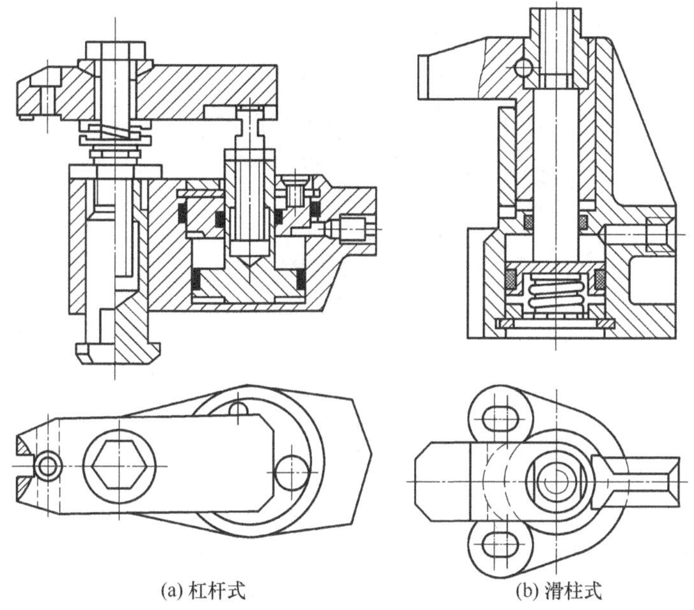

(a) 杠杆式　　(b) 滑柱式

图 10-19　液压组合压板

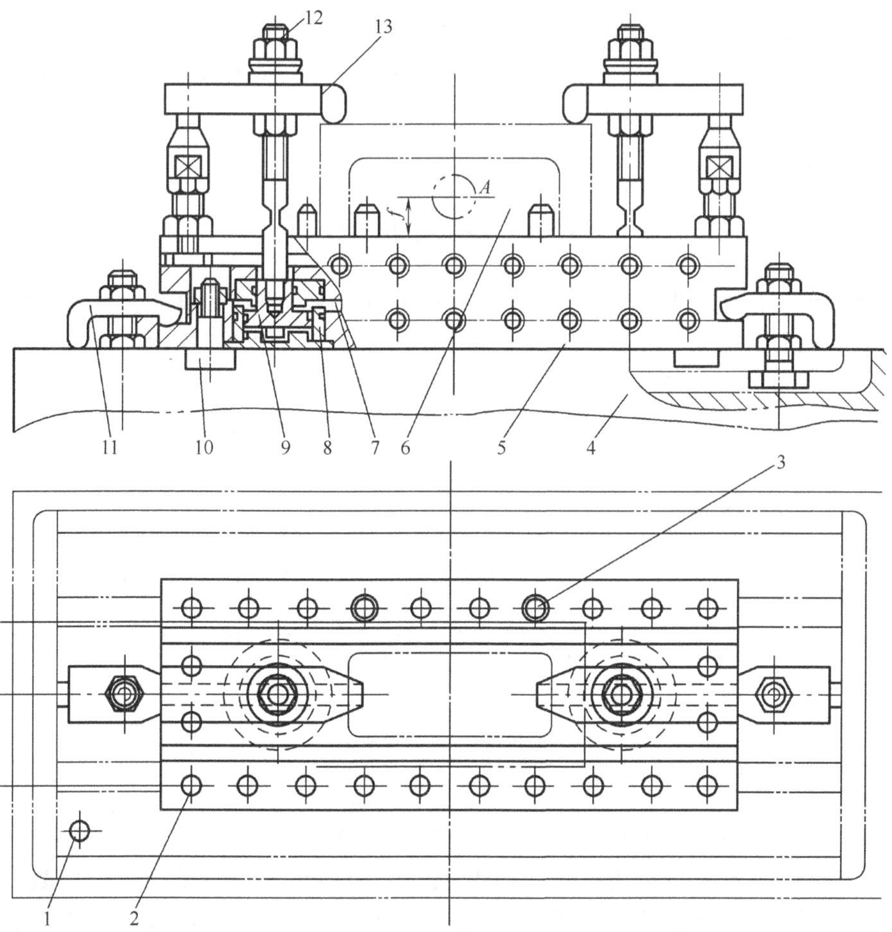


图 10-20　镗箱体孔拼装夹具

1,2—定位孔；3—定位销钉；4—数控机床工作台；5—液压基础平台；6—工件；7—通油孔；8—液压缸；9—活塞；10—定位键；11,13—压板；12—拉杆

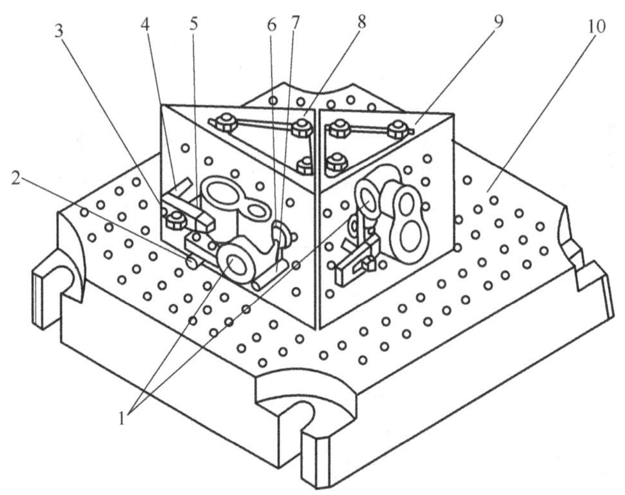


图 10-21 拼装夹具的典型结构

1—工件；2,6,7—支承；3—压板；4—支承螺栓；5—螺钉；8,9—多面体模块；10—基础板

拼装夹具适用于成批生产的企业。使用模块化夹具可大大减少专用夹具的数量，缩短生产周期，提高企业的经济效益。模块化夹具的设计依赖于对本企业的产品结构和加工工艺的深入分析研究，如对产品加工工艺进行典型化分析等。在此基础上，合理确定模块的基本单元，寻求更有发展潜力的结构，建立完整的模块功能系统。模块化元件应有较高的强度、刚度和耐磨性，常用 20CrMnTi、40Cr 等材料制造。

## 10.4 随行夹具

自动线是由多台自动化单机，借助工件自动传输系统、自动线夹具、控制系统等组成的一种全线自动化加工系统。目前，我国机械行业的企业拥有多条自动线，用于箱体、架件、轴类、盘类零件的加工，生产效率高。自动线夹具见图 10-22 所示。

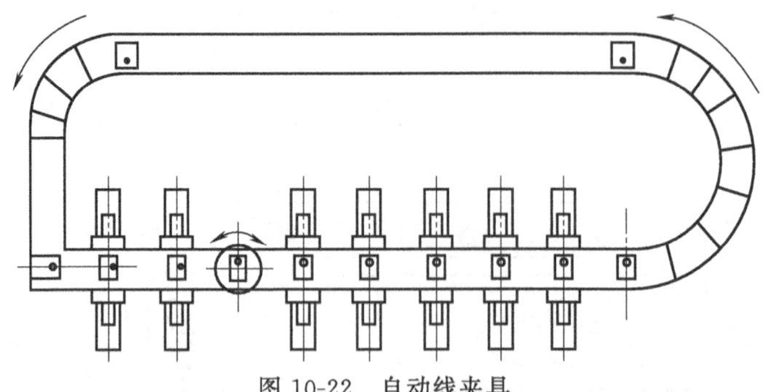

图 10-22 自动线夹具

(1) 特点

随行夹具是自动线上或柔性制造系统中使用的一种移动式夹具。常用于形状复杂且无良好输送基面，或虽有良好的输送基面，但材质较软的工件。工件在随行夹具上装夹后，随着随行夹具通过自动线上的输送机构被运送到自动线的各台机床上。随行夹具以规整统一的安装基面在各台机床的机床夹具上定位、夹紧，并进行工件各工序的加工，直到工件加工完毕，随行夹具回到工件装卸工位，进行工件的装卸。

随行夹具具有以下特点：

① 随行夹具基准统一，有利于保证工件上被加工表面相互之间的位置精度。

② “敞开性”好，工件在随行夹具上一次安装有可能同时加工五个面，可实现工序高度集中。

③ 一次装夹，直至各工序加工完毕回到装卸工位卸载，可防止切屑落入随行夹具的定位基面中。

根据自动线的配置形式，常见的有随行夹具和固定夹具两种。随行夹具是间接输送，固定夹具是直接输送。

（2）典型结构

工件在随行夹具上的定位与在一般夹具上的定位完全一样。随行夹具大都采用一面两销定位方式在传送装置中定位，为便于随行夹具在传送带或其他传送装置中的运输，在随行夹具底板的底面上需作出运输基面。

工件在随行夹具上的夹紧则应考虑到随行夹具在运输、提升、翻转排屑和清洗等过程中由于振动而可能引起的松动，应采用能够自锁的夹紧机构，其中螺旋夹紧机构用得最多。此外，考虑到随行夹具在运输过程中的安全和便于自动化操作，随行夹具的夹紧机构一般均采用机动扳手操作，而没有手柄、杠杆等伸出的手动操作元件。

图 10-23 所示为随行夹具在自动线机床上工作结构简图。随行夹具 1 由带棘爪的步伐输送带 2 运送到机床上。固定夹具 4 除了在输送支承 3 上用一面两销定位及夹紧装置使随行夹具定位及夹紧外，它还提供输送支承面 $A_1$。图 10-23 中件 7 为定位机构，液压缸 6、杠杆 5、钩形压板 8 为夹紧装置。

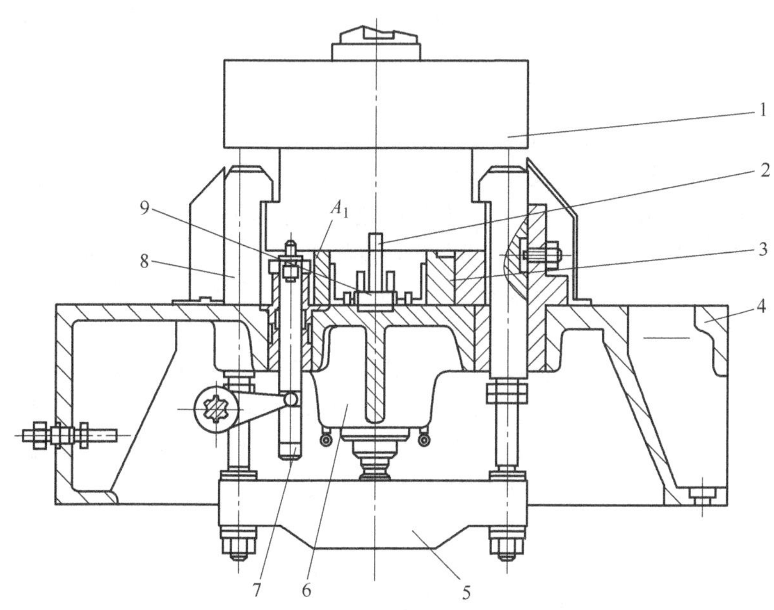


图 10-23 随行夹具在自动线机床上工作结构简图

1—随行夹具；2—输送带；3—输送支承；4—固定夹具；5,9—杠杆；6—液压缸；7—定位机构；8—钩形压板

# 10.5 组合夹具

随着机械制造业的飞速发展，产品的更新换代越来越快，传统的大批量生产模式逐步被

中小批量生产模式所取代，机械制造系统欲适应这种变化须具备较高的柔性。国外已把柔性制造系统（FMS）作为开发新产品的有效手段，并将其作为机械制造业的主要发展方向。柔性化的着眼点主要在机床和工装两个方面，而组合夹具又是工装柔性化的重点。

（1）组合夹具的特点

组合夹具由一套结构已经标准化，尺寸已经规格化而且具有完全互换性、高耐磨性、高精度的标准元件及合件，按照不同工件的工艺要求，组装成加工所需的专用夹具。组合夹具是机床夹具中一种标准化、系列化、通用化程度很高的工艺装备，可以按工件的加工需要组成各种所需功用的夹具。

组合夹具标准的模块元件具有各种不同形状、尺寸和规格，并且有较好的互换性、耐磨性和较高的精度。根据工件的工艺要求，采用搭积木的方式组装成各种专用夹具。使用完毕后，可方便地拆开元件，洗净后将其存放，并分类保管，以便下次组装另一形式的夹具。如此周而复始地循环下去，直至组合夹具元件用到磨损极限而报废为止。在正常情况下，组合夹具元件能使用 15 年左右。

组合夹具把专用夹具的设计、制造、使用、报废的单向过程，变为组装、使用、拆散、清洗入库、再组装的循环过程。可用几小时的组装周期代替几个月的设计制造周期，从而缩短了生产周期；节省了工时和材料，降低了生产成本。组合夹具具有以下特点：

① 灵活多变，万能性强，根据需要可组装成多种不同用途的夹具。适应加工工件外形尺寸的范围为 20～600mm。

② 大幅度缩短生产准备周期。通常一套中等复杂程度专用夹具，从设计到制造约需几个月，而组装一套同等复杂程度的组合夹具只需几个小时，这是制造专用夹具所无法相比的。

③ 可减少专用夹具库存面积，改善夹具管理工作。

④ 节约大量人力、物力和财力，即节约大量设计、制造工时及金属材料消耗。这是由于组合夹具把专用夹具从单向过程改变为循环过程所致。

⑤ 组合夹具的主要缺点是：与专用夹具相比，一般显得体积较大、重量较重、刚性也稍差些；为了适应组装各种不同性质和结构类型的夹具，需要一定数量的组合夹具元件储备，一次性投资较大，成本高，这使组合夹具的推广应用受到一定限制。

（2）组合夹具的分类

组合夹具的出现和发展，使机械工业中单件小批生产和新产品试制工作，创造了极为有利的条件。组合夹具根据按照所依据的基面形状，分槽系和孔系两大类。槽系根据 T 形槽宽度分大（16mm）、中（12mm）、小（8mm）三种系列，孔系根据孔径分四种系列（$d$=10、12、16、24），形成了一套完整的组合夹具体系，以用于不同企业对不同零件的加工。

① 槽系组合夹具。槽系组合夹具元件间靠键和槽（键槽和 T 形槽）定位。图 10-24 所示为一套组装好的槽系组合夹具（回转式钻床夹具）及其拆开与分解情况，其中的数字序号体现组合夹具元件的分类与组成。

② 孔系组合夹具。孔系组合夹具则通过孔与销来实现元件间的定位。图 10-25 所示为一套孔系组合夹具组装与分解情况，其中的数字序号体现组合夹具元件的分类与组成。

（3）组合夹具的元件

组合夹具元件，按其用途不同，一般分为八大类。

孔系组合夹具的元件类别与槽系组合夹具相仿也分为八大类元件，但没有导向元件，而是增加了辅助件。

① 基础件　基础件常作为组合夹具的夹具体，如图 10-26 所示。包括各种规格尺寸的

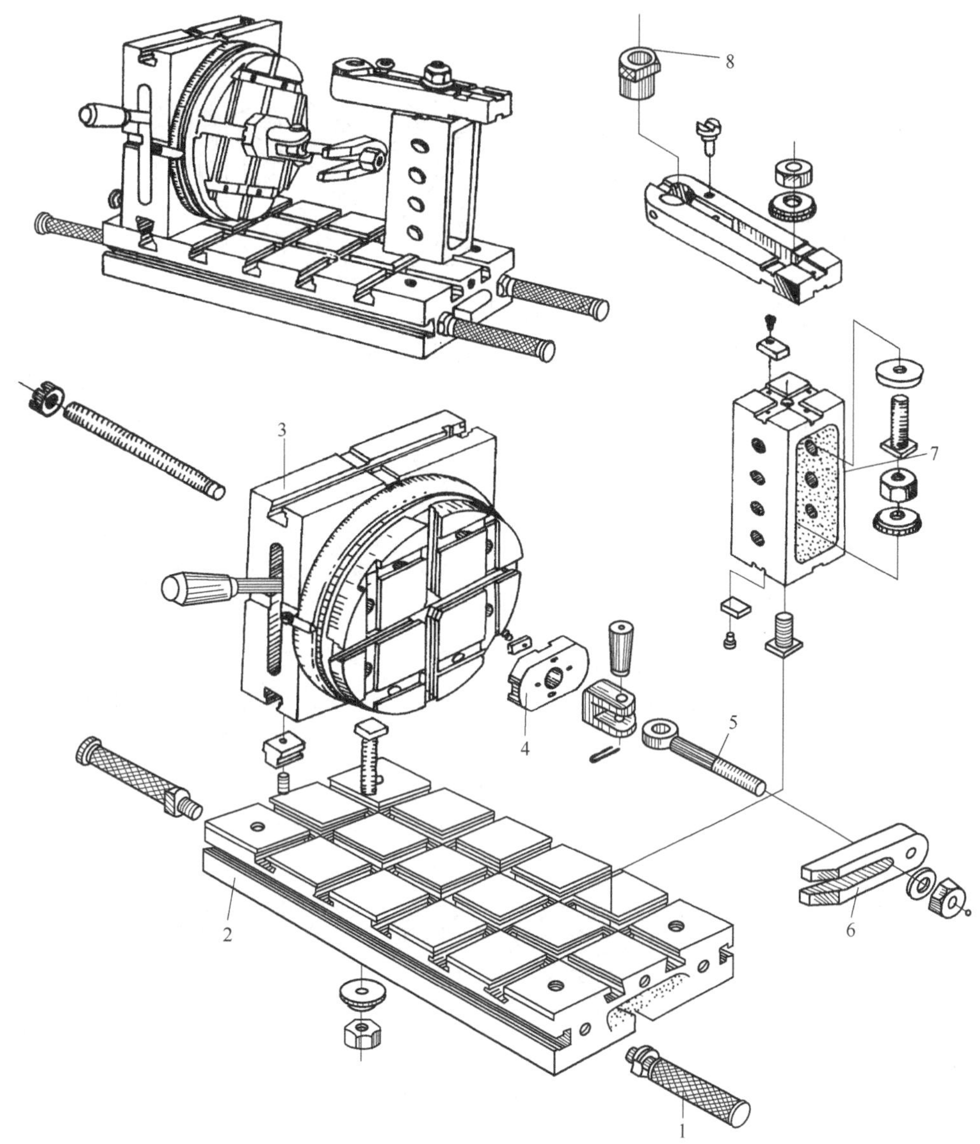


图 10-24 槽系组合夹具组装与分解图

1—手柄杆（其他件）；2—长方形基础板（基础件）；3—分度件（合件）；4—菱形定位盘（定位件）；5—螺栓（紧固件）；6—叉形压板（压紧件）；7—方形支承（支承件）；8—快换钻套（导向件）

方形、矩形、圆形基础板和基础角铁等。

② 支承件 支承件如图 10-27 所示，是组合夹具中的骨架元件，用作不同高度的支承和各种定位支承平面，数量最多、应用最广。它可作为各元件间的连接件，又可作为大型工件的定位件。包括各种规格尺寸的垫片、垫板、方形和矩形支承、角度支承、角铁、菱形板、V 形块、螺孔板、伸长板等。

③ 定位件 定位件如图 10-28 所示，主要用于确定元件与元件、元件与工件之间的相对位置和尺寸距离要求，以保证夹具的装配精度和工件在加工中的准确位置。包括各种定位销、定位盘、定位键、对位轴、各种定位支座、定位支承、锁孔支承、顶尖等。

④ 紧固件 紧固件如图 10-29 所示。主要用来把夹具上各种元件连接紧固成一整体，以及紧固被加工工件。包括各种螺栓、螺钉、螺母和垫圈等。

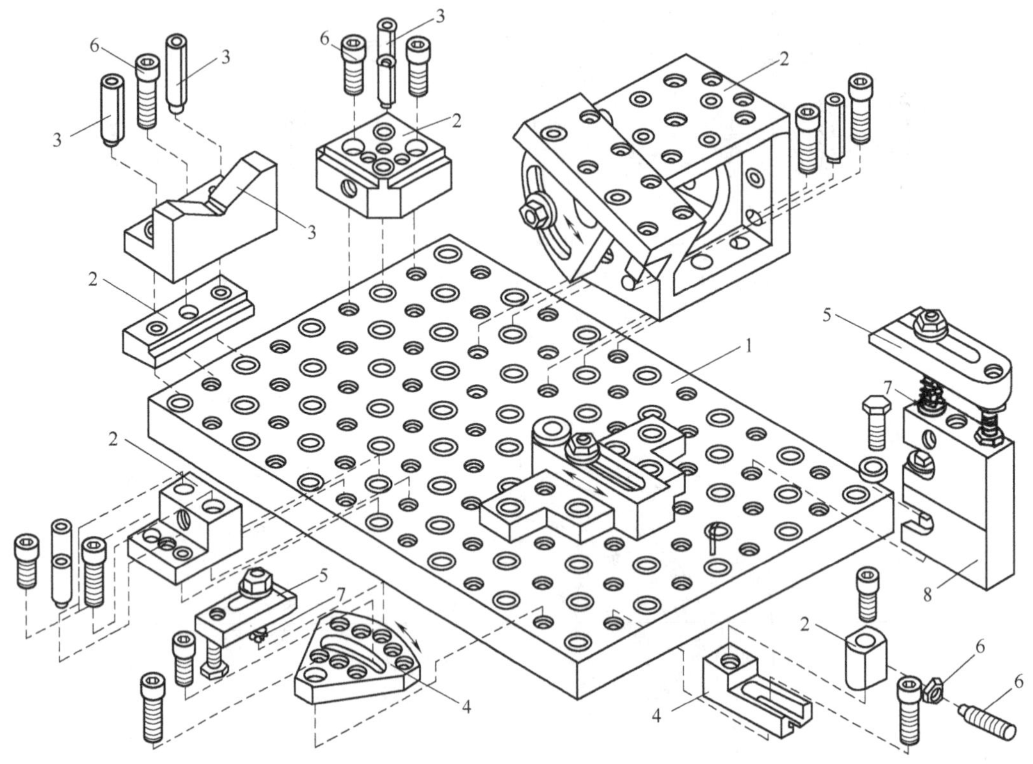


图 10-25 孔系组合夹具组装与分解图

1—基础件；2—支承件；3—定位件；4—辅助件；5—压紧件；6—紧固件；7—其他件；8—合件

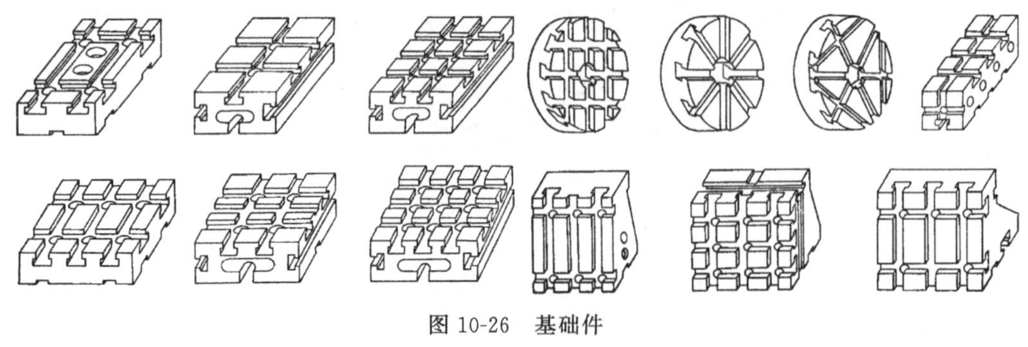

图 10-26 基础件

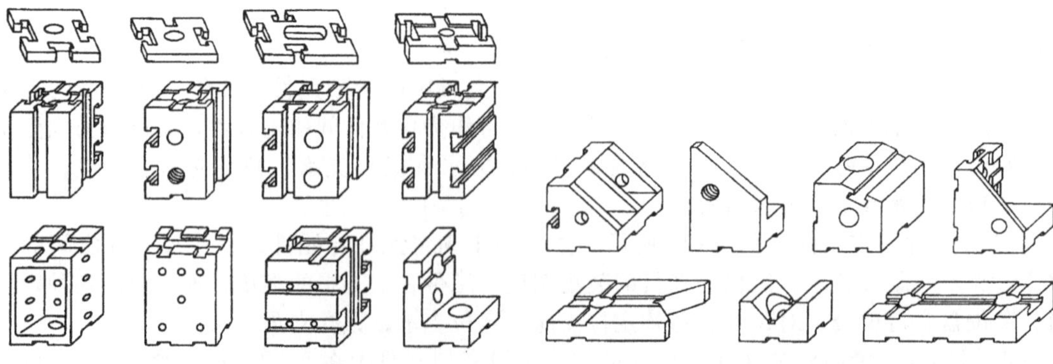

图 10-27 支承件

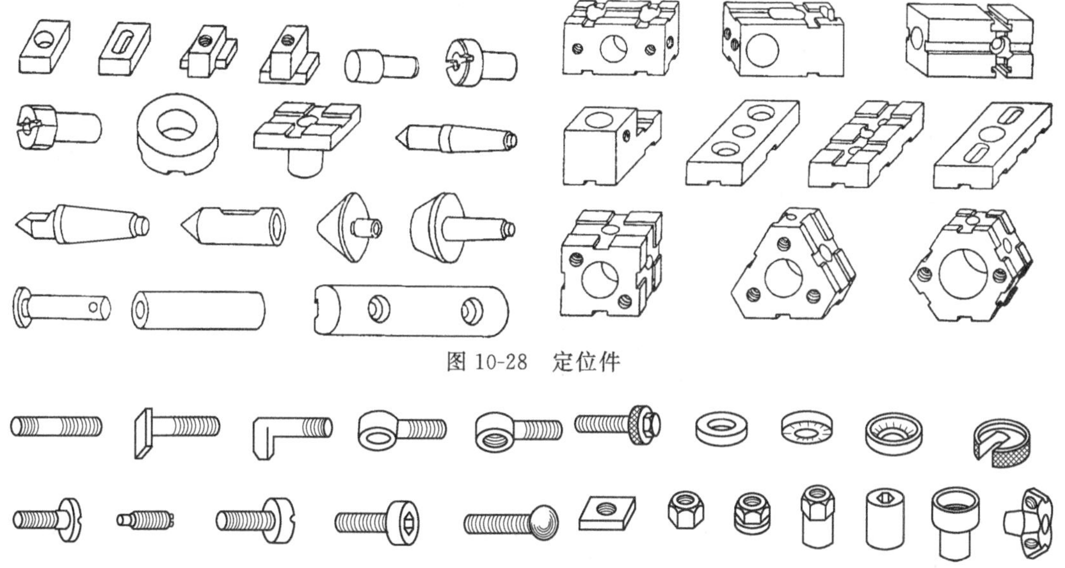

图 10-28　定位件

图 10-29　紧固件

⑤ 导向件　导向件如图 10-30 所示，主要用来确定刀具与工件的相对位置，加工时起到引导刀具的作用。包括各种钻模板、钻套、铰套和导向支承等。

⑥ 夹紧件　夹紧件如图 10-31 所示，主要用来将工件夹紧在夹具上，保证工件定位后的正确位置在外力作用下不变动。由于各种压板的主要表面都经过磨光，因此也常作定位挡板、连接板或其他用途。包括各种形状和尺寸的压板。

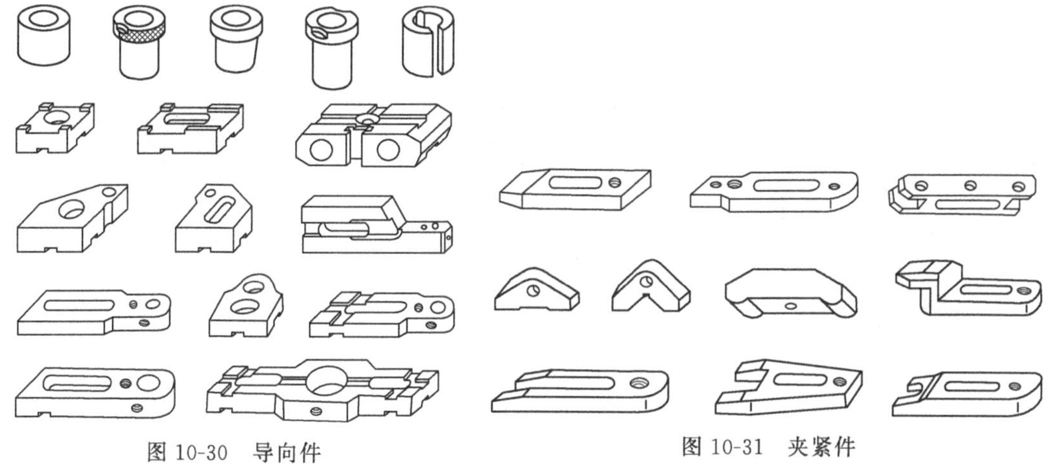

图 10-30　导向件

图 10-31　夹紧件

⑦ 其他件　以上六类元件之外的各种用途的单一元件，例如连接板、回转压板、浮动块、各种支承钉、支承帽、二爪支承、三爪支承、弹簧、平衡块等，如图 10-32 所示。

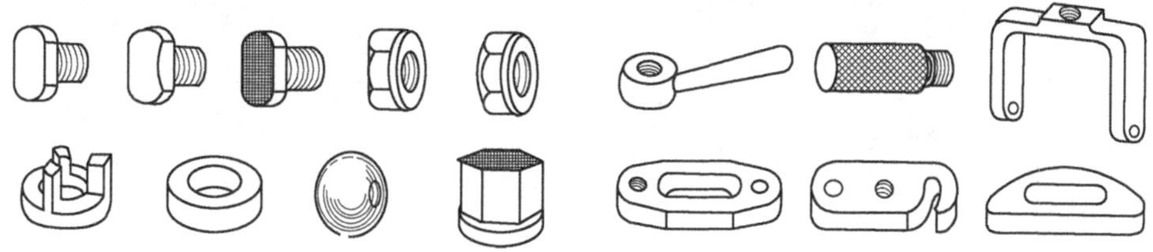

图 10-32　其他件

⑧ 合件　它是由若干零件组合而成，在组装过程中不拆散使用的独立部件。使用合件可以扩大组合夹具的使用范围，加快组装速度，减小夹具体积。按其用途可分为定位合件、导向合件、夹紧合件和分度合件等。如图 10-33 所示。

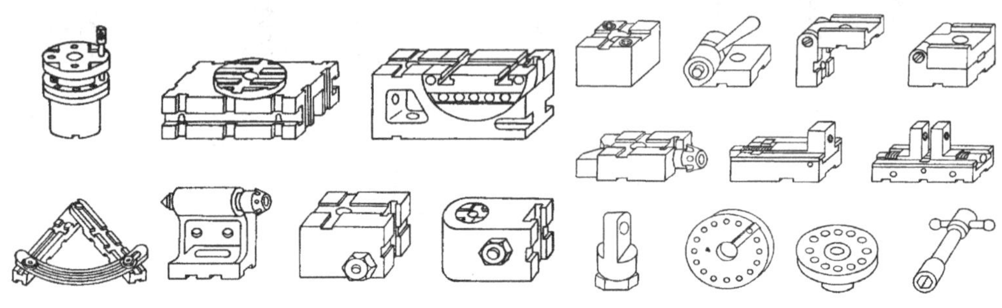

图 10-33　合件

(4) 组合夹具的应用

由组合夹具特点可知，组合夹具适合于零件的品种多、数量少、加工对象经常变换的特点，因此在机械制造、模具制造中得到广泛应用，能为车、铣、刨、磨、镗、插、电火花、装配、检验等工序提供各种类型的夹具。

组合夹具应用范围很广，适用于各机械制造部门，它不仅成熟应用于机床工具、纺织、石油、化工、矿山、冶金、农业、医疗、食品、造纸等机械及汽车、铁路机车、船舶等制造行业，而且在重型、矿山等机械行业也进行了推广使用，特别是在军工、航空产品加工中，应用组合夹具均取得明显的技术经济效果。槽系组合夹具应用如图 10-34 所示，孔系组合夹具应用如图 10-35 所示。

图 10-34　槽系组合夹具应用

图 10-35　孔系组合夹具应用

① 从产品的批量来看，组合夹具最适于新产品研制、试制、单件和小批量生产。对于产品变化频繁、改型周期短、产品类型多的企业选用组合夹具最为适宜，单件小批生产、新产品试制和临时突击性的生产任务等，能收到最显著的经济效果。

② 从加工工序来看，组合夹具应用极为广泛，它可以方便的组成各类机床使用的夹具，如钻、铣、车、镗、磨等夹具，也可以组装出装配、检验与焊接夹具。

③ 从加工工件的几何形状和尺寸方面看，组合夹具一般不受工件形状的限制。组合夹具元件有大、中、小和微型四个系列，各系列间备有过渡元件，可供组装选用。组合夹具也不受工件形状复杂程度的限制，很少遇到因工件形状特殊而不能组装夹具的情况。

④ 从加工工件的公差等级方面看，由于组合夹具元件本身为IT2公差等级，通过各组装环节的累积误差，因此在一般情况下，工件加工公差等级可达IT3级。从加工精度来看，组合夹具一般能稳定在8～9级精度，经过精确调整可达7级精度。组合夹具可达到的加工精度参见表10-1。

表10-1　组合夹具可达到的加工精度

| 类别 | 精度项目 | 每100mm上精度/mm | |
|---|---|---|---|
| | | 一般精度 | 提高精度 |
| 钻床夹具 | 钻铰两孔间距离误差 | ±0.10 | ±0.05 |
| | 钻铰两孔的平行度误差 | 0.10 | 0.03 |
| | 钻铰两孔的垂直度误差 | 0.10 | 0.03 |
| | 钻铰上、下两孔的同轴度误差 | 0.03 | 0.02 |
| | 钻铰圆周孔角度误差 | ±5′ | ±1′ |
| | 钻铰圆周孔圆角直径距离误差 | ± 0.10 | ±0.03 |
| | 钻铰孔与底面垂直度误差 | 0.10 | 0.03 |
| | 钻铰斜孔的角度误差 | ±10′ | ±5′ |
| 镗床夹具 | 镗两孔的孔距误差 | ±0.10 | ±0.02 |
| | 镗两孔的平行度误差 | 0.04 | 0.01 |
| | 镗两孔的垂直度误差 | 0.05 | 0.02 |
| | 镗前后两孔的同轴度误差 | 0.03 | 0.01 |
| 铣刨夹具 | 加工斜面与斜孔的角度误差 | 8′ | 2′ |
| | 加工平面的平行度误差 | 0.05 | 0.03 |
| 磨床夹具 | 磨斜面的角度误差 | 5′ | 1′ |
| | 磨两面的平行度误差 | 0.03 | 0.015 |
| | 磨孔与平面的垂直度误差 | 0.03 | 0.015 |
| | 磨孔与基面的距离误差 | ±0.02 | ±0.01 |
| 车床夹具 | 加工孔与孔之间距离误差 | ±0.05 | ±0.02 |
| | 加工孔面与基准平面的平行度误差 | 0.05 | 0.02 |
| | 加工孔与基准平面的垂直度误差 | 0.03 | 0.02 |

## 10.6　数控机床夹具

数控机床的出现是加工设备适应多品种、小批量生产的重大进展。由于数控机床在工件一次装夹中能加工工件上四五个方向的表面，可实现工序高度集中，并常采用基准统一的装夹方式，加工对象又要经常变换，专用夹具无法适应这种要求，数控机床夹具因此得到了发展。

数控机床夹具是指在数控机床上使用的夹具。前面介绍的通用夹具、可调夹具、组合夹具、成组夹具等，在数控机床上都可以使用。

(1) 特点

数控机床夹具应具有较高的定位精度和刚性；结构简单、通用性强；一次装夹要满足多工序加工加工多个表面，迅速装卸工件；高速甚至超高速切削要克服离心力保证夹紧；或自动化，使工件自动传输、定心、定位和夹紧。具有高效化、自动化、系列化、柔性化和高精度等特点。

① 数控机床夹具具有较高的精度，以满足数控加工的精度要求。

② 数控机床夹具实现加工工序的集中，即高效率，一次装夹工件后能进行多个表面的加工，以减少工件装夹次数。

③ 数控机床夹具的夹紧牢固可靠、操作方便；优先采用夹紧动力装置，使装夹快速省力；夹紧元件的位置一般固定不变，防止了在自动加工过程中，元件与刀具相碰。

④ 数控机床夹具夹具上设置编程零点，以满足数控机床编程要求。

(2) 数控机床夹具构成原理

数控机床按编制的程序完成工件的加工。加工中机床、刀具、夹具和工件之间应有严格的相对坐标位置。所以数控机床夹具在数控机床上应相对机床的坐标原点具有严格的坐标位置，以保证所装夹的工件处于所规定的坐标位置上。为此，数控机床夹具常采用网格状的固定基础板。它长期固定在数控机床工作台上，板上已加工出准确的孔心距位置的一组定位孔和一组紧固螺孔（也有定位孔与螺孔同轴布置形式），它们成网格分布。网格状基础板预先调整好相对数控机床的坐标位置。

利用基础板上的定位孔可装各种夹具，如图 10-36（a）上的角铁支架式夹具。角铁支架上也有相应的网格状分布的定位孔和紧固螺孔，以便安装有关可换定位元件和其他各类元件和组件，以适应相似零件的加工。当加工对象变换品种时，只需更换相应的角铁式夹具便可迅速转换为新零件的加工，不使机床长期等工。图 10-36（b）是立方固定基础板。它安装在数控机床工作台的转台上，其四面都有网格分布的定位孔和紧固螺孔，上面可安装各类夹具的底板。当加工对象变换时，只需转台转位，便可迅速转换成加工新零件用的夹具，十分方便。

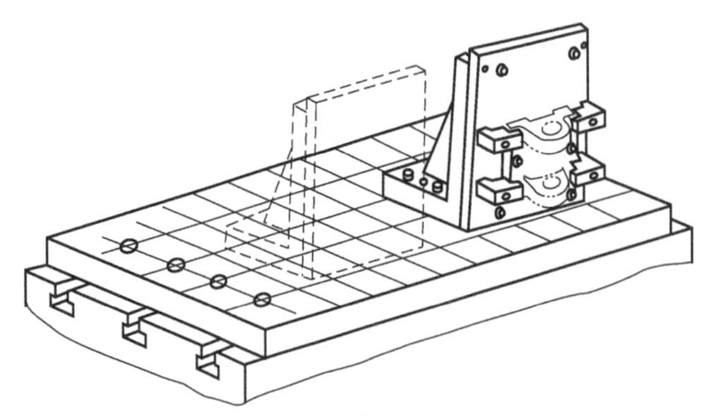

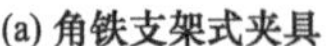

(a) 角铁支架式夹具

(b) 立方固定基础板

图 10-36 数控机床夹具简图

因为刀具相对工件的运动精度是由数控机床精度决定的，所以数控机床夹具上不需要设置对刀装置。此外，数控加工过程中，可能是几把刀具同时进行的，所以夹具是敞开的，所需夹紧力也较大，常采用气动、液压等高效夹紧装置。

从数控机床夹具构成原理可以看到，数控机床夹具实质上是通用可调夹具和组合夹具的结合与发展。它的固定基础板部分加可换部分的组合是通用可调夹具组成原理的应用。而它的元件和组件高度标准化与组合化，又是组合夹具标准元件的演变与发展。国内外许多数控机床夹具采用孔系列组合夹具的结构系统，就是很好的例证。

(3) 数控机床夹具的类型

根据夹具在不同生产类型中的通用特性，数控机床夹具大致可分为通用夹具、专用夹具、可调夹具、组合夹具和拼装夹具 5 大类。

① 通用夹具　已经标准化的可加工一定范围内不同工件的夹具，称为通用夹具。其结构、尺寸已规格化，而且具有一定的通用性，如三爪卡盘、弹簧卡头、顶尖和鸡心卡头、分度头、回转工作台、磁力工作台、平口钳、V 形铁等。

如图 10-37 使用压板-T 形螺钉固定工件。通过机床工作台 T 形槽，可以把工件、夹具或其他机床附件固定在工作台上。

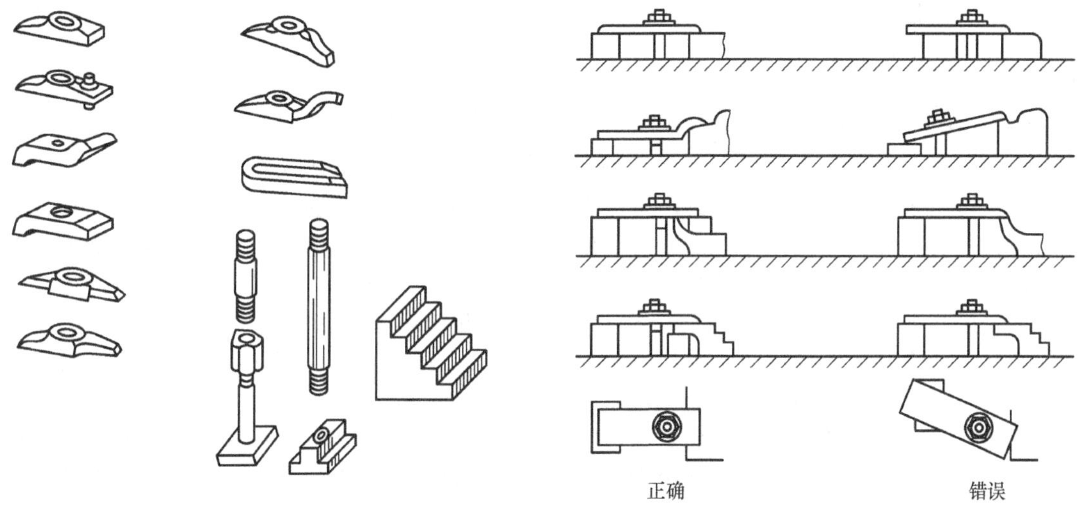


图 10-37　压板-T 形螺钉固定工件

图 10-38 所示为利用弯板装夹工件的示例。

使用弯板时应注意如下几点：弯板在工作台上的固定位置必须正确，弯板的立面必须与工作台台面相垂直；工件与弯板立面的安装接触面积应尽量大；夹紧工件时，应尽可能多地使用螺栓压板或弓形夹。

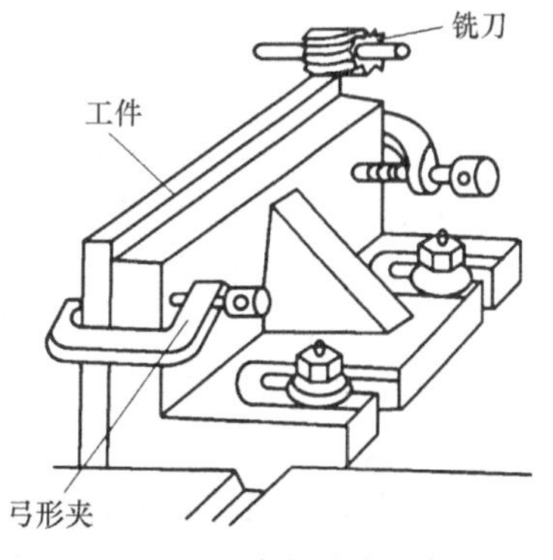


图 10-38　弯板装夹工件

通用夹具在产品生产中应用很广，主要分散在车间各机床操作者手中，是机床必不可少的辅助工具。这类夹具适应性强，可用于装夹一定形状和尺寸范围内的各种工件。其缺点是夹具的精度不高，生产率也较低，较难装夹形状复杂的工件，故一般用于单件小批量生产中。此类夹具在生产中发挥了较大作用，但又不能完全依赖于该类夹具。

② 专用夹具　专门为某一工件的某一道工序设计制造的夹具，称为专用夹具。专用夹具的优点在于针对性强、结构紧凑、操作方便迅速。在产品相对稳定、批量较大的生产中，采用各种专用夹具，可获得较高的生产率和加工精度。其缺点是设计和生产周期较长，成本

较高，通用性差。

专用夹具一般在批量生产中使用。除大批量生产之外，中小批量生产中也需要采用一些专用夹具，但在结构设计时要进行具体的技术经济分析。国内大多数企业的数控机床、加工中心和 FMS 的普及率相对国外较低，所加工的零件范围并不宽广，故仍有许多企业使用专用夹具进行工作，如纺织机械行业的墙板，座架类零件多采用专用夹具。而工业化国家的数控机床普及率已达 70%以上，其加工零件的范围广，采用专用夹具远不能满足零件变更的要求，因此除了批量较大的生产外，一般较少单独采用专用夹具。

③ 可调夹具（详见 10.1） 某些元件可调整或更换，以适应多种工件加工的夹具，称为可调夹具。对不同类型和尺寸的工件，只需调整或更换原来夹具上的个别定位元件和夹紧元件便可使用。可调夹具是针对通用夹具和专用夹具的缺陷而发展起来的一类新型夹具。通用可调夹具与成组夹具的结构比较相似，都是按照经适当调整可多次使用的原理设计的。通用可调夹具的通用范围比通用夹具更大。成组夹具则是一种专用可调夹具，按成组原理设计而成并能加工相似的工件。对于系列化的定型产品，且有一定生产批量的情况，成组夹具是一种较为经济、实用的夹具类型。此类夹具适合于产品相对单一、产品零件尺寸及形状变化不大的场合。

④ 组合夹具（详见 10.5） 采用标准的组合元件、部件，专门为某一工件的某道工序组装的夹具，称为组合夹具。组合夹具是一种模块化的夹具，标准的模块元件具有较高精度和耐磨性，可组装成各种夹具。夹具用毕可拆卸，清洗后留待组装新的夹具。由于组合夹具具有组合性、可调性、应急性等优点，所以使用组合夹具可缩短生产准备周期，元件能重复多次使用，并具有减少专用夹具数量等优点，因此组合夹具在单件、小批量多品种生产加工中是一种较经济的夹具。但组合夹具存在元件之间的配合环节较多，夹具的刚度低，精度不高，组装成的夹具体积和质量大，操作不如专用夹具方便等缺点，因此，它在国内外数控加工中仅用于结构简单、精度要求低、批量较小的零件加工。

⑤ 拼装夹具（详见 10.3） 用专门的标准化、系列化的拼装零部件拼装而成的夹具，称为拼装夹具，其基础板和夹紧部件中常带有小型液压缸。它具有组合夹具的优点，但其精度和效能比组合夹具更高，结构也比组合夹具更紧凑，此类夹具更适合在批量较大的生产中使用。

（4）数控机床夹具的合理选用

目前，机械加工按生产批量可分为两大类：一类是单件、多品种、小批量（简称小批量生产）；另一类是少品种、大批量（简称大批量生产）。其中前者大约占到机械加工总产值的 70%～80%，是机械加工的主体。依据机械加工类型选择数控机床夹具的一般原则如下：

① 适宜小批量生产的数控机床夹具 小批量生产周期＝生产(准备/等待)时间＋工件加工时间。由于小批量生产“工件加工时间”很短，因此“生产（准备/等待）时间”的长短对于加工周期有着至关重要的影响。要想提高生产效率（即缩短加工周期），就必须想办法缩短“生产（准备/等待）时间”。小批量生产可优先考虑下面三类的数控机床夹具：

a. 组合夹具 又称为“积木式夹具”，它由一系列经过标准化设计、功能各异、规格尺寸不同的机床夹具元件组成，客户可以根据加工要求，像“搭积木”一样，快速拼装出各种类型的机床夹具。由于组合夹具省去了设计和制造专用夹具时间，极大地缩短了生产准备时间，因而有效地缩短了小批量生产周期，即提高了生产效率。另外，组合夹具还具有定位精度高、装夹柔性大、循环重复使用、制造节能节材、使用成本低廉等优点。故此小批量加工，特别是产品形状较为复杂时可优先考虑使用组合夹具。

b. 精密组合平口钳 是专门针对数控机床、加工中心特点所设计的一系列新型平口钳，此类产品具有装夹柔性大、定位精度高、夹紧快速、可成组使用等特点，特别适合数控机床、加工中心使用。

精密组合平口钳实际上属于组合夹具中的“合件”，与其他组合夹具元件相比其通用性更强、标准化程度更高、使用更简便、装夹更可靠，因此在全球范围内得到了广泛的应用。精密组合平口钳具有快速安装（拆卸）、快速装夹等优点，因此可以缩短生产准备时间，提高小批量生产效率。

c. 电永磁夹具　是以钕铁硼等新型永磁材料为磁力源，运用现代磁路原理而设计出来的一种新型夹具。大量的机加工实践表明，电永磁夹具可以大幅提高数控机床、加工中心的综合加工效能。

电永磁夹具的夹紧与松开过程只需 1s 左右，因此大幅缩短了装夹时间；常规机床夹具的定位元件和夹紧元件占用空间较大，而电永磁夹具没有这些占用空间的元件，因此与常规机床夹具相比，电永磁夹具的装夹范围更大，这有利于充分利用数控机床的工作台和加工行程，有利于提高数控机床的综合加工效能。

② 适宜大批量加工的数控机床夹具　大批量加工周期＝加工等待时间＋工件加工时间＋生产准备时间。“加工等待时间”主要包括工件装夹和更换刀具的时间。传统的手动机床夹具“工件装夹时间”可达到大批量加工周期的 10%～30%，这样“工件装夹”就成了影响生产效率的关键性因素，也是机床夹具“挖潜”的重点对象。故此大批量加工宜采用快速定位、快速夹紧（松开）的专用夹具，故此可优先考虑以下三类数控机床夹具：

a. 液压/气动夹具　是以油压或气压作为动力源，通过液压元件或气动元件来实现对工件的定位、支承与压紧的专用夹具。液压/气动夹具可以准确快速地确定工件与机床、刀具之间的相互位置，工件的位置精度由夹具保证，加工精度高；定位及夹紧过程迅速，极大地节省了夹紧和释放工件的时间；同时具有结构紧凑、可多工位装夹、可进行高速重切削，可实现自动化控制等优点。

液压/气动夹具的上述优点，使之特别适宜在数控机床、加工中心、柔性生产线使用，特别适合大批量加工。

b. 电永磁夹具　具有的快速夹紧、易实现多工位装夹、一次装夹可多面加工、装夹平稳可靠、节能环保、可实现自动化控制等优点。与常规机床夹具相比，电永磁夹具可以大幅缩短装夹时间，减少装夹次数，提高装夹效率，因此不仅适用于小批量生产，亦适用于大批量生产。

c. 光面夹具基座　光面夹具基座在国内应用还不是很多，但在欧美等工业发达国家应用很广泛。它实际上就是经过精加工的夹具基体精毛坯，元件与机床定位连接部分和零件在夹具上的定位面已经精加工完毕。用户可以根据自己的实际需要，自行加工制作专用夹具。

光面夹具基座可以有效缩短制造专用夹具的周期，减少生产准备时间，因而可以从总体上缩短大批量生产的周期，提高生产效率；同时还可以降低专用夹具的制造成本。因此光面夹具基座特别适合于周期较紧的大批量生产。

（5）数控机床夹具的灵活应用

经验表明，为了提高数控机床加工效能，仅仅选对数控机床夹具还是不够的，还必须在“用好”数控机床夹具上下功夫。目前常用的数控机床、加工中心能够实现自动进给、自动换刀、自动冷却和自动排屑等功能，但是绝大部分机床还不能实现自动装夹，因此装夹时间的长短就成了影响生产效率的关键性因素。

要想“用好”数控机床夹具，就要在缩短三个“时间”（单位装夹时间、更换夹具时间、调整夹具时间）上想办法。下面是四种常用的方法。

① 多工位法　通过一次装夹多个工件，达到缩短单位装夹时间，延长刀具有效切削时间的目的。多工位夹具即拥有多个定位夹紧位置的夹具。随着数控机床的发展和用户提高生

产效率的需要，现在多工位夹具的应用越来越多。在液压/气动夹具、组合夹具、电永磁夹具和精密组合平口钳的结构设计中多工位设计越来越普遍。

② 成组使用法　将相同的几个夹具放在同一工作台使用，同样也可以实现“多工位”装夹的目的。这种方法所涉及的夹具一般应经过“标准化设计、高精度制造”，否则难以达到数控机床工序加工的要求。

成组使用法可以充分利用数控机床行程，有利于机床传动部件的均衡磨损；同时相关夹具既可独立使用，实现多件装夹，又可联合使用，实现大规格工件装夹。

③ 局部快换法　是通过对数控机床夹具的局部（定位元件、夹紧元件、对刀元件和引导元件）进行快速更换，达到迅速改变夹具功能或使用方式的目的。例如：快换组合平口钳，可以通过快速更换钳口实现装夹功能的改变，比如由装夹方料转变成装夹棒料；也可以通过快速更换夹紧元件实现夹紧方式的改变，比如由手动夹紧转变成液压夹紧。局部快换法大幅缩短了更换及调整夹具的时间，在小批量生产中优势较为明显。

④ 整体快换法　是通过将数控机床夹具整体进行快速更换，达到迅速更换夹具或更换工件的目的；较适用于结构复杂、安装调整及装夹较为费时的夹具。一般情况下，加工中心、柔性生产线的夹具与具有零点定位、快速夹紧功能的托盘作为一个整体进行更换，目的是快速更换夹具，并且省去了调整夹具的时间；部分数控机床（比如：数控车床）进行整体快换的目的是快速更换工件，即一套夹具在线加工的同时，另一套相同的夹具在机外装夹零件，这样可以省去在线装夹的时间。

数控机床夹具的合理选择与灵活应用，能够缩短生产周期、提高工件质量、降低加工成本和工人劳动强度，对于提高数控机床的综合加工效能有着极为重要的意义。

## 项目小结

本项目介绍了各种现代机床夹具的特点、组成和结构。学生通过学习，应能区分通用可调夹具、成组夹具、拼装夹具、组合夹具、数控机床夹具等，应能根据零件工序的加工要求，能合理选择和灵活选用数控机床夹具等目的。

# 附表

附表 1　**机械加工定位及夹紧符号**

| 分类 \ 标注位置 | | 独立 | | 联动 | |
|---|---|---|---|---|---|
| | | 视图轮廓线上 | 视图正面上 | 视图轮廓线上 | 视图正面上 |
| 定位点 | 固定 | | | | |
| | 活动 | | | | |
| 辅助支承 | | | | | |
| 机械夹紧 | | | | | |
| 液压夹紧 | | Y | Y | Y | Y |
| 气动夹紧 | | Q | Q | Q | Q |

示例：阿拉伯数字表示所限制的自由度数。

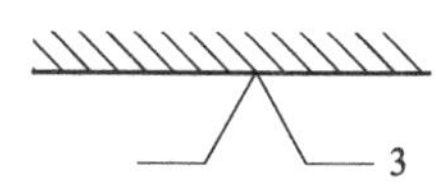


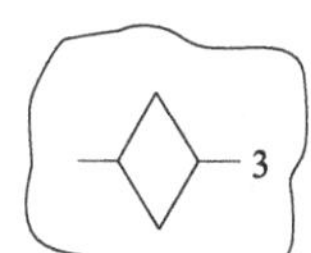


附表 2　**各种生产类型的生产纲领**　　件

| 生产类型 \ 生产纲领 | | 单件生产 | 成批生产 | | | 大量生产 |
|---|---|---|---|---|---|---|
| | | | 小批 | 中批 | 大批 | |
| 产品类型 | 重型机械 | ＜5 | 5～100 | 100～300 | 300～1000 | ＞1000 |
| | 中型机械 | ＜10 | 10～200 | 200～500 | 500～5000 | ＞5000 |
| | 轻型机械 | ＜100 | 100～500 | 500～5000 | 5000～50000 | ＞50000 |

注：“重型机械”“中型机械”和“轻型机械”可分别以轧钢机、柴油机和缝纫机作代表。

## 附表 3 机床联系尺寸

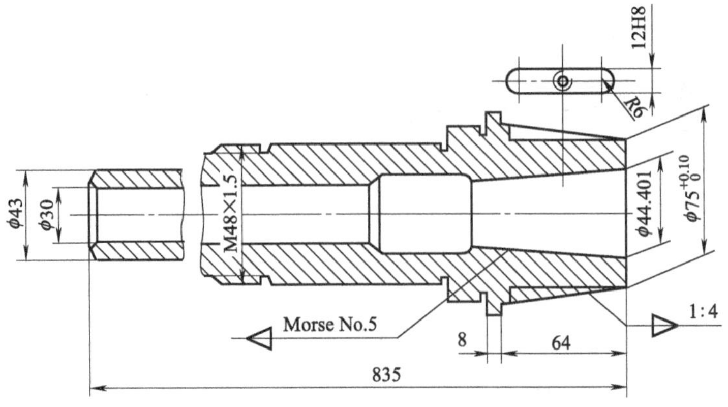


(a) C616、C616A主轴尺寸

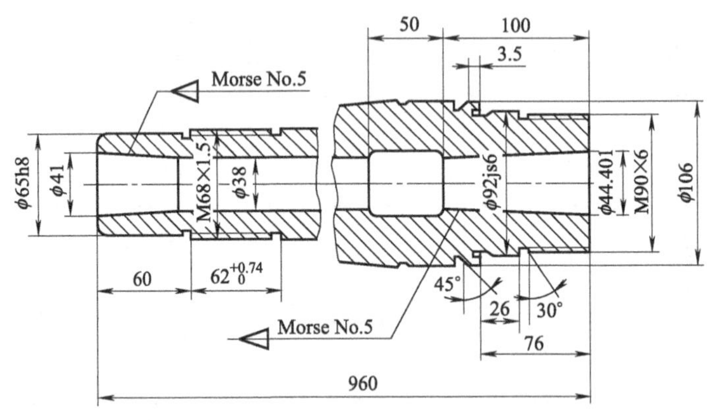


(b) C620主轴尺寸

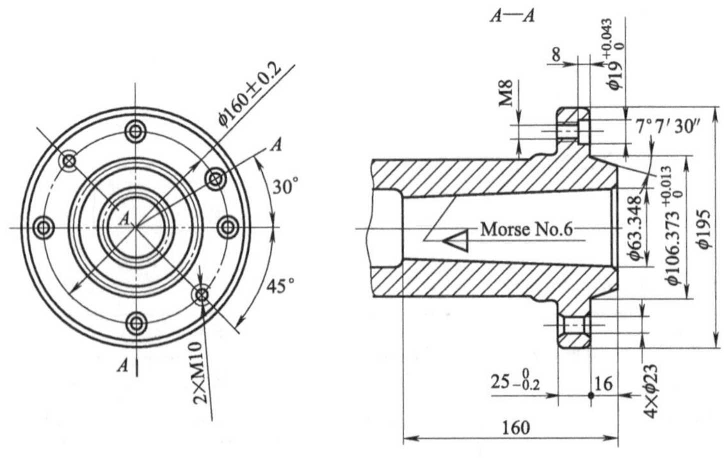


(c) CA6140、-CA6150、CA6240、CA6250主轴尺寸

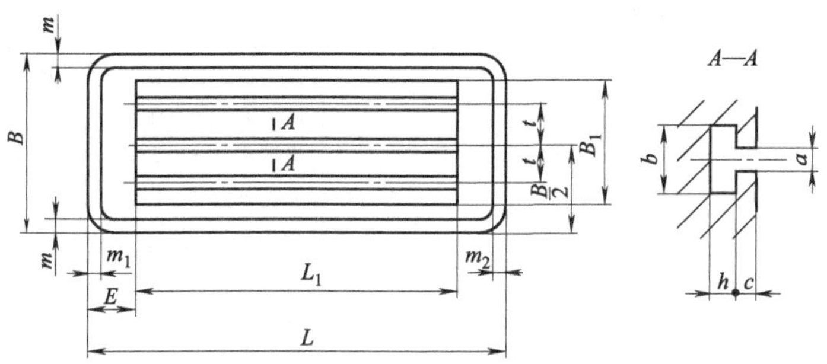


(d) 铣床工作台及T形槽尺寸

(d) 铣床工作台及 T 形槽尺寸

| 型号 | $B$ | $B_1$ | $t$ | $m$ | $L$ | $L_1$ | $E$ | $m_1$ | $m_2$ | $a$ | $b$ | $h$ | $c$ |
|---|---|---|---|---|---|---|---|---|---|---|---|---|---|
| X50 | 200 | 135 | 45 | 10 | 870 | 715 | 70 | 25 | 40 | 14 | 25 | 11 | 12 |
| X51 | 250 | 170 | 50 | 10 | 1000 | 815 | 95 |  | 45 | 14 | 24 | 11 | 12 |
| X5025A | 250 |  | 50 |  | 1120 |  |  |  |  | 14 | 24 | 11 | 14 |
| X5028 | 280 |  | 60 |  | 1120 |  |  |  |  | 14 | 24 | 11 | 18 |
| X5030 | 300 | 222 | 60 |  | 1120 | 900 |  | 40 | 40 | 14 | 24 | 11 | 16 |
| X52 | 320 | 255 | 70 | 15 | 1325 | 1130 | 75 | 25 | 50 | 18 | 32 | 14 | 18 |
| X52K | 320 | 255 | 70 | 17 | 1250 | 1130 | 75 | 25 | 45 | 18 | 30 | 14 | 18 |
| X53 | 400 | 285 | 90 | 15 | 1700 | 1480 | 100 | 30 | 50 | 18 | 32 | 14 | 18 |
| X53K | 400 | 290 | 90 | 12 | 1600 | 1475 | 110 | 30 | 45 | 18 | 30 | 14 | 18 |
| X53T | 425 |  |  |  |  |  |  |  |  | 18 | 30 | 14 | 18 |
| X60 | 200 | 140 | 45 | 10 | 870 | 710 | 75 | 30 | 40 | 14 | 25 | 11 | 14 |
| X61 | 250 | 175 | 50 | 10 | 1000 | 815 | 95 | 50 | 60 | 14 | 25 | 11 | 14 |
| X6030 | 300 | 222 | 60 |  | 1120 | 900 |  | 40 | 40 | 14 | 24 | 11 | 18 |
| X62 | 320 | 220 | 70 | 16 | 1250 | 1055 | 75 | 25 | 50 | 18 | 30 | 14 | 18 |
| X63 | 400 | 290 | 90 | 15 | 1600 | 1385 | 100 | 30 | 40 | 18 | 30 | 14 | 18 |
| X60W | 200 | 140 | 45 | 10 | 870 | 710 | 75 | 30 | 40 | 14 | 23 | 11 | 12 |
| X61W | 250 | 175 | 50 | 10 | 1000 | 815 | 95 | 50 | 60 | 14 | 25 | 11 | 14 |
| X6130 | 300 | 222 | 60 | 11 | 1120 | 900 |  | 40 | 40 | 14 | 24 | 11 | 16 |
| X62W | 320 | 220 | 70 | 16 | 1250 | 1055 | 75 | 25 | 50 | 18 | 30 | 14 | 18 |
| X63W | 400 | 290 | 90 | 15 | 1600 | 1385 | 100 | 30 | 40 | 18 | 30 | 14 | 18 |

**附表 4　常用夹具元件的材料及热处理**

| 名称 | | 推荐材料 | 热处理要求 |
| --- | --- | --- | --- |
| 定位元件 | 支撑钉 | D≤12mm,T7A<br>D>12mm,20 钢 | 淬火 60～64HRC<br>渗碳深 0.8～1.2mm,淬火 60～64HRC |
| | 支撑板 | 20 钢 | 渗碳深 0.8～1.2mm,淬火 60～64HRC |
| | 可调支撑螺钉 | 45 钢 | 头部淬火 38～42HRC<br>L<12mm,整体淬火 60～64HRC |
| | 定位销 | D≤16mm,T8A<br>D>16mm,20 钢 | 淬火 53～58HRC<br>渗碳深 0.8～1.2mm,淬火 53～58HRC |
| | 定位心轴 | D≤35mm,T7A<br>D>35mm,45 钢 | 淬火 55～60HRC<br>淬火 43～48HRC |
| | V 形块 | 20 钢 | 渗碳深 0.8～1.2mm,淬火 60～64HRC |
| 夹紧元件 | 斜楔 | 20 钢<br>或 45 钢 | 渗碳深 0.8～1.2mm,淬火 58～62HRC<br>淬火 43～48HRC |
| | 压紧螺钉 | 45 钢 | 淬火 38～42HRC |
| | 螺母 | 45 钢 | 淬火 33～38HRC |
| | 摆动压块 | 45 钢 | 淬火 43～48HRC |
| | 普通螺钉压板 | 45 钢 | 淬火 38～42HRC |
| | 钩形 | 45 钢 | 淬火 38～42HRC |
| | 圆偏心轮 | 45 钢<br>或优质工具钢 | 渗碳深 0.8～1.2mm,淬火 60～64HRC<br>渗碳深 0.8～1.2mm,淬火 50～55HRC |
| 其他专用元件 | 对刀块 | 20 钢 | 渗碳深 0.8～1.2mm,淬火 60～64HRC |
| | 塞尺 | T7A | 淬火 60～64HRC |
| | 定向键 | 45 钢 | 淬火 43～48HRC |
| | 钻套 | 内径≤25mm,T10A<br>内径>25mm,20 钢 | 淬火 60～64HRC<br>渗碳深 0.8～1.2mm,淬火 60～64HRC |
| | 衬套 | 内径≤25mm,T10A<br>内径>25mm,20 钢 | 淬火 60～64HRC<br>渗碳深 0.8～1.2mm,淬火 60～64HRC |
| | 固定式镗套 | 20 钢 | 渗碳深 0.8～1.2mm,淬火 55～60HRC |
| 夹具体 | | HT150 或 HT200<br>Q190,Q215,Q235 | 时效处理<br>退火处理 |

**附表 5　夹具元件间常用的配合选择**

| 工作形式 | 精度要求 | | 示例 |
| --- | --- | --- | --- |
| | 一般精度 | 较高精度 | |
| 定位元件与工件定位基准间 | $\frac{H7}{h6},\frac{H7}{g6},\frac{H7}{f7}$ | $\frac{H6}{h5},\frac{H6}{g5},\frac{H6}{f5}$ | 定位销与工件基准孔 |
| 有引导作用并有相对运动的元件间 | $\frac{H7}{h6},\frac{H7}{g6},\frac{H7}{f7}$<br>$\frac{H7}{h6},\frac{G7}{h6},\frac{F7}{h6}$ | $\frac{H6}{h5},\frac{H6}{g5},\frac{H6}{f5}$<br>$\frac{H6}{h5},\frac{G6}{h5},\frac{F6}{h5}$ | 滑动定位件<br>刀具与导套 |
| 无引导作用但有相对运动的元件间 | $\frac{H7}{f9},\frac{H9}{d9}$ | $\frac{H7}{d8}$ | 滑动夹具底座板 |
| 没有相对运动的元件间 | $\frac{H7}{n6},\frac{H7}{p6},\frac{H7}{r7},\frac{H7}{s6},\frac{H7}{u6},\frac{H8}{t6}$(无紧固件)<br>$\frac{H7}{m6},\frac{H7}{k6},\frac{H7}{js6},\frac{H7}{m6},\frac{H8}{k7}$(有紧固件) | | 固定支承钉<br>定位销 |

附表 6　按工件的直线尺寸公差确定机床夹具相应尺寸公差

| 工件尺寸公差 | | 夹具尺寸公差 | 工件尺寸公差 | | 夹具尺寸公差 |
|---|---|---|---|---|---|
| 由 | 至 | | 由 | 至 | |
| 0.008 | 0.01 | 0.005 | 0.20 | 0.24 | 0.08 |
| 0.01 | 0.02 | 0.006 | 0.24 | 0.28 | 0.09 |
| 0.02 | 0.03 | 0.010 | 0.28 | 0.34 | 0.10 |
| 0.03 | 0.05 | 0.015 | 0.34 | 0.45 | 0.15 |
| 0.05 | 0.06 | 0.025 | 0.45 | 0.65 | 0.20 |
| 0.06 | 0.07 | 0.030 | 0.65 | 0.90 | 0.30 |
| 0.07 | 0.08 | 0.035 | 0.90 | 1.30 | 0.40 |
| 0.08 | 0.09 | 0.040 | 1.30 | 1.50 | 0.5 |
| 0.09 | 0.10 | 0.045 | 1.50 | 1.80 | 0.6 |
| 0.10 | 0.12 | 0.050 | 1.80 | 2.0 | 0.7 |
| 0.12 | 0.16 | 0.060 | 2.0 | 2.5 | 0.8 |
| 0.16 | 0.20 | 0.070 | 2.5 | 3.0 | 1.0 |

附表 7　按工件的角度尺寸公差确定夹具相应尺寸公差

| 工件角度公差 | | 夹具角度公差 | 工件角度公差 | | 夹具角度公差 |
|---|---|---|---|---|---|
| 由 | 至 | | 由 | 至 | |
| 0°00′50″ | 0°01′30″ | 0°00′30 | 0°20′ | 0°25′ | 0°10′ |
| 0°01′30″ | 0°02′30″ | 0°01′00″ | 0°25′ | 0°35′ | 0°12′ |
| 0°02′30″ | 0°03′30″ | 0°01′30″ | 0°35′ | 0°50′ | 0°15′ |
| 0°03′30″ | 0°04′30″ | 0°02′00″ | 0°50′ | 1°00′ | 0°20′ |
| 0°04′30″ | 0°06′00″ | 0°02′30″ | 1°00′ | 1°30′ | 0°30′ |
| 0°06′00″ | 0°08′00″ | 0°03′00″ | 1°30′ | 2°00′ | 0°40′ |
| 0°08′00″ | 0°10′00″ | 0°04′00″ | 2°00′ | 3°00′ | 1°00′ |
| 0°10′00″ | 0°15′00″ | 0°05′00″ | 3°00′ | 4°00′ | 1°20′ |
| 0°15′00″ | 0°20′00″ | 0°08′00″ | 4°00′ | 5°00′ | 1°40′ |

附表 8　按工件公差选择机床夹具公差

| 夹具形式 | 工件被加工尺寸的公差/mm | | | | |
|---|---|---|---|---|---|
| | 0.03～0.10 | 0.10～0.20 | 0.20～0.30 | 0.30～0.50 | 自由尺寸 |
| 车床夹具 | 1/4 | 1/4 | 1/5 | 1/5 | 1/5 |
| 钻床夹具 | 1/3 | 1/3 | 1/4 | 1/4 | 1/5 |
| 镗床夹具 | 1/2 | 1/2 | 1/3 | 1/3 | 1/5 |

附表 9 **机床夹具技术条件数值**

| 技术条件 | 参考数值 |
|---|---|
| 同一平面支承钉和支承板的等高公差 | ≤0.02mm |
| 定位元件工作表面对定位键槽侧面的平行度和垂直度 | ≤0.02:100mm |
| 定位元件工作表面对夹具体底面的平行度和垂直度 | ≤0.02:100mm |
| 钻套轴线对夹具体底面的垂直度 | ≤0.05:100mm |
| 镗模前后镗套的同轴度 | ≤0.02mm |
| 对刀块工作表面对定位键槽侧面的平行度和垂直度 | ≤0.03:100mm |
| 对刀块工作表面对夹具体底面的平行度和垂直度 | ≤0.03:100mm |
| 车、磨夹具的找正基面对其回转中心的径向跳动 | ≤0.02mm |

附表 10 **锥度心轴尺寸**

mm

| 公称直径 | $K$ | 支号 No. | $d_1$ | $d_2$ | $L$ | $l$ | $l_1$ | $l_2$ |
|---|---|---|---|---|---|---|---|---|
| 34 | 1∶3000 | Ⅰ | 34.020 | 33.966 | 265 | 230 | 22 | 68 |
| | | Ⅱ | 34.074 | 34.020 | | | | |
| | 1∶5000 | Ⅰ | 34.002 | 33.966 | 280 | 248 | | |
| | | Ⅱ | 34.038 | 34.002 | | | | |
| | | Ⅲ | 34.074 | 34.038 | | | | |
| | 1∶8000 | Ⅰ | 33.993 | 33.966 | 315 | 284 | | |
| | | Ⅱ | 34.020 | 33.993 | | | | |
| | | Ⅲ | 34.047 | 34.020 | | | | |
| | | Ⅳ | 34.074 | 34.047 | | | | |
| 35 | 1∶3000 | Ⅰ | 35.020 | 34.966 | 270 | 232 | 25 | 70 |
| | | Ⅱ | 35.074 | 35.020 | | | | |
| | 1∶5000 | Ⅰ | 35.002 | 34.966 | 285 | 250 | | |
| | | Ⅱ | 35.038 | 35.002 | | | | |
| | | Ⅲ | 35.074 | 35.038 | | | | |
| | 1∶8000 | Ⅰ | 34.993 | 34.966 | 320 | 286 | | |
| | | Ⅱ | 35.020 | 34.993 | | | | |
| | | Ⅲ | 35.047 | 35.020 | | | | |
| | | Ⅳ | 35.074 | 35.047 | | | | |
| 37 | 1∶3000 | Ⅰ | 37.020 | 36.966 | 275 | 236 | | 74 |
| | | Ⅱ | 37.074 | 37.020 | | | | |
| | 1∶5000 | Ⅰ | 37.002 | 36.966 | 290 | 254 | | |
| | | Ⅱ | 37.038 | 37.002 | | | | |
| | | Ⅲ | 37.074 | 37.038 | | | | |
| | 1∶8000 | Ⅰ | 36.993 | 36.966 | 325 | 290 | | |
| | | Ⅱ | 37.020 | 36.993 | | | | |
| | | Ⅲ | 37.047 | 37.020 | | | | |
| | | Ⅳ | 37.074 | 37.047 | | | | |

续表

| 公称直径 | $K$ | 支号 No. | $d_1$ | $d_2$ | $L$ | $l$ | $l_1$ | $l_2$ |
| --- | --- | --- | --- | --- | --- | --- | --- | --- |
| 38 | 1∶3000 | Ⅰ | 38.020 | 37.966 | 275 | 238 | 25 | 76 |
| | | Ⅱ | 38.074 | 38.020 | | | | |
| | 1∶5000 | Ⅰ | 38.002 | 37.966 | 290 | 256 | | |
| | | Ⅱ | 38.038 | 38.002 | | | | |
| | | Ⅲ | 38.074 | 38.038 | | | | |
| | 1∶8000 | Ⅰ | 37.993 | 37.966 | 330 | 292 | | |
| | | Ⅱ | 38.020 | 37.993 | | | | |
| | | Ⅲ | 38.047 | 38.020 | | | | |
| | | Ⅳ | 38.074 | 38.047 | | | | |
| 40 | 1∶3000 | Ⅰ | 40.020 | 39.966 | 280 | 242 | 28 | 80 |
| | | Ⅱ | 40.074 | 40.020 | | | | |
| | 1∶5000 | Ⅰ | 40.002 | 39.966 | 300 | 260 | | |
| | | Ⅱ | 40.038 | 40.002 | | | | |
| | | Ⅲ | 40.074 | 40.038 | | | | |
| | 1∶8000 | Ⅰ | 39.993 | 39.966 | 335 | 296 | | |
| | | Ⅱ | 40.020 | 39.993 | | | | |
| | | Ⅲ | 40.047 | 40.020 | | | | |
| | | Ⅳ | 40.074 | 40.047 | | | | |
| 42 | 1∶3000 | Ⅰ | 42.020 | 41.966 | 285 | 246 | 28 | 84 |
| | | Ⅱ | 42.074 | 42.020 | | | | |
| | 1∶5000 | Ⅰ | 42.002 | 41.966 | 305 | 264 | | |
| | | Ⅱ | 42.038 | 42.002 | | | | |
| | | Ⅲ | 42.074 | 42.038 | | | | |
| | 1∶8000 | Ⅰ | 41.993 | 41.966 | 340 | 300 | | |
| | | Ⅱ | 42.020 | 41.993 | | | | |
| | | Ⅲ | 42.047 | 42.020 | | | | |
| | | Ⅳ | 42.074 | 42.047 | | | | |

**附表 11 固定钻套尺寸** mm

<table>
<tr><th colspan="2">d</th><th colspan="2">D</th><th rowspan="2">$D_1$</th><th colspan="3" rowspan="2">H</th><th rowspan="2">t</th></tr>
<tr><th>基本尺寸</th><th>极限偏差 F7</th><th>基本尺寸</th><th>极限偏差 D6</th></tr>
<tr><td>>0～1</td><td rowspan="4">+0.016<br>+0.006</td><td>3</td><td>+0.010<br>+0.004</td><td>6</td><td rowspan="3">6</td><td rowspan="3">9</td><td rowspan="3">—</td><td rowspan="12">0.008</td></tr>
<tr><td>>1～1.8</td><td>4</td><td rowspan="4">+0.016<br>+0.008</td><td>7</td></tr>
<tr><td>>1.8～2.6</td><td>5</td><td>8</td></tr>
<tr><td>>2.6～3</td><td rowspan="2">6</td><td rowspan="2">9</td><td rowspan="4">8</td><td rowspan="4">12</td><td rowspan="4">16</td></tr>
<tr><td>>3～3.3</td><td rowspan="4">+0.022<br>+0.010</td></tr>
<tr><td>>3.3～4</td><td>7</td><td rowspan="3">+0.019<br>+0.010</td><td>10</td></tr>
<tr><td>>4～5</td><td>8</td><td>11</td></tr>
<tr><td>>5～6</td><td>10</td><td>13</td><td rowspan="2">10</td><td rowspan="2">16</td><td rowspan="2">20</td></tr>
<tr><td>>6～8</td><td rowspan="2">+0.028<br>+0.013</td><td>12</td><td rowspan="3">+0.023<br>+0.012</td><td>15</td></tr>
<tr><td>>8～10</td><td>15</td><td>18</td><td rowspan="2">12</td><td rowspan="2">20</td><td rowspan="2">25</td></tr>
<tr><td>>10～12</td><td rowspan="3">+0.034<br>+0.016</td><td>18</td><td>22</td></tr>
<tr><td>>12～15</td><td>22</td><td rowspan="3">+0.028<br>+0.015</td><td>26</td><td rowspan="2">16</td><td rowspan="2">28</td><td rowspan="2">36</td></tr>
<tr><td>>15～18</td><td>26</td><td>30</td><td rowspan="7">0.012</td></tr>
<tr><td>>18～22</td><td rowspan="3">+0.041<br>+0.020</td><td>30</td><td>34</td><td rowspan="2">20</td><td rowspan="2">36</td><td rowspan="2">45</td></tr>
<tr><td>>22～26</td><td>35</td><td rowspan="3">+0.033<br>+0.017</td><td>39</td></tr>
<tr><td>>26～30</td><td>42</td><td>46</td><td rowspan="2">25</td><td rowspan="2">45</td><td rowspan="2">56</td></tr>
<tr><td>>30～35</td><td rowspan="4">+0.050<br>+0.025</td><td>48</td><td>52</td></tr>
<tr><td>>35～42</td><td>55</td><td rowspan="4">+0.039<br>+0.020</td><td>59</td><td rowspan="4">30</td><td rowspan="4">56</td><td rowspan="4">67</td></tr>
<tr><td>>42～48</td><td>62</td><td>66</td></tr>
<tr><td>>48～50</td><td rowspan="2">70</td><td rowspan="2">74</td><td rowspan="7">0.040</td></tr>
<tr><td>>50～55</td><td rowspan="5">+0.060<br>+0.030</td></tr>
<tr><td>>55～62</td><td>78</td><td rowspan="5">+0.045<br>+0.023</td><td>82</td><td rowspan="3">35</td><td rowspan="3">67</td><td rowspan="3">78</td></tr>
<tr><td>>62～70</td><td>85</td><td>90</td></tr>
<tr><td>>70～78</td><td>95</td><td>100</td></tr>
<tr><td>>78～80</td><td rowspan="2">105</td><td rowspan="2">110</td><td rowspan="2">40</td><td rowspan="2">78</td><td rowspan="2">105</td></tr>
<tr><td>>80～85</td><td>+0.071<br>+0.036</td></tr>
</table>

注：材料　$d \leqslant 26$mm T10A 按 GB/T 1298 的规定；

$d > 26$mm 20 钢按 GB/T 699 的规定。

热处理　T10A 为 58～6HRC；20 钢渗碳深度为 0.8～1.2mm，58～64HRC。

## 附表 12 快换钻套尺寸

mm

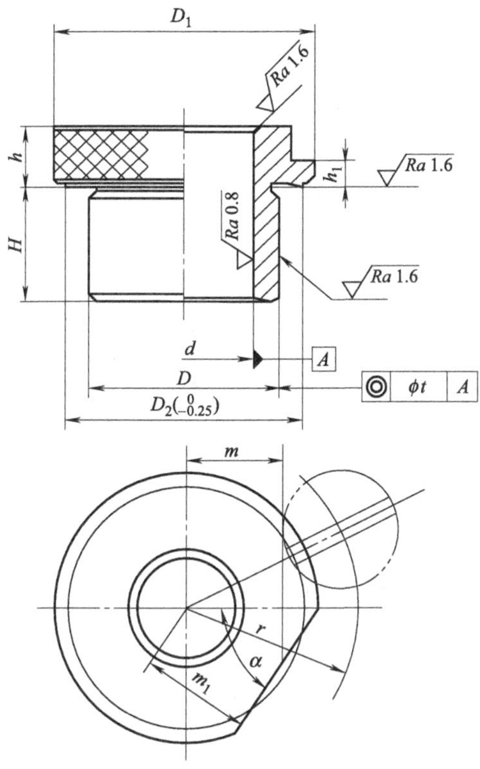


| d 基本尺寸 | d 极限偏差 F7 | D 基本尺寸 | D 极限偏差 m6 | D 极限偏差 n6 | $D_1$ 滚花前 | $D_2$ | H | | | h | $h_1$ | r | m | $m_1$ | α | t | 钻套螺钉 |
|---|---|---|---|---|---|---|---|---|---|---|---|---|---|---|---|---|---|
| >0～3 | +0.016<br>+0.006 | 8 | +0.015<br>+0.006 | +0.010<br>+0.001 | 15 | 12 | 10 | 16 | — | 8 | 3 | 11.5 | 4.2 | 4.2 | 50° | 0.008 | M5 |
| >3～4 | +0.022<br>+0.010 | | | | | | | | | | | | | | | | |
| >4～6 | | 10 | | | 18 | 15 | 12 | 20 | 25 | | | 13 | 6.5 | 5.5 | | | |
| >6～8 | +0.028<br>+0.013 | 12 | +0.018<br>+0.007 | +0.012<br>+0.001 | 22 | 18 | | | | 10 | 4 | 16 | 7 | 7 | 55° | | M6 |
| >8～10 | | 15 | | | 26 | 22 | 16 | 28 | 56 | | | 18 | 9 | 9 | | | |
| >10～12 | +0.034<br>+0.015 | 18 | | | 30 | 26 | | | | | | 20 | 11 | 11 | | | |
| >12～15 | | 22 | +0.021<br>+0.008 | +0.016<br>+0.002 | 34 | 30 | 20 | 36 | 45 | 12 | 5.6 | 23.5 | 12 | 12 | | | M8 |
| >15～18 | | 26 | | | 39 | 35 | | | | | | 26 | 14.5 | 14.5 | | 0.012 | |
| >18～22 | +0.041<br>+0.020 | 30 | | | 46 | 42 | 25 | 45 | 56 | | | 29.5 | 18 | 18 | | | |
| >22～26 | | 35 | +0.025<br>+0.009 | +0.018<br>+0.002 | 52 | 46 | | | | | | 32.5 | 21 | 21 | | | |
| >26～30 | | 42 | | | 59 | 53 | 30 | 56 | 67 | | | 36 | 24.5 | 25 | 65° | | |
| >30～35 | +0.0502<br>+0.025 | 48 | | | 66 | 60 | | | | 16 | 7 | 41 | 27 | 28 | | | M10 |
| >35～42 | | 55 | +0.030<br>+0.010 | +0.021<br>+0.002 | 74 | 68 | | | | | | 45 | 31 | 32 | | | |
| >42～48 | | 62 | | | 82 | 76 | 35 | 67 | 78 | | | 49 | 35 | 36 | 70° | | |

续表

| d 基本尺寸 | d 极限偏差 F7 | D 基本尺寸 | D 极限偏差 m6 | D 极限偏差 n6 | $D_1$ 滚花前 | $D_2$ | H | | | h | $h_1$ | r | m | $m_1$ | α | t | 钻套螺钉 |
|---|---|---|---|---|---|---|---|---|---|---|---|---|---|---|---|---|---|
| >48~50 | +0.060<br>+0.030 | 70 | +0.030<br>+0.010 | +0.021<br>+0.002 | 90 | 84 | 35 | 67 | 78 | 16 | 7 | 53 | 39 | 40 | 70° | 0.040 | M10 |
| >50~55 | | | | | | | | | | | | | | | | | |
| >55~62 | | 78 | | | 100 | 94 | 40 | 78 | 105 | | | 58 | 44 | 45 | | | |
| >62~70 | | 85 | | | 110 | 104 | | | | | | 63 | 49 | 50 | | | |
| >70~78 | | 95 | +0.035<br>+0.013 | +0.025<br>+0.003 | 120 | 114 | 45 | 89 | 112 | | | 68 | 54 | 55 | 75° | | |
| >78~80 | | 105 | | | 130 | 124 | | | | | | 73 | 59 | 60 | | | |
| >80~85 | +0.071<br>+0.036 | | | | | | | | | | | | | | | | |

注：*d* 的基本尺寸按刀具的最大值选取，钻孔和扩孔时公差选用 F8，粗铰孔时公差选用 G7，精铰孔时公差选用 G6。

## 附表 13 定向键尺寸

mm

其余 Ra 12.5

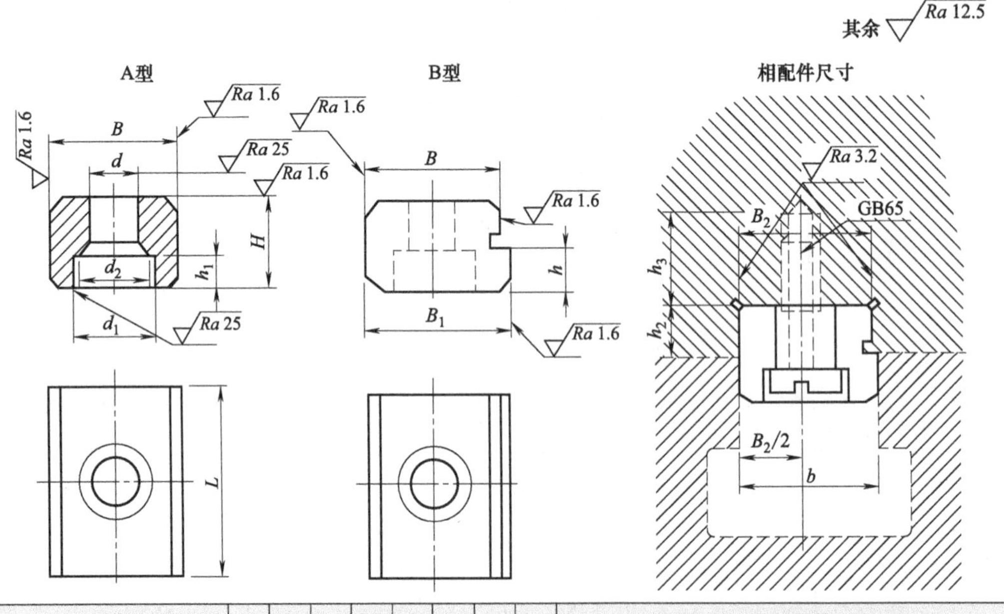


| B 基本尺寸 | B 极限偏差 h6 | B 极限偏差 h8 | $B_1$ | L | H | h | $h_1$ | d | $d_1$ | $d_2$ | 相配件 T形槽宽度 b | 相配件 $B_2$ 基本尺寸 | 相配件 $B_2$ 极限偏差 H7 | 相配件 $B_2$ 极限偏差 js6 | 相配件 $h_2$ | 相配件 $h_3$ | 相配件 螺钉 GB 65 |
|---|---|---|---|---|---|---|---|---|---|---|---|---|---|---|---|---|---|
| 8 | 0<br>-0.009 | 0<br>-0.022 | 8 | 14 | 8 | 3 | 3.4 | 3.4 | 6 | — | 8 | 8 | +0.015<br>0 | ±0.0045 | 4 | 8 | M3×10 |
| 10 | | | 10 | 16 | | | 4.6 | 4.5 | 8 | | 10 | 10 | +0.018<br>0 | ±0.0055 | | | M4×10 |
| 12 | 0<br>-0.011 | 0<br>-0.027 | 12 | 20 | | | 5.7 | 5.5 | 10 | | 12 | 12 | | | | 10 | M5×12 |
| 14 | | | 14 | | | | | | | | 14 | 14 | | | | | |
| 16 | | | 16 | 25 | 10 | 4 | 6.8 | 6.6 | 11 | | (16) | 16 | | | 5 | 13 | M6×16 |
| 18 | | | 18 | | 12 | 5 | | | | | 18 | 18 | | | 6 | | |

续表

| B 基本尺寸 | B 极限偏差 h6 | B 极限偏差 h8 | $B_1$ | $L$ | $H$ | $h$ | $h_1$ | $d$ | $d_1$ | $d_2$ | 相配件 T形槽宽度 $b$ | 相配件 $B_2$ 基本尺寸 | 相配件 $B_2$ 极限偏差 H7 | 相配件 $B_2$ 极限偏差 js6 | 相配件 $h_2$ | 相配件 $h_3$ | 相配件 螺钉 GB 65 |
|---|---|---|---|---|---|---|---|---|---|---|---|---|---|---|---|---|---|
| 20 | 0<br>−0.013 | 0<br>−0.033 | 20 | 32 | 12 | 5 | 6.8 | 6.6 | 11 | — | (20) | 20 | +0.021<br>0 | ±0.0065 | 6 | 13 | M6×16 |
| 22 | | | 22 | | | | | | | | 22 | 22 | | | | | |
| 24 | | | 24 | 40 | 14 | 6 | 9 | 9 | 15 | | (24) | 24 | | | 7 | 15 | M8×20 |
| 28 | | | 28 | | 16 | 7 | | | | | 28 | 28 | | | 8 | | |
| 36 | 0<br>−0.016 | 0<br>−0.039 | 36 | 50 | 20 | 9 | 13 | 13.5 | 20 | 16 | 36 | 36 | +0.025<br>0 | ±0.008 | 10 | 18 | M12×25 |
| 42 | | | 42 | 60 | 24 | 10 | | | | | 42 | 42 | | | 12 | | M12×30 |
| 48 | | | 48 | 70 | 28 | 12 | 17.5 | 17.5 | 26 | 18 | 48 | 48 | | | 14 | 20 | M16×35 |
| 54 | 0<br>−0.019 | 0<br>−0.046 | 54 | 80 | 32 | 14 | | | | | 54 | 54 | +0.030<br>0 | ±0.0095 | 16 | | M16×40 |

注：1. 尺寸 $B_1$ 留磨量 0.5mm，按机床 T 型槽宽度配作，公差带为 h6 或 h8。

2. 括弧内尺寸尽量不用。

## 附表 14 菱形销的尺寸

| $D$/mm | >3～6 | >6～8 | >8～20 | >20～24 | >24～30 | >30～40 | >40～50 |
|---|---|---|---|---|---|---|---|
| $B$ | $D-0.5$ | $D-1$ | $D-2$ | $D-3$ | $D-4$ | $D-5$ | |
| $b_1$ | 1 | 2 | 3 | | | 4 | 5 |
| $b$ | 2 | 3 | 4 | 5 | | 6 | 8 |

## 附表 15 一面二孔定位时基准位移误差的计算公式

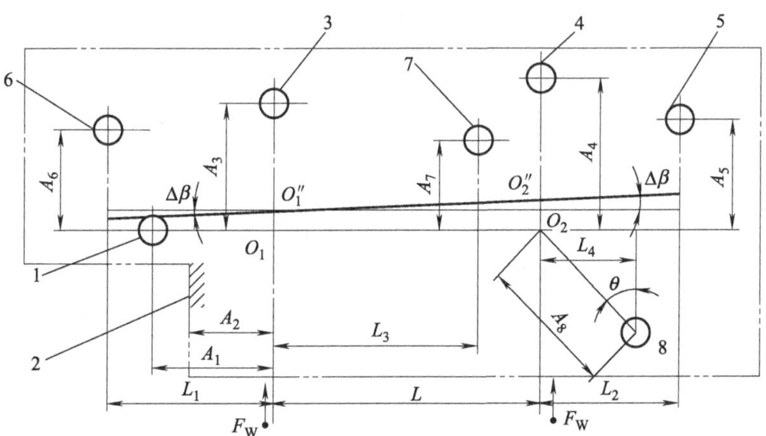


(a) 两孔定位单向移动

续表

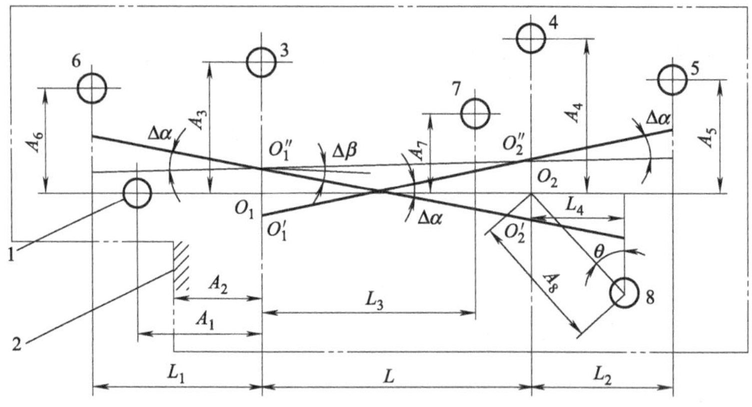

(b) 两孔定位任意方向移动

| 加工尺寸的方向与位置 | 加工尺寸实例 | 两定位孔的移动方向 | 计算公式 |
|---|---|---|---|
| 加工尺寸与两定位孔连心线平行 | $A_1$、$A_2$ | 单向 | $\Delta Y=\Delta Y_1=X_{1\max}/2$ |
| | | 任意 | $\Delta Y=\Delta Y_1=X_{1\max}$ |
| 加工尺寸与两定位孔连心线垂直，垂足为 $O_1$ | $A_3$ | 单向 | $\Delta Y=\Delta Y_1=X_{1\max}/2$ |
| | | 任意 | $\Delta Y=\Delta Y_1=X_{1\max}$ |
| 加工尺寸与两定位孔连心线垂直，垂足为 $O_2$ | $A_4$ | 单向 | $\Delta Y=\Delta Y_1=X_{2\max}/2$ |
| | | 任意 | $\Delta Y=\Delta Y_1=X_{2\max}$ |
| 加工尺寸与两定位孔连心线垂直，垂足在 $O_1$ 与 $O_2$ 之间 | $A_7$ | 单向 | $\Delta Y=\Delta Y_1+\Delta Y_2=\dfrac{X_{1\max}}{2}+L_3\tan\Delta\beta$ |
| | | 任意 | $Y=\Delta Y_1+\Delta Y_2=X_{1\max}+2L_3\tan\Delta\beta$ |
| 加工尺寸与两定位孔连心线垂直，垂足在 $O_1O_2$ 延长线上圆柱销一边 | $A_6$ | 单向 | $\Delta Y=\Delta Y_1-\Delta Y_2=\dfrac{X_{1\max}}{2}-L_1\tan\Delta\beta$ |
| | | 任意 | $\Delta Y=\Delta Y_1+\Delta Y_2=X_{1\max}+2L_1\tan\Delta\alpha$ |
| 加工尺寸与两定位孔连心线垂直，垂足在 $O_1O_2$ 延长线上菱形销一边 | $A_5$ | 单向 | $\Delta Y=\Delta Y_1+\Delta Y_2=\dfrac{X_{2\max}}{2}+L_2\tan\Delta\beta$ |
| | | 任意 | $\Delta Y=\Delta Y_1+\Delta Y_2=X_{2\max}+2L_2\tan\Delta\alpha$ |
| 加工尺寸与两定位孔连心线的垂线成一定夹角 $\theta$ | $A_8$ | 单向 | $\Delta Y=(\Delta Y_1+\Delta Y_2)\cos\theta=\left(\dfrac{X_{2\max}}{2}+L_4\tan\Delta\beta\right)\cos\theta$ |
| | | 任意 | $\Delta Y=(\Delta Y_1+\Delta Y_2)\cos\theta=(X_{2\max}+2L_4\tan\Delta\alpha)\cos\theta$ |

注：$O_1$—圆柱销的中心；$O_2$—菱形销的中心；$O_1'$、$O_1''$、$O_2'$、$O_2''$—工件定位孔的中心；$L$—两定位孔的距离（基本尺寸）；$L_1$、$L_2$、$L_3$、$L_4$——加工孔（或加工面）与定位孔的距离（基本尺寸）；$X_{1\max}$—定位孔与圆柱销之间的最大配合间隙；$X_{2\max}$—定位孔与菱形销之间的最大配合间隙；$\theta$—加工尺寸方向与两定位孔连心线的垂线的夹角；$\Delta\beta$—两定位孔单方向移动时，定位基准（两孔中心连线）的最大转角；$\Delta\alpha$—两定位孔任意方向移动时，定位基准的最大转角。

## 附表 16 高速钢麻花钻、扩孔钻的直径公差

mm

| 钻头直径 | 上偏差 | 下偏差 |
|---|---|---|
| >3～6 | 0 | −0.018 |
| >6～10 | 0 | −0.022 |
| >10～18 | 0 | −0.027 |
| >18～30 | 0 | −0.033 |
| >30～50 | 0 | −0.039 |
| >50～80 | 0 | −0.046 |
| >80～100 | 0 | −0.054 |

## 附表 17 高速钢机用铰刀的直径公差

mm

| 铰刀直径 | 直径的极限偏差 | | |
|---|---|---|---|
| | H7 级精度铰刀 | H8 级精度铰刀 | H9 级精度铰刀 |
| >5.3～6 | +0.010<br>+0.005 | +0.015<br>+0.008 | +0.025<br>+0.014 |
| >6～10 | +0.012<br>+0.006 | +0.018<br>+0.010 | +0.030<br>+0.017 |
| >10～18 | +0.015<br>+0.008 | +0.022<br>+0.012 | +0.036<br>+0.020 |
| >18～30 | +0.017<br>+0.009 | +0.028<br>+0.016 | +0.044<br>+0.025 |
| >30～50 | +0.021<br>+0.012 | +0.033<br>+0.019 | +0.052<br>+0.030 |
| >50～80 | +0.025<br>+0.014 | +0.039<br>+0.022 | +0.062<br>+0.036 |
| >80～100 | +0.029<br>+0.016 | +0.045<br>+0.026 | +0.073<br>+0.042 |

## 附表 18 硬质合金机用铰刀的直径公差

mm

| 铰刀直径 | 直径的极限偏差 | | |
|---|---|---|---|
| | H7 级精度铰刀 | H8 级精度铰刀 | H9 级精度铰刀 |
| >5.3～6 | +0.012<br>+0.007 | +0.018<br>+0.001 | +0.030<br>+0.019 |
| >6～10 | +0.015<br>+0.009 | +0.022<br>+0.014 | +0.036<br>+0.023 |
| >10～18 | +0.018<br>+0.011 | +0.027<br>+0.017 | +0.043<br>+0.027 |
| >18～30 | +0.021<br>+0.013 | +0.033<br>+0.021 | +0.052<br>+0.033 |
| >30～40 | +0.025<br>+0.016 | +0.039<br>+0.025 | +0.062<br>+0.040 |

# 参考文献


[1] 成大先. 机械设计手册 [M]. 5 版. 北京：化学工业出版社，2010.

[2] 薛源顺. 机床夹具设计 [M]. 北京：机械工业出版社，2003.

[3] 张权民. 机床夹具设计 [M]. 北京：科学出版社，2006.

[4] 李名望. 机床夹具设计实例教程 [M]. 北京：化学工业出版社，2009.

[5] 吴拓. 机床夹具设计集锦 [M]. 北京：机械工业出版社，2012.

[6] 阎青松，翟小兵，等. 机械制造工艺装备设计 [M]. 北京：化学工业出版社，2014.

[7] 阎青松，代建东. 机床夹具设计 [M]. 上海：上海交通大学出版社，2015.

[8] 曹岩. 机床夹具手册与三维图库 [M]. 北京：化学工业出版社，2010.

[9] 孙学强. 机床夹具设计习题集 [M]. 北京：机械工业出版社，2001.

[10] 吴宗泽. 机械零件设计手册 [M]. 北京：机械工业出版社，2004.

[11] 蔡学熙. 现代机械设计方法实用手册 [M]. 北京：化学工业出版社，2004.

[12] 倪森寿. 机械制造工艺与装备 [M]. 2 版. 北京：化学工业出版社，2009.

[13] 东北重型机械学院，洛阳工学院，第一汽车制造厂职工大学. 机床夹具设计手册 [M]. 上海：上海科技出版社，1990.

[14] 国家标准编委会. 机床夹具零件及部件 [M]. 北京：中国标准出版社，1983.

[15] 哈尔滨工业大学，上海工业大学. 机床夹具设计 [M]. 上海：上海科技出版社，1983.

[16] 南京机械研究所. 金属切削机床夹具图册 [M]. 北京：机械工业出版社，1984.

[17] 唐用中，陈享，等. 组合夹具组装技术 [M]. 北京：国防工业出版社，1979.

[18] 张志明. 成组夹具设计与应用 [M]. 北京：国防工业出版社，1991.

[19] 孙已德. 机床夹具图册 [M]. 北京：机械工业出版社，1983.

[20] 李庆寿. 机床夹具设计 [M]. 北京：机械工业出版社，1984.

[21] 华玉培，王效岳. 机械制造理论与实践－机床夹具设计 [M]. 青岛：青岛海洋大学出版社，1995.

[22] 陶济贤，谢明才. 机床夹具设计 [M]. 北京：机械工业出版社，1986.

[23] 马贤智. 夹具与辅具标准应用手册 [M]. 北京：机械工业出版社，1996.

[24] 王光斗. 机床夹具设计手册 [M]. 3 版. 上海：上海科技出版社，2000.

[25] 龚定安，蔡建国. 机床夹具设计原理 [M]. 西安：陕西科技出版社，1990.

[26] 肖继德，陈宁平. 机床夹具设计 [M]. 2 版. 北京：机械工业出版社，2009.

[27] 徐春林. 工艺装备三维设计与制造 [M]. 合肥：中国科学技术大学出版社. 2010.

[28] 赵宏立. 机械加工工艺与装备 [M]. 2 版. 北京：人民邮电出版社. 2012.

[29] 王启平. 机床夹具设计 [M]. 2 版. 哈尔滨：哈尔滨工业大学出版社，2011.

[30] 陈旭东，吴静，等. 机床夹具设计 [M]. 北京：清华大学出版社，2014.